中国古建筑知识手册

（第二版）

田永复　编著

中国建筑工业出版社

图书在版编目（CIP）数据

中国古建筑知识手册/田永复编著. —2版. —北京：
中国建筑工业出版社，2019.2（2024.12重印）
ISBN 978-7-112-23094-5

Ⅰ. ①中… Ⅱ. ①田… Ⅲ. ①古建筑-中国-手册
Ⅳ. ①TU-092.2

中国版本图书馆 CIP 数据核字（2018）第 291587 号

随着我国园林建筑、仿古建筑的发展和广泛应用，很多从业人员迫切需要了解古建筑基础知识。本书以宋《营造法式》、清《工程做法则例》、《营造法原》三本历史著作为基础，讲解古建筑中所涉及的常用名词，剖析古建构造的细节内容。体系清晰，层次分明，读者可以很方便地查找到自己需要了解的内容。

全书共分八章：中国古建筑文化特征；中国古建筑台基与地面；中国古建筑木构架；中国古建筑屋面结构；中国古建筑砖墙砌体；中国古建筑斗栱；中国古建筑木装修；中国古建筑油漆彩画。

本书可供古建筑设计、施工、预算和教学人员参考阅读，是一本随用随查的古建知识手册。

* * *

责任编辑：周方圆 封 毅
责任校对：王 瑞

中国古建筑知识手册 （第二版）
田永复 编著

*

中国建筑工业出版社出版、发行（北京海淀三里河路 9 号）
各地新华书店、建筑书店经销
霸州市顺浩图文科技发展有限公司制版
建工社（河北）印刷有限公司印刷

*

开本：787×1092毫米 1/16 印张：28½ 字数：710 千字
2019 年 2 月第二版 2024 年 12 月第十六次印刷
定价：**68.00** 元
ISBN 978-7-112-23094-5
（33174）

再 版 前 言

　　《中国古建筑知识手册》(第二版)对《营造法式》《工程做法则例》《营造法原》古籍内容，做了大量诠释与词解，为学习中国古建筑知识起到很好的推动作用，是钟爱古建筑知识学友的有力助手。

　　在第一版《中国古建筑知识手册》中，对《营造法原》一书由于是苏州方言"吴语"之乡的秘籍精髓，是苏州吴县姚承祖的家藏秘笈，书中有些用词还保留有吴语痕迹，如"川"穿"界"(架)"宿腰"(束腰)"雨挞"(雨搭)"提栈"(侧样)"装折"(装修)等等。因此，为便于与宋《营造法式》、清《工程做法则例》作对比叙述，所以在第一版中笔者曾将其称为"吴《营造法原》"，并与"宋制""清制"相对应，称呼为"吴制"，借以显示此书为官式法典之外的一重要读物。但有建议还是直接使用《营造法则》代替"吴"和"吴制"为好，所以在第二版中体现了这一意愿，并对其他内容进行了更深入审阅和更正。

前　言

　　随着我国园林建筑、旅游景点的蓬勃发展，中国仿古建筑得到了广泛应用与推广，为了更进一步普及中国古建筑文化知识，提高仿古建筑爱好者欣赏水平，本书特以宋《营造法式》、清《工程做法则例》、吴《营造法原》三本历史著作的原始内容，对中国古建筑各部分技术知识，以专题专词专释形式，进行较全面的详细诠释，借以减少读者对长篇大论查阅的精力，以便按已所需进行选择性阅读，达到即学即用的方便性。本书所述内容概括了中国古建筑的方方面面，并尽力将宋、清、吴三制所述及相同问题，收集整理在一起，以供读者相互对照阅览。在本书中极尽所能做到：讲解古建筑中所涉及的常用名词，剖析古建筑构造的细节内容，释义宋、清、吴历史著作对相关建筑内容所述的文理。以供对古建设计、施工、预算、教学等工作起到应有的参考辅助作用。全书共分八章：

　　第一章　中国古建筑文化特征：讲解中国古建筑类型、度量尺制等基本文化知识。

　　第二章　中国古建筑台基与地面：诠释中国古建筑台基结构、基础土方、地面道路等技术文化知识。

　　第三章　中国古建筑木构架：介绍中国古建筑木构架结构、木构件细节、榫卯连接等所涉及的知识。

　　第四章　中国古建筑屋面结构：剖解中国古建筑屋顶形式、屋面屋脊做法等技术知识。

　　第五章　中国古建筑砖墙砌体：细叙中国古建筑墙体结构、材料、施工等基础知识。

　　第六章　中国古建筑斗栱：专叙中国斗栱的各种结构、制作、安装等知识。

　　第七章　中国古建筑木装修：释疑中国古建筑门窗、室内外木装修等知识内容。

　　第八章　中国古建筑油漆彩画：解说中国古建筑油漆彩画及裱糊工艺等知识内容。

　　笔者虽力尽所能，意欲将唐宋元明清时期古建文化知识，比较全面地作一次诠释，但因个人能力和知识面有限，难免有不足之处，在此深表歉意。

　　在本书编写过程中：吴宝珠、杨芳、徐建红、田春英、孟宪军、田夏涛、杨晓东、廖艳平、田夏峻、孟晶晶等同志，担任了部分编写和绘图工作，在此一并表示谢意。

目　　录

第一章　中国古建筑文化特征

本章以《营造法式》《工程做法则例》《营造法原》等三本史著基本精神，诠译有关中国古建筑类型、通用尺制法则、相关词语含义等基本文化知识。

1.1　中国古建筑文化点题

【1.1.1】　中国古建筑文化历史阶段

中国古建筑文化，根据中国社会历史的进程，可以分为初级萌芽阶段、新兴发展阶段、繁荣鼎盛阶段、高度成熟阶段四个历史阶段。

1. 初级萌芽阶段

在公元前 2070 年之前的原始社会时期，我们祖先的最优定居生活，只能是新旧石器时代的"巢居"和"穴居"的原始建筑。随着历史的前进和演化，真正具有一定技术含量的中国古建筑文化，应从夏、商、周三代开始，在这时期，先辈们逐渐发明了夯土筑台技术和木架干阑式结构，形成了"茅茨土阶"（即茅草屋顶，夯土筑台）的台榭体系结构，房屋规模大小，以房下土台高低区分等级，正式步入了土木建筑的雏形，虽没有形成建筑文化体制的定格，但春秋战国初期出现有《周礼·考工记》对工程技术方面的文字记载，如该书记有"匠人营国，方九里，旁三门，国中九经九纬，经涂九轨，左祖右社，面朝后市，市朝一夫"等城池、街道的粗略布局，该书还记述有一些筑材用具等内容，依此说明，在夏商周（公元前 2070 年至前 221 年）时期，开始了中国古建筑文化的初级萌芽阶段。

2. 新兴发展阶段

新兴发展阶段是秦灭六国统一王朝以后，经历两汉、三国、两晋、南北朝等（公元前 221 年至 581 年）时期，根据大量考古出土的陶器、石阙、壁画等文物，可以说明该时期开始大兴秦砖汉瓦，废弃台榭体系，兴盛木构架技术，采用抬梁式和穿斗式木构架的整体结构已大量涌现。在这一发展时期，中国古建筑具有了初步形制的民族风格，形成了皇家建筑、宗教建筑、民居建筑等不同类型建筑，如此成就了中国古建筑文化的新兴发展阶段。

3. 繁荣鼎盛阶段

随着隋朝的建立，结束了长期战乱和南北分裂的局面，形成封建社会的短暂统一，经过唐朝取代之后，使这种统一得到了巩固提高，从而使中国古建筑技术得到飞跃发展，木构技术和建筑形制也更趋完善，并正式有了官式建筑的法典文本宋《营造法式》。虽然在五代、辽、宋、金、元等时期，战乱局面又有所回潮，但整个建筑文化艺术在隋唐建筑的强大基础上，仍得到发展和提高，因此，隋、唐、五代、辽、宋、金、元等（即公元 581 年至 1368 年）时期，无论从建筑规模、建筑种类和豪华装饰等程度上，都使中国古建筑有了飞跃发展和提高，这个时期就是中国古建筑的繁荣鼎盛阶段。

4. 高度成熟阶段

元之后，明兴元灭，历经 274 年，满清入关取代明朝，促使封建专制制度趋向到顶点，这时中国古建筑经过唐宋年代的飞跃发展后，开始转型进入稳固、提高和标准化时期，清朝颁布的工部《工程做法则例》，将中国古建筑文化提到一个新的高度，故明、清（公元 1368 年至 1911 年）时期是中国古建筑的高度成熟阶段。

【1.1.2】　《营造法式》著作

《营造法式》是北宋时期由当时朝廷主管土木工程部门"将作监"的官吏李诫（字明仲，大约 1060 至 1110 年，河南省新郑市人）奉旨修编的"土木工程做法和工料定额"。依编修者李诫述，"以元祐《营造法式》只是料状，别无变造用材制度；其间工料太宽，关防无术。三省同奉圣旨，差臣重别编修。臣考究经史群书，并勒人匠逐一讲说，编修海行《营造法式》，元符三年内成书"。即是说编修该书的原因，是因为元祐年间曾编制过一本《营造法式》，但它只是说明了一些用料内容，没有说明改变做法及其用材制度，并且其中功料又定得太宽，以致无法进行有效管理。因此朝廷三省奉圣旨，命我重新修编。我通过考察研究若干有关史书，并找工匠逐一了解，编修成普遍适用的《营造法式》，于元符三年间成书。

该书分列为：释名、诸作制度、功限、料例、图样五大部分，共三十六卷（图 1.1.1）。

图 1.1.1　《营造法式》版本

卷一、卷二为"总释"，主要考证、注释建筑术语，订出"总例"。

卷三至卷十五为诸作制度，即：壕寨制度、石作制度、大木作制度、小木作制度、雕作制度、旋作制度、锯作制度、竹作制度、瓦作制度、泥作制度、彩画作制度、砖作制度、窑作制度等，详细介绍了具体做法、规格尺寸和施工要求等。

卷十六至卷二十五为诸作功限：即上述诸作的劳动定额和计算方法。

卷二十六至卷二十八为诸作料例：即上述诸作的用料定额和工艺等。

卷二十九至卷三十四为图样，包括总例、壕寨、石作、大木作、小木作、雕作、彩画作等所涉及图样。

另有目录一卷、补遗（看样）一卷。

根据北京故宫博物院王璞子高级工程师统计，该书 36 卷共 3555 条，其中 3272 条是工匠师傅实践相传。它比较系统地介绍了唐宋历史时期建筑工程中一些相关项目的制作制度、用料规定、用工定额等的详细内容，是我国历史年代最早、工程描述最系统、最有参考价值的建筑工程技术原著，因成书时间为宋代，故多称为宋《营造法式》，它对我国仿古建筑的知识学习、结构设计、工程施工等，都具有很大的实用价值。

【1.1.3】 《工程做法则例》著作

《工程做法则例》是清雍正十二年英武殿刻本的封面名称，在页面内的卷本目录上印为《工程做法》，故宫博物院古建管理部也称为《工程做法》。该书是清朝雍正十二年（1734 年），由以管理工部事务"和硕果亲王"允礼为首的 15 名官员，通过"臣等将营建坛庙宫殿、仓库城垣寺庙王府及一切房屋油画裱糊等项工程做法，应需工料，派出工部郎中福兰泰、主事孔毓琇、协办郎中托隆、内务府郎中丁松、员外郎释迦保、吉葆，详细酌拟物料价值"，经核实造册而成的工程条例，上报朝廷批准颁布作为官方营建工程的执行文件，全书共七十四卷（图 1.1.2）。

图 1.1.2 《工程做法则例》版本

卷一至卷二十为庑殿、歇山、硬山等大木做法，具体内容是叙述相应房屋构架中，各个木构件的尺寸规定。

卷二十一至卷二十七为垂花门、亭廊等小式大木做法，具体内容是叙述垂花门、亭廊构架中，各个木构件的尺寸规定。

卷二十八至卷四十为不同规格的斗栱做法，具体叙述斗栱中各个栱件制作、安装和斗口制中每种斗口的具体尺寸。

卷四十一为各项装修做法，具体内容是叙述槛框、隔扇、槛窗、门扇等各个木构件的尺寸规定。

卷四十二至卷四十七为石作、瓦作、土作等做法，具体内容是叙述房屋基础、台明、墙体等各种构（部）件的尺寸规定。

卷四十八至卷六十为各工种用料数量规定，具体内容是木作、铜铁、石作、瓦作、土作、油作、画作等各种用料规定。

卷六十一至卷七十四为各种用工数量规定，具体内容是木作、铜铁、石作、瓦作、土作、油作、画作等各种用工规定。

《工程做法注释》作者王璞子高级工程师述，"《工程做法则例》原编体例大体仿于宋代《营造法式》，内容以工程事例为主，条例多从简约，应用工料重在额限数量"。也就是说，该书是在总结、研究、考核《营造法式》的基础上，以明清时期建筑的具体尺寸、用料、用工等所作的具体规定和付诸执行的条例，因它是清朝颁布的执行文本，故多称为清《工程做法则例》。该书是一种工程技术比较完善，具有实用参考价值的历史文献。

【1.1.4】　《营造法原》著作

《营造法原》是江南营造世家"姚承祖（字汉亭）先生晚年根据家藏秘笈和图册，在（1935年）前苏州工专建筑工程系所编的讲稿"基础上，经原南京工学院张至刚教授整理改编而成的，1959年初版。是以苏州、无锡、浙江等地区（即三国时代的吴国）为代表的江南民间古建筑形式的代表作（图1.1.3）。著者姚承祖（1866～1939年），字汉亭，号补云，苏州市吴县人，出身木匠世家，毕生从事建筑事业，曾任苏州鲁班协会会长，苏州工专特聘教员。经他设计建造的建筑物很多，如苏州怡园的藕香榭、吴县光福的梅花亭、灵岩山的大雄宝殿、木渎镇的严家花园等，都是他现存完好作品的借鉴。

图 1.1.3　《营造法原》版本

《营造法原》全书共十六章。

第一章 地面总论，介绍房屋台基的基本知识。

第二章 平房楼房大木总例，第三章 提栈总论，介绍房屋贴式构架的基本知识。

第四章 牌科，讲述斗栱知识及其规格。

第五章 厅堂总论，第六章 厅堂升楼木架配料，第七章 殿堂总论，这三章是讲解房屋的构造及其形式。

第八章 装折，第九章 石作，介绍房屋的室内外装修内容。

第十章 墙垣，第十一章 屋面瓦作及筑脊，第十二章 砖瓦灰砂纸筋应用之例，第十三章 做细清水砖作等，这四章是介绍砖墙、屋面瓦作的基本知识。

第十四章 工限，说明木作及水作的用工标准。

第十五章 园林建筑总论，第十六章 杂俎，是简介园林其他小型建筑物基本知识。

《中国营造学社》创始人朱启钤先生曾对《营造法原》评述，"它虽限于苏州一隅，所载做法，则上承北宋，下逮明清，今北平匠工习用之名辞，辗转讹误，不得其解者，每于此书中得其正鹄。然则穷究明清两代建筑嬗蜕之故，仰助此书正多，非仅传苏杭民间建筑而已"。依朱先生所述，该书虽为苏吴之地方做法，但它兼有宋清时期的一些工艺，所以北方一些工匠也常借用此书获取一些知识。由于苏浙一带为古代吴国之地，该书是苏州方言"吴语"之乡的民著，是苏州吴县姚承祖的家藏秘笈，书中有些用词还保留有吴语之方言，因此，在第一版中笔者将其称为吴《营造法原》，以便与宋《营造法式》、清《工程做法则例》作相对呼应。

【1.1.5】 中国仿古建筑类型

中国仿古建筑是指为了继承和发扬我们祖先所创造的伟大财富，仿照各种古建筑的结构特征和艺术形式，经过设计、施工而建造出具有中华民族特色的建筑物。中国仿古建筑的类型和形式很多，但具有普及性和代表性的类型，可以归纳为三种分法，即：按时代特征分类，按房屋造型分类，按使用功能分类。

1. 按时代特征分类

中国古建筑是在夏商周"台榭体系结构"之后，历经秦、汉、三国、两晋、南北朝、隋、唐、五代、宋、辽、金、元、明、清等十多个朝代的变迁，在建筑结构和体系上，有着飞跃发展。按其历史文化和营造技术水平，可将中国古建筑归纳为具有代表性的三个历史时期建筑，即：秦汉时期建筑、唐宋时期建筑、明清时期建筑。

秦汉时期建筑是指从公元前 221 年至公元 581 年，历经 802 年，是秦、汉、三国、两晋、南北朝等变迁朝代，在这一时期，从巢穴居住进化而来的"茅茨土阶"台榭体系，随着技术的进步逐渐加以淘汰，正式提升到兴建砖瓦木构架技术阶段，使中国古建筑有了初步形制风格，故将这一时期建筑归列为"汉式建筑"。

唐宋时期建筑是指从公元 581 年至公元 1368 年，历时 787 年，是隋、唐、五代、宋、辽、金、元等历史朝代，这是中国古代历史经济鼎盛发展时期，也是建筑规模和技术大大提高时期，在这一时期，使建筑具有了固定形制和规范，故将这一时期建筑归列为"宋式建筑"。

明清时期建筑是指从公元 1368 年至公元 1911 年，历经 543 年，是明、清两个朝代，对建筑开始转型进入到稳固、提高和标准化时期，我们将这一时期建筑列为"清式建筑"。

2. 按房屋造型分类

中国仿古建筑，按建筑构造形式分类，分为：庑殿建筑、歇山建筑、硬山建筑、悬山建筑、攒尖建筑等，如图 1.1.4 所示。其他还有如盝顶建筑、十字顶建筑、工字建筑等，

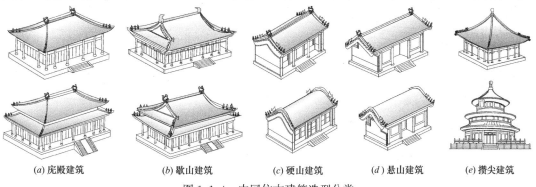

(a) 庑殿建筑   (b) 歇山建筑   (c) 硬山建筑   (d) 悬山建筑   (e) 攒尖建筑

图 1.1.4　中国仿古建筑造型分类

都是以此为基础而进行一些变化的形式，但都不太普及，在此，我们暂不将其列入其内。

3. 按使用功能分类

中国仿古建筑按使用功能和作用分类，分为：殿堂楼阁、凉亭游廊、水榭石舫、垂花门牌楼等类型。

【1.1.6】 台榭体系结构

台榭体系结构是指中国古建筑由原始社会的巢居、穴居进化而成的初级房屋结构，为了防止雨水和虫兽干扰，用泥土筑成高台，在土台上支立木架斜撑，上盖茅草芦苇（即茅茨）屋顶的一种简易结构，是一种大型夯土台体与简小木构房屋的结合体。若需提高规模等级者（如王城、宫殿），可在原台上再筑一层土台，再在其上做支架茅茨，以增大建筑规模和显赫现象，即成为所谓"茅茨土阶"建筑，从而将"构木为巢""依穴而处"原始结构，提升到土木结合的台榭结构。但由于夯土筑台的台体体量较大，筑台工作要消耗大量的劳动力，随着木构技术的不断提升和发展，在汉代以后，台榭结构就逐渐趋于淘汰。

【1.1.7】 版筑技术

版筑技术是夯土筑台技术的延伸，是一种夯土筑墙技术。早在夏商时代，就已大量使用夯土技术构筑城垣，根据考古学家发掘的周代遗址，在西周房屋中使用夯土墙就十分普遍。版筑技术是指将模板围成墙壳，在围壳内填土夯实，使之成墙的操作技术。围模筑土的方法有两种，即：桢杆法、版筑法。

1. 桢杆法

"桢"即指土墙围壳两端的端模板，按照筑墙断面形状和尺寸做成，"杆"即指圆木杆，垒叠在土墙围壳两侧作侧面模板，以杆夹桢，如图 1.1.5（*a*）所示，再用草绳绑紧杆的两端，然后填土夯筑，夯实后割断草绳，将杆模向上移动，到位后再用草绳绑紧，继续填土夯筑，每一层称为"一步"，逐步上移，直到需要高度，即成为一"堵"墙。然后

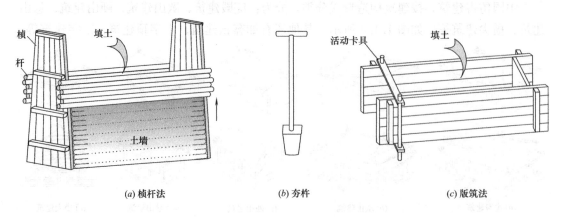

（*a*）桢杆法　　　　　　　　　（*b*）夯杵　　　　　　　　　（*c*）版筑法

图 1.1.5　版筑技术

将桢杆向侧移动，以已筑墙为依据，继续筑第二堵墙，每堵之间的缝隙，另夹侧板筑土连接之。

2. 版筑法

版筑是指用两块侧板和一块端面板，组成固定模具，另一端用活动卡具，如图 1.1.5 (c) 所示，或用活动端板及卡具，填土夯筑后，将活动端板拿掉，侧向移动模具，继续填土夯筑，直至达到需要长度，此称为第一版。然后再把模具移放在第一版之上，继续填土夯筑，筑出第二版，如此重复逐版升高，直至需要高度。

【1.1.8】 汉式建筑

在中国封建时代初期，中国古代建筑是一种"茅茨土阶"台榭体系结构，即"茅草屋顶，版筑泥墙，筑土台基"结构，是一个既没有建筑形制，也没有体制定格的时代。到秦灭六国统一王朝以后，经历秦汉至南北朝时期，开始兴盛秦砖汉瓦和木构架技术，用以废弃淘汰台榭体系，这时中国古建筑才具有了一定形制风格，将（公元前 221 年至公元 581 年）这个时期建筑通称为"汉式建筑"，如图 1.1.6 所示。这个时期的建筑特点是：整体造型平直舒展、脊端檐角微微上翘、屋脊装饰朴实无华。

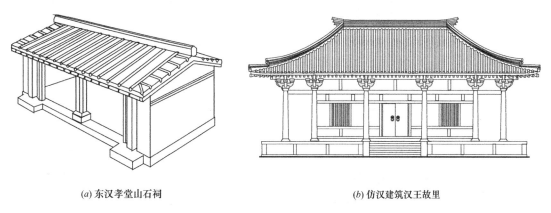

(a) 东汉孝堂山石祠   (b) 仿汉建筑汉王故里

图 1.1.6 汉式建筑

【1.1.9】 宋式建筑

在南北朝战乱结束之后，进入了一个相对稳定的唐、宋时期，从隋唐至宋元时期，是中国古建筑的鼎盛发展阶段，在这一时期的建筑，无论从建筑技术、施工规模、装饰程度等，都有了很大的发展和提高，而且使构造技术和施工额度，最终形成《营造法式》的有文可循时代，对唐、宋、辽、金、元等时期建筑起到正规化作用，虽然各个时期的建筑在细节上有些不同，但基本上都符合宋《营造法式》理论要求，因此将（公元 581 年至公元 1368 年）这时期建筑统一归纳称为"宋式建筑"。图 1.1.7 所示分别为唐、辽、金建筑，这个时期的建筑特点为：屋顶屋檐有明显下弯曲线，脊端檐角上翘度比较大，屋脊屋檐及木架装饰繁华绚丽。

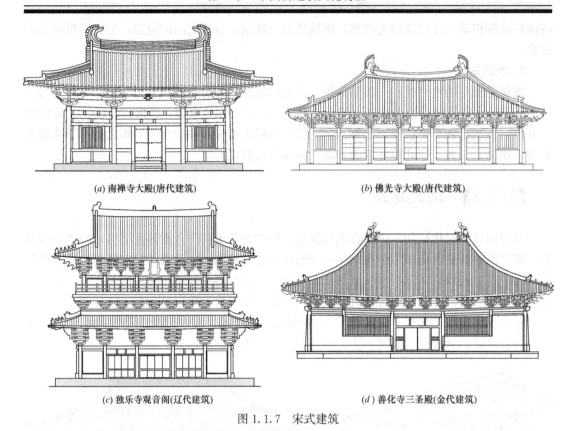

(a) 南禅寺大殿(唐代建筑)　　　　　　　　(b) 佛光寺大殿(唐代建筑)

(c) 独乐寺观音阁(辽代建筑)　　　　　　　(d) 善化寺三圣殿(金代建筑)

图 1.1.7　宋式建筑

【1.1.10】　清式建筑

在我国封建王朝的最后明清时期，是中国古建筑经过唐宋年代的飞跃发展后，开始转型进入稳固、提高和标准化时期。将土木建筑的规章制度，如奏折所述对"一切营建制造，多关经制，其规度既不可不详，而钱粮尤不可不慎"，于是产生出清工部颁布《工程做法则例》的条例文件，其间各种官式大小建筑，均根据该条例进行建造，将"其营造工程之等第，物料之精粗，悉按现定规则，逐细校定，注载做法，俾得了然，庶无浮冒，以垂久远"。该条例也是继元末以后时代的营造总结，因此，将明清这个时期（公元 1368 年至 1911 年）的建筑，称为"清式建筑"，如图 1.1.8 所示。它的特点是：整体造型稳重大

(a) 清式单檐庑殿　　　　　　　　　　　　　(b) 清式重檐歇山

图 1.1.8　清式建筑

方，屋脊屋檐中规中矩，正脊平直、翼角稍翘，装饰豪华而不繁缛。

【1.1.11】　庑殿建筑

庑殿建筑，宋称为"五脊殿""吴殿"；清称为"四阿殿"；《营造法原》称为"四合舍"。在中国古建筑形制体系定型后，庑殿建筑是中国古代房屋建筑中，等级最高的一种建筑形式，由于它屋顶陡曲峻峭，屋檐宽深庄重，气势雄伟浩大，在封建社会里，它是体现皇权、神权等的象征，因此，多用于宫殿、坛庙、重要门楼等高级建筑，而其他官府、衙役、商铺、民舍等多不允许采用。

庑殿建筑是一个具有前后左右四个坡面屋顶，一个正脊、四个垂脊的建筑，如图1.1.9（a）所示。从建筑立面的檐口形式，无论是宋式还是清式，又分为单檐庑殿和重檐庑殿，如图1.1.9（b）、（c）所示。

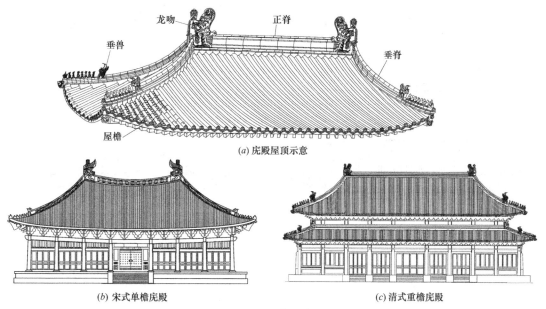

(a) 庑殿屋顶示意

(b) 宋式单檐庑殿

(c) 清式重檐庑殿

图 1.1.9　庑殿建筑

【1.1.12】　歇山建筑

歇山建筑，宋称为"厦两头造""曹殿""汉殿"，清称为"九脊殿"。在封建等级制度中，是次于庑殿建筑的一个等级，由于它不像庑殿那样严肃，具有造型优美活泼，姿态表现适应性强等特点，被得到广泛应用，大者可用作殿堂楼阁，小者可用作亭廊舫榭，是园林建筑中运用最为普遍的建筑之一。

歇山建筑是具有前后坡面、左右半坡的四坡形屋面，一个正脊、四个垂脊、四个戗脊的建筑。最突出的是在两端山尖部分为垂立的山花板，如图1.1.10（a）所示。歇山建筑依据屋顶形式不同，分为尖山顶和卷棚顶两种，如图1.1.10（b）（c）（d）所示。每种又可分为单檐建筑和重檐建筑。

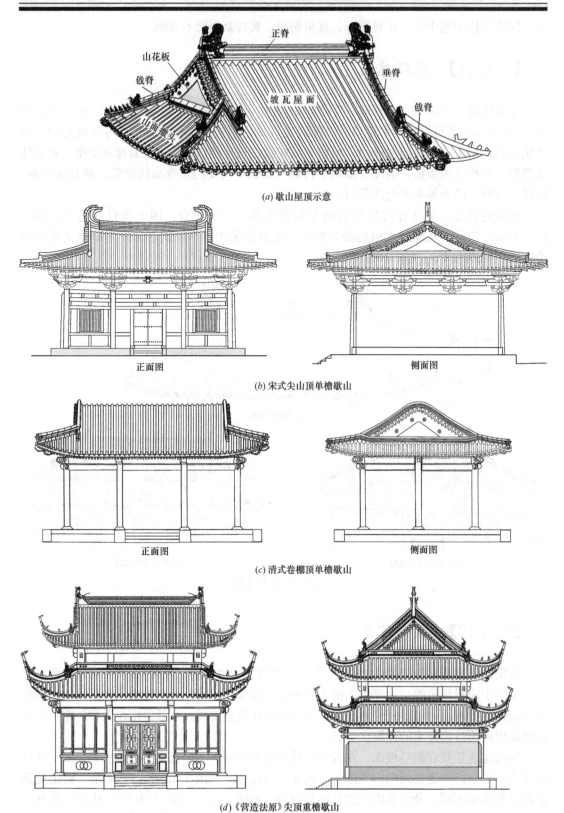

(a) 歇山屋顶示意

(b) 宋式尖山顶单檐歇山

(c) 清式卷棚顶单檐歇山

(d)《营造法原》尖顶重檐歇山

图 1.1.10　歇山建筑

【1.1.13】 硬山建筑

硬山建筑，在封建等级社会里是属于最次等的普通建筑，它只有前、后两个坡面，一个正脊，四个垂脊，最主要特点是两端山墙直接与屋顶相交，屋顶端部几乎是与山墙处在同一垂面上，如图 1.1.11（a）所示。多用于普通民舍、偏房，及一切不太显眼的房屋

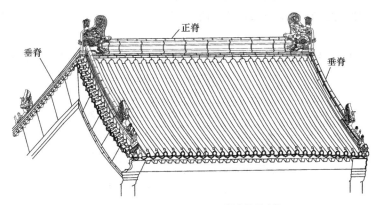

(a) 硬山屋顶示意

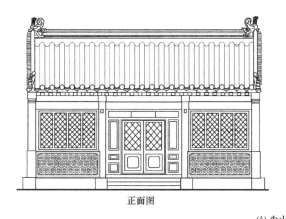

正面图　　　　　　　　　　　　　　　侧面图

(b) 尖山顶硬山

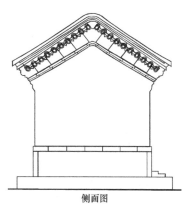

正面图　　　　　　　　　　　　　　　侧面图

(c) 卷棚顶硬山

图 1.1.11　硬山建筑

等。硬山建筑根据屋顶形式分为尖山顶和卷棚顶两种，一般只做成单檐屋顶形式，很少做成重檐结构，如图 1.1.11（b）（c）所示。

【1.1.14】　悬山建筑

悬山建筑是与硬山建筑相同性质的建筑，它的特点是屋顶两端向外伸出山墙之外而悬挑着的屋顶，以此遮挡雨水不直接淋湿山墙，如图 1.1.12（a）所示。多用于普通民舍、商铺、偏房等房屋。

悬山建筑由于山墙得到悬挑屋顶遮护，就可使两端山墙的山尖部分做成透空型，以利

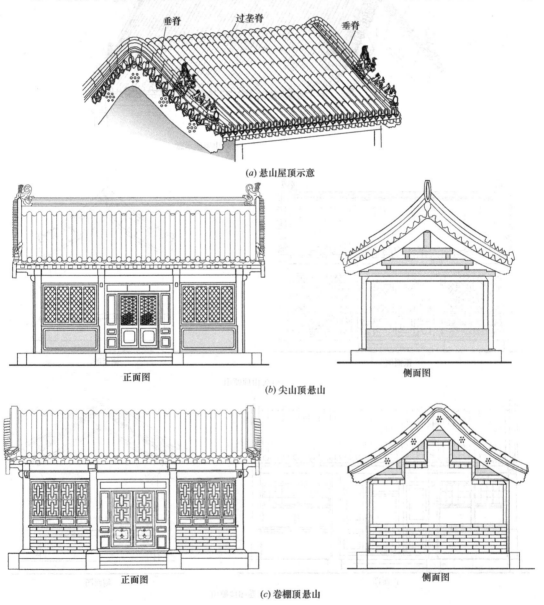

（a）悬山屋顶示意

正面图

（b）尖山顶悬山

侧面图

正面图

（c）卷棚顶悬山

侧面图

图 1.1.12　悬山建筑

调节室内外空气交流，这种形式特别适合潮湿炎热的南方地区作居室之用。悬山建筑的整个体形要比硬山显得更为活泼，根据屋顶形式分为尖山顶式和卷棚顶式两种单檐屋顶，如图1.1.12（b）（c）所示。

【1.1.15】 攒尖建筑

攒尖建筑分为多角形和圆形，多角形由一个尖脊顶、若干三角形坡面及其若干垂脊所组成；圆形由一个尖脊顶和凹锥形坡屋面所组成，如图1.1.13（a）所示。可用于作为观赏性殿堂楼阁和凉亭建筑。根据需要也可做成单檐屋顶和重檐屋顶，如图1.1.13（b）（c）所示。

(a) 攒尖屋顶示意

(b) 单檐攒尖建筑　　　　　　　　(c) 重檐攒尖建筑

图 1.1.13　攒尖建筑

【1.1.16】 殿堂与楼阁

殿堂，《营造法式》引用汉代许慎《说文解字》中述，"堂，殿也"，《仓颉篇》中述，"殿，大堂也"，可见殿与堂互为联体，即我们常说的宫殿和厅堂。一般来说，宫殿是规模雄伟壮观，并具有一定权威性的建筑。厅堂是规模较小平易近人，气氛融和的建筑。殿堂建筑形式一般为庑殿、歇山建筑，只有较少数厅堂为硬山、悬山建筑。多用于作为接待会馆、游乐展览、餐饮商业等用房。

楼阁，《说文解字》中述，"楼，重屋也"；《尔雅》中述，"阁，楼也"，即楼阁是指二层以上的楼层房屋，一般来说各层带有檐廊（称为平座）。楼与阁依其功用稍有区别，对于用作观赏娱乐为主者多命名"楼"，对于用作储藏静修为主者多命名为"阁"，可形象概括为"动楼"、"静阁"。楼阁建筑形式多为歇山和攒尖顶形式。如图1.1.14（a）中所示为北京紫禁城角楼（清代建筑）、（b）为武汉黄鹤楼（仿唐宋建筑）、（c）为天津蓟县独乐寺观音阁（辽代建筑）。

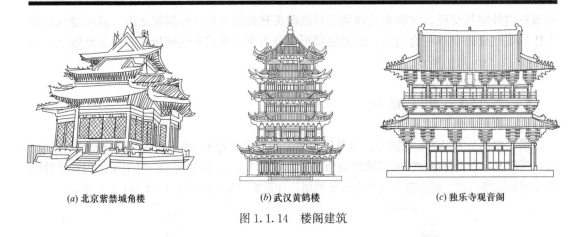

(a) 北京紫禁城角楼　　　　　　(b) 武汉黄鹤楼　　　　　　　(c) 独乐寺观音阁

图 1.1.14　楼阁建筑

【1.1.17】　亭子与游廊

亭子，在我国有着悠久的历史，东汉刘熙撰写的《释名》中述，"亭，停也，人所停集也"，是供游人观赏、乘凉小憩之所，即指有顶无墙的透空型独立间。汉书《风俗通义》

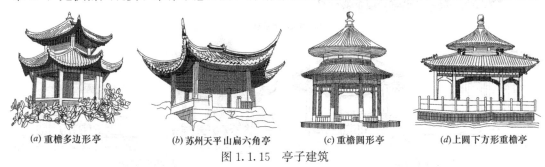

(a) 重檐多边形亭　　　(b) 苏州天平山扁六角亭　　　(c) 重檐圆形亭　　　(d) 上圆下方形重檐亭

图 1.1.15　亭子建筑

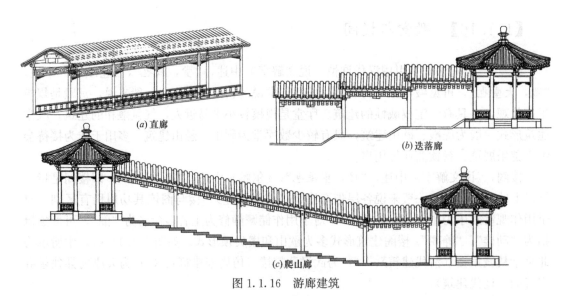

(a) 直廊

(b) 迭落廊

(c) 爬山廊

图 1.1.16　游廊建筑

中述，"谨按春秋国语有寓望，谓今亭也。汉家因秦，大率十里一亭"，即根据春秋国语所提，边境上所设置的供瞭望和迎送的楼馆，即今所说的亭子。汉代沿袭秦制，大致十里设一亭。由此可知，在古代亭子已得到广泛的应用。依其平面形式可以分为：多角亭、圆形亭、扇形亭等；依高低层次分为：单檐亭、重檐亭等，如图 1.1.15 所示。

游廊又称长廊，是长条形篷顶透空廊道建筑，长短大小可因地制宜、弯折曲直可依势而建，因此，它常作为蟠山围腰、穿水渡桥，以及各种地理环境之中的风景配套建筑。其造型可做成直廊、爬山廊、叠落廊等。如图 1.1.16 所示。

【1.1.18】 水榭与石舫

汉书《尔雅》中说，"无室曰榭"；又述，"观四方而高曰台，有木曰榭"，即为四面透空的台上木构建筑。最早是指建筑在土台上的简易木构草亭，主要用作阅兵练武的指挥凉棚，以后加以适当修饰，供作休闲娱乐之用，即成现今"水榭"。水榭是属于亲水平台建筑，它既可沿岸临水，也可引桥伸入水中，很像是漂浮于湖水景色之中的水上凉亭，所以也有称为"亭榭"，如图 1.1.17 所示。

(a) 苏州拙政园芙蓉水榭　　　(b) 北京颐和园谐趣园水榭　　　(c) 南京中山陵水榭

图 1.1.17　水榭建筑

"石舫"是仿船形的傍岸建筑，《营造法原》称为"旱船"，它是仿船造景，触情画意的忆景产物，故在园林建筑中称为"画舫"，游人可在船舱或甲板上，谈诗论画，促膝谈心。它同水榭一样也是亲水平台建筑，只是将石基台座做成船形，再在其上修建楼廊亭阁而成，如图 1.1.18 所示。

(a) 苏州拙政园香洲石舫　　　(b) 西安大唐兴庆宫画舫　　　(c) 北京日坛公园画舫

图 1.1.18　石舫建筑

【1.1.19】 垂花门、牌楼

"垂花门"是建立在园中园的入口门、游廊通道的起点门、垣墙之间分割的隔断门以及四合院住宅的大门等，它是一种带有屋顶形式的装饰大门，因其在屋檐两端，吊有装饰性垂莲柱而得名。"垂花门"通常在其两边，或连接围墙院墙，或连接游廊。常用于建筑群中的院落、宫殿、寺庙和园林等分隔之门，如图1.1.19所示。

"牌楼"又称"牌坊"，是由原始"乌头门"演变而来，它是群居庄园、游览景区的标牌性构架，是显示区域标志性的装饰建筑，被广泛用于宅院、街道起讫点，园林、寺庙、陵墓和桥梁等出入口，如图1.1.20所示。

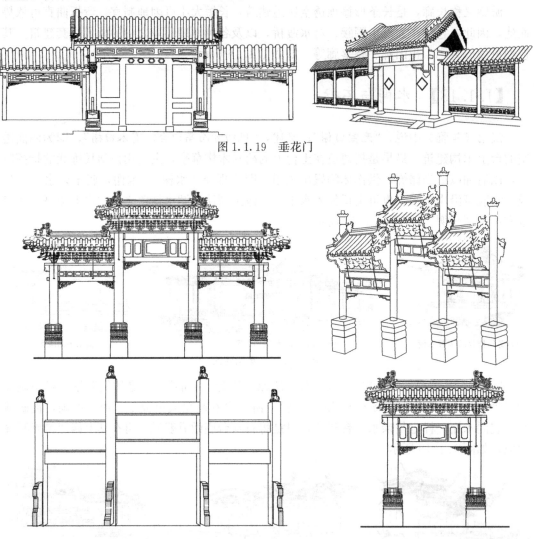

图1.1.19　垂花门

图1.1.20　牌楼建筑

1.2　中国古建筑尺制度量

【1.2.1】　中国古建筑常用尺制

中国古建筑的常用尺制，按建筑时代所划分的汉、宋、清等而有所不同。其中由于汉代建筑历史久远，战乱祸事连绵，缺乏原始遗留历史建筑相关文献等参考依据，致使度量尺制难于说明统一标准，故对汉式仿古建筑的尺度，一般多参考早期唐、辽时期尺制或宋代时期的建筑尺制。而宋式建筑尺制可根据《营造法式》规定，清式建筑尺制可按《工程做法则例》规定，具有江南特色的苏浙建筑按《营造法原》规定。

1. 汉代参考尺制

由于汉代建筑历史时期战乱祸事连绵，缺乏相关建筑的原始文献资料作为参考，故对汉式建筑的尺度，一般多参考早期唐、辽时期尺制或宋代时期的建筑尺制。

（1）参考唐代尺制：根据我国古建工作者对唐初长安大明宫麟德殿前殿遗址的考察测算数据如表1.2.1所示。

大明宫麟德殿测算数据　　　　　　　　　　　　　　　表1.2.1

部位	实测数据		折合1营造尺=厘米(cm)数
	厘米(cm)	营造尺	
通面阔	5830	198	29.44
正间面阔	530	18	29.44
通进深	1850	63	29.37
侧心间深	425	14.5	29.31
侧梢间深	500	17	29.41
平均			约29.4

按上表所述平均为，1营造尺=29.4cm。将此与两个历史遗留建筑的实测资料进行对比，一是对唐代遗留下来的五台山南禅寺大殿实测结果，1营造尺在29.5cm左右；二是对佛光寺大殿实测结果为，1营造尺在29.6cm。于是可以得出，对唐代参考尺寸可平均取为：1营造尺=29.50cm。

（2）参考辽代尺制：根据我国古建工作者对辽代建筑的五个实物实测资料，如表1.2.2所示，依其推算，表中平均值为：1营造尺=29.54cm，也就是说辽代营造尺也基本接近初唐营造尺。

部分辽代建筑平面尺寸考察表　　　　　　　　　　　　表1.2.2

建筑名称	间数	总间		心间		次间		次间		次间		梢间		折合公制 平均1尺=厘米(cm)数
		cm	尺	cm	尺	cm	尺	cm	尺	cm	尺	cm	尺	
义县奉国寺大殿	正9	4820	163	590	20	580	19.5	533	18	501	17	501	17	29.55
	侧5	2513	85	505	17	503	17							
大同善化寺大殿	正7	4054	136	710	24	626	21	554	18.5			492	16.5	29.70强
	侧5	2495	84	508	17	508	17					485		
蓟县独乐寺观音阁	正5	2020	68	472	16	432	14.5					342	11.5	约29.6
	侧4	1420	48	369	12.5							341		
天津广济寺三大士大殿	正5	2543	86.5	548	18.5	543	18.5					355	15.5	约29.4
	侧4	1828	62	459	15.5									
应县木塔	底层	968	33	447	15							263	9	29.46
平均					25									约29.54

2. 宋《营造法式》尺制

宋式建筑的度量尺制，《营造法式》采用"营造尺"和"材份等级"制两种。

宋"营造尺"是用于丈量房屋长、宽、高等大尺度的丈量尺制，如面阔、进深大小，砖墙高厚尺寸，承台基座宽窄等。经我国古建工作者对宋代几座建筑的考察，如表1.2.3

所示，可以确定，1营造尺＝31.20cm。

而"材份等级"制是作为控制建筑规模等级，和丈量木构件规格的一种模数制度，具体内容见下面单独专述。

部分宋代建筑平面尺寸考察表　　　　　　表1.2.3

建筑名称	间数	总间		心间		次间		梢间		副阶		折合公制
		cm	尺	cm	尺	cm	尺	cm	尺	cm	尺	1尺＝厘米(cm)数
太原晋祠圣母殿	正5	2062	66	498	16	408	13	374	1	314	10	31.2
	侧4	1496	48	374	12							
正定隆兴寺摩尼殿	正5	2456	78	572	18	502	16	440	14	438	14	31.2
	侧5	1832	58.5	48	15.5	235	7.5					
少林寺初祖庵大殿	正3	1114	35.5	420	13.5			347	11			31.12
	侧3	1070	34	376	1							
宁波保国寺大殿	正3	1191	38	562	18			315	10			31.22
	侧3		42.5	578	18.5	446	14					

3. 清《工程做法则例》尺制

清式建筑的度量尺制，《工程做法则例》采用"营造尺"和"斗口制"两种。

清"营造尺"是用于丈量房屋长、宽、高等大尺度，及小式建筑的大木做法等基础尺制。根据我国著名学者梁思成教授对曲阜孔庙的勘测资料（表1.2.4），可以得出平均1营造尺＝31.95934cm。另通过对故宫博物院中所珍藏的门光尺进行鉴定，一般都将清营造尺定为：1营造尺＝32cm。

而"斗口制"是作为控制建筑规模等级，和丈量木构件规格的一种模数制度，具体内容见下面单独专述。

曲阜孔庙建筑尺度考察表　　　　　　表1.2.4

勘测内容				测绘尺寸		折合公制
实物名称	建造朝代	公元年限	方向位置	营造尺	cm	1尺＝厘米(cm)数
大中门	明弘治十七年	1504年	面阔	64.00	2044	31.9375
			进深	24.00	763	31.7937
大成殿	明弘治十七年	1504年	高	78.00	2480	31.7949
			面阔	135.00	4578	33.9111
			进深	84.00	489	29.6310
奎文阁	明弘治十七年	1504年	面阔	90.00	3010	33.4444
			进深	55.00	1762	32.0364
诗礼堂	明弘治十七年	1504年	面阔	75.00	2388	31.8400
			进深	42.00	1302	31.0000
崇圣祠	明弘治十七年	1504年	面阔	72.00	2389	33.1806
			进深	36.00	1149	31.9167
大成殿	清雍正八年	1730年	高	78.60	2480	31.5522
			面阔	142.70	4578	32.0822
			进深	79.50	2489	31.3080
平均						约32.00

4.《营造法原》尺制

江南一带《营造法原》采用鲁班尺作为营造尺。根据明代文献《鲁班营造正式》和《鲁班经》记述，鲁班尺分为鲁班真尺和曲尺，鲁班真尺是一种门光尺，专用于确定门、窗、床、器物等洞口尺寸，该尺后面另行专述；而曲尺是一种营造尺，用于下料、制作、营造等的丈量尺具。《营造法原》中所述的鲁班尺就是这种营造尺（曲尺），1 鲁班尺=27.50cm。

根据以上所述，古代建筑的营造尺，综合如表 1.2.5 所示。

营造尺与公制对照表　　　　　表 1.2.5

名　　称	营　造　尺	公　　制
汉代营造尺	1 营造尺	29.50cm
宋制营造尺	1 营造尺	31.20cm
清制营造尺	1 营造尺	32.00cm
《营造法原》营造尺	1 鲁班尺	27.50cm

【1.2.2】　宋"材份等级"制

《营造法式》引述《周礼》"任工以饬材事"；《说文解字》"栔，刻也"。即"材"、"栔"是营造工程所应考虑的基本内容。为了控制建筑规模的大小，《营造法式》卷四述，"凡构屋之制，皆以材为祖。材有八等，度屋之大小，因而用之。

第一等：广九寸，厚六寸。以六分为一份。以上殿身九间至十一间则用之。若副阶并殿挟屋，材分减殿身一等。廊屋减挟屋一等。余准此。

第二等：广八寸二分五厘，厚五寸五分。以五分五厘为一份。以上殿身五间至七间则用之。

第三等：广七寸五分，厚五寸。以五分为一份。以上殿身三间至殿五间或堂七间则用之。

第四等：广七寸二分，厚四寸八分。以四分八厘为一份。以上殿身三间厅堂五间则用之。

第五等：广六寸六分，厚四寸四分。以四分四厘为一份。以上殿小三间厅堂大三间则用之。

第六等：广六寸，厚四寸。以四分为一份。以上亭榭或小厅堂皆用之。

第七等：广五寸二分五厘，厚三寸五分。以二分五厘为一份。以上小殿及亭榭等用之。

第八等：广四寸五分，厚三寸。以三分为一份。以上殿内藻井或小亭榭施铺作多则用之。

栔广六分，厚四分。材上加栔者，谓之'足材'。施之栱眼内两料之间者，谓之'闇栔'。[1]"即所有房屋建造，均以材为基础。材分 8 个等级，按房屋大小不同分别采用。根据以上所述各等材制，将其归纳如图 1.2.1 (a) 所示，栔的广厚如图 1.2.1 (b) 所示。

接述"各以其材之广，分为十五分，以十分为厚。凡屋宇之高深，各物之短长，曲直举折之势，规矩绳墨之宜，皆以所用材之分，以为制度焉"。即上述各材以其宽为 15 份，

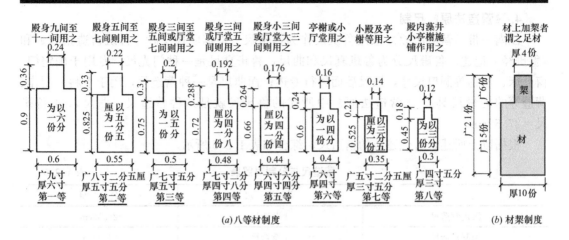

(a) 八等材制度　　　　　　　　　　　　　　　　　　　　(b) 材栔制度

图 1.2.1　《营造法式》八等材制度

厚为 10 份，如图 1.2.1 (b) 所示。凡是房屋建筑的高度进深，各个构件长短，曲直坡度，方圆垂直等均按所用材份，定以相应制度。为便于应用，我们将以上所述列表 1.2.6 所示。

宋"材份等级"表　　　　　　　　　　　　　　　表 1.2.6

材等级	使用范围	"材""栔"规格		"材""栔"
		材广	栔广	每份
一等材	殿身 9 间至 11 间	0.9 尺	0.36 尺	0.06 尺
二等材	殿身 5 间至 7 间	0.825 尺	0.33 尺	0.055
三等材	殿身 3 间至 5 间或厅堂 7 间	0.75 尺	0.30 尺	0.05
四等材	殿身 3 间至 5 间或厅堂 5 间	0.72 尺	0.288 尺	0.048
五等材	殿身小 3 间或厅堂大 3 间	0.66 尺	0.264 尺	0.044
六等材	亭榭或小厅堂	0.6 尺	0.24 尺	0.04
七等材	小殿及亭榭	0.525 尺	0.21 尺	0.035
八等材	殿内藻井小亭榭铺作	0.45 尺	0.18 尺	0.03

对上述规定，《营造法式》在述及各种构件时，都作出具体规定。如《营造法式》卷五对梁的用材规定："造梁之制有五：一曰檐栿，如四椽及五椽栿，若四铺作以上至八铺作，并广两材两栔。草栿广三材。如六椽至八椽以上栿，若四铺作至八铺作，广四材。草栿同。"即梁有 5 种，1 称檐栿，如梁进深是 4 椽及 5 椽，若用斗栱为四铺作至八铺作时，其梁都高为 2 材 2 栔，草栿为 3 材。若为 6 椽至 8 椽以上梁，用四铺作至八铺作时，梁高 4 材。草栿相同。

接述，"二曰乳栿，三椽栿，若四铺作、五铺作，广两材一栔。草栿广两材。六铺作以上，广两材两栔。草栿同……"。即 2 称乳栿，若用四铺作、五铺作，梁高 2 材 1 栔。草栿高 2 材。六铺作以上，梁高 2 材 2 栔。草栿相同，如此等等。

对所述的这些规定，只要按房屋规模大小，按图 1.2.1 所示等级选定后，就可确定其构件尺寸大小。现举例如下。

【例1】 设"檐栿，如四椽及五椽栿，若四铺作以上至八铺作，并广两材两栔"。若按殿身三间选定四等材。求其截面尺寸。

解： 檐栿是指由前檐至后檐，进深方向的屋架梁，四椽、五椽栿即承托有四、五根椽子的梁，采用四铺作以上至八铺作斗栱，其梁高都为2材2栔，现依题选用四等材，按图1.2.1和表1.2.6得：四等材广为0.72尺，栔广为0.288尺，因一材一栔为：0.72尺＋0.288尺＝1.008尺，则两材两栔＝1.008×2＝2.016尺。《营造法式》规定梁厚为广的2/3。如果按1营造尺＝31.2cm计算，则得：

梁高＝2.016尺×31.2＝62.899cm，可取定为63cm。

梁厚＝2/3广＝2/3梁高＝62.899cm×2÷3＝41.933cm，可取定为42cm。

【例2】 设"乳栿，三椽栿，若四铺作、五铺作，广两材一栔"。其尺寸是多少？

解： 乳栿即小梁，有3椽栿长，斗栱为4、5铺作，梁高两材一栔，按上例选定殿身三间四等材，则梁高2材1栔＝2×0.72尺＋0.288尺＝1.728尺。梁厚规定为广的2/3，按1营造尺＝31.2cm计算，则得：

乳栿高＝1.728尺×31.2cm＝53.914cm，可取定为54cm。

乳栿厚＝2/3广＝2/3梁高＝53.914cm×2÷3＝35.943cm，可取定为36cm。

【1.2.3】 檐栿、椽栿、乳栿、草栿

《营造法式》将横梁称为"栿"，"檐栿"是指对房屋由前檐至后檐进深方向的屋架梁的通称，以便与另一种横梁"乳栿"相区别。栿的两端做成圆弧形，上边两棱也成圆弧肩，下边底面做成向上内凹的圆弧，整体形式有视弯月形状，如图1.2.3所示。根据房屋进深宽窄，檐栿也有长短大小，《营造法式》是用檐栿所承托的"槫木"之间的空当多少，来确定檐栿的长短大小，槫木之间的空当是承托椽子的位置，以承椽子空当数的多少，就可确定檐栿的长短大小，因此檐栿的规格就以"椽"数来命名，如檐栿有四个槫木空当（以脊槫为心，两边各二当），就称为"四椽栿"；在脊槫两边各有三个空当者，就称为"六椽栿"，如此类推，八椽栿、十椽栿。檐栿最小为四椽栿，最大为十椽栿，如图1.2.2所示。

椽栿的首尾两端都做成弯月形，并如图1.2.3（a）所示的梁首形式，端头剔凿有卡口与铺作连接。《营造法式》对这种带有弧线形式的梁，又称为"月梁"。

"乳栿"意即凸出檐栿之外的小梁，是指檐柱之外廊道部分的横梁，相当于清式建筑的抱头梁或双步梁，它与檐栿不同的是有梁首梁尾之区别，梁首与铺作连接，梁尾直接插入柱内，如图1.2.3（b）所示，整体形式也是做成弯月形状的月梁。

"草栿"，草即草率、粗糙之意，它是指加工工艺较简单的檐栿。《营造法式》对椽栿和乳栿，多加工成具有装饰效果的形状，即两端梁头除木榫外，加工成圆弧形，其截面为弧棱扁矩形，梁身底面为内凹弧形，如图1.2.3所示，有的还在梁身两侧雕刻花纹，具有"雕梁画栋"的装饰效果。所有这些，草栿却完全不必，只需按常规矩形梁加工即可。草栿一般只用于有天花板遮挡的屋架梁。为了将椽栿与草栿有所区别，常将椽栿称为"明栿"。

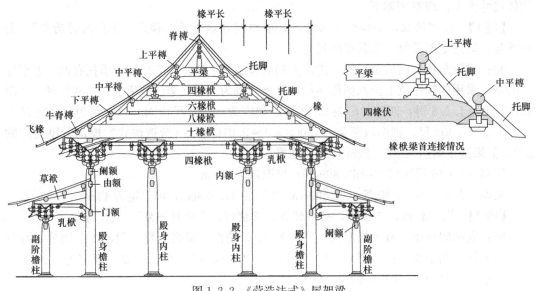

图 1.2.2 《营造法式》屋架梁

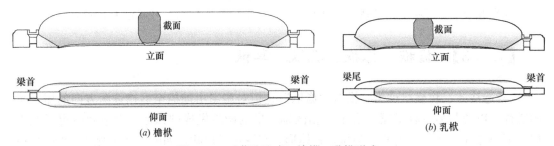

图 1.2.3 《营造法式》檐栿、乳栿形式

【1.2.4】 清"斗口"制

清制"斗口"，是用来控制房屋规模和大式建筑大木做法等的模数制尺度。《工程做法则例》卷二十八述，"凡算斗科上升、斗、栱、翘等件，长短、高厚尺寸，俱以平身科迎面安翘昂斗口宽尺寸为法核算。斗口有头等材，二等材，以至十一等材之分。头等材迎面按翘昂斗口宽六寸，二等材斗口宽五寸五分，自三等材以至十一等材各减五分，即得斗口尺寸"。即凡是计算斗栱上的各个构件尺寸，都以平身科斗栱中，大斗上安装翘昂的槽口宽度尺寸为核算标准，如图 1.2.4（a）所示。"斗口制"分为 11 个等级，以头等材正面安装翘昂槽口宽为 6 营造寸开头，以后每个等级减少 0.5 营造寸，即二等材 5.5 营造寸、三等材 5 营造寸、四等材 4.5 营造寸，直至十一等材 1 营造寸，只要按照这个规定，就可得出具体尺寸。为便于应用，将斗口制与相应公制尺列于表 1.2.7。

上面文字所述不仅只是针对斗栱构件而言，它是说明斗口制的来源和规定，这一规定适用于房屋木构架上的各个构件。"斗口"又称为"口份"或"口数"，在《工程做法则例》中对 23 种大式建筑、4 种小式建筑的尺度都作了具体规定。如《工程做法则例》卷二对九檩歇山规定，"凡面阔、进深以斗科攒数而定，每攒以口数十一份定宽。如斗口三寸，

清斗口制表 表 1.2.7

斗口等级	各等级规格（1营造尺=32cm）		斗口等级	各等级规格（1营造尺=32cm）	
	营造尺	公制		营造尺	公制
一等材	6 寸	19.20cm	七等材	3 寸	9.60cm
二等材	5.5 寸	17.50cm	八等材	2.5 寸	8.00cm
三等材	5 寸	16.00cm	九等材	2 寸	6.40cm
四等材	4.5 寸	14.40cm	十等材	1.5 寸	4.80cm
五等材	4 寸	12.80cm	十一等材	1 寸	3.20cm
六等材	3.5 寸	11.20cm			

以科中分算，得斗科每攒宽三尺三寸。如面阔用平身斗科四攒，加两边柱头科半攒，共斗科五攒，得面阔一丈六尺五寸"。即指九檩歇山的横向宽度和纵向深度，按斗栱组数而定，每一组斗栱间宽按 11 口份（斗口），若采用斗口 3 寸（七等材），以斗栱中心线间距计算，每组斗栱间距=3 寸×11 斗口=33 寸=3 尺 3 寸。若房间宽用 4 组平身科斗栱，加两边柱头科斗栱外侧半宽，共为 5 组斗栱，则房间宽=5×33 寸=165 寸=1 丈 6 尺 5 寸。如按 1 营造尺=32cm，则房间宽=16.5 尺×32cm=528cm=5.28m。或者按表 1.2.7，房间宽=11 口份×5 攒×9.6cm=528cm。

对檐柱规定，"凡檐柱以斗口七十份定高。除平板枋、斗科高分位定高。如斗口三寸，得檐柱连平板枋，斗科通高二丈一尺……以斗口六份定寸径，如斗口三寸，得檐柱径一尺八寸"。即是说，檐柱高规定按 70 口份（斗口），包含平板枋和斗栱在内，通高=70 斗口×3 寸=210 寸=2 丈 1 尺。檐柱直径规定为六份（斗口），则檐柱直径=6 斗口×3 寸=18 寸=1.8 尺。

如按 1 营造尺=32cm，则檐柱高=21 尺×32cm=672cm=6.72m；柱径=1.8 尺×32cm=57.6cm=0.58m。或者按表 1.2.7，檐柱高=70 口份×9.6cm=672cm，柱径=6 斗口×9.6cm=58cm。

【1.2.5】 "斗口"含义

清制"斗口"和宋制"材栔"一样，是作为建筑模数的标准单位，它是在宋制"八等材制度"模型图的基础上，进行改进而成。所谓"斗口"，顾名思义是指安装斗栱栱件的开口，用定义这个开口的尺寸来作为模数，如同规定"材、栔"广厚一样。其开口尺寸是取用平身科斗栱中，大斗上安装翘（昂）的开口，如图 1.2.4（a）所示，规定其宽为 0.6

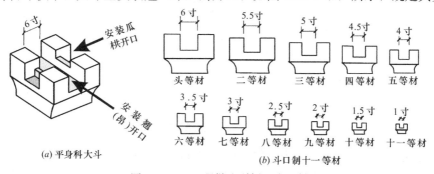

(a) 平身科大斗　　　　　(b) 斗口制十一等材

图 1.2.4 《工程做法则例》斗口制

23

营造尺，作为一等材的模数，以后每减 0.5 寸，作为下一个的材等级，共为十一等材，如图 1.2.4 (b) 所示。

清制"斗口"较图 1.2.1 宋制"八等材制度"更为细密，其中斗口宽相对于宋制材厚，将宋四、五等材进行了合理调整。"斗口"的使用，进一步简化了宋制"材、栔、份"的换算，使其计算更为直接和便利。

【1.2.6】　中国古建筑平面词语

中国古建筑的平面有矩形平面和异形平面，中国古建房屋的承重构件是木柱，而木柱是落脚在平面内的"柱顶石"上，在平面图上以符号 ⊙ 表示。一栋房屋的平面外框线就是平台边线。房屋的分间，是以柱中轴线为界定线，凡四根相邻柱轴线所围之面积称为"间"或"开间"。间之横向称为"阔"，或"面阔"；间之纵向称为"深"，或"进深"，如图 1.2.5 (a) 所示。房屋各面阔之和称为"通面阔"，房屋各进深之和称为"通进深"，边轴线与平台边线距离称为"下檐出"，如图 1.2.5 (b) 所示。

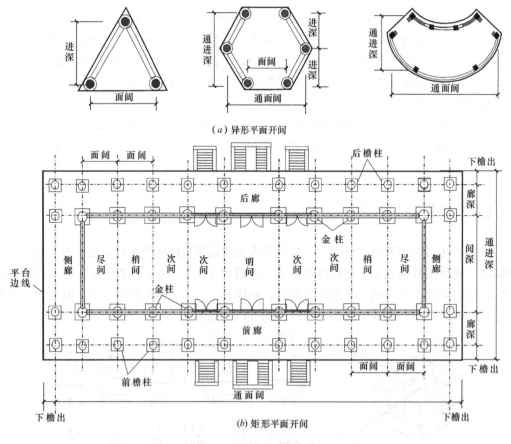

(a) 异形平面开间

(b) 矩形平面开间

图 1.2.5　平面开间名称

房屋建筑平面的开间数一般为单数，在面阔方向，对正中的一间，宋《营造法式》称为"心间"，清《工程做法则例》称为"明间"，《营造法原》称为"正间"。在其两旁的开间均为对称布置，间宽较正间稍小，称为"次间"，若间数多者，可有多个次间。在次间之外间宽又稍小的，称为"梢间"。也有将最外两端的称为"尽间"。在进深方向的分间数也为单数，在开间之外有柱无隔的称为"廊"，宋称为"副阶"，分为前檐廊、后檐廊、东西侧廊。

在平台最外边轴线上的柱子称为"檐柱"（或"廊柱"），分为前檐（廊）柱和后檐（廊）柱，两端为山檐（廊）柱。在檐（廊）柱靠里的一排柱子称为"金柱"或"步柱"，分前金（步）柱和后金（步）柱。如果在金（步）柱之内还有一排柱者，即在檐柱之内有两排金柱时，将紧靠檐柱一排称为"外金柱"，另一排称为"里金柱"。

【1.2.7】 面阔与进深

中国古建筑平面开间的横向宽称为"面阔"，开间纵向长称为"进深"，对于面阔与进深尺寸的确定，宋制、清制和《营造法原》各略有不同。

1. 宋制"面阔""进深"

面阔，《营造法式》在看详和卷一的定平条中述，"凡定柱础取平，须更用真尺较之。其真尺长一丈八尺，广四寸，厚二寸五分。"即是说确定房屋基础之间的水平位置，需要用真尺进行校正，真尺长 18 尺，宽 0.4 尺，厚 0.25 尺。在这里虽没有说明确定面阔尺寸，但从中可以推测出，基础之间的间距一般是按 1 丈 8 尺作为校正对象，再经若干实物和有关文献记载的考证，即可推定，宋之前有个传统标准，即"心间不越 18 尺"。也就是说，对于殿庭和厅堂的心间面阔，虽没有一个完整的定制，但都遵守着一个历史传统标准，即为 18 尺。而次、梢间可逐次减一尺或酌情处理，按唐辽宋营造尺折为公制，心间面阔约为 5.3m 至 5.6m（相当现代模数制 5.4m 至 5.7m）。至于余屋面阔，当然远小于此数，可依现场功能需要酌情而定。

进深，同面阔一样，在宋以前也没有明确规定，虽然如此，但《营造法式》明确有一个基本标准，即在卷五的椽条中述道，"用椽之制，椽每架平不过六尺，若殿阁或加五寸至一尺五寸⋯"。椽子是设在屋顶檩木上进深方向的木构件，"椽每架平"，即指进深方向，每两根檩木之间的水平距离（即图 1.2.2 中所示"椽平长"），对椽子规定，一般不超过六尺，如果是殿堂建筑，也可加 0.5 尺至 1.5 尺（即椽每架平为 6 尺至 7.5 尺）。因此，有了这个基数，只要知道屋架所布置的檩木根数或椽平长当数，就可计算出进深尺寸。

2. 清制"面阔""进深"

在清《工程做法则例》一书中，专门对 23 种大式建筑，4 种小式建筑的面阔和进深，都作了具体规定，见表 1.2.8。

例如，《工程做法则例》卷一对九檩单檐带斗栱庑殿规定，"凡面阔、进深以斗科攒数而定，每攒以口数十一份定宽。如斗口二寸五分，以科中分算，得斗科每攒宽二尺七寸五分。如面阔用平身斗科六攒，加两边柱头科半攒，共斗科七攒，得面阔一丈九尺二寸五分。如次间收分一攒，得面阔一丈六尺五寸"，即按清营造尺换算公制为：正间面阔＝（11 口份×0.25 尺×7 攒）×32cm＝19.25 尺×0.32m＝6.16m，次间面阔＝（11 口份×0.25 尺×6 攒）×32cm＝16.5 尺×0.32m＝5.28m。

清制面阔进深表　　　　　　　　　　　　　　表 1.2.8

| 建筑项目 | | 面阔 | | | | 进深 | | |
建筑名称	卷位	明间	次间	梢间	廊子	两山明间	两山次间	廊子
九檩庑殿大木	卷一	19.25 尺	16.5 尺	16.5 尺	5.5 尺	11 尺	11 尺	5.5 尺
九檩歇山转角大木	卷二	16.5 尺	13.2 尺	13.2 尺		29.7 尺		6.6
七檩歇山转角大木	卷三	19.25 尺	16.5	16.5 尺	5.5 尺	24.75 尺		5.5 尺
九檩楼房大木	卷四	13 尺	酌定	酌定		下檐24尺上檐16尺		4 尺
七檩转角大木	卷五	两边房 11 尺，外转角分间做法各 10.5 尺				随两边房 21 尺		
六檩前出廊转角大木	卷六	外转角 18 尺，分间做法各 9 尺				随两边房 18 尺，廊 3.6 尺		
九檩前后廊大木	卷七	13 尺	酌定	酌定		21 尺		4 尺
八檩卷棚前后廊大木	卷八	12 尺	酌定	酌定		20 尺		4.5 尺
七檩前后廊大木	卷九	12 尺	酌定	酌定		12 尺		3 尺
六檩前后廊大木	卷十	11 尺	酌定	酌定		12.8 尺		3.2 尺
五檩大木	卷十一	10 尺	酌定	酌定		通进深 12 尺		
四檩卷棚大木	卷十二	10 尺	酌定	酌定		通进深 12 尺		
五檩川檩大木	卷十三	10 尺				随前后明间面阔 14 尺		
七檩三滴水歇山正楼	卷十四	24 尺	14.4 尺	14.4 尺	8 尺	16 尺	8 尺	8 尺
七檩重檐水歇山角楼	卷十五	14.4 尺		12 尺		通进深 24 尺		
七檩歇山剑楼大木	卷十六	14.4 尺		12 尺		通进深 24 尺		
五檩歇山转角闸楼	卷十七	17 尺		11.9 尺		通进深 17 尺		
五檩硬山闸楼大木	卷十八	17 尺		11.9 尺		通进深 17 尺		
十一檩挑山仓房大木	卷十九	13 尺				通进深 45 尺		
七檩硬山库房大木	卷二十	14 尺	酌定	酌定		通进深 34 尺，内廊 7 尺		
三檩垂花门大木	卷二十一	10 尺	酌定			6 尺		
方亭大木	卷二十二	10 尺				10 尺		
圆亭大木	卷二十三	每面面阔 0.5 进深 5 尺				2×每面面阔 10 尺		
七檩小式大木	卷二十四	10.5 尺	酌定	酌定		12 尺		3 尺
六檩小式大木	卷二十五	10 尺	酌定	酌定		12 尺		3 尺
五檩小式大木	卷二十六	10 尺	酌定	酌定		12 尺		0.7 尺
四檩小式大木	卷二十七	10 尺	酌定	酌定		12 尺		3 尺

3.《营造法原》"面阔""进深"

《营造法原》对面阔规定，只规定次间面阔按 0.8 正间面阔，而正间面阔没有明确规定，根据对实践工程的考察，大多也按"心间不越 18 尺"原则控制。如该书中图例："苏州铁瓶巷任宅"正间面阔为 4.67m，次间面阔 3.55m（近似正间八折）；将正间折合鲁班尺＝4.67m÷0.275＝16.98 尺≈17 尺。

对进深，《营造法原》在厅堂总论中述，"其进深可分三部分，即轩、内四界、后双步。扁作厅有于轩之外复筑廊轩，而圆堂则无"。也就是说一般厅堂进深由三部分组成，其中"内四界"为基本，前轩为一至二界，后双步为二界，这样，进深可达七至八界。如果还要加大进深的话，对扁作厅建筑，可在轩之外，进行加廊和轩；而对圆作堂建筑则不加。

在殿庭总论中述，"殿庭之深，亦无定制，自六界至十二界。其深以脊柱为中心，前后向对称。普通殿庭亦作内四界，较深者作六界，其前后或为双步，或为廊川。亦有双步之外，复作廊川者，则为较大之建筑也"。即殿庭也没有硬性规定，一般 6 界至 12 界，殿庭基本进深也是由廊川、内四或内六界、后双步等组成（一般廊川为一界）。对比较大的建筑，也有在双步之外，另加廊川的。

根据以上所述，面阔及进深，小结见表 1.2.9。

中国古建筑面阔进深表
表 1.2.9

名　　称		面阔	进深
宋《营造法式》	心间	不越 18 尺	6 尺至 7.5 尺×椽平架数
	次梢间	按心间面阔酌减一尺	
清《工程做法则例》	明间	见表 1.2.8 所示面阔	见表 1.2.8 所示进深
	次间		
《营造法原》	正间	不越 18 尺	厅堂 7 至 8 界，殿庭 6 至 12 界
	次间	8/10 正间面阔	

【1.2.8】　椽每架平、步架、界深

"椽每架平、步架、界深"等，都是指屋架上相邻桁檩之间水平距离的称呼。

1. 椽每架平的含义

"椽每架平"又称"椽平长"，是宋《营造法式》对置于屋架槫木上的椽子在其长度方向，两支点间水平投影长度的称呼。《营造法式》卷五述，"用椽之制，椽每架平不过六尺，若殿阁或加五寸至一尺五寸……"。即椽平长，一般房屋不超过 6 尺，若是殿阁可为 6.5 尺至 7.5 尺。如图 1.2.2 中椽平长所示，它是指两根槫木之间的水平距离，其作用：一是用来作为设计椽子长度的依据，二是确定屋架梁（檐栿、乳栿等）长度和房屋进深的基数。

2. 步架的含义

"步架"又称"步距"，是清《工程做法则例》指屋架上两桁檩之间的水平距离。如图 1.2.6（a）所示，步架的大小，《工程做法则例》对各种类型的大、小式建筑，有不同的定尺标准。为简便起见，梁思成教授在《营造算例》中建议："大式做法统一按，廊步按檐柱高的 0.4 倍定深，其余各步均按廊步的 0.8 倍计算（或按进深均分之）。如檐柱高为 60 斗口，则廊步深为 24 斗口，其他各步为 19.2 斗口（或按进深均分之）。小式做法：廊步按 5 倍檐柱径计算，其余按廊步 0.8 倍计算（或按进深均分之）。如檐柱径为 0.7 尺，则廊步深为 3.5 尺，其他为 2.8 尺（或按进深均分之）。"依其所述，即为：

大式做法：廊步架＝0.4 檐柱高；金步架、脊步架＝0.32 檐柱高。

小式做法：廊步架＝5 檐柱径；金步架、脊步架＝4 檐柱径。

3. 界深的含义

"界深"简称为"界",是《营造法原》用来计算房屋进深和屋架梁长的基数。如图 1.2.6（b）所示，界深应根据房屋所需规模大小，在一固定模式基础上（如厅堂的基本模式为轩、内四界、后双步；殿庭的基本模式为廊川、内四或六界、后双步），看有否扩大或减少，然后再取用界深按 3.5 尺，4 尺，4.5 尺，5 尺等进行选用确定。

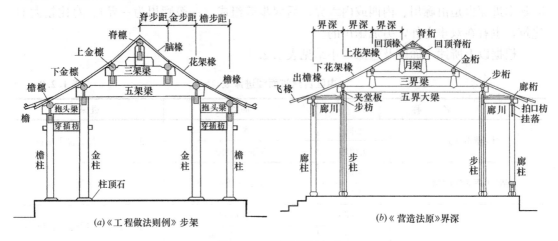

(a)《工程做法则例》步架　　　　　　(b)《营造法原》界深

图 1.2.6　平面开间名称

【1.2.9】　中国古建筑檐高

中国古建筑的结构特点可归纳为：大屋顶、木构架、檐装饰、石台基。而整个建筑的高低是由木构架进行控制的，木构架中的檐柱又是决定建筑檐高的主要构件，因此，要控制整个建筑的屋檐高低，就要恰当处理檐柱高和檐柱径的尺寸，它影响整栋房屋均衡比例是否失调的美观感受。

1. 宋制檐柱

柱高：宋制柱高没有具体规定，只在《营造法式》卷五中述到"若厅堂等屋内柱，皆随举势定其长短，以下檐柱为则。若副阶廊舍，下檐柱虽长，不越间之广"。即若是厅堂等房屋内柱，均以其下檐柱为依据，按举架大小确定其高低，如带廊子的房屋，无论其下檐柱多高，均不超过间之宽。也就是说，檐柱高控制在 18 尺内。

接上述，"至角，则随间数生起角柱。若十三间殿堂，则角柱比平柱生高一尺二寸；十一间生高一尺，九间生高八寸，七间生高六寸，五间生高四寸，三间生高二寸"。即唐宋建筑最外一排檐柱并不等高，它们是以心间两根檐柱（称平柱）为准，逐渐向角柱方向升高一个距离，宋称为"生高"，也称为"生起"。若是 13 间殿堂，由心间柱顶至角柱顶生高 1.2 尺，9 间生高 0.8 尺，7 间生高 0.6 尺，5 间生高 0.4 尺，3 间生高 0.2 尺，即由次、梢、尽各间，每间生高 2 寸，如图 1.2.7 所示。

柱径：柱径粗细，《营造法式》卷五述"凡用柱之制，若殿阁，即径两材两栔至三材；若厅堂柱即径两材一栔；余屋即径一材一栔至两材"。即若是殿阁，柱径为两材两栔至 3 材（即 $2 \times (15 + 6)$ 份 $= 42$ 份至 $3 \times 15 = 45$ 份）；而厅堂，其柱径为两材一栔（即 36

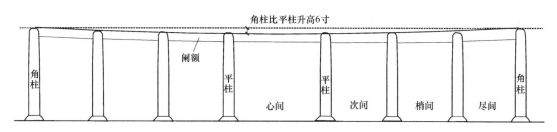

图 1.2.7　七间升高六寸

份），余屋柱径一材一栔至两材（即 21 至 30 份）。

2. 清制檐柱

同面阔进深一样，《工程做法则例》也专门对 23 种大式建筑，4 种小式建筑的柱高和柱径都作了具体规定，如表 1.2.10 所示。

清制檐柱高与柱径表　　　　　　　　　　　　　　　　　　表 1.2.10

建筑项目		檐柱		建筑项目		檐柱	
建筑名称	卷位	柱高	柱径	建筑名称	卷位	柱高	柱径
九檩庑殿大木	卷一	14.2 尺	1.5 尺	七檩重檐水歇山角楼	卷十五	26.88 尺	1.6 尺
九檩歇山转角大木	卷二	17.64 尺	1.8 尺	七檩歇山剑楼大木	卷十六	26.88 尺	1.6 尺
七檩歇山转角大木	卷三	14.7 尺	1.5 尺	五檩歇山转角闸楼	卷十七	7 尺	0.83 尺
九檩楼房大木	卷四	10.4 尺	0.91 尺	五檩硬山闸楼大木	卷十八	7 尺	0.83 尺
七檩转角大木	卷五	8.8 尺	0.77 尺	十一檩挑山仓房大木	卷十九	12.5 尺	1 尺
六檩前出廊转角大木	卷六	7.2 尺	0.63 尺	七檩硬山库房大木	卷二十	11.2 尺	1.12 尺
九檩前后廊大木	卷七	10.4 尺	0.91 尺	三檩垂花门大木	卷二十一	14 尺	1 尺
八檩卷棚前后廊大木	卷八	9.6 尺	0.84 尺	方亭大木	卷二十二	8 尺	0.7 尺
七檩前后廊大木	卷九	9.6 尺	0.84 尺	圆亭大木	卷二十三	8 尺	0.7 尺
六檩前后廊大木	卷十	8.8 尺	0.77 尺	七檩小式大木	卷二十四	8.4 尺	0.73 尺
五檩大木	卷十一	8 尺	0.7 尺	六檩小式大木	卷二十五	7.5 尺	0.6 尺
四檩卷棚大木	卷十二	8 尺	0.7 尺	五檩小式大木	卷二十六	7 尺	0.5 尺
五檩川檩大木	卷十三	10 尺	0.7 尺	四檩小式大木	卷二十七	7 尺	0.5 尺
七檩三滴水歇山正楼	卷十四	14 尺	1.6 尺				

例如，九檩单檐带斗栱庑殿，《工程做法则例》卷一述，"凡檐柱以斗口七十份定高。如斗口二寸五分，得檐柱连平板枋斗栱，通高一丈七尺五寸。内除平板枋斗栱之高，即得檐柱净高尺寸。如平板枋高五寸，斗科高二尺八寸，得檐柱净高一丈四尺二寸。檐柱净高五十六点八斗口。以斗口六份定寸径，如斗口二寸五分，得檐柱径一尺五寸"。即檐柱高按 70 斗口，若按每斗口 2.5 寸，包括平板枋和斗栱高度，则檐柱通高＝70 斗口×0.25 尺/斗口＝17.5 尺。除去平板枋高固定为 2 斗口（即每斗口 2.5 寸×2 斗口＝5 寸），斗栱高2.8 尺，则得檐柱净高＝17.5 尺－0.5 尺－2.8 尺＝14.2 尺（见表 1.2.10 内"卷一"

行），按斗口则得檐柱净高＝14.2尺÷0.25尺/斗口＝56.8斗口。檐柱径定为6斗口，则得檐柱径＝6斗口×0.25尺/斗口＝1.5尺（见表1.2.10内"卷一"行）。

3.《营造法原》廊柱

《营造法原》称檐柱为廊柱，对廊柱没有作出具体严格规定，根据文中所述，只要求厅堂廊柱高，按正开间面阔的八、九折计算。殿庭廊柱高，可按正开间面阔。

廊柱围径约为正开间面阔的0.16至0.2倍，若用圆周率3.1416计算，其柱直径约为正开间面阔的0.05至0.06倍。

根据以上所述，檐柱规格小结如表1.2.11所示。

仿古建筑檐柱规格表　　　　　　　　　　　　　　　　表1.2.11

名称	檐柱高	檐柱径
《营造法式》	心间高不越间	殿42份至45份，厅36份
	次间每间递升2寸	余屋21份至30份
《工程做法则例》	见表1.2.10所示柱高	见表1.2.10所示柱径
《营造法原》	殿庭按正间面阔	0.05至0.06正间面阔
	厅堂按0.8至0.9正间面阔	

【1.2.10】　柱子"收分"与"侧脚"

柱子"收分"与"侧脚"是为增强柱的稳定性所采取的措施，将柱径做成脚大头小的一种处理称为"收分"。以柱子垂直中线为准，将柱脚向外移动一个距离称为"侧脚"。宋清处理各有不同，《营造法原》没有此规定。

1. 宋柱"收分"与"侧脚"

宋称"收分"为"杀梭柱"。《营造法式》卷五述，"凡杀梭柱之法，随柱之长，分为三分。上一分又分为三分，如拱卷杀，渐收至上径比栌枓底四周各出四分；又量柱头四分，紧杀如覆盆样，令柱顶与栌枓底相副，其柱身下一分，杀令径围与中一分同"。即杀梭柱方法，将柱长分成3份，对其上面的1份，再分成3份，像做拱弧样开始收分，每段各往内收一分，使柱顶直径比栌底四周各宽出4分。另将柱头棱角按4分弧半径，砍做成圆弧状即覆盆样，使柱头与栌枓底圆滑连接，如图1.2.8所示。柱身最下1份与中间1份连接处的围径，应剔凿成相同围径，使连接处平滑无迹。

对"侧脚"，《营造法式》卷五述，"凡立柱，并令柱首微收向内，柱脚微出向外，谓之侧脚。每屋正面，随柱之长，每一尺即侧脚一分。若侧面，每长一尺，即侧脚八厘，至角柱，其柱首相向，各依本法"。即指在安装立柱时，都应使柱头微向内收，柱脚微向外出，这称为侧脚。在面阔方向（正面）柱子侧脚，按0.01倍柱高。在进深方向（侧面）柱子侧脚，按0.008倍柱高。角柱柱头的侧脚方向，也按照这个方法。

2. 清柱"收分"与"侧脚"

清柱"收分"称为"收溜"，"侧脚"称为"掰升"。柱子收溜是由柱脚向上渐收，脚大头小，大式建筑按0.007倍柱高收分，小式建筑按0.01倍柱高收分。柱子掰升是由正开间中垂线向两端方向侧移，按收溜尺寸确定，即"溜多少，升多少"，只正面掰升，无

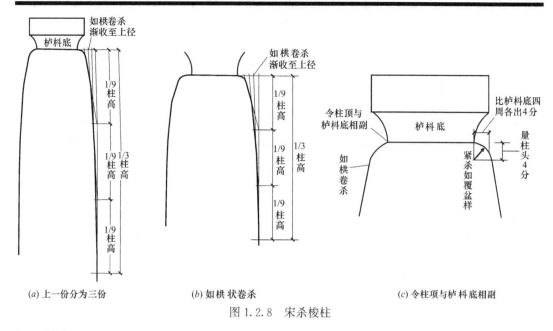

(a) 上一份分为三份   (b) 如栱状卷杀   (c) 令柱顶与栌枓底相副

图 1.2.8　宋杀梭柱

侧面掭升。

【1.2.11】　中国古建筑屋顶坡度线

中国古建筑屋顶坡度特点，就是具有向下凹的曲线，如图 1.2.9（a）所示，这种下凹曲线，可用若干斜折线所组成，每根折线长就是屋顶上两根檩木之间的斜距，因此，按照一定方法画出屋顶折线，就可得出屋顶的下凹曲线，如图 1.2.9（c）所示。而每根折线的斜长，可由其水平投影线长（即水平长）和垂直投影线长（即垂直高）而决定，分别找出水平长和垂直高，就是解决屋顶坡度的基本任务。

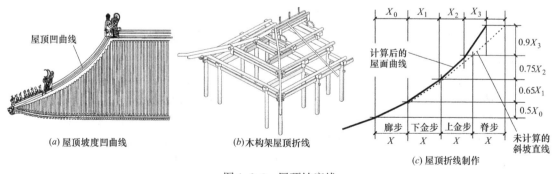

(a) 屋顶坡度凹曲线   (b) 木构架屋顶折线   (c) 屋顶折线制作

图 1.2.9　屋顶坡度线

1. 折线水平投影线长

屋顶坡度折线水平投影线长，宋称为"椽平长"，清称为"步架"或"步距"，《营造法原》称为"界深"。

宋制"椽平长"，《营造法式》卷五述，"用椽之制，椽每架平不过六尺，若殿阁或加五寸至一尺五寸"。即椽平长，一般房屋不超过 6 尺，若是殿阁为 6.5 尺至 7.5 尺。

清制"步架"，《工程做法则例》对步架分大式和小式，根据其规定为：

大式做法：廊步架＝0.4 檐柱高；金步架、脊步架＝0.32 檐柱高。

小式做法：廊步架＝5 檐柱径；金步架、脊步架＝4 檐柱径。

《营造法原》的"界深"，可依工程大小，按 3.5 尺，4 尺，4.5 尺，5 尺等进行选用。

根据以上所述，步架（步距）小结见表 1.2.12。

步架（步距）规定表　　　　　　　　　　　　表 1.2.12

名　　称		水　平　长
《营造法式》	椽平长	一般 6 尺
		殿阁 6.5 至 7.5 尺
《工程做法则例》	步架	大式廊步 0.4 檐柱高,其他按此八折
		小式廊步 5 檐柱径,其他按此八折
《营造法原》	界深	按 3.5 尺,4 尺,4.5 尺,5 尺选用

2. 折线垂直投影线长

屋顶坡度折线垂直投影线长，统称为"举高"。对举高的确定，另有专门计算方法，宋《营造法式》称为"举折"法，清《工程做法则例》称为"举架"法，《营造法原》称为"提栈"法。具体内容需单独另述。

【1.2.12】　《营造法式》"举折"法

"举"即举高，"折"即折算，"举折"法就是通过计算举高，确定屋顶曲面折线的方法，《营造法式》述，"举折之制，先以尺为丈，以寸为尺，以分为寸，以厘为分，以毫为厘，侧画所建之屋于平正壁上，定其举之峻慢，折之圜和，然后可见屋内梁柱之高下，卯眼之远近。今俗谓之"定侧样"，亦曰"点草架"。"即举折法是先以 1 尺设为丈（10 尺），以 1 寸设为尺（10 寸），以 1 分设为寸（10 分）等，即用 1∶10 的比例，将所建之屋的侧样画于平壁上，定出举的高低，折的缓急，然后就可确定出屋内梁柱的高低，卯眼的深浅。即通俗所说的"定侧样"，也称"点草架"。

"举折"法由举屋之法和折屋之法两步组合而成。举屋之法是计算总举高的方法，折屋之法是计算分举高的方法。

1. 举屋之法

《营造法式》卷五条述，"举屋之法，如殿阁楼台，先量前后撩檐枋心，相去远近分为三分，若余屋柱梁作或不出挑者，则用前后檐柱心，从撩檐枋背至脊槫（tuan）背举起一分，如屋深三丈，即举起一丈之类。如筒瓦厅堂，即四份中举起一分，又通以四分所得丈尺，每一尺加八分。若筒瓦廊屋及板瓦厅堂，每一尺加五分。或板瓦廊屋之类，每一尺加三分"。即求举高的方法，对殿阁楼台，首先量出屋顶前檐撩檐枋至后檐撩檐枋的距离，将其分为三份，如果是余屋的柱梁或者不出挑者，则用前檐柱至后檐柱之间距离，从撩檐枋顶至脊槫顶举起一份，譬如房屋进深三丈即举起一丈。即按前后檐距离的 1/3 作为该屋顶总举高。对筒瓦厅堂，按 1/4 前后檐距离，再按此距离所得尺寸，每尺加 0.08 尺。如果是筒瓦廊屋及板瓦厅堂，每尺加 0.05 尺。板瓦廊屋之类，每尺加 0.03 尺

依上所述，我们设 H 为总举高，L 为前后撩檐枋或檐柱的水平距离，则：

殿堂楼台总举高为　　　　　　　　　　　$H = (1/3)L$

筒瓦厅堂总举高为	$H=(1/4)L+(0.08)L$
筒瓦廊屋及板瓦厅堂总举高为	$H=(1/4)L+(0.05)L$
板瓦廊屋总举高为	$H=(1/4)L+(0.03)L$

2. 折屋之法

接上述"折屋之法，以举高尺丈，每尺折一寸，每架自上递减半为法。如举高二丈，即先从脊槫背上取平，下至撩檐枋背，其上第一缝折二尺，又从上第一缝槫背取平，下至撩檐枋背，于第二缝折一尺。若椽数多，即逐缝取平，皆下至撩檐枋背，每缝并减上缝之半。如第一缝二尺，第二缝一尺、第三缝五寸、第四缝二寸五分之类。如取平，皆从槫心抨绳令紧为则。如架道不匀，即约度远近，随宜加减"。即求分举高的方法，应以总举高的 1/10 折取，以后每一步架，由上往下按减半算之。例如总举高 H 为 2 丈时，首先从脊槫上皮水平线与其垂直中心线的交点，向下至撩檐枋上皮中心点作一连线，在其连线上，第一缝按举高 2 丈折 2 尺，即：$(2/20)H=(1/10)H$，为第一折线点。再从第一缝的槫木上皮中点，至撩檐枋上皮中心点作连线，在其连线上，于第二缝按举高 2 丈折 1 尺，即 $(1/20)H$（则此缝就是第一缝之半 $(1/10H)\div 2$），为第二折线点。如果椽子数比较多的话，皆逐缝由槫木上皮中点，至撩檐枋上皮中点连线，按上一缝折尺减半，即为所取之点。也就是说，第二缝为第一缝之半即 $=(1/10H)\div 2=1/20H$；第三缝为第二缝之半即 $=(1/20H)\div 2=1/40H$；第四缝为第三缝之半即 $=(1/40H)\div 2=1/80H$，如此类推。当按上述取点连线时，槫木上皮横线（取平）应以槫木中心垂直线的交点为准。如果架道不是均匀的，可按大约距离进行增减调整。

依上所述，按前面所设 H 为总举高，此处设分举高为 h_1、h_2、h_3、……h_n，将其所述列出表达式，如图 1.2.10 中所示。

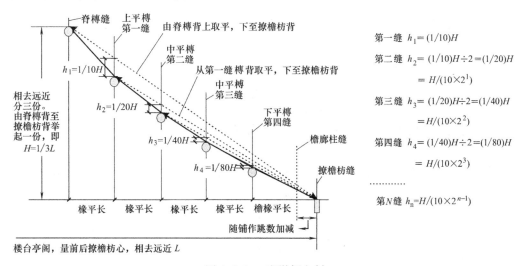

第一缝 $h_1=(1/10)H$

第二缝 $h_2=(1/10)H\div 2=(1/20)H$
$=H/(10\times 2^1)$

第三缝 $h_3=(1/20)H\div 2=(1/40)H$
$=H/(10\times 2^2)$

第四缝 $h_4=(1/40)H\div 2=(1/80)H$
$=H/(10\times 2^3)$

……………

第 N 缝 $h_n=H/(10\times 2^{n-1})$

图 1.2.10 宋举折之制

【1.2.13】 《工程做法则例》"举架"法

"举架"，是指举高与步架之比值，即：举架＝举高/步架。清制将两檩之间的水平距离称为"步架""步距"；两檩之间的垂直距离称为"举高"。

1. 步架的确定

清制步架，依不同位置有不同名称，靠檐（廊）的称为"檐（廊）步"，靠脊檩的称为"脊步"，在这两者之间的称为"金步"，金步步数较多时，分别称为下、中、上金步。步架的大小，《工程做法则例》也分为大小式建筑不同，有不同的定尺标准，对带斗栱建筑中各步，规定有不同的斗口数，且庑殿、歇山等类型不同也有区别。小式建筑也按不同类型规定不同尺寸。为减少这种烦琐，梁思成教授在《营造算例》中建议，"大式做法统一按廊步为檐柱高的 0.4 倍定深，其余各步均按廊步的 0.8 倍计算（或按进深均分之）。如檐柱高为 60 斗口，则廊步深为 24 斗口，其他各步为 19.2 斗口（或按进深均分之）。小式做法：廊步按 5 倍檐柱径计算，其余按廊步 0.8 倍计算（或按进深均分之）。如檐柱径为 0.7 尺，则廊步深为 3.5 尺，其他为 2.8 尺（或按进深均分之）"。即：

大式做法：廊步架＝0.4 檐柱高；金步、脊步架＝0.32 檐柱高。

小式做法：廊步架＝5 檐柱径；金步、脊步架＝4 檐柱径。

2. 举架的计算

对举架的计算，《工程做法则例》分别对 23 种大式建筑，4 种小式建筑的举架和举高，按照檐步、金步、脊步，都作了具体规定。为了简单方便，将其举架值的规定归纳列述如下：

五檩小式：檐步五举（0.50），脊步七举（0.70）；

七檩大（小）式：檐步五举（0.50），金步七举或六五举（0.70 或 0.65），脊步九举或八举（0.90 或 0.80）；

九檩大式：檐步五举（0.50），下金步六五举（0.65），上金步七五举（0.75），脊步九举（0.90）；

十一檩大式：檐步五举（0.50），下金步六举（0.60），中金步六五举（0.65），上金步七五举（0.75），脊步九举（0.90）。

按上所述，举架值＝举高÷步架＝0.5、0.6、0.65、0.70、0.75、0.90 等，因此，当步架按前面所述确定后，即可按下式计算各分举高：

分举高＝步架×举架值。

根据以上所述举架，通过步架和分举高即可绘出屋顶折线，如图 1.2.11 所示。

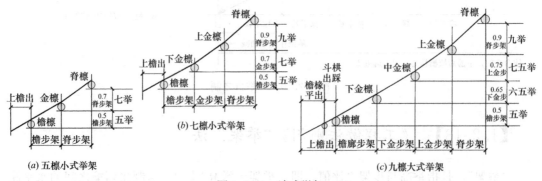

图 1.2.11　清式举架

【1.2.14】 《营造法原》"提栈"法

在《营造法式》中有将"举折"称为"定侧样"之说，这里"提栈"按苏浙吴语口音，"定侧"与"提栈"字音相近，因此借而用之。《营造法原》第三章述，"提栈计算方法，与工程做法所述相似，均自廊桁推算至脊桁，唯其起算方法各异。其法先定起算，起算则以界深为标准（但五尺以上，仍以五尺起算）。然后以界数之多少，定其第一界至顶界（脊桁），递加之次序"。即是说，它的计算方法与清式举架相似，均是从廊桁逐渐推算至脊桁，所不同的是起算值有所区别，清式第一个举架值为"五举"，俗称"五举"开头。而提栈以"三算半"为起算值。这里的"起算值"是按界深尺寸的 1/10 取定，如界深 3.5 尺，起算值＝0.35；界深 4 尺，起算值＝0.4。但界深 5 尺以上者，起算值一律按 0.5。我们将清式举架值与《营造法原》提栈值，作一对照即可看出相似之处：

《工程做法则例》举架＝举高÷步架＝0.5、0.6、0.65、0.70、0.75、0.90 等。

《营造法原》提栈＝提栈高÷界深＝0.35、0.4、0.45、0.5、0.55、0.6、0.65、0.7、0.8、0.9 等。

《工程做法则例》举高＝步架×举架。

《营造法原》提栈高＝界深×提栈。

然后按界数多少，由第一界（即廊步柱算值）顺序向顶界（脊桁）计算。具体计算方法《营造法原》用歌诀列述，"民房六界用二个，厅房圆堂用前轩。七界提栈用三个，殿宇八界用四个。依照界深即是算，厅堂殿宇递加深"。

这歌诀大意如下：

"民房六界用二个"是指民房六界规定用二个提栈，因为六界是指屋架前后各三界，若依此则应是三个提栈，但根据实践总结，现规定用二个（即步柱提栈和脊柱提栈）。

"厅房圆堂用前轩"即指对界数较多的厅堂房屋，要以前轩为主定对象。一榀屋架以脊柱为轴，分为前架和后架两部分，前轩就是指前架部分，是规定提栈的主体。

"七界提栈用三个"因七界是前架三界后架四界，到底是规定用三个提栈，还是用四个提栈呢，此处就用到前面一句话，要以前轩为主定对象，因此规定用三个提栈。

"殿宇八界用四个"即殿宇八界房屋是前后架各四界，所以规定用四个提栈。

"依照界深即是算"即提栈按界深计算，如界深为 3.5 尺者，提栈为 0.35 即三算半；界深为 4 尺者，提栈为 0.4 即四算，如此类推。

"厅堂殿宇递加深"即按前面所述，所有房屋的提栈，均按由前向后逐一递加一个"算"数，如当用二个提栈时，当第一个是三算半者，后一个递加为四算半；如用三个提栈时，当第一个是三算半者，后面逐一递加为四算半、五算半。若第一个提栈是四算者，用三个提栈应递加为四算、五算、六算。

现在问题是，除上述规定的提栈之外的提栈，如何处理，如六界只规定了首尾二个提栈，对处于中间的提栈如何处理。又如七界只规定了前架三个提栈，而后架是四个提栈如何处理。如图 1.2.12（a）所示为六界结构，因为前后相同只显示前架部分，六界规定用二个，即步柱为三算半（或四算）、脊柱为四算半（或五算），对其中金童柱按前个提栈加半算处理，即三算半＋半算＝四算（或者四算＋半算＝四算半）。也可按后个提栈减半算处理。

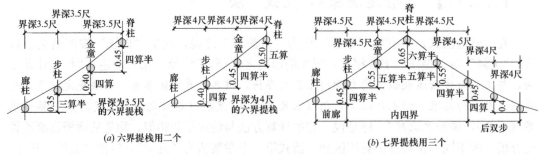

图 1.2.12　《营造法原》提栈

在图 1.2.12（b）所示为七界结构，按前轩规定用三个，但后架为后双步增添有川童，对其中脊柱、金童、步柱的提栈已按前架确定，而金童提栈可按后步柱提栈减半，即金童提栈＝四算半－半算＝四算。

上述提栈仅仅只是一个参考性计算方法，不像"举折""举架"那样严格，在实际应用中，多在此基础上进行适当修减。对其中房屋"界数"，由设计者根据情况确定，一般平房采用四界、五界、六界；厅堂多用六界、七界；殿堂八界，即"堂六厅七殿庭八"。

【1.2.15】 屋顶檐口伸出

坡屋顶的檐口伸出尺寸是指，从檐檩（或挑檐桁、撩檐枋）或檐柱中心线向外，屋顶檐椽外端所伸出的尺寸。它是屋面曲线的延续线，这段长度称为"屋面檐口伸出长""檐出""上檐出"等，它是在举折、举架、提栈等计算之外另行计算的数据，具体计算方法如下。

1. 宋制"檐口伸出"

宋制檐口伸出简称"檐出"，《营造法式》卷五述，"造檐之制，皆从撩檐枋心出，如椽径三寸，即檐出三尺五寸；椽径五寸，即檐出四尺至四尺五寸。檐外别加飞檐。每檐一尺，出飞子六寸。其檐自次角柱补间铺作心，椽头皆生出向外，渐至角梁。若一间生四寸，三间生五寸，五间生七寸，五间以上，约度随宜加减。其角柱之内，檐身亦令微杀向里，不尔，恐檐圆而不直"。即造檐规定，都从撩檐枋心向外伸出，当椽径为 3 寸者，则檐椽出 3.5 尺、椽径为 5 寸者，即檐椽出 4 尺至 4.5 尺。在檐椽之外另加飞椽。飞椽出按 0.6 檐椽出。其檐出从次角柱补间铺作中心线向外伸出，逐渐伸至角梁。角椽伸出尺寸，若一间伸出 4 寸，三间伸出 5 寸，五间伸出 7 寸，五间以上，根据曲势适当加减。在角柱之内，出檐线应使其向里微弯，不这样，恐产生出檐线不圆和顺直。

依其所述，则檐出由"檐椽出"和"飞椽出"两个距离组成，如图 1.2.13 所示。"檐椽出"按椽子直径大小计算，若椽径 3 寸，檐椽出为 3.5 尺（约为 12 椽径）；椽径 5 寸，檐椽出为 4 尺至 4.5 尺（约为 8 椽径至 9 椽径）。在檐椽出之外，另加"飞椽出"，其飞椽出长按檐椽出 0.6 倍计算。

根据这一规定，大约殿堂一等材的檐椽出为 4.5 尺至 5 尺；二三等材的檐椽出为 4 尺至 4.5 尺。厅堂四五等材的檐椽出为 3.5 尺至 4 尺，其他余屋的檐椽出为 3 尺至 3.5 尺。

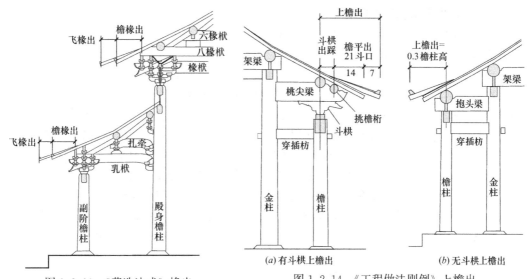

图 1.2.13 《营造法式》檐出   图 1.2.14 《工程做法则例》上檐出

2. 清制"檐口伸出"

清制檐口伸出称为"上檐出"，《工程做法则例》分为有斗栱建筑和无斗栱建筑两种，如图 1.2.14 所示。

带斗栱建筑"上檐出"=挑檐桁中至飞椽外皮之距离 21 斗口＋斗栱出踩距离

其中：21 斗口按檐椽出占 2/3，14 斗口；飞椽出占 1/3，7 斗口。

斗栱出踩按：三踩斗栱为 3 斗口、五踩为 6 斗口、七踩为 9 斗口。

无斗栱建筑"上檐出" = 0.3 倍檐柱高，即檐椽出为 0.2 檐柱高，飞椽出 0.1 檐柱高。

3. 《营造法原》"檐口伸出"

《营造法原》檐口伸出称为"屋檐伸出之长"，《营造法原》第二章述，"出檐椽下端伸出廊桁之外，其斜长自一尺六寸至二尺四寸，每进级以二寸为递加之标准，其长约为界深之半。除简陋房屋外，常于出檐椽之上，加钉飞椽，以增加屋檐伸出之长度，其长约为出檐椽之半"。即出檐椽由廊桁向外伸出的斜长为 1.6 尺至 2.4 尺，大约檐椽出为 0.5 界深，钉在檐椽之上的飞椽出为 0.25 界深。如有牌科时，另加出参长。

依以上所述，檐口伸出长度小结如表 1.2.13 所示。

仿古建筑的檐椽、飞椽伸出尺寸   表 1.2.13

名称	檐椽出	檐椽出有斗栱者	飞椽出
《营造法式》	椽径 0.5 尺内按 3.5 尺，椽径 0.5 尺外按 4 尺至 4.5 尺	加出跳长	按 0.6 檐椽出
《工程做法则例》	有斗栱按 14 斗口，无斗栱按 0.2 檐柱径	加出踩长	按 0.5 檐椽出
《营造法原》	按 0.5 界深	加出参长	按 0.5 檐椽出

【1.2.16】 屋檐转角起翘度

中国古建筑对屋顶的四角，称为"翼角"，翼角部分的檐口要比正身屋面檐口高起并伸出一个距离，此称为翼角的"起翘和冲出"。

1. 宋制"翼角冲出和起翘"

宋制冲出称为"生出",起翘称为"生起"。《营造法式》卷五"造檐之制"中述,"其檐自次角柱补间铺作心,椽头皆生出向外,渐至角梁。若一间生四寸,三间生五寸,五间生七寸。五间以上,约度随宜加减。其角柱之内,檐身亦令微杀向里,不尔,恐檐圈而不直"。即以次角柱(即角柱旁边的一根柱)上的补间铺作(即两柱之间的平身科斗栱)中心为起点,每根檐椽头逐渐向外伸出,直到角梁端点,如图1.2.15所示。角椽伸出尺寸,若为一间者生出4寸,三间生出5寸,五间生出7寸,五间以上,根据曲势适当加减。在角柱之内,出檐线应使其向里微弯,不这样,恐怕会产生出檐线不圆和不顺直现象。

而生起依"造檐之制"注解述"若近角飞子随势上曲,令背与小连檐平",即在转角附近的飞椽,从正身起翘点至角梁之势,随势上曲,使飞椽上背与小连檐平。但角梁的生起和生出多少,没有提出明确要求,只是在"阳马"条述道,"凡角梁之长,大角梁自下平槫至下架檐头,子角梁随飞檐头外至小连檐下斜至柱心。"即角梁之长度,大角梁从下平槫向外伸至檐椽头,子角梁外端随飞椽檐头的端头线,伸至小连檐下面的角柱中心线上。

依上所述,翼角的冲出是按翼角椽的生出(即按间数逐渐外伸)而定,而翼角的起翘,则依角梁自然伸长到生出位置(下架檐头)即可。

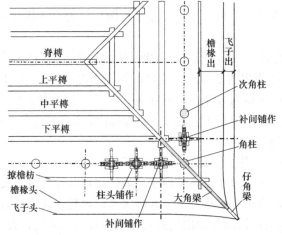

图 1.2.15 宋造檐之制平面图

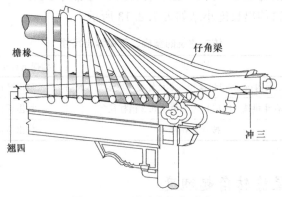

图 1.2.16 清式起翘与冲出

2. 清制"翼角冲出和起翘"

清制翼角冲出和起翘,《工程做法则例》也没有作出明确规定,只是在相关篇幅中述及仔角梁长度时提到，"凡仔角梁以出廊并出檐各尺寸，用方五斜七加举定长……再加翼角斜出椽径三份"，即按三角形求斜原理计算出仔角梁长度后，再加 3 椽径。但经古建工作者的长期实践摸索，总结出一个合理的经验数据，即称为"冲三翘四"。"冲三"是指仔角梁端头水平伸出，要比正身飞椽的椽头长出 3 椽径。"翘四"是指仔角梁端头上表面，要比正身飞椽头上表面高出 4 椽径，如图 1.2.16 所示。这"冲三翘四"的原则，一直沿用下来作为清式法则的一个组成内容。

3.《营造法原》"翼角冲出和起翘"

《营造法原》第七章述，"老戗之长，依淌样出檐之长，水平放长一尺（或依飞椽之长），使其与老戗相切而定其水平之长"。即老戗伸出长度，按照放样出檐椽长（即图 1.2.17 中 0.5 界深）的基础上，再水平放长 1 尺（或依飞椽之长），使其与老戗斜线相交就是老戗水平长。

而嫩戗的起翘，依图 1.2.17 所示，按其最大夹角 130° 计算，而殿庭总论中规定"嫩戗全长，照飞椽长度（即图中 0.25 界深）三倍为准"，依此我们可以得出：当其冲出值为 1 尺时，起翘值 $= 3 \times 0.25$ 界深 $\times \cos(130° - 90°) = 0.75$ 界深 $\times 0.76604 = 0.5745$ 界深。

由此可以得出，《营造法原》的冲出为 1 尺，起翘为 0.57 界深。

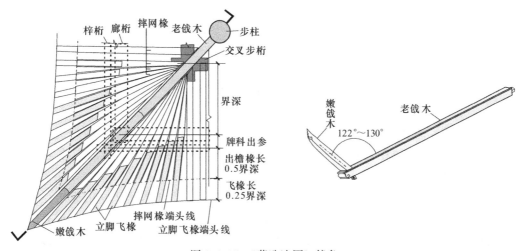

图 1.2.17 《营造法原》戗角

根据以上所述，翼角的冲出与起翘小结如表 1.2.14 所示。

仿古建筑的翼角冲出与起翘　　　　　　　　　　　表 1.2.14

名　称	冲　出　值	起　翘　值
《营造法式》	椽头 1 间伸 4 寸、3 间伸 5 寸、5 间伸 7 寸	起翘按角梁高
《工程做法则例》	冲出三檩径	起翘四檩径
《营造法原》	冲出一尺	起翘 0.5745 界深

【1.2.17】 大子角梁、老仔角梁、老嫩戗

角梁和戗，都是指中国古建筑木构架上屋顶翼角处的承重构件，如图 1.2.18 所示，宋制称为"大角梁、子角梁"，清制称为"老角梁、仔角梁"，《营造法原》称为"老戗、

嫩戗"。其中大角梁、老角梁、老戗等是受力构件；子角梁、仔角梁、嫩戗等是起翘构件，两者紧密地形成互补和分工。

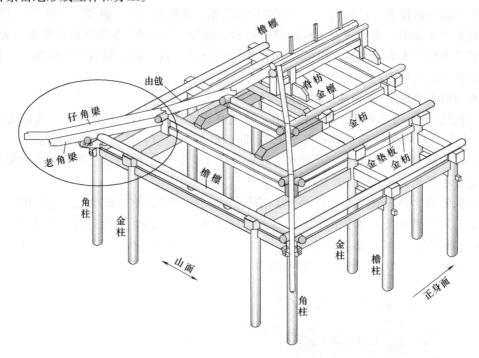

图 1.2.18　清制庑殿木骨架

《营造法式》的大、子角梁，制作比较简约，大角梁以撩檐枋和下平槫为支撑，向外进行悬挑，子角梁匍匐在大角梁上，使檐口起翘，借以达到翼角的生出与生起，如图 1.2.19（a）所示。

《营造法原》的老、嫩戗，两者是典型的交叉结构，嫩戗用大于 120° 的夹角，斜插在老戗外端，再用辅助构件（菱角木、箴木、扁担木）将两者连接牢固，以此形成翼角的起翘，这就是南方建筑屋顶翼角上翘度比较大的原因。老戗以交叉廊桁和交叉步桁为支点，里端与步柱榫接，外端按出檐椽长和冲出值伸出，如图 1.2.19（b）所示。

《工程做法则例》的老、仔角梁，其制作比较细腻，老角梁外端以檐檩为支点，而里端则根据不同类型屋顶，采用不同制作方法：在多层屋顶（即重檐屋顶）的建筑中，老仔角梁里端做成上下槽口，扣住下搭交金檩，称为"扣金做法"，如图 1.2.19（d）所示；在一般较大屋顶的建筑中，将老角梁里端压在下搭交金檩上，称为"压金做法"，如图 1.2.19（c）所示；而在轻型或较小屋顶建筑中，老仔角梁里端做榫插入金柱内，称为"插金做法"，如图 1.2.19（e）所示。

【1.2.18】　殿庭、厅堂和大式、小式建筑

殿庭、厅堂和大式、小式是表示中国古建筑的规模等级。《工程做法则例》分为大式建筑和小式建筑两种。《营造法式》《营造法原》分为：殿庭、厅堂和余屋三种。对于这种

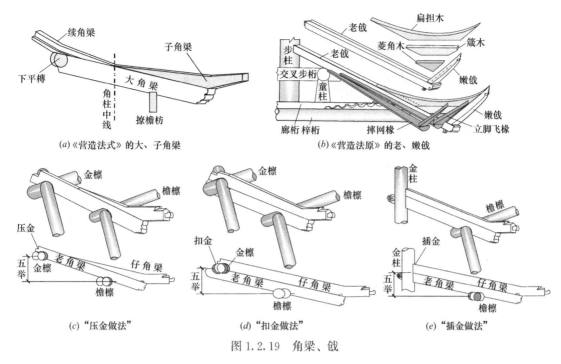

(a)《营造法式》的大、子角梁   (b)《营造法原》的老、嫩戗

(c)"压金做法"   (d)"扣金做法"   (e)"插金做法"

图 1.2.19　角梁、戗

规模等级，也都很难用一个量化标准加以区分，只能根据文献中的运用规模尺度，确定几条划分原则。

1. 宋制殿庭和厅堂

殿庭即殿堂，《营造法式》卷一引述，《仓颉篇》："殿，大堂也。"《说文》："堂，殿也。"《博雅》："堂埠，殿也。"厅堂即厅屋，小型室内公用开间。对殿庭与厅堂的区分，在《营造法式》《营造法原》两部历史文献中，都没有具体区分说明，故只能根据文献中所运用尺度，确定几条划分原则：

（1）形制规模区别

殿庭泛指宫殿、大殿及其附属平台，多为庄严性强、权威性高、观赏性大的建筑，外观形状为庑殿和歇山屋顶，有单檐和重檐形式，室内多为高级装饰如天花或藻井等。

厅堂泛指高大正房，如客厅、歌舞厅等，它的权威性较次，但结构形式较活泼、装饰较花哨，除人字屋顶外，可做成歇山屋顶，大多为单檐建筑，很少有重檐形式。根据《营造法原》所述，"厅堂较高而深，前必有轩，其规模装修，故较平房为复杂华丽也"，即厅内设有廊轩，室内装饰多有"雕梁画栋"。

（2）木构架构造区别

殿庭木构架的进深，一般由七檩至达十三檩，开间由五间至多达十一间，多设有前后走廊或围廊。如《营造法原》述，"殿庭之深，亦无定制，自六界，八界以至十二界"。即殿庭进深为六界（即 7 檩）至十二界（即 13 檩）。用材等级较大，如《营造法式》述，"凡用柱之制：若殿阁，即径两材两栔至三材。若厅堂柱，即径两材一栔，余屋即径一材一栔至两材"。即殿阁柱径为 42 份至 45 份，厅堂柱径 35 份，其他房屋柱径 21 份至 30 份。最早所建殿庭的内外柱，都处在一个层高范围内，如图 1.2.20（a）五台山佛光寺大殿所示。

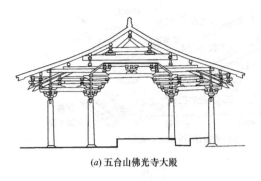
(a) 五台山佛光寺大殿

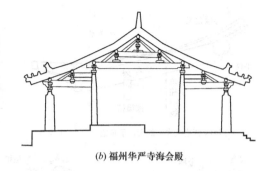
(b) 福州华严寺海会殿

图 1.2.20　殿庭与厅堂构架

厅堂木构架的进深，一般为五檩至七檩，最多达九檩。如《营造法原》述，厅堂"其进深可分三部分：即轩、内四界、后双步"，即进深为四界（即 5 檩）带前后廊。用材等级较殿庭小，横梁构件截面采用"圆作堂、扁作厅"。内外柱列不等高，内柱是直接上升到上层梁底，形成高矮不同空间层次，如图 1.2.20（b）所示。

（3）屋脊装饰区别

房顶屋脊是显示外观壮观程度的具体表现，殿庭屋脊一般比较高大，如《营造法式》述，"垒屋脊之制：殿阁，若三间八椽或五间六椽，正脊高三十一层，垂脊低正脊两层。堂屋，若三间八椽或五间六椽，正脊高二十一层"。即殿阁正脊高达 31 层，殿堂正脊高达 21 层。另外，正脊两端采用龙吻、鸱尾等装饰，如图 1.2.21（a）（b）所示。

厅堂屋脊比较矮小，《营造法式》述，"厅屋，若间椽与堂等者，正脊减堂脊两层。门楼屋，一间四椽，正脊高一十一层或一十三层，若三间六椽，正脊高一十七层。廊屋，若四椽，正脊高九层"。即厅屋若是与堂屋的间椽数相等者（即三间八椽或五间六椽），正脊高为 19 层。而正脊两端只采用哺龙、哺鸡、纹头、雌毛等装饰，如图 1.2.21（c）、（d）、（e）所示。

(a) 龙吻　　　　(b) 鸱尾　　　　(c) 哺龙头　　　　(d) 纹头　　　　(e) 雌毛

图 1.2.21　殿庭、厅堂屋脊

2. 清制大式建筑与小式建筑

根据《工程做法则例》对 23 种大式建筑、4 种小式建筑的木作和大小式石瓦作等所述内容，可以归纳以下几个区分原则：

（1）房屋用途等级区别

大式建筑的营造规模都比较豪华而壮观，常为皇宫贵族所拥有，如坛庙、宫殿、陵寝、城楼、府邸等房屋，多带斗栱（少数不带斗栱），可做成单檐和重檐，一般体量比较大，带前（后）廊或围廊。

小式建筑的营造规模，常比较质朴而简洁，多为平民、次官等用房，如辅助用房、平民宅舍、街市店铺等房屋，多不带斗栱或简单斗栱，只能做成单檐或楼房，一般体量较小，三至五间，可带前或后廊，但不带围廊。

（2）木构架大小区别

大式建筑的木构架可从三檩至十一檩，北京故宫达十三檩，如图 1.2.22（c）所示，其中三檩只用于长廊木构架，用于正规房屋都在五檩以上。

小式建筑一般为三檩至五檩，最多不超过七檩，超过时可加前（后）廊，如图 1.2.22（a）（b）所示。

（3）屋顶瓦作区别

大式建筑可采用庑殿、歇山、悬山、硬山、攒尖等各式屋顶的琉璃瓦或青筒瓦（布瓦），屋脊为定型窑制构件，如龙吻、望兽、垂兽等，如图 1.2.23（a）所示。

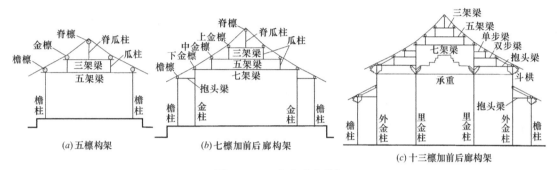

图 1.2.22　大小式木构架

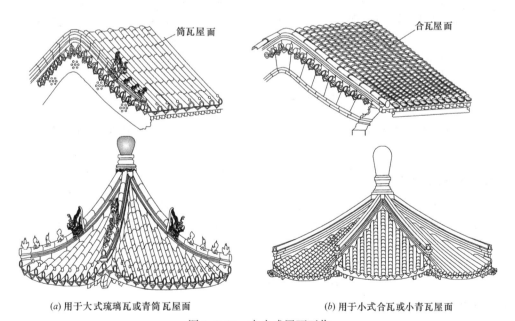

(a) 用于大式琉璃瓦或青筒瓦屋面　　　　(b) 用于小式合瓦或小青瓦屋面

图 1.2.23　大小式屋面瓦作

小式建筑最高只能采用悬山、硬山、攒尖等屋顶的青筒瓦（布瓦），一般采用合瓦或干搓瓦，屋脊所用瓦件完全由现场材料加工而成，如图 1.2.23（b）所示。

第二章 中国古建筑台基与地面

一切建筑从地起，台基是中古建筑的承托结构，本章专门介绍中国古建筑的基础工程、地面结构及其相关石作构件等相应内容。

2.1 中国古建筑台基

【2.1.1】 台明、阶基、阶台

用砖石结构围砌而成，用以承托整个房屋木构架和墙体荷载的承台基座，宋制称为"阶基"、清制称为"台明"、《营造法原》称为"阶台"。承托构架木柱的构件称为"柱顶石"，柱顶石下是用砖砌体作为承力基座，称为"磉墩"，南方地区多采用"领夯叠石"。承托墙体的构件称为"栏土"，它将各磉墩连接成平台框格，如图2.1.1（a）所示。

承台四周的周边由阶条石、陡板石（侧塘石）、角柱石、土衬石等围护，栏土墙之间填土夯实，表面铺以地面砖，室外用踏跺（阶沿）进行连接，如图2.1.1（b）所示。

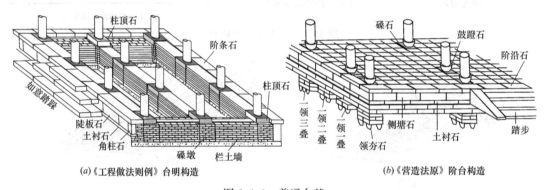

(a)《工程做法则例》台明构造　　　　　(b)《营造法原》阶台构造

图2.1.1 普通台基

1. 承台长宽尺寸

承台的长宽尺寸，一般依建筑物平面的最小需要而定。在不做室外平台及其栏杆的情况下，承台的宽窄可以根据建筑物的"下檐出"而定，下檐出即指承台边缘至建筑物檐柱中心的水平距离，其计算式为：

$$承台长＝通面阔＋2×下檐出$$
$$承台宽＝通进深＋2×下檐出$$

式中：下檐出＝70%上檐出至80%上檐出；

上檐出——即屋檐挑出的距离，按表1.2.13所述。

如果要做室外平台栏杆者，应在上述基础上，按实际所需要平台的宽度另行增加。

2. 承台高度尺寸

承台高度是指室内地坪与室外自然地面的高差，其规定宋清各有要求。

（1）宋制阶基规定

宋《营造法式》卷三石作制度中述，"造殿阶基之制，长随间广，其广随间深，阶头随柱心外阶之广。以石段长三尺，广二尺，厚六寸，四周并叠涩坐数，令高五尺"。即殿阶基长宽要根据房屋的间宽和进深而定，间宽和进深以外的出檐尺寸，要以柱子中心线之外的宽度而定。阶基四周用长 3 尺、宽 2 尺、厚 0.6 尺条石，进行坐叠成 5 尺高。

（2）清制台明规定

清制台明高，梁思成教授在《营造算例》中建议，从地面向上的高度：砖作按 15% 檐柱高，石作按 20% 檐柱高。

（3）《营造法原》阶台规定

《营造法原》在石作中述到，"厅堂阶台，至少高一尺……阶台之宽，自台石至廊柱中心，以一尺至一尺六寸为准，视出檐之长短及天井之深浅而定"。"殿堂阶台高度，至少三、四尺，因殿庭雄伟，非承以较高之阶台，不能使视觉稳重。台宽依廊界之进深，譬如界深五尺，则台宽自台边至廊柱中心为五尺，或缩进四、五寸，唯不得超过飞椽头滴水"。即要求厅堂台高不少于一尺，长宽按出檐之长短。殿庭台高不少于三、四尺，长宽不得超过滴水。

根据以上所述，其承台尺寸，如表 2.1.1 所示。

承台尺寸   表 2.1.1

名　　称		承台下檐出	承　台　高
宋《营造法式》	阶基	（70%～80%）×上檐出	殿庭阶基 5 尺
清《营造算例》	台明		瓦作 15%、石作 20% 檐柱高
《营造法原》	阶台		厅堂≥1尺，殿庭≥3、4尺

【2.1.2】 柱顶石、柱础、鼓蹬

柱顶石是承接承重木柱的基脚石，清制又称为"鼓镜"，宋制称为"柱础"，《营造法原》称为"鼓磴"，一般用青石、花岗石等经人工錾凿剁斧加工而成，加工精度要求达到二扁剁斧的等级。

1. 宋制"柱础"

《营造法式》卷三石作制度中述，"造柱础之制，其方倍柱之径，谓柱径二尺，即础方四尺之类，方一尺四寸以下者，每方一尺，厚八寸。方三尺以上者，厚减方之半。方四尺以上者，以厚三尺为率。若造覆盆，每方一尺，覆盆高一寸。每覆盆高一寸，盆唇厚一分。如仰覆莲华，其高加覆盆一倍"。即制作柱础尺寸，其边长按 2 柱径见方，如柱径 2 尺，即柱础之边为 4 尺等。当方径在 1.4 尺以下者，其高厚按本身方径的 0.8 倍。方径在 3 尺以上者，其高厚按本身方径的 0.5 倍。方径 4 尺以上者，其高厚以不超过 3 尺为原则。若做成覆盆式柱础石，其覆盆部分高厚按方径尺寸的 0.1 倍计算，盆唇边厚按 0.01 倍覆盆高计算。如果是雕刻仰覆莲花的柱础，其仰覆莲的高厚按方径尺寸的 0.2 倍计算，如图 2.1.2 所示。

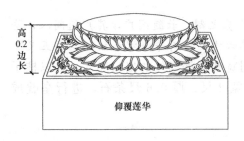 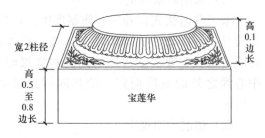

图 2.1.2 《营造法式》柱础图样

2. 清制"柱顶石"

清制"柱顶石"有圆鼓镜、方鼓镜、平柱顶、莲瓣柱顶、覆盆柱顶等，如图 2.1.3 所示。《工程做法则例》卷四十二石作大式述，"凡柱顶石，以柱径加倍尺寸，如柱径七寸，得柱顶石见方一尺四寸。以见方尺寸折半定厚，得厚七寸。上面落鼓镜按本身见方尺寸内，每尺做高一寸五分"。卷四十五石作小式述，"凡柱径七寸以下，柱顶石照柱径加倍之法，各收二寸定见方，如柱径七寸，得见方一尺二寸。以见方尺寸三分之一定厚，如见方一尺二寸，得厚四寸"。即清制大式建筑柱顶石大小，按柱径的倍数计算，例如柱径 7 寸，得柱顶石见方尺寸为 1.4 尺，即 2 倍柱径。石厚按 0.5 倍石径，即厚 7 寸。如果上面要做成鼓镜形，其鼓镜部分高按 0.15 石径。小式建筑按 2 倍柱径减 2 寸，即如柱径 0.7 尺，倍之为 1.4 尺，收 2 寸得见方 1.2 尺。厚按 1/3 方径，即 1.2/3 得 0.4 尺。

图 2.1.3 柱顶石

3. 《营造法原》"鼓蹬"

《营造法原》在第九章石作中述，"鼓蹬高按柱径七折，面宽或径按柱每边各出走水一寸，并加胖势各二寸。磉石宽按鼓蹬面或径三倍"。即鼓蹬高为 0.7 柱径，面宽或圆径周边各出柱径 1 寸，鼓腰凸出 2 寸。在鼓蹬之下，铺垫有一层与地面相平的"磉石"，磉石面宽按 3 倍鼓墩面宽。

以上所述柱顶石尺寸如表 2.1.2 所示。

柱顶石（鼓蹬）规格 表 2.1.2

名称	方　径	高　厚
《营造法式》	2 柱径	方径 1.4 尺下者 0.8 倍、方径 3 尺上者 0.5 倍、方径 4 尺上者不大于 3 尺
《工程做法则例》	大式：2 柱径；小式：2 柱径－2 寸	大式：0.5 方径；小式：1/3 方径
《营造法原》	周边各出柱径 1 寸，腰各出 2 寸	0.7 倍柱径

【2.1.3】 磉墩

"磉墩"是承接木柱所传递到柱顶石上的荷载，并均匀分布到基土上的砖石基础构件，如图 2.1.4 所示。对磉墩的处理，宋制、清制和《营造法原》各有不同。

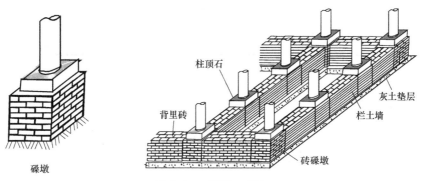

图 2.1.4 磉墩、栏土

1. 宋制"磉墩"

宋《营造法式》在台基中不单独设置磉墩，它是在筑基时，按"每布碎砖瓦及石札等厚三寸，筑实厚一寸五分"的做法，进行统一处理。

2. 清制"磉墩"

《工程做法则例》卷四十三瓦作大式述，"凡码单磉墩，以柱顶石见方尺寸定见方，如柱径八寸四分，得柱顶石见方一尺六寸八分，四围各出金边二寸，得见方二尺八分。金柱顶下照檐柱顶加二寸。高随台基除柱顶石之厚，外加地皮以下埋头尺寸"。即大式单砌磉墩，按柱顶石直径做成方形，如柱径 0.84 尺，则柱顶石直径 1.68 尺（即按柱径 2 倍），四周各加 0.2 尺的金边，则得磉墩见方尺寸＝1.68 尺＋2×0.2 尺＝2.08 尺。金柱下的磉墩按檐柱下磉墩加 2 寸，即方尺寸为 2.28 尺。磉墩高＝台基高－柱顶石厚＋地下埋头尺寸。其中埋头尺寸，接上述"凡埋头以檩数定高低，如四五檩应深六寸，六七檩应深八寸，九檩应深一尺"。即埋头尺寸按桁檩多少而定，如四、五檩，埋头深 6 寸，六、七檩埋深 8 寸，9 檩埋深 1 尺。

《工程做法则例》卷四十六瓦作小式述，"凡码单磉墩，以柱顶石尺寸定见方，如柱径五寸，得柱顶石见方八寸，再四围各出金边一寸五分，得单磉墩见方一尺一寸。金柱下单磉墩照檐柱磉墩亦加金边一寸五分。高随台基除柱顶石之厚，外加地皮以下之埋头尺寸"。即小式单磉墩按柱顶石尺寸，若檐柱径 0.5 尺，则柱顶石按 0.8 尺（即按柱径加倍收 2 寸），再加金边 0.15 尺，得磉墩见方尺寸＝0.8 尺＋2×0.15 尺＝1.10 尺。金柱磉墩按檐柱磉墩再加金边 0.15 尺，得 1.40 尺。磉墩高＝台基高－柱顶石厚＋地下埋头尺寸。而埋头"凡埋头以檩数定高低，如四五檩深四寸，六七檩深六寸"。

3. 《营造法原》"磉墩"

《营造法原》在第一章水田泥地开脚中述，"如在水田淤泥中，起筑墙垣即磉窠，必须开挖至生土（即老土）"，另在筑基用工中，阐述开脚、开磉窠（即磉墩槽坑）时，明确有刨土的深、阔尺寸，即"刨深一尺七、八寸，阔二尺五寸"。由此可以推断，磉墩宽厚为

2.5 尺，墩高 1.7 尺至 1.8 尺。

以上所述磉墩尺寸如表 2.1.3 所示。

磉墩规格 表 2.1.3

名　　称	方　　径	高　　厚
《营造法式》	按筑基处理	
《工程做法则例》	大式：柱顶石径＋0.2尺金边	台明高－柱顶石厚＋地下埋头
	小式：柱顶石径＋0.15尺金边	
《营造法原》	2.5 尺	1.7 尺至 1.8 尺

【2.1.4】 栏土

"栏土"是清《工程做法则例》台基中的一种砖砌结构，因为一般建筑木构架的承重柱，由柱顶石、磉墩等进行承重。而柱顶石之间的墙体及装饰，则由栏土承载，栏土既可将磉墩连成整体以增加稳定性，也为室内填土起着围栏作用，故将此砌体称为"栏土"或"栏土墙"，如图 2.1.4 中所示。《营造法式》和《营造法原》没有此做法。

栏土墙规格，《工程做法则例》卷四十三瓦作述，"凡栏土，按进深、面阔得长，如五檩除山檐柱单磉墩分位定长短，如有金柱，随面阔之宽，除磉墩分位定掐挡。高随台基，除墁地砖分位，外加埋头尺寸。如檐磉墩小，金磉墩大，宽随金磉墩"。即栏土按进深或面阔计算长度，如五檩建筑，栏土墙长＝进深（面阔）－磉墩尺寸，如其中遇有金柱，则栏土墙长＝进深（面阔）－磉墩尺寸－金磉墩尺寸。栏土高＝台基高－地面砖厚＋地下埋头尺寸（埋头尺寸与磉墩埋头相同）。栏土厚一般同磉墩厚，如遇檐柱磉墩小，金柱磉墩大时，栏土厚按金柱磉墩。

【2.1.5】 领夯叠石

"领夯叠石"是《营造法原》磉墩对其下面基础处理的一种做法，《营造法原》第一章述，"其法先铺三角石，以木夯夯之，谓之领夯石，其上复石多皮，以复石之多少，称一领一叠石，一领二叠石，一领三叠石"。即在挖好磉墩土方后，先用碎石铺底并夯实，称为"领夯石"，再在其上砌筑多层片石或窑砖，铺砌一层者称为"一领一叠石"，铺砌两层者称为"一领二叠石"，如此类推"一领三叠石"，如图 2.1.5 所示。这种做法可用作鼓蹬下的独立磉墩，也可用作墙壁下的通长基脚，领夯叠石的平面宽度尺寸在 2.5 尺内，高为1.7 尺至 1.8 尺。

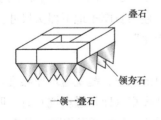
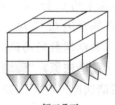

一领一叠石　　　　　　一领二叠石　　　　　　一领三叠石

图 2.1.5　领夯叠石

【2.1.6】 阶条石、压阑石、阶沿石

在台基四周一般用条石进行围拦以作加固，用以保护承台免被腐蚀破坏。清制称为"阶条石"，宋制称为"压阑石"，《营造法原》称为"阶沿石"，一般用花岗石或青石经人工錾凿剁斧加工而成，加工精度要求达到二扁剁斧的等级。

1. 宋制"压阑石"

《营造法式》卷三石作制度述，"造压阑石之制，长三尺，广二尺，厚六寸"，即每块压阑石尺寸，为长 3 尺、宽 2 尺、厚 0.6 尺。但在台明转角处采用"角石"，"造角石之制，方二尺，每方一尺，则厚四寸"，即角石为边长 2 尺的方形石，厚为 0.4 边长。

2. 清制"阶条石"

清《工程做法则例》规定，对于等级较高的建筑，阶条石要求按"三间五安、五间七安、七间九安"进行配制，所谓"三间五安"，即指若为三间房布置者，其长以安放五块阶条石进行设置，五间房按七块阶条石设置等。这样长的条石，对制作安装都比较困难，所以只能用于较高级的建筑。而对一般建筑可不必拘泥于此，可按台明长现场配置。阶条石的宽度，大式按下檐出尺寸减半柱顶石，小式按柱顶石方径减 2 寸。阶条石的厚度，大式建筑按 0.4 本身宽取定，小式建筑按 0.3 本身宽取定。

3.《营造法原》"阶沿石"

《营造法原》在第九章石作中述及阶台时，明确"台口铺尽间阶沿。厅堂阶台，至少高一尺，……阶台之宽，自台石至廊柱中心，以一尺至一尺六寸为准，视出檐之长短及天井之深浅而定"。即阶沿石，沿台口铺至两端，厅堂阶沿石宽为 1 尺至 1.6 尺。又述，"殿庭阶台高度，至少一尺至三、四尺，……台宽依廊界之深浅，譬如界深五尺，则台宽自台边至廊柱中心为五尺，或缩进四、五寸，唯不得超过飞椽头滴水"。即殿庭阶沿石宽，按廊道界深减 4、5 寸。阶沿石厚可按阶踏厚。

将以上所述列入表 2.1.4。

阶条石规格　　　　　　　　　　　　　　　　　　　表 2.1.4

名称	构件长	截面宽	截面高
《营造法式》	3 尺	2 尺	0.6 尺
《工程做法则例》	3 间 5 安，5 间 7 安，7 间 9 安；也可现场配制	大式按下檐出一半柱顶石；小式按柱顶石−2 寸	大式按 0.4 本身宽；小式按 0.3 本身宽
《营造法原》	按台边长配制	厅堂＝1 尺至 1.6 尺；殿庭＝廊界深−0.4（0.5）尺	0.5 尺或 0.45 尺

【2.1.7】 陡板石

"陡板石"是指在平台四周台面阶条石下，所陡立侧砌的围护石板，它是承台四周侧边的装饰护边石，一般用花岗石或青石，经人工錾凿剁斧加工而成，加工精度要求达到二步做糙等级。清制称为"陡板石"，《营造法原》称为"侧塘石"，宋制则是在"阶基四周做数层叠涩座式样"。

在《营造法原》中，"侧塘石"没有作出具体规格要求，根据现场石料进行选择搭配

即可。而宋《营造法式》的"阶基四周做数层叠涩座式样",见后面宋制石须弥座所述。

清《工程做法则例》的"陡板石",是立砌镶贴在台明四周的砖砌体"背里砖"外皮,石的顶面和侧面剔凿插销孔,如图2.1.6中所示,底面直接卡入土衬石落槽内。其长根据现场台明长宽和材料进行均匀设置,其高按台明高度减去阶条石厚即可,其厚度可按13cm至16cm或同阶条石厚。

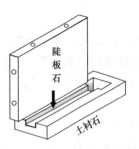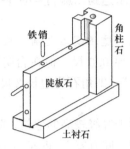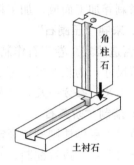

图2.1.6 陡板石、角柱石、土衬石

【2.1.8】 角柱石

"角柱石"即指台明转角部位的护角石,如图2.1.6、图2.1.7所示,用花岗石或青石,经人工錾凿剁斧加工而成,加工精度要求达到二步做糙等级即可。

1. 宋制"角柱石"

《营造法式》卷三石作制度中述,"造角柱之制:其长视阶高。每长一尺,则方四寸。柱虽加长,至方一尺六寸止。其柱首接角石处,合缝令与角石通平。若殿宇阶基用砖作叠涩坐者,其角柱以长五尺为率。每长一尺则方三寸五分"。即角柱石垂直高按阶基高而定(即阶基高减压阑石厚),截面宽窄按0.4倍角柱高见方计算,但最大不超过1.6尺见方。角柱石两面要与其上的角石面齐平。如果殿宇用砖砌须弥座者,角柱石高以不超过5尺为原则,断面按0.35倍角柱高见方计算。

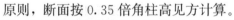

图2.1.7 角柱石

2. 清制"角柱石"

《工程做法则例》卷四十二石作中规定,"凡无陡板埋头角柱石,按台基之高除阶条石之厚得长,以阶条石宽定见方,如阶条石宽一尺二寸二分,得埋头角柱石见方一尺二寸二分"。即不做陡板槽口的角柱石高,按台明高减阶条石厚计算,如图2.1.7所示,宽窄与阶条石同。

《营造法原》没有专门设置角柱石,也未作具体规定,依现场情况配制。以上规定如表2.1.5所示。

角柱石规格 表2.1.5

名称	构件长	截面宽	截面高
《营造法式》	阶高-压阑厚	0.4高至1.6尺	0.4高至1.6尺
《工程做法则例》	台明高-阶条厚	1.22尺	1.22尺
《营造法原》	按现场情况配制		

【2.1.9】 土衬石

"土衬石"是指台基出土处，位于石砌平台的最底层构件，在它上面有陡板石、角柱石等石构件，因此，在其上剔凿有安装上面连接石构件的落槽口，以便增强连接的稳固性，如图2.1.6中所示。宋制称为"地面石"，清制和《营造法原》都称为"土衬石"。用花岗石或青石，经人工錾凿剁斧加工而成，其加工精度要求达到二步做糙等级。

1. 宋制"地面石"

《营造法式》卷三石作制度中述，"造压阑石之制，长三尺，广二尺，厚六寸。地面石同"。即地面石规格与压阑石相同，长3尺、宽2尺、厚0.6尺。

《营造法原》没有具体规定。

2. 清制"土衬石"

《工程做法则例》卷四十二石作大式中述，"凡土衬石周围按露明处丈尺得长。以斗板石之厚，外加金边定宽，如斗板石厚四寸八分，再加金边二寸，得土衬石宽六寸八分。以本身之宽折半定厚，得厚三寸四分"。即土衬石长按台明周边尺寸量得，石宽按外出陡板面2寸（小式1.5寸）为准，石厚按本身宽折半。安装时要求其上表面应高出地面2寸。

【2.1.10】 须弥座、金刚座

"须弥座"一词来源于佛教古印度传说中的"须弥山"。据说它雄伟高大，日月环绕，是世人活动住所的中心制高点，三界诸天也依之层层建立，于是佛教就寓意用"须弥山"作为佛的基座，以显示该教的神圣、威严和崇高，故以后将佛像下的基座都敬称为"须弥座"。在房屋建筑工程上，"须弥座"是一种较高级别的平台基座，如北京故宫的太和、中和、保和三大殿，就是建筑在三层巨大的须弥座上，简称为"故宫三台"。又如北京天坛祈年殿，也是建筑在三层圆形须弥座台座上。其他如故宫中的九龙壁、铜狮、铜象、铜龟、铜鹤等较小的基座，也都是须弥座。须弥座的材质可为砖雕、石雕和木刻等结构，大至房屋建筑平台，小至神像台座等都可使用，对这种结构宋、清都称为"须弥座"，《营造法原》称为"金刚座"。清制须弥座的基本构件由上下枋、上下枭、束腰等基本构件组成，如图2.1.8（a）所示。

(a) 带雕饰须弥座　　　　　(b) 盆景须弥座　　　　　(c) 天坛三台须弥座

图 2.1.8　须弥座

1. 宋制"须弥座"

宋制须弥座有砖砌须弥座和石砌须弥座两种。

（1）宋砖须弥座：《营造法式》卷十五砖作制度中述，"叠砌须弥座之制，共高一十三砖，以二砖相并，以此为率。自下一层与地坪，上施单混肚砖一层、次上牙脚砖一层，比混肚砖下龈收入一寸。次上罨牙砖一层，比牙脚出三分。次上合莲砖一层，比罨牙收入一寸五分。次上束腰砖一层，比合莲下龈收入一寸。次上仰莲砖一层，比束腰出七分。次上壶门柱子砖三层，柱子比仰莲收入一寸五分，壶门比柱子收入五分。次上罨涩砖一层，比柱子出五分。次上方涩平砖两层，比罨涩出五分。如高下不同，约此率随宜加减之。如殿阶作须弥座砌垒者，其出入并依角石柱制度或约此法加减"。即砖砌须弥座共计13层，以2砖厚为标准层。从下层开始，依次向上为单混肚砖一层、牙脚砖一层、按混肚边缩进1寸。罨牙砖一层、按牙脚边挑出3分。合莲砖一层、按罨牙边缩进1.5寸。束腰砖一层、按合莲边缩进1寸。仰莲砖一层、按束腰边伸出7分。壶门柱子砖3层、柱子按仰莲缩进1.5寸，壶门板面较柱子面缩进5分。罨涩砖一层、按柱子边伸出5分。方涩平砖二层、按罨涩边伸出5分。如果要求高度不同时，可以按此标准酌情加减。如果殿阶垒砌砖须弥座者，其伸缩要求可依角柱石制度，也可按此法加减。以上所述如图2.1.9（a）所示。

（2）宋石须弥座：宋石须弥座列为殿阶基，《营造法式》卷三石作制度中述，"造殿阶基之制：长随间广，其广随间深。阶头随柱心外阶之广。以石段长三尺，广二尺，厚六寸，四周并叠涩垒数，令高五尺。下施土衬石，其叠涩每层露棱五寸。束腰露身一尺，用隔身板柱，柱内平面作起突壶门造"。即殿庭的阶基长按房屋面阔，阶基宽按房屋进深。阶基边缘按柱心外的阶宽。用3尺×2尺×0.6尺块石，围着四周叠砌数层，使其高为5尺，其下铺筑土衬石，每层相互之间凸凹露出5寸，束腰身高1尺，用立板和柱上下间隔，柱内隔身板平面要雕琢为凸起的壶门形式，如图2.1.9（b）所示。

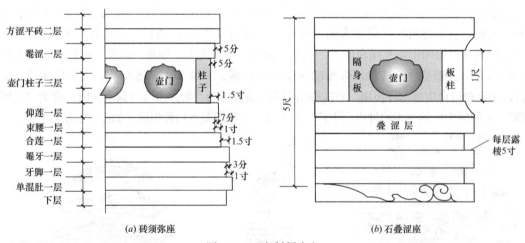

方涩平砖二层
罨涩一层
壶门柱子三层
仰莲一层
束腰一层
合莲一层
罨牙一层
牙脚一层
单混肚一层
下层

5分
5分
壶门
柱子
1.5寸
7分
1寸
1.5寸
3分
1寸

隔身板　壶门　板柱

1尺

5尺

叠涩层

每层露棱5寸

（a）砖须弥座　　　　　　　　　　（b）石叠涩座

图 2.1.9　宋制须弥座

（3）"壶"与"壸"之辩：由于《营造法式》出书时间比较早，随着历史进程通过多次印刷，对于书中"壶门柱子"、"作起突壶门造"等句中，是用"壶（hu）"，还是用"壸（kun）"，经过多方斟酌，可作如下理解。

"壶"一般很容易理解为古代茶壶，是一种带有葫芦肚状的造型。而"壸"据秦汉时期《尔雅》中解释为："宫中衖谓之壸。"（衖，简写为"弄"，同"巷"）；而现今新华字典中解释为"宫里的路"。很显然，在须弥座束腰的砖石构件上，用"壸"作为雕刻造型是比较适宜的。

2. 清制"须弥座"

清制须弥座分为：砖砌须弥座、琉璃须弥座、石砌须弥座三种。

（1）清砖须弥座：是在施工现场用砖料，加工成的砖须弥座构件垒砌而成，其构件名称由下而上为：土衬、圭角、直檐、连珠混、上下枭砖、上下混砖、束腰、盖板等构件，如图2.1.10（a）所示。

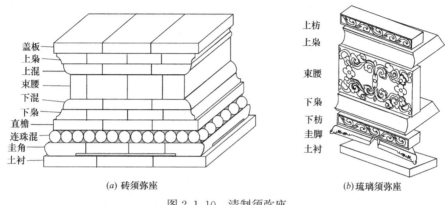

(a) 砖须弥座 (b) 琉璃须弥座

图 2.1.10 清制须弥座

（2）清琉璃须弥座：它是采用琉璃窑制品做外观面，其内用砖石砌体而成。其构件由上而下为：上枋、上枭、束腰、下枭、下枋、圭脚等，如图2.1.10（b）所示。这些琉璃构件围成四周一圈成为台座圈，圈内空档部分同普通台基的砖石结构。

（3）清石须弥座：分为普通型和豪华型，普通型石须弥座如图2.1.11（a）所示。豪华型是在上枋位置的四角安装大龙头，柱间每间隔一定距离安装小龙头，如图2.1.11（b）所示。龙头又称为"螭首"，它不仅是一种装饰物，而更重要的是作为平台上雨水的排水设施，通过管口将雨水从龙嘴吐出。高级基座可由2至3个台座层垒叠起来，如北京"故宫三台"、天坛祈年殿三台等。

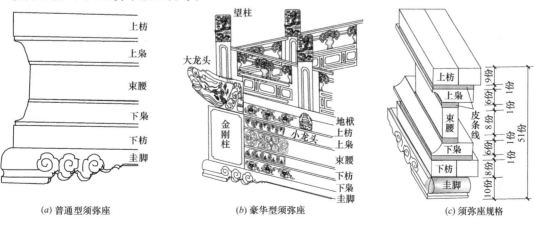

(a) 普通型须弥座 (b) 豪华型须弥座 (c) 须弥座规格

图 2.1.11 清制石须弥座

石须弥座的规格，《工程做法则例》没有单独作出说明，根据我国古建工作者的实践经验，总结出高度比的规律为"按台基明高五十一份，得每份若干。内圭脚十份。下枋八份。下枭六份，带皮条线一份，共高七份。束腰八份，带皮条线上下二份，共高十份。上枭六份，带皮条线一份，共高七份。上枋九份"，即以台明高度尺寸为 51 份，按图 2.1.11（c）所示，进行分配各层构件厚度。

3.《营造法原》"金刚座"

《营造法原》第九章石作中述，"露台之较华丽者，常作金刚座，其结构自上而下为台口石，石面平方形；下为圆形之线脚，有时雕莲瓣称荷花瓣，荷花瓣可置二重；中为宿腰，宿腰平面缩进，于转角处雕荷花柱等饰物，中部雕流云，如意等饰物；下荷花瓣之下为拖泥，拖泥为面平石条，设于土衬石之上。金刚座之上即设石栏杆以为屏藩及装饰"。即比较华丽的平台，一般都做成金刚座，其结构为：台口石、圆线脚、荷花瓣、束腰、荷花柱、拖泥、土衬等石构件垒砌而成，依不同构件雕刻有相应花纹。最后在台面上设立栏杆，铺砌地面，其高度如图 2.1.12 所示。

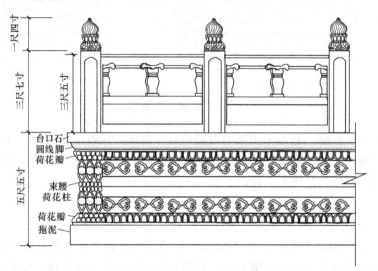

图 2.1.12　《营造法原》金刚座

【2.1.11】　须弥座上下枋

须弥座上枋与下枋是清制台座的起讫构件，在《营造法式》中的相应构件为"方涩平""罨牙"。在《营造法原》中的相应构件为"台口石""拖泥"，其截面形状为矩形截面，因似梁枋作用而得名。清制须弥座的上下枋，其外观面可为素面，也可为雕刻花面，常用雕花图案有宝香花和蕃草，如图 2.1.13 所示。

【2.1.12】　须弥座上下枭

上枭与下枭是清制须弥座外观面上，在石枋与束腰之间所进行凸凹变化的构件，因其凹凸变化比较急速凶猛而得名。在《营造法式》中的相应构件为"仰莲、合莲"。在《营

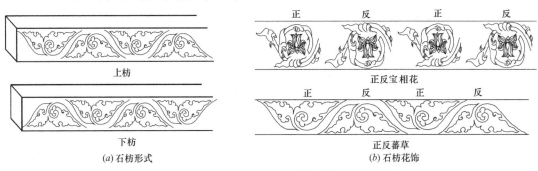

图 2.1.13 上、下枋雕刻

造法原》中的相应构件为"上、下荷花瓣"。上枭、下枭的外观面也可为素面或雕刻面，常用的雕刻花纹为"叭达马"，如图 2.1.14 所示。

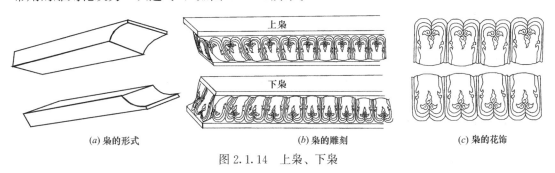

图 2.1.14 上枭、下枭

【2.1.13】 须弥座束腰

束腰是清制须弥座的中腰构件，因较上下构件的位置紧束直立而得名，一般都做得比较高，所以常在转角处设置角柱，清称为"金刚柱"，宋称为"壶门柱"，《营造法原》为"荷花柱"。

束腰构件由转角柱和束腰板组成，均为矩形截面，束腰板的外观面雕刻有带形花纹，称为"花碗结带"，金刚柱雕刻有如意、玛瑙等花纹，如图 2.1.15 所示。束腰与金刚柱侧面凿有销孔，用铁销将束腰板与束腰柱相互连接。

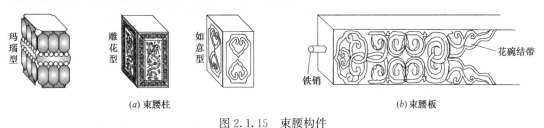

图 2.1.15 束腰构件

【2.1.14】 须弥座圭脚和螭首

圭脚是清制须弥座的底座，在《营造法式》中的相应构件为"单混肚"。在《营造法原》中的相应构件为"拖泥"，是须弥座与土基的过渡构件，如图 2.1.16（a）所示。

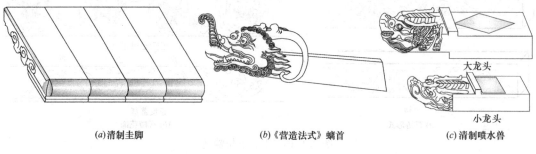

（a）清制圭脚　　　　　（b）《营造法式》螭首　　　　　（c）清制喷水兽

图 2.1.16　圭脚、螭首

"螭"是古传无岔角的龙，故螭首又称为"龙头""喷水兽"，多用于《营造法式》和《工程做法则例》的豪华须弥座上。

1. 宋制"螭首"

《营造法式》卷三石作制度中述，"造殿阶螭首制作，施之于殿阶，对柱及四角，随阶斜出。其长七尺，每长一尺，则广二寸六分，厚一寸七分。其长以十分为率，头长四分，身长六分。其螭首令举向上二分"。即螭首安装在殿阶四角柱的下面，随殿阶走势斜向伸出，如图 2.1.16（b）所示。螭首长 7 尺，宽按身长 0.26 倍，厚按身长 0.17 倍。头部占 4/10，身部占 6/10。头部较身部高出 2/10。

2. 清制"喷水兽"

清制喷水兽即龙头，分为大小龙头，在须弥座上枋位置的角柱之下安装大龙头，角柱之间在栏杆柱下安装小龙头，如图 2.1.16（c）所示。它既是一种装饰物，也是台明雨水的排水设施，通过管口将雨水从龙嘴吐出。《工程做法则例》没有单独讲述螭首的规格，根据古建工匠师傅的经验实践，大龙头长按 3 倍角望柱径，宽 1 柱径，厚 0.8 柱径。小龙头挑出长度为 0.8 柱径，宽 1 柱径，厚按 1.2 枋厚。

【2.1.15】 踏道、踏跺、踏步

房屋承台与室外地面，一般都筑有一个高度差，以利室内防潮和防止雨水倒灌，为连接这高度差而设置的台阶，就是台明地面与自然地坪交通连接结构，如图 2.1.17 所示。清制称为"踏跺"，《营造法式》称为"踏道"，《营造法原》称为"踏步"。

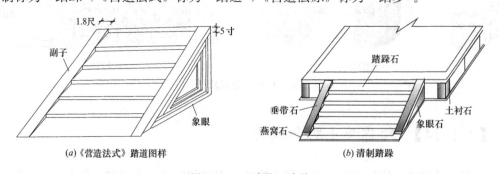

（a）《营造法式》踏道图样　　　　　（b）清制踏跺

图 2.1.17　踏跺、踏道

1. 宋制"踏道"

宋《营造法式》卷三石作制度中述，"造踏道之制，长随间之广，每阶高一尺作二踏，每踏厚五寸，广一尺。两边副子各广一尺八寸，厚与第一层象眼同"。即踏道长度按面阔的间宽，每阶高1尺中安置两踏，每踏厚5寸，宽1尺。踏道两边的副子（即垂带）宽1.8尺，厚与第一层象眼相同（即厚5寸）。

2. 清制"踏跺"

《工程做法则例》卷四十二石作大式中述，"凡踏跺石以面阔除垂带石一份之宽定长短，如面阔一丈，垂带石宽一尺二寸二分，得踏跺石长八尺七寸八分。宽以一尺至一尺五寸。厚以三寸至四寸。须临期按台基之高分级数酌定"。即大式踏跺长按面阔长减去垂带石而定，踏跺石宽按1尺至1.5尺，厚按3寸至4寸，具体按踏步级数酌情处理。卷四十五石作小式中述，"凡踏跺石以面阔折半定长，如面阔一丈，得五尺，内除垂带石一份宽一尺，得踏跺石长四尺。其宽自八寸五分至一尺为定。厚以四寸至五寸为定"。即小式踏跺长按面阔长减去垂带石后的一半而定，踏跺石宽按0.85尺至1尺，厚按4寸至5寸。

3. 《营造法原》"踏步"

《营造法原》在第九章石作中述，"厅堂阶台，至少高一尺，正间作阶沿，以便上下，或称踏步，踏步至少分二级，上者称正阶沿，下者称付阶沿。以三角石一，护于阶沿两旁，称菱角石。付阶沿每级高五寸，或四寸半，法式称为促面，宽倍之，其宽称为踏面。台高可随意增减，用阶沿四、五级亦可"。即是说，厅堂承台高至少1尺，在正间作踏步，以供上下，踏步至少分为2级，每级高5寸或4.5寸，宽1尺或9寸。除此之外，台高可根据需要增减，踏步可用到4、5级。

以上所述踏跺尺寸如表2.1.6所示。

踏跺规格　　　　　　　　　　　　　　　　　　　　　　表2.1.6

名称	踏跺长	踏步宽	踏步高
《营造法式》	按面阔间宽	1尺	0.5尺
《工程做法则例》	大式按正间面阔－垂带宽； 小式按正间面阔×0.5－垂带宽	大式1尺至1.5尺； 小式0.85尺至1尺	大式0.3至0.4尺； 小式0.4至0.5尺
《营造法原》	按正间面阔－垂带宽	1尺或0.9尺	0.5尺或0.45尺

【2.1.16】 象眼石

"象眼石"是指踏跺两端垂带下的三角形栏墙，《营造法式》《工程做法则例》称为"象眼石"，《营造法原》称为"菱角石"。一般用花岗石或青石，经人工錾凿剁斧加工而成，其加工精度要求达到二扁剁斧等级。

1. 宋制"象眼"

《营造法式》卷三石作制度的踏道中述，"两头象眼，如阶高四尺五寸至五尺者，三层，第一层与副子平，厚五寸。第二层厚四寸半，第三层厚四寸，高六尺至八尺者，五层。第一层厚六寸，每一层各递减一寸，或六层，第一层、第二层厚同上，第三层以下，每一层各递减半寸。皆以外周为第一层，其内深二寸又为一层，逐层准此。至平地施土衬石，其广同踏"。即踏道两边三角形栏墙（象眼）做成层层内凹形式，当台阶高 4.5 尺至 5 尺者，按三层内凹，第一层与副子面平，厚度 5 寸。第二层厚度减半寸，即厚 4.5 寸。第三层厚度为 4 寸，如图 2.1.18（a）剖面所示。若阶高 6 尺至 8 尺者，按五层内凹，第一层厚为 6 寸、以后每层递减 1 寸，如图 2.1.18（b）所示。或者按六层内凹，第一层和第二层同上，即分别为 6 寸、5 寸，第三层以下，每层递减半寸，即分别为 4.5 寸、4 寸、3.5 寸、3 寸。整个象眼均以外周面为第一层，以后各以 2 寸层层内凹，象眼与平地接触处安置土衬石。

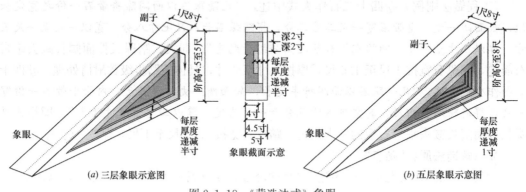

图 2.1.18　《营造法式》象眼

2. 清制"象眼"

《工程做法则例》在卷四十二石作中述，"凡象眼石以斗板之外皮至砚窝石里皮得长。宽与斗板石同，每块折半核算。以垂带石之宽十分之三定厚，如垂带石宽一尺二寸二分，得象眼石厚三寸六分"。即象眼石长按台明陡板石之外，至砚窝石内边的距离，高与斗板相同，厚按垂带宽的 0.3 倍，如图 2.1.19 所示。

《营造法原》对菱角石规格没有述及，可根据阶台高低进行设置。

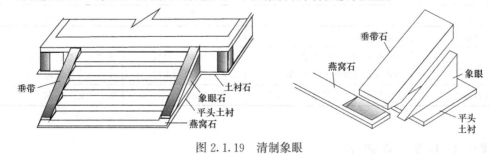

图 2.1.19　清制象眼

【2.1.17】　平头土衬、燕窝石

"平头土衬、燕窝石"是《工程做法则例》对踏跺最底层结构石的一种称呼，《营造法式》和《营造法原》都没有专门设置这种构件。

"平头土衬"与"土衬石"是有区别的，前者是指象眼石下的垫基石，它没有承接象眼石的落口剔槽，即平头面，如图 2.1.19 所示，而后者是台基下的垫基石，它剔凿有承接上面石构件的落口槽。平头土衬的宽厚尺寸与踏跺石相同。

"燕窝石"又称"砚窝石"，是垂带和踏跺最下面一级踏跺的铺垫石，它在垂带下端处剔凿有槽口，用以顶住垂带避免下滑，如图 2.1.19 所示。其宽厚尺寸与踏步石相同，而长度较踏步石长出两垂带宽。

【2.1.18】 御路、礓磋

"御路"和"礓磋"是《工程做法则例》和《营造法原》中一种较豪华的踏步，《营造法原》第九章石作中述，"台前之阶沿较广，常等于正间之面阔，有于踏步之中央，不作踏步而代之以凤龙雕刻之石板，称为御路，或作锯齿形之石板，则称礓蹉"。

"御路"是指隔离左右踏道的分界石，多采用龙凤雕刻或宝香花图案，如图 2.1.20 所示，石长按所铺长度，石宽按 0.3 至 0.5 本身长，厚按 1/3 本身宽。如故宫保和殿后面御路石由上中下三块组成，是故宫中最大的御路石，其中以最下边一块最大，其长为 16.57m，宽为 3.07m，厚为 1.70m，重为 250t，其上雕刻有九条巨龙，据说由产地京西房山运至北京，就耗时一个月。

"礓磋"是带锯齿形的坡道，如图 2.1.20 所示，《营造法式》称为"慢道"，是供车辆行驶的防滑坡道，也适用于坡度比较陡的行人坡道。

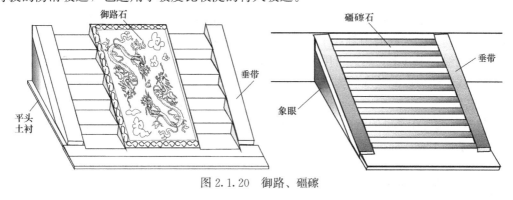

图 2.1.20　御路、礓磋

【2.1.19】 背里砖、金刚墙

"背里砖"和"金刚墙"是《工程做法则例》术语，都是指隐蔽在面砖之后的加固砖。如果在面砖之后，主要作用是起支撑、填充等作用的砖砌体，一般称为"背里砖"，如台明周边的栏土墙、房屋外墙的上身和下肩之后的背里墙等。

若在墙面砖或垂面石之后，为增强承受外力需加固强度而砌筑的砖砌体，则称为"金刚墙"，如贴砌石板、镶贴琉璃砖等的背后砖墙等。

2.2　基　础　土　方

【2.2.1】 定向、定平、筑基

"定向、定平、筑基"，是指对中国古建筑基础定位处理的术语，相当于现代施工所用的经纬仪测量、水平仪测量和基础垫层处理。它们是确定房屋方向、台基水平度和解决基土承载力的主要内容。

1. 定向

"定向"是指选择确定房屋建筑的朝向，即确定房屋当心间大门所应对的方向。房屋的定向，由古至今已历经几千年的实践，在全国各地都已有相当成熟经验和习惯。如我国北方地区房屋，多是面向正南。而我国南方地区，一般不取正南，而是取南偏东或偏西，但偏离多少，应根据当地环境地势和习惯而定。我国古代，早在汉代的长安宫殿，以及魏、晋、南北朝和唐宋时代的宫殿等，都是面向正南的。

定向工作在现代建筑物施工中，是采用经纬仪或指南针进行的，而中国古建筑的定向，早在明清时期，就使用了罗盘指南针，而在唐宋时期却采用的是更简易的工具，即景表板、木望筒、水池景表等。在中国古建筑施工中，一般都要遵循"万法不离中"的基本原则，就是在房屋定向时，要以建筑物的轴线进行"找中"（如建筑群的中轴线、通面阔的中轴线等），然后再根据中轴线的指向，使用测量工具来选择所需要的方位。

2. 定平

"定平"又称为"平水"。它是用来确定建筑物水平标高的操作，即在现代建筑施工中，所采用的水平仪测量。在唐宋时期是采用两种简易的定平工具，即水平板、木真尺。它是在建筑物或建筑群的中轴线上，于基础位置附近的两端，各砌一个砖墩并用面灰抹平，将中轴线过于其上，然后再用定平工具，在其上定出所需要的水平线，即确定基础标高的基准线。然后以此基准线为依据，根据现场地面情况，定出承台基础的标高。

3. 筑基

"筑基"就是在基础的定向、定平工作之后，按各个建筑物的基础设计图，进行基础放线、挖基础土方、铺筑基础垫层等工作。

【2.2.2】 景表板、木望筒、水池景表

"景表板、木望筒、水池景表"是宋《营造法式》所载的定向工具，可用来确定建筑物的方位。《营造法式》在补遗看样中述，"今来凡有兴造，既以水平定地面，然后立表测景、望星，以正四方，正与经传相合。今谨按《诗》及《周官·考工记》等修立下条"。即凡有兴建造房工程，就要先在地面定平，然后；立表测景、望星，以确定方正，使正面与经纬度要求相合。按照《诗经》和《周官·考工记》等所述，建立下条（即指用景表板、望筒、水池景表等，来进行取正定向的做法）。

1. 景表板

"景"意为背景、景象，在这里是指太阳光的射影；"表"即竖立的直杆木条，它是利用太阳射影最短以定南北的工具。此工具是用圆形木板作底板，在板中心装钉一垂直木条，此称为"景表板"。《营造法式》卷三壕寨制度述，"取正之制，先于基址中央，日内置圆版，径一尺三寸六分。当心立表，高四寸，径一分。画表景之端，记日中最短之景。次施望筒于其上，望日景以正四方"。即先在基址中央，于太阳照射范围内，安置直径为 1.36 尺的圆板，圆板中心直立一根高 0.4 尺、径 0.01 尺木杆，这时沿阳光照射方向，木条有投影，记下在一日当中木条射影最短方位，然后在此方位安置望筒，观望太阳射景来

确定方向，如图 2.2.1（*a*）所示。

2. 木望筒

《营造法式》接上述，"望筒长一尺八寸，方三寸用版合造。两蹇头开圆眼，径五分。筒身当中，两壁用轴安于立颊之内。其立颊自轴至地高三尺，广三寸，厚二寸。昼望以筒指南，令日景透北。夜望以筒指北，于筒南望，令前后两窍内正见北辰极星。然后各垂绳坠下，记望筒两窍心于地，以为南，则四方正"。即望筒长为 1.8 尺，0.3 尺见方，用木板组合成长筒形六方体，在筒体两头开凿直径 0.05 尺孔洞而成筒身。然后在筒身中间，用轴安于两边立木之上。立木高由轴至地面为 3 尺，宽 0.3 尺，厚 0.2 尺。白天将望筒指向南面，使日景透过孔洞投射北面。夜晚将望筒指向北，向南观望，使通过孔眼能正观北极星。再将望筒两孔用吊线垂于地，以定南北，如图 2.2.1（*b*）所示。

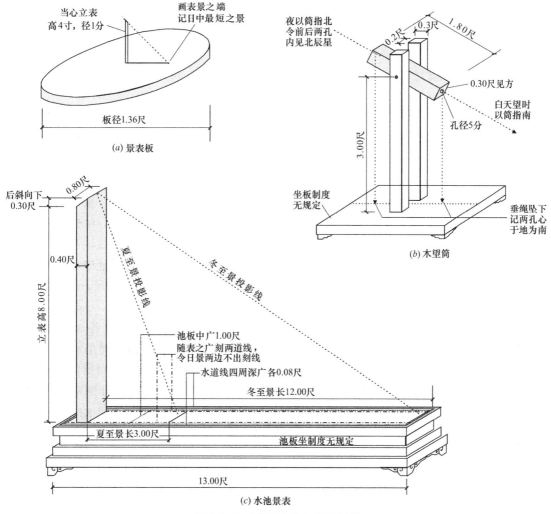

图 2.2.1 《营造法式》定向图样

3. 水池景表

《营造法式》接上述，"若地势偏衺，既以景表、望筒取正四方，或有可疑处，则更以水池景表较之。其立表高八尺，广八寸，厚四寸，上齐，后斜向下三寸，安于池版之上。

其池版长一丈三尺，中广一尺。于一尺之内，随表之广，刻线两道。一尺之外，开水道环四周，广深各八分。用水定平，令日景两边不出刻线，以池版所指及立表心为南，则四方正。安置立表在南，池版在北。其景夏至顺线长三尺，冬至长一丈二尺。其立表内向池版处，用曲尺较令方正"。即当遇到地势偏斜时，在使用景表板和望筒来确定方位后，仍有怀疑之处，应该用水池景表进行校验。立表高 8 尺，宽 0.08 尺，厚 0.4 尺，顶面平齐，再将该面后斜向下杀 3寸，然后安放在池板上面。该池板长 13 尺，中间宽 1 尺。在 1 尺宽度内，随立表之宽，在池板上刻出两道线。在刻线之外，剔凿环绕四周的水道，水道宽深都为 0.08 尺。再在水道内灌水，使池板水平，让日影两边不超出刻线，将池板和立表中心设置为南向，即可确定方位。安置时要使立表在南面，池板在北面。这时日景夏的线长为 3 尺，冬至为 12 尺。操作时在立表内向与池板交接处，用曲尺作垂直校正。水池景表如图 2.2.1（c）所示。

【2.2.3】 水平板、木真尺

"水平板、木真尺"是宋《营造法式》所载的定平工具，可用来确定基础底面的水平。

1. 水平板

《营造法式》卷三壕寨制度中述，"定平之制：既正四方，据其位置，于四角各立一表，当心安水平。其水平长二尺四寸，广二寸五分，高二寸。下施立桩，长四尺，安鐏在内。上面横坐水平，两头各开池，方一寸七分，深一寸三分。或中心开池者，方深同。身内开槽子，广深各五分，令水通过。于两头池子内，各用水浮子一枚，用三池者，水浮子或亦用三枚，方一寸五分，高一寸二分。刻上头令侧薄，其厚一分，浮于池内。望两头水浮子之首，遥对立表处，于表身内画记，即知地之高下。若槽内如有不可用水处，即于桩子当心施墨线一道，上垂绳坠下，令绳对墨线心，则槽自平，与用水同。其槽底与墨线两边，用曲尺较令方正"。即当基址方位确定后，根据其位置，于四角各立一根标杆，在基址中心安置水平板，水平板长 2.4 尺，宽 0.27 尺，厚 0.2 尺。先在下面立竖桩，桩长 4 尺，桩内安铁栓，桩上横置水平板，板两头各剔凿一个水池，水池 0.17 尺见方，深 0.13 尺。也可在中心部位剔凿水池，方深尺寸与两头相同。两端水池开好后，在其之间剔凿水槽，深宽各 0.05 尺，使水能通过，如图 2.2.2（a）所示。再于两端水池内各置一水浮子（即相同小木块），若采用 3 池者，应用 3 个水浮子，水浮子 0.15 尺见方，高 0.12 尺。将浮子上头剔凿侧薄形，薄壁厚 0.01 尺，浮于水池内，如图 2.2.2（b）所示。观望两浮子之顶，分别对准四角标杆，然后将两点一线的位置刻画在标杆上，这样即可知道地面之高低。如果水槽内不能用水时，可在竖桩中心画墨线，在上端钉吊垂线，使垂线对准墨线，则水槽自然水平，这与用水浮子是相同的。槽底与墨线两边的垂直，用曲尺加以校正。

2. 木真尺

《营造法式》接上述，"凡定柱础取平，须更用真尺较之。其真尺长一丈八尺，广四寸，厚二寸五分。当心上立表，高四尺，广厚同上。于立表当心，自上至下施墨线一道，垂绳坠下，令绳对墨线心，则其下地面自平。其真尺身上平处，与立表上墨线两边，用曲尺较令方正"。即要确定房屋基础之间水平，还需要用真尺校验。真尺长 18 尺，宽 0.4 尺，厚0.25 尺，在其中央垂直安装有一根立表，立表高 4 尺，宽厚同上。在立表中心画一墨线，顶端装配一根吊垂线 ［图 2.2.2（c）］，当吊垂线与墨线重合者，则基础地面自然水平。真尺本身应平直,与立表墨线两边应用曲尺校正方正。

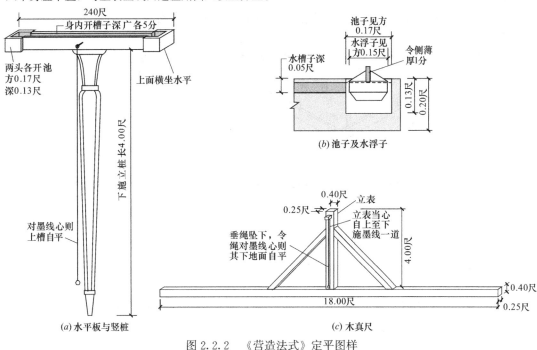

图 2.2.2 《营造法式》定平图样

【2.2.4】 地 基 放 线

"地基放线"是指将图纸上基础设计的平面形式和尺寸,移植到所确定的地基位置上。中国仿古建筑台基的平面形式,一般可归纳为矩形和多边形两种。最常用的是矩形地基放线,它是在已经完成定向、定平、找中的基础上,以通面阔和通进深的尺寸,分别加入"下檐出"为长,画出四边形初步控制线。并要校核四边形的四角成 90° 直角(这可用上述木真尺的垂直边,或使矩形两对角线相等,或用皮尺拉出"勾 3 股 4 弦 5"的直角三角形等方法进行校核)。核实完成后,此方框线即为矩形基地位置控制线,在此控制线外围下钉龙门桩板、标注墙柱基础断面上各有关尺寸的标记,最后在地面上打出挖基槽白线,供基土处理使用。

1. 下钉龙门桩板

龙门桩板是用来标注基础结构有关平面位置的临时辅助设施。在基地控制线的四角位置,距离边线约 20cm 至 50cm 范围,打下龙门桩,在桩上钉龙门板,如图 2.2.3 所示。

2. 标出墙柱中线

根据建筑物本身找中线,按基础设计图上的有关尺寸,量出建筑物前后墙柱平面轴线和两山墙柱平面轴线,并将其过到龙门板上,钉上小铁钉标出,该线是为放样挖地槽线、放样墙柱基础线等的基本依据,一般用"中"字标记标出,以备查用。

3. 标出其他平面线

以龙门板上"中"轴线为依据,按基础设计尺寸,分别标出挖地槽宽度线、墙体里外包金线和水平线等。

4. 画地槽白线

将龙门板上挖地槽宽度线过渡到地面上，用白石灰粉或白石灰浆画出白线，供挖地槽土方使用。

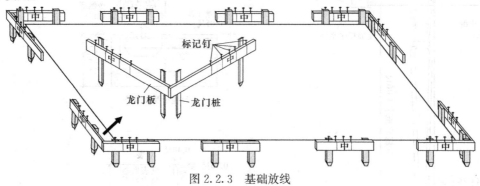

图 2.2.3　基础放线

【2.2.5】　五边形地基放线

五边形是亭台楼阁中有可能遇到的平面结构，五边形的放样做法与矩形放样操作基本相同，只是放线所画图形有所区别。

五边形放线有一个口诀，即"一六坐当中，二八两边分，九五顶五九，八五定边形"。

"一六坐当中，二八两边分"，即量用 1.6 倍面阔长的线段，准备画出垂直十字线，其中：先以垂直线用 1 倍面阔和 0.6 倍面阔长划中点 F（即一六坐当中）；然后用水平横线以 F 点两边用 0.8 倍面阔定长（即二八两边分），得出垂直十字线上两点 B、E，以此作为放样中线，如图 2.2.4（a）所示。

"九五顶五九，八五定边形"，是进一步细化，先用 0.59 倍面阔在垂线上量取五边形的上顶角 FA，用 0.95 倍面阔在垂线上量取五边形下底边 FG，（即九五顶五九），并以 G 点画 BE 平行线，在线上用 0.5 倍面阔长量得 C、D 点，最后连接各点即为五边形，如图 2.2.4（b）所示。图中对 0.80、0.59、0.95 等数据来源提供了具体计算。

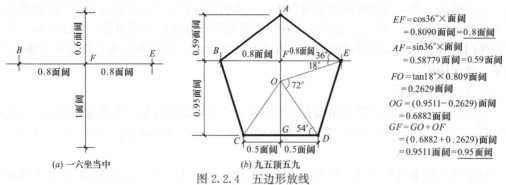

$$EF = \cos36° \times 面阔$$
$$= 0.8090 面阔 = 0.8 面阔$$
$$AF = \sin36° \times 面阔$$
$$= 0.58779 面阔 = 0.59 面阔$$
$$FO = \tan18° \times 0.809 面阔$$
$$= 0.2629 面阔$$
$$OG = (0.9511 - 0.2629) 面阔$$
$$= 0.6882 面阔$$
$$GF = GO + OF$$
$$= (0.6882 + 0.2629) 面阔$$
$$= 0.9511 面阔 = 0.95 面阔$$

（a）一六坐当中　　　　（b）九五顶五九

图 2.2.4　五边形放线

【2.2.6】　六边形地基放线

六角亭是较常用的一种形式，六边形的放线有两种方法，即矩形中心取点法、矩形四角取点法。

1. 矩形中心取点法

以面阔轴线长为短边，以 1.732 面阔轴线长为长边（1.732 为夹角为 60°的正切值，即 tan60°＝1.732），作一矩形，并画出对角线及横中线，得出中心点 O，如图 2.2.5（a）所示。

再以中心点 O 为圆心，面阔长为半径，画圆得出六个交点，如图 2.2.5（b）所示。连接六个交点即为六边形。

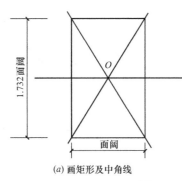 

（a）画矩形及中角线　　　　　　　（b）以面阔为半径画圆

图 2.2.5　矩形中心取点法

2. 矩形四角取点法

先以面阔轴线长为短边，以 1.732 面阔轴线长为长边，作一矩形，并画出横中线，如图 2.2.6（a）所示。再以短边二角点为圆心，面阔长为半径分别画弧，得出与横中线上两交点，如图 2.2.6（b）所示，最后连接交点与角点即为六边形。

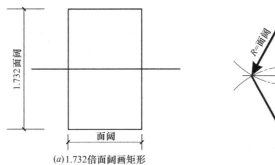 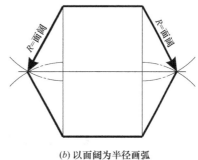

（a）1.732 倍面阔画矩形　　　　　　（b）以面阔为半径画弧

图 2.2.6　矩形四角取点法

【2.2.7】　八边形地基放线

八角亭用八边形放线，其画法有两种，即十字矩形法、十字取点法。

1. 十字矩形法

先画出垂直十字线，如图 2.2.7（a）所示。以十字线为基础，分别以面阔轴线长为短边，以 2.4142 面阔轴线长为长边（其中 2.4142＝tan67.5°），画出两个垂直矩形，如图 2.2.7（b）所示。最后连接矩形各个角点即为八边形，如图 2.2.7（b）所示。

2. 十字取点法

同理，先画出垂直十字线，并以进深轴线长为边画出正方形，如图 2.2.8（a）所示。

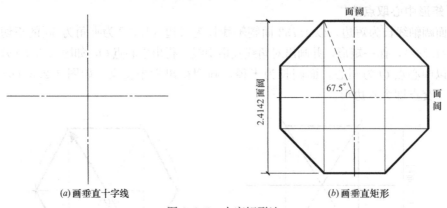

(a) 画垂直十字线　　　　　　　　(b) 画垂直矩形

图 2.2.7　十字矩形法

再在各边上以 0.4142 进深长为距离（其中 0.4142＝tan22.5°），以垂直十字线为中，分别在正方形各边取点，如图 2.2.8（b）所示。最后连接各点即为八边形。

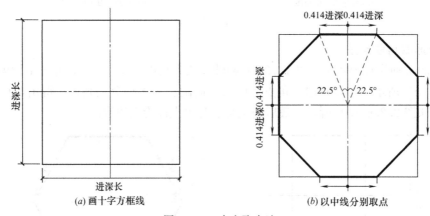

(a) 画十字方框线　　　　　　　　(b) 以中线分别取点

图 2.2.8　十字取点法

【2.2.8】　开基、刨槽、开脚

对中国古建筑基础土方的开挖，宋制称为"开基"，清制称为"刨槽"，《营造法原》称为"开脚"。

1. 宋制"开基"

《营造法式》卷三壕寨制度"筑基"中述，"凡开基址，须相视地脉虚实，其深不过一丈，浅止于五尺或四尺，并用碎砖瓦石扎等，每土三分内添碎砖瓦一分"。即指开挖基础土方的深度，要根据地质硬软情况，其挖深不超过一丈，最浅为四、五尺，并用碎砖瓦或碎石等与土混合，铺筑夯打，其比例为：土：碎砖瓦＝3：1。

2. 清制"刨槽"

清制开挖基槽的刨槽宽度（即槽边与墙边之距离）称为"压槽"。《工程做法则例》卷四十七土作做法述，"凡压槽，如墙厚一尺以内者，里外各出五寸。一尺五寸以内者，里外各出八寸。二尺以内者，里外各出一尺。其余里外各出一尺二寸。如通面阔三丈，即长三丈，外加两山墙外出尺寸，如山墙外出一尺，再加压槽各宽一尺，得通长三丈四尺"。即压槽宽度根据墙基厚度而定，即：墙厚 1 尺，槽里外宽各出 0.5 尺；墙厚 1.5 尺，槽里外宽各出 0.8 尺；墙厚 2 尺，槽里外宽各出 1 尺；其余里外宽各出 1.2 尺。如通面阔三丈，两山墙各外出一尺，则基槽通长＝通面阔 30 尺＋山墙外出 2×1 尺＋压槽 2×1 尺＝34 尺。

刨槽深度是以铺筑灰土层数（称为"步数"）为依据，《工程做法则例》述，"凡刨槽以步数定深，如夯筑灰土一步，得深五寸，外加埋头尺寸，如埋头六寸，应刨深一尺一寸"。即刨槽深度按筑灰步数而定，如夯筑一步灰土，刨槽深按 0.5 尺，加埋头 0.6 尺，即得刨槽深为 1.1 尺。也就是说，其刨深为 1.1 尺×步数，一般小式建筑的灰土约 1 至 2 步，大式建筑多为 2 至 3 步，重要建筑可达 10 步之多，依具体情况"临期酌定"。

3. 《营造法原》"开脚"

《营造法原》第一章地面总论中述，"建造房屋首重基础之坚固，筑础掘土，谓之开脚。开脚之深浅，视负重之多寡而定。柱下较墙壁负重为多，开脚亦深"。即挖土深浅依作用荷载大小而定，柱下开脚要较墙下深，而柱的开脚深度应按领夯叠石多少而定。墙下则述"如实滚砌每高一丈，开脚深一尺。花滚砌每高一丈，开脚七寸。单丁砌每高一丈，开脚五寸"。即墙的开脚依墙重大小，实砌墙按墙高 10%定深、空斗墙按墙高 7%定深、单砖墙按墙高 5%定深。

依上所述，基础土方开挖尺寸如表 2.2.1 所示。

基础土方开挖尺寸　　　　　　　　　　　　　　　表 2.2.1

名　　　称	挖 土 长 宽	挖 土 深 度
《营造法式》	依台明而定	0.4 尺至 10 尺
《工程做法则例》	通面阔＋2 墙后＋2(0.5 墙厚)	1.1 尺×灰土步数
《营造法原》	依台明而定	柱基按领夯叠石，实墙按 10%墙高

【2.2.9】 筑基、垫层、垫土

基础垫层是基础底至基础土面的过渡层，它既可起到传布荷载作用，也可起到使基础与土壤隔离的作用。铺筑基础垫层宋称为"筑基"、清称为"灰土垫层"、《营造法原》称为"房基垫土"。

1. 宋制"筑基"

《营造法式》卷三壕寨制度中述，"筑基之制，每方一尺，用土二担。隔层用碎砖瓦及石扎等，亦二担。每次布土厚五寸，先打六杵，二人相对，每窝子内各打三杵，次打四杵，二人相对，每窝子内各打二杵，次打二杵，二人相对，每窝子内各打一杵，以上并各打平土头，然后随用杵碾蹋令平。再攒杵扇扑，重细碾蹋。每布土厚五寸，筑实厚三寸。每布碎砖瓦及石扎等厚三寸，筑实厚一寸五分"。即基础垫层铺筑法，是按每 1 平方尺，用土和碎砖瓦石各 2 担，相互隔层铺筑，每次要铺筑 5 寸厚土层，先用木杵打 6 下，2 人相对持杵，每窝各打 3 下，第二遍打 4 杵，2 人持杵，每窝各打 2 下，第三遍打 2 杵，2 人持杵，每窝各打 1 下，每遍打平不留土埂，然后随即用木碾子碾平，对漏空处补打，再碾平，最后重复碾压一遍。使每次虚土厚 5 寸，打实成 3 寸厚，使每次虚铺碎砖瓦石层厚 3 寸，打实成 1.5 寸厚。

2. 清制"灰土垫层"

清式基础除特别重要建筑和软土层地基采用短桩基础外，大多采用夯筑灰土垫层，

《工程做法则例》卷四十七土作做法中述，"凡夯筑灰土，每步虚土七寸，夯实五寸。素土每步虚土一尺，夯实七寸"。即灰土、素土夯实后的厚度，均为虚土厚的70%。

对灰土比例，王璞子先生《工程做法注释》述，"灰土的成分主要是由石灰和黄土掺合而成的。材料配合每种做法各有定额比例，石灰以斤计，黄土论方。按定额灰斤土方数字大致按体积比试算，小夯灰土（1）石灰与土各约占半数、（2）灰与土约为四六比、（3）约为二八比。大夯灰土约为一九比，大夯素土实际也并不纯用黄土，掺有少量石灰，大约5%左右"。也就是说灰土比例有四种，按体积比，即小夯灰土为，石灰：黄土＝5：5或4：6或2：8。大夯灰土为，石灰：黄土＝1：9。

3.《营造法原》"房基垫土"

《营造法原》在第一章房基垫土中述，"房基中垫土，必须用夯逐加逐夯，至面铺方砖无沉陷翘凸之病。在有开过灰池之处，须用浮土垫高数尺，夯打结实，方可铺用。土方算法，一丈见方，一尺厚为一方，挑土六十担。浮土一方，夯打结实只有三尺，即十分之三方。如掺瓦砾，挑一方亦是六十担，打结实八折计算"。即房屋开基之后的垫土，要逐层加土，逐层夯实，夯筑后要求面平无凸凹。在有挖过灰池低凹之处，应用浮土铺垫到一定高度，经夯结实后方可提供铺用。1平方丈厚1尺为一立方，一立方用土60担。每立方虚土夯实后为0.3立方，如果掺合碎砖瓦砾，仍以1立方60担，夯打结实按8折计算。

【2.2.10】 夯筑二十四把小夯灰土

"夯筑二十四把小夯灰土"是清制用于宫殿、陵寝等质量要求较高的基础上对灰土垫层的打夯规定。《工程做法则例》卷四十七土作做法中述，"凡夯筑二十四把小夯灰土，先用大碯排底一遍，作灰土拌匀下槽。头夯充开海窝宽三寸，每窝筑打二十四夯头。二夯筑银锭，每银锭亦筑二十四夯头，其余皆随充沟。如槽宽一丈，充剁大更小更五十七道，取平，落水，压碴子，起平夯一遍，高夯乱打一遍，起平旋夯一遍，满筑拐眼，落水，起高夯三遍，旋夯三遍。如此筑打拐眼三遍后，又起高碯二遍，至顶步平串碯一遍"。这里所说的"小夯"是指直径为3寸左右的木夯，即先用大石碯，将原土夯打一遍，再将拌匀的灰土下槽铺平。开头第一夯用小夯，所打的夯洞直径及间隔距离约为3寸，每个位置夯打24下。第二遍夯，应夯打银锭位置（即四海窝中间形如古铜钱空洞位置），如图2.2.9所示，每个银锭位置夯打24下，对余下的空处都随即补打。每宽一丈，大约补打57道大小沟埝，夯打完后将表面整平（取平），洒水使石灰化解（落水），再撒一层碴子以免粘连（压碴子）。然后"起平夯一遍"，即将夯抬矮些轻打一遍，再（高夯乱打）将夯抬高总打一遍，再（起平旋夯）将夯旋转平打一遍。然后"满筑拐眼"，即用木拐普遍压洞一遍，浇水洇湿，继用重夯（将夯抬高）筑打3遍，旋夯2遍。如此重复3遍后，最后抬起高碯拍打2遍，每层如此进行，当到了最上面一层（至顶步），将石碯斜向拉起，使其碯面自摩自擦灰土面自抬起后自由落下（称为平串碯），以起蹭光作用一遍。

对其中"如槽宽一丈，充剁大梗小梗五十七道"，《工程做法注释》作得王璞子工程师，根据《工程做法》卷四十七所述，绘制示意图如图2.2.9（c）所示，得出剁埝充沟距离大约为0.171尺，则充剁大小埝数＝1丈（10尺）÷充剁距离（0.171尺）－1＝57道。

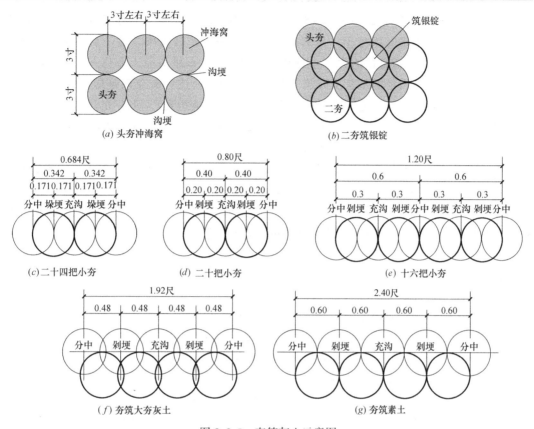

图 2.2.9 夯筑灰土示意图

【2.2.11】 夯筑二十、十六把小夯灰土

"夯筑二十把小夯灰土"，是清制用于质量要求稍次的建筑基础灰土垫层打夯，《工程做法则例》卷四十七土作做法中述，"凡夯筑二十把小夯灰土，筑法俱与二十四把夯同，每筑海窝、银锭、沟埂俱二十夯头。每槽宽一丈，充剁大更小更四十九道"。即二十把小夯具体做法与二十四把夯相同，对海窝、银锭、沟埂均用 3 寸木夯进行夯打次数为 20 下，每槽宽一丈补打 49 道大小沟埂〔依图 2.2.9 (d)，充剁大小埂数＝10 尺÷0.20 尺－1＝49 道〕。

接上述，"凡夯筑十六把小夯灰土，筑法俱与二十四把夯同，每筑海窝、银锭、沟埂俱十六夯头。每槽宽一丈，充剁大更小更三十三道"。即十六把小夯具体做法与二十四把夯相同，对海窝、银锭、沟埂均用 3 寸木夯进行夯打次数为 16 下，每槽宽一丈补打 33 道大小沟埂〔依图 2.2.9 (e)，充剁大小埂数＝10 尺÷0.30 尺小夯整直径＝33 道〕。

【2.2.12】 夯筑大夯灰土

"夯筑大夯灰土"，是清制用于城墙、民宅等的基础灰土垫层打夯。《工程做法则例》卷四十七土作做法中述，"凡夯筑大夯灰土，先用大碌排底一遍，将灰土拌匀下槽。每槽夯五把，头夯充开海窝宽六寸，每窝筑打八夯头。二夯筑银锭，亦筑打八夯头。其余皆随充沟。每槽宽一丈，充剁大更小更二十一道。第二遍筑打六夯头，海窝、银锭、充沟同前。第三遍取平，落水，撒碴子，雁别翅筑打四夯头后，起高碌二遍，至顶步平串碌一遍"。这里"大夯"是指直径约为 6 寸的木夯，即先用大石碌对原土夯打一遍，再将拌匀的灰土下槽铺平。然后将槽基灰土夯筑 5 遍（即指随后所述：头夯充海窝，二夯筑银锭，三为第二遍行夯，四为第三遍雁别翅后行碌，五为平串碌蹭光）。头夯充开海窝 6 寸，每窝夯打 8 下。二夯筑银锭 8 夯，并对余下的空处随即补打，每槽宽一丈，充剁大小沟埂 21 道 ［依图 2.2.9 (g)，充剁大小埂数 = 10 尺 ÷ 0.60 尺大夯整直径 = 17 道］；第三遍（即第二次），再从头开始行第 2 遍夯，每窝打 6 下，其中海窝、银锭、沟埂等与前要求相同。再从头开始行第 3 遍夯，先整平、洒水、撒碴子，然后用雁别翅每窝筑打 4 下后，抬起高碌拍打 2 遍。到了最上面一层（至顶步），将石碌斜向拉起，使其碌面自摩擦灰土面抬起后自由落下（称为平串碌），从头到尾进行蹭光一遍。

【2.2.13】　夯筑素土

"夯筑素土"，是清制用于普通素土夯实的施工工艺。《工程做法则例》卷四十七土作做法中述，"凡夯筑素土，每槽用夯五把，头夯充开海窝宽六寸，每窝筑打四夯头。二夯筑银锭，亦筑打四夯头，其余皆随充沟。每槽宽一丈，充剁大小更十七道。第二次与头次相同。第三遍取平，落水，撒碴子，雁别翅筑打四夯头一遍，后起高碌一遍，至顶步平串碌一遍"。即素土用大夯夯筑 5 遍，第一遍充开海窝，每窝打 4 下；第二遍筑银锭，每窝打 4 下，每槽宽一丈，充剁大小沟埂 17 道 ［依图 2.2.9 (g)，充剁大小埂数 = 10 尺 ÷ 0.60 尺大夯整直径 = 17 道］；第三遍（即第二次），从头开始与第一次同；第四遍，取平落水撒碴子、并用雁别翅打 4 夯后，起高碌夯一遍；第五遍，到顶面行平串碌一遍。

【2.2.14】　夯、碌、雁别翅

"夯"是夯实土壤的锤击工具，为便于操作，主体采用粗壮木质，四周钉有手执扶柄，底面垫以硬质（如铁、石等）击头，宋称为"木杵"，清称为"木夯"，如图 2.2.10 (a)

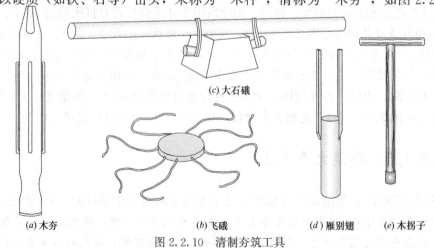

(c) 大石碌

(a) 木夯　　　　(b) 飞碌　　　　(d) 雁别翅　　(e) 木拐子

图 2.2.10　清制夯筑工具

所示。清制木夯分为大夯和小夯，大夯直径约 6 寸，小夯直径约 3 寸。一般为两人相对执柄上举下压进行锤打。

"硪"也是夯实土壤的锤击工具，硪身主体一般采用石质，分大石硪和飞硪两种。大石硪在其主体上绑以木杠，由多人抬起后自由下落，依其重量进行拍打，如图 2.2.10 (c) 所示。飞硪是用圆形铁圈箍住厚石片，或用铸铁做成，四周装有扣环以牵引绳辫，人执一辫同时向上抛起后，让其自由下落，借用其惯性进行拍打，如图 2.2.10 (b) 所示。

"雁别翅"是一个人操作小型轻夯，主要用于落水、撒碴子后的压实整平工作，为后面起飞硪拍打创造条件，如图 2.2.10 (d) 所示。

"木拐子"是一种手杖形的木杵，其直径约 1.5 寸，由一人执拐旋转下压，将土面压成圆眼凹坑，它的作用有两个，一是小面积加压，会使灰土更加密实；二是凹坑可以形成榫卯结构，使上下层之间衔接更加紧密，如图 2.2.10 (e) 所示。

【2.2.15】 地丁

"地丁"是中国古建筑用于软土地基上的短木桩，又称为"柏木桩"，是重要宫殿建筑的常用基础，桩长根据建筑规模重要程度和土质情况而定，一般桩长为 4 尺至 15 尺；桩径 0.3 尺至 0.7 尺。木桩布置可采用紧密布置和等距离布置。如北京故宫在维修消防管道时，发现箭亭西面雨水沟下所暴露的木桩基础，木桩长为 1.92m 和 1.5m 两种，桩径为 8cm、9cm，桩距纵横为 25cm。桩顶为灌砌石灰浆块石，整平后铺砌石板。又如，慈宁宫东侧所遗留的建筑基础，经挖掘发现该基础有 2m 多厚的碎砖层及黏土层，相互上下间隔布置，碎砖层平均厚 30cm 至 40cm，黏土层厚 140cm 至 150cm，在该垫层下布置有上纵下横的两层木筏桩承台，承台下的木桩直径为 20cm 至 23cm，纵向间距为 45cm，横向间距为 35cm。

2.3 地面与路面

【2.3.1】 砖墁地面

"墁地"是指对地面的铺设操作，用砖铺设地面称为"砖墁地面"；用石铺设地面称为"石墁地面"。室内地面即指台明地面，由于砖墁地面具有防潮、防辐射、柔和性强等特点，因此，在中国古建筑中的室内地面多采用砖墁地面。对有特殊要求的建筑，可采用石墁地面和焦砟地面。

1. 宋制"铺设地面砖"

宋《营造法式》卷十五砖作制度中述，"铺设殿堂等地面砖之制：用方砖，先以两砖面相合，磨令平。次斫四边，以曲尺较令方正，其四侧斫令下棱收入一份。殿堂等地面，每柱心内方一丈者，令当心高二分；方三丈者高三分。如厅堂、廊舍等，亦可以两椽为计。柱外阶广五尺以下，每尺令自柱心起至阶龈垂二分，广六尺以上者垂三分。其阶龈压阑，用石或亦用砖，其阶外散水，量檐上滴水远近铺砌，向外侧砖砌线道二周"。即殿堂地面砖，一般室内用方砖，先用两砖面相互贴合，对有凸凹处磨合平整。然后砍斫四边，用曲尺校验方正，将四个侧边斫去下棱，使其内收 1 分。对殿堂等较大的地面，当柱子以内房心方长为 1 丈者，地面中心应高出 2 分，方长 3 丈者高出 3 分。若为厅堂、廊舍等小地面，也可以两椽长度计算方长。在边柱之外，当阶宽 5 尺以下者，按每尺从柱心至阶边下降 2 分，阶宽 6 尺以上者应降低 3 分。阶边的压阑，既可用石，也可用砖。阶外散水依"上檐出"而定，按此距离侧砌二道砖线围成。

2. 清制"地面墁砖"

清《工程做法则例》卷四十三瓦作中述，"凡墁地按进深、面阔折见方丈，除墙基、柱顶、槛垫等石料，外加前后出檐尺寸，除阶条石之宽分位，或方砖、城砖、滚子砖，临期酌定"。即清制砖墁地面，按进深或面阔，加前后出檐之范围，除石构件（包括墙基石、柱顶石、槛垫石、阶条石等）位置之外，只要求按方正尺寸，均匀密布即可，所用砖料可用方砖、城砖、滚子砖等，具体依现场需要而定。

砖墁地面按施工精细程度，可以分为：细墁地面、金砖地面、淌白地面、粗墁地面等。

3.《营造法原》"花街铺地"

《营造法原》第十五章中述，"以砖瓦石片铺砌地面，构成各式图案，称为花街铺地。堂前空庭，须砖砌，取其平坦"。即只是要求砖砌平坦即可。

【2.3.2】　地面砖料

砖墁地面的砖料有：方砖和条砖。

1. 宋制砖料

《营造法式》卷十五砖作制度中述，"用砖之制：

殿阁等十一间以上，用砖方二尺，厚三寸。

殿阁等七间以上，用砖方一尺七寸，厚二寸八分。

殿阁等五间以上，用砖方一尺五寸，厚二寸七分。

殿阁、厅堂、亭榭等，用砖方一尺三寸，厚二寸五分。

以上用条砖，并长一尺三寸，广六寸五分，厚二寸五分。如阶唇用压阑砖，长二尺一寸，广一寸一分，厚二寸五分。

行廊、小亭榭、散屋等，用砖方一尺二寸，厚二寸。用条砖长一尺二寸，广六寸，厚二寸"。即按房屋规模大小，使用不同方砖，大房屋使用大方砖，小房屋使用小方砖。

2. 清制砖料

清制常用方砖有：

尺二方砖（长宽 1.2 尺，厚 0.18 尺）、尺四方砖（长宽 1.4 尺，厚 0.20 尺）。

尺七方砖（长宽 1.7 尺，厚 0.25 尺）、二尺二砖（长宽 2.2 尺，厚 0.40 尺）。

二尺四砖（长宽 2.4 尺，厚 0.45 尺）、金砖（土质细腻，敲其声脆的特制方砖）等。

常用条砖有：城砖（长×宽×厚，约 1.47 尺×0.75 尺×0.40 尺）。

地趴砖（长×宽×厚，约 1.31 尺×0.655 尺×0.265 尺）。

停泥砖（长×宽×厚，约 1.28 尺×0.655 尺×0.25 尺）。

四丁砖（长×宽×厚，约 0.75 尺×0.36 尺×0.165 尺）。

开条砖（长×宽×厚＝0.90 尺×0.45 尺×0.20 尺）等。

3.《营造法原》砖料

《营造法原》第十二章砖之应用表列有：

大殿铺地，正京砖，方长 2.2 尺，厚 3.5 寸。方长 2 尺，厚 3 寸。方长 1.8 尺，厚 2.5 寸。条砖，长 2.42 尺，宽 1.25 尺，厚 3.1 寸。

厅堂铺地，二尺方砖，方长 1.8 尺，厚 2.2 寸。一尺八寸方砖，方长 1.6 尺，厚 2 寸。

【2.3.3】 地面拼砖形式

砖墁地面的铺砌拼砖形式很多，根据所使用的方砖和条砖不同，常用的有以下形式，如图 2.3.1 所示。

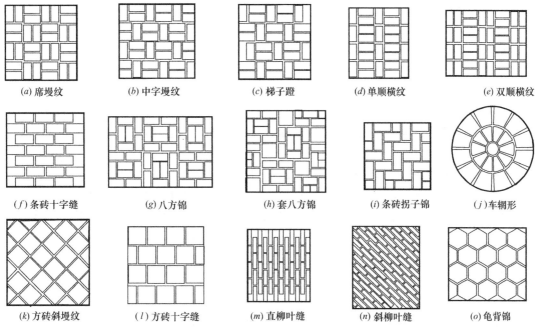

图 2.3.1　地面砖的常用摆砖形式

【2.3.4】 细墁地面

"细墁地面"是清制砖墁地面中等级较高的一种地面，可用于大式或小式建筑的室内。它是将墁地砖料经过砍磨加工，使之平整方正，再将表面经桐油浸泡，然后精心铺筑而成。细墁地面所使用的砖料一般为方砖，如尺二细地面、尺四细地面等。

细墁地面的特点是：表面平整光滑、拼接紧密美观、质地坚固耐用。其施工工艺为：样趟揭趟→上缝铲齿缝→杀趟打点→墁水活擦净→攒生刷生。

"样趟"是指按地面表面标高，进行挂线拉直，并在四周墙上弹出墨线作为样标，然后在房屋两端和中间按拴样标挂卧线，再按卧线将砖进行试摆，以便确定铺灰泥厚度和砖缝的严密。"揭趟"是指按卧线将砖试摆好后，再将试摆砖揭下来进行铺筑灰泥，在铺灰过程中，发现有低洼或高出之处，进行填补或凿剔，使之符合铺灰标准。

"上缝"是指打灰，即将砖的砌缝那一边抹上油灰（即用面粉：细白灰：烟子：桐油＝1：4：0.5：6搅拌均匀），按摆砖位置铺砌，并经轻轻拍打，使之"严、平、直"。"铲齿缝"是指在砌砖过程中经拍打后，将挤冒出来的油灰铲掉，使灰缝平实。

"杀趟"是指对已铺筑好的砖进行检查，当有凸出之处，用磨头将其磨平磨直。"打点"是指对铲磨后砖面的残缺部分和砂眼，用砖面灰（将磨细砖灰，用水调匀）进行修补整齐。

"墁水活"是指在打点修补后，再次检查一遍，对有局部凸凹不平之处，用磨头沾水打磨，使之滑腻光洁。然后进行擦拭干净。

"攒生"是指经过墁水活的地面，待地面水湿干透后，用生桐油涂抹砖面，以棉纱或麻丝反复搓擦，使砖面吸足。"刷生"是指对稍次要的地面，可用毛刷蘸油进行涂刷。最后用光油涂刷1至2遍。

【2.3.5】　金砖地面

"金砖地面"是清制砖墁地面中等级最高的一种地面，它使用的砖料为质量最好的金砖，一般只用于重要宫殿建筑的室内地面。

它的施工工艺与细墁地面基本相同，即：样趟揭趟→上缝铲齿缝→杀趟打点→墁水活擦净→攒生刷生。只是有以下两点区别：

（1）金砖地面在样趟揭趟后，不用灰泥，而用干砂或纯白灰直接铺抹砖缝。

（2）在墁水活之后，攒生之前，先用黑矾水涂抹地面两遍，使之颜色鲜艳一致，然后再进行攒生。其中黑矾水是用黑烟灰膏：黑矾＝10：1的比例，放入红刨花水中，用火煮成深黑色，趁热分两次泼洒在砖面上，并用刷子或布帚抹刷均匀。

【2.3.6】　淌白地面、粗墁地面

"淌白"，意即不作特殊加工或修饰，即"淌白地面"的砖料不需要精细加工，只将缝边砍磨整齐，不磨面，或只磨面不磨边，但经过攒生刷生后，其外观效果与细墁地面基本相似，因此，清制砖墁地面除比较重要建筑地面使用细墁砖外，其他一般多用淌白地面。

"淌白地面"的施工工艺为：样趟→上缝铲齿缝→攒生刷生。它不揭趟，不杀趟，只刷生。

"粗墁地面"，是清制采用较粗糙施工工艺而铺砌的地面，该地面所使用的砖料不需经过任何加工处理，它只在样趟后就进行铺泥墁砖，不揭趟、不上缝、不铲齿缝、不杀趟打点、不墁水活、不攒生，最后用白灰将砖缝抹严、扫净即可。铺砌砖缝也可稍大，但砖面仍应要求缝齐面平。因它施工简单易行，故多用于要求不高的室内和室外地面。

【2.3.7】　砖墁地面石构件

在室内砖墁地面中，对某些关键部位的地面，要使用一些特殊石构件，如槛垫石、过门石、分心石、门枕石等。

1. 槛垫石

"槛垫石"是指承托门槛的铺垫石,主要用于要求比较高的房屋中,其作用是为了防潮和免使槛框下沉。根据铺砌方式不同分为"通槛垫"和"掏当槛垫"两种。

"通槛垫"是指沿整个下槛长度方向所铺设的槛垫石,"掏当槛垫"是指在下槛正中使用了过门石,在过门石之外所铺设的槛垫石,如图2.3.2(*a*)所示。

槛垫石的宽度按3倍下槛宽,厚按0.3倍至0.5倍本身宽。靠门轴部分的槛垫石,可与门枕石连办在一起加工,称为"带门枕槛垫",如图2.3.2(*b*)所示。

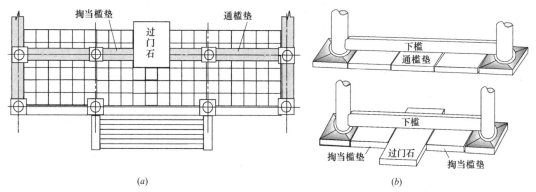

图2.3.2　槛垫石

2. 过门石

"过门石"是指专门在房屋正间正中的门槛下,布置一块顺进深方向的矩形方整石,其作用是对比较讲究的建筑,作为显示其豪华富贵的装饰石,如图2.3.2所示。石宽可大可小,以不小于1.1倍柱顶石径为原则,石长不小于2.5倍本身宽,厚按0.3倍本身宽或与槛垫石同厚。制作加工要求,应达到二步做糙等级。

3. 分心石

"分心石"是设在前廊地面的正开间中线上,从阶条石内侧经廊道至槛垫石的装饰石,它是用于比较讲究的建筑上,但在使用分心石后,不再布置过门石,如图2.3.3(*a*)所示。其石宽按0.3倍至0.4倍本身长,厚按0.3倍本身宽。制作加工应达到二步做糙等级。

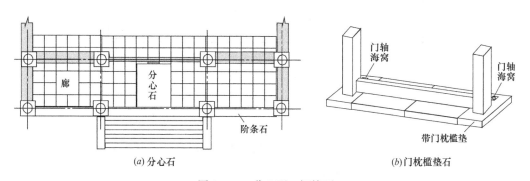

图2.3.3　分心石、门枕石

4. 门枕石

"门枕石"是承托门扇转轴的门窝石,它是设在门槛两端,石上凿有凹窝(称为海

75

窝），套住门轴转动的石构件，它可以与两端槛垫石联办，如图 2.3.3（b）中所示。该石高厚按 0.7 倍下槛高，宽按本身厚加 2 寸，长按 2 倍本身宽加下槛厚。制作加工要求达到二步做糙等级。

【2.3.8】 殿内斗八

"殿内斗八"是宋制用于室内地面中心的装饰石构件，《营造法式》卷三石作制度中述，"造殿堂内地面心石斗八之制：方一丈二尺，匀分作二十九窠。当心施云捲，捲用单盘或双盘龙凤，或作水池飞鱼、牙鱼，或作莲荷等华。诸窠内并以诸华间杂。其制作或用压地隐起华或剔地起突华"。即石斗八是用于殿堂内地面中心，长宽尺寸为 12 尺，平均分为 29 个方格。中心一格雕刻为云捲形，捲内用单圆或双圆雕刻龙凤图案，也可雕刻水池飞鱼、牙鱼，或者雕刻莲荷花等。所有框格内都用各种混杂花纹图案，其雕刻可用高浮雕，也可用浅浮雕，如图 2.3.4 所示。

图 2.3.4 殿堂内地面心斗八

【2.3.9】 石墁地面

石墁地面是指用特定石板料所铺筑的地面，按墁地石料分为：方石地面、毛石地面、条石地面、碎拼石板地面、卵石地面等。

1. 方石地面

方石地面是将料石加工成方砖形，以石代砖所铺砌的地面，故又称为"仿方砖石地面"。常用用于宫殿、王室的室内和檐廊、走廊、露天祭坛等地面。

2. 毛石地面

这里的"毛石"是指只经粗加工而未经精细加工的块石，多采用经粗加工而成花岗石，可根据所需形状进行加工铺砌。常用于园林、广场等地面，以及作为需要点缀的场景部位。

3. 条石地面

条石即指小面朝上，用于侧砌的片石，其规格为：288mm × 144mm × 64mm、245mm×125mm×40mm。用这种规格所砌的地面称为"条石地面"，这种地面不易于破损，它的造价较高，一般只用于宫殿、寺庙等的重要地面。

4. 碎拼石板地面

碎拼石板地面是利用装饰石板所剩下的边角废料，将其拼砌而成的地面，有的称为"冰裂纹地面"，由于它价廉物美，是园林工程中所通常使用的地面。

5. 卵石地面

卵石地面是一种就地取材的地面，它是利用山地河流中的卵石所铺砌而成，可以根据需要，摆出不同的花式图案，多用于庭院和园林工程的部分地面。

【2.3.10】 焦渣地面

"焦渣"即指炼焦后的废渣和矿渣，焦渣地面是将其与石灰浆混合，按焦渣：石灰＝3：1的比例拌匀，经铺筑压实而成的一种简易地面，只适用于耐磨程度要求不高的地面。

因焦渣是一种废渣，使用时需经过筛，筛后的细渣用于面层，粗渣用于底层。石灰可用泼灰，也可用生石灰经水解、沉淀、过筛后的石灰浆。

焦渣地面施工工艺是先铺垫层，其垫层可用素土或灰土（将石灰：黄土＝3：7或2：8混合均匀），虚铺20cm厚，行夯3遍至4遍，洒水湿润使之沉淀，待干后打硪2遍，最后用铁拍子整平。

然后用过筛后的粗渣，以粗渣：石灰＝4：1的比例做成底层焦料，按8cm至10cm厚铺平，用木拍子反复拍打，使之坚实，对凸凹处拍平。在底层平面上，再以细渣：石灰＝3：1的比例作面层焦料，按1cm至2cm厚铺平抹实。待铺筑到一定面积后，再用铁抹子反复赶压3至4次，直至赶光出亮。如果赶压时浆汁水分太多，可在表面洒一层1：1水泥细砂粉，继续赶压直至光亮。最后用覆盖物（如麻袋、草袋、稻草等）罩盖起来，经常洒水防止干燥，保持3天即可。

【2.3.11】 砖墁甬路

"砖墁甬路"是指用砖石材料铺砌而成的道路，宋制称为"慢道""露道"，清制通称为"甬路"，《营造法原》称为"花街铺地"。

1. 宋制"慢道""露道"

对有坡的砖墁道称为"慢道"，对无坡的称为"露道"。《营造法式》卷十五砖作制度中述，"垒砌慢道之制：城门慢道，每露台砖基高一尺，拽脚斜长五尺。其广减露台一尺。厅堂等慢道，每阶基高一尺，拽脚斜长四尺。作三瓣蝉翅，当中随间之广。每斜长一尺，加四寸为两侧翅瓣下之广。取宜约度，两额及线道，并同踏道之制。若作五瓣蝉翅，其两侧翅瓣下取斜长四分之三。凡慢道面砖露龈，皆深三分。如华砖即不露龈"。即砌筑砖慢道规定：城门的砖慢道，按露台砖基高度1尺，作斜长5尺的坡度。慢道宽按露台宽减1尺。厅堂等房屋的慢道，按阶台基高1尺，两边做成斜长拽脚的距离为4尺。慢道宽向做成三折线形（即中间平、两边斜），中间水平部分宽度随屋间之宽，两边按拉斜距离每尺加0.4尺，即为两侧翅瓣的宽度（图2.3.5）。根据具体情况选取适宜尺寸，两边斜水及中间线道的做法，都按踏道制作的要求处理。如果要做成五折线的蝉翅形，两侧翅瓣宽按3/4拉斜距离计算。凡是慢道面砖要做成锯齿形，都深入3分。若采用花砖则不露齿。

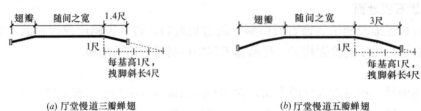

(a) 厅堂慢道三瓣蝉翅　　　　　　　　　　　*(b)* 厅堂慢道五瓣蝉翅

图 2.3.5　慢道横截面

《营造法式》接述，"砌露道之制：长广量地取宜，两边各侧砌双线道。其内平铺砌，或侧砖虹面叠砌，两边各侧砌四砖为线"。即砌筑砖露道，长宽尺寸按实地需要量取，露道两边用砖侧砌成双线道。侧线之内平整铺砌，也可用侧砖砌成中高边低的虹面，露道两边各侧砌四砖为线。

2. 清制"甬路"

清制砖墁甬路的摆砖，以路心为中成单数排列，如3路、5路、7路、9路等。甬路的路面，其横截面应成肩形或鱼脊形，即应使路面中间高、两边低，以利排水顺畅。甬路两边可为海墁，也可为散水。较常用的墁砖形式，如图2.3.6所示。

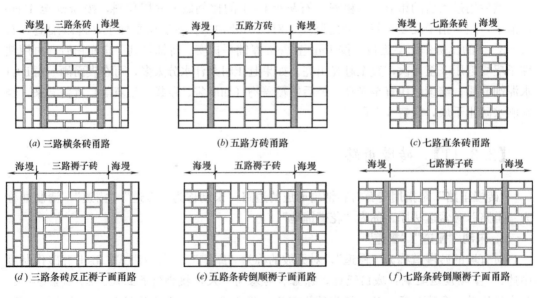

(a) 三路横条砖甬路　　　　　　*(b)* 五路方砖甬路　　　　　　*(c)* 七路直条砖甬路

(d) 三路条砖反正褥子面甬路　　*(e)* 五路条砖倒顺褥子面甬路　　*(f)* 七路条砖倒顺褥子面甬路

图 2.3.6　砖墁甬路形式

砖墁甬路的交叉形式有十字交叉和拐角交叉。对交叉处的摆砖处理方法，方砖常采用筛子底和龟背锦；而条砖多为步步锦和人字纹，如图 2.3.7 所示。

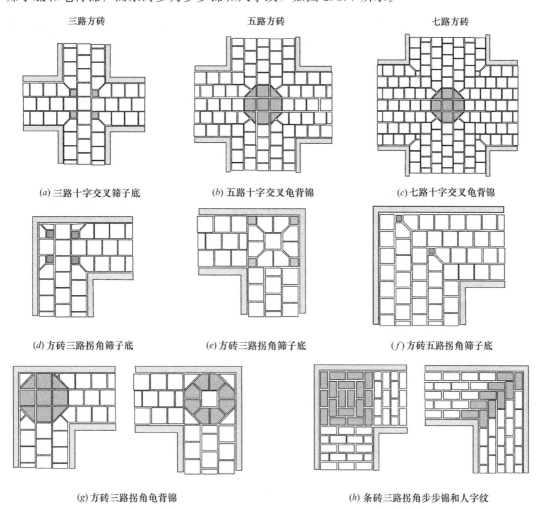

(a) 三路十字交叉筛子底　　(b) 五路十字交叉龟背锦　　(c) 七路十字交叉龟背锦

(d) 方砖三路拐角筛子底　　(e) 方砖三路拐角筛子底　　(f) 方砖五路拐角筛子底

(g) 方砖三路拐角龟背锦　　　　(h) 条砖三路拐角步步锦和人字纹

图 2.3.7 甬路交叉砖的排列形式

3.《营造法原》"花街铺地"

《营造法原》没有专门述及路面做法，只在第十五章述道，"以砖瓦石片铺砌地面，构成各式图案，称为花街铺地。堂前空庭，须砖砌，取其平坦。园林曲径，不妨乱石，取其雅致。用材凡砖、瓦、黄石片、青石片、黄石卵、白石卵，以及银炉所余红紫，青莲碎粒，断片废料，皆可应用"。即用砖瓦、石片、卵石等，铺砌成各种图案的地面，称为花街铺地。对房屋前的空地，都应砖砌平坦，而园林道路，可以用乱石铺砌，以美观雅致为原则。

【2.3.12】 石墁甬路

石墁甬路依所用的石料分为街心石、中心石、碎拼石三种。所有的石墁甬路都应做成

"鱼脊背"形，以利顺畅排水。

1. 街心石

街心石是指在街道行车通道上，用1块至3块方整石排列而成的路面石，路心做成"鱼脊背"形式，路牙之外可为墁砖或墁碎石，如图2.3.8（a）所示。多用于繁华集市的街道。

2. 中心石

中心石是指宫殿建筑群中轴线上的交通道路，一般称为"御路"，它是用较大面积的方整石铺砌而成，如北京故宫三大殿的御路，其中最大的石长为16.57m，宽3.04m，厚1.07m。在中心石路牙以外，可用砖墁，也可用较小的石墁，如图2.3.8（b）所示。

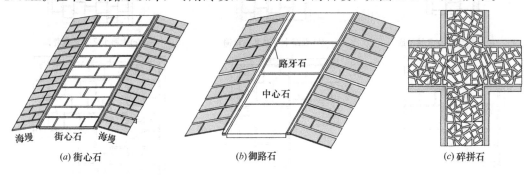

图2.3.8　石墁甬路

3. 碎拼石

碎拼石是利用各种大小不同的边角余料，进行镶拼而成的甬路，也有称为"冰纹石"，多用于不太重要的园林小路，如图2.3.8（c）所示。

【2.3.13】　门鼓石

"门鼓石"是用作加固门框稳固并兼作装饰用的石构件。它置于大门门槛两端的外侧，一般与门枕石连做在一起，在门槛之外为门鼓石，之内为门枕石，多用青石雕凿而成，可雕凿成圆鼓形，称为"圆鼓子"，也可雕凿成矩形，称为"方鼓子"。在鼓子顶面雕凿狮子、麒麟、方头（称为墩头）等，如图2.3.9所示。制作加工要求达到二扁剁斧的等级。

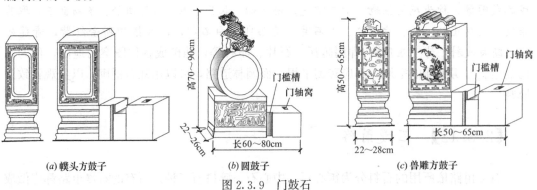

图2.3.9　门鼓石

【2.3.14】 平台石栏杆

石栏杆是房屋平台上所常使用的外围栏杆，宋制称为"重台钩栏""单钩阑"，清制称为"石栏杆"，《营造法原》称为"露台栏杆"，它能经受风吹雨打，坚固耐用，故广泛用作室外栏杆。石栏杆一般用花岗石、青石、汉白玉等石料加工而成，其构件加工精度要求达到二扁剁斧等级。

1. 宋制"重台钩栏""单钩阑"

《营造法式》卷三石作制度中述，"造钩阑之制：重台钩栏每段高四尺，长七尺。寻杖下用云栱瘿项，次用盆唇，中用束腰，下施地栿。其盆唇之下，束腰之上，内作剔地起突华版。束腰之下，地栿之上，亦如之。单钩阑每段高三尺五寸，长六尺。上用寻杖，中用盆唇，下用地栿。其盆唇、地栿之内作万字，或透空，或不透空，或作压地隐起诸华。如寻杖远，皆于每间当中，施单托神或相背双托神。若施之于慢道，皆随其拽脚，令斜高与正钩阑身齐。其各件广厚，皆以钩阑每尺之高，积而为法"。依述，重台钩阑每段高 4 尺，长 7 尺，如图 2.3.10（a）所示。其结构由上而下为：寻杖、云栱瘿项、盆唇、剔地起突华版、束腰、地栿。单钩阑每段高 3.5 尺，长 6 尺，如图 2.3.10（b）所示。其结构为：寻杖、盆唇、地栿。盆唇、地栿内剔凿万字，可镂空，也可不镂空，或做成浅浮雕花纹。若寻杖位置较高，可在每间的空当中设置单个托撑或两个相背托撑。如果是置于慢道上，应随其斜坡倾斜，使斜高与钩阑身齐平。

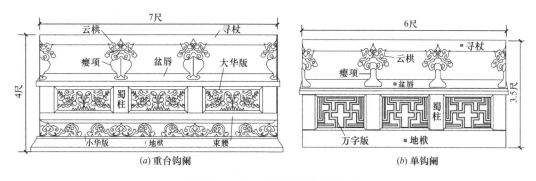

图 2.3.10 《营造法式》钩阑图样

接上述，"其各件广厚，皆以钩阑每尺之高，积而为法。

望柱长视高，每高一尺，则加三寸，径一尺，作八瓣。柱头上狮子高一尺五寸。柱下石（坐）作覆盆莲华。其方倍柱之径。

蜀柱长同上，广二寸，厚一寸。其盆唇之上，方一寸六分，刻为瘿项以承云栱。其项，下细比上减半，下留高十分之二。两肩各留十分中四分。如单钩阑，即撮项造。

云栱长二寸七分，广一寸三分五厘，厚八分。单钩阑，长三寸二分，广一寸六分，厚一寸。

寻杖长随片广，方八分。单钩阑，方一寸。

盆唇长同上，广一寸八分，厚六分。单钩阑，广二寸。

束腰长同上，广一寸，厚九分。华盆及大小华版皆同，单钩阑不用。

华盆地霞，长六寸五分，广一寸五分，厚三分。

大华版长随蜀柱内，其广一寸九分，厚同上。

小华版长随华盆内，长一寸三分五厘，广一寸五分，厚同上。

万字版长随蜀柱内，其广三寸四分，厚同上。重台钩阑不用。

地栿长同寻杖，其广一寸八分，厚一寸六分。单钩阑，厚一寸。

凡石钩阑，每段两边云栱、蜀柱，各作一半，令逐段相接"。

依其所述，各构件的用"尺"单位按"钩阑高尺"。望柱长视高，每高 1 尺，加 0.3 尺，即望柱高为 1.3 钩阑高尺（后面各构件之"尺"均是指以"钩阑高尺"为单位）。柱头按径 1 尺作八角形，柱头狮子高 1.5 尺，柱下石座做成覆盆莲花形式。如柱身为方形，其边长按柱径 1 倍。

蜀柱长同钩阑，宽 0.2 尺，厚 0.1 尺。在盆唇之上，用方 0.16 尺石件雕刻瘿项以承云栱。瘿项下细，比上减半，下部高为瘿项高的十分之二。瘿项两肩宽各为 0.4 宽。单钩阑称此为撮项。

云栱长 0.27 尺，宽 0.135 尺，厚 0.08 尺。单钩阑的云栱长 0.32 尺，宽 0.16 尺，厚 0.1 尺。

寻杖长按两柱之间距离，宽厚 0.08 尺。单钩阑宽厚 0.1 尺。

盆唇长同寻杖，宽 0.18 尺，厚 0.06 尺。单钩阑宽 0.2 尺。

束腰长同寻杖，宽 0.1 尺，厚 0.09 尺。华盆及大小华版尺寸都与其相同，单钩阑不用束腰。

华盆地霞长 0.65 尺，宽 0.15 尺，厚 0.03 尺。

大华版长按蜀柱内之高，宽 0.19 尺，厚 0.03 尺。

小华版长在华盆地霞之间，长 0.135 尺，宽 0.15 尺，厚 0.03 尺。

万字版长按两蜀柱之间距离，宽 0.34 尺，厚 0.03 尺。万字板只用于单钩阑，重台钩阑不用。

地栿长同寻杖，宽 0.18 尺，厚 0.16 尺。单钩阑地栿厚 0.1 尺。

每段石钩阑，以两边云栱、蜀柱，各作一半（如图 2.3.10 所示），然后逐段相接。

依上所述，各构件具体尺寸如表 2.3.1 和表 2.3.2 所示。

重台钩阑各构件尺寸　　　　　　　　　　　　　　　　　表 2.3.1

构件名称	长	广	厚	注
钩阑	高 4 尺，每段长 7 尺			
望柱	1.3 钩阑高	1 尺	1 尺	
蜀柱	同钩阑高	0.20 钩阑高	0.10 钩阑高	瘿项高 0.16 钩阑高
云栱	0.27 钩阑高	0.135 钩阑高	0.08 钩阑高	
华盆地霞	0.65 钩阑高	0.15 钩阑高	0.03 钩阑高	
寻杖	望柱之间距离	0.08 钩阑高	0.08 钩阑高	
盆唇	同上	0.18 钩阑高	0.06 钩阑高	
束腰	同上	0.10 钩阑高	0.09 钩阑高	
大华版	随蜀柱的间距	0.19 钩阑高	0.03 钩阑高	
小华版	0.135 钩阑高	0.15 钩阑高	0.03 钩阑高	
万字版	随蜀柱的间距	0.34 钩阑高	0.03 钩阑高	
地栿	同寻杖	0.18 钩阑高	0.16 钩阑高	

<table>
<tr><td colspan="5" align="center">单钩阑构件尺寸　　　　　　　　　　　　　　　　表 2.3.2</td></tr>
</table>

名称	长	广	厚	注
钩阑	高 3.5 尺，每段 6 尺			
望柱	1.30 钩阑高	0.20 钩阑高	0.20 钩阑高	
蜀柱	盆唇木至云栱	0.20 钩阑高	0.10 钩阑高	
云栱	0.32 钩阑高	0.16 钩阑高	0.10 钩阑高	
寻杖	随间广	0.10 钩阑高	0.10 钩阑高	
盆唇	同上	0.20 钩阑高	0.06 钩阑高	
万字版	随蜀柱的间距	0.34 钩阑高	0.03 钩阑高	
地栿	同寻杖	0.18 钩阑高	0.10 钩阑高	

2. 清制"石栏杆"

清制石栏杆由望柱、栏板、地栿等组成。

"望柱"即栏杆柱，一般为方形截面，柱高为 1.0m 至 1.3m，宽、厚为 25cm 至 30cm。柱头为石雕，约占全高的 1/4 至 1/3，柱头形式有龙、凤、狮、莲瓣、幞方等，如图 2.3.11（c）所示。柱脚做榫，与地栿连接。

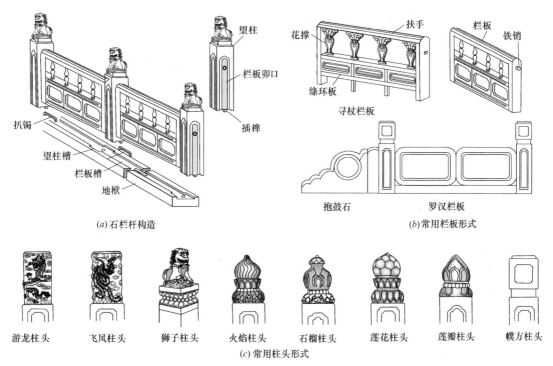

(a) 石栏杆构造　　　　　　　　　　　　(b) 常用栏板形式

游龙柱头　飞凤柱头　狮子柱头　火焰柱头　石榴柱头　莲花柱头　莲瓣柱头　幞方柱头

(c) 常用柱头形式

图 2.3.11　清制石栏杆

"栏板"是由扶手、花撑、绦环板等用石板剔凿而成，两端和底边都剔凿有槽口边，分别嵌入望柱和地栿的槽口内。扶手两端用铁销与柱连接。栏杆的起终点都安置抱鼓石，如图 2.3.11（b）所示。栏板高按 0.5 至 0.6 望柱高取定，厚按 0.6 至 0.7 望柱厚取定。

"地栿"是承接望柱和栏板的底座，剔凿有承接槽口，地栿宽度应以能剔凿望柱槽口为准，一般约为 2 倍栏板厚，或按望柱直径每边加 2cm；地栿厚度可按栏板厚或稍作加减。地栿与地栿之间用扒锔连接，如图 2.3.11（a）中所示。

3.《营造法原》"石栏杆"

《营造法原》第九章石作中述，"栏杆以整石凿空，中部作花瓶撑，上部为扶手，称石栏杆，下部栏板凿方宕，两旁辅以石柱，柱有雕莲花头，故名莲柱。莲柱及石栏之下为锁口石。莲柱于转角处，柱底作灯笼状石榫，穿锁口石中，使其坚固。锁口石与地坪石面相平，外口挑出台外约二寸，又称台口。栏杆遇阶沿时，随阶沿斜度作斜栏杆，其前置砷石。栏杆高度，恒为三尺半，其宽虽定为四尺半，但须依露台之深或宽，除阶沿，平均分派之。石栏杆各部详细尺寸，约为扶手高六寸，花瓶撑高一尺三寸，下栏板高一尺六寸。望柱高三尺七寸，宽一尺，莲花头高则式样不一，大概以高一尺五寸为度"。即石栏杆以整块石板凿空而成，中部雕凿花瓶撑，上部为扶手，下部栏板雕凿成方框架，两旁辅以石柱，底部由锁口石（又称台口石）承托望柱和栏板。依其所述具体如图 2.3.12 所示。

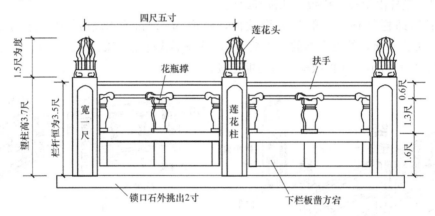

图 2.3.12　吴制石栏杆

【2.3.15】　抱鼓石、砷石

1. 抱鼓石

"抱鼓石"即为石栏杆起点与终点的栏板石，因其中间雕刻有圆鼓形而得名，如图 2.3.13（a）所示。其高厚尺寸与栏板石相同，只是按三角形进行剔凿，制作加工要求达到二扁剁斧等级。

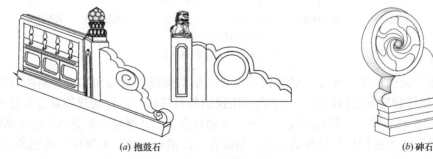

(a) 抱鼓石　　　　　　　　　　　　　　(b) 砷石

图 2.3.13　抱鼓石、砷石

2. 砷石

"砷石"是《营造法原》在将军门中所置的石鼓,在南方建筑中多用作大门、牌坊及露台阶沿等两旁的装饰石,也有称为"门鼓石",其形式与抱鼓石相似,如图2.3.13(b)所示。

【2.3.16】 沟门、沟漏、沟嘴、沟盖

沟门、沟漏、沟嘴、沟盖等是排水沟中所使用的石构件,如图2.3.14所示。

"沟门"是用于排水沟穿过围墙底部的排水洞口处,作为防止外贼串入的拦截石。

"沟漏"是用于地面排水暗沟的落水口,以防止物体堵塞沟道。

"沟嘴"是用于排水沟穿过围墙时,在其出水端安置的挑出嘴子,又称为"沟嘴子"。

"沟盖"是用于用石料剔凿成的排水凹槽上,配套石盖板,又称为"带水槽沟盖"。它同水槽一样也剔凿成弧形,以利排水。

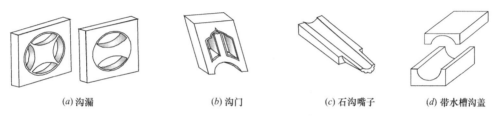

(a) 沟漏 　　　　(b) 沟门 　　　　(c) 石沟嘴子 　　　　(d) 带水槽沟盖

图2.3.14 沟漏、沟门、石沟嘴

【2.3.17】 石墙帽、门窗碹石及碹脸石

石墙帽、门窗碹石及碹脸石,是佛教寺庙的院墙上常用的石构件,如图2.3.15中所示。

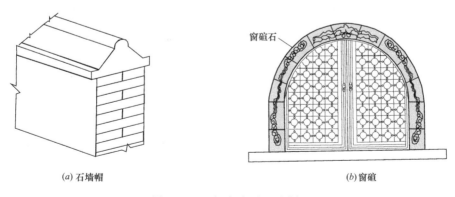

窗碹石

(a) 石墙帽 　　　　　　　　　　(b) 窗碹

图2.3.15 门窗碹石、石墙帽

"石墙帽"是用于院围墙上的墙顶盖帽,用石料剔凿成兀脊形。

门窗碹石及碹脸石是用于佛教寺庙山门上的石构件,"门窗碹石"又称门窗券石,是门洞上的拱形石券,在最外层的称为碹脸石,在里层的称为碹石。

【2.3.18】 滚礅石、夹杆石

滚礅石和夹杆石都是用于室外木柱上，起保护和稳固作用的石构件。

1. 滚礅石

"滚礅石"是用于独立柱式垂花门上，加固两端木柱的稳柱石，采用青石雕刻成双鼓抱柱形式，所以也有称它为"抱鼓石"，如图 2.3.16 所示。迎观面可雕凿各种花草图案，侧观面雕凿成圆鼓、卷草、圭脚等形式。全长按 6 倍柱径，高按 0.3 倍门洞高，厚按 1.6 柱径。中间透凿落槽口，承插中柱套顶榫，使柱榫直达基础柱顶石。制作加工要求达到二扁剁斧等级。

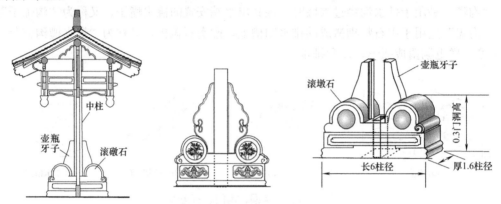

图 2.3.16 滚礅石

2. 夹杆石

"夹杆石"是稳定并围护木牌楼落地柱或旗杆柱的柱脚保护石，一般用较坚硬不易风化的石材加工，其截面可做成方形或圆形，其方径为 2 柱径，露出地面的高为 3.6 柱径，埋入地下深度可等于露明高。为了安装方便，一般将它剔凿成两块合抱形式，将柱脚包裹起来，所以又称为"镶杆石"，如图 2.3.17 所示。其制作加工要求达到二扁剁斧等级。

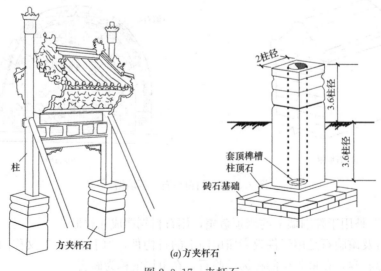

(a)方夹杆石

图 2.3.17 夹杆石

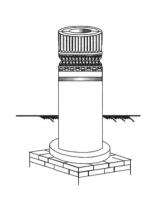
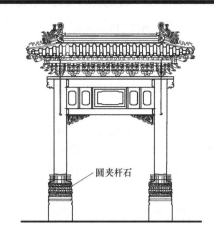

圆夹杆石

(b) 圆夹杆石

图 2.3.17 夹杆石（续）

【2.3.19】 石构件加工程序

石构件加工程序，又称加工次序，一般简称工序。

1. 宋制石作加工次序

《营造法式》卷三石作制度中述，"造石作次序之制有六，一曰打剥，用鏊揭剥高处。二曰麤搏，希布鏊凿，令深浅齐云。三曰细漉，密布鏊凿，渐令就平。四曰褊棱，用褊凿镌棱角，令四边周正。五曰斫砟，用斧刀斫砟，令面平正。六曰磨礲，用砂石水磨，去其斫纹"。即述中六道工序具体内容，文中已用小号字体作了明确解释，根据其意，打剥是用鏊子凿去较大的凸出部分；麤搏是指进一步将较小凸出部分，凿平，使深浅一致；细漉是指进一步细凿，使面部平整；褊棱是指将棱边打凿整齐方正；斫砟是指用剁斧鏊凿，将糙面去粗凿细；磨礲是指用磨石打磨斫纹，使之平整。

2. 清制石作加工次序

《工程做法则例》没有明确叙述，但王璞子工程师在《工程做法注释》中述，"石作制作安装分做糙、做细、占（鏊）斧、褊光、对缝安装、灌浆、摆滚子叫号、拽运、抬石等项工序"。也就是说清制石作加工次序，应为：打荒、做糙、做细、鏊斧、褊光等工序。

"打荒"是将采出来的石料，按其大致料形，用铁锤和铁凿，将棱角和高低不平之处，打剥成均匀一致的轮廓形式，这是一种最初始、最粗糙的加工，对此加工品可称为"荒料"。

"做糙"是指将荒料按一定规格尺寸，再增加预留尺寸后，进行放线打剥，使其达到该尺寸要求的大致轮廓形式，即是对荒料的粗加工，又称为"一步做糙"，对此加工品可称为"毛坯"。

"做细"是在一步做糙的基础上，用锤凿进一步进行鏊凿，称此为"二步做糙"。加工要求是使毛坯表面的粗糙纹路变浅，凸凹深浅均匀一致，以使达到尺寸规格基本符合设计要求，对此所做成的加工品可称为"料石"。

"鏊斧"是指专用钝口铁斧对料石进行剁鏊，故又称为"剁斧"。它的作用是消除石料表面的凸凹痕迹。根据剁斧要求分为：一遍剁斧、二遍剁斧、三遍剁斧。一遍剁斧就是消除凸凹痕迹，使石料表面平整的加工，要求剁斧的剁痕间隙小于 3mm。对此加工品可以称为"石材"。

二遍剁斧是在一遍剁斧的基础上再加细剁，要求剁痕间隙小于 1mm，使石料表面更趋平整的加工。

三遍剁斧是在二遍剁斧的基础上，作更精密的细剁，要求剁痕间隙小于 0.5mm，使肉眼基本看不出剁痕，手摸感觉平整无迹。

"扁光"的"扁"即指很薄的面，"光"即指光滑。是指将三遍剁斧的石面，用磨头（如砂石、金刚石、油石等）加水磨蹭，使石材表面更加细腻光滑。

3. 《营造法原》石作加工次序

《营造法原》第九章石作中述，"造石次序分：双细、出潭双细、市双细、鎏细、督细等数种"，在该文中对五道次序都作了具体解释，即"出山石坯，棱角高低不匀，就山场剥凿高处，称为'双细'。其出山石料未经剥凿，而料加厚，运至石作后剥高去潭者，称为'出潭双细'。经双细之料，由石作再加鎏凿一次，令深浅齐云，称为'市双细'。如再以鎏斧密布斩平，则成为'鎏细'。再用凿细督，使之平细，称为'督细'"。

依上所述，石作加工程序归纳见表 2.3.3。

<table>
<tr><td colspan="6" style="text-align:center">石作加工程序　　　　　　　　　　　　　　　　　　表 2.3.3</td></tr>
<tr><td>名称</td><td>1</td><td>2</td><td>3</td><td>4</td><td>5</td></tr>
<tr><td>《工程做法则例》</td><td>打荒</td><td>做糙</td><td>做细</td><td>鎏斧</td><td>扁光</td></tr>
<tr><td>《营造法式》</td><td>打剥</td><td>麤搏</td><td>细漉、褊棱</td><td>斫砟</td><td>磨礲</td></tr>
<tr><td>《营造法原》</td><td>双细</td><td>出潭双细</td><td>市双细</td><td>鎏细</td><td>督细</td></tr>
</table>

【2.3.20】 石雕刻

"石雕刻"是指在石活表面，采用平雕、浮雕、透雕等手法，雕刻出各种花纹图案的雕刻工艺。

1. 《营造法式》石雕刻

《营造法式》将石雕刻工艺称为"雕镌"，在卷三石作制度中述，"其雕镌制度有四等，一曰剔地起突，二曰压地隐起华，三曰减地平钑，四曰素平。如素平及减地平钑，并斫砟三遍。然后磨礲。压地隐起两遍。剔地起突一遍。并随所用抽华文"。即雕刻手法有以下四种：

一是"剔地起突"。"剔地"是指剔剥、切削一层，将花纹以外的地面剔凿更深一些。"起突"即指花纹图案该凸的地方应凸起来，该凹的地方应凹下去，使其能显示出图案的真实面貌。这是一种体现立体感的高精度浮雕，可简称为"高浮雕"，浮雕凸起面超过200mm 以上。

二是"压地隐起"。"压地"顾名思义为用力下压，即将雕刻线以外的地方向下剔凿。"隐起"即让雕刻的花纹有深浅不同阴影感。这是指一种稍有凸凹的浮雕，可简称为"浅浮雕"，浮雕凸起面为 60mm 至 200mm。

三是"减地平钑"。"减地"即指将凸花以外的部分减低一层，让花纹凸起。"平钑

(sà)"即指雕刻不带造型的平面花纹，即平面型浮雕，可简称"平浮雕"，浮雕凸起面不超过 60mm。

四是"素平"。即指在表面作简单平面处理，或只做简浅的边框线，不作任何花纹雕刻。对于素平及减地平钑，应用剁斧斫砟三遍，然后用砂石磨平。压地隐起两遍。剔地起突一遍。每次鏨凿后都应随时描绘出花纹线条。

2.《工程做法则例》石雕刻

《工程做法则例》对石雕未作专述，只是王璞子工程师在《工程做法注释》中提到"须弥座做法，屋台数叠，中间束腰，雕镌椀花结带，转角金刚柱子或玛瑙柱子，上下枭混或作莲瓣珠子或素混，上下枋素平或雕作香莲卷草"。这就是说在石须弥座中早已采用了雕镌、素平等雕凿技术，事实上清制石雕技术同砖雕一样，已将平雕、浮雕、透雕等雕凿手法，运用到砖石雕刻工作中。其中"平雕"是指在一个平面上，通过雕刻凸凹线条获得花纹图案的手法。"浮雕"是指通过雕琢，剔去雕刻面的地方，让花饰突出产生立体感的手法。"透雕"是指将雕刻体的某些部分进行凿透、镂空，使图案形象更加逼真的手法。

3.《营造法原》石雕刻

《营造法原》第九章石作中述，"苏州雕刻制度无专称，就其高低深浅，分为数种：一为素平；二为起阴纹花饰；三为铲地起阳之浮雕；四为地面起突之雕刻。作造花纹分万字纹、回纹、牡丹、西番莲、水浪、云头、龙凤、走狮、化生等类。除走狮飞禽外，多起突之雕刻，其余花纹，或为浮雕，或为阴纹，可随宜用之"。即苏吴一带雕刻没有专门名称，依其雕刻深浅分为：一为素平；二为起阴纹花饰；三为铲地起阳之浮雕；四为地面起突之雕刻。雕刻的花纹图案很多，除对走狮飞禽采用起突雕刻外，其余花纹可以采用浮雕，也可采用阴纹，根据具体情况用之。

第三章　中国古建筑木构架

房屋木构架是中古建筑的主体骨架，是中古建筑重要特征之一，本章详细介绍各种构架结构、木构件及其连接组合等专业术语知识。

3.1　木构架种类及结构

【3.1.1】　中国古建筑木构架

木构架是指支撑房屋建筑的基本木骨架，它是由柱、梁、桁、枋、椽、板等各种木构件组成。中国古建筑的木构架，根据建筑外观形式，分为：硬山建筑木构架、悬山建筑木构架、庑殿建筑木构架、歇山建筑木构架、攒尖建筑木构架、廊道建筑木构架等，如图3.1.1 所示。其他水榭、石舫以及各种亭子建筑，均由这些基本木构架组合或变换而成。

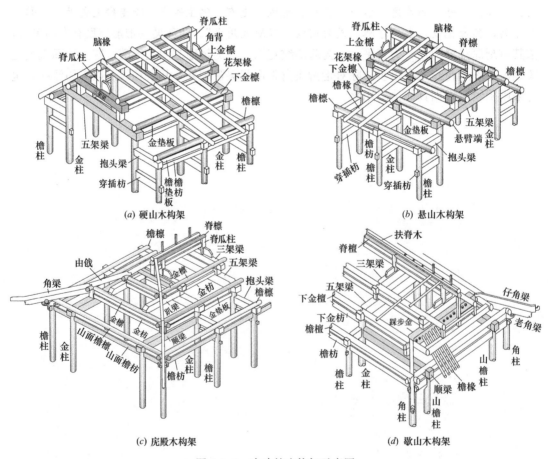

(a) 硬山木构架

(b) 悬山木构架

(c) 庑殿木构架

(d) 歇山木构架

图 3.1.1　古建筑木构架示意图

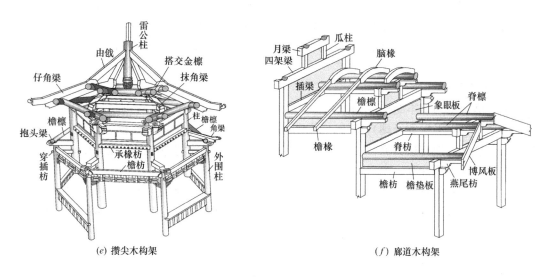

(e) 攒尖木构架   (f) 廊道木构架

图 3.1.1 古建筑木构架示意图（续）

【3.1.2】 硬山、悬山木构架

硬山、悬山建筑是一种前后两面坡屋面建筑，人字形木构架，在封建等级社会里，它是属于最次等的普通建筑。它的木构架由进深轴线方向若干排"木排架"（即内外柱和上下梁的组合体）、面阔方向若干根"桁檩木"（脊桁檩、金桁檩、檐桁檩等）和"枋木"（脊枋、金枋、檐枋等）等构件连接而成，如图 3.1.2 所示。

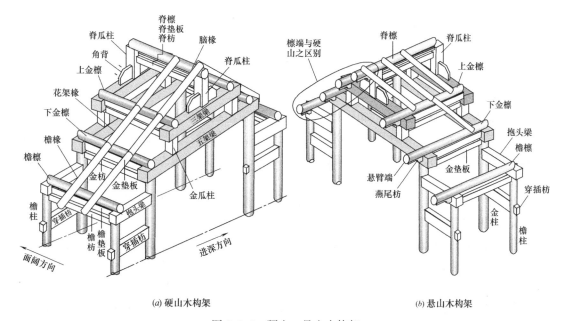

(a) 硬山木构架   (b) 悬山木构架

图 3.1.2 硬山、悬山木构架

其中，"木排架"是房屋木结构的横向木构架，由在同一进深轴线上的若干根柱和梁所组成，宋《营造法式》称它为"草架"，清《工程做法则例》称它为"间架"，《营造法原》称它为"贴式"。对组成木排架的各木构件名称，宋制、清制和《营造法原》，各有不同称呼。

1. 宋"草架"

宋"草架"的基本结构，如图 3.1.3 所示。屋顶荷载由椽子传递到平槫木（分为上平槫、中平槫、下平槫和脊槫）承接，再通过蜀柱斗栱传递到平梁、椽栿、乳栿等横梁上，然后再由横梁分别传递到檐柱和内柱后，落脚到柱基。屋顶构件中的蜀柱斗栱，分别用叉手和托脚进行支撑加固。

在面阔方向的草架与草架之间，通过平槫木和额枋（阑额、由额）将檐柱和内柱进行横向连接，由替木和攀间等将蜀柱斗栱进行横向支撑，这样将若干进深轴线上的草架相连即成整体木构架。

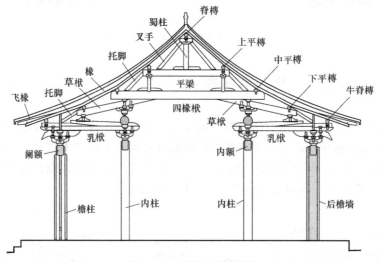

图 3.1.3　宋制木排架图

2. 清"间架"

清"间架"的基本结构，如图 3.1.4 所示。屋顶荷载由椽木分配到檩木（脊檩、上中下金檩、檐檩）承接，再分别传递到横梁（三架梁、五架梁、七架梁和抱头梁）上，上下横梁之间用瓜柱（脊瓜柱、上金瓜柱、下金瓜柱）作支撑，再由七架梁和抱头梁集中传递到檐柱和金柱上。檐柱和金柱由穿插枋相互支撑联系。各进深轴线上的间架与间架之间，由枋木（脊枋、金枋、檐枋）分别将脊金瓜柱和檐金柱连接成整体木构架。

3.《营造法原》"贴式"

《营造法原》"贴式"的基本结构，如图 3.1.5 所示。整个屋面荷载由椽子分布到桁条（分为脊桁、金桁、步桁、廊桁）上，再由它分别传递到横梁（月梁、三界梁、五界梁和廊川等），上下横梁由童柱作支撑，最后由横梁传递至廊柱和步柱。

在面阔方向各进深轴线上相邻排架的柱与柱之间，由桁条和枋木（分为廊枋、步枋）连接成整体构架。桁条之下辅以机木（分为脊机、金机、连机）。

根据以上所述构件，对组成硬（悬）山木构架的构件名称，小结如表 3.1.1 所示。

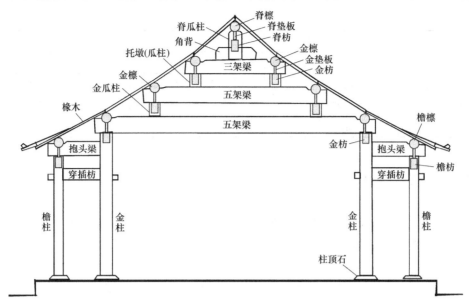

图 3.1.4 清制木排架图

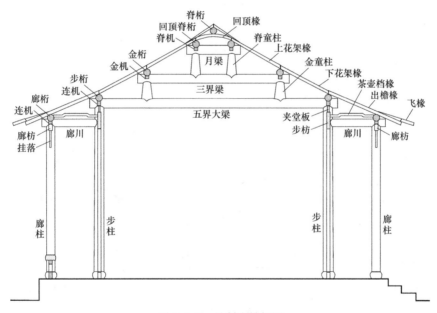

图 3.1.5 吴制木排架图

硬山悬山木构架各构件名称　　　　　　　　　　　　　　　　表 3.1.1

构件名称		《营造法式》草架	《工程做法则例》间架	《营造法原》贴式
木排架构件	柱类	檐柱	檐柱	廊柱
		内柱	金柱	步柱
		蜀柱	瓜柱、柁墩	童柱
	梁类	平梁、椽栿(四、六椽栿)	架梁(三、五、七架梁)	月梁、界梁(三、四、五界梁)
		乳栿、搭牵	抱头梁或桃尖梁、双步梁	廊川、双步

续表

构件名称		《营造法式》草架	《工程做法则例》间架	《营造法原》贴式
屋顶木构件	桁条	平槫(脊、上平、中平、下平槫)	桁檩(脊、金、檐、挑檐桁檩)	桁(脊、金、步、廊桁)
	椽子	脊椽、直椽、檐椽、飞子	脑椽、花架椽、檐椽、飞椽	头停椽、花架椽、出檐椽、飞椽
面阔连接构件	枋木	襻间	枋(脊枋、金枋、檐枋)	机(脊机、金机、连机)
		由额、阑额	大额枋、小额枋	廊枋、步枋

【3.1.3】 硬山、悬山木排架

木排架是指房屋木构架的横向（即进深方向）梁柱组合骨架，为了便于方案设计或简要说明，通常将横向排架结构，采用简易的横向线视图加以表示，一般通称为"排架简图"，它用线条表示各个构件位置和标注名称，如清制结构的排架简图，如图 3.1.6 所示。

硬山与悬山木排架，按屋顶形式分为尖山顶和卷棚顶。按进深构造分为带廊式和无廊式。

卷棚顶是指在排架图中以屋脊为中心，由弧形椽子与两根脊檩交汇而成弧形屋顶，如图 3.1.6（a）（b）（c）所示。

尖山顶是指在排架图中以屋脊为中心，由两边椽子与一根脊檩交汇而成尖角屋顶，如图 3.1.6（d）（e）（f）所示。

带廊式是指由檐（廊）柱和金（步）柱所组成的木构架，分为带前廊或后廊、带前后廊，如图 3.1.6（c）（e）（f）所示。

无廊式是指只有檐柱而成的木构架，如图 3.1.6（a）（b）（d）所示。

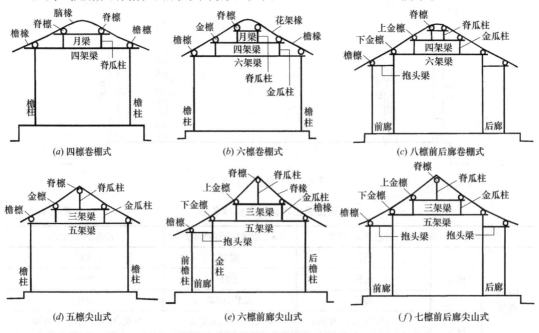

图 3.1.6 硬山悬山木构架简图

硬、悬山木构架可以根据檩木多少，确定房屋进深的宽窄，尖山顶木排架多为五檩至七檩建筑，卷棚顶木排架多为四檩至八檩，也就是说，大梁最大规格为五（六）架梁，如果要扩大进深，可做成带前廊或带前后廊形式。

【3.1.4】 硬山与悬山木构架的区别

硬山与悬山木构架的区别，是两端梢（尽）间屋顶的檩木有所不同，悬山是在硬山木构架的基础上，将两端梢间屋面部分的檩木（脊檩、金檩和檐檩等），同时向外伸出一段距离（一般挑出长度为四椽四档），使屋顶两端向外悬挑而成，而其木排架本身结构两者是完全一样。悬挑的各根檩木，由于在两山要悬挑四椽四档距离，为加强其悬挑强度，清制在各檩木的悬挑端下面，增加有一根"燕尾枋"，以作檩木悬挑端的衬托木，如图3.1.7 所示，宋制和《营造法原》没有强调此构件。燕尾枋的长按梢檩伸出长。燕尾枋里端枋尾截面尺寸，大式按高 4 斗口，厚 1 斗口；小式按高 0.65 檩径，厚 0.25 檩径。燕尾枋外端枋头截面尺寸，高按枋尾高的一半，厚与枋尾同。

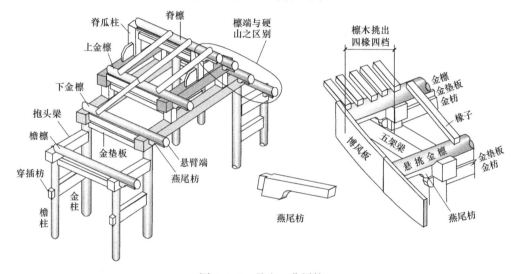

图 3.1.7　悬山、燕尾枋

【3.1.5】 庑殿木构架

庑殿建筑是一个具有前后斜梯形坡屋面和两端斜三角形坡屋面所组成屋顶的建筑。宋《营造法式》称为"五脊殿""吴殿"，清《工程做法则例》称为"四阿殿"，《营造法原》称为"四合舍"。庑殿建筑木构架主要分为两大部分，即正身部分和山面部分，如图3.1.8所示。

正身部分是指，除房屋两端的梢间（或尽间）以外的所有开间部分，这部分的木构架同硬（悬）山建筑基本相同，也是由进深轴线方向一排排相同的木排架和横向枋、檩木等构件连接而成，只是它的开间可以更多些，房屋进深可以更大一些。在这里为了便于叙述方便，将清制"间架"、宋制"草架"、《营造法原》"贴式"等称呼通称为木排架。

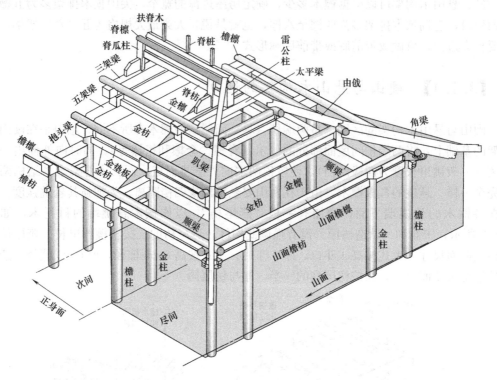

图 3.1.8　庑殿木构架

山面部分是指房屋两端的两个梢间（或尽间）部分，这两端山面也是用梁、枋、檩等木构件与正身木构架连接而成，如图 3.1.8 中"山面"所示。

1. 正身部分木排架

庑殿正身部分木排架基本结构与硬悬山建筑木排架相同，具体分述如下。

（1）清制木排架

清制正身木排架的基本结构如图 3.1.9 所示，为九檩庑殿单檐结构，屋顶荷载由椽木（脑椽、花架椽、檐椽）将荷载分布给桁木（脊桁、上金桁、下金桁、檐桁、正心桁）承托，桁木将荷载传递到架梁（三架梁、五架梁、七架梁、桃尖梁）上，架梁之间通过瓜柱（脊瓜柱、金瓜柱、柁墩）相互支撑。再分别由架梁传递于檐柱和金柱承重。檐柱和金柱由穿插枋连接加固。

在各个排架之间的立柱（脊瓜柱、金瓜柱、柁墩、金柱、檐柱）分别由横向的枋木（脊枋、上金枋、下金枋、檐枋、额枋）连接成整体。

（2）宋制木排架

宋制木排架的基本结构，如图 3.1.10 所示，为重檐结构，屋顶上的椽子是承接屋顶荷载的木基层构件，而椽子由槫木（上、中、下平槫和脊槫）承接。槫木上的屋顶荷载由椽栿（十椽栿、八椽栿、六椽栿、四椽栿、平梁）传递到殿身内柱上，檐口屋面荷载由乳栿分别传递给殿身内柱和副阶檐柱上。在各槫木下由替木（相当于短枋）或者替木加斗栱作为垂直传递构件（相当于瓜柱），再由横向襻间木、额枋（阁额、由额、门额）和槫木等，在相邻排架之间作相互横向支撑，并连接成整体构架。

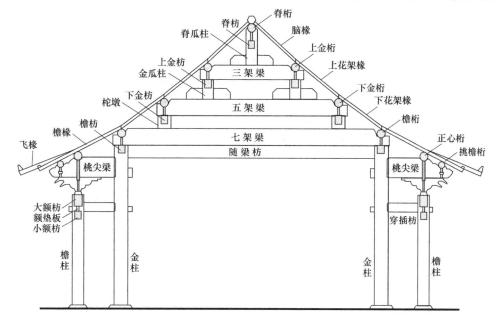

图 3.1.9 清制庑殿木排架图

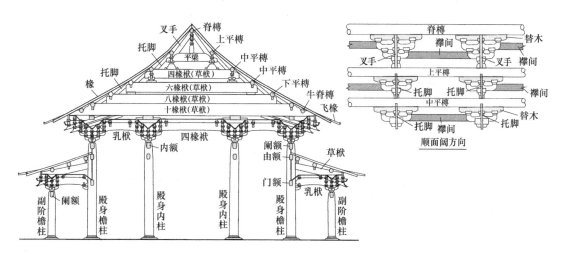

图 3.1.10 宋制五脊殿木排架图

（3）《营造法原》木排架

《营造法原》木排架的基本结构，如图 3.1.11 所示，整个屋面荷载由椽子（头停椽、花架椽、出檐椽）将其传递到桁条（脊桁、金桁、步桁、廊桁）承载。再由桁条传递到界梁（山界梁、四界梁、六界梁、眉川、双步）上，最后通过各横梁传递到廊柱和步柱。

在相邻排架之间，由横向枋木（廊枋、步枋）、机木（连机、金机、脊机）和椽子连接成整体构架。

根据以上所述构件，对组成庑殿木构架的构件名称如表 3.1.2 所示。

2. 山面部分木构造

庑殿建筑的山面是一个三角形坡屋面，山面做法，宋、清各有不同。

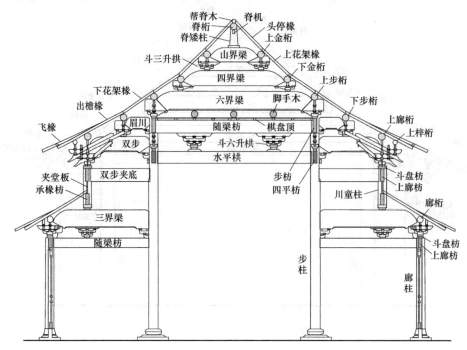

图 3.1.11　《营造法原》四合舍木排架图

庑殿木构架相关构件名称表　　　　　　　　　　　　表 3. 1. 2

构件名称		《工程做法则例》木构件	《营造法式》木构件	《营造法原》木构件
庑殿		庑殿、四阿殿	五脊殿、吴殿	四合舍
柱类		檐柱	副阶檐柱或殿身檐柱	廊柱
		金柱	殿身内柱	步柱
		瓜柱、柁墩	侏儒柱、蜀柱	矮柱、童柱
梁类		架梁（三、五、七架梁）	椽栿（四、六、八、十椽栿）	界梁（山、四、六界梁）
		抱头梁或桃尖梁、双步梁	乳栿、搭牵	廊川、双步
桁条		桁（脊、上金、中金、下金、檐桁）、挑檐檩	槫（脊、上平、中平、下平、牛脊槫）、撩檐枋	桁（脊、上金、下金、上步、下步、廊、梓桁）
扶脊木		扶脊木	无	帮脊木
枋木		枋（脊、上中下金、檐枋）	襻间、替木	机（脊、金、连机）
		大额枋、小额枋	由额、门额	廊枋、步枋
椽子		脑椽、花架椽、檐椽、飞椽	脊椽、直椽、檐椽、飞子	头停椽、花架椽、出檐椽、飞椽
角梁		老角梁、仔角梁	大角梁、子角梁	老戗、嫩戗
山面处理		在顺梁趴梁上置太平梁和雷公柱	由脊槫推出 3 尺后另加续角梁	直接用叉角桁条

（1）宋制山面：《营造法式》卷五造角梁之制中述，"凡造四阿殿阁，若四椽、六椽五间及八椽七间，或十椽九间以上，其角梁相续，直至脊槫，各以逐架斜长加之。如八椽五间至十椽七间，并两头增出脊槫各三尺，随所加脊槫尽处，别施角梁一重，俗谓之吴殿，亦曰五

脊殿"。即造四阿殿，若为四椽、六椽五间及八椽七间，或十椽九间以上，其角梁按每架斜长直接连接到脊槫。如八椽五间至十椽七间，直接由脊槫两端各向外推出三尺，随所增加的距离，去掉原续角梁位置，另施加一副续角梁，即成为吴殿（五脊殿）山面结构，如图 3.1.12 所示。转角处由角梁（续角梁、大角梁、子角梁）将正面与山面连接起来。

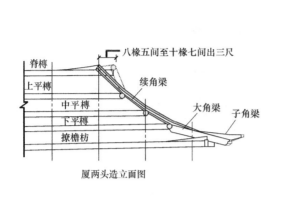

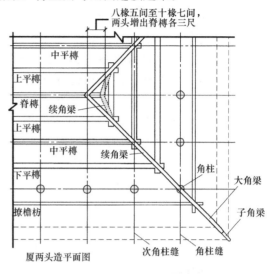

图 3.1.12　宋制厦两头造屋脊端面

（2）清制山面：清制建筑首先是从山面檐柱上，搁置一根顺梁连接到房屋尽间正身金柱上，顺梁外端，剔凿有檩碗，即可放置山面檐檩；顺梁里端做榫与金柱连接，这就是山面构架的最基层承载构件。然后，从外端向里间隔"一步架"，在顺梁上设置托墩（矮瓜柱），以放置"下金檩"，再在下金檩上搁置"趴梁"（趴梁另一端搁置在正身架梁上），再在趴梁上设置矮瓜柱，用以承托上金檩，如图 3.1.13 所示。有了上金檩，就可在其上横置"太平梁"，用其承托"雷公柱"，再以雷公柱支撑"脊檩"的挑出。"雷公柱"的位置和脊檩挑出距离应按庑殿推山办法确定。在正面与山面转角处直接由角梁（老角梁、仔角梁）连接。

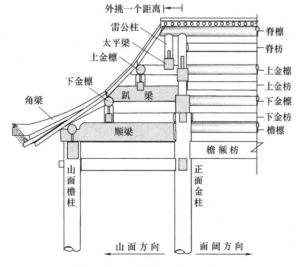

图 3.1.13　清制庑殿山面剖面

（3）《营造法原》山面：《营造法原》第七章"殿庭总论"中述，"四合舍殿庭外观，较歇山为庄严，都用诸性质崇威之建筑，吴中已不多见。所存者仅府文庙一处而已。……据实量文庙结果，其推山之制，与清式规定相似，惟无清式之太平梁及雷公柱之结构，仅以前后桁条挑出，成叉角桁条，下承连机及栱，其结构较为简单"。也就是说，四合舍殿庭建筑在江南已不多见，目前仅发现苏州府文庙大成殿一处，它的结构与清制有点相似，只是没有太平梁及雷公柱构件，其做法远较清制简单，它只需要将正身方向桁条延伸出后，与山面桁条直接搭交（即成叉角桁条）即可，桁条下面承以连机及栱，如图3.1.14所示。转角部分另设戗木（老戗、嫩戗）将正面与山面连接起来。

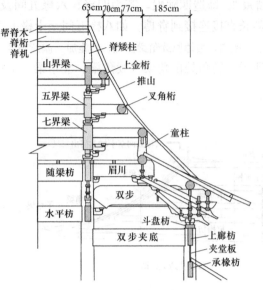

图3.1.14　吴制四合舍纵剖面边端

【3.1.6】　庑殿柱网及木排架

1. 庑殿柱网布置

庑殿木构架的平面柱网布置，是指排架柱的排列方式，常用的有三种，即：三排四（六）列式柱网、四排多列式柱网、六排多列式柱网等。

（1）三排四（六）列式柱网：三排四列是指三开间二进深柱网布置，如图3.1.15（a）所示。它是庑殿建筑中最简单的一种柱网布置，一般只用于规模不太大的单檐庑殿建筑和辅助性的门楼建筑。

三排六列是指五开间二进深柱网布置，如图3.1.15（b）所示。与三排四列柱网同属性类，多用于庑门建筑，如北京太庙的大戟门和其他庙宇的山门柱网多为这一类，它在中排柱轴线上做木门和隔断墙，前后檐为休息过厅。

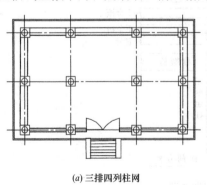

(a) 三排四列柱网

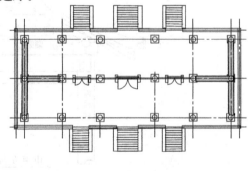

(b) 三排六列柱网

图3.1.15　三排四（六）列柱网

这类布置一般没有走廊，是无廊式柱网布置，前檐为门窗隔扇，后檐可与前檐同，也可以做成砖砌墙体，而两边山墙一般多为砖砌墙体。

（2）四排多列式柱网：这是一种多开间通用型的柱网布置，是单檐庑殿建筑所常用的一种形式，开间多少可根据实际需要而定，如图 3.1.16 所示。这也是一种无廊型建筑，一般两山为墙体，前后檐可为门窗、隔扇围护。

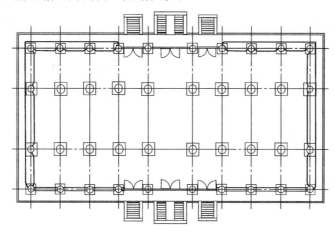

图 3.1.16　四排多列式柱网

（3）六排多列式柱网：这是一种有廊型的柱网布置，它是在四排多列式柱网的基础上，向外各增加一排（列）廊柱而成，如图 3.1.17 所示。多用于体形较大的重檐庑殿建筑，如景山寿皇殿、明长陵棱恩殿等为六排十列柱网，而北京故宫中的太和殿为六排十二列柱网，它是我国古建筑中柱网排列的最高等级。

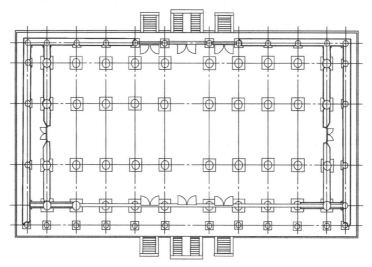

图 3.1.17　北京故宫太和殿柱网

（4）减柱造式柱网：上面所述是庑殿建筑的基本柱网布置，有时为了扩大室内空间，可进行一定的改进，做成减柱造式柱网布置。即去掉室内一部分金柱，加长横梁的跨度，但外围檐柱保持不变，如图 3.1.18 所示，除尽间外，所有开间的柱列都去掉了里金柱，这样将室内进深除廊道外，由四开间合并成为两开间，使室内空间扩大。这种柱网形式既保

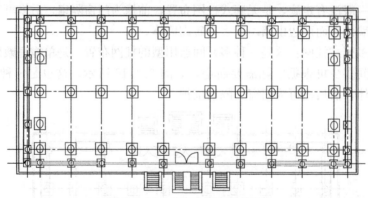

图 3.1.18　北京太庙亨殿柱网

证了结构的稳定性，又可改善室内布置的灵活度，如北京太庙亨殿就是这种柱网布置。

2. 庑殿木排架形式

木排架是指上述柱网中的列向简图，庑殿木排架按屋顶形式只有尖山顶一种，但分有单檐和重檐屋顶。按进深构造分为：带廊式和无廊式。现以清制为例，常用排架简图有：五檩或带中柱、七檩带前后廊、多檩横梁组合式等。

单檐屋顶是指只有一层屋檐的屋顶，如图 3.1.19（a）（b）（c）（d）所示。重檐屋顶是指有两层以上屋檐的屋顶，不过庑殿建筑为了保持威严庄重，一般最多做成两层屋檐的屋顶，如图 3.1.19（e）所示。

五檩或带中柱排架是庑殿建筑中最简单的一种木构架，多用于小型庑殿建筑，五檩是由三架梁、五架梁和瓜柱、檐柱所组成，如图 3.1.19（a）所示。五檩带中柱是加一中柱将架梁分割成两段，分别命名为单步梁和双步梁，梁的里端与中柱榫接，外端分别由瓜柱和檐柱支撑，如图 3.1.19（b）所示。

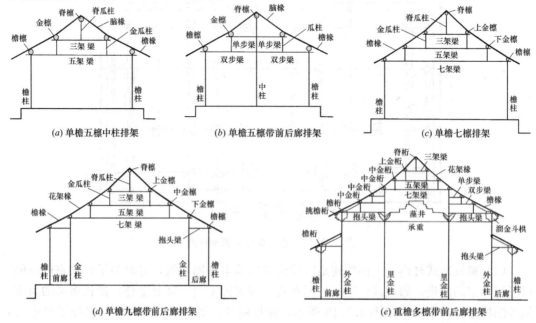

图 3.1.19　庑殿常用排架简图

七檩排架多用于非主要殿堂的单檐庑殿建筑，它是在五檩结构基础上增加一道七架梁而成，如图 3.1.19（c）所示。如果还需加大进深，可在此基础上增加廊道，形成九檩排架，如图 3.1.19（d）所示。

多檩组合排架是指十一檩以上的排架，常用于比较重要的重檐建筑。对一般横梁来说，因局限于木材大小和安装条件的限制，多只能做到七架梁，但对重檐建筑来说，多要求有较大的进深，这样就必须在七架梁之外添柱加梁，即增加外金柱和单步、双步或三步梁，形成多檩排架，如图 3.1.19（e）所示。

【3.1.7】 庑殿推山

在现代四坡水屋面中，它两端山面的交角（即垂脊线）是一条斜直线（即 45°角的斜线），如图 3.1.20 中虚线所示。而中国古庑殿建筑的交角是一条向外弯曲的斜曲线，为了要形成这种斜曲线，就需要将两端山面三角形屋面的顶部向外推出一段距离，将正脊适当加长，使三角形屋面顶部变陡，这样两山屋面与正向屋面的交角就可成为曲线，如图 3.1.20 中实线所示，这种做法，清称为"庑殿推山"，宋称为"造四阿殿"，《营造法原》按清制近似做法。

图 3.1.20　庑殿推山

1. 宋制"造四阿殿"

宋《营造法式》卷五大木作制度中阳马条述，"凡造四阿殿阁，若四椽、六椽五间及八椽七间，或十椽九间以上，其角梁相续，直至脊榑，各以逐架斜长加之。如八椽五间至十椽七间，并两头增出脊榑各三尺"。即造四阿殿，如果是四椽、六椽五间及八椽七间，或十椽九间以上，其角梁直接向后延续，直到脊榑，各自按屋架斜长增加。如八椽五间至十椽七间，都应在两山由脊榑向外推出三尺，如图 3.1.20 所示。

2. 清制"庑殿推山"

清制庑殿推山已在图 3.1.21 中作了明示，但具体计算方法是由梁思成教授在《清式营造则例》中所附《营造算例》内，对等步架和不等步架推山作了比较具体说明。

（1）步架相等的推山说明："在步架 x 相等的条件下，除檐步方角不推外，自金步至脊步，按进深步架，每步递减一成。如七檩每山三步，各五尺；除第一步方角不推外，第二步按一成推，计五寸；再按一成推，计四寸五分，净计四尺零五分。"即在各个步架相等的条件下，檐步不推，从金步向脊步，按进深每步减一成（即 0.1 倍步架），如七檩以脊檩分中，每边三步，各步五尺，那么檐步不动，第一步按 5 尺的 0.1 倍即 0.5 尺推算，

103

得 4.5 尺；第三步架在第二步基础上再按一成推算，即 4.5 尺的 0.1 倍为 0.45 尺，推后得 4.05 尺。

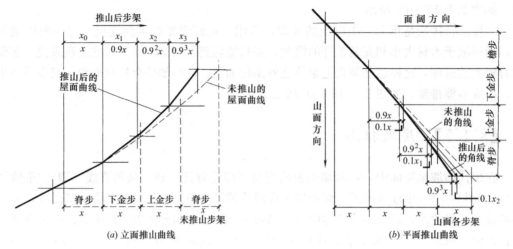

图 3.1.21　清制庑殿推山方法

为说明上述推算方法，现假设原等步架尺寸为 x，推山后檐步架、金步架、脊步架分别为 x_0、x_1、x_2……x_n，则：

檐步不推，$x_0 = 5$，即 $x_0 = x$；

推第一步，$x_1 = 5 - 0.5 = 4.5$，即 $x_1 = x - 0.1x = 0.9x = (0.9)^1 x$；

推第二步，$x_2 = 4.5 - 0.45 = 4.05$，即 $x_2 = x_1 - 0.1x_1 = 0.9x - 0.09x = 0.81x = (0.9x)^2 x$；

推第三步，$x_3 = 4.05 - 0.405 = 3.645$，即 $x_3 = x_2 - 0.1x_2 = 0.81x - 0.081x = 0.729x = (0.9x)^3 x$。

由此可以得出，每步推山后的步架值计算通式为：

推第 n 步，$x_n = (0.9)^n x$

推山结果如图 3.1.21 所示。(a) 图说明推山后的屋面立面曲线（粗实线），较未推山屋面曲线（虚线）要陡峻；(b) 图说明屋面水平投影推山后交角线（粗实线）较未推山交角直线（虚线）弯曲。

（2）步架不等的推山说明："在步架不等时，如九檩每山四步，第一步六尺，第二步五尺，第三步四尺，第四步三尺。除第一步方角不推外，第二步按一成推，计五寸，净四尺五寸。连第三步第四步亦各随推五寸，再第三步除随第二步推五寸，余三尺五寸外，再按一成推，计三寸五分，净计步架三尺一寸五分。第四步又随推三寸五分，余二尺一寸五分，再按一成推，计二寸一分五厘，净计步架一尺九寸三分五厘。"

依上所述，设九檩四步的不等步架为：$x_1 = 6$ 尺、$x_2 = 5$ 尺、$x_3 = 4$ 尺、$x_4 = 3$ 尺。又设推山后的步架分别为：$x_{1推}$、$x_{2推}$、$x_{3推}$、$x_{4推}$。则：

第一步　$x_{1推} = x_1 = 6$ 尺，即 $x_{1推} = x_1$；

第二步　$x_{2推} = x_2 - 0.1x_2 = 5$ 尺 $- 0.5$ 尺 $= 4.5$ 尺，即 $x_{2推} = 0.9x_2$；

连第三步第四步　$x_{连3} = x_3 - 0.1x_2 = 4 - 0.5 = 3.5$ 尺

$$x_{连4} = x_4 - 0.1x_2 = 3 - 0.5 = 2.5 \text{ 尺}$$

第三步　$x_{3推}=x_{连3}-0.1x_{连3}=3.5-0.35=3.15$ 尺，即 $x_{3推}=0.9x_3-0.09x_2$；

第四步　$x_{4推}=x_{连4}-0.1x_{连3}-0.1(x_{连4}-0.1x_{连3})=2.5-0.35-0.215=1.935$ 尺，即 $x_{4推}=0.9x_4-0.09x_3-0.081x_2$。

则这四步计算式为：

$x_{1推}=x_1$；

$x_{2推}=0.9x_2$；

$x_{3推}=0.9x_3-0.09x_2$；

$x_{4推}=0.9x_4-0.09x_3-0.081x_2$。

当按以上两种方法所述计算出推山后的步架值后，即可按下式计算出脊檩外端向外推出距离：

推出距离＝原步架之和－推山后步架之和＝$\sum x-\sum x_n$

3.《营造法原》按清制近似法

《营造法原》第七章"殿庭总论"中述，"其推山之制，与清式规定相似，惟无清式之太平梁及雷公柱之结构，仅以前后桁条挑出，成叉角桁条，下承连机及栱，其结构较为简单"。即推山做法与清制有点相似，还是按清制庑殿推山方法计算出推山值，然后按此值将正身方向的前后桁条伸出后，与山面的相应桁条搭交即可（成叉角桁条），不设太平梁及雷公柱。

【3.1.8】　歇山木构架

歇山建筑也是一种四坡形屋面，但在其山面是通过一个垂直山面之后再斜坡而下，故取名为歇山建筑，这种建筑的单檐屋顶由四个坡面、九条屋脊（1 正脊、4 垂脊、4 戗脊）所组成，故有称为"九脊殿"。歇山木构架也分为正身和山面两大部分。

1.正身部分木排架

歇山正身部分的木排架有两种，一种是与庑殿正身木排架相同，它们都是一种尖山顶形式的屋顶结构，如图 3.1.22（a）所示。另一种为卷棚顶形式，即屋脊顶为圆弧形，如图 3.1.22（b）所示。尖山顶（采用单脊檩）与卷棚顶（采用双脊檩）除屋脊稍有不同外，两者正身部分木排架的其他结构，都与庑殿正身排架完全一样，具体构造请参看庑殿正身木排架。

2.山面部分木构造

歇山建筑的山面由一个垂直立面和梯形坡屋面组成，对山面木构架的具体处理，宋称为"厦两头造"，清称为"歇山收山"，《营造法原》称为"拔落翼"。

（1）宋制"厦两头造"：《营造法式》卷五在用槫之制中述，"凡出际之制：槫至两梢间，两际各出柱头，又谓之'屋废'。如两椽屋，出二尺至二尺五寸。四椽屋，出三尺至三尺五寸。六椽屋，出三尺五寸至四尺。八椽至十椽屋，出四尺五寸至五尺。若殿阁转角造，即出际长随架"。即槫木在两梢间要伸出柱头之外，又谓之"屋废"（即屋端伸出位置）。伸出长短按：当该屋架为 2 椽栿者，伸出 2 尺至 2.5 尺；为 4 椽栿者伸出 3 尺至 3.5 尺；6 椽栿者伸出 3.5 尺至 4 尺；8 至 10 椽栿伸出 4.5 尺至 5 尺。若是转角结构，随屋架中的下平槫交圈位置而定，如图 3.1.23 所示，山花板就钉在上、中、下平槫的端头上。

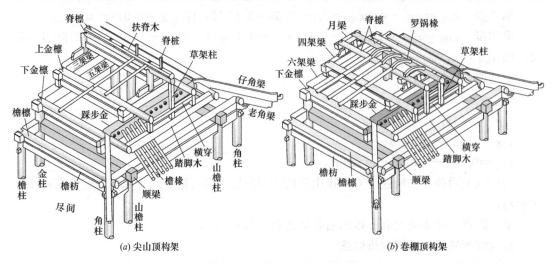

图 3.1.22 歇山建筑木构架

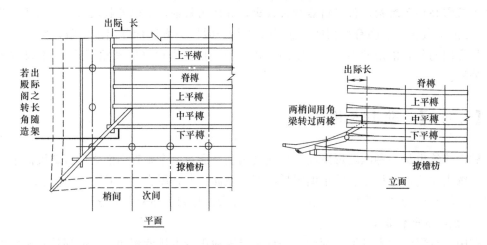

图 3.1.23 宋制出际之长

（2）清制"歇山收山"：清制歇山为了解决收山问题，特别设立了一个特殊构件"踩步金"，用它来代替五架梁所不能完成的任务。为此，它在房屋两端尽（梢）间山檐柱上，顺面阔方向安置"顺梁"或"趴梁"，用以承托"柁墩"或瓜柱，再以此承接"踩步金"，如图 3.1.24 所示，用踩步金的两端来安置下金檩，再以下金檩的伸出端来搭置"踏脚木"，然后在"踏脚木"上支立"草架柱"，以此作为其他金檩和脊檩的支撑，这样就形成了歇山立面垂直骨架，在骨架外侧钉立"山花板"，"山花板"位置由檐檩向里收进 1 檩径，这称为"歇山收山"，如图 3.1.24（a）所示。踩步金山面凿有若干椽窝，由踩步金椽窝和檐檩支承山面檐椽，形成山面坡屋面。

（3）《营造法原》"拔落翼"：《营造法原》第七章殿庭总论中述，"歇山拔落翼，恒以落翼之宽，等于廊柱与步柱间之深。譬如三开间，前后深四界，作双步。其落翼之宽，等于双步之长，拔落翼于川童之上，而于桁条之上设梁架以承屋面。梁架之间，钉山花板，以蔽风雨。桁条外端，挑出山花板外半界，桁端钉排列之木板，其下端成曲线，与屋面提栈曲势相平行，即所谓博风板"。即歇山山面的梢间宽，等于廊柱与步柱之进深距离，即

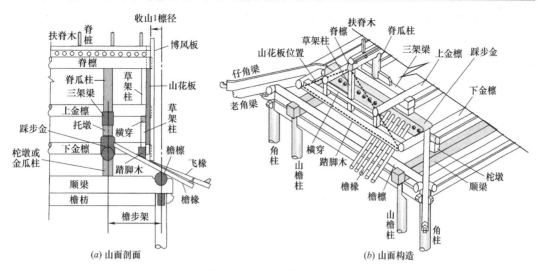

图 3.1.24 清制歇山山面

双步梁之长。其屋端伸出部分，落脚于川童（脊童柱）上。在桁条（步桁）之上，随脊童柱设梁架承托脊桁，在梁架木之间装钉山花板。在各桁条外端向外伸出半界距离，沿桁条端头装钉博风板，如图 3.1.25 所示。依其做法基本与清制相同，只是减掉草架柱和横穿等木构件，保留踏脚木，与伸出的桁条一起，用于装钉"博风板"。

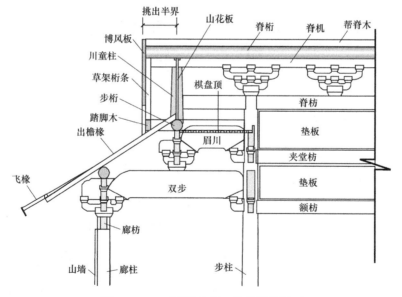

图 3.1.25 《营造法原》拔落翼纵剖面

【3.1.9】 歇山柱网及木排架

1. 歇山柱网布置

歇山建筑的柱网布置，可以归纳为三种，即无廊柱网布置、带前（后）廊柱网布置、带围廊柱网布置。

（1）无廊柱网布置：这是指不带廊道建筑的柱网布置，最简单的是单开间建筑，常用于园林建筑的亭榭和钟楼，多做成无围护结构的透空型空间，也可采用门窗隔扇的封闭空间，但很少采用砖墙围护，如图 3.1.26（a）所示。

无廊柱网布置，可根据需要设定房屋间数，但一般不宜超过七开间，因为无廊进深最大只能达到七架梁，若面阔太大会影响建筑体形，不协调。三开间以上的柱网建筑，多采用隔扇门窗或墙体围护，如图 3.1.26（b）所示。

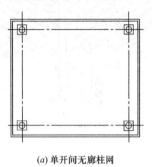
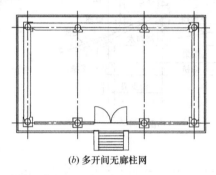

（a）单开间无廊柱网　　　　　　　　　　（b）多开间无廊柱网

图 3.1.26　无廊柱网布置

（2）带廊柱网布置：它分为带前廊柱网、带前后廊柱网、带围廊柱网布置等。

带前廊柱网是指在前檐的外檐柱之内，设有一排金柱，如图 3.1.27（a）所示。这种布置一般在金柱轴线采用木门、槛窗和隔扇，其他三面采用墙体或隔扇围护。

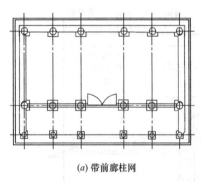
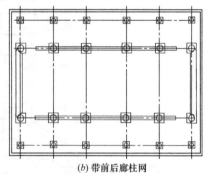

（a）带前廊柱网　　　　　　　　　　（b）带前后廊柱网

图 3.1.27　带廊柱网布置

带前后廊柱网：它是指在前后檐的檐柱之后，都各设有一排金柱，如图 3.1.27（b）所示，是厅堂房屋用得比较多的一种，它可做成透空型敞厅，也可用砖墙隔扇围护。

围廊柱网布置：这是指在前后左右都带有廊道的柱网布置，是歇山建筑中规模最大的一种柱网布置，它有外檐柱和里金柱两圈柱子，如图 3.1.28 所示。围廊式柱网的开间数，可根据需要设置。一般在内圈金柱轴线上，前檐梢间多用槛窗槛墙进行围护，其他三面可用砖砌墙体或用隔扇进行围护。

2. 歇山木排架形式

歇山木排架的形式，宋制"厦两头造"有单檐和重檐，但都为尖山顶形式一种。《营造法原》"拔落翼"也多为尖山顶，但它不同之处是常在内四界大梁之前或其前后，于屋面之下设有带弧形棚顶的"轩"结构，以此增加室内高爽典雅的气氛，对这种"轩"结构排架另行专述。清制"九脊殿"排架形式比较丰富，按屋顶形式分有尖山顶和卷棚顶两

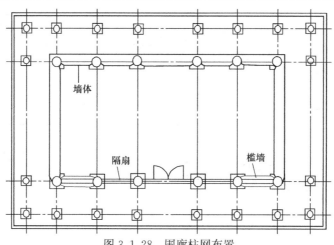

图 3.1.28 围廊柱网布置

种,同时也分为单檐和重檐。按进深构造分为带廊式和无廊式。这里介绍清制建筑中几种常见的排架简图。

(1) 无廊排架:分为尖山顶和卷棚顶两种,尖山顶木排架分别由三架梁、五架梁、七架梁等组成,如图 3.1.29 (a)(b) 所示,多用于各种普通歇山建筑的房屋上。

卷棚顶木排架除极个别为八架梁外,一般由四架、六架梁等组成,如图 3.1.29 (c)(d) 所示。其卷棚顶是由月梁承托双脊檩所构成,月梁之下为四架梁,由前后檐柱支撑,形成四檩卷棚。如果加大进深,可增加六架梁及其相应瓜柱,形成六檩卷棚。

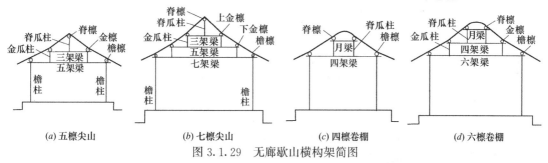

(a) 五檩尖山   (b) 七檩尖山   (c) 四檩卷棚   (d) 六檩卷棚

图 3.1.29 无廊歇山横构架简图

(2) 带廊排架:带廊排架是在正身大梁之外,增添抱头梁或双步梁而成,它也可以做成尖山顶或卷棚顶。

带有走廊的排架可以做成带前廊或后廊,或者前后都带廊。带前廊可增加建筑的大厅气势,带后廊可增加进深空间,这是一种不对称的木排架布置,廊步架用抱头梁作为檐步承重构件,分别传递到檐柱和金柱上,如图 3.1.30 (a) 所示。

而带前后廊的,其前后廊的步距一般应相等,如图 3.1.30 (b) 所示,它是一种对称布置木排架。以这种排架为基础,将其金柱增高,就可改变成重檐建筑,如果要想增大檐廊步的空间,可将抱头梁换成单、双步梁,如图 3.1.30 (c) 所示。

【3.1.10】 "轩"贴式

所谓"轩",其结构只不过是在厅堂屋顶之下,再增加一种顶棚造型,以起美化厅内

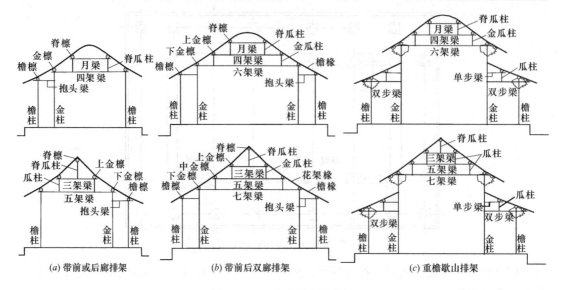

(a) 带前或后廊排架　　　(b) 带前后双廊排架　　　(c) 重檐歇山排架

图 3.1.30　有廊歇山横排架

顶棚装饰作用，贴式即指排架。"轩"是《营造法原》中厅堂房屋贴式所常用的一种结构，南方厅堂级房屋的布置，一进门就是轩厅，称为"廊轩"，再进去才是正厅，厅之后设廊，称为"前轩后廊"。对于更气派的厅堂还设置有双重轩（即前廊轩、后内轩）。廊轩是在廊柱与步柱之间屋顶瓦面基层之下，于二柱上搁置"轩梁"，梁端刻槽安装"轩桁"，再在轩桁上安装弯椽做成弧形顶棚即成。

在贴式（即排架）中，轩的构架形式有四种，即抬头轩、磕头轩、满轩、鸳鸯轩。

所谓"抬头轩"，它是指将前轩梁与四界大梁相平所做成的轩顶，如图 3.1.31（a）所示。"磕头轩"是指前轩梁低于四界大梁相磕者所做成的轩顶，如图 3.1.31（c）所示。"满轩"是指整个房屋室内的进深空间都装饰成轩顶的形式，如图 3.1.31（b）所示。而"鸳鸯轩"则是指对有中柱的大厅排架，将其梁架结构做成一个为扁作厅，另一个为圆作堂（南方将内四界大厅的主要梁架截面形式，做成扁矩形者，称为"厅"，做成圆形者称为"堂"），当扁厅圆堂都做有轩顶者，称为"鸳鸯轩"，如图 3.1.31（d）所示。

除上述轩顶结构之外，对于要求较高的贴式，但又不做轩顶的内四界厅室，可在内四界大梁之上设有双重椽木（即外椽和草椽），常做成双屋顶形式，内屋顶构架称为"草架"，草架内的梁、柱、桁、椽等都冠以草字，如图 3.1.31（a）中所示，因它们的用料可以比较粗糙，无须精致加工而得名。对内四界之后的后廊，一般是与前廊对称，如果需要也可将后廊加大其进深做成双步梁，如图 3.1.31（c）所示。

【3.1.11】　"轩"的构造

在轩贴式中，轩结构的构造，主要依轩梁上所用椽子形式而命名，依其构造分为：茶壶档轩、弓形轩、一枝香轩、船篷轩、鹤颈轩、菱角轩等轩构件。

1. 茶壶档轩

"茶壶档轩"是因其中茶壶档椽的弯曲凸起部分，相似于茶壶盖口形式而得名，如图

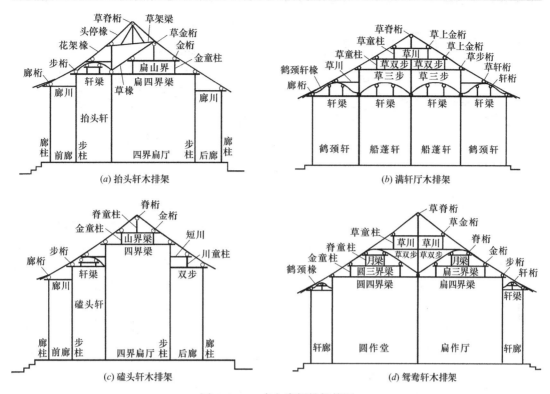

图 3.1.31　南方廊轩排架简图

3.1.32（*a*）所示。茶壶档轩是比较简单的一种轩顶形式，它是在步柱与廊柱的廊川上，直接由廊桁和步枋承接茶壶档椽，而不单独另设轩梁，然后在椽上铺筑望砖而形成棚顶，如图 3.1.32（*b*）所示。轩深一般为 3.5 尺至 4.5 尺，廊川围径为 0.6 倍内厅大梁围径。

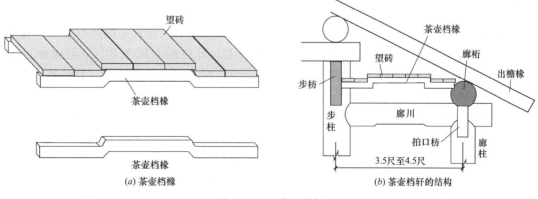

图 3.1.32　茶壶挡轩

2. 弓形轩

"弓形轩"是指因其中的椽子做成弯弓形而取名，它是在廊柱与步柱之间单独设置弯如弓形的轩梁作为承重梁，用以承接屋面檐口的梓桁和廊桁，在廊川与步枋之上安置弓形椽，椽上铺筑望砖而形成棚顶，如图 3.1.33 所示。轩界深为 4 尺至 5 尺，轩梁围径为 0.25 倍内厅梁围径。

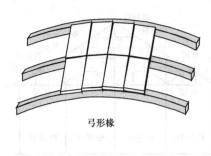
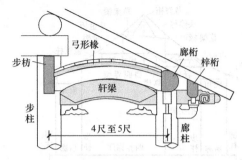

图 3.1.33　弓形轩

3. 一枝香轩

"一枝香轩"是指在轩梁上安置一个坐斗来承托一根轩桁，有似于香炉所插之香而得名，如图 3.1.34 所示。它是在廊柱与步柱之间设置轩梁，在轩梁中间安置坐斗来承托一根轩桁，再于轩桁两边安装弯椽而形成顶棚。轩界深为 5 尺左右，轩梁围径为 0.25 倍内厅界梁围径。一枝香轩可改造成依安装弯椽形式不同，做成为鹤颈轩和菱角轩。

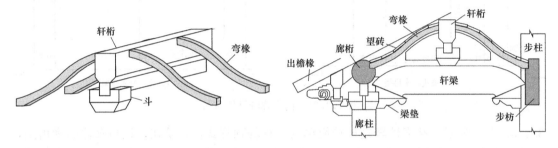

图 3.1.34　一枝香轩

4. 船篷轩

"船篷轩"所采用的弯椽与清制卷棚顶罗锅椽相似，即在月梁上安置双桁来承托弯椽，如图 3.1.35 所示，椽上铺望砖，从而形成船篷形篷顶而取名。而月梁用两根矮童柱支立在轩梁上，轩梁里端插入步柱，梁外端置于廊柱上。轩界深 6 尺至 8 尺，轩梁围径按 0.25 倍轩深，月梁围径按 0.9 轩梁围径。

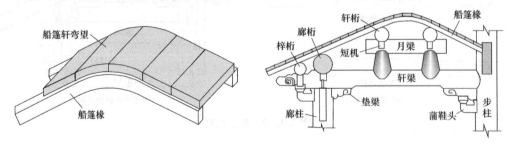

图 3.1.35　船篷轩

5. 鹤颈轩

"鹤颈轩"是指在插入廊步柱上的轩梁之上，支立双斗来承托荷包梁，以此梁承托两根轩桁，轩桁两边采用鹤颈椽，中间采用弯椽，在此三椽上铺设望砖，所做成的篷顶，如图 3.1.36 所示。轩深 6 尺至 8 尺。

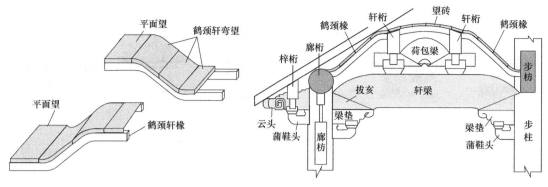

图 3.1.36 鹤颈轩

6. 菱角轩

"菱角轩"构造与鹤颈轩基本相同,只是在轩桁两边所用椽子,用菱角轩椽代替鹤颈轩椽,如图 3.1.37 所示。其他各项结构与鹤颈轩结构完全相同。

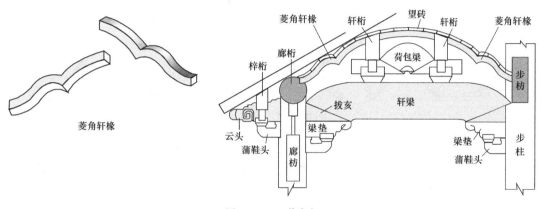

图 3.1.37 菱角轩

【3.1.12】 攒尖木构架

攒尖建筑木构架没有庑殿歇山那么庞大,所以在《营造法式》和《营造法原》中都没有作专门细述,这里仍以清制亭子建筑加以介绍。由于亭子建筑木构架的特殊性,我们将它分为:亭子柱网布置、单檐亭子木构架、重檐亭子木构架等加以介绍。

1. 亭子柱网布置

亭子平面的柱网布置,是决定亭子平面形式和木构架结构的基本元素,常用的柱网布置有正多边形和异形两大类,如图 3.1.38 所示。

(1) 单檐亭柱网布置:亭子柱网的柱子根数与排列,应根据所选取的平面形状而定,单檐柱网布置原则是:正多边形平面的柱子,应按两邻边之间的交角来设置。圆形平面的柱子,根据所做体形大小,按圆的内接正多边形交角进行设置,体形较小的可按内接四边、五边形交角,亭子较大的可内接按六边、八边形交角。矩形和扇形平面的柱子,一般按进深为一间,面阔为一或三间进行布置。

(2) 重檐亭子柱网布置:重檐亭柱网的柱数采用偶数,三角形和五角形一般不适宜做

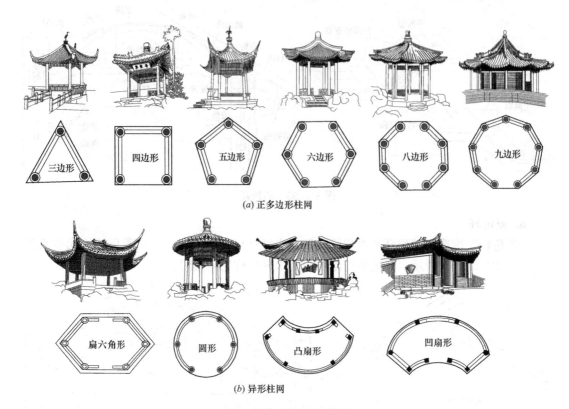

（a）正多边形柱网

（b）异形柱网

图 3.1.38　亭子柱网布置

重檐形式。重檐亭的柱网为双层柱网（即内外两圈柱网），里圈柱网与外圈柱网之间的间距一般按一步距设置，如图 3.1.39 所示，里圈可以设成落地重檐金柱，也可设为不落地童柱。

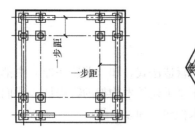
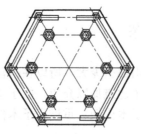
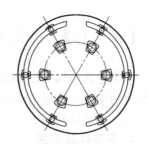

图 3.1.39　重檐亭柱网布置

（3）组合亭柱网布置：组合亭是由两个或两个以上独立亭（包括单檐和重檐）组拼而成，如两个圆形可以组拼为双环；两个四边形可组拼成为方胜；两个扇形可组拼成为燕尾形；两个六边形可组拼成双六角；两个三角形中间夹一个四边形可组拼成扁六边形；在正方形的四个边上各连接一个短矩形，即可拼成十字形等，如图 3.1.40 所示。除此之外，读者可以还组拼一些其他形式的组合亭。

组拼时必须要保证有两根以上的柱子，相互对称或重合，以确保在整个木构架中，梁枋连接的整体性，如图 3.1.41 所示。

114

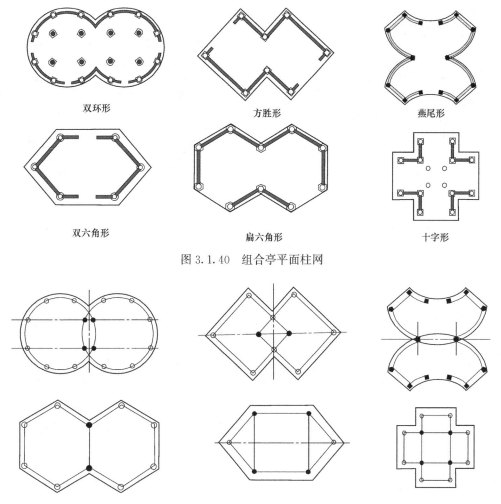

图 3.1.40　组合亭平面柱网

图 3.1.41　组合平面的对称与重合

2. 单檐亭木构架

单檐亭木构架，可以将其分为上下两部分介绍。

（1）单檐亭子下架：单檐下架由柱、枋、凳组成，柱为承重构件，按平面柱网形式设置，用"檐枋"将柱子上端连接成整体框架。再于柱顶安置"花梁头"以承接上架檐檩，在花梁头之间填以垫板。另在檐枋下安装吊挂楣子，以作装饰。在柱下端安装坐凳及其楣子，即可形成亭子下架，如图 3.1.42（a）（b）所示。

（2）单檐亭子上架：先在下架的"花梁头"上平面形式安置搭交"檐檩"，形成屋顶第一层（即底层）圈梁。再在檐檩之上，设置"井字趴梁或抹角梁"，梁上安置柁墩，称为"交金墩"。在交金墩上，安置上层"搭交金檩"，形成屋顶第二层圈梁，如图 3.1.43 所示。

这一、二层圈梁是上架的基础构件，在此基础上根据亭子规模大小，可以有两种做法，对规格较大的亭子或圆形亭，应在第二层搭交金檩上，横置一根"太平梁"，作为攒尖承重梁，然后在太平梁上，直立"雷公柱"，用此柱与各"由戗"连接就可形成攒尖顶，如图 3.1.43（a）、图 3.1.44（a）所示。

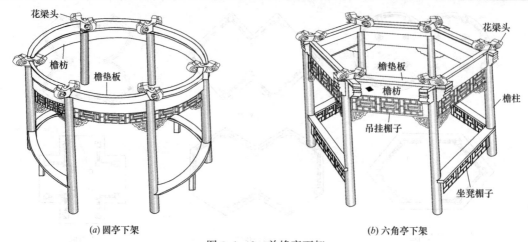

(a) 圆亭下架　　　　　　　　　　　　　　　(b) 六角亭下架

图 3.1.42　单檐亭下架

对规格较小的亭子，可不用太平梁，直接将"由戗"连接到雷公柱上腰，四面八方撑住雷公柱使其悬垂，如图 3.1.44（b）所示。

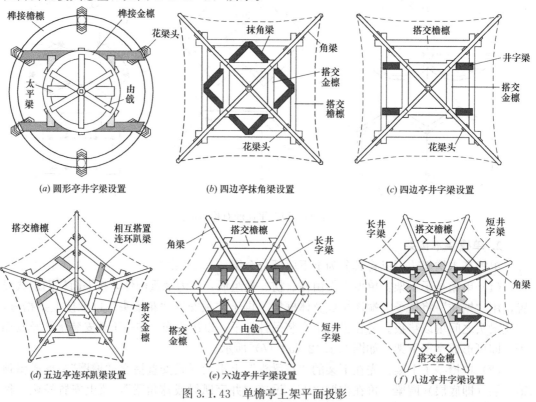

(a) 圆形亭井字梁设置　　　　　(b) 四边亭抹角梁设置　　　　　(c) 四边亭井字梁设置

(d) 五边亭连环趴梁设置　　　　(e) 六边亭井字梁设置　　　　　(f) 八边亭井字梁设置

图 3.1.43　单檐亭上架平面投影

当由戗插入雷公柱后，由戗的另一端与角梁对接。各角梁安置在第一圈搭交檐檩和第二圈搭交金檩的交角处，角梁尾端与"由戗"对接，角梁前端悬挑檐外。但圆形亭可不需角梁，直接将由戗撑压在金檩上即可，这就是亭子的上架结构，如图 3.1.44 所示。

最后，在檩木上布置椽子，在椽子上铺设屋面望板、飞椽、连檐木、瓦口板等。

3. 重檐亭子木构架

重檐亭子的木构架做法有两种，即增加重檐金柱做法、采用上层童柱做法。

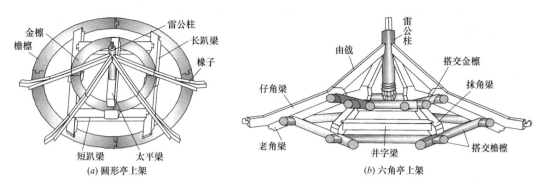

(a) 圆形亭上架　　　　　　　(b) 六角亭上架

图 3.1.44　单檐亭子上架

（1）增加重檐金柱做法：它是在单檐亭子下架基础上，从各檐柱向内收进一个步距，分别安置一圈金柱来承托亭子的上架，金柱要高出檐柱一举架，称为"重檐金柱"。重檐金柱顶端与单檐下架做法一样，只是在檐枋下面要增加围脊枋、围脊板、围脊楣子、承椽枋等构件，如图 3.1.45（a）立面所示。这样就形成内外两圈柱网，再在外圈檐柱顶去掉花梁头，安置抱头梁，将抱头梁里端插入内圈金柱上，外端承接搭交檐檩。最后将各檐柱和金柱之间都用穿插枋连接加固，形成整体框架。

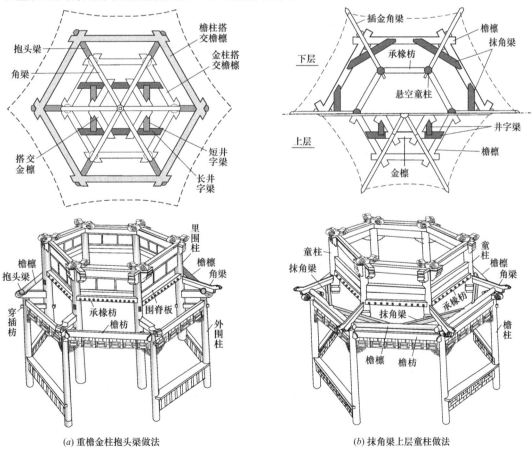

(a) 重檐金柱抱头梁做法　　　　　　　(b) 抹角梁上层童柱做法

图 3.1.45　重檐亭构架

117

也可将原檐柱升高变为重檐金柱。另在其外围增加一圈外檐柱作为下架,在此下架柱上置抱头梁与金柱连接,形成与图3.1.45 (a) 所示的一样结构。

(2) 采用上层童柱做法:先将原单檐下架檐柱顶端的花头梁上,按置搭交檐檩,再在搭交檐檩上设置抹角梁,以抹角梁和搭交檐檩作为角梁的承搁构件,随即将角梁布置其上,并使角梁后尾延伸到内圈金柱位置,就在该位置布置上层童柱,童柱下端与角梁后尾用穿插榫连接,则此童柱就作为上层承重柱落脚在角梁上。童柱以上结构与重檐金柱上部相同,如图3.1.45 (b) 所示。

【3.1.13】 廊道木构架

廊道建筑木构架是由左右两根檐柱和一榀屋架组成简单排架,经枋木、檩木和上下楣子,将若干排架连接成为一个整体的长廊构架。可采用卷棚式屋顶或尖山式屋顶。根据所处地形,分为平地长廊和坡地跌落廊,如图3.1.46所示。

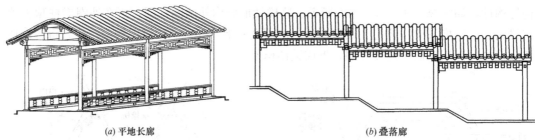

(a) 平地长廊　　　　　　　　　　　　(b) 叠落廊

图 3.1.46　廊道建筑

1. 平地长廊木构架

平地长廊木构架是按一定面宽,将若干排架连接而成的一线式长廊。由前、后檐柱支撑三(四)架梁,梁上立瓜柱承托脊檩(尖山式)或承托月梁和双脊檩(卷棚式),使之成为排架,然后通过木枋和檩木将若干排架连接成整体,最后在其上铺钉椽子即可。尖山式木构架如图3.1.47 (a) 所示,卷棚式木构架如图3.1.47 (b) 所示。如果将其做成一定倾斜度,即成为斜势爬山廊,如图3.1.47 (c) 所示。

2. 坡地叠落廊木构架

叠落廊木构架是将坡地做成若干级跌差,按叠落高差设立排架,然后将排架做成高低联跨衔接,如图3.1.48所示。

与平地长廊不同的是,在每个跨段排架的檐檩朝外一端要做成有伸出的悬臂,悬臂下设置燕尾枋,以加强高位排架悬挑檩木的承接力。并要在与低跨脊檩枋相接的位置处增加一根插梁,用来承接低跨的脊檩枋。根据装饰要求,可在插梁以上镶贴木板,称为"象眼板",进行油漆彩画,增添装饰效果,也可不做。

最后,在每一跨悬挑屋顶的外沿,安装博风板,其他与平地游廊构架相同。

【3.1.14】 水榭木构架

水榭木构架是一种最简单的歇山建筑木构架。它是将歇山房屋木构架中的正身排架去

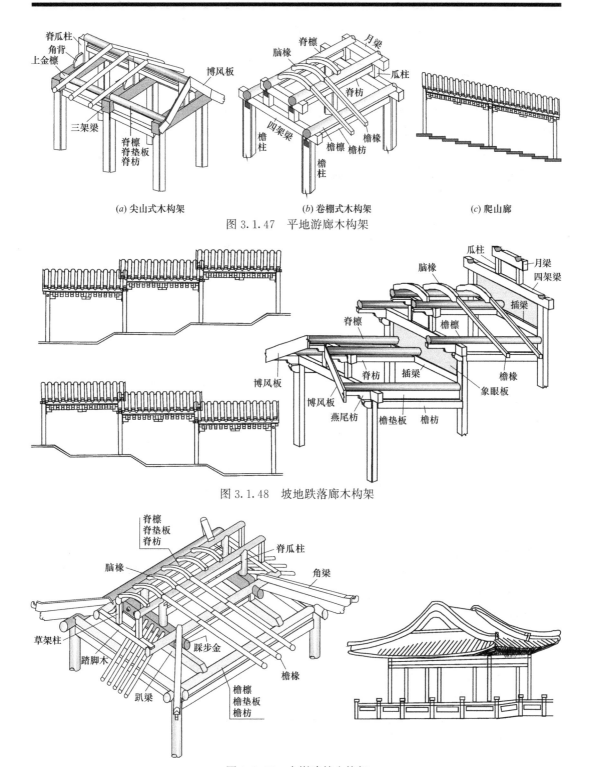

(a) 尖山式木构架   (b) 卷棚式木构架   (c) 爬山廊

图 3.1.47　平地游廊木构架

图 3.1.48　坡地跌落廊木构架

图 3.1.49　水榭建筑木构架

掉，直接将两端山面构件连接而成，如图 3.1.49 所示。该构架是在面阔方向檐檩上安置两根相垂直的趴梁，趴梁距山面檐檩的水平距离为一步架，在趴梁上支立托墩来承托踩步金，踩步金以上做法与歇山木构架山面完全相同。

【3.1.15】 石舫木构架

石舫木构架是一种组合型木构架，它由单檐木亭、卷棚直廊、歇山楼阁等木构架所组合而成。一种组合型是直廊在前，亭子在后，如图3.1.50（a）所示。另一种组合型是亭子在前、楼阁在后，称为"前亭后楼"，为丰富立面效果，当亭楼屋顶都采用歇山形式时，一般将楼的山面与亭子檐面相互垂直面向布置，图3.1.50（b）所示。

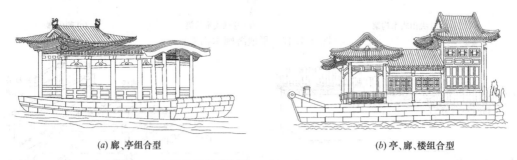

(a) 廊、亭组合型 （b) 亭、廊、楼组合型

图3.1.50 石舫组合形式

对廊、亭等独立木构架，前面已分别叙述，楼阁的木构架，可利用水榭结构增加柱高，在柱中部设置承重梁，在承重梁上安置次梁，铺钉楼板即可。这里主要阐述各部分相互之间的连接。

廊、亭、楼之间在连接处的构件，主要有柱和檩，连接处的柱一般都采用共用柱，如图3.1.51、图3.1.52所示，但也有各自独立的（如果采用独立构件组合，只需要处理好屋面连接处的漏水即可）。采用共用柱时，廊亭上的枋木、垫板和挂落等，都可分别安装在共用柱的各方。而廊亭上的檩木在连接处如何处理，其方法有两种：一是等高连接法，二是插梁连接法。

1. 等高连接法

等高连接法是指将直廊脊檩与亭子檐檩设在同一高度的连接方法，使脊檩与檐檩丁字相交，以此为标准，再布置直廊的构架，如图3.1.51所示。这种连接适用于两者高低处理较小的"廊亭组合型"。

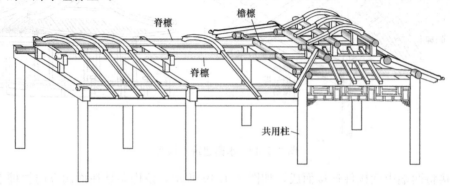

图3.1.51 脊檐檩等高连接

2. 插梁连接法

插梁法是指在亭廊连接处的共用柱上选择适当高度安置一根"插梁",如图3.1.52所示,用此插梁来承接直廊的脊檩,然后以此安排廊的构架。这种方法适用于对高低处理幅度较大的连接,它广泛用于楼阁与直廊、木亭与直廊的连接。

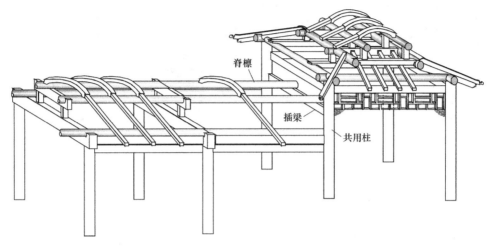

图3.1.52　安置插梁连接

3.2　木构架的木构件

【3.2.1】　檐柱、廊柱

檐柱是指屋檐部位的柱子,而屋檐有单檐和重檐两种,在单檐建筑中,清《工程做法则例》称为"檐柱",宋《营造法式》称为"檐柱"或"副阶檐柱",《营造法原》称为"廊柱"。在重檐建筑中,上层檐的檐柱有两种做法,一种是将金柱向上延伸来取代上檐柱,如图3.2.1(a)(c)(d)所示,清《工程做法则例》称为"重檐金柱";宋《营造法式》称为"殿身檐柱"。另一种是在檐、金柱之间的廊步梁(如桃尖梁、双步梁、廊界梁等)上,竖立不落地的矮柱作为上檐柱,清《工程做法则例》称为"童柱",《营造法原》称为"川童柱",如图3.2.1(b)(e)所示,宋《营造法式》无此结构。

1. 宋制"檐柱"

《营造法式》卷五大木作制度中述,"凡用柱之制:若殿阁,即径两材两栔至三材。若厅堂柱,即径两材一栔,余屋即径一材一栔至两材。若厅堂等屋内柱,皆随举势定其长短,以下檐柱为则。若副阶廊舍,下檐柱虽长,不越间之广。至角则随间数生起角柱"。即殿阁柱径两材两栔至三材(即42份至45份),厅堂按两材一栔(即36份),其余按一材一栔至两材(即21份至30份)。厅堂殿身内柱高,在副阶檐柱高的基础上,加上按廊步举折计算的举高。若是有副阶廊舍的,其下檐柱虽较长,但应不超过心间之宽。到角柱时要随间数生起增高角柱。

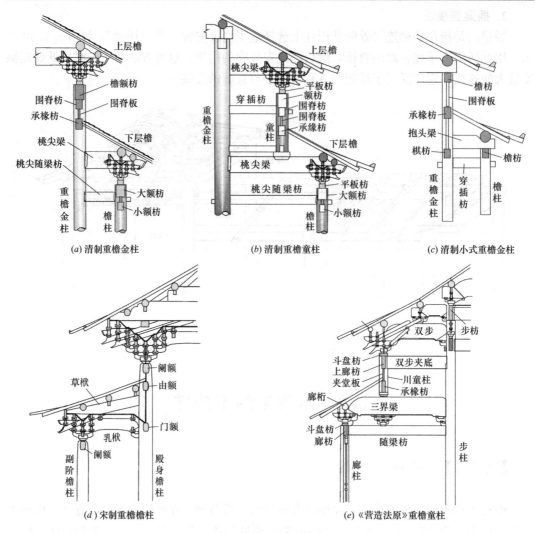

(a) 清制重檐金柱　　(b) 清制重檐童柱　　(c) 清制小式重檐金柱

(d) 宋制重檐檐柱　　(e)《营造法原》重檐童柱

图 3.2.1　重檐及童柱

2. 清制"檐柱"

《工程做法则例》卷一述，"凡檐柱以斗口七十定高。……以斗口六份定寸径"。卷九述，"凡檐柱以面阔十分之八定高低，十分之七定寸径"。即规定檐柱高大式按 70 斗口，小式按 0.7 至 0.8 明间面阔。檐柱径：大式 6 斗口，小式 0.07 明间面阔。

童柱高＝檐童步距×0.5＋上层檐（额枋高＋围脊枋高＋围脊板高＋0.5 承椽枋高）。

童柱径同檐柱。

3.《营造法原》"廊柱"

《营造法原》第五章厅堂总论述，"厅堂正间面阔，按次间面阔加二。论檐高者依次间面阔，即是檐高比例。如用牌科者，檐高均须照加"。即厅堂次间面阔是正间面阔八折，则廊柱高按 0.8 正间面阔。在第七章殿庭总论中述，"殿庭檐高以正间面阔加牌科之高为准"。即殿庭廊柱高按正间面阔确定。

对于川童柱高，参考清童柱计算。廊、童柱径：按 0.16 倍至 0.2 倍正间面阔定围径。

根据以上所述，檐柱规格见表 3.2.1。

檐柱尺寸表　　　　表 3.2.1

名称	柱名		柱高	柱径
《营造法式》	单檐	副阶檐柱	不超过心间面阔	殿堂 42 至 45 份，厅堂 36 份，余屋 21 至 30 份
	重檐	殿身檐柱	檐柱高＋举势＋相关构件高	
《工程做法则例》	单檐	檐柱	大式 70 斗口，小式 0.7 至 0.8 明间面阔	大式 6 斗口，小式 0.07 明间面阔
	重檐	童柱	0.5 步距＋上檐相关枋木高	
《营造法原》	单檐	廊柱	廊柱高＝0.7 至 1 正间面阔	廊柱围径＝0.16 至 0.2 倍正间面阔
	重檐	川童柱	参考清童柱	

【3.2.2】　金柱、步柱、重檐金柱

金柱，清《工程做法则例》分为单檐金柱、重檐金柱；宋《营造法式》称殿身内柱；《营造法原》称为步柱，如图 3.2.2 所示。

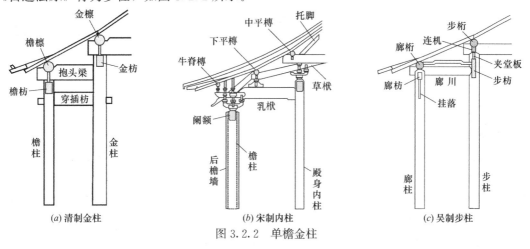

图 3.2.2　单檐金柱

金步柱尺寸表　　　　表 3.2.2

名称	柱名		柱高	柱径
《工程做法则例》	单檐	金柱	檐柱高＋0.5 檐步距	大式 6 斗口＋2 寸，小式 0.07 明间宽＋1 寸
	重檐	重檐金柱	檐柱高＋童柱高	
《营造法式》	单檐	殿身内柱	檐柱高＋分举高	殿堂 45 份，厅堂 36 份，余屋 30 份
	重檐		同殿身檐柱	
《营造法原》	单檐	步柱	廊柱高＋提栈高	1.1 至 1.15 倍廊柱围径
	重檐	步柱	廊柱高＋童柱高＋提栈高＋相关构件高	

清制"金柱"高为：单檐金柱高＝檐柱高＋檐金步举高；重檐金柱高＝檐柱高＋童柱高。

"金柱"径：清制大式建筑按檐柱径加 2 寸，由外向里每进深一根累加 2 寸；小式建筑加 1 寸。

宋制"殿身内柱"高＝檐柱高＋分举高。柱径按檐柱径较大值。

《营造法原》"步柱"高按廊柱高＋提栈高。步柱径按 1.1 至 1.15 倍廊柱围径。

根据以上所述，金柱规格小结见表 3.2.2 所示。

【3.2.3】 瓜柱、蜀柱、童柱

瓜柱是设在上下屋架梁之间的垂直传力构件，也是上下梁之间的支撑，清《工程做法则例》称为"瓜柱"或"柁墩"（即高小于宽厚的）；宋《营造法式》称为"侏儒柱或蜀柱"；《营造法原》称为"童柱或矮柱"，如图 3.2.3 所示。

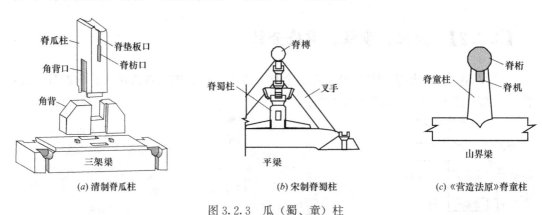

图 3.2.3　瓜（蜀、童）柱

1. 宋制"蜀柱"

《营造法式》大木作制度卷五中述，"造蜀柱之制：于平梁上，长随举势高下。殿搁径一材半，余屋量栿厚加减。两面各顺平栿，随举势斜安叉手"。即蜀柱立于平梁之上，其高按举势的高低而定，殿阁的柱径为 1.5 材（即 22.5 份），其余房屋根据其下的梁栿厚而定。在蜀柱两边，顺平梁按举势安置斜叉手。

接述，"造叉手之制：若殿阁，广一材一栔。余屋，广随材或加二份至三份。厚取广三分之一"。即殿阁叉手截面宽为 21 份，其他房屋按所使用的材制，即 15 份，或加 2 份至 3 份。截面厚按 1/3 宽。

接述，"凡中下平槫缝，并于梁首向里斜安托脚，其广随材，厚三分之一，从上梁角过抱槫，出卯以托向上槫缝"。即除脊槫外，各中下平槫都安托脚，由梁的首端斜撑在平槫上。托脚宽随所使用的材制，即 15 份，厚按 1/3 宽即 5 份。托脚上端，通过梁的边角，合抱平槫，并作榫托住上平槫，如图 3.2.3（b）所示。

2. 清制"瓜柱"

清制瓜柱，依其位置分为脊瓜柱和金瓜柱，一般为矩形截面。《工程做法则例》卷一述，"凡柁墩以步架加举定高。以五架梁之厚，每尺收滚楞二寸定宽。以桁条径二份定长"。卷七述，"凡上金瓜柱以步架加举定高低。以五架梁之厚收二寸定厚。宽按本身厚加二寸"。也就是说，瓜柱柁墩高按各分举高控制，其方径尺寸较同层梁厚稍窄（减 2 寸）即可。

因脊瓜柱是直接支撑脊檩，为保障其稳定性，清制做法特在柱脚增加"角背"，角背长按一步架，高按瓜柱高的 1/3，厚按本身高的 1/3。

3. 《营造法原》"童柱"

《营造法原》对"童柱或矮柱"的柱径，都按与其接触梁的梁径相同。柱高根据不同界深计算相应提栈高，即：提栈高＝界深×提栈系数。

根据以上所述，木构架中的立柱如表 3.2.3 所示。

瓜（蜀、童）柱尺寸表　　　　　　　　　　　表 3.2.3

名称		柱高	柱径
《营造法式》	蜀柱	按脊举高	22.5 份
《工程做法则例》	瓜柱	按脊步举高	按承托梁径或稍窄
《营造法原》	童柱	按脊提栈高	按承托梁径

【3.2.4】 架梁、椽栿、界梁

屋架梁是指承受屋面荷载的主要横梁，对于主横梁的名称，宋《营造法式》称为"椽栿"（或"草栿"），清《工程做法则例》称为"架梁"，《营造法原》称为"界梁"。

1. 宋制"椽栿"

宋制"椽栿"是以槫木之间搁置椽子的空当数而命名，如在本椽栿以上有四个空当就称为"四椽栿"，分为四椽栿、六椽栿、八椽栿、十椽栿等，其中，对屋脊顶有三根槫木的横梁，不称为二椽栿，宋《营造法式》对此给予一个专门名称，称为"平梁"，图 3.2.4（b）所示。

椽栿长＝Σ椽平长＋两端出头（即与托脚接触即可）

椽栿截面尺寸，《营造法式》大木作制度卷五述，"造梁之制有五：一曰檐栿，如四椽及五椽栿，若四铺作以上至八铺作，并广两材两栔，草栿广三材。如六椽至八椽以上栿，若四铺作至八铺作，广四材，草栿同"。即梁有五种（即为一檐栿、二乳栿、三劄牵、四平梁、五厅堂梁栿，后面将分别介绍），第一种叫做檐栿，对进深为四椽栿、五椽栿、斗栱为四至八铺作的，其断面高为 2 材 2 栔，即梁高应为：（15 份＋6 份）×2＝42 份，草栿高为 3 材，即 45 份。若进深为六至八椽栿以上，斗栱为四至八铺作的梁高为四材，即 60 份，草栿相同。

接着又述，"五曰厅堂梁栿，五椽、四椽，广不过两材一栔。三椽广两材。余屋椽数，准此法加减"。即第五种叫厅堂梁栿，当进深为四椽栿、五椽栿时，梁高不超过两材一栔，即 36 份。当为三椽时，梁高两材，即 30 份。其他房屋根据椽数，按照此规定确定梁高。

梁厚规定，接上述"凡梁之大小，各随其广分为三份，以二份为厚"。如四、五椽栿，梁厚为 42 份×2/3＝28 份，六、八椽栿梁厚为 60 份×2/3＝40 份。

《营造法式》对椽栿的制作加工，称为"造月梁之制"，卷五述，"造月梁之制：明栿，其广四十二份。如彻上明造，其檐栿、三椽栿各广四十二份，四椽栿广五十份，五椽栿广五十五份，六椽栿以上，其广并至六十份止。梁首不以大小从，下高二十一份。其上余材，自料里平之上，随其高匀作六份。其上以六份卷杀，每瓣长十份。其梁下当中顄六份。自料心下量三十八份为斜项，如下两跳者长六十八份。斜项外，其下起顄，以六瓣卷杀，每瓣长十份。第六瓣尽处下顄五份。去三分，留二分作琴面。自第六瓣尽处渐起至心，又加高一分，令颐势圆和。梁尾，上背下颐，皆以五瓣卷杀。余并同梁首之制。梁底面厚二十五分。其项厚十分。枓口外两肩各以四瓣卷杀，每瓣长十分"。即造月梁之制，对明栿（指在无遮挡可以看得见的椽栿），其截面高为42份，如果室内上面是没有遮挡做法的这种椽栿，三椽栿高42份，四椽栿高50份，五椽栿高55份，六椽栿以上，高均到60份为止。梁的头部不管梁的大小，梁头下面高21份，上面部分自斗面向上，将其分为6等份，上面也按6等份，每份10分，剔凿成弧形，如图3.2.4（d）梁首所示。在梁底中间下凹6份。梁首部分从斗中心线向里量38份为斜项，如为两跳斗栱者长68份。斜项之外，开始做梁底面下凹，斜项之后以6瓣卷杀，每瓣长10份。卷杀高度以在第六瓣末端下凹5份为准，杀去三分，留二分做弧形面。然后渐至中心加高一份，使其凹弧圆滑。如图3.2.4（d）梁底所示。梁尾背也做成弧形，横竖皆以五瓣卷杀。其他都与梁首同。梁底面厚25份，其项厚十分。斗外梁面两肩各以4瓣卷杀，每瓣长10份。

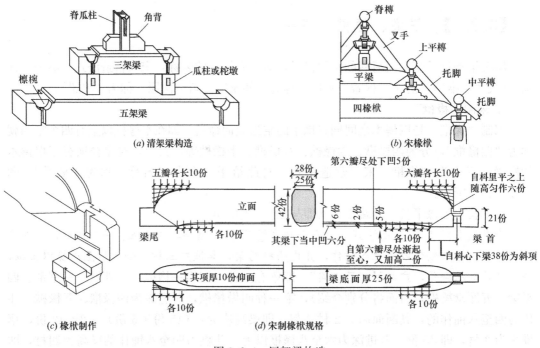

图 3.2.4　屋架梁构造

2. 清制"架梁"

清制"架梁"是以其上所架设的檩木根数而命名，例如，在本梁以上有三根檩木就称为"三架梁"，有五根檩木就称为"五架梁"，在尖山顶建筑中分为三架梁、五架梁、七架梁等；在卷棚顶建筑中分为四架梁、六架梁、八架梁。

$$架梁长 = \sum 步距 + 出头尺寸（2檩径）$$

架梁为矩形截面，其尺寸以七（八）架梁为基础，七（八）架梁的截面宽度按金柱径加大2寸，高度按梁宽的1.2倍。

五（六）架梁截面尺寸按七（八）架梁截面尺寸打八折或各缩减2寸。三（四）架梁又按五（六）架梁尺寸的0.8或各缩减2寸。梁端剔凿承放桁檩的檩椀槽口，其形式如图3.2.4（a）所示。

3. 《营造法原》"界梁"

《营造法原》"界梁"是以两桁木之间的空当（简称"界"）而命名，分为四界梁、五界梁、六界梁等，其中对最下面的一根界梁又称为"大梁"。

界梁长＝∑界深＋0.8尺至1尺余

界梁截面，《营造法原》在第五章厅堂总论中述，"梁之做法形式颇与《营造法式》月梁之制相似，南方厅堂殿庭，尚盛行此制"。即梁的做法与宋制月梁相似，截面相似于图3.2.4（c）（d）所示形式，只是梁高按进深的1/10至2/10取定，梁厚按梁高折半。

根据以上所述，屋架梁规格见表3.2.4。

屋架梁规格表　　　　　　　　　　　　　　　　表3.2.4

构件名称	宋《营造法式》			清《工程做法则例》			《营造法原》
架梁长度	∑椽平长＋两端出头（与托脚接触）			∑步距＋2檩径			∑界深＋0.8尺至1尺
梁截面高	檐椽	草栿	平梁	七八架梁	五六架梁	三四架梁	扁矩形
梁截面高	四、五椽栿，四至八铺作42份	45份	四、五铺作30份	1.2截面宽			0.1至0.2进深
梁截面高	六至八以上椽栿，四至八铺作60份	60份	六铺作以上36份				
梁截面高	厅堂四、五椽栿36份，三椽30份		月梁造四六椽35份，八至十椽42份				
梁截面宽	2/3截面高			檐柱径＋4寸	0.8七架梁	0.8五架梁	0.5梁高

【3.2.5】　抱头梁、桃尖梁、乳栿、剳牵、廊川、双步

抱头梁是指梁的外端端头剔凿有承接有桁檩木椀口的檐（廊）步横梁，它是位于檐柱与金柱之间，承接檐（廊）步屋顶上檩木所传荷载的横梁。《营造法式》称此为"乳栿"、"剳牵"；《工程做法则例》称为抱头梁、桃尖梁；《营造法原》称此为"廊川"、"双步"。

1. 宋制"乳栿"、"剳牵"

《营造法式》依上下位置不同称为"乳栿""剳牵"（相当单步梁），乳栿形状与椽栿相同，如图3.2.4（d）所示，只是尺寸规格小些。

乳栿（剳牵）长＝椽平长＋首端铺作出跳＋尾榫半柱径

乳栿截面尺寸，《营造法式》卷五规定，"二曰乳栿，三椽栿，若四铺作五铺作，广两材一栔，草栿广两材。六铺作以上，广两材两栔，草栿同"。即在造梁之制中，第二种叫做乳栿，长度为3椽栿，四、五铺作乳栿的截面高为两材一栔，即36份，草栿两材，即30份。六铺作以上乳栿截面高为两材两栔，即42份，草栿相同。

剳牵形式如图3.2.5（a）所示，截面大小，《营造法式》卷五规定，"三曰剳牵，若四铺作至八铺作，出跳广两材，如不出跳，并不过一材一栔。草牵梁准此"。即在造梁之制中，第三种叫做剳牵，截面高，四至八铺作斗栱出跳者为两材，即30份，不出跳者不超过一材一栔，即21份。草牵梁也按此尺寸。

以上所述乳栿、剳牵的截面厚均按 2/3 截面高。

如果剳牵要做成月梁形式，则《营造法式》在造月梁之制中述，"若剳牵，其广三十五份，不以大小从，下高一十五份，上至枓底。牵首上以六瓣卷杀，每瓣长八分，牵尾上以五瓣。其下颐，前后各以三瓣"。如果是造剳牵月梁，截面高 35 份，不管大小如何，梁下端高为 15 份，该端上至枓的底面。梁首的上面按 6 瓣剔凿弧形，每瓣长 8 分，梁尾按 6 瓣剔凿弧形。梁底下凹部分，前后各按 3 瓣卷杀，如图 3.2.5（a）所示。

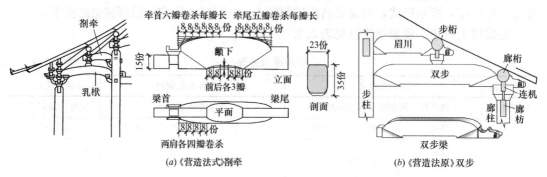

图 3.2.5　剳牵和双步

2. 清制"抱头梁""桃尖梁"

《工程做法则例》依其端头形式不同，分为素方抱头梁（一般简称抱头梁，用于无斗栱建筑）和桃尖梁（用于有斗栱建筑）。其形式如图 3.2.6（a）（b）所示。

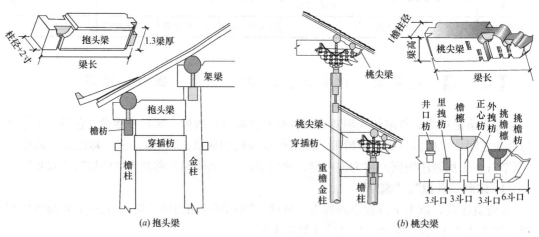

图 3.2.6　抱头梁和桃尖梁

对于抱头梁，《工程做法则例》卷七述，"凡抱头梁以出廊定长短。如出廊深四尺，一头加檩径一份，得桁头分位，一头加金柱半径，又出榫照檐柱径半份，得通长五尺九寸二分。以檐柱径加二寸定厚，如檐柱径九寸一分，得厚一尺一寸一分。高按本身之厚每尺加三寸，得高一尺四寸四分"。即：抱头梁长＝步距＋1 檩径＋0.5 金柱径＋0.5 檐柱径＝4 尺＋0.91 尺＋0.5×1.11 尺＋0.5×0.91 尺＝5.92 尺。

梁厚＝檐柱径＋2 寸＝0.91 尺＋0.2 尺＝1.11 尺；梁高＝梁厚×1.3＝1.11 尺×1.3＝1.44 尺。

对于桃尖梁，《工程做法则例》卷一述，"凡桃尖梁以廊子进深并正心桁中至挑檐桁中定长。如廊深五尺五寸，正心桁中至挑檐桁中长二尺二寸五分，共长七尺七寸五分，又加二拽架尺寸长一尺五寸，得桃尖梁通长九尺二寸五分。外加金柱径半份，又加出榫照随梁枋之高半份，如随梁枋高一尺，得出榫长五寸。以拽架加举定高。如单翘重昂得三拽架深二尺二寸五分，按五举加之，得高一尺一寸二分。又加蚂蚱头、撑头木各高五寸，得桃尖梁高二尺一寸二分。桃尖梁厚同檐柱径"。对其中所述的"正心桁至挑檐桁之距和拽架"，我们统归为斗栱出踩，梁高可根据不同斗栱量出"昂上皮至檐檩中心间距离"，因此按上述，可列计算式为：

桃尖梁长＝步距＋斗栱出踩＋0.5金柱径＋出榫；

桃尖梁高＝斗栱昂上皮至檐檩中心间距离；梁厚＝檐柱径。

3. 《营造法原》"廊川""双步"

《营造法原》的廊川和双步，如图3.2.5（b）所示。

廊川（双步）长＝廊步界深＋0.5步柱径＋1.5廊桁径

廊川（双步）截面高为大梁高（0.1至0.2进深）的6/10～7/10，即为0.06进深至0.14进深，截面厚与界梁相同（即0.5梁高）。

根据以上所述，抱头梁、乳栿、廊川规格见表3.2.5。

抱头梁、乳栿、廊川规格表   表3.2.5

构件名称	宋《营造法式》			清《工程做法则例》		《营造法原》
	乳栿	草栿	劄牵	抱头梁	桃尖梁	廊川、双步
架梁长度	乳栿长＝椽平长＋铺作出跳＋半檐柱径			桃尖梁长＝廊步距＋斗栱出踩＋半金柱径＋1檐柱径		双步长＝双步界深＋0.5步柱径＋1.5廊柱径
	劄牵长＝椽平长＋铺作出跳＋半檐柱径			抱头梁长＝廊步距＋0.5金柱径＋1.5檐柱径		廊川长＝川界深＋0.5步柱径＋1.5廊柱径
梁截面高	四、五铺作36份	30份	四至八铺作出跳30份不出跳21份	1.3梁厚	昂顶至檐檩中	0.06至0.14进深
	六铺作以上42份	42份	月梁造35份			
梁截面厚	2/3截面高			檐柱径＋2寸	1檐柱径	0.5梁高

【3.2.6】 平梁、月梁、山界梁

在房屋构架中承托屋脊顶部荷载的横梁，宋制称为"平梁"、清制称为"月梁"、《营造法原》称为"山界梁"，都是指屋架梁中最顶端的屋脊梁。

1. 宋制"平梁"

"平梁"即承托脊蜀柱的横梁，如图3.2.7（b）所示，《营造法式》卷五述，"四曰平梁，若四铺作五铺作，广加材一倍。六铺作以上，广两材一栔"。即平梁截面高：当斗栱为四、五铺作时，梁高加材一倍，即30份；六铺作时，梁高为两材一栔，即36份。在造

月梁之制中规定，"若平梁，四椽六椽上用者，广三十五份。如八椽至十椽上用者，其广四十二份。不以大小从，下高二十五份。上背下颏，皆以四瓣卷杀"。若制作成月梁形式，使用在四、六椽上时，梁高为 35 份。使用在八至十椽上时，梁高为 42 份。不管大小如何，平梁下端高为 25 份。对上面背部和下凹部分，都以 4 瓣剔凿成弧形，如图 3.2.7（a）所示。

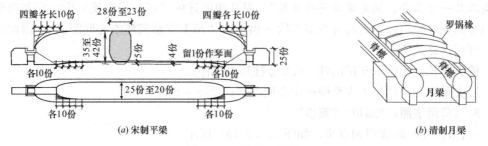

图 3.2.7　平梁、月梁

2. 清制"月梁"

"月梁"是《工程做法则例》卷棚顶木构架中直接承托双脊檩的屋脊梁，如图 3.2.7（b）所示，它也是屋架梁中最顶端的一种梁，其作用与三架梁同。《工程做法则例》卷十二述，"凡月梁以进深定长短，如进深一丈二尺，五份分之，居中一份深二尺四寸，两头各加檩径一份，得枋头分位。如檩径七寸，得通长三尺八寸。以四架梁高厚各收二寸定高厚，如四架梁高一尺一寸七分，厚九寸，得高九寸七分，厚七寸"。其中，四架梁高按 1.17 尺，梁厚按 0.9 尺。依其所述，即为：

　　月梁长＝脊步距＋2 檩径＝12 尺/5＋2×0.7 尺＝3.8 尺。

　　梁高＝下面梁高－2 寸＝1.17 尺－0.2 尺＝0.97 尺。

　　梁厚＝下面梁厚－2 寸＝0.9 尺－0.2 尺＝0.7 尺。

3.《营造法原》"山界梁"

"山界梁"是《营造法原》屋架梁中最顶端的屋脊界梁，如图 3.1.11 中所示，相当于宋制平梁。依《营造法原》相应规定，"梁头于桁中心外，伸长自八寸至尺余"。即：

　　山界梁长＝脊顶界深＋2×0.8 尺；梁高＝0.2 进深×0.8＝0.016 进深，梁宽＝0.5 梁高。

　　根据以上所述，月梁、平梁、山界规格见表 3.2.6。

月梁、平梁、山界梁规格表　　　　　　　　表 3.2.6

构件名称	宋《营造法式》	清《工程做法则例》	《营造法原》
架梁长度	∑椽平长＋两端出头（与托脚接触）	脊步距＋2 檩径	脊顶界深＋2×0.8 尺
梁截面高	四、五铺作 30 份，六铺作以上 36 份	随其下梁×0.8	0.016 进深
	四六椽 35 份，八至十椽 42 份		
梁截面宽	2/3 截面高	随其下梁×0.8	0.5 梁高

【3.2.7】承重

承重即指"承重梁"，是承托阁楼楼板荷载的主梁，多用于《工程做法则例》《营造法原》中的楼房上，《营造法式》未涉及。一般为矩形截面，与前后檐柱榫接。承重上搭置楞木（或支梁），再在楞木上铺钉楼板，如图 3.2.8 所示。

《工程做法则例》卷四述，"凡承重以进深定长短，如进深二丈四尺，即长二丈四尺。以通柱径加二寸定高，如柱径一尺一寸一分，得高一尺三寸一分。厚按本身高收二寸，得厚一尺一寸一分"。即承重截面高为檐柱径加 2 寸，截面宽为 0.8 梁高。

《营造法原》在楼房中述，"而承重围径再照大梁加二，则为进深十分之二点四……承重高厚比为二与一"。即承重围径为进深 2.4/10＝0.24 进深，折算为直径高约近 0.1 进深，而宽为 0.5 高。

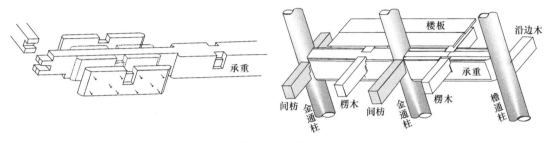

图 3.2.8 承重

【3.2.8】 顺梁、趴梁

顺梁和趴梁，都是清制《工程做法则例》屋架上所特制安排的承重梁。

1. 顺梁

"顺梁"是指顺面阔方向所特设的横梁。多用在庑殿和歇山构架的两山梢（尽）间，如图 3.1.8 庑殿和图 3.1.22 歇山中所示，它承载山面荷载并将其传递到承重柱上。

在木构架中，习惯上将顺面阔方向的水平构件称为额或枋，起联系各排架柱的连接作用，很少起承重梁的作用，故一般不称为梁。而顺梁则要起承重作用，如图 3.2.9（c）所示，它上面承接有踩步金荷载，为了与额枋相区别，故而称之。顺梁外端落脚在山檐柱或山檐檩上，梁头做檩椀承接山面檐檩（图 3.1.22），或做爬榫爬在檐檩上［图 3.2.9（b）］；里

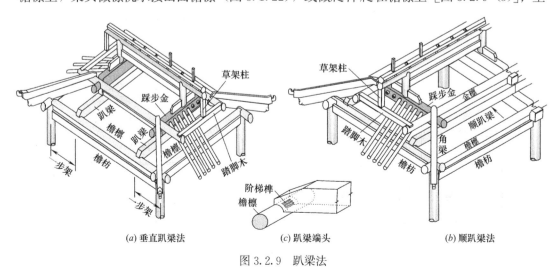

（a）垂直趴梁法 　　　　（c）趴梁端头 　　　　（b）顺趴梁法

图 3.2.9 趴梁法

端做榫与金柱插接。顺梁规格：

顺梁长＝梢（尽）间宽＋1.5（或 1）檐柱径＋0.5 金柱径

梁高＝1.5 至 1 檐柱径，梁厚＝1.2 至 0.8 檐柱径。

2. 趴梁

"趴梁"是歇山构架所采用的轻型横梁，它是在一端头或两端，将端头做成阶梯趴榫，如图 3.2.9（b）所示，趴在桁檩木上，以作承载上面荷载的承重梁。在小型歇山构架中，用顺趴梁或垂直爬梁代替顺梁，如图 3.2.9 中所示，它承担其上的踩步金、踏脚木、草架柱、横穿等荷载。趴梁截面尺寸与顺梁同，即高为 1.5 至 1 檐柱径，厚为 1.2 至 0.8 檐柱径。

【3.2.9】 井字梁、抹角梁

井字梁和抹角梁，都是清制亭子木构架所常用的承重构件。

"井字梁"是指两个方向互为垂直交接的水平井字形梁，在亭子构架中，井字梁是搁置在檐檩上，用来承托其上面金檩的承托构件，一般用于四、六、八边形和圆形的亭子上。井字梁由长短二梁组成，一般将梁的两端做成阶梯榫，长梁趴在檐檩上，短梁趴在长梁上，故又称为"井字趴梁"，如图 3.2.10 所示。其截面尺寸：清制长梁高为 6 至 6.5 斗口或 1.3 至 1.5 倍柱径，厚为 4.8 至 5.2 斗口或 1.05 至 1.2 倍柱径。短梁高 4.8 至 5.2 斗口或 1.05 至 1.2 柱径，厚 3.8 至 4.2 斗口或 0.9 至 1 柱径。

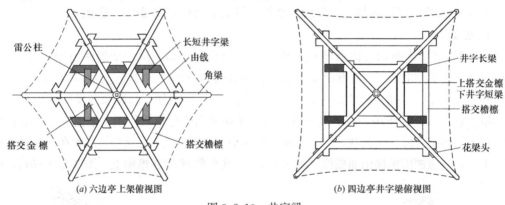

（a）六边亭上架俯视图　　　　　　　（b）四边亭井字梁俯视图

图 3.2.10　井字梁

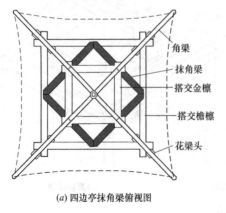

（a）四边亭抹角梁俯视图　　　　　　（b）重檐亭下层檐抹角梁俯视图

图 3.2.11　抹角梁

"抹角梁"是斜跨转角趴置在檩木上的承托梁，故又称为"抹角趴梁"。在亭子木构件中，一般用于单檐四边亭和六边形重檐亭上，作为搁置角梁的后支撑点（角梁的前支撑点为檐檩），使角梁后尾悬挑，并插入童柱下端，成为童柱的支撑，如图 3.2.11 所示。

抹角梁截面尺寸与长井字梁相同，即梁高为 6 至 6.5 斗口或 1.3 至 1.5 倍柱径，厚为 4.8 至 5.2 斗口或 1.05 至 1.2 倍柱径。

【3.2.10】 太平梁、雷公柱

"太平梁"和"雷公柱"是清制庑殿推山和攒尖构架上所使用的受力构件。

1. 庑殿构架上的太平梁、雷公柱

清制庑殿推山是把木构架的脊檩向外推长一个距离后，就可使庑殿山面的坡屋顶变得更为陡峻，即庑殿推山，借以增添屋面的曲线美。当脊檩推出之后就会悬空，为此，将脊檩前后的两根上金檩也同时推出同样距离，再将太平梁趴置其上，然后再在太平梁上栽立雷公柱，以此承托脊檩，完成庑殿山面的推山问题，如图 3.2.12（a）所示。

雷公柱规格与脊瓜柱相同，即高按各分举高，截面宽厚按上层梁厚或稍窄即可。

太平梁规格与三架梁相同，即截面宽＝（檐柱径＋4 寸）×0.64，截面高＝1.2 本身宽。

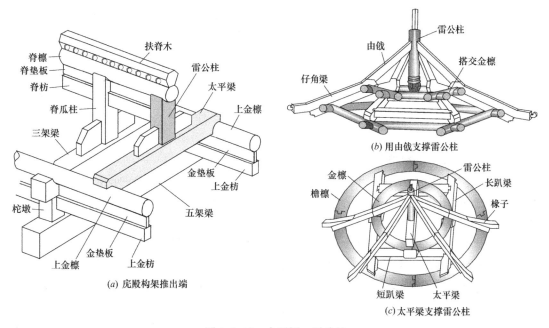

图 3.2.12 太平梁、雷公柱

2. 攒尖构架上的太平梁和雷公柱

攒尖构架上的太平梁是专为承托雷公柱而设置的横梁，该梁是横搁在金檩上，再在其中竖立雷公柱，如图 3.2.12（c）所示。它多用于攒尖宝顶构件重量比较大的亭子上，若宝顶构件比较轻小时，可不用此构件。太平梁高厚截面尺寸，与短井字梁截面相同，即梁高 4.8 至 5.2 斗口或 1.05 至 1.2 柱径，厚 3.8 至 4.2 斗口或 0.9 至 1 柱径。

攒尖构架上的雷公柱是支撑宝顶并形成屋面攒尖的柱子，在大型攒尖结构中，雷公柱是落脚于太平梁上。在小型亭子中，由于宝顶构件较轻小，雷公柱可依靠每个方向上的角梁延伸构件，"由戗"支撑住而悬空垂立着，故有的称它为"雷公垂柱"，如图 3.2.12 (b) 所示。雷公柱一般为圆形截面，也可做成多边形截面，其直径为 5 至 7 斗口或 1 檐柱径，其长按脊步的（举高＋由戗厚＋椽子厚＋瓦面垂脊厚度）累加计算，并另在顶部留出脊桩以套宝顶。

【3.2.11】　大小额枋、阑由额、廊步枋

枋木是在木构架中起联系作用，并加强木构架整体稳定性的木构件。在木构架檐口部位的枋木，宋《营造法式》称为"阑额""由额"；清《工程做法则例》称为"大额枋""小额枋"；《营造法原》称为"廊枋""步枋"。

1. 宋制"阑额"、"由额"

宋制"阑额"和"由额"位置，如图 3.2.1 (d) 所示。"阑额"是连接檐柱并直接承托补间铺作的枋木，《营造法式》卷五述，"造阑额之制，广加材一倍，厚减广三分，长随间广，两头至柱心，入柱卯减厚之半。两肩各以四瓣卷杀，每瓣长八分。如不用补间铺作，即厚取广之半"。即阑额截面高为材一倍，即 30 份，截面厚为减去高的 1/3＝20 份，长度按间宽，两端插榫半柱。两肩要卷杀成弧形肩。如果阑额上不安设斗栱，截面厚按 15 份。

"由额"位于阑额之下，起连接装饰作用，《营造法式》述，"凡由额，施于阑额之下，广减阑额二分至三分，出卯，卷杀并同阑额法。如有副阶，即与峻脚椽下安之。如无副阶，即随宜加减，令高下得中。若副阶额下，即不须"。即由额安置在阑额之下，截面高按阑额高的减 1/2 至 1/3，即 15 份至 20 份。其出榫和卷杀，都与阑额做法相同。如有副阶，应安置在下檐椽后尾之下。如没有副阶，其位置可灵活高低，使位置适中得体。但若副阶有阑额时，其下就不须用了。

2. 清制"大、小额枋"

清制大、小额枋是用在有斗栱建筑上，其位置见图 3.2.1 (a) (b) 所示。"大额枋"是位于两檐柱间的平板枋下，加强平板枋作用的木枋。《工程做法则例》卷一述，"凡大额枋长与小额枋同。其廊子大额枋，一头加柱径一份，得霸王拳分位，一头除柱径半份，外加入榫分位，按柱径四分之一。以斗口六份定高，如斗口二寸五分，得大额枋高一尺五寸，以本身高收二寸定厚，得厚一尺三寸"。即大、小额枋在两柱间同长，大额枋在边角柱端，要加 1 柱径长作为霸王拳位置；另一端扣去半柱径后，再加 0.25 柱径作为榫长。截面高为 6 斗口，截面厚按高减 2 寸。对边角出榫所做的霸王拳箍头形式，如图 3.2.13 所示。

小额枋是位于大额枋下，起连接装饰作用的木枋。《工程做法则例》卷一述，"凡小额枋以面阔定长，如面阔一丈九尺二寸五分，两头共除柱径一份，一尺五寸，得净面阔一丈七尺七寸五分，即长一丈七尺七寸五分。外加两头入榫分位，各按檐柱径四分之一。如柱径一尺五寸，得榫长各三寸七分五厘。其廊子小额枋，一头加柱径半份，又照本身之高加半份得出榫分位，如本身高一尺，得出榫寸五分；一头除柱径半份，外加入榫分位，按柱径四分之一。以斗口四份定高，如斗口二寸五分，得小额枋高一尺，以本身高收二寸定厚，得厚八寸"。即两柱间小额枋长按面阔长加两头榫长各 0.25 檐柱径。小额枋在边角

端，要加0.5柱径，再加0.5本身高；另一端扣去半柱径后，再加0.25柱径作为榫长。截面高为4斗口，截面宽按高减2寸。另外，小额枋在边角的出榫一般做成三叉头箍头形式，如图3.2.13所示。

在清制无斗栱建筑中，只有一根枋木，它是檐柱之间的唯一联系枋木，如图3.2.1（c）、图3.2.2（a）所示，称为"单额枋"或者"檐枋"，其截面尺寸与大额枋相同。

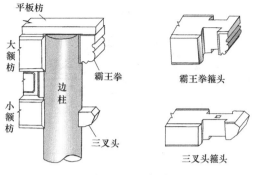

图3.2.13 额枋

3. 《营造法原》"廊枋"、"步枋"

《营造法原》中的廊枋是连接廊柱，步枋是连接步柱的水平木构件，其位置见图3.2.1（e）所示。两者规格相同，截面高为0.1柱高，截面宽为0.5截面高，在边柱做成三叉头形式或不出头。

根据以上所述，额枋截面尺寸规格见表3.2.7。

额枋截面尺寸 表3.2.7

名称	宋《营造法式》		清《工程做法则例》		《营造法原》
	阑额	由额	大额或单额	小额	廊（步）枋
截面高	30份	15至20份	6斗口或同柱径	4斗口	0.1柱高
截面宽	20份	2/3高	按高减2寸	按高减2寸	0.5高

【3.2.12】 随梁枋、穿插枋、顺栿串、夹底

在一些规格比较大的建筑中，为了加强木排架的整体稳定性，所设置的顺着横梁方向的枋木，宋《营造法式》称为"顺栿串"，清《工程做法则例》、《营造法原》称为"随梁枋"，另外，清《工程做法则例》还在檐步柱间设有"穿插枋"，《营造法原》称为"夹底"。

1. 宋制"顺栿串"

《营造法式》卷五述，"凡顺栿串，并出柱作丁头栱，其广一足材，或不及，即作楂头。厚如材，在牵梁或乳栿下"。即顺栿串两边端要穿出柱子，并做成丁头栱，其截面高为一足材即21份。如果不到一足材时，即做成楂（ta）卷杀头形状（与清制麻叶头有点相似），厚度按所用材制即15份，它是安置在剳牵梁或乳栿下面，如图3.2.14中所示。

2. 清制"随梁枋""穿插枋"

"随梁枋"是附属大梁所设立的枋木，见图3.1.9中所示。《工程做法则例》卷四述，"凡随梁枋以进深定长短。其高、厚比檐柱各加二寸"。即长按所随大梁长计算；截面高、厚按檐柱径加2寸，除此规定外，在实际使用中也可按檐枋高厚加2寸，或与檐枋高厚相同，如带斗栱按4斗口，无斗栱按檐柱径。截面宽：带斗栱按3.5斗口，无斗栱按0.8檐柱径。

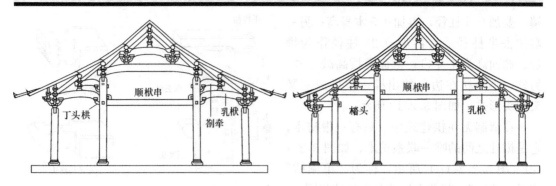

图 3.2.14 顺栿串两端形式

"穿插枋"是设在抱头（或桃尖）梁下面，将檐柱和金柱串联起来，保证抱头梁稳固安全的枋木，如图 3.2.1（c）所示。在有斗栱建筑中称为"桃尖随梁枋"，如图 3.2.1（b）所示。《工程做法则例》卷八述，"凡穿插枋以出廊定长短。如出廊深四尺五寸，一头加檐柱径半份，一头加金柱径半份，又两头出榫照檐柱径一份，得通长六尺二寸八分。高、厚与檐枋同"。即穿插枋长＝出廊深＋两端半柱径＋1 檐柱径，高厚与檐枋同，即截面高：带斗栱按 4 斗口，无斗栱按檐柱径。截面厚：带斗栱按 3.5 斗口，无斗栱按 0.8 檐柱径。

3.《营造法原》"随梁枋""夹底"

《营造法原》随梁枋又称"抬梁枋"，多用于殿庭大梁之下，其截面高按 1.4 尺，宽为 0.5 尺。"夹底"是指加强双步或三步梁的横向拉结枋木，与穿插枋作用相同，用于廊步安置在双步梁或三步梁之下，如图 3.2.1（e）所示，其截面按 0.7 至 0.8 川步截面尺寸，即截面高按 0.04 至 0.05 进深，截面宽按 0.5 截面高。

根据以上所述，随梁枋规格小结如表 3.2.8 所示。

随梁枋、穿插枋尺寸 表 3.2.8

构件名称		清《工程做法则例》	宋《营造法式》	《营造法原》
随梁枋	构件	跨空枋	顺栿串	抬梁枋
	构件长	按跨径	按跨径	按跨径
	截面高	4 斗口或 1 檐柱径	21 份	1.4 尺
	截面宽	3.5 斗口或 0.8 檐柱径	2/3 高	0.5 尺
穿插枋	构件	穿插枋	不设	夹底
	构件长	两柱之间距		两柱之间距
	截面高	与随梁枋同		0.7 至 0.8 川步截面
	截面宽	与随梁枋同		

【3.2.13】 平板枋、普拍方、斗盘枋

在檐口斗栱建筑中，承接斗栱座斗的枋木，宋称为"普拍方"，清称为"平板枋"，《营造法原》称"斗盘枋"，如图 3.2.1（b）（e）所示。

1. 宋制"普拍方"

宋制建筑，在殿阁的斗栱托板是以阑额兼用，不另外再设置"普拍方"。但在楼房平座铺作中则采用"普拍方"，《营造法式》卷四在平座中述，"凡平坐铺作下用普拍方，厚随材广，或更加一栔。其广尽所用方木。若缠柱造，即于普柏方里用柱脚方，广三材，厚二材。上坐柱脚卯"。即对平座中的铺作要用普拍方（图6.1.23），其厚按材广制度即15份，也可再加一栔即21份。而其截面宽尽量采用方材。若为缠柱造，即在普柏方靠里边一方用柱脚方者，则宽为三材即45份，厚为二材即30份。在其面上坐落柱脚方的柱脚榫卯。

2. 清制"平板枋"

"平板枋"是专门用来承托斗栱的厚平板木，在板上置木销与斗栱连接，在板下凿销孔与檐额枋连接（图3.3.10）。《工程做法则例》卷二述"凡平板枋以面阔定长。以斗口三份定宽。二份定高"。即平板枋长按面阔，截面宽为3斗口，高厚为2斗口。

3.《营造法原》"斗盘枋"

斗盘枋是置于廊枋之上，用于承托牌科之坐斗，如图3.2.1（e）所示。《营造法原》第七章述"斗盘枋则平置于牌科下廊枋之上，宽较斗面放二寸，枋厚为二寸"。即截面宽按坐斗面加宽2寸，截面高为2寸。

根据以上所述，则平板枋规格如表3.2.9所示。

平板枋、承橡枋尺寸　　　　　　　　　　　　　　　表3.2.9

构件名称		宋《营造法式》	清《工程做法则例》	《营造法原》
平板枋	构件	普拍方	平板枋	斗盘枋
	截面高	15份	2斗口	坐斗宽＋2寸
	截面宽	30份	3斗口	2.5寸

【3.2.14】　承橡枋、围脊枋

承橡枋是清制和《营造法原》重檐建筑中承托下层檐橡后端的枋木，宋制则由"由额"兼用。

围脊枋是清制重檐建筑中，上下层交界处遮挡下层屋面围脊的枋木，宋不设此构件，《营造法原》用夹堂板代替。承橡枋、围脊枋位置，见图3.2.1（a）（b）中所示。

1. 清制"承橡枋""围脊枋"

清制承橡枋是重檐建筑中上下层交界处承托下层檐橡后端的枋木（图3.1.45）。《工程做法则例》卷四述，"凡承橡枋以面阔定长。以通柱径寸定高。本身之高收二寸"。即承橡枋长按面阔，以通柱径寸定高，因通柱径为檐柱径（6斗口）加二寸，所以承橡枋截面高为6斗口加2寸，截面宽6斗口减2寸。

清制围脊枋是重檐建筑中上下层交界处遮挡下层屋面围脊的枋木，在歇山山面称为博脊枋。《工程做法则例》卷四述，"凡博脊枋以面阔定长。以通柱径寸减半定高。本身之高收二寸"。即围脊枋长按面阔，其截面高可为3斗口，截面宽3斗口减2寸。

2.《营造法原》"承橡枋""夹堂板"

《营造法原》承橡枋、夹堂板规格没有专门叙述，根据所载四合舍殿庭结构图尺寸推算，截面高为 2.2 尺，截面宽为 0.8 尺。夹堂板高为 2.2 尺，厚为 0.07 尺。

【3.2.15】　棋枋、间枋

"棋枋"是清《工程做法则例》重檐建筑中，在金柱轴线上设有门窗框时，在其框上所设的加固枋木，如图 3.2.1（c）中所示，其截面高为 4.8 斗口，截面宽 4 斗口。宋《营造法式》称为"门额"，其截面尺寸按由额规定。

"间枋"是清《工程做法则例》楼房建筑中，在楼板下连接面宽方向柱子之间的枋木，它与承重垂直安设，如图 3.2.8 中所示，作为承重梁上的"次梁"，其截面高为 5.2 斗口，截面宽 4.2 斗口。《营造法原》楼房中称其为"枋子"，其截面高与承重高相同，宽按 0.2 高。

【3.2.16】　平棊方、天花枋

在比较正规的殿庭建筑中，一般都设有天花顶棚，宋称为"平棊"，清称为"天花"、《营造法原》称为"棋盘顶"。承托天花板的枋木，宋称为"平棊方"，清称为"天花枋"，《营造法原》以随梁枋代替。

1. 宋制"平棊方"

《营造法式》卷五造梁中述，"凡平棊方在梁背上，其广厚并如材，长随间广。每架下平棊方一道"。即平棊枋安置在梁栿上，宽厚都按材制即 15 份，长按间宽。每间平棊块下设置 1 根。

2. 清制"天花枋"

《工程做法则例》卷二述，"凡天花枋以面阔定长。以小额枋之高加二寸定高。以本身高收二寸定厚"。即天花枋按面阔定长，截面高按小额枋高（为 4 斗口）加 2 寸，截面宽 4 斗口。

【3.2.17】　踩步金

"踩步金"是清制歇山山面构架中的特殊构件，其作用用以代替三架梁下的五架梁，或五架梁下的七架梁，但它的作用又较五架梁多一功能，即兼用搭承山面檐椽的檩木，为此，在它的外侧面剔凿有若干个承接山面檐椽的椽窝。因一木兼两用，故取名"踩步金"，如图 3.2.15 中所示。

踩步金的梁身部分截面及其尺寸，与相应标高的五（七）架梁相同；两个端头的截面及其尺寸，与其所搭交的檩木相同。

【3.2.18】　草架柱、横穿、踏脚木

草架柱、横穿、踏脚木都是清制歇山木构架上山面的收山构件，如图 3.2.15 中所示。

1. 草架柱

歇山屋顶上各根檩木经过正身架梁伸出后悬挑在山面，草架柱就是支承这些悬挑檩木

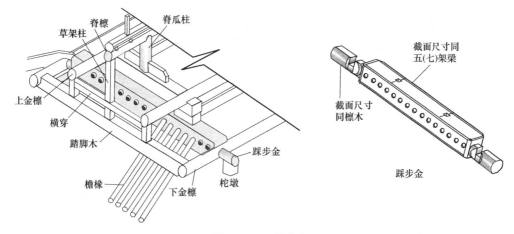

图 3.2.15 踩步金

的支柱，在踩步金以上有几根悬挑檩木，就有几根草架柱。在草架柱顶凿剔椀槽，以承接脊檩和上金檩，柱脚做榫插入踏脚木卯口内。其截面为矩形，尺寸 2.3×1.8 斗口，高分别依其位置按举架的分举确定。

2. 横穿

由图 3.2.15 中可以看出，横穿是连接并稳定草架柱的横撑，截面尺寸与草架柱相同，长度按脊步步距加两端榫卯。

3. 踏脚木

踏脚木是承托草架柱的横木，在其顶背与草架柱榫卯连接；底皮剔凿为斜面，压在山面檐椽上，两端与下金檩搭扣连接。其截面尺寸为 4.5×3.6 斗口，长与架梁相同。

【3.2.19】 角梁

角梁是庑殿、歇山、攒尖等木构架的通用构件，每角一副，一副叠置两根。清称为"老角梁"和"仔角梁"，宋称为"大角梁"和"子角梁"，《营造法原》称为"老戗"和"嫩戗"。

1. 宋制"大角梁、子角梁"

《营造法式》卷五阳马述，"造角梁之制，大角梁其广二十八份至加材一倍，厚十八份至二十份，头下斜杀长三分之二。或于斜面上留二份，外余直，卷为三瓣。子角梁广十八份至二十份，厚减大角梁三份，头杀四份，上折深七份"。即大角梁截面高为 28 份至 30 份，梁截面宽 18 份至 20 份，梁头从端面向下斜杀 2/3 的长度。或者在斜面 2 份位置，卷杀成 3 瓣，其余部分为直面。子角梁截面高 18 份至 20 份，截面宽按大角梁扣减 3 份。其头端杀 4 份（即留端头高 14 至 16 份），顶面上折深 7 份，如图 3.2.16 所示。

接述，"凡角梁之长，大角梁自下平槫至下架檐头。子角梁随飞檐头外至小连檐下，斜至柱心。安于大角梁内"。即大角梁长按下平槫至檐椽端口斜长，子角梁长按角柱心至飞椽端口小连檐下的斜长。它安装在大角梁上。

2. 清制"老角梁、仔角梁"

《工程做法则例》卷一述，"凡仔角梁以出廊并出檐各尺寸，用方五斜七加举定长，……再加翼角斜出椽径三份。以椽径三份定高，二份定厚"。即仔角梁长按出廊并出檐各尺寸加斜计算（出

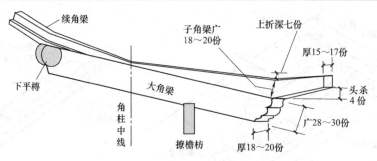

图 3.2.16 《营造法式》大角梁、子角梁

廊出檐各尺寸包括：檐平出、檐步距、斗栱出踩等，套兽榫除外，这些应按举架加斜计算出斜长）然后再加翼角冲出 3 椽径加斜（实际上老角梁冲 2 椽径需加斜，而仔角梁冲 1 椽径是平出，但为了简单起见，清制按"翼角斜出 3 椽径"处理）深厚按 2 椽径，如图 3.2.17 所示。接述，"凡老角梁以仔角梁之长，除以飞檐头并套兽榫定长，……外加后尾三叉头。高厚与子角梁同"。即老角梁长要将仔角梁的挑出减去，再加后尾长即可。

对角梁的加斜有两项：一是举架加斜，即水平长与垂直高所产生的斜率，这个斜率按"檐步五举"计算，即举斜系数 $=\sqrt{1^2+0.5^2}=1.118$。

二是水平转角加斜，四边形房屋角梁转角为 45°，转角系数 $=\sqrt{1^2+1^2}=1.4142$。六边形角梁转角为 60°，转角系数 $=\sqrt{1^2+0.57735^2}=1.1547$。八边形角梁转角为 22.5°，转角系数 $=\sqrt{1^2+0.4142^2}=1.0824$。

将这两项系数进行综合，我们称它为"角斜系数"，则四边形角梁角斜系数 $=1.118\times1.4142=1.58$，六边形角梁角斜系数 $=1.118\times1.1547=1.29$，八边形角梁角斜系数 $=1.118\times1.0824=1.21$。

根据以上所述，参考如图 3.2.17 所示，列出计算式为：

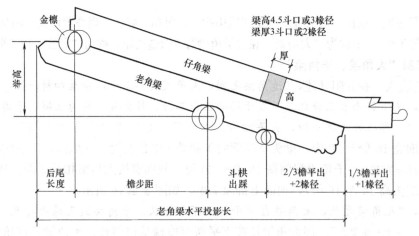

图 3.2.17 清制角梁长度

老角梁长 $=$（2/3檐平出 $+$ 2椽径 $+$ 斗栱出踩 $+$ 檐步距 $+$ 后尾榫长）$\times$ 角斜系数

仔角梁长 $=$ 老角梁长 $+$（1/3檐平出 $+$ 1椽径）$\times$ 角斜系数

式中：檐平出——按檐檩中心至檐口外皮距离。即为：无斗栱建筑按 0.3 檐柱高，有斗栱

建筑按 21 斗口；

  角斜系数——矩形屋面为 1.58，六边形屋面为＝1.29，八边形屋面为＝1.21；

    檐步距——大式按 0.4 檐柱高，小式按 5 檐柱径；

  斗栱出踩——三踩斗栱按 3 斗口、五踩斗栱按 6 斗口、七踩斗栱按 9 斗口；

  后尾榫长——扣金、压金按 1.5 檩径，插金按 0.5 金柱径，其构造如图 3.2.18 所示。

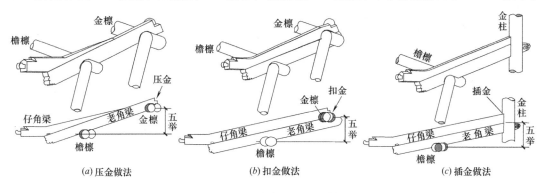

图 3.2.18　清制角梁后尾做法

老、仔角梁截面尺寸相同，有斗栱建筑，角梁高按 4.5 斗口，厚按 3 斗口；无斗栱建筑，角梁高按 3 椽径，厚按 2 椽径。

3. 《营造法原》"老戗、嫩戗"

关于老戗，《营造法原》第七章述，"老戗用料依坐斗，如坐斗为四六式，则老戗下端高为四寸，宽六寸。……老戗面上加车背一寸半，车背成三角形，……戗端面平，开槽以坐嫩戗。戗端离嫩戗根长三寸，作卷杀花纹。戗梢尺寸，以戗头八折为例"。依其所述，老戗端截面宽为 6 寸，截面高带车背为 5.5 寸，如图 3.2.19 中截面 1—1 尺寸所示。戗尾尺寸按戗端 8 折。接述，"老戗之长，依淌样出檐椽之长，水平放一尺（或依飞椽之长），使与老戗相切而定其水平长。界内水平斜长，则依界之深度，照方五斜七之法加四得之。然后依提栈之高而求其弦"。依其所述，我们以水平长和举高列出计算式如下。

$$老戗长 = \sqrt{[(\sum 界深 + 出参长 + 出檐长 + 1尺) \times 1.4142]^2 + [(\sum 界深 + 出参长 + 出檐长 + 1尺) \times 提栈]^2}$$
$$= \sqrt{(1.4142A^2) + (提栈\ A)^2}$$

$A = \sum 界深 + 出参长 + 出檐长 + 1尺。$

式中　界深——依不同建筑具体设计按 3.5 尺至 5 尺选用；

  出参长——依牌科出参多少而定，第一级出参为 6 寸，以上每级出参为 4 寸；

  出檐长——按 0.5 廊界深；

  提栈——按相应界深 0.1 倍取值。

关于嫩戗，《营造法原》述，"嫩戗戗根大小，依老戗头八折。（嫩）戗头再照戗根八折""嫩戗全长，照飞椽长度三倍为准"。即截面宽为 4.8 寸，截面高为 4.4 寸，长按 0.75 界深。老、嫩戗用菱角木、箴木和扁担木进行加固连接，并在老戗端头底下穿入硬木千斤销，以使老、嫩戗做成翘角。

4. 角梁外端头的形式

老角梁外端的端头形式，宋制和《营造法原》都与清制"霸王拳"相似，如图

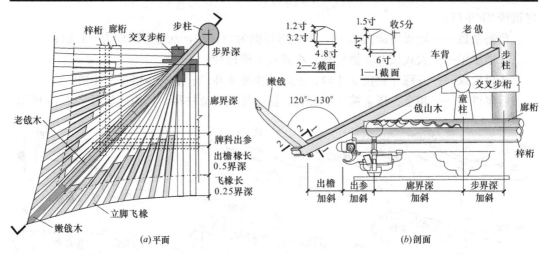

图 3.2.19　《营造法原》老戗、嫩戗

3.2.20（*a*）所示。

仔角梁外端的端头形式，清制为套兽榫，用来安装套兽，榫的高厚均为 1.5 斗口，长 3 斗口，头为馒头状。仔角梁上有岔口，用于安装大连檐，并做成三角背，以便正山两面大连檐在此搭接，如图 3.2.20（*b*）所示。

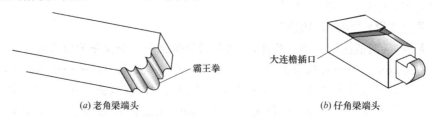

图 3.2.20　清制角梁端头形式

宋制子角梁端头经斜杀后留 6 份矩形头，若瓦作使用套兽者也可做成套兽榫。

《营造法原》嫩戗是栽立在老戗尾端上，戗根大、戗稍小，戗尖做成带斜弧状（即猢狲面）形。嫩戗全长按飞椽长度 3 倍取定，嫩戗根高为 0.32 尺＋车背 0.12 尺，嫩戗稍端按根高 8 折，嫩戗根宽为 0.48 尺，戗稍端按根宽 8 折。

根据以上所述，角梁规格如表 3.2.10 所示。

角梁尺寸规格　　　　　　　　　　　　　　　　表 3.2.10

构件名称		宋《营造法式》	清《工程做法则例》	《营造法原》
老角梁	梁长	下平槫至檐椽端	(2/3 上檐出＋2 椽径＋檐步距＋斗棋出踩＋后尾长)×1.58	$\sqrt{(1.4142A^2)+(提栈 A)^2}A=\sum$ 界深＋出参＋出檐＋1 尺
	梁高	28 份至 30 份	4.5 斗口	老戗根 0.4 尺＋车背 0.15 尺，戗稍 8 折
	梁宽	18 份至 20 份	3 斗口	老戗根 0.6 尺，戗稍 8 折
仔角梁	梁长	角柱心至飞椽端	老角梁长＋(1/3 上檐出＋1 椽径)×1.58	嫩戗全长照飞椽长度 3 倍
	梁高	梁颈 28 至 30 份，梁端 21 至 23 份	3 椽径	嫩戗根高 0.32 尺＋车背 0.12 尺，戗稍按根 8 折
	梁宽	梁颈 18 至 29 份，梁端 15 至 17 份	2 椽径	嫩戗根宽 0.48 尺，戗稍按根 8 折

【3.2.20】　衬头木、戗山木

衬头木和戗山木是翼角椽的垫枕木，清称为"衬头木"，《营造法原》称为"戗山木"，宋制不采用此木。它是装钉在翼角部位檐檩上，承托翼角椽使其上翘的垫枕木，做成三角形的锯齿状，三角端与角梁相贴，三角尖靠近正身直椽，如图 3.2.21 中所示。

清制衬头木截面高为 3 斗口，截面宽为 1.5 斗口。《营造法原》戗山木截面高按 0.4 界深，截面宽按高折半。

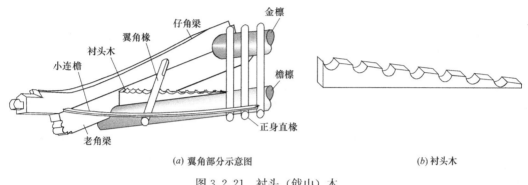

(a) 翼角部分示意图　　　　　　　　　　　(b) 衬头木

图 3.2.21　衬头（戗山）木

【3.2.21】　槫、桁、檩

屋面瓦作下面有一层屋面基层，承托屋面基层的构件就是槫、桁、檩，由它将其屋面荷载传递给承重梁柱（参看图 3.1.8～图 3.1.10 屋顶所示）。槫、桁、檩横向搁置在相邻排架之上，从檐口至脊顶按一定间距布置，宋称为"平槫"，分为：牛脊槫、下平槫、中平槫、脊槫等。清称为"桁、檩"，分为：挑檐桁、檐檩（桁）、金檩（桁）、脊檩（桁）等。《营造法原》称为"桁条"，分为：梓桁、檐桁、步桁、脊桁等。

1. 宋制"平槫"

《营造法式》卷五述，"用槫之制：若殿阁，槫径一材一栔或加材一倍。厅堂槫径加材三分至一栔。余屋槫径加材一分或一材至二分。长随间广。凡正屋用槫，若心间及西间者，皆头东而尾西；如东间者，头西而尾东。其廊屋面东西者，皆头南而尾北"。即殿阁槫径 21 份至 30 份；厅堂槫径 18 份至 21 份；余屋槫径 16 份或者 15 份至 17 份。长度按间宽计算。槫木搁置方向，在当心间应头东尾西，在其东西间的一律头朝心间。如果廊屋为东西向者，一律头南尾北。

2. 清制"桁檩"

大式建筑，《工程做法则例》卷一述，"凡挑檐桁以面阔定长，每径一尺，外加扣榫三寸。其廊子挑檐桁，一头加三拽架长，又加搭头出头分位，按本身之径一份半。以正心桁径收二寸定径寸"。即挑檐桁按面阔之宽，外加扣榫 0.3 桁径。如果端头有廊子的挑檐桁长，另加斗栱出踩 3 拽架，即 9 斗口，再加搭头 1.5 桁径。挑檐桁直径按正心桁径减 2 寸。

接述，"凡正心桁以面阔定长，每径一尺，外加搭交榫三寸。其廊子正心桁，一头加搭头出头分位，按本身之径一份。以斗口四份定径寸"。即与挑檐桁比，只在廊子端不计算拽架，搭头少半桁径。正心桁直径为 4 斗口。

小式建筑，《工程做法则例》卷九述，"凡檩木（金、檐、脊檩）以面阔定长，如硬山做法独间成造者，应两头照山柱径各加半份。如有次间、稍间者，应一头照山柱径加半份。其悬山做法，应照出檐之法加长。径寸俱与檐柱同"。即檩木长按面阔，如果是一间硬山，其长加 1 山柱径；如果是多间硬山，其长应在两端各加半份山柱径；如果悬山，其长应按悬挑规定加长。檩木直径按 1 檐柱径。

3. 《营造法原》"桁条"

桁条直径，《营造法原》在第六章"厅堂木架配料表"中按 0.15 倍正间宽定其围径，在"屋面木架配料表"定为 2.1 尺围径。在第七章"殿庭屋架木架名称表"定为 2 尺围径。

根据以上所述，桁檩规格小结如表 3.2.11 所示。

桁檩截面尺寸　　　　　　　　　　　　　表 3.2.11

名　　称	桁、槫直(围)径		
《营造法式》	殿阁 21 份至 30 份	厅堂 18 份至 21 份	余屋 16 份至 17 份
《工程做法则例》	大式 4 斗口	小式 1 柱径	挑檐桁 4 斗口－2 寸
《营造法原》	围径 0.15 正间宽或 2 尺		

【3.2.22】 檩垫板、替木

"檩垫板"是清制桁檩下的辅助木，"替木"是宋制槫木下的辅助木，《营造法原》没有此构件。

1. 宋制"替木"

宋制是在槫木下设"替木"，如图 3.2.22（a）、图 3.2.23（a）所示。《营造法式》卷五述，"造替木之制：其厚十分，高一十二分。单枓上用者，其长九十六分；令栱上用者，其长一百四分；重栱上用者，其长一百二十六分。凡替木两头，各下杀四分，上留八分，以三瓣卷杀，每瓣长四分。若至出际，长与槫齐"。即替木规定：高 12 份，厚 10 份。其长：用于单栱上者 96 份、用于令栱上者 104 份、用于重栱上者 126 份。替木两端做成弧形卷杀。在房顶两端若要伸出两山，其长度与平槫端头平齐。

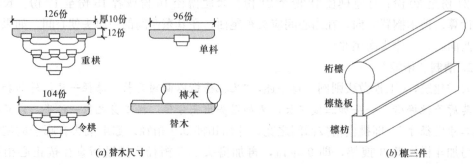

图 3.2.22 檩垫板、替木

2. 清制"檩垫板"

清对檩木与其下枋木之间的木板称为"檩垫板",如图 3.2.22(b)中所示。檩垫板依其位置分为檐垫板、金垫板、脊垫板等。《工程做法则例》规定:带斗栱建筑板厚为 1 斗口,(实际工作中约 6cm 左右即可),板高 4 斗口;无斗栱建筑板厚按 0.25 檐柱径,板高按 0.7 檐柱径。其长按间宽。

根据以上所述,桁檩规格小结如表 3.2.12 所示。

檩垫板、替木尺寸表 表 3.2.12

名称	宋《营造法式》	清《工程做法则例》		《营造法原》
檩垫板	替木长单栱 96 份,令栱 104 份,重栱 126 份	檩垫板长按两立柱之间距		无此构件
	替木高 12 份	带斗栱板高 4 斗口	无斗栱板高 0.7 檐柱径	
	替木厚 10 份	带斗栱板厚 1 斗口	无斗栱板厚 0.25 檐柱径	

【3.2.23】 襻间、檩枋、机木

房屋木构件的各个排架之间,除顶端相应位置安置有槫桁檩木作为相互支撑外,在各排架中相应的童瓜柱之间,也安置有相应的支撑木,宋称为"襻间",清称为"檩枋",《营造法原》称为"机木"。

1. 宋制"襻间"

《营造法式》的"襻间"是作为替木下斗栱之间的联系支撑木,《营造法式》卷五述,"凡屋如彻上明造,即于蜀柱之上安枓,枓上安随间襻间,或一材,或两材。襻间广厚并如材,长随间广,出半栱在外,半栱连身对隐。若两材造,即每间各用一材,隔间上下相闪,令慢栱在上,瓜子栱在下。若一材造,只用令栱,隔间一材。如屋内遍用襻间一材或两材,并与梁头相交。凡襻间如在平棊上者,谓之"草襻间",并用全条方"。即凡是可以透空看得见的内空房屋,要在蜀柱上安装斗栱,斗栱上安装所在开间的襻间,可用 1 根,也可用 2 根。襻间高厚随所连接栱件的高厚相同,长按间宽,端头伸插在半栱内。若为两材造,即每间各用一根,隔间上下交错,在上的一根与慢栱搭交,在下的一根与瓜子栱搭交。若为一材造,只用一根与令栱搭交,每间隔一间设置,如图 3.2.23(a)所示。如果屋内每个开间都是采用一根或两根襻间,那么襻间两端都应与梁头相交。对安置在平棊之上的襻间,称为"草襻间",全部采用方形条木。

2. 清制"檩枋"

"檩枋"是清式建筑中,位于檩(桁)木下,连接瓜柱与瓜柱之间的联系木,依檩(桁)位置分为:檐枋、金枋和脊枋,为矩形截面,如图 3.2.22(b)所示,清制常将"檩、枋、垫板"连在一起称为"檩三件"。《工程做法则例》规定:带斗栱建筑枋高 3.6 斗口,枋厚 3 斗口。无斗栱建筑枋高按 0.8 檐柱径,枋厚按 0.65 檐柱径。

3. 《营造法原》"机木"

《营造法原》依桁位置分为:连机、金机和脊机,为矩形截面,其尺寸掌握比较灵活,根据图版所举图例,机木宽大多按 0.3 至 0.4 倍桁径取定,高按 1.3 至 1.5 倍本身宽

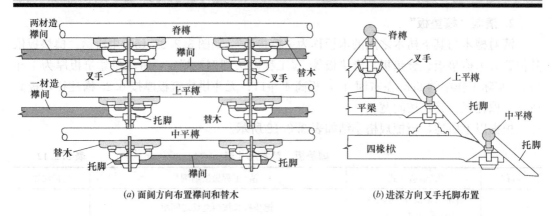

(a) 面阔方向布置襻间和替木　　　　　(b) 进深方向叉手托脚布置

图 3.2.23　《营造法式》替木、襻间

取定。

根据以上所述，桁檩规格小结如表 3.2.13 所示。

檩枋、襻间、机木的规格　　　　　　　　　　表 3.2.13

名称		宋《营造法式》	清《工程做法则例》	《营造法原》
檩下枋	高	襻间高 15 份	枋高带斗栱 3.6 斗口，无者 0.8 檐柱径	机高 1.2 至 1.5 宽
	厚	襻间厚 10 份	枋厚带斗栱 3 斗口，无者 0.65 檐柱径	机宽 0.3 至 0.4 桁径

【3.2.24】　椽子

椽子是搁置在槫桁檩木上用来承托望板（或望砖）的条木，一般多为圆形截面，《营造法原》也有用半圆截面的。

在屋顶正身部分，椽子依其位置有不同名称，在檐（廊）步距上的称为"檐椽"，在脊步距的，宋称为"脊椽"，清称为"脑椽"，《营造法原》称为"头停椽"，在其他步距上称为"花架椽"或"直椽"。为简便叙述起见，除檐椽之外我们都简称为"直椽"。

1. 宋制"椽子"

《营造法式》卷五述，"用椽制作：椽每架平不过六尺。若殿阁，或加五寸至一尺五寸，径九份至十份。若厅堂，椽径七份至八份。余屋，径六份至七份。长随架斜，至下架，即加长出檐。每槫上为缝，斜批相搭钉之。凡用椽，皆令椽头向下而尾在上"。即椽子水平长不超过 6 尺，椽径殿阁 9 份至 10 份，厅堂 7 份至 8 份，其他房屋 6 份至 7 份。椽长要顺着屋架斜向安置，延伸到下架要加出檐长度。椽的连接缝设在每根平槫上，做成斜连接头相互搭接，用钉钉牢。安置椽时，都应使头朝下尾向上。

2. 清制"椽子"

《工程做法则例》卷一述，"凡檐椽以出廊并出檐加举定长。……以桁条径每尺用三寸五分定径。……每椽空档随椽径一份。每间椽数俱应成双，档之宽窄，随数均匀"。即檐椽长按廊步距加出檐计算长度。椽径按 0.35 桁径，椽档按 1 椽径。每开间按双数布置，椽档的宽窄按布置根数均匀调整。接述，"凡上花架椽以步加举定长。……径与檐椽同"。

上中下花架椽统称直椽，依其所述，则椽子长度可按下式计算：

$$直椽长 = \sqrt{(步距)^2+(举高)^2} = \sqrt{(步距)^2+(举架×步距)^2} = \sqrt{(1+举架)^2×步距^2}$$

$$檐椽长 = \sqrt{1.25(步距+檐椽出)^2}$$

式中　步距——按表 1.2.12 所述取定；

举高——举架×步距，清制檐步举架按 0.5 举；

檐椽出——按表 1.2.13 所述取定。

3. 《营造法原》"椽子"

《营造法原》第六章厅堂木架配料表规定，椽子围径按 2/10 界深，也可按所附图例中所标注尺寸 0.15 尺×0.22 尺、0.18 尺×0.25 尺左右取定。椽长以提栈参考上式计算。

根据以上所述，椽子规格小结如表 3.2.14 所示。

椽子规格尺寸　　　　　　　　表 3.2.14

名称	宋《营造法式》	清《工程做法则例》	《营造法原》
椽子长度	椽每架平不超过 6 尺	檐椽长 = $\sqrt{1.25(步距+檐椽出)^2}$ 直椽长 = $\sqrt{(1+举架^2)×步距^2}$	以提栈参考左计算式
椽子直径	殿阁 9 至 10 份，厅堂 7 至 8 份	大式 1.5 斗口，小式 1/3 檐柱径	围径 = 0.2 界深
椽子间距	2 至 2.5 椽径		

【3.2.25】　飞椽

飞椽是为增加屋檐冲出和起翘，在檐椽之上加钉的檐口椽子。宋称为"飞子"，清、《营造法原》称为"飞椽"。它与檐椽成双配对，多为方形截面，也有圆形截面的，如图 3.2.24（a）所示。

从起翘点至角梁部分的飞椽，《工程做法则例》称为"翘飞椽"，《营造法式》称"转角飞子"，《营造法原》称为"立脚飞椽"。

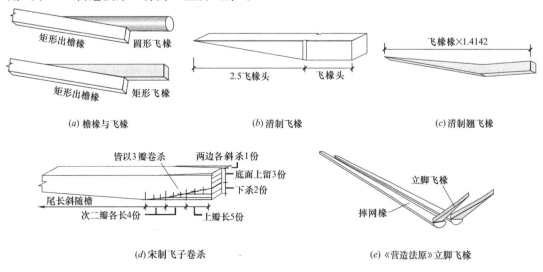

(a) 檐椽与飞椽　　　　　　(b) 清制飞椽　　　　　　(c) 清制翘飞椽

(d) 宋制飞子卷杀　　　　　　　　(e) 《营造法原》立脚飞椽

图 3.2.24　飞椽

1. 宋制"飞子"

《营造法式》卷五述，"凡飞子，如椽径十份，则广八份，厚七份。各以其广厚分为五份，两边各斜杀一份，底面上留三份，下杀二份。皆以三瓣卷杀，上一瓣长五份，次二瓣各长四份。尾长斜随檐。若近角飞子，随势上曲，令背与小连檐平"。即飞椽宽按0.8椽径即7份至8份；厚按0.7椽径即6份至7份。将飞子端头宽度两边各缩进1份，端头上段留3份，端头下段为2份斜杀，这斜杀的2份，横竖都按分成3瓣卷杀，上瓣长5份，另2瓣各长4分。飞尾顺檐斜向伸长，如图3.2.24（d）所示。对转角飞子，随势上曲，使其背与小连檐平。

2. 清制"飞椽"

《工程做法则例》卷一述，"凡飞檐椽以出檐定长。如出檐七尺五寸，按一一五加举，得长八尺六寸二分，三份分之，出头一份，得长二尺八寸七分。后尾二份半，得长七尺一寸七分，加之，得飞檐椽通长一丈四分。见方与檐椽径寸同"。即飞檐椽斜长＝出檐长×1.15，然后计算，飞椽头长＝飞椽斜长÷3，飞椽尾长＝飞椽头长×2.5，即可得出飞檐椽长＝飞椽头长＋飞椽尾长，如图3.2.24（b）所示。飞椽直径与檐椽直径相同。其中，飞椽出檐长度见表1.2.13中"飞椽出"所述。接述，"凡翘飞檐椽以平身飞檐椽之长。用方五斜七之法定长，如飞檐椽长一丈四分，用方五斜七加之，第一翘，得长一丈四尺五分。其余以所定翘数每根递减长五分厘。其高比飞檐椽加高半份，如飞檐椽高三寸五分，得翘飞椽高五寸二分五厘。厚仍为三寸五分"。即第一根翘飞椽长＝飞椽长×1.4142（《工程做法则例》按近似值1.4算之，即飞檐椽长10.04尺×1.4＝第一翘长14.05尺），如图3.2.24（c）所示，其余翘飞椽按每根递减0.055尺计算。翘飞椽高＝1.5飞椽高，厚0.35尺。

3.《营造法原》"飞椽"

《营造法原》第六章厅堂木架配料表指出，飞椽宽、厚尺寸按0.8椽径，在第七章中对转角部位的飞椽述，"飞椽亦作摔网状，其上端逐根竖立，使与嫩戗之端相平，称为立脚飞椽"。如图3.2.24（e）所示。该文最后述，"立脚飞椽须逐根加厚，第一根加厚二分，第二根加厚三分，余则依此类推。如在九根以上，则每根照第九根加厚一分"。

【3.2.26】 翼角椽

从起翘点至角梁部分的椽子，清制称为"翼角椽"，宋制称为"转角椽"，《营造法原》称为"摔网椽"。其规格一般可与檐椽相同，只是在安装时按不同夹角进行斜向布置，并以最边檐椽为准，逐根向角梁移动一个距离，如图3.2.25（a）所示，最边上一根檐椽与角梁的夹角，庑殿和歇山为45°，每根约前移0.8椽径；六边形建筑夹角为60°，每根约前移0.5椽径；八边形建筑夹角为22.5°，每根约前移0.4椽径。

翼角椽在上述夹角范围内，按单数布置，每根翼角椽与角梁的分夹角，可用其根数所在位号除以椽梁夹角求得，在椽梁夹角范围内的根数，《工程做法则例》按下式计算：

$$\frac{翼角椽}{子根数}=\frac{檐步距＋斗栱出踩＋檐平出}{椽径＋椽当}（取单整数）$$

而《营造法式》没有具体说明根数。只在卷五布椽中述，"若四裹回转角者，并随角梁分布，令椽头疏密得所，过角归间"。即对四个转角，都随角梁分布，将椽木之间距离

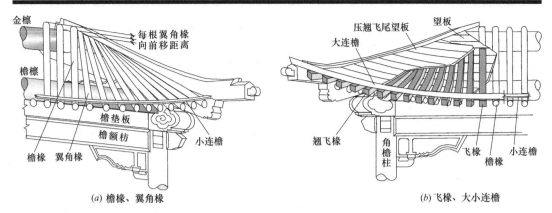

(a) 檐椽、翼角椽 　　　　(b) 飞椽、大小连檐

图 3.2.25　翼角椽的布置

安排均匀，确保过角梁时都归集在一间内。《营造法原》在第七章的"五、殿庭上屋，架戗应用物料数目"中述，"戗椽即摔网椽，十根起至十三根或十五根。北方谓之翼角椽"。即明确摔网椽为 10 至 13 根，最多 15 根。

【3.2.27】 罗锅椽

"罗锅椽"是清制卷棚屋顶所用的弧形脊椽，它支撑在双脊檩之上，如图 3.2.26 所示。罗锅椽截面尺寸与脑椽相同，1.5 斗口或 0.3 檐柱径见方。为了便于与脑椽连接，在罗锅椽与脊檩之间，钉有机枋条，该条截面宽同檩金盘宽，厚为 1/3 宽。

画制罗锅椽的圆弧，可先画出两脊檩的中线（即 1/2 顶步架），再以顶步架尺寸从机枋条上皮里棱为圆心画弧，与两檩中线相交得交点 O，然后以 O 点为圆心，顶步架为半径即可画出罗锅椽底线，量出 1.5 斗口椽厚，即可画出椽顶弧线，如图 3.2.26（a）所示。

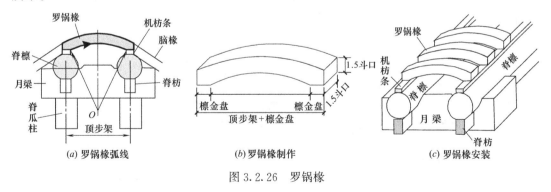

(a) 罗锅椽弧线 　　　　(b) 罗锅椽制作 　　　　(c) 罗锅椽安装

图 3.2.26　罗锅椽

【3.2.28】 大小连檐、里口木

大连檐是用来连接固定屋面飞椽端头的木条，为直角梯形截面。小连檐是固定屋面檐椽端头的木条，扁直角梯形截面。

清《工程做法则例》规定，大连檐高按 1.5 斗口或 1 椽径，宽按 1.8 斗口或 1.2 椽

149

径。小连檐厚按 1.25 至 1.5 望板厚，宽按 1 斗口或 1 椽径，如图 3.2.27（a）所示。

宋《营造法式》卷五造檐中述，"凡飞魁，又谓之"大连檐"。大连檐广厚并不越材。小连檐广加栔二份至三份，厚不得越栔之厚"。即大连檐宽、厚不超过 15 份，小连檐宽 8 份至 9 份，厚不超过 6 份。

《营造法原》以遮檐板代替大连檐，钉在飞椽端头用以遮盖，用里口木代替小连檐，里口木是填补飞椽之间空隙的牙齿形填补板，钉在檐椽或望板之上，如图 3.2.27（b）所示。其中凹槽是嵌入飞椽的位置，其截面约为 0.25 尺×0.2 尺。

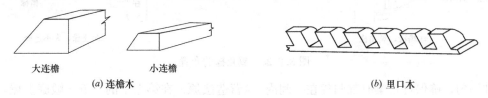

大连檐　　　　　　　小连檐

(a) 连檐木　　　　　　　　　　　　　　　　(b) 里口木

图 3.2.27　连檐木、里口木

【3.2.29】　椽椀板、隔椽板、闸挡板、瓦口木

椽椀板、隔椽板、闸挡板，都是清制建筑用来固定椽子的辅助构件。

1. 椽椀板

"椽椀板"即指按椽径挖凿椀口洞的木板，它是用一块木板按椽径大小和椽子间距，挖凿出若干椀洞而成，如图 3.2.28 所示，将它钉在檐桁檩上，让檐椽穿洞而过，是用于固定屋面檐椽的卡固板。板高为 1.5 椽径，板厚 0.3 斗口。多用在高规格建筑上，一般建筑可以不用。

2. 隔椽板

"隔椽板"是与椽椀板相同功用的木板，但它是按椽当尺寸所做成的单块板，用于固定除檐椽之外的其他直椽的卡固板，每个椽当空隙安置一块。

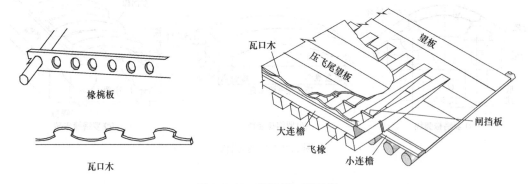

椽椀板

瓦口木

图 3.2.28　椽椀板、瓦口板

3. 闸挡板

在清制大式建筑中，屋面木基层在檐椽上钉有一层望板，然后将飞椽钉在檐椽的望板上，而在飞椽之上还钉有一层"压飞尾望板"，如图 3.2.28 所示。在这两层望板之间的空当，很容易让雀鸟做巢，因此用闸挡板加以堵塞，可以阻止雀鸟钻入。闸挡板就是堵塞屋

面檐口飞椽之间空隙的挡板。

4. 瓦口木

瓦口木又称瓦口板，是用来承托檐口瓦的木件，按屋面瓦的弧形做成波浪形木板条，如图 3.2.28 所示。瓦口木钉在大连檐上，瓦口板的高度一般按 0.5 椽径设置，厚度按椽径的 1/4 控制。

【3.2.30】 博风板、山花板

"博风板"和"山花板"都是房屋山面部分的遮风挡雨板，也是两种位置上起装饰作用的木板。

1. 博风板

"博风板"是硬悬山和歇山山面遮蔽各檩木外伸端头的遮护板，用以保护檩头免受风雨吹打并起装饰作用。其规格如下：

宋《营造法式》卷五述，"造博风版之制：于屋两际出槫头之外安博风版，广两材至三材，厚三份至四份，长随架道。中上架两面各斜出搭掌，长二尺五寸至三尺；下架随椽与瓦头齐"。即在房屋两山平槫外挑端安装博风板，板宽为 30 份至 45 份，厚 3 份至 4 份。长按屋架平槫所布置的道数确定。中间和上部的博风板相互搭接，最下部要跟随檐椽与檐口瓦头齐平。

清《工程做法则例》卷二规定，"凡博风板随各椽之长得长，以椽径六份定宽，厚与山花板之厚同"。即博风板长按所在位置椽木长度，板宽为 6 椽径，板厚与山花板同（即0.25 桁径）。安装博风板时，应在板厚背面挖檩椀槽，嵌入檩头，使博风板紧贴山花板。博风板外形如图 3.2.29（a）所示。

《营造法原》没有明确博风板规格，可参照上述执行。

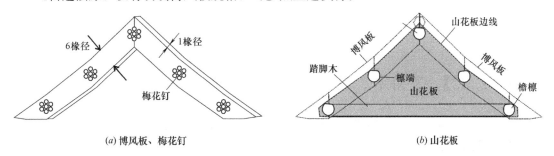

（a）博风板、梅花钉　　　　　　　　　　　　　　　（b）山花板

图 3.2.29　山花板、博风板

2. 山花板

"山花板"是专用于歇山山面的三角形遮风挡雨板，山花板的两斜边与各檩木上皮对齐，按檩木位置，挖凿檩椀槽口，让檩木按收山要求伸出。山花板的下底边与踏脚木下皮或上皮平，如图 3.2.29（b）所示。《工程做法则例》卷二述，"凡山花以进深定宽，以脊中草架柱之高加扶脊木并桁条之径定高，以桁条径四分之一定厚"。即山花板底宽按进深，中间高＝草架柱高＋脊桁径＋扶脊木高，厚为 0.25 桁径。《营造法原》可以此参考，《营造法式》没有专门涉及此构件，板厚可按博风板执行。

【3.2.31】 梅花钉、垂鱼和惹草

清制建筑为了美化，多在博风板外皮相对桁檩位置处，装钉"梅花钉"作为点缀的装饰构件，圆饼梅花形木块，每个直径 4cm 至 12cm，依建筑规格和博缝板宽窄选用，七个为一组，如图 3.2.29（a）所示。

宋制建筑则在博风板外安置垂鱼和惹草，《营造法式》卷七述，"造垂鱼惹草之制：或用华瓣，或用云头造。垂鱼长三尺至一丈，惹草长三尺至七尺。其广厚皆取每尺之长，积而为法。垂鱼版，每长一尺，则广六寸，厚二分五厘。惹草版，每长一尺，则广七寸，厚同垂鱼。凡垂鱼，施之于屋山博风版合尖之下。惹草施之于博风版之下，槫之外"。即垂鱼、惹草可雕刻成花瓣，也可雕刻成云头纹。垂鱼长 3 尺至 10 尺，宽 0.6 垂鱼长，厚 0.025 垂鱼长。惹草长 3 尺至 7 尺，宽 0.7 惹草长，厚同垂鱼厚。垂鱼是安置在山尖博风板的尖角之下，惹草是装钉在博风板下皮的平槫位置，如图 3.2.30 所示。

《营造法原》在殿庭总论中也述，"博风合角处，作如意形之饰物，称为垂鱼"，但没有提及其规格。

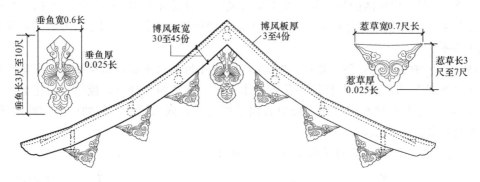

图 3.2.30　垂鱼、惹草

【3.2.32】 菱角木、龙径木、眠檐勒望

菱角木、龙径木、眠檐勒望，都是《营造法原》中的辅助木构件。

1. 菱角木、龙径木

"菱角木、龙径木"都是指老戗、嫩戗夹角之间的连接木，其作用是用于填补其交角空间，以便屋面瓦作，同时用于加固老戗嫩戗之间的连接，其中龙径木由扁担木、箴木组成，菱角木为三角形，它们的截面宽为 4.8 寸，截面高和长按所取老戗、嫩戗的夹角大小现场确定，如图 3.2.31（a）所示。

2. 眠檐勒望

"勒望"是指屋面基层拦隔望砖防止下滑的木条，又称为"横勒拦望条"，如图 3.2.31（b）所示。它是钉在屋面基层的椽子上，由脊桁至檐桁，按每界所铺钉的椽子，横钉其上，故称为"横勒拦望条"，在最外檐口一条称为"眠檐勒望"，勒望条截面高与望砖同厚，约 0.6 寸至 0.8 寸，截面宽约 1 寸，长依现场木条取定。

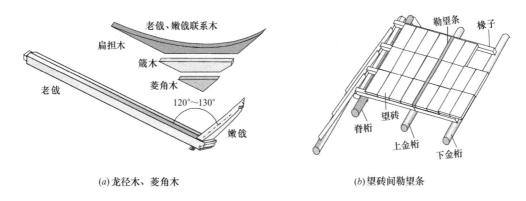

(a)龙径木、菱角木　　　　(b)望砖间勒望条

图 3.2.31　龙径木、勒望条

【3.2.33】　扶脊木、帮脊木

在木构架的脊桁檩木之上，为了便于加固瓦作正脊脊构件的稳定性，常每隔一定距离设置一根木脊桩，来承接安装木脊桩的构件。清制称为"扶脊木"，《营造法原》称为"帮脊木"。装钉在脊桁（檩）上，宋制建筑没有此木。它主要是用于大式尖山屋顶或殿庭建筑正脊上，作为栽置脊桩（即作为屋脊骨撑）和承接椽子的条木，一般做成六角形截面，上面栽脊桩，两侧剔凿椽窝，如图 3.2.32 所示。清制扶脊木直径为 4 斗口，吴制帮脊木围径按 0.8 脊桁围径，长度同脊檩。

图 3.2.32　扶脊木、帮脊木

【3.2.34】　轩梁、荷包梁、弯椽

轩梁、荷包梁、弯椽，都是《营造法原》轩结构上所用的构件，如图 3.2.33 所示。

"轩梁"是指轩步的承载弯弧形顶棚的承重梁，有圆形截面和扁形截面两种，依"圆作堂、扁作厅"而定。扁作截面做法与界梁相同。无论是扁作或圆料，其截面规格均按 0.2 至 0.25 倍轩界深，来计算其围径或梁高，扁作的宽厚为梁高之半。

"荷包梁"是用于美化月梁来承托桁条的弧面梁，梁背中间隆起如荷包形状，如图 3.2.33 所示，为扁作梁矩形截面。截面高按 0.16 至 0.20 倍轩界深，截面宽按梁高之半计算。多用于船篷轩顶和脊尖下的回顶。

弯椽是指船篷椽、鹤颈椽、菱角椽等弯弓形椽子，其中对有两个弯弧的称为双弯椽，均为矩形截面，宽 0.25 尺至 0.3 尺，厚 0.16 尺至 1.8 尺。

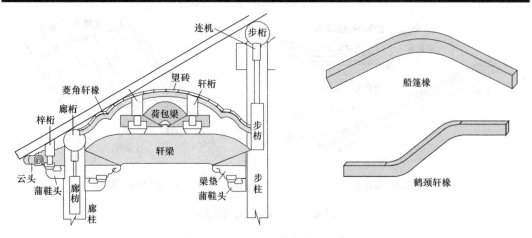

图 3.2.33 轩梁、荷包梁、弯橡

【3.2.35】 蒲鞋头、山雾云、抱梁云、棹木

蒲鞋头、山雾云、抱梁云、棹木等，是《营造法原》中指用于美化厅堂屋架梁的装饰辅助构件，借以提高厅堂的豪华装饰性，如图 3.2.34 所示。

1. 蒲鞋头

"蒲鞋头"是安设在柱梁接头处用来承接梁垫的半栱形构件，是由柱端伸出的丁字形栱件，没有座斗，如图 3.2.34（c）所示。它与梁垫配套使用，凡在梁下装有梁垫者，其下都安设蒲鞋头。

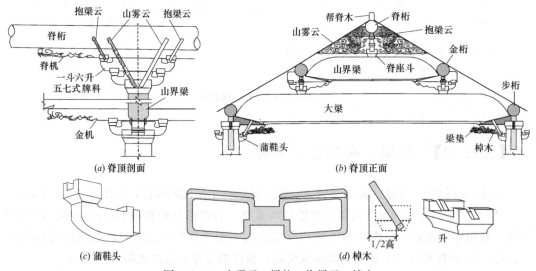

图 3.2.34 山雾云、梁垫、抱梁云、棹木

2. 山雾云、抱梁云

山雾云是安置在厅堂房屋山界梁上的装饰板，这种装饰一般用于比较豪华的大厅房屋，它在山界梁上用一斗六升栱代替脊童柱，来支撑脊桁，然后依屋架前后橡木斜势，做梯形木板斜插在座斗上，梁的两边各插一块，如图 3.2.34（a）（b）所示。在该板的观赏

154

面雕刻流云飞鹤等图案,板厚为 0.15 尺,高从座斗腰至桁心。

抱梁云是山雾云的陪衬装饰板,其大小约为山雾云一半,与山雾云同向,斜插在一斗六升的最上面一个升口中,如图 3.2.34(a)(b)所示。板厚为 0.1 尺,长按脊桁径 3 倍。板上雕刻有行云图案,用以衬托山雾云的立体感。

3. 棹木

棹木是大梁两端,梁头底部的装饰木板,斜插在丁字栱的升口上,如丁字栱的两翼,如图 3.2.34(d)所示,其形式有似枫栱(图 6.2.38)。翼长按 1.6 梁厚,翼高按 1.1 梁厚,翼厚为 0.15 尺。

3.3 木构架榫卯连接

【3.3.1】 馒头榫、管脚榫、套顶榫

馒头榫、管脚榫、套顶榫,都是柱顶或柱脚所用的木榫。

1. 馒头榫、管脚榫

"馒头榫"是在柱顶做成方锥体形,与柱顶横梁连接的木榫,如图 3.3.1(a)柱顶所示,榫长按 0.2 至 0.3 柱径取定,榫径约为柱径的 1/3。柱顶上面与其连接的横梁底面要凿出相应的倒锥形卯口,馒头榫多用于檐金柱、瓜童柱等柱顶。

"管脚榫"是在柱脚底端做成反向馒头榫形式,与其下部构件连接的木榫,它的构造尺寸与馒头榫一样,如图 3.3.1(a)柱脚所示。管脚榫常用于与柱顶石、童柱墩斗等的连接,其下部连接构件的上面,应凿出相对应的倒锥体卯口。管脚榫尺寸与馒头榫相同。

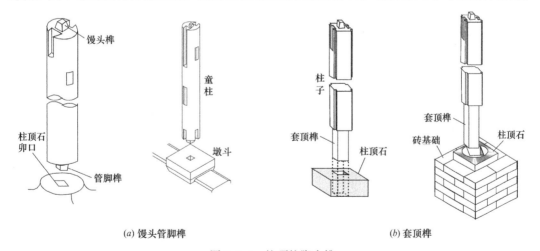

(a) 馒头管脚榫　　　　　　　　　　(b) 套顶榫

图 3.3.1 柱顶柱脚木榫

2. 套顶榫卯

"套顶榫"是在柱脚处做成贯穿柱顶石的长脚穿透榫,如图 3.3.1(b)所示。套顶榫长按 0.2 至 0.3 柱身露明长,榫径按 0.5 至 0.8 柱径。套顶榫主要用于要求加强柱子稳定性的建筑上,如游廊、垂花门等的木柱和经受大风荷的亭子柱。

【3.3.2】 夹脚腰子榫

"夹脚腰子榫"是清制脊瓜柱所特制的一种双脚榫，用于将三个构件连接在一起，起固定作用。它是将柱脚剔凿成夹槽形，夹着下部构件的半腰子卯口，如图3.3.2所示。由于该榫对受力要求不大，故其榫卯尺寸没有严格要求，依现场具体情况处理。

【3.3.3】 燕尾榫

"燕尾榫"是清制枋柱连接的木榫，又称"银锭榫"。它的榫外端头较宽，榫尾里端较窄，如图3.3.3所示。常用于横枋与立柱的连接。榫长 $a=0.25$ 至 0.3 柱径。榫头外端宽 $b=1.2a$ 榫长，榫尾里端宽按榫长 a。榫高按枋身高，在榫的垂高方向做成上宽下窄，其下端榫宽要较上端榫宽每边收减 0.1 榫宽。

在宋《营造法式》中有一种同性质的木榫，称为"鼓卯"和"镊口鼓卯"，如图3.3.4所示。

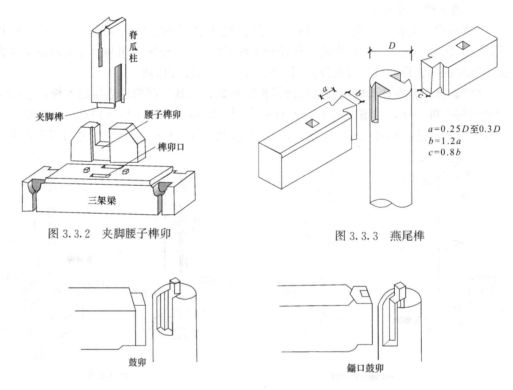

图 3.3.2　夹脚腰子榫卯

图 3.3.3　燕尾榫

图 3.3.4　宋制镊口鼓卯

【3.3.4】 穿透榫、半透榫

穿透榫、半透榫都是横向梁枋构件，与垂直木柱进行连接的木榫。

1. 穿透榫

"穿透榫"是清制横向构件将端头榫穿过柱子卯口而做的木榫，它进入部分为大榫，穿出部分为小榫，如图 3.3.5（a）所示。木榫穿透后留在柱外，故又称大进小出榫。留在柱外的榫外端头形式有素方头、三岔头、麻叶头等。榫长按 1.5 柱径，0.5 本身高，大榫高与本身构件同高，小榫高折半；榫厚按本身构件厚的 1/3。

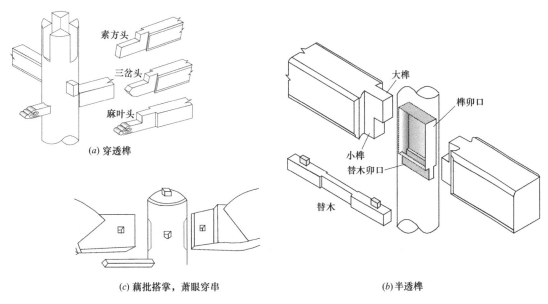

图 3.3.5 穿透榫、半透榫

2. 半透榫

"半透榫"是清制横向构件将端头插入柱内的不出头木榫，它也分为大小榫，大榫长按 2/3 柱径，小榫长按 1/3 柱径，榫厚按 0.5 柱径。一般只用于以柱为中心，两边为同一水平高的梁枋，穿入柱内与其连接，这种榫在制作时，将两边对穿连接的榫头要上下大小相反形式，如图 3.3.5（b）所示。但这种木榫有结合力较差的弱点，为了弥补这一缺点，一般应在对接处再设置一根拉结构件，如"替木"或"雀替"，以便将两边梁枋拉结起来，"替木"或"雀替"用销子与梁枋连接。拉结构件长按 3 倍柱径，宽厚按 0.3 倍柱径。

宋《营造法式》有一种梁柱对卯的木榫，称为"藕批搭掌、萧眼穿串"，如图 3.3.5（c）所示。

【3.3.5】 箍头榫

"箍头榫"，意即箍住构件端头不使其移动的榫卯。它是清制横额枋木与边角立柱相连接的榫卯，用于边柱为单面箍头，或角柱为双面箍头，如图 3.3.6 所示。箍头榫由卡腰榫与箍头组成。卡榫厚按 0.5 枋身厚，榫长按 1 柱径。箍头高厚按 0.8 枋身高厚，箍头长为 0.5 柱径，箍头形式大式建筑为"霸王拳"形式，小式建筑为三岔头形式。相应柱顶以柱中心为准，剔凿卡槽卯口。

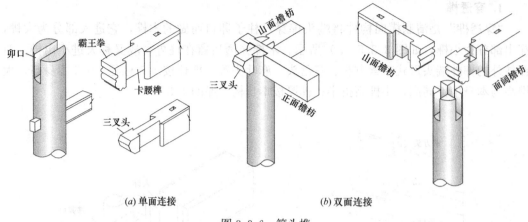

(a) 单面连接   (b) 双面连接

图 3.3.6 箍头榫

【3.3.6】 大头榫、桁檩椀

1. 大头榫

"大头榫"是清制头宽尾窄的木榫，如图 3.3.7（a）所示。榫长按 0.25 至 0.3 柱径。榫的端头宽按 1.2 榫长，榫的尾端宽按 1 榫长。多用于桁檩、扶脊木、平板枋等水平构件需要延长时的相互连接。

宋《营造法式》对普柏方的连接采用"螳螂头口"，如图 3.3.7（d）所示，或"勾头搭掌"，如图 3.3.7（e）所示。

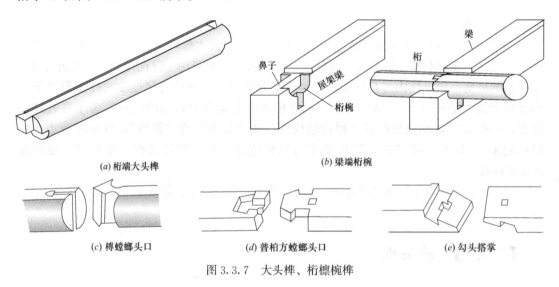

(a) 桁端大头榫   (b) 梁端桁椀

(c) 榑螳螂头口   (d) 普柏方螳螂头口   (e) 勾头搭掌

图 3.3.7 大头榫、桁檩椀榫

2. 桁檩椀

"桁檩椀"是清制在架梁端头或脊瓜柱顶端剔凿承托桁檩端头的碗状形式托槽，如图 3.3.7（b）所示。为防止桁檩向两端移动，在架梁两椀口中间做出"鼻子"，以便阻隔，脊瓜柱可做小鼻子或不做鼻子。椀口宽窄按桁檩直径，椀口深浅按桁檩半径。

宋《营造法式》对榑木连接采用一种"螳螂头口"，如图 3.3.7（c）所示。

【3.3.7】 十字刻口榫、十字卡腰榫

十字刻口榫、十字卡腰榫是指在同一水平高的两个不同方向构件，进行交叉连接所做的上下卡口榫卯。

1. 十字刻口榫

"十字刻口榫"是用于两个方向的扁矩形截面构件上下搭扣十字相交连接的榫卯。制作时，将相交构件连接处各按本身半厚剔凿成上下卡口形式，上面构件的槽口向下，称为"盖口"，下面构件的槽口向上，称为"等口"，如图3.3.8（a）所示。榫宽按0.8构件身宽，卯口两侧各按0.1身宽做八字包边。常用于平板枋的十字相交连接。

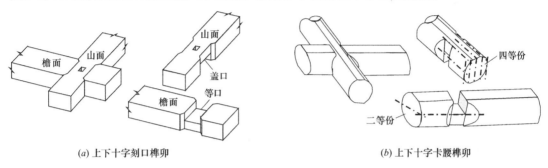

(a) 上下十字刻口榫卯　　　　　　　　(b) 上下十字卡腰榫卯

图3.3.8　十字交叉榫卯

2. 十字卡腰榫

"十字卡腰榫卯"是用于两个方向圆形构件上下搭扣十字相交的连接榫卯，可垂直相交，也可斜角相交。制作时，将构件截面的面宽均分四等份画线，按交角斜度刻去两边各一份，形成卡腰口。再将截面的高度以二等份画线，最后按山面压檐面原则，各剔凿上面或下面一半，形成上为盖口、下为等口形式，如图3.3.8（b）所示。多用于桁檩的十字相交连接。

【3.3.8】 阶梯榫卯

"阶梯榫卯"是呈阶梯形或锯齿形的榫卯，构件上的阶梯按其半径的1/3剔凿，剔凿成三阶，比较讲究的在阶梯榫两边做有包边，较简单的也可不做包边，这种榫常用于趴梁、抹角梁与桁檩叠交，短趴梁与长趴梁叠交的连接。长短趴梁叠交一般不做包边，如图3.3.9所示。

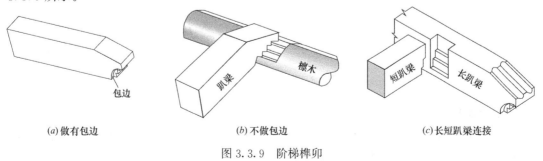

(a) 做有包边　　　　　　(b) 不做包边　　　　　　(c) 长短趴梁连接

图3.3.9　阶梯榫卯

【3.3.9】 压掌榫、栽销榫

1. 压掌榫

"压掌榫"是指将构件端头做成上下企口形式的榫，它是用于角梁后尾与由戗，或由戗与由戗之间，进行连接所采用的榫卯，如图 3.3.10（a）所示，榫厚上下各半，企口缝要求严实紧密。

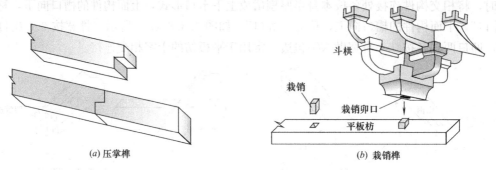

图 3.3.10　压掌榫、栽销榫

2. 栽销榫

"栽销榫"就是一种销子连接，选用硬木或竹子削成销子，将下面构件打洞栽入销子，上面构件刻成相应卯口，然后将连接构件相互压入连接，如图 3.3.10（b）所示。木销及其卯口的大小，没有统一规定，可依不同构件进行现场掌握。

【3.3.10】 裁口榫、龙凤榫、银锭扣

裁口榫、龙凤榫、银锭扣是用于拼板连接的企口榫。

1. 裁口榫

"裁口榫"是一种在拼接板的拼缝面所做的凸凹榫卯，即将拼缝面裁成凸凹企口，如图 3.3.11（a）所示。裁去的宽厚尺寸基本相同。

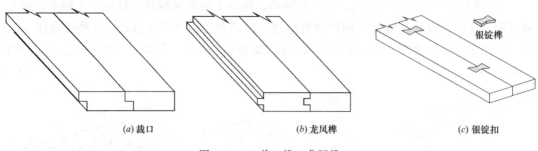

图 3.3.11　裁口榫、龙凤榫

2. 龙凤榫

"龙凤榫"是在两块拼缝板中，将一块板的拼缝面裁成凸榫，称为公榫；将另一板的拼缝面裁成凹榫，称为母榫，形成凸凹企口相互对接，俗称"公母榫"连接，如图

3.3.11（b）所示。凸凹企口裁去的宽厚尺寸基本相同。

3. 银锭扣

"银锭扣"是一种中间细、两端粗的双燕尾形的榫卯，因形似银锭而得名，如图 3.3.11（c）所示。银锭扣是嵌入板缝中间，依板缝长短确定配置榫卯个数。榫厚按板厚 1/3 至 1/4，榫长适量。

【3.3.11】 穿带、抄手

穿带和抄手是用于门扇拼缝板，进行连接加固的榫楔构件。

1. 穿带

"穿带"是指穿入门扇板槽口中的木杆，为梯形截面，常用于大门实木拼板背面。制作时先将实木拼板背面剔凿成燕尾形长槽，长槽两端的槽口应一宽一窄，槽深按 1/3 板厚。然后用木杆做成燕尾梯形木带，木带两端宽窄与槽口宽窄相应，安装时将木带打入槽内即可，如图 3.3.12（a）所示。

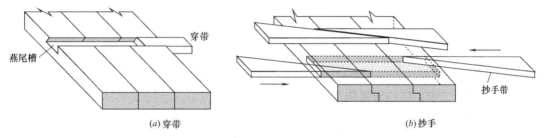

图 3.3.12　穿带、抄手

2. 抄手

"抄手"是一种对拼木楔，将一矩形板对角锯开而成。制作时先将拼缝板按抄手位置弹好墨线，在拼板的侧面按墨线剔凿透眼，再按透眼尺寸制作楔形抄手，待拼缝板用胶粘拼好后，在拼缝眼两边分别将抄手带打入透眼中，如图 3.3.12（b）所示。

【3.3.12】 檐（廊）柱上连接构件

檐（廊）柱是指建筑物最外围的柱子。在正身部分的檐柱上，与其连接的构件分为柱顶、柱身、柱脚三部分，如图 3.3.13 所示。

1. 柱顶的连接构件

柱顶构件：《工程做法则例》檐柱进深方向有抱头梁，或者有面阔方向斗栱平板枋。

《营造法式》檐柱进深方向有铺作及其乳栿，面阔方向有铺作。

《营造法原》廊柱进深方向有界梁，面阔方向有牌科下斗盘枋。

2. 柱身的连接构件

柱身部分：《工程做法则例》檐柱进深方向有穿插枋，面阔方向有檐枋。

《营造法式》檐柱面阔方向有铺作下阑额。

《营造法原》廊柱进深方向有廊川或轩梁，面阔方向有步枋、连机。

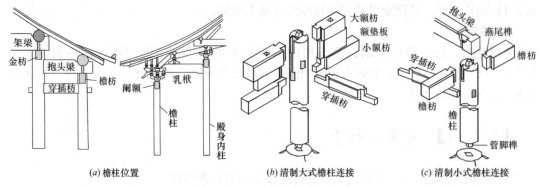

图 3.3.13 檐柱连接构件

3. 柱脚的连接构件

柱脚：《工程做法则例》檐柱有柱顶石。

　　　《营造法式》檐柱有柱础。

　　　《营造法原》廊柱有鼓蹬。

【3.3.13】 金（步）柱上连接构件

金柱是指建筑物内圈的承重柱子，分单檐金柱和重檐金柱。

1. 单檐金（步）柱的连接构件

单檐金柱连接构件基本与檐柱相同，即：

柱顶连接构件：《工程做法则例》金柱进深方向有屋架梁。

　　　　　　　《营造法式》殿身内柱有铺作栌枓。

　　　　　　　《营造法原》步柱进深方向有界梁。

柱身部分构件：《工程做法则例》金柱进深方向有抱头梁（或桃尖梁）、穿插枋，面阔方向有金枋。

　　　　　　　《营造法式》殿身内柱进深方向有铺作栌枓，面阔方向有阑额。

　　　　　　　《营造法原》步柱进深方向有廊川或轩梁，面阔方向有步枋、连机。

柱脚连接构件：《工程做法则例》金柱有柱顶石。

　　　　　　　《营造法式》殿身内柱有柱础、地栿。

　　　　　　　《营造法原》步柱有鼓蹬。

2. 重檐金（步）柱连接构件

重檐金（步）柱连接构件，如图 3.3.14 所示。

柱顶连接构件：《工程做法则例》重檐金柱有进深方向屋架梁或斗栱平板枋。

　　　　　　　《营造法式》殿身檐柱有铺作及其乳栿。

　　　　　　　《营造法原》步柱有界梁或者牌科斗盘枋。

柱身部分构件：《工程做法则例》重檐金柱进深方向有：随梁枋、抱头梁、穿插枋；面阔方向有上檐枋、围脊枋、围脊板、承椽枋、棋枋，若是斗栱建筑加平板枋。

　　　　　　　《营造法式》殿身檐柱面阔方向有阑额、由额、门额。

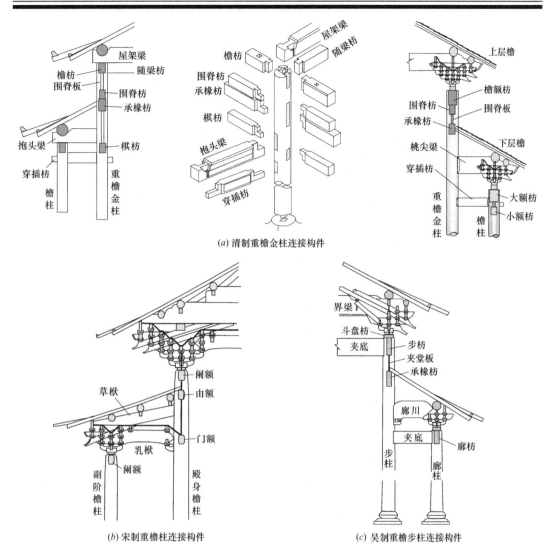

(a) 清制重檐金柱连接构件

(b) 宋制重檐柱连接构件　　　(c) 吴制重檐步柱连接构件

图 3.3.14　重檐金（步）柱连接构件

　　《营造法原》步柱进深方向有夹底，面阔方向有步枋、夹堂板、承椽枋。

柱脚连接构件：《工程做法则例》有柱顶石。
　　　　　　　《营造法式》有柱础、地栿。
　　　　　　　《营造法原》有鼓蹬。

【3.3.14】　转角柱连接构件

　　建筑物转角部位的柱子，包括檐金、重檐金、角童柱等，它们有来自三个方向的连接构件，即：面阔方向、山面进深方向、45°斜角方向。下面以转角重檐金柱来说明其连接构件，如图 3.3.15 所示。

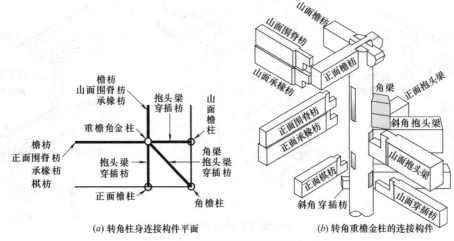

(a) 转角柱身连接构件平面　　(b) 转角重檐金柱的连接构件

图 3.3.15　清制转角重檐金柱构件

1. 柱顶部分构件

柱顶构件：《工程做法则例》转角重檐金柱有进深方向屋架梁或角科斗栱搭交平板枋。

《营造法式》转角殿身檐柱有转角铺作栌枓。

《营造法原》转角步柱有进深方向界梁，或者角柱牌科下斗盘枋。

2. 柱身部分构件

柱身连接构件：《工程做法则例》转角重檐金柱进深方向有：檐枋、围脊枋、围脊板、承椽枋、抱头梁、穿插枋；面阔方向有檐枋、围脊枋、围脊板、承椽枋、抱头梁、穿插枋、棋枋，若是斗栱建筑加平板枋；斜角方向有：角梁、抱头梁、穿插枋。

《营造法式》转角殿身檐柱进深方向有阑额、由额；面阔方向有阑额、由额、门额；斜角方向有：角梁。

《营造法原》转角步柱进深方向有夹底，面阔方向有步枋、夹堂板、承椽枋；斜角方向有：戗梁。

3. 柱脚部分构件

柱脚构件：《工程做法则例》有柱顶石。

《营造法式》有柱础。

《营造法原》有鼓蹬。

【3.3.15】　童檐柱连接构件

童檐柱是大式重檐建筑所用的上层檐柱，它落脚于下层檐桃尖梁（或三界梁）上，有面阔和进深两个方向连接构件，如图 3.3.16 所示。《营造法式》没有这种构件。

1. 柱顶部分构件

《工程做法则例》有平板枋。

《营造法原》有斗盘枋。

2. 柱身部分构件

《工程做法则例》进深方向有穿插枋；面阔方向有檐额枋、围脊枋、围脊板、承椽枋。

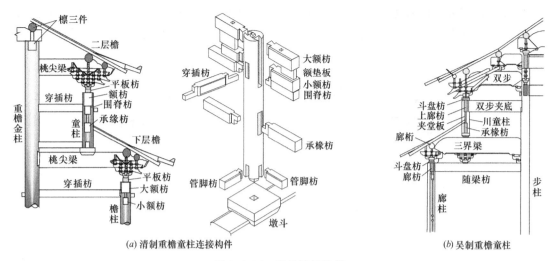

图 3.3.16 童柱连接构件

《营造法原》进深方向有夹底枋；面阔方向有廊枋、承椽枋、夹堂板。

3. 柱脚部分构件

《工程做法则例》有管脚枋、墩斗。

《营造法原》有三界梁。

【3.3.16】 梁枋端头霸王拳、三叉头

"霸王拳"是清制箍头枋和老角梁外端端头所常用的形式，"三叉头"是小式箍头枋常用的形式，可以通过画出其施工样板后，即可制得。

1. 霸王拳样板画法

画法一：设箍头枋的箍头高（即 0.8 枋高）或老角梁侧面端头高为 AD，量 AB 为 1/3 高，再在梁底面量 DC 为 1/3 高，连接 BC 并 6 等份，除中间以二等份，其他均以一等份为直径画弧即成，如图 3.3.17（a）所示。

画法二：以设定的 BD＝DC＝2/3 高，连接 BC 并 6 等份，在中点 F 向外量一等份得 E 点，连接 BE 和 EC，并在其上以各等份中点为圆心画弧即成，如图 3.3.17（b）所示。

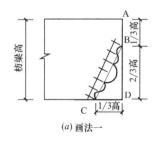
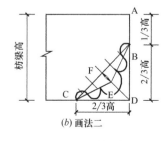

图 3.3.17 霸王拳

2. 三叉头样板画法

"三叉头"画法是将箍头高（即 0.8 枋高）均分三等份画线，榫长应由柱中线向外为

165

1.25 柱径，减去半柱后为 0.75 柱径，将此三等份画线，这样纵横网线相交得出 A、B、C、D、E 五交点，然后分别连接 A 至 B 点、连接 B 至 BD 与 CE 之交点，连接交点至 E 点，即为"三叉头"，如图 3.3.18 所示。

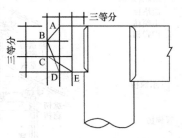

图 3.3.18　三叉头

第四章　中国古建筑屋面结构

屋面结构是体现中古建筑特点、区分中古建筑等级的基本标志，本章深入解说各种屋顶形式的结构特点、构造技术等相关内容。

4.1　屋顶及瓦作

【4.1.1】　中国古建筑常用屋面

中国古建筑常用屋面种类，如图4.1.1所示，根据不同划分方式有：
按屋顶结构形式分为：庑殿屋顶、歇山屋顶、硬山屋顶、悬山屋顶、攒尖屋顶等。
按屋面檐口层数分为：单檐屋顶、重檐屋顶。
按屋面瓦材材质分为：琉璃瓦屋顶、布瓦屋顶、小青瓦屋顶等。
按屋顶屋脊形式分为：尖山顶式屋顶、卷棚顶式屋顶。
除以上所述外，其他还有一些在此基础上进行屋顶变化的形式，如盝顶建筑、十字顶建筑、工字建筑等，但都是不太普及的特殊屋面，这里加以省略。

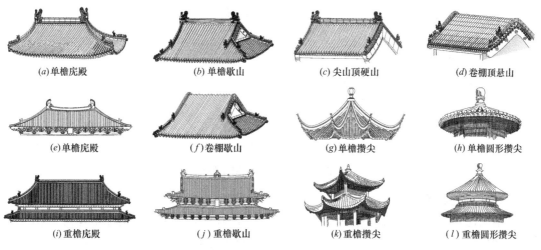

(a)单檐庑殿　　(b)单檐歇山　　(c)尖山顶硬山　　(d)卷棚顶悬山

(e)单檐庑殿　　(f)卷棚歇山　　(g)单檐攒尖　　(h)单檐圆形攒尖

(i)重檐庑殿　　(j)重檐歇山　　(k)重檐攒尖　　(l)重檐圆形攒尖

图4.1.1　中国古建筑常用屋面形式

【4.1.2】　庑殿屋顶结构

庑殿屋顶在我国古代房屋建筑中，是等级最高的一种建筑形式屋顶，由于它体大庄重、气势雄伟，在古代封建社会里，它是体现皇权、神权等最高统治权威的象征，因此，庑殿屋顶一般只用于宫殿、坛庙、重要门楼等建筑，而其他官府、衙役、商铺、民舍等多不允许采用。

庑殿屋顶是一个具有前、后、左、右四个坡面屋顶的建筑，故清制称它为"四阿殿"；又因最上层屋顶由五个屋脊所组成，故宋制称为"五脊殿"、"吴殿"。《营造法原》称为"四合舍"。庑殿建筑屋顶分为单檐和重檐。

1. 单檐庑殿屋顶

单檐庑殿屋顶具有前檐坡、后檐坡、左山坡、右山坡四个坡形屋面和 1 条正脊、4 条垂脊（竖带戗脊），如图 4.1.2 所示。其中 4 条垂脊为斜凹形屋脊，以垂兽分界分为前后两段。单檐屋顶的屋面瓦材，有较高等级的琉璃瓦、普通等级布瓦和低等级小青瓦等。

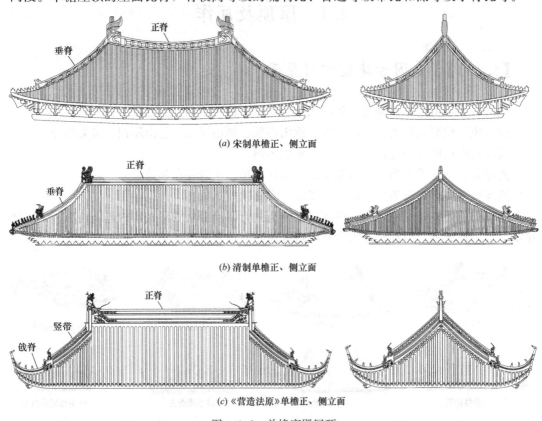

(a) 宋制单檐正、侧立面

(b) 清制单檐正、侧立面

(c)《营造法原》单檐正、侧立面

图 4.1.2　单檐庑殿屋顶

2. 重檐庑殿屋顶

重檐建筑是指屋面檐口有两层以上的屋檐，也有称多层屋檐，但庑殿建筑一般只做上下两层的二重檐。重檐屋顶的屋脊除上层檐的正脊和垂脊（竖带戗脊）外，下层檐还有 4 条戗脊和 1 圈围脊（赶宕脊），图 4.1.3 所示为清制和《营造法原》屋顶，宋制未发现。

重檐屋顶的屋面瓦材，高级建筑采用琉璃瓦，屋脊为琉璃构件屋脊。等级较次建筑采用布瓦，屋脊则采用"黑活构件"屋脊。

【4.1.3】 歇山屋顶结构

歇山屋顶由前后檐斜坡和左右山面半坡组成，其屋脊有九条，即 1 条正脊、4 条垂

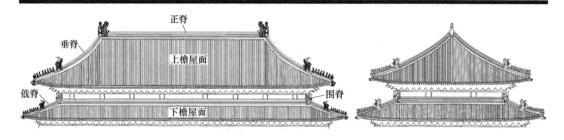

(a) 清制重檐庑殿正、侧立面

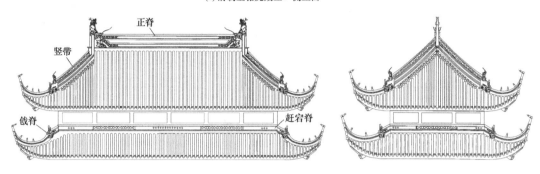

(b)《营造法原》重檐四合舍正、侧立面

图 4.1.3 重檐庑殿屋顶

脊、4 条戗脊。宋制称为"厦两头造""曹殿""汉殿";清制称为"歇山""九脊殿";《营造法原》称为"歇山"。在封建等级制度中,它是次于庑殿屋顶一个等级,由于它不像庑殿那样严肃,具有造型优美活泼、姿态表现适应性强等特点,被得到广泛应用,大者可用作殿堂楼阁,小者可用作亭廊舫榭,是园林建筑中运用最为普遍的建筑之一。

屋面层次也分为:单檐和重檐;屋顶形式分为:尖顶式和卷棚式。屋面瓦材可用琉璃瓦、布黑瓦、小青瓦等。

1. 尖顶式单檐歇山屋顶

尖顶式单檐屋顶的特征是正脊为一字形陡立屋脊,在此脊下斜形成尖顶形的前后斜坡屋面,在两端山面由垂立三角形歇山面与其下的半坡屋面组成,因此,单檐歇山屋顶的屋脊除一条正脊和四条垂脊外,另外还有转角处的四条戗脊和两端山面的两条博脊,如图4.1.4 所示。

歇山屋顶的垂脊只有兽后段,没有兽前段,垂兽立于垂脊的最前端。

2. 卷棚式单檐歇山屋顶

卷棚式单檐屋顶的特征是正脊为圆弧形,以此下斜形成弓形的前后斜坡屋檐,这种圆弧形正脊称为"过垄脊"、"元宝脊"(《营造法原》称为黄瓜环脊),除正脊外,其他戗脊、博脊等的构造都与尖顶式屋面相同,如图 4.1.5 所示。

3. 重檐歇山屋顶

重檐歇山屋顶除塔式楼阁外,较常见的有二重檐、三重檐,除顶层屋面外,其余下层屋面都为半坡屋面。屋脊除顶层檐的正脊和垂脊外,中下层檐各有 4 条戗(角)脊和 1 圈围脊,如图 4.1.6 所示。

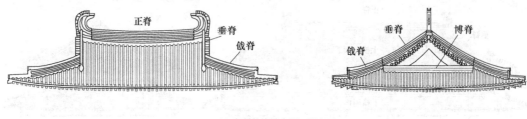

(a) 宋制单檐歇山正、侧立面

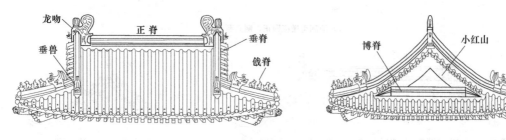

(b) 清制单檐歇山正、侧立面

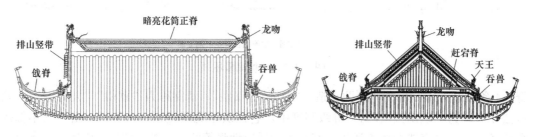

(c)《营造法原》单檐歇山正、侧立面

图 4.1.4　尖顶式单檐歇山屋面

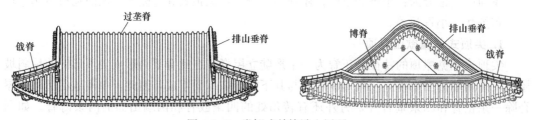

图 4.1.5　卷棚式单檐歇山屋顶

【4.1.4】 硬山屋顶结构

硬山建筑屋顶是一种普通人字形的二坡面屋顶，在封建等级社会里，它是属于最次等的普通建筑，多用于普通民舍、大式建筑的偏房，以及一切不太显眼和不重要的房屋等。

硬山建筑屋顶形式分为：尖山顶式和卷棚顶式两种，一般只做成单檐屋顶形式，没有重檐结构。硬山屋顶只有前后两个坡瓦屋面、一个正脊、两个垂脊，如图 4.1.7 所示。屋面瓦材可用琉璃瓦、布黑瓦、小青瓦等。

所谓"硬山"，是指两端山面屋顶下的山墙直接与屋顶封闭相交，山面没有伸出的屋

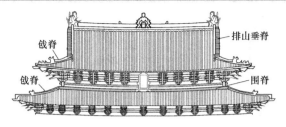
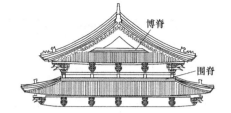

(a) 宋制重檐歇山正、侧立面图

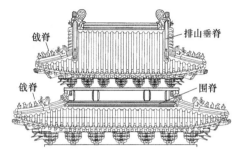
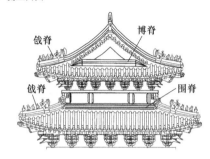

(b) 清制重檐歇山正、侧立面图

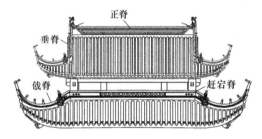

(c)《营造法原》重檐歇山正、侧立面图

图 4.1.6　重檐歇山屋顶

檐山尖显露凸出，木构架全部封包在墙体以内。在北方地区，一般在山墙尖顶与屋端连接处，常采用博风砖封顶，如图 4.1.7（a）（b）所示。而南方地区，多采用封火墙形式，将山墙砌出屋顶作为遮拦，如图 4.1.7（c）所示。

【4.1.5】　悬山屋顶结构

悬山建筑屋顶也是一种普通人字形的二坡面屋顶，在封建等级社会里，它与硬山建筑一样也是属于最次等的普通建筑，多用于普通民舍、商铺和大式建筑的偏房等房屋。

所谓"悬山"，是指屋顶两端为伸出山墙之外而悬挑的，悬挑部分可以遮挡雨水不直接淋湿山墙。由于山墙得到悬挑屋顶遮护，就可使两端山墙的山尖部分做成透空型，以利调节室内外空气交流，这种形式特别适合潮湿炎热的南方地区作为居室之用。它同硬山屋顶一样，也是只有两个坡瓦屋面、一个正脊、四个垂脊的单檐屋顶形式，没有重檐结构，如图 4.1.8 所示。屋面瓦材可用琉璃瓦、布黑瓦、小青瓦等。

悬山建筑的整个体形要比硬山显得更为活泼，根据屋顶形式分为尖山顶式和卷棚顶式两种。

171

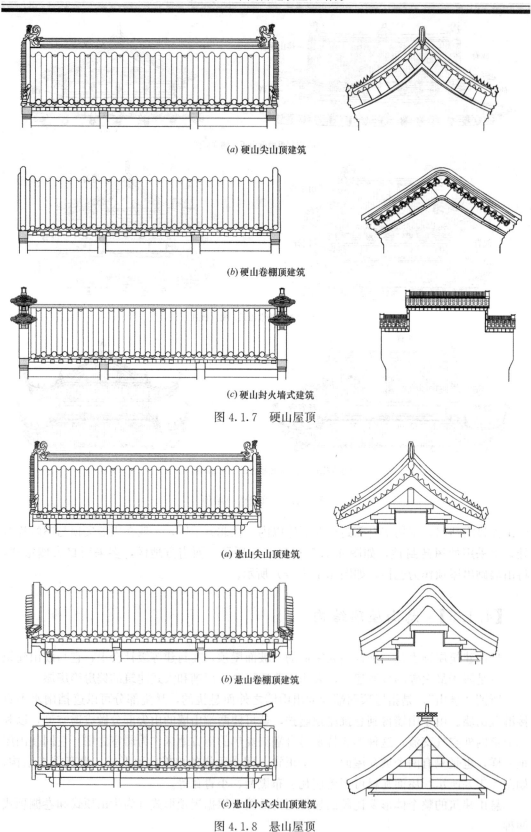

(a) 硬山尖山顶建筑

(b) 硬山卷棚顶建筑

(c) 硬山封火墙式建筑

图 4.1.7　硬山屋顶

(a) 悬山尖山顶建筑

(b) 悬山卷棚顶建筑

(c) 悬山小式尖山顶建筑

图 4.1.8　悬山屋顶

【4.1.6】 攒尖屋顶结构

攒尖屋顶是指将屋顶中心做成尖顶,以此点向下为辐射形式的屋顶,分为多边形和圆形。多边形屋顶是由一个尖顶及若干辐射垂脊和若干三角形坡屋面所组成;圆形屋顶只由尖顶和锥形屋面组成,如图4.1.9所示。攒尖屋顶可用作为观赏性殿堂、楼阁和各种亭子建筑。

攒尖屋顶也分为单檐和重檐两大类,每一类又可分为多角亭、圆形亭等,屋面瓦材可用琉璃瓦、布黑瓦、小青瓦等。

图4.1.9 攒尖屋顶

【4.1.7】 屋面瓦作工艺

屋面瓦作工艺是指在屋顶木基层的望板或望砖以上,进行一些泥瓦活的操作工艺,其工艺操作层次分为:屋面筑底、屋面铺瓦和屋面筑脊等。

"屋面筑底",是指对屋面最底层的基面,为了达到防水、保温、隔离等作用,对其进行的铺泥、抹灰等铺垫所做的工作。这是保证屋面防水、隔热保温的基础工作。

"屋面铺瓦",是指在底层铺泥抹灰干燥以后,对屋顶各面布瓦区域进行"排当放线",安排瓦垄、瓦沟的高度和位置,然后按一定顺序和操作规程,铺筑屋面面瓦,包括琉璃瓦屋面、布筒瓦屋面、合瓦屋面、仰瓦灰梗屋面、干槎瓦屋面等。

"屋面筑脊",是指在屋面铺瓦完成后,在相邻瓦面衔接线上,砌筑屋脊,包括正脊、垂脊、戗脊、博脊、围脊等。这是为了防止各个屋面连接处的漏水,并美化屋顶形象的屋顶结尾工作。

【4.1.8】　屋面筑底

屋面筑底的瓦作，宋制称为"补衬"，清制称为"苫（shan）背"，《营造法原》用铺筑"望砖"代替。它是瓦作最底层的铺垫工艺，起防水、保温、隔离等作用。

1. 宋制"补衬"

《营造法式》卷十三瓦作制度中述，"凡瓦下补衬，柴栈为上，版栈次之。如用竹笆苇箔，殿阁七间以上，用竹笆一重，苇箔五重。五间以下，用竹笆一重，苇箔四重。厅堂等五间以上，用竹笆一重，苇箔三重。如三间以下至廊屋，并用竹笆一重，苇箔二重。以上如不用竹笆，更加苇箔两重，若用荻箔，则两重代苇箔三重。散屋用苇箔三重或两重。其柴栈之上，先以胶泥徧泥，次以纯石灰施瓦。若版及笆箔上用纯灰结瓦者，不用泥抹，并用石灰随抹施瓦。其只用泥结瓦者，亦用泥先抹版及笆箔，然后结瓦"。即屋面筑底，以柴栈（即用荆条、柳枝等所编织成的片状物）为最好，版栈（即指用薄板边料所做的平整板状物）稍次。如果采用竹笆（即用竹片编织的笆席物）苇箔（即指芦苇、草薦之类）时，殿阁七间以上的屋面，先铺竹笆一层，再铺苇箔五层。五间以下可将竹笆和苇箔各减少一层。厅堂五间以上，用竹笆一重，苇箔三重。三间以下至廊屋，减少竹笆和苇箔各一重。以上如不用竹笆，可增加两重苇箔；若用荻箔，则两重荻箔代替三重苇箔。散屋用苇箔三重或两重。在柴栈上的做法是先用胶泥普遍铺一层，然后用石灰膏铺砌瓦面。若在版及笆箔上用纯石灰铺瓦时，可不抹泥，都用膏灰随抹随铺瓦；若只采用抹泥铺瓦者，要先在版、笆上抹泥，然后铺瓦。

2. 清制"苫背"

清制"苫背"，是指在屋面木基层的望板上，用灰泥分别铺抹屋面的隔离层、防水层、保温层等的操作过程。

"隔离层"是在望板上用白麻刀灰（白灰浆：麻刀＝50：1），均匀铺抹厚 10mm 至 20mm 抹灰，以作隔离汽水潮湿，保护望板的隔离层，此称为抹"护板灰"。若木基层采用席箔、苇箔时，可不抹此灰。

"防水层"分为"锡背"和"泥背"两种做法。"锡背"做法是一种高级做法：它是在护板灰上满铺一层铅锡合金板，称为"锡背板"。锡背板之间的接缝要用锡焊连接，杜绝用钉连接。再在其上抹一层厚 10mm 至 20mm 的麻刀泥或滑秸泥，压实抹平，待干后再铺一层锡背板。"锡背"苫好后，再分若干排粘麻，粘好麻后再将麻尾上翻，如图 4.1.10所示。这种做法的耐久性和防水性非常好，比较重要的建筑多采用。

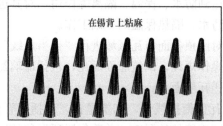
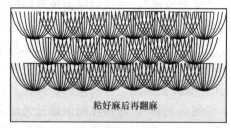

(a) 分上中下若干排粘麻　　　　　　　*(b)* 粘好麻后再翻麻

图 4.1.10　锡背粘麻、翻麻

"泥背"做法是直接在护板灰上抹灰，即用麻刀泥（掺灰泥：麻刀＝50：3）或滑秸泥（掺灰泥：滑秸＝5：1）分为三层进行抹灰，每层抹厚不超过 50mm，抹平压实。在每层抹泥中，要分上中下若干排进行粘麻。粘麻方法是先在抹泥中粘上麻辫，每间隔一段距离粘一束，待抹下排泥时，将麻辫尾上翻抹于泥灰中，使泥灰相互网结，如图 4.1.11 所示。然后再继续下一段粘麻和翻麻。

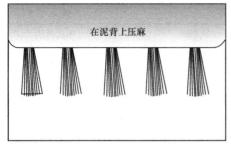

(a) 在抹泥中粘麻

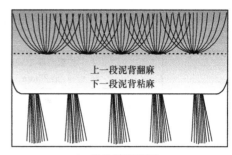

(b) 粘麻后再翻麻

图 4.1.11　泥背压麻、翻麻

"保温层"又称为"抹灰背"。它是指用大麻刀灰（即白灰浆：麻刀＝100：3 至 5）铺抹在防水层上，分成三至四层铺抹，每层厚不超过 30mm，用以作为对防水层起保护和保温垫囊的作用。在抹灰同时，为防止灰层干裂，在每层之间应铺一层夏麻布，铺匀抹实后待自然晾干。然后再抹一层青灰背（也可用大麻刀灰刷青灰浆），反复赶扎密实。待青灰背干至七八成时，用木棍扎一些浅窝，称为"打拐子"，这是为加强抹灰背与铺瓦泥的整体连接，防止瓦面下滑的一项操作。拐子五个一组形成梅花形，将屋顶大致分为上、中、下腰，上腰梅花拐子要"隔一打一"，中腰按"隔三打一"，下腰按"隔五打一"，如图 4.1.12 所示。

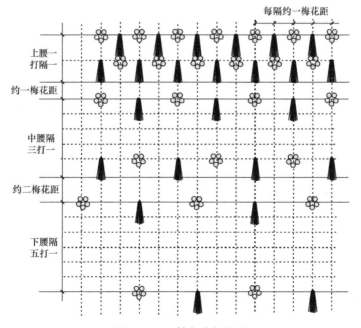

图 4.1.12　抹灰背打拐子

"扎肩晾背"是指当保温层抹灰背完成后，先在屋脊部位进行"扎肩"工艺，即根据脊瓦件规格，拴挂脊线、铺灰抹平，挂线铺灰应控制在300mm至500mm，为筑脊打好基础。扎肩完毕后即可"晾背"，将抹灰面加以适当遮盖养护，让其自然干燥。晾背时间一般在月余以上，以干透为止。

依上所述，清制苫背施工层次如表4.1.1所示。

清制苫背施工层次表　　　　表4.1.1

施工内容	屋面层次	标准做法	大式做法	小式做法
苫背	隔离层	护板灰厚10mm 至20mm	（白灰浆：麻刀＝50：1） 厚10mm至20mm	无
	防水层	锡背或泥背厚 <200mm	滑秸泥背(掺麻泥：滑秸＝5：1) 2至3层。每层厚小于50mm	滑秸泥背1至2层
	保温层	抹灰背厚<120mm	（白灰浆：麻刀＝100：3至5） 3层以上。每层厚小于20mm	青灰背一层
			青灰背一层	
	脊线处理	扎肩、晾背	铺灰宽300mm至500mm	同左

3. 《营造法原》铺筑"望砖"

《营造法原》是在椽子上铺设望砖以代替"泥背层"，对望砖的铺筑，分为做糙望和做细望两种。

（1）做糙望：可采用铺糙望和浇刷披线两种做法。

"铺糙望"，是指直接在椽子上并排铺筑望砖，不抹灰，不勾缝，所铺之面存有砖缝称为粗直缝望砖。一般用于最简陋的屋面望砖。

"浇刷披线"，是指在望砖铺筑前，先将望砖露明的底面，涂刷一层白灰浆，称为"浇刷"；然后在椽子上并排铺筑望砖，当望砖铺筑好后，用灰浆或建筑油膏，将望砖之间缝隙填补起来，称为"披线"。用于要求较高一级的屋面望砖。

（2）做细望：根据屋顶椽子形式不同分为：做细平望和做细轩望两种。

"做细平望"，是指在没有造型屋顶的椽子平面上所铺筑的望砖，要求铺筑面做到平整、缝密，然后在其上铺一层油毡隔水层，如图4.1.13（a）所示。

"做细轩望"，是指对在有造型的"轩"顶弯椽上所铺筑的望砖。如铺筑"鹤颈轩望""茶壶档轩望""船篷轩望"等，如图4.1.13（b）（c）（d）所示。要求铺筑面整齐、砖缝紧密。

【4.1.9】 屋面铺瓦的"排当放线"

瓦作"排当放线"是屋面铺瓦的前道工序，是安排瓦垄位置和高低的放线工作，其工作内容分为："分中、排瓦当、号垄"和"宽边垄、栓线"等。其中"宽（wa）"即铺砌、铺筑之意，依不同形式的屋顶特点，有不同做法。

1. 硬悬山屋顶"分中、排瓦当、号垄"

硬山、悬山屋顶的"分中"是指，先在前后屋面檐口，找出屋面左右方向宽度的中点，以此作为铺筑屋面底瓦垄的中点，称此为"底瓦坐中"。再按山墙尖不同排山做法，排

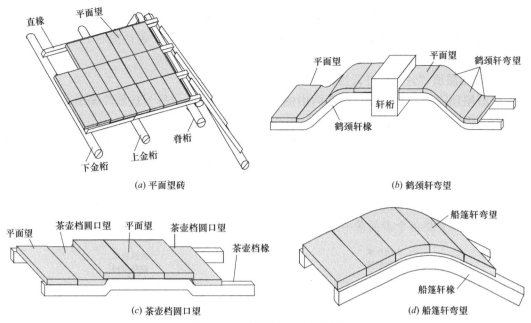

(a) 平面望砖

(b) 鹤颈轩弯望

(c) 茶壶档圆口望

(d) 船篷轩弯望

图 4.1.13 《营造法原》铺望砖

出边垄底瓦位置，若山墙尖为"铃铛排山"做法时，先找出两山博风位置，然后从博风外皮向里量约两瓦口宽度，作为屋顶的两个底瓦边垄。若山墙尖为"披水排山"做法时，先定出披水砖檐的位置，然后从砖檐里皮向里量约两瓦口宽度，作为屋顶的两个底瓦边垄，如图 4.1.14 所示。其中，瓦口宽度按正当沟宽加灰缝确定其尺寸。

硬山、悬山屋顶的"排瓦当"是指，排出各个瓦垄的当口。它是在已排出的边垄底瓦和中垄底瓦的范围内，安放瓦口木即可显示出各个瓦当位置，安放时要使瓦口木的两端波谷（即凹槽），正好落在所定底瓦位置上。如果不能与所定边垄、中垄底瓦对位时，量出其差值，将差值分摊到几个蚰蜒当（即两底瓦之间空当）内，再将这几个蚰蜒当处的瓦口木锯断，称为"断瓦口"，调整缩短瓦口木波峰尺寸；或者在施工现场，按所"分中、号垄"的位置，重新配制瓦口木。然后将确定好的瓦口木，用钉子钉在大连檐木上，钉时，

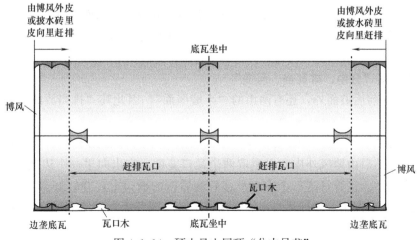

图 4.1.14 硬山悬山屋顶"分中号垄"

将瓦口木外皮退进一个距离，一般为0.16至0.2椽径，使滴水瓦舌片遮挡住瓦口木。

硬山、悬山屋顶的"号垄"是指，在瓦口木钉好后，将各个盖瓦垄的中点（即瓦口木波峰中点）分别平移到屋脊扎肩灰背上，作出标记。

2. 庑殿屋顶"分中、排瓦当、号垄"

庑殿屋顶除前后坡面外，还有两山的斜坡面，因此其"排当放线"需分别按"前后坡"和"山面坡"进行处理。

"前后坡分中、号垄"，先按正脊长度方向，或按已安装好的扶脊木长度，找出底瓦坐中的中点，再从屋架扶脊木两个端头外皮，向里量取两个瓦口宽度，并标出第二个瓦口中点，如图4.1.15中垂直虚线所示。然后将这三个中点平移到前后檐的檐口上，这样就可确定出前后檐口上的三条中线五个瓦口位置。随后按上述排瓦当方法，在其间赶排瓦当，钉好瓦口木，并将各个盖瓦垄中点号在正脊"扎肩"灰背上。

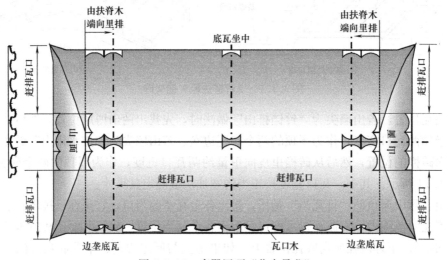

图4.1.15 庑殿屋顶"分中号垄"

"山面分中、号垄"，先找出正脊中心线，或屋架上脊檩扶脊木两端横截面中线，并将其标记在两端"山面"灰背上，则这线就是"山面"中间一趟底瓦的中线。随即将此线移到山面檐口的连檐木上，以此线为中安放三个瓦口，并标记在山面灰背上。然后以这三瓦口为依据，分别在其两边赶排瓦当，排好后随即钉好瓦口木，如图4.2.15中山面部分所示。

3. 歇山屋顶"分中、排瓦当、号垄"

歇山屋顶除前后坡面外，还有两山的"半坡屋面"，因此其"排当放线"也需分别按"前后坡"和"山半坡"进行处理。

"前后坡分中、号垄"同庑殿一样，先找出正脊中点的底瓦坐中，再以此找出两端"博风"位置，然后由博风外皮向里量取两个瓦口宽度，定出向里一个边垄底瓦中点，如图4.1.16中所示。接着将这三个中点平移到前后檐的檐口上，并钉好檐口上五个瓦口。随后按上述排瓦当方法，赶排瓦当，钉好瓦口木，并将各盖瓦垄中点号在正脊"扎肩灰"背上。

"山半坡分中、号垄"，要先量出边垄底瓦中至翼角转角处的距离A，再以此距离尺寸，从转角量出山面边垄中，定出山面边垄的底瓦位置，称为"挂尖位置"，以正脊中线为坐中底瓦，如图 4.1.16 中山面部分所示。按这三个中点钉好三个瓦口，以这三瓦口为依据，分别在其两边赶排瓦当。

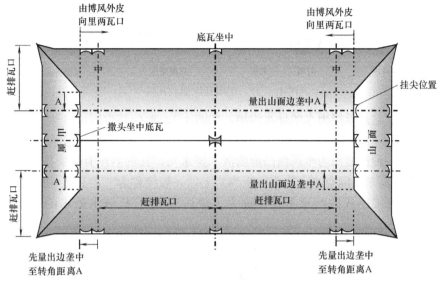

图 4.1.16 歇山屋顶分中号垄

4. 各屋顶"宠边垄、拴线"

"宠边垄"，是指在钉好瓦口木后，分别对已确定的边垄底瓦，进行拴线、铺灰，宠出两趟底瓦和一趟盖瓦的瓦垄，瓦垄囊度（即屋顶曲线）要随屋顶囊度，两端边垄要平行，囊度一致，以此作为整个屋面宠瓦的标准。

"拴线"，是指在两底垄和一盖瓦垄铺筑好后，以两端边垄盖瓦垄背（称为熊背）为标准，在正脊、中腰、檐口三个位置，分别拴三道横线。这三道横线就是整个瓦面的高度标准线，以此控制屋面铺筑瓦面的平整度。脊上的称为"脊头线"或"上齐头线"，中腰的称为"楞线"或"腰线"，檐口的称为"檐口线"或"下齐头线"。简称它们为"三线"。

【4.1.10】 屋面琉璃瓦瓦材

"琉璃瓦"是一种表面施有彩釉的高级瓦材，有黄、绿、蓝、黑等颜色，一般用于级别比较高的建筑屋面，如清代曾经有过规定，亲王、世子、郡王等贵族，只能用绿色琉璃瓦材；而皇宫、庙宇等才能采用黄色琉璃瓦材；其他离宫别馆和皇家园林等采用黑、蓝、绿等杂色。清制琉璃瓦屋面所用瓦件比较复杂，整个屋面除屋脊部分外，屋面部分的瓦件有：筒瓦及其瓦垄、板瓦及其瓦垄、勾头瓦、滴水瓦、星星瓦及其钉帽、瓦钉等。在攒尖屋顶还用有竹子瓦和抓泥瓦等，如图 4.1.17 所示。而《营造法式》和《营造法原》只述及琉璃瓦分为筒瓦和板瓦，其他瓦件未予特述。

1. 琉璃板瓦

"板瓦"是一种横截面为 1/4 圆凹弧形的泄水瓦，瓦的前端稍宽，后端稍窄，仰卧在泥灰背上，一般统称为"底瓦"。由若干板瓦纵向由下而上，层层叠接而成的凹形垄沟，

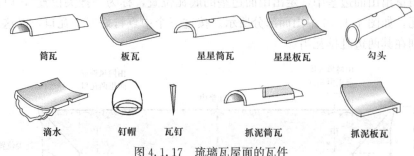

图 4.1.17 琉璃瓦屋面的瓦件

称为"底瓦垄",它是承接雨水的导水沟槽,如图 4.1.18(a)中所示。

2. 琉璃筒瓦

"筒瓦"是一种横截面为半圆筒凸形的散水避水瓦,瓦的后尾有接头榫(称为熊背),它是盖在两条板瓦垄之间空当(称为蚰蜒当)上,一般统称为"盖瓦"。由若干筒瓦纵向由下而上首尾相接而成的凸形垄梗,称为"盖瓦垄",它是散水避水的导水梗,如图 4.1.18(a)所示。

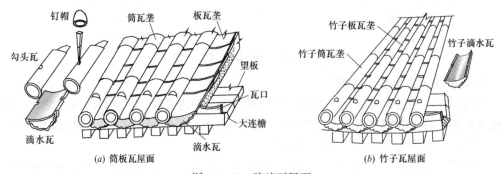

图 4.1.18 琉璃瓦屋面

3. 琉璃滴水瓦

"滴水瓦"是板瓦垄檐口终端"收头"的檐口瓦。滴水瓦前端比板瓦多出有一个下垂蝴蝶形舌片,引导雨水下滴,如图 4.1.18(a)所示。滴水瓦的后端插入板瓦下,并在其两边各有一缺口,以便加钉予以固定。

4. 琉璃勾头瓦及钉帽

"勾头瓦"是筒瓦垄檐口终端"收头"的檐口瓦。勾头瓦前端比筒瓦多出有一个圆形勾头片(又称为"烧饼盖"),瓦背上有一钉孔,以便加钉瓦钉固定,瓦钉之上盖钉帽,防止雨水渗入,如图 4.1.18(a)中所示。

5. 琉璃星星瓦

"星星瓦"是分为星星筒瓦和星星板瓦,其规格形状与筒板瓦相同,只是在其瓦上留有一个钉孔,以便加钉固定,如图 4.1.17 所示。在每条瓦垄上,隔适当距离安插 1 至 3 块,起到加强整条瓦垄牢固作用。

6. 琉璃竹子瓦

"竹子瓦"是用于做成辐射状瓦垄的筒板瓦,前端大、后端小,分为竹子筒瓦和竹子板瓦,多用于圆形攒尖屋顶,如图 4.1.18(b)所示。

7. 琉璃抓泥瓦

"抓泥瓦"是在瓦腹做有一横肋条的筒板瓦,分为抓泥筒瓦和抓泥板瓦,抓泥筒瓦是在筒内腹部有一肋条,抓泥板瓦是在尾端底面有一横肋,以肋条嵌入铺瓦泥内,加固防滑作用。它一般用于坡面较陡的攒尖屋顶。

8. 剪边瓦做法

"剪边瓦做法"是一种混合瓦做法,它用琉璃瓦作檐头和屋脊,用布瓦作屋面。或者用一种颜色琉璃瓦作檐头和屋脊,用另一种颜色琉璃瓦作屋面。

琉璃瓦的瓦材规格,《营造法式》和《营造法原》没有专门述及,《工程做法则例》是按"样数"而定,从二样至九样。北京故宫为最高等级,用二样瓦,一般殿堂用五样至七样,亭廊建筑用七样至九样。对于瓦的样数规格,根据王璞子《工程做法注释》中附表,将其换算成公制尺寸,编制成表4.1.2,供参考。

清制琉璃瓦样尺寸(单位:cm)　　　　　　　　　表 4.1.2

瓦名		二样	三样	四样	五样	六样	七样	八样	九样
筒瓦	长	40.00	36.80	35.20	33.60	30.40	28.80	27.20	25.60
	口宽	20.80	19.20	17.60	16.00	14.40	12.80	11.20	9.60
	高	10.40	9.60	8.80	8.00	7.20	6.40	5.60	4.80
板瓦	长	43.20	40.00	38.40	36.80	33.60	32.00	30.40	28.80
	口宽	35.20	32.00	30.40	27.20	25.60	22.40	20.80	19.20
	高	7.04	6.72	6.08	5.44	4.80	4.16	3.20	2.88
勾头	长	43.20	40.00	36.80	35.20	32.00	30.40	28.80	27.20
	口宽	20.80	19.20	17.60	16.00	14.40	12.80	11.20	9.60
	高	10.40	9.60	8.80	8.00	7.20	6.40	5.60	4.80
滴子	长	43.20	41.60	40.00	38.40	35.20	32.00	30.40	28.80
	口宽	35.20	32.00	30.40	27.20	25.60	22.40	20.80	19.20
	高	17.60	16.00	14.40	12.80	11.20	9.60	8.00	6.40

注:表中尺寸:一营造尺按32cm换算。

琉璃瓦的样数选择,是以筒瓦宽度为准,按下述原则确定:

(1)筒瓦宽度以椽子直径大小,选择表4.1.2中近似值来确定其样数,如"椽径"为12cm,可按表4.1.2中与其相近的筒瓦口宽12.8cm,确定为七样;若"椽径"为14cm,可按表4.1.2中与其相近的筒瓦口宽14.4 cm,确定为六样。

(2)重檐建筑,要求下檐比上檐的用瓦规格减少一样,如上檐定为六样,则下檐应降为七样。

(3)庑门建筑用瓦,可按其檐口高度而定,当檐口高在4.2m以下者,采用八样;在4.2m以上者采用七样。

【4.1.11】 琉璃瓦屋面铺筑

屋面铺瓦,清简称"宽",琉璃瓦屋面,在明清时期用得比较普遍,瓦面铺筑工序如下：

1. 做好审瓦冲垄

"审瓦"，即指检查审定瓦质的一项内容。在铺瓦前，对所用之瓦，进行全面检查一遍，将带有扭曲变形、破损掉釉、尺寸偏差过大的劣质瓦淘汰出去，对颜色差异过大的放到不明显之处使用。"冲垄"，即指铺筑几条标准瓦垄，供以宽瓦标准。在铺瓦前，按前述"排当放线"所确定的"宽边垄"和"三线"（即齐头线、腰线、檐口线），再在中间适当位置铺筑几条标准瓦垄（一般为两趟底瓦，一趟盖瓦），以作为屋面筑瓦的控制样板。

2. 安放勾滴瓦

在已做好"排当放线"的基础上，除已拴好的檐口线外，还要在滴水瓦下垂的滴水尖位置拴一条滴水尖线。因为檐口线是控制勾头瓦高度和出檐的准线，而滴水尖线是控制滴水瓦高度和出檐的准线，滴水瓦的出檐，一般为 6mm 至 10mm；勾头瓦的出檐，应使勾头"烧饼盖"里皮紧靠滴水舌片外皮，如图 4.1.19（a）所示。

图 4.1.19　瓦垄勾滴、筒瓦裹垄

拴好线后，先在瓦口木后面的滴水瓦位置铺抹瓦灰，按线摆放两垄滴水瓦，然后在底瓦间的蚰蜒当上，先于勾头瓦之下，安放一块"遮心瓦"（可用碎瓦片），以便铺筑盖瓦灰，铺好瓦灰后安放勾头瓦。

3. 铺筑底瓦

先按前面已排好的瓦当和脊上号垄标记，顺着瓦垄方向拴挂一根上下方向的"瓦刀线"，此线是规范瓦垄顺直的控制线，瓦垄高低仍以"三线"为准。底瓦垄的瓦刀线一般拴在瓦垄左侧（盖瓦垄拴在右侧）。

再按拴线铺筑约为 30mm 厚的瓦泥（即掺灰泥），依据"三线"高低进行增减，随后安放底瓦，第一块底瓦应窄头朝下压住滴水瓦，然后由下而上，层层叠放。瓦之搭接有句口诀"三搭头压六露四，稀瓦檐头密瓦脊"，即指三块瓦中，首尾两块要与中间一块搭头，上下瓦要压叠 6/10，外露 4/10，而檐头部分可适当少搭一点，即"稀瓦檐"（可压五露五），脊根部位要多搭一点，即"密瓦脊"（可压七露三）。屋面瓦的铺筑工作应在两坡屋面上对称同时进行，防止屋架偏向受压。

底瓦垄安放好后，用瓦刀将底瓦两侧的灰（泥）抹齐，不足之处要用灰泥补齐，此称为"背瓦翅"，要背足拍实。然后用大麻刀灰，将两垄底瓦间的蚰蜒当，沿底瓦翅边，塞严塞实，此称为"扎缝""扎缝灰"应以能盖住两边底瓦垄的瓦翅为度。

4. 铺筑盖瓦

同铺筑底瓦一样，在盖瓦垄的右侧拴好"瓦刀线"，先铺抹掺灰泥，再在其上铺一层月白灰，然后安放筒瓦，第一块筒瓦应压住勾头瓦的后榫，接榫处应先挂素灰后压瓦，素灰要依不同琉璃颜色加色粉（黄色琉璃瓦掺红土粉，其他掺青灰）。后面的瓦，都应如此一块一块的衔接，瓦的高低和顺直要做到"大瓦跟线，小瓦跟中"，即一般瓦要按瓦刀线顺直，个别稍小瓦按瓦垄中线为准，不能出现一侧齐，一侧不齐的现象。

5. 筒瓦捉节夹垄

盖瓦垄铺筑完成后，对每垄筒瓦的衔接缝用小麻刀灰（掺色）勾抹严实，上口与瓦翅外棱要抹平，称为"捉节"。然后对筒瓦两边与底瓦之间的空隙（上下接缝），用小麻刀灰（掺色）填满抹实，下脚平顺垂直，称为"夹垄"，如图 4.1.19（b）所示。抹灰完成后，应清扫干净，釉面擦净擦亮。

6. 翼角瓦铺筑

先将套兽装灰套入仔角梁的套兽榫上，并用钉子钉牢，然后在其上的后面立放"遮朽瓦"，使"遮朽瓦"背面紧挨大连檐木，并装灰堵塞严实，以保护连檐木。再在"遮朽瓦"上铺灰安放两块"割角滴水瓦"，压住"遮朽瓦"左右，然后在割角滴水瓦上安放一块"遮心瓦"，用以遮挡勾头灰，再在其上安放螳螂勾头，此勾头是垂脊前端构件的基础，如图 4.1.20 所示。

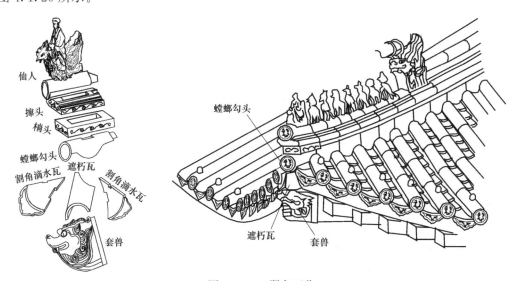

图 4.1.20 翼角瓦作

最后，由螳螂勾头上口正中，至屋顶前后坡边垄交点拴一道线，作为翼角宽瓦的瓦刀线，在庑殿屋面上，该线是前后坡面和撒头坡面的分界线。由于庑殿有推山做法，因此该线应向前（后）坡部分有一定弯曲，线拴好后，按上述宽瓦方法，进行铺筑底瓦和盖瓦。

【4.1.12】 屋面布筒瓦瓦材

布筒瓦是用普通黏土经制坯窑烧而成的一种深灰色的黏土瓦，布筒瓦瓦材包括筒瓦与板瓦，对布筒瓦规格，宋制、清制和《营造法原》稍有区别。

1. 宋制瓦材

唐宋时期屋面用瓦，按房屋规模等级而有所不同，《营造法式》卷十三瓦作制度中述，"用瓦之制，殿阁厅堂等五间以上，用瓪瓦长一尺四寸，广六寸五分。仰瓪瓦长一尺六寸，广一尺。三间以下用瓪瓦长一尺二寸，广五寸。仰瓪瓦长一尺四寸，广八寸。散屋用瓪瓦长九寸，广三寸五分。仰瓪瓦长一尺二寸，广六寸五分。小亭榭之类，柱心相去方一丈以上者，用瓪瓦长八寸，广三寸五分。仰瓪瓦长一尺，广六寸。若一丈见方者，用瓪瓦长六寸，广二寸五分。仰瓪瓦长八寸五分，广五寸五分。如方九尺以下者，用瓪瓦长四寸，广二寸三分。仰瓪瓦长六寸，广四寸五分"。文中所述瓪（tong）瓦即筒瓦，仰瓪（ban）瓦即板瓦。即殿阁厅堂等五间以上的屋面，采用筒板瓦，用瓦规格为：

殿阁厅堂五间以上，筒瓦长 1.4 尺，宽 0.65 尺；板瓦长 1.6 尺，宽 1.0 尺。

三间以下，筒瓦长 1.2 尺，宽 0.50 尺；板瓦长 1.4 尺，宽 0.8 尺。

散屋用瓦，筒瓦长 0.9 尺，宽 0.35 尺；板瓦长 1.2 尺，宽 0.65 尺。

小亭榭等面积 1 方丈以上，筒瓦长 0.8 尺，宽 0.35 尺；板瓦长 1.0 尺，宽 0.6 尺。

面积 1 方丈，筒瓦长 0.6 尺，宽 0.25 尺；板瓦长 0.85 尺，宽 0.55 尺。

面积 9 方尺以下，筒瓦长 0.4 尺，宽 0.23 尺；板瓦长 0.6 尺，宽 0.45 尺。

接述，"厅堂用散瓪瓦者，五间以上，用瓪瓦长一尺四寸，广八寸。厅堂三间以下，门楼同。及廊屋六椽以上，用瓪瓦长一尺三寸，广七寸。或廊屋四椽及散屋，用瓪瓦长一尺二寸，广六寸五分。以上仰瓦合瓦并同。至檐头，并用重唇瓪瓦。其散瓪瓦结者，合瓦仍用垂尖华头瓪瓦"。文中所指的散瓪瓦，是指仰瓦或合瓦屋面。即厅堂用散瓪瓦者，其用瓦规格为：

厅堂五间以上，瓪瓦长 1.4 尺，宽 0.8 尺。

厅堂三间以下及廊屋六椽以上，瓪瓦长 1.3 尺，宽 0.7 尺。

廊屋四椽及散屋，瓪瓦长 1.2 尺，宽 0.65 尺。

对上述无论是使用瓪瓦或合瓦都要求相同，铺筑到檐头瓦时，都采用双片头筒瓦（如图 4.1.23 中所示花边瓦）。而对采用散瓪瓦的，合瓦檐头仍使用下垂花片头瓪瓦（如图 4.1.23 中所示滴水瓦）。

另在《营造法式》卷十五窑作制度中，对当时所用瓦材，共列有 7 种筒瓦和板瓦尺寸，现将其规格列入表 4.1.3 中，供参考选用。

《营造法式》窑作瓦材尺寸表　　　　　　　　　　表 4.1.3

筒瓦						板瓦				
长		宽		厚		长	宽（尺）		厚（尺）	
尺	cm	尺	cm	尺	cm	（尺）	大头	小头	大头	小头
1.40	43.68	0.60	18.72	0.080	2.50	1.60	0.95	0.85	0.100	0.080
1.20	37.44	0.50	15.60	0.050	1.56	1.40	0.70	0.60	0.070	0.060
1.00	31.20	0.40	12.48	0.040	1.25	1.30	0.07	0.06	0.060	0.055
0.90	28.08	0.35	10.92	0.035	1.09	1.20	0.60	0.50	0.060	0.050
0.80	24.96	0.35	10.92	0.035	1.09	1.00	0.50	0.40	0.050	0.040
0.60	18.72	0.30	9.36	0.030	0.94	0.80	0.45	0.40	0.045	0.040
0.40	12.48	0.25	7.80	0.025	0.78	0.60	0.40	0.35	0.040	0.030

注：表中一营造尺按 31.20cm 计算，板瓦尺寸按营造尺未换算。

2. 清制瓦材

《工程做法则例》对布瓦规格分为：头、二、三、十号四种型号，其尺寸如表 4.1.4 所示。布瓦规格的选定，也以筒瓦宽度按以下原则选择瓦的型号：

（1）一般房屋按椽径大小，依表 4.1.4 中筒瓦宽度的近似值选用号数。如椽径为 11cm 时，依表 4.1.4 中筒瓦宽为 12.16cm 选用二号瓦；如椽径为 13cm 以上时，依表 4.1.4 中筒瓦宽为 14.4cm 选用头号瓦。

（2）合瓦屋面，统一按：椽径 6cm 以下的按 3 号瓦，10cm 以下的按 2 号瓦，10cm 以上的按头号瓦。

（3）小型门楼，统一按：檐高在 3.8m 以下者，按 3 号瓦；3.8m 以上者，按 2 号瓦。

清制布瓦规格

表 4.1.4

瓦名		长度		宽度		瓦名		长度		宽度	
		营造尺	cm	营造尺	cm			营造尺	cm	营造尺	cm
筒瓦	头号	1.10	35.20	0.45	14.40	板瓦	头号	0.90	28.80	0.80	25.60
	二号	0.95	30.40	0.38	12.16		二号	0.80	25.60	0.70	22.40
	三号	0.75	24.00	0.32	10.24		三号	0.70	22.40	0.60	19.20
	十号	0.45	14.40	0.25	8.00		十号	0.43	13.76	0.38	12.16

注：表中尺寸：一营造尺寸按 32cm 换算

3.《营造法原》瓦材

《营造法原》屋面所用之瓦为板瓦，该瓦仰者为底瓦，覆者为盖瓦，又称为"蝴蝶瓦"、"合瓦"、"阴阳瓦"等。《营造法原》第十一章述，"厅堂均用板瓦，殿庭须视进深及流水量，应用大瓦，在弓面八寸左右者，考究者，其盖瓦即用筒瓦"。即厅堂类房屋一般都采用"板瓦"，殿庭之类房屋，应采用弓面多在 0.8 尺左右的大瓦，规模较考究者，可将盖瓦改用筒瓦。按《营造法原》第十二章常用瓦材，摘录列入，如表 4.1.5 所示。

《营造法原》常用瓦尺寸表

表 4.1.5

瓦产地及名称	常用盖瓦（鲁班尺/公制尺）						瓦产地及名称	常用盖瓦（鲁班尺/公制尺）					
	长		弓面阔		厚			长		弓面阔		厚	
	尺	cm	尺	cm	尺	cm		尺	cm	尺	cm	尺	cm
三寸筒			0.30	8.25	（筒瓦）		斜沟瓦	1.00	27.50	1.10	30.25	0.065	1.79
五寸筒			0.50	13.75	（筒瓦）			0.90	24.75	1.00	27.50	0.060	1.65
七寸筒			0.70	19.25	（筒瓦）			0.85	23.38	0.97	26.68	0.055	1.51
加长毛筒	1.20	33.00	0.65	17.87	（筒瓦）			0.83	22.83	0.93	25.58	0.055	1.51
行毛筒	1.20	33.00	0.60	16.50	（筒瓦）			0.80	22.00	0.90	24.75	0.055	1.51
小南瓦	1.15	31.63	1.35	37.13	0.070	1.93		0.75	20.63	0.90	24.75	0.050	1.38
	1.03	28.33	1.30	35.75	0.070	1.93		0.75	20.63	0.88	24.20	0.045	1.24
	0.60	16.50	0.66	18.15				0.72	19.80	0.83	22.83	0.040	1.10

瓦产地及名称	花边瓦（鲁班尺/公制尺）						瓦产地及名称	滴水瓦（鲁班尺/公制尺）					
	长		弓面阔		厚			长		弓面阔		厚	
	尺	cm	尺	cm	尺	cm		尺	cm	尺	cm	尺	cm
花边	0.65	17.88	0.83	22.83			滴水 1 号	1.02	28.05	0.96	26.40		
花边	0.60	16.50	0.66	18.15			滴水 2 号	0.87	23.93	0.93	25.58		
							滴水 3 号	0.78	21.45	0.78	21.45		

注：表中一鲁班尺按 27.50cm

【4.1.13】 布筒瓦屋面铺筑

布筒瓦屋面即指用深灰色黏土筒瓦和黏土板瓦所做的屋面，对其操作，宋制称为"结宽（wa）"，清制称为"宽瓦"，《营造法原》称为"铺瓦"。

1. 宋制"结宽"

《营造法式》卷十三瓦作制度中述，"结宽屋宇之制有二等：一曰瓶瓦：施之于殿、阁、厅、堂、亭、榭等。其结宽之法，先将瓶瓦齐口斫去下棱，令上齐直。次斫去瓶瓦身内里棱，令四角平稳，角内或有不稳，须斫令平正。谓之'解挢'。于平板上安一半圈，高广与瓶瓦同。将瓶瓦斫造毕，于圈内试过，谓之'揁窠'。下铺仰瓯瓦。上压四分，下留六分。散瓯仰合，瓦并准此。两瓶瓦相去，随所用瓶瓦之广，匀分陇行，自下而上。其瓶瓦须先就屋上拽勘陇行，修斫口缝令密，再揭起，方用灰结宽。宽毕，先用大当沟，次用线道瓦，然后垒脊"。即铺筑屋面瓦有两种，一是筒瓦屋面，用于殿、阁、厅、堂、亭、榭等。铺瓦方法，是先将筒瓦前端下口棱角斫去，使其上棱平直。然后再斫去瓦身两边内棱，使四角平稳，对角内有高低不平者，应加以剔凿平整。称此为"解挢"。另外找一块平板，弯成高宽与筒瓦相同的半弧形圈，将已斫凿好的筒瓦，放在圈上试摆，观察其缝隙平稳，这称为"揁窠"。下铺仰板瓦，上下板瓦之间的压合为压四留六。其他板瓦屋面仰合，瓦作都按此要求。两筒瓦相互距离按所用筒瓦宽度，自下而上，均匀分成垄行。具体做法是铺筑筒瓦时，要先在屋面上拉拽绳线，勘定铺瓦垄行，修斫瓦垄两边缝口，使其严密合缝后，再将瓦揭起，才可用灰浆铺瓦。铺瓦完毕后，先铺设大当沟，再砌筑线道瓦，然后层层垒脊。

接上述，"凡结宽至出檐，仰瓦之下，小连檐之上，用燕颔版；华废之下，用狼牙版。若殿宇七间以上，燕颔版广三寸，厚八分。余屋并广二寸，厚五分为率。每长二尺用钉一枚；狼牙版同。其转角合版处，用铁叶里钉。其当檐所出华头瓶瓦，身内用葱台钉。下入小连檐，勿令透。若六椽以上，屋势紧峻者，于正脊下第四瓶瓦及第八瓶瓦背当中用着盖腰钉。先于栈笆或箔上约度腰钉远近，横安版两道，以透钉脚"。即对于所有瓦作（包括筒瓦和板瓦）铺筑到檐口时，板瓦屋面应在仰瓦之下，小连檐之上，安置燕颔板（相似瓦口板）；筒瓦屋面应在华废（相似勾头瓦）之下，用狼牙板（相似里口木）。若殿宇七间以上，燕颔板宽0.3尺，厚0.08尺。其他房屋都按宽0.2尺，厚0.05尺为准。每长2尺用钉一枚；狼牙板同。其转角合板处，加钉铁叶里钉（即用两脚钉钉内角）。对檐口伸出的勾头瓦，要用葱台钉钉牢。要钉入小连檐内，但不得穿透。若是6椽以上，陡峭屋面者，要在正脊以下第4块和第8块筒瓦的瓦背当中，装钉有盖的腰钉（即钉帽、瓦钉）。在用钉前，先在栈笆或箔上估计出在钉腰钉位置上，横安两块板以承接钉脚。

2. 清制"宽瓦"

清制布筒瓦屋面，为了与琉璃瓦屋面相区别，将其称为"黑活屋面"。布筒瓦屋面是大式黑活屋面，它的宽瓦方法与琉璃瓦基本相同，即：

（1）做好审瓦冲垄；（2）铺筑勾滴瓦；（3）铺筑底瓦；（4）铺筑盖瓦等操作，均与琉璃瓦做法相同，只是底瓦垄宽好后，要用素灰，将底瓦接头处勾抹严实，并用刷子蘸水勒刷，称为"勾瓦脸"，然后再宽盖瓦。随后进行；（5）"筒瓦裹垄"，即先用"泼浆灰"铺抹在垄面上作为打底灰，用铁撸子捋顺捋直，如图 4.1.21（a）所示。待稍干，再用"煮浆灰"抹面，用铁撸子捋顺后，用刷子蘸青浆刷垄，用瓦刀赶扎出亮。最后对整个屋面进行刷浆提色。

3.《营造法原》"铺瓦"

《营造法原》第十一章述，"厅堂均用板瓦，殿庭须视进深及流水量，应用大瓦，在弓面八寸左右者，考究者，其盖瓦即用筒瓦。铺瓦之法，用板瓦者，底瓦须大头相上，盖瓦须大头相下，便于流水。底瓦于檐口处置滴水瓦，盖瓦则置花边，筒瓦则连有圆片之勾头瓦，即古之瓦当。滴水瓦下端连有下垂之尖圆形之瓦片，以便滴水，花边下端连二寸余之边缘，以封护瓦端空隙"。即厅堂屋面都用板瓦，殿庭屋面根据进深和流水量大小选择，应用弓面阔在 8 寸左右大瓦，对要求考究者，应将盖瓦改用筒瓦。铺瓦时，底瓦须大头朝上，盖瓦应大头朝下。在檐口处，底瓦垄设置滴水瓦，盖瓦垄设置花边瓦，若是筒瓦则设置带有圆片的勾头瓦，滴水瓦下端有下垂舌片，以便滴水；花边瓦下端有一块连片，以便封护瓦端空隙，如图 4.1.23 所示。

【4.1.14】 筒瓦裹垄、捉节夹垄

这是清制琉璃瓦和布筒瓦屋面在筒瓦垄、底瓦沟摆放完成后，对筒瓦垄所进行的一道修饰工序。

1. 筒瓦裹垄

"筒瓦裹垄"即指用罩灰将筒瓦垄包裹一层，是对布筒瓦屋面要求比较高的装饰做法，具体做法是在筒瓦垄的表面，抹一层 5mm 至 10mm 的青白麻刀灰，以铁撸子捋平灰垄，使上下整齐一致，然后刷上青灰浆使整个瓦屋面颜色一致，如图 4.1.21（a）所示。

2. 捉节夹垄

"捉节夹垄"是用于琉璃筒瓦垄和布筒瓦垄屋面的修饰工艺，"捉节"是指将前后筒瓦相互搭接的缝口，用麻刀灰勾抹严实。"夹垄"是指将筒瓦两边侧脚与底瓦连接的缝隙，用麻刀灰抹平密实，如图 4.1.21（b）所示。

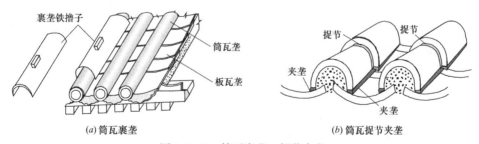

(a)筒瓦裹垄　　　　　　　　　　(b)筒瓦捉节夹垄

图 4.1.21　筒瓦裹垄、捉节夹垄

【4.1.15】 堵抹燕窝

"堵抹燕窝"是用于排山脊檐口和无瓦口板檐口的修饰工作，即指将檐口滴子瓦下面的空隙用麻刀灰进行堵抹严实，并修理平整的一项操作。它是指用于没有瓦口木的檐口沟

滴，或采用铃铛排水沟滴的情况下，在勾头瓦和滴子瓦铺筑完成后，所进行的一道扫尾工序，如图4.1.22中所示。

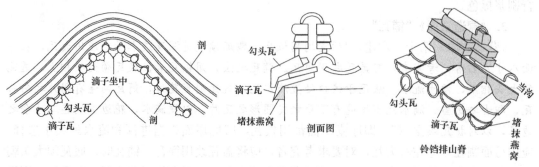

图 4.1.22　堵抹燕窝

【4.1.16】 合瓦屋面

"合瓦屋面"是指清制使用板瓦进行仰俯扣盖、上下合拢的小式黑活屋面，俗称"阴阳瓦"屋面，宋称"瓪瓦"屋面，如图4.1.23所示。其中用于作盖瓦的板瓦，其规格应较底瓦小一号，一般采用二、三号板瓦。在屋面檐头，盖瓦垄采用双片头"花边瓦"封檐，仰瓦垄采用下垂花片"滴水瓦"封檐。

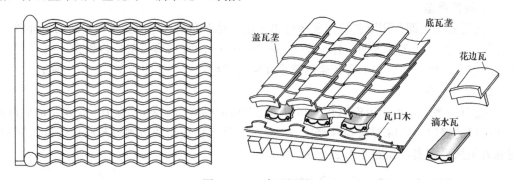

图 4.1.23　合瓦屋面

1. 清制合瓦屋面

由于合瓦屋面的瓦材比较单一，因此其操作过程也比较简单，具体做法如下。

（1）审瓦冲垄：在铺瓦前，先对所用之瓦进行全面检查一遍，将带有瑕疵的瓦，如扭曲变形、破损残缺、尺寸偏差过大等劣瓦淘汰出去。然后拴挂齐头线、腰线、檐口线"三线"，依线铺筑几条标准瓦垄（一般为两趟底瓦，一趟盖瓦）。

（2）铺筑勾滴瓦：先按赶排好的瓦垄钉好瓦口木，再按滴水瓦出檐6mm至10mm，拴挂滴水瓦叶片控制线。拴好线后，在瓦口木后面铺瓦灰，按线摆放滴水瓦。在两块滴水瓦之间，再铺瓦灰安放花边瓦（即勾头瓦），使花边瓦里皮紧靠滴水叶片外皮。

（3）铺筑底瓦垄：先按檐头沟滴瓦和脊上号垄标记，拴挂上下方向"瓦刀线"。拴好线后铺筑掺灰泥瓦泥，按"压六露四"搭接法铺砌底瓦，底瓦垄安放好后，用大麻刀灰将两垄底瓦间的蚰蜒当，沿底瓦翘边"扎缝"。

（4）铺筑盖瓦垄：在檐头花边瓦之后，顺势铺抹掺灰泥，安放盖瓦。盖瓦与底瓦相反，凸背向上，大头朝下，盖瓦搭接也要做到"三搭头"（即前后三块瓦相互搭接），搭接处要"勾瓦脸"，用刷子蘸水勒刷。然后在盖瓦两边先用麻刀灰抹塞一遍，塞严堵实，稍干，再用"夹垄灰"细抹一遍，用瓦刀拍实挃直，然后用刷子蘸水勒刷干净，此为"打水槎子"。最后用青浆反复赶扎，扎实扎光。

2. 宋制瓪瓦屋面

《营造法式》卷十三在结宽中述，"二曰瓪瓦：施之于厅堂及常行屋舍等。其结宽之法：两合瓦相去，随所用合瓦广之半，先用当沟等垒脊毕。乃自上而至下，匀拽陇行。其仰瓦并小头向下，合瓦小头在上。凡结宽至出檐，仰瓦之下，小连檐之上，用燕颔版；华废之下，用狼牙版。若殿宇七间以上，燕颔版广三寸，厚八分。余屋并广二寸，厚五分为率。每长二尺用钉一枚。狼牙版同。其转角合版处，用铁叶里钉。"即板瓦用于厅堂及其一般屋面，其做法是，按合瓦的半宽，安排上下合瓦搭头之距离，安排好后先用当沟及脊瓦等垒砌正脊，垒脊完毕后，再自上而下均匀拽线安设瓦垄，要求仰瓦小头都向下，盖瓦小头朝上。对于所有瓦作（包括筒瓦和板瓦）当铺筑到檐口时，板瓦屋面应在仰瓦之下，小连檐之上，安置燕颔板（相似瓦口板）；筒瓦屋面应在华废（相似勾头瓦）之下用狼牙板（相似里口木）。当殿宇在7间以上时，燕颔板宽为3寸，厚8分；其他房屋都按宽2寸，厚5分为标准。按每隔2尺钉1个钉。狼牙板规格相同。但在转角两板接头处加钉铁叶里钉（即用两脚钉钉内角）。

【4.1.17】 仰瓦灰埂屋面

"仰瓦灰梗"屋面是清制小式黑活合瓦屋面的简易型，它不做盖瓦垄，只在底瓦垄之间的蚰蜒当上，用瓦灰泥抹成灰梗代替盖瓦垄，如图 4.1.24 所中示。它只适用于最经济的偏房民宅。

【4.1.18】 干槎瓦屋面

"干（即赶）槎瓦"屋面是清制小式黑活的另一种屋面，它既不用筒盖瓦，也不做灰梗，全部用底瓦相互套搭起来，即在两底瓦垄之间的蚰蜒当上，再压一层底瓦垄，也就是说，每层底瓦

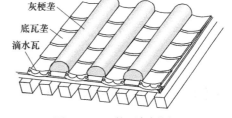

图 4.1.24 仰瓦灰埂屋面

垄分上下两层，如图 4.1.25 所示，即在两瓦垄 A1、C1 间，压一层 B1 瓦垄，然后在对应的上一层瓦垄 A2 和 C2 之间，压 B2 瓦垄，每块瓦，块块压边、层层赶槎。

筑瓦之前，应对每垄所用之瓦选用同一规格的，绝对不能将不同规格瓦料混在同一瓦垄中使用，否则就不能按垄成列搭接紧密。

筑瓦时，先在正脊线两边，顺坡叠放 2 块或 3 块"老桩子瓦"，具体做法是先在"老桩子瓦"位置，拴挂两道横线，作为"老桩子瓦"的统一高低标准线。再从屋面正中开始向两端铺瓦，先摆放中间一垄的两块上下瓦（均要大头朝下），在此瓦下面，要先放一块反扣瓦（称为"枕头瓦"）作为代替铺瓦泥所需厚度，供临时使用，待宽瓦摆放到"老桩

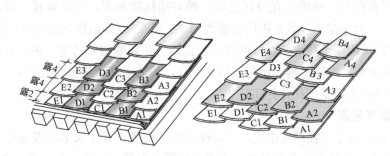

图 4.1.25　干槎瓦屋面

子瓦"处时再撤去。接着在其右（或左）边摆放第二垄的两块上下瓦（此处不需再放枕头瓦），下面一块大头朝下（它应搭在第一垄和第三垄的下瓦瓦翅上），而上面一块需小头朝下（这是为了使两垄瓦在脊上高低一致）；然后从中间一垄算起，摆放第三垄（操作同第一垄）、第四垄（操作同第二垄），如此类推，直至最右（或左）边。

摆放好老桩子瓦后，将各瓦垄中点平移到檐口的连檐木上，按此摆放檐口第一块瓦，称此为"领头瓦"，再按"老桩子瓦"和"领头瓦"的瓦翅，拴挂各瓦垄的瓦刀线。然后由下而上铺抹瓦泥灰，进行筑瓦，设每垄领头瓦为 A1、B1、C1、D1……其上的瓦为 A2、B2、C2、D2……摆瓦时要求 B1 架在 A1、C1 瓦翅上，B2 架在 A2、C2 瓦翅上，如此类推，瓦垄的搭接，A2 应压住 A1 的 8/10（即 A1 露 2），B2 应压住 B1 的 4/10（即 B1 露 6），在此以后的各瓦，都按压住 6/10，露出 4/10 进行搭接，如图 4.1.25 所示。

最后，将檐口瓦各领头瓦的瓦翅，在相互搭叠处需用麻刀灰粘结，并用刷子蘸清水，勒刷干净，然后刷上青浆赶扎出亮，称此为"捏嘴"。然后将领头瓦下面的空隙，用麻刀灰堵严抹平，再刷上青浆赶扎出亮，称为"堵燕窝"。

4.2　屋顶筑脊瓦作

【4.2.1】　清制琉璃屋脊

清制琉璃屋脊是与琉璃瓦屋面相配套的屋脊，脊上所用构件，都是厂家生产的窑制琉璃产品，屋脊种类包括：琉璃正脊、琉璃垂脊、琉璃戗脊、琉璃围脊、琉璃博脊等。

1. 琉璃正脊

琉璃正脊分为：尖顶式正脊、卷棚顶式正脊，如图 4.2.1 所示，它由长条脊身和脊两端构件所组成。一般庑殿琉璃屋面多为尖顶式正脊，而硬山、悬山、歇山等琉璃屋面，有尖顶式和卷棚顶式两种琉璃正脊。

2. 琉璃垂脊

琉璃垂脊分为两种：一是垂脊分为兽前段和兽后段，二是垂脊只有兽后段而无兽前段。垂脊是以垂兽为界，分为兽前段和兽后段。庑殿、硬山、悬山、攒尖等琉璃屋面的垂脊，分为兽前段和兽后段，如图 4.2.2（a）(b)(c) 所示。而歇山琉璃屋面的垂脊，只有

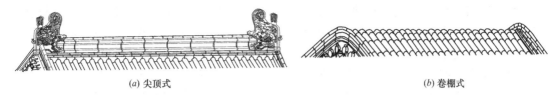

(a) 尖顶式　　　　　　　　　　　　　　　　(b) 卷棚式

图 4.2.1　琉璃正脊

兽后段，如图 4.2.2（d）所示。

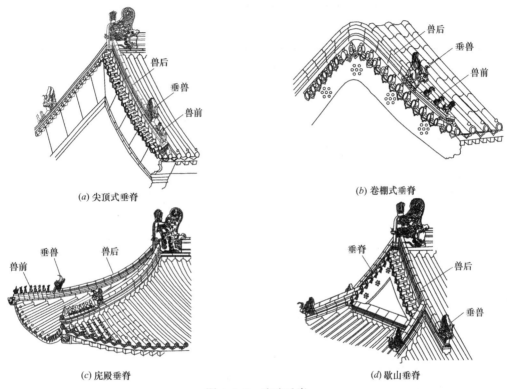

(a) 尖顶式垂脊　　　　　　　　　　　　　　(b) 卷棚式垂脊

(c) 庑殿垂脊　　　　　　　　　　　　　　(d) 歇山垂脊

图 4.2.2　琉璃垂脊

3. 琉璃戗脊、围脊和博脊

戗脊又称为"岔脊"、"角脊"，是屋顶转角部位的屋脊，在单檐歇山屋顶上称为"戗脊"，在重檐庑殿和歇山的下层屋顶上称为"角脊"，如图 4.2.3 所示。

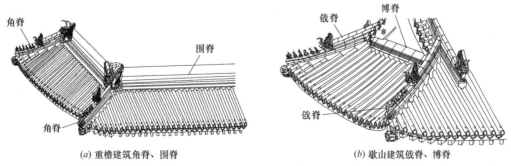

(a) 重檐建筑角脊、围脊　　　　　　　　　(b) 歇山建筑戗脊、博脊

图 4.2.3　琉璃戗脊、围脊、博脊

　　"围脊"和"博脊"是重檐建筑中，下层屋面上端的压顶屋脊。"围脊"是在上层额枋下，筑于围脊板或围脊枋之外的一种半边脊，而"博脊"是在歇山两个山面的半坡屋面，与三角形山花板相交处的屋脊，如图4.2.3所示。

　　以上屋脊琉璃构件的规格，我们选用王璞子先生《工程做法注释》中附表并换算成公制尺寸，如表4.2.1所示。各种屋脊上的各构件规格，均按筒瓦所确定的相应样数进行查用，即筒瓦为四样者，各种脊构件也按四样选用。

琉璃构件参考尺寸表

表4.2.1

名称			样数							
			二样	三样	四样	五样	六样	七样	八样	九样
正吻	高	营造尺	10.50	9.20	8.00	6.20	4.60	3.40	2.20	2.00
		cm	336.00	294.00	256.00	198.00	147.00	109.00	70.40	64.00
剑把	高	营造尺	3.25	2.70	2.40	1.50	1.20	0.95	0.65	0.65
		cm	104.00	86.40	76.80	48.00	38.40	30.40	20.80	20.80
背兽	正方	营造尺	0.65	0.60	0.55	0.50	0.45	0.40	0.25	0.25
		cm	20.80	19.20	17.60	16.00	14.40	12.80	8.00	8.00
吻座	长	营造尺	1.55	1.45	1.20	1.05	0.95	0.85	0.60	0.60
		cm	49.60	46.40	38.40	33.60	30.40	27.20	19.20	19.20
赤脚通脊	长	营造尺	2.40	2.40	2.20	2.20	2.20	1.95	1.50	1.50
		cm	76.80	76.80	70.40	70.40	70.40	62.40	48.00	48.00
	高	营造尺	1.95	1.75	1.55	1.55	0.90	0.85	0.55	0.45
		cm	62.40	56.00	49.60	49.60	28.80	27.20	17.60	14.40
黄道	长	营造尺	2.40	2.40	无	无	无	无	无	无
		cm	76.80	76.80						
	高	营造尺	0.65	0.55						
		cm	20.80	17.60						
大群色	长	营造尺	2.40	2.40	无	无	无	无	无	无
		cm	76.80	76.80						
	高	营造尺	0.55	0.45						
		cm	17.60	14.40						
群色条	长	营造尺	1.30	1.30	1.30	1.30	1.30	1.30		
		cm	41.60	41.60	41.60	41.60	41.60	41.60		
正通脊	长	营造尺	无	无	无	2.30	2.20	2.10	2.00	1.90
		cm				73.60	70.40	67.20	64.00	60.80
垂兽	高	营造尺	2.20	1.90	1.80	1.50	1.20	1.00	0.60	0.60
		cm	70.40	60.80	57.60	48.00	38.40	32.00	19.20	19.20
垂兽座	长	营造尺	2.00	1.80	1.60	1.40	1.20	1.00	0.80	0.70
		cm	64.00	57.60	51.20	44.80	38.40	32.00	25.60	22.40

名称			样数							
			二样	三样	四样	五样	六样	七样	八样	九样
联办垂兽座	长	营造尺	3.70	2.80	2.70	2.20	2.10	1.30	0.90	0.90
		cm	118.00	89.60	86.40	70.40	67.20	41.60	28.80	28.80
承奉连	长	营造尺	1.30	1.30	1.30	无	无	无	无	无
		cm	41.60	41.60	41.60					
	宽	营造尺	1.00	0.90	0.90					
		cm	32.00	28.80	28.80					
三连砖	长	营造尺	无	无	无	1.30	1.30	1.30	1.30	1.30
		cm				41.60	41.60	41.60	41.60	41.60
小连砖	长	营造尺	无	无	无	无	无	无	1.30	1.30
		cm							41.60	41.60
垂通脊	长	营造尺	2.00	1.80	1.80	1.60	1.50	1.40	无	无
		cm	64.00	57.60	57.60	51.20	48.00	44.80		
	高	营造尺	1.65	1.50	1.50	0.75	0.65	0.55		
		cm	52.80	48.00	48.00	24.00	20.80	17.60		
戗兽	高	营造尺	1.85	1.75	1.40	1.20	1.00	0.80	0.60	0.50
		cm	59.20	56.00	44.80	38.40	32.00	25.60	19.20	16.00
戗兽座	长	营造尺	1.80	1.60	1.40	1.20	1.00	0.80	0.60	0.40
		cm	57.60	51.20	44.80	38.40	32.00	25.60	19.20	12.80
戗通脊	长	营造尺	2.80	2.60	2.40	2.20	2.00	1.90	1.70	1.50
		cm	89.60	83.20	76.80	70.40	64.00	60.80	54.40	48.00
撺头	长	营造尺	1.55	1.55	1.55	1.40	1.40	1.40		1.20
		cm	49.60	49.60	49.60	44.80	44.80	44.80		38.40
	宽	营造尺	0.85	0.45	0.45	0.25	0.25	0.25		0.22
		cm	27.20	14.40	14.40	8.00	8.00	8.00		7.04
淌头	长	营造尺	1.55	1.55	1.55	1.40	1.40	1.40		1.20
		cm	49.60	49.60	49.60	44.80	44.80	44.80		38.40
	宽	营造尺	0.85	0.45	0.45	0.25	0.25	0.25		0.22
		cm	27.20	14.40	14.40	8.00	8.00	8.00		7.04
咧角盘子	长	营造尺	无	无	无	无	1.25	1.15	1.05	0.95
		cm					40.00	36.80	33.60	30.40
三仙盘子	长	营造尺	无	无	无	无	1.25	1.15	1.05	0.95
		cm					40.00	36.80	33.60	30.40
仙人	高	营造尺	1.55	1.35	1.25	1.05	0.70	0.60	0.40	0.40
		cm	49.60	43.20	40.00	33.60	22.40	19.20	12.80	12.80

续表

名称			样数							
			二样	三样	四样	五样	六样	七样	八样	九样
走兽	高	营造尺	1.35	1.05	1.05	0.90	0.60	0.55	0.35	0.35
		cm	43.20	33.60	33.60	28.80	19.20	17.60	11.20	11.20
吻下当沟	长	营造尺	1.50	1.05	1.05	无	无	无	无	无
		cm	48.00	33.60	33.60					
托泥当沟	长	营造尺	无	无	无	1.10	1.10	0.77	0.70	无
		cm				35.20	35.20	24.60	22.40	
平口条	长	营造尺	1.10	1.00	1.00	0.90	0.75	0.70	0.65	0.60
		cm	35.20	32.00	32.00	28.80	24.00	22.40	20.80	19.20
压当条	长	营造尺	1.10	1.00	1.00	0.90	0.75	0.70	0.65	0.60
		cm	35.20	32.00	32.00	28.80	24.00	22.40	20.80	19.20
正当沟	长	营造尺	1.10	1.05	0.95	0.85	0.80	0.70	0.65	0.60
		cm	35.20	33.60	30.40	27.20	25.60	22.40	20.80	19.20
	高	营造尺	0.80	0.75	0.70	0.65	0.60	0.55	0.50	0.45
		cm	25.60	24.00	22.40	20.80	19.20	17.60	16.00	14.40
斜当沟	长	营造尺	1.75	1.60	1.50	1.35	1.10	1.00	0.90	0.85
		cm	56.00	51.20	48.00	43.20	35.20	32.00	28.80	27.20
套兽	见方	营造尺	0.95	0.75	0.70	0.65	0.60	0.55	无	0.40
		cm	30.40	24.00	22.40	20.80	19.20	17.60		12.80
博脊连砖	长	营造尺	无	无	无	无	1.25	1.15	1.05	0.95
		cm					40.00	36.80	33.60	30.40
承奉博脊连砖	长	营造尺	1.65	1.55	1.45	1.35	无	无	无	无
		cm	52.80	49.60	46.40	43.20				
挂尖	长	营造尺	无	无	无	1.20	1.20	无	无	无
		cm				38.40	38.40			
	高	营造尺	无	无	无	0.60	0.60	无	无	无
		cm				19.20	19.20			
博脊瓦	长	营造尺	无	无	无	1.20	1.10	1.08	无	0.80
		cm				38.40	35.20	34.60		25.60
博通脊	长	营造尺	2.20	2.20	2.20	1.60	无	无	无	无
		cm	70.40	70.40	70.40	51.20				
	高	营造尺	0.85	0.85	0.75	0.50	无	无	无	无
		cm	27.20	27.20	24.00	16.00				
满面砖	见方	营造尺	1.00	1.00	1.00	1.00	无	1.00	无	无
		cm	32.00	32.00	32.00	32.00		32.00		

续表

名称			样数							
			二样	三样	四样	五样	六样	七样	八样	九样
蹬脚瓦	长	营造尺	1.65	1.55	1.45	1.35	1.25	1.15	1.05	0.95
		cm	52.80	49.60	46.40	43.20	40.00	36.80	33.60	30.40
勾头瓦	长	营造尺	1.35	1.25	1.25	1.10	1.00	0.95	0.90	0.85
		cm	43.20	40.00	40.00	35.30	32.00	30.40	28.80	27.20
	口宽	营造尺	0.65	0.60	0.55	0.50	0.45	0.40	0.35	0.30
		cm	20.80	19.20	17.60	16.00	14.40	12.80	11.20	9.60
滴子瓦	长	营造尺	1.35	1.30	1.25	1.20	1.10	1.00	0.95	0.90
		cm	43.20	41.60	40.00	38.40	35.20	32.00	30.40	28.80
	口宽	营造尺	1.10	1.05	0.95	0.85	0.80	0.70	0.65	0.60
		cm	35.20	33.60	30.40	27.20	25.60	22.40	20.80	19.20
筒瓦	长	营造尺	1.25	1.15	1.10	1.05	0.95	0.90	0.85	0.80
		cm	40.00	36.80	35.20	33.60	30.40	28.80	27.20	25.60
	口宽	营造尺	0.65	0.60	0.55	0.50	0.45	0.40	0.35	0.30
		cm	20.80	19.20	17.60	16.00	14.40	12.80	11.20	9.60
板瓦	长	营造尺	1.35	1.25	1.20	1.15	1.05	1.00	0.95	0.90
		cm	43.20	40.00	38.40	36.80	33.60	32.00	30.40	28.80
	口宽	营造尺	1.10	1.05	0.95	0.85	0.80	0.70	0.65	0.60
		cm	35.20	33.60	30.40	27.20	25.60	22.40	20.80	19.20
合角吻	高	营造尺	3.40	2.80	2.80	1.90	无	1.00	无	无
		cm	108.80	89.60	89.60	60.80		32.00		
合角剑把	高	营造尺	0.95	0.95	0.75	0.70	无	0.70	无	无
		cm	30.40	30.40	24.00	22.40		22.40		

【4.2.2】 清制尖顶式琉璃正脊

尖顶式琉璃正脊是一种大脊，由长条形正脊身和两端吻兽所组成。

1. 正脊脊身构造

清制琉璃正脊的脊身构件，都是定型窑制产品，通过灰浆层层叠砌而成。常用的构件，由下而上为：正当沟、压当条、群色条、正通脊、扣脊筒瓦等。但由于建筑规模等级不同，屋面瓦材所用的"样数"也会不同，与此相应的脊身高低也随之调整。

四样以上的脊身构件是用于高大脊身，从扎肩表面及其两坡的瓦垄端头开始，由下而上的构件为：正当沟、压当条、大群色、黄道、赤脚通、扣脊瓦等叠砌而成，如图4.2.4（a）所示。

五、六样的脊身构件，由下而上为：正当沟、压当条、群色条、正通脊、扣脊瓦等叠砌而成，如图4.2.4（b）所示。

七样脊身的构件，由下而上为：正当沟、压当条、三连砖（或承奉连砖）、扣脊瓦等叠砌而成，如图4.2.4（c）所示。

八、九样的脊身构件，由下而上为：正当沟、压当条、正通脊、扣脊瓦等叠砌而成，如图4.2.4（d）所示。

对以上所述，列入表4.2.2。

琉璃正脊所用构件　　　　　　　　　　　　表4.2.2

构件规格	构 件 名 称					
四样以上	正当沟	压当条	大群色条	黄道	赤脚通	扣脊筒瓦
五、六样	正当沟	压当条	群色条		正通脊	扣脊筒瓦
七样	正当沟	压当条			三连砖或承奉连	扣脊筒瓦
八、九样	正当沟	压当条			正通脊	扣脊筒瓦

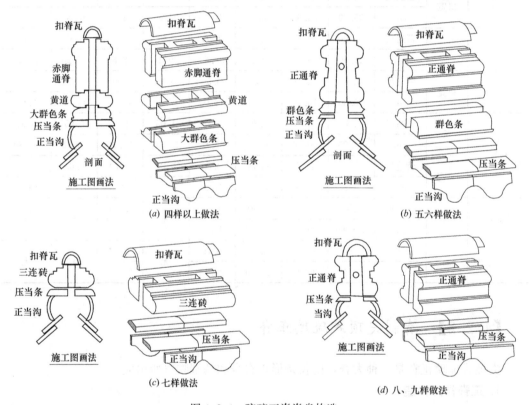

图4.2.4　琉璃正脊脊身构造

2. 正脊脊端构造

尖顶式正脊两端是吻兽构件，高规格的房屋一般用"正吻"，等级较低的用"望兽"，如图4.2.5所示。正吻体积比较大，最大的二样，吻高达10.5尺，吻宽为0.7吻高，一般要制成九块，需要现场进行拼装。拼装好后，外侧用配套的吻镧固定，内空要填以灰浆。最小的九样，正吻高约2尺，可制成整体构件。望兽又称为"带兽"，通称为"正脊兽"，其形象与垂脊相同，只用于城楼和府邸正脊。

正吻是置于"群色条"之上，但其后口要与"吻座"搭扣相接，"吻座"应以正脊中

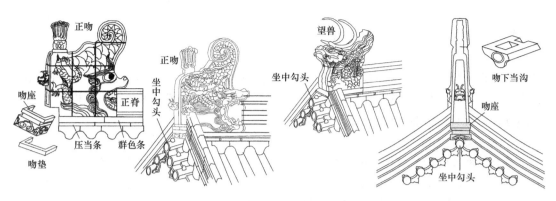

图 4.2.5 尖顶式正脊吻兽安装

心居中，位于"坐中勾头"的钉帽之后（或用"吻下当沟"代替"坐中勾头"），如图 4.2.5 所示，再将"吻座"置于其上。"吻座"高低以使吻兽腿肘露在垂脊之上为度，若高度不够时，可在"吻座"之下加放"吻垫"，还不够时再加筒瓦。望兽可不加垫，直接砌于坐中勾头上即可。

【4.2.3】 清制卷棚式琉璃正脊

卷棚式正脊是呈圆弧形的屋脊，一般称为"过垄脊"、"元宝脊"。它是将前后坡屋面上的各个底瓦垄和盖瓦垄，按圆弧形的形式经过屋脊顶相互连接，这种屋脊的形式比较简朴圆滑，脊身构件由若干罗锅瓦和折腰瓦组成，脊身与面瓦之间，用续罗锅瓦和续折腰瓦连接，如图 4.2.6 中所示。

1. 正脊脊身构造

"过垄脊"的脊身，随相应盖瓦垄和底瓦垄进行砌筑，在盖瓦垄上为罗锅瓦，两边用续罗锅瓦与屋面瓦衔接；在底瓦垄上为折腰瓦，两边用续折腰瓦与屋面瓦衔接，如图 4.2.6（a）所示。

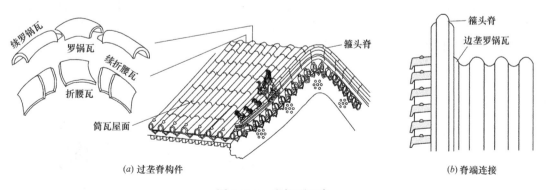

(a) 过垄脊构件　　　　　　　　　　　　　　(b) 脊端连接

图 4.2.6 卷棚顶正脊

2. 正脊脊端构造

"过垄脊"的两端，不单独另设构件，它的脊身两端，是以边垄罗锅瓦与垂脊的"箍头脊"直接连接而成，如图 4.2.6（b）所示。

【4.2.4】　清制琉璃垂脊

琉璃垂脊分为垂兽、兽前段、兽后段三部分。以垂兽为界,"兽前段"是与檐口部位相配合的装饰段,"兽后段"是与正脊连接的部分。"垂兽"位置以安置在正心檐桁檩之上为最好,遇有具体情况可在其稍前或稍后移动。

1. 兽前段的构造

垂脊兽前段的最前端,是由5种构件垒砌组成,由下而上为:螳螂勾头、榾(zheng)头、撺头、方眼勾头、仙人(俗称"仙人指路")等,这套组件,在硬山悬山垂脊上,要与脊线呈45°角斜摆,故其中要改用咧角榾头、咧角撺头,如图4.2.7(a)所示。庑殿垂脊则不需斜摆,如图4.2.7(b)所示。歇山垂脊因没有兽前段,它的端头就是垂兽,如图4.2.7(c)所示,"垂兽"下边是"垂兽座""压当条""托泥当沟"。"托泥当沟"是卡在斜坡屋面边垄的两盖瓦垄之间。

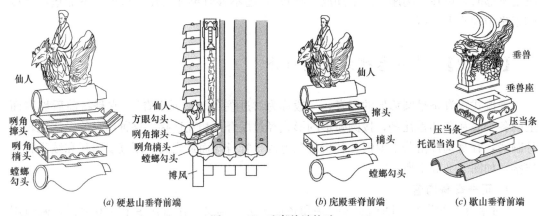

仙人
咧角撺头
咧角榾头
螳螂勾头

仙人
方眼勾头
咧角撺头
咧角榾头
螳螂勾头
博风

(a) 硬悬山垂脊前端

仙人
撺头
榾头
螳螂勾头

(b) 庑殿垂脊前端

垂兽
垂兽座
压当条
压当条
托泥当沟

(c) 歇山垂脊前端

图4.2.7　垂脊前端构造

兽前段的脊身,延续前端构件之后,是由下而上进行摆砌为:正当沟、压当条、三连砖(当垂脊要求高大时,用"承奉连",垂脊较小时用"小连砖",若用于小举架屋顶如牌楼、影壁、门楼等,用"平口条")、走兽4层构件,其中,在硬山悬山的边垄盖瓦上要加一层平口条,如图4.2.8(a)所示。而在庑殿垂脊中,要将正当沟改为斜当沟,如图4.2.8(b)所示。

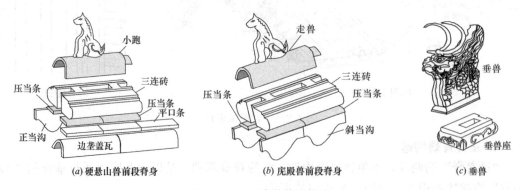

小跑
压当条
三连砖
压当条
平口条
正当沟
边垄盖瓦

(a) 硬悬山兽前段脊身

走兽
压当条
三连砖
压当条
斜当沟

(b) 庑殿兽前段脊身

垂兽
垂兽座

(c) 垂兽

图4.2.8　垂脊兽前段构造

兽前段脊身上的走兽，称为"小兽"、"小跑"等，其排列方式是以仙人领头，其后面为：龙、凤、狮、天马、海马、狻猊、押鱼、獬豸、斗牛、行什共 10 个，如图 4.2.9 所示。除北京紫金城太和殿可以用满十个外，其他建筑最多只能用足九个。

图 4.2.9　垂脊兽前段小兽

2. 垂兽

垂兽是安置在最末一个走兽之后的正（斜）当沟、压当条（硬悬山加平口条）之上，在其上铺灰后砌筑垂兽座，再在其上安置垂兽，如图 4.2.8（c）所示。

3. 兽后段的构造

在垂兽之后、压当条之上砌筑"垂通脊"，又称"垂脊筒"（当垂脊要求高大时用"承奉连"，垂脊较小时用"三连砖"；当用于小举架屋顶如牌楼、影壁、门楼等时用"平口条"），在垂脊筒上扣"脊筒瓦"，砌至正脊顶处相交，如果是尖顶式正脊，垂脊与正脊相交处，要用"戗尖脊筒子"；如果是过垄脊，要改用"续罗锅垂脊筒""罗锅垂脊筒"，如图 4.2.10（c）中所示。

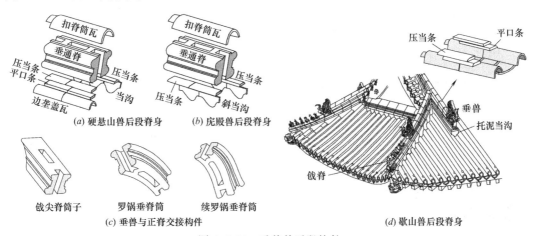

图 4.2.10　垂兽兽后段构件

歇山垂脊兽后与硬悬山垂脊兽后相同，只是在山花板"排山勾滴"上的脊身、戗脊与垂脊连接处，至垂兽"托泥当沟"之后的一小段，因是坐落在两条边垄的盖瓦垄之上，所以此处的里外侧边都没有当沟，只需在两垄盖瓦上都置"平口条""平口条"与"托泥当沟"交圈，然后再在其上置"压当条"，如图 4.2.10（d）中所示，然后砌"垂通脊""脊筒瓦"。

【4.2.5】　清制排山脊、铃铛排山脊

所谓"排山"，即指对硬悬山和歇山的山墙顶部垂脊，按排水构造所需的要求，用瓦件进行排序的一种操作，是清制垂脊的一种特有装饰做法。在排山基础上所做的脊，称为"排山脊"。因此，排山脊分为排山和脊身两部分，在具体施工中，一般是先做硬悬山或歇山的排山部分，然后再在其上做垂脊脊身部分。这里单独介绍排山部分。

琉璃垂脊排山部分是由勾头瓦作分水垄，用滴水瓦（这里称为滴子瓦）作流水槽，相互并联排列而成，一般称它为"排山勾滴"，如图 4.2.11（c）中所示。由于滴子瓦的舌片，形似一列悬挂的铃铛，所以由这种排山所组成的垂脊称为"铃铛排山脊"。它们的做法为：

若是在卷棚正脊的"博风"顶之上，先按屋脊中线，找出"滴子瓦坐中"位置，如图 4.2.11（b）所示，然后由此向两边端赶排瓦口，要求滴子瓦总数要为单数。

若是在尖顶式正脊中，先按屋脊中线，找出"勾头瓦坐中"位置，如图 4.2.11（e）所示，然后由此向两边端赶排瓦口，要求勾头瓦总数要为单数。

赶排好瓦口后，先安放中间的"坐中滴子（或勾头）瓦"，再由中间向两边端铺灰，铺筑勾头瓦和滴子瓦。滴子瓦的出檐，以使勾头瓦上的钉帽露在垂脊之外为原则。依照顺序铺筑至檐口，当排山全部完成后，再按【4.2.4】做垂脊。

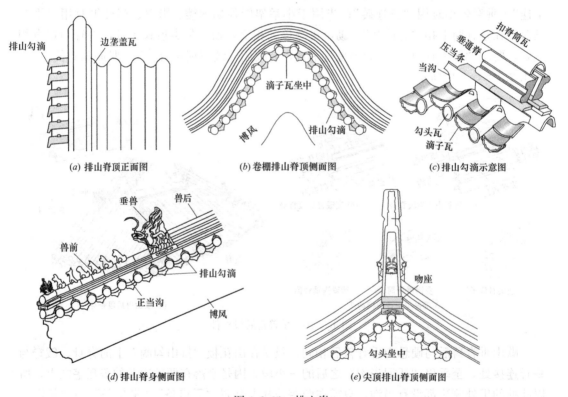

(a) 排山脊顶正面图　　(b) 卷棚排山脊顶侧面图　　(c) 排山勾滴示意图

(d) 排山脊身侧面图　　(e) 尖顶排山脊顶侧面图

图 4.2.11　排山脊

【4.2.6】 清制琉璃戗脊、博脊

1. 琉璃戗脊

戗脊又称为"岔脊""角脊",是歇山屋面和重檐下层屋面转角处的屋脊,其做法与庑殿垂脊大致相同,也分为兽前、兽后。兽前段与庑殿垂脊兽前相同,详见图 4.2.7(b)、图 4.2.8(a)(b)所示。

歇山戗脊兽后段,是将原"垂通脊",改为"戗通脊",这两者外形是相同的,仅端部角度稍有变化,与垂脊相交处,则用"戗通脊割角",如图 4.2.12(a)中所示。

重檐角脊兽后段,因要与"合角吻"相连接,故连接处的"戗通脊"要改为"燕尾戗通脊",其上的盖脊瓦也做成燕尾盖脊瓦,如图 4.2.12(b)所示。

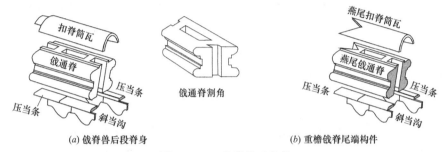

(a) 戗脊兽后段脊身　　　　　　　　(b) 重檐戗脊尾端构件

图 4.2.12 戗脊兽后构件

2. 琉璃博脊

博脊是指歇山两山面半坡瓦面,与山花板相交的屋脊,它由脊身和两端脊尖所组成。脊身是紧贴山花板外侧,由构件层层垒砌而成,其构件由下而上为:正当沟、压当条、博脊连砖、博脊瓦等。两端脊尖构件为"博脊尖"(俗称"挂尖",也可做成连砖形式,称为"连砖挂尖"),如图 4.2.13 中所示。

"博脊尖"是插入"排山勾滴"内,因此,首先要确定"博脊尖"位置,"博脊尖"里侧要紧靠踏脚木(或山花板),"博脊尖"外侧端头,应在半坡瓦面边垄盖瓦中线上,并使尖端插入"排山勾滴"内,如图 4.2.13(a)所示。

"博脊尖"位置确定后,以两端"博脊尖"外侧为准拴线,开始铺灰砌"正当沟",上

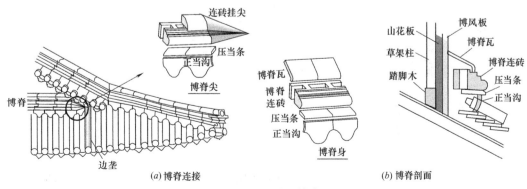

(a) 博脊连接　　　　　　　　　　(b) 博脊剖面

图 4.2.13 歇山博脊

砌"压当条",然后以博脊正中心位置(即正对正脊中心位置),安放一块"博脊连砖",再向两边赶排进行砌筑其他"博脊连砖"。最后在其上铺盖"博脊瓦",如图4.2.13(b)所示。

【4.2.7】 清制琉璃围脊

"围脊"是重檐建筑中上下层交界处下层屋面上端的压顶结构,该脊是贴在围脊板或围脊枋之外的一种半边脊,四角与"合角吻"(或"合角兽")相连,也就是说,围脊由脊身与"合角吻"(或"合角兽")组成,如图4.2.15(a)所示。

1. 琉璃围脊合角吻

"合角吻"是重檐围脊转角处封护角柱外皮防止雨水侵入的装饰构件,"合角吻"是以两个正吻的后尾连接为垂直转角而成,用它的嘴与围脊脊身连接,多用于宫殿、庙宇等建筑上,如图4.2.14(a)所示。而"合角兽"是以两个望兽的头部连成垂直转角而成,如图4.2.14(b)所示,由它的尾巴与脊身连接,多用于门楼、鼓楼等建筑上。它们都是定型窑制品,它的规格大小,按筒瓦的样数而定。

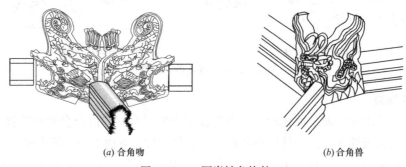

(a)合角吻   (b)合角兽

图 4.2.14 围脊转角构件

2. 琉璃围脊脊身

围脊"脊身"构件由下而上为:单面正当沟、压当条、群色条、博脊通、蹬脚瓦、满面砖等,如图4.2.15(b)(c)所示。

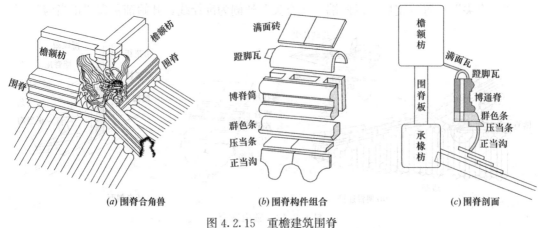

(a)围脊合角兽   (b)围脊构件组合   (c)围脊剖面

图 4.2.15 重檐建筑围脊

【4.2.8】 清制琉璃攒尖屋脊

琉璃攒尖屋顶的屋脊，只有宝顶和垂脊，如图 4.2.17 所示。而圆形攒尖屋顶则只有宝顶，没有垂脊。

1. 攒尖琉璃宝顶

琉璃攒尖宝顶依其形式分为：须弥座形式宝顶、其他形式宝顶。

须弥座形式宝顶由顶珠、须弥座、线脚等三部分组成，如图 4.2.16（a）所示，其构件均为圆形琉璃制品，在施工现场用麻刀灰直接进行拼装。

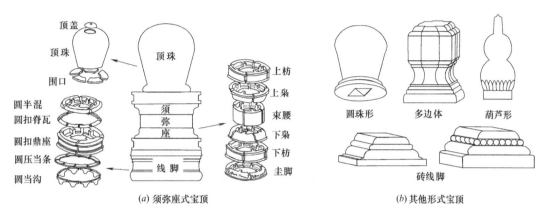

(a) 须弥座式宝顶　(b) 其他形式宝顶

图 4.2.16 琉璃宝顶

其他形式宝顶是指顶珠为葫芦形和多边体形等，宝顶座为线脚，它们也是为定型琉璃制品，在现场直接安装，如图 4.2.16（b）所示。

2. 攒尖琉璃垂脊

攒尖琉璃建筑的垂脊，与庑殿垂脊做法基本相同，详见【4.2.4】中所述，只是对小型攒尖建筑，要将兽后中的"垂通脊"，改为"承奉连砖"或"三连砖"；兽前的"三连砖"改为"平口条"，如图 4.2.17 所示。

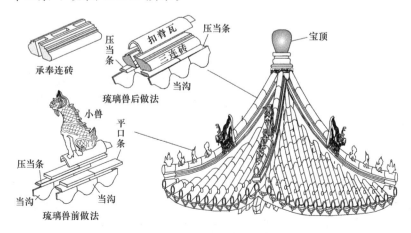

图 4.2.17 琉璃攒尖屋脊

【4.2.9】　宋制正脊

宋《营造法式》正脊也是由长条形的脊身和两端脊头所组成，如图 4.2.18 所示。

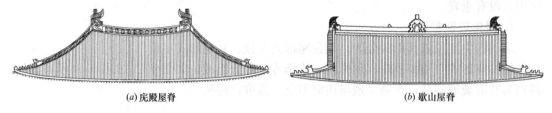

(a) 庑殿屋脊　　　　　　　　　　　　　　　　(b) 歇山屋脊

图 4.2.18　宋制屋脊

1. 正脊脊身

《营造法式》卷十三垒屋脊中述，"垒屋脊之制：殿阁，若三间八椽或五间六椽，正脊高三十一层，垂脊低正脊两层。并线道瓦在内。下同。堂屋，若三间八椽或五间六椽，正脊高二十一层。厅屋，若间椽与堂等者，正脊减堂脊两层。余同堂法。门楼屋，一间四椽，正脊高一十一层或一十三层，若三间六椽，正脊高一十七层。其高不得过厅。如殿门者，依殿制。廊屋，若四椽，正脊高九层。常行散屋，若六椽用大当沟瓦者，正脊高七层，用小当沟瓦者，高五层。营房屋，若两椽，脊高三层。凡垒屋脊，每增两间或两椽，则正脊加两层。殿阁加至三十七层止，厅堂二十五层止，门楼一十九层止，廊屋一十一层止，常行屋大当沟者九层止，小当沟者七层止，营屋五层止"。即垒砌屋脊规定：

殿阁面阔三间进深八椽，或面阔五间进深六椽，正脊高 31 层。都包括线道瓦厚度在内。下同。

堂屋三间八椽或五间六椽，正脊高 21 层。

厅屋若椽数与堂屋相等者，正脊高，按堂屋正脊高减 2 层，即 19 层。其他情况同堂屋规定。

门楼屋一间四椽，正脊高 11 层或 13 层；若门楼屋三间六椽，正脊高 17 层。其脊高不得超过厅屋。如果是殿门者，按殿阁规定。

廊屋四椽，正脊高 9 层；

其他普通房屋，若 6 椽用大当沟者，脊高 7 层；用小当沟者 5 层。

工程营房，若两椽，脊高 3 层。

凡比此规模大的房屋，每增宽 2 间或 2 椽时，脊高增加 2 层。但殿阁最高至 37 层，厅堂最高至 25 层，门楼最高至 19 层，廊屋最高至 11 层，平常屋大当沟最高至 9 层，小当沟最高至 7 层，营房最高至 5 层。

这里的"层"是衡量脊身高低的指导数字，指用屋面本身的面瓦瓦材，层层垒叠高度之意，脊身构件没有定型窑制品，如图 4.2.19（a）所示。

对脊身厚度，接上述，"正脊于线道瓦上，厚一尺至八寸，垂脊减正脊二寸。正脊十分中上收二寸，垂脊上收一份。线道瓦在当沟瓦之上，脊之下，殿阁等露三寸五分，堂屋等三寸，廊屋以下并二寸五分"。即是说，正脊厚度依其高低，在第一路"线道瓦"以上，厚为 1 尺至 0.8 尺，垂脊厚度按正脊厚减 2 寸（即 0.8 尺至 0.6 尺），正脊向上收 2/10，垂脊上收 1/10。线道瓦出檐尺寸，殿阁为 0.35 尺，堂屋为 0.3 尺，廊屋及其以下的都是 0.25 尺，如图 4.2.19（a）所示。

垒脊所用材料，接上述"其垒脊瓦并用本等。其本等用长一尺六寸至一尺四寸瓪瓦者，垒脊瓦只用长一尺三寸瓦。合脊瓵瓦并用本等。其本等用八寸、六寸瓵瓦者，合脊用长九寸瓵瓦"。即垒脊所用之瓦材，都采用屋面本身所用之瓦材。如果屋面用瓦长 1.6 尺至 1.4 尺板瓦者，垒脊瓦应降低一级，只用长 1.3 尺；如果采用合脊筒瓦（即滚筒脊），也用屋面本身的瓦材。但如果屋面用长 0.8 尺、0.6 尺筒瓦者，合脊的用瓦应增高一级，即用长 0.9 尺筒瓦。

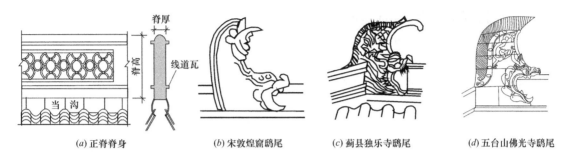

| (a) 正脊脊身 | (b) 宋敦煌窟鸱尾 | (c) 蓟县独乐寺鸱尾 | (d) 五台山佛光寺鸱尾 |

图 4.2.19 宋制脊身、脊头

2. 正脊脊头

《营造法式》对于正脊的两个端头，一般采用"鸱尾"以作装饰之物，为什么用鸱尾呢，《营造法式》卷二述，"《谭宾录》：东海有鱼虬，尾似鸱，鼓浪即降雨，遂设象于屋脊。"即传说东海有一种龙形鱼，其尾与鸱相似，当它鼓浪时就会下雨，于是就将其像安设在屋脊上，作为降雨熄火之物，其形式如图 4.2.19（b）（c）（d）所示。

《营造法式》卷十三用鸱尾述，"用鸱尾之制：殿屋八椽九间以上，其下有副阶者，鸱尾高九尺至一丈，若无副阶八尺。五间至七间，不计椽数，高七尺至七尺五寸。三间高五尺至五尺五寸。楼阁三层檐者与殿五间同，两层檐者与殿三间同。殿挟屋，高四尺至四尺五寸。廊屋之类，并高三尺至三尺五寸。若廊屋转角，即用合角鸱尾。小亭殿等，高二尺五寸至三尺"。即屋脊用鸱尾规定：

　　殿阁 8 椽 9 间以上房屋，带有副阶者，鸱尾高 9 尺至 10 尺，无副阶者 8 尺。

　　对面阔为五间至七间的，不考虑进深大小，鸱尾高按 7 尺至 7.5 尺。

　　面阔三间，鸱尾高按 5 尺至 5.5 尺；

　　对三重檐的楼阁，与殿五间同，即鸱尾高按 7 尺至 7.5 尺。

　　两重檐与殿三间同，即鸱尾高按 5 尺至 5.5 尺。

　　殿旁附属房屋，鸱尾高 4 尺至 4.5 尺。

　　廊屋之类，鸱尾高都按 3 尺至 3.5 尺。若廊屋有转角的，应采用合角鸱尾。

　　小亭殿等按 2.5 尺至 3 尺。

上述所讲是属殿阁级及其附属建筑所用的鸱尾，而对厅堂的正脊兽，《营造法式》卷十三在用兽头中述，"堂屋等正脊兽，亦以正脊层数为祖，其垂脊兽并降正脊兽一等用之。谓正脊兽高一尺四寸者，垂脊兽高一尺二寸之类。正脊二十五层者，兽高三尺五寸；二十三层者，兽高三尺；二十一层者，兽高二尺五寸；一十九层者，兽高二尺。廊屋等正脊及垂脊兽祖并同上。散屋亦同。正脊九层者，兽高二尺；七层者，兽高一尺八寸。散屋等，正脊七层者，兽高一尺六寸。五层者兽高一尺四寸"。即厅堂正脊兽，亦以正脊的层数为依据，其垂脊兽都按正脊兽高降低一级，譬如正脊兽高 1.4 尺者，垂脊兽高 1.2 尺之类。其正脊兽为：

堂屋：正脊 25 层者，正脊兽高按 3.5 尺；

　　　正脊 23 层者，正脊兽高 3 尺；

　　　正脊 21 层者，正脊兽高 2.5 尺；

　　　正脊 19 层者，正脊兽高 2 尺。

廊屋等正脊及垂脊兽基准都同上。散屋也相同。

　　　正脊 9 层者，正脊兽高 2 尺；

　　　正脊 7 层者，正脊兽高 1.8 尺。

散屋等：正脊 7 层者，正脊兽高 1.6 尺；

　　　　正脊 5 层者，正脊兽高 1.4 尺。

对于一些佛寺道观，除脊头鸱尾外，还可在正脊中间安装火珠，如图 4.2.18（b）所示，《营造法式》卷十三述，"佛道寺观等殿间正脊当中，用火珠等数，殿阁三间，火珠径一尺五寸；五间，径二尺；七间以上，并径二尺五寸。火珠并两焰，其夹脊两面造磐龙或兽面，每火珠一枚，内用柏木竿一条"。即对寺庙大殿正脊中间，可安装火珠，其数为，殿阁 2 间，火珠直径 1.5 尺；5 间，径 2 尺；七间以上，都为径 2.5 尺。火珠都是两个火焰，在其两面的脊上造磐龙或兽面，呈双龙夹珠之势。每个火珠内安置一根柏木竿桩。

【4.2.10】　宋制垂脊

宋制垂脊也是以垂兽为界分为兽前段与兽后段。

1. 垂脊兽后段

宋《营造法式》对垂脊兽后段，在叙述正脊时已说明，各相应建筑的垂脊身高，按"垂脊低正脊两层"。垂脊厚按"垂脊减正脊二寸，正脊十份中，上收二份，垂脊上收一份"。即垂脊厚度为 0.8 尺至 0.6 尺，向上收份 1/10。

2. 垂脊兽

垂脊兽规格依正脊大小各有所不同，《营造法式》卷十三在用兽头中述，"用兽头等之制，殿阁垂脊兽，并以正脊层数为祖。正脊三十七层者，兽高四尺；三十五层者，兽高三尺五寸；三十三层者，兽高三尺三寸；三十一层者，兽高二尺五寸"。即用兽头规定：对殿阁的垂兽，都以正脊层数为依据。即：

殿阁：正脊 37 层者，垂兽高 4 尺；　　　正脊 35 层者，垂兽高 3.5 尺；

　　　正脊 33 层者，垂兽高 3.3 尺；　　　正脊 31 层者，垂兽高 2.5 尺。

对厅堂屋，接上述"堂屋等正脊兽，亦以正脊层数为祖。其垂脊并降正脊兽一等用之。谓正脊兽高一尺四寸者，垂脊兽高一尺二寸之类。正脊二十五层者，兽高三尺五寸；二十三层者，兽高三尺；二十一层者，兽高二尺五寸；一十九层者，兽高二尺。廊屋等正脊及垂脊兽祖并同上，散屋亦同。正脊九层者，兽高二尺，七层者，兽高一尺八寸。散屋等，正脊七层者，兽高一尺六寸，五层者，兽高一尺四寸。"即厅堂屋的正脊兽，也以正脊层数为依据外，其垂脊兽都按正脊兽高降低一级，譬如正脊兽高1.4尺者，垂脊兽高1.2尺之类。即：

堂屋：正脊25层者，因正脊兽高3.5尺，则垂脊兽高3尺；

正脊23层者，因正脊兽高3尺，则垂脊兽高2，5尺；

正脊21层者，因正脊兽高2.5尺，则垂脊兽高2尺；

正脊19层者，因正脊兽高2尺，则垂脊兽高1.8尺。

廊屋等正脊及垂脊兽基准都同上。散屋也相同。

正脊9层者，因正脊兽高2尺，则垂脊兽高1.8尺；

正脊7层者，因正脊兽高1.8尺，则垂脊兽高1.6尺。

散屋等：正脊7层者，因正脊兽高1.6尺，则垂脊兽高1.4尺；

正脊5层者，因正脊兽高1.4尺，则垂脊兽高1.2尺。

3. 垂脊兽前段

对于兽前段，《营造法式》卷十三在用兽头之制中述，"殿、阁、厅、堂、亭、榭转角，上下用套兽、嫔伽、蹲兽、滴当火珠等。套兽施之于子角梁首，嫔伽施于角上，蹲兽在嫔伽之后，其滴当火珠在檐头华头瓪瓦之上。"即殿阁、厅堂、亭榭等屋的转角上，用套兽、嫔伽、蹲兽、滴当火珠等（其中，"嫔伽"相似宫廷女官之人形；"蹲兽"即相当清制走兽；"滴当火珠"即带火焰珠的勾头瓦）。套兽装于子角梁端头，嫔伽安装于转角上，蹲兽置于嫔伽之后，滴当火珠在檐头螳螂勾头瓦上。

其规格，接上述，"四阿殿九间以上或九脊殿十一间以上者，套兽径一尺二寸，嫔伽高一尺六寸，蹲兽八枚各高一尺，滴当火珠高八寸。"

"四阿殿七间或九脊殿九间，套兽径一尺，妍伽高一尺四寸，蹲兽六枚，各高九寸，滴当火珠高七寸。四阿殿五间、九脊殿五间至七间，套兽径八寸，嫔伽高一尺二寸，蹲兽四枚各高八寸，滴当火珠高六寸。厅堂三间至五间以上，如五铺作造厦两头者，亦用此制，唯不用滴当火珠。下同。"

"九脊殿三间或厅堂五间至三间，科口跳及四铺作造厦两头者，套兽径六寸，妍伽高一尺，蹲兽两枚，各高六寸，滴当火珠高五寸。"

"亭榭厦两头者，四角或八角撮尖亭子同，如用八寸瓪瓦，套兽径六寸，嫔伽高八寸，蹲兽四枚各高六寸，滴当火珠高四寸。若用六寸瓪瓦，套兽径四寸，嫔伽高六寸，蹲兽四枚，各高四寸，如科口跳或四铺作，蹲兽只用两枚。滴当火珠高三寸。厅堂之类不厦两头造者，每角用嫔伽一枚高一尺，或只用蹲兽一枚高六寸"。依其所述，垂脊端头所用构件及其规格，归纳入表4.2.3所示。

使 用 项 目	套兽	嫔伽	蹲兽		滴当火珠
	直径	高	只	高	高
庑殿9间和歇山11间以上	1.2尺	1.6尺	8只	1尺	0.8尺
庑殿7间和歇山9间	1.0尺	1.4尺	6只	0.9尺	0.7尺
庑殿5间和歇山5至7间	0.8尺	1.2尺	4只	0.8尺	0.6尺
厅堂3至5间以上五铺作造厦两头	亦用此制，唯不用滴当火珠				

垂脊端头构件　　　　　　表4.2.3

续表

使用项目	套兽	嫔伽	蹲兽		滴当火珠
	直径	高	只	高	高
歇山3间,厅堂3至5间 四铺作造厦两头	0.6尺	1尺	2只	0.6尺	0.5尺
亭榭厦两头造,用8寸筒瓦	0.6尺	0.8尺	4只	0.6尺	0.4尺
亭榭厦两头造,用6寸筒瓦	0.4尺	0.6尺	4只	0.4尺	0.3尺
厅堂之类不厦两头造	每角用	1尺	或1只	0.6尺	

对于蹲兽的安排,《营造法式》卷十三在用垒屋脊中述,"其殿阁于合脊瓿瓦上施走兽者,其走兽有九品:一曰行龙,二曰飞凤,三曰行狮,四曰天马,五曰海马,六曰飞鱼,七曰牙鱼,八曰狻猊,九曰獬豸,相间用之。每隔三瓦或五瓦,安兽一枚。其兽之长随所用瓿瓦,谓如用一尺六寸瓿瓦,即兽长一尺六寸之类"。即在殿阁合脊筒瓦上安置走兽,走兽有9种,即行龙、飞凤、行狮、天马、海马、飞鱼、牙鱼、狻猊、獬豸,可以间杂使用。按每隔三块瓦或五块瓦,安兽一枚。走兽长度按所用筒瓦长度,如用1.6尺筒瓦,即兽长也为1.6尺。这9种走兽与清制10兽(见图4.2.9所示)基本相对应,只是飞鱼与狻猊换位,没有斗牛和行什的区别,其他排列和形状等基本大致相近。

【4.2.11】《营造法原》正脊

《营造法原》正脊也分脊身和脊头两大部分。

1. 正脊脊身

正脊脊身有几种做法,分为:蝴蝶瓦脊、环抱脊、花砖脊、筒瓦脊等。

(1)蝴蝶瓦脊:蝴蝶瓦脊是以小青瓦为主要材料所筑的屋脊,依不同做法分为:釉脊、黄瓜环、瓦条脊、滚筒脊等。

釉脊又称"游脊",它是在正脊线上铺抹脊灰后,用小青瓦斜向平铺,上下错缝相叠砌筑而成,如图4.2.20(a)所示。它是蝴蝶瓦脊中最简单的一种屋脊,一般只用于不太重要的偏房之类屋顶。

"黄瓜环"相似清制过垄脊,它是指用黄瓜环盖瓦(似罗锅瓦)和黄瓜环底瓦(似折腰瓦)所铺筑的屋脊。将黄瓜环盖瓦和黄瓜环底瓦,分别铺盖在盖瓦楞和底瓦楞的脊背上,其脊身与屋面瓦楞的凸凹起伏一致,如图4.2.20(b)所示。

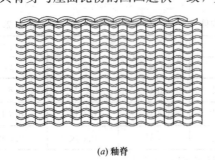

(a)釉脊   (b)黄瓜环

图4.2.20 釉脊、黄瓜环

"瓦条脊"是用砖座瓦叠筑而成的脊,即先在脊线上按脊厚铺灰,用砖砌一层或二层脊座,再在其上砌一层或二层挑出的望砖作为起线(称为瓦条),然后在瓦条上将小青瓦一块紧贴一块的立砌相贴,成为长条形脊身,最后用石灰纸筋灰抹顶(称为盖头灰),如图 4.2.21 所示。

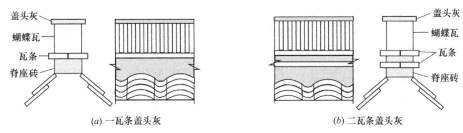

图 4.2.21 瓦条脊

"滚筒脊"是在一层脊座砖上,用筒瓦合抱成圆鼓形作为脊底,称为滚筒,再在其上分别用望砖砌二层或三层瓦条,而脊顶仍为立砌小青瓦和盖头灰,如图 4.2.22 所示。根据起线道数分为:二瓦条滚筒脊、三瓦条滚筒脊。

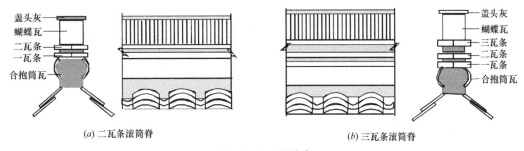

图 4.2.22 滚筒脊

(2) 环抱脊:它是用筒瓦作盖顶的二瓦条脊,即先在脊线上用普通砖砌筑脊座,其上用望砖砌一层瓦条,称为"一路瓦条",再用一层望砖作隔缝,称为"交子缝",其上再砌一层瓦条,称为"二路瓦条",最后用筒瓦盖顶,如图 4.2.23 (a) 所示。

(3) 花砖脊:它是用雕刻有花纹的陡板砖所砌的砖脊,即在砖砌脊座上,先用宽于脊座的大板砖平砌一层"线脚",然后在其上两边立砌陡板花纹砖,如此平立间隔砌筑,最后用平砖盖顶,筒瓦盖帽,如图 4.2.23 (b) 所示。根据线脚花砖的层数分为:一匹花砖一线脚脊、二匹花砖二线脚脊、直至五匹花砖五线脚脊。

(4) 筒瓦脊:又称为"暗亮花筒脊"。它的脊身分实砌和亮花两部分,在脊的两端为

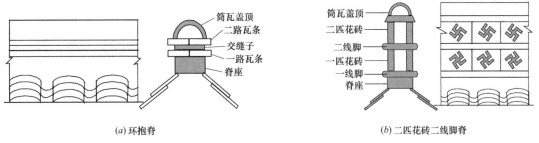

(a) 环抱脊　　　　　　　　　　　　　　(b) 二匹花砖二线脚脊

图 4.2.23 环抱脊、花砖脊

209

实砌，用合抱筒瓦作脊底，其上用普通砖和望砖砌筑脊身和瓦条，使脊端结实不透空，此称为"暗筒"。在暗筒之间的部分，在第二层瓦条至上层瓦条之间，用五寸筒瓦组合成漏空花纹芯子，芯子以上仍用砖实砌，此部分称为"亮花筒"，如图4.2.24（a）所示。或者将芯子做成上下漏空花纹，中间夹以方砖字碑，如图4.2.24（b）（c）所示。

暗亮花筒屋脊，当脊高80cm时，做成四瓦条暗亮花筒；脊高120cm时，做成五瓦条暗亮花筒；脊高150cm为七瓦条暗亮花筒，脊高195cm为九瓦条暗亮花筒等。

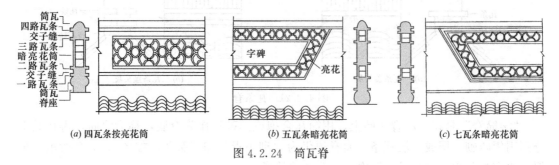

筒瓦
四路瓦条
交子缝
三路瓦条
暗亮花筒
二路瓦条
交子缝
一路瓦条
筒瓦
脊座

（a）四瓦条按亮花筒　　　　　（b）五瓦条暗亮花筒　　　　　（c）七瓦条暗亮花筒

字碑　亮花

图4.2.24　筒瓦脊

2. 正脊脊头

《营造法原》的殿堂正脊端头使用龙吻或鱼龙吻脊头，这种屋脊头与筒瓦脊配合使用。厅堂正脊常使用哺龙、哺鸡、回纹头、甘蔗头、雌毛头等，均为普通窑制品，其中哺龙、哺鸡常与环抱脊、花砖脊配合使用，回纹头、甘蔗头、雌毛头多与蝴蝶瓦脊配合使用。

（1）龙吻：它是用于殿堂正脊两端的龙形装饰脊头，是屋脊头中体积最大、最豪华的一种装饰构件，所以常称它为"大吻"。鱼龙吻是龙吻的变形，与龙吻的区别是将龙尾改为鱼尾。龙吻和鱼龙吻的体积都比较大，一般分成若干块进行制作，故此有：九套龙吻、七套龙吻、五套龙吻三种规格，如图4.2.25（a）所示。

（2）哺龙、哺鸡：哺龙指较小的龙，哺鸡指小鸡，是厅堂房屋中规格较高的一种脊头装饰构件，如图4.2.25（c）（d）所示。

（3）回纹头：纹头有用方砖雕刻和窑制两种，做成回形拐纹头花形形式，用于等级较低的民用房屋的"瓦条脊"上，如图4.2.25（e）所示。

（4）甘蔗段：是指取一段甘蔗茎竹之意，即将屋脊头做成与脊身截面一致，并雕刻简单方形回纹的屋脊头，是"瓦条脊"、"滚筒脊"所常用的脊头，如图4.2.25（f）所示。

（5）雌毛头：雌毛头即鸥毛头，是指将屋脊头制作成鸥枭的翅毛轮廓形，多用于"瓦条脊"、"滚筒脊"、"花砖脊"等脊头，如图4.2.25（g）所示。

【4.2.12】《营造法原》垂脊

《营造法原》的垂脊以"吞头"为界，分为兽前和兽后，在"吞头"的兽后段称为"竖带"，"吞头"的兽前称为"水戗"，如图4.2.26所示。

1. 竖带

当正脊用九套龙吻时，竖带构造由下而上为：

脊座（用普通砖制作，约2寸高）、滚筒（用筒瓦合抱，约7寸高）、一路瓦条（用望

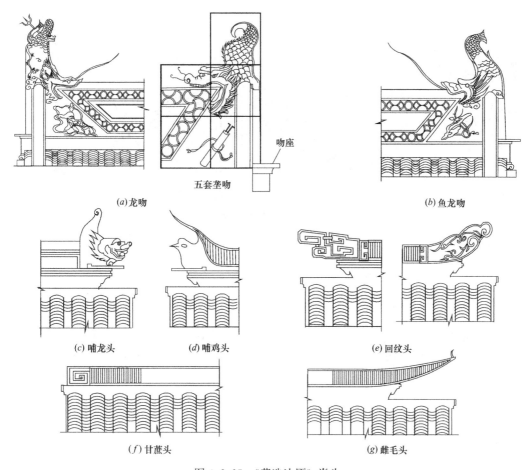

图 4.2.25 《营造法原》脊头

砖制作，约寸余高）、交子缝（凹缝约寸余高）、二路瓦条（用望砖制作，约寸余高）、三寸宕（用七两砖制作，约 1.8 寸高）、三路瓦条（用望砖制作，约寸余高）、暗亮花筒（用砖瓦组合，约 14 寸至 28 寸高）、四路瓦条（用望砖制作，约寸余高）、盖筒瓦（约 4、5寸高）等，如图 4.2.26 中"竖带"所示，共高约三尺上下，其顶端应与正脊相平，具体高度须依提栈及屋面坡度而定，若垂脊有高低不同者，可于瓦条和暗亮花筒等处进行增减调整。

2. 吞头

"吞头"是嘴含戗脊端头的一种兽头，相当清制"戗兽"。它安置在竖带下端，吞头之上还安置天王（或广汉），并与水戗后端衔接，如图 4.2.26 中所示。吞头、天王、广汉等均为窑制品。

3. 水戗

水戗即戗脊，其构造由下而上为：当沟、脊座、滚筒、二瓦条线、交子缝、盖筒瓦和小兽等，如图 4.2.27（c）所示。水戗前檐端头是在嫩戗尖上扣置脊座勾头瓦（称为"御猫瓦"），其上置滚筒，滚筒之端做成葫芦曲面，称为"太监瓦"，再其上用"瓦条"逐匹伸出，戗背上置走狮，如图 4.2.27（a）（b）所示。

211

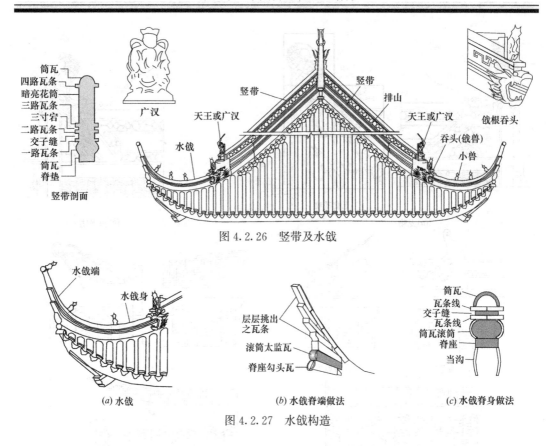

图 4.2.26　竖带及水戗

图 4.2.27　水戗构造

(a) 水戗　　　(b) 水戗脊端做法　　　(c) 水戗脊身做法

【4.2.13】 《营造法原》赶宕脊

"赶宕脊"是对博脊和围脊的称呼，因为《营造法原》对歇山博脊和重檐围脊做法相同，故统称为"赶宕脊"。《营造法原》第十一章对重檐筑脊述道，"其下层椽头架承椽枋上，离枋尺许，绕屋筑赶宕脊。脊高约二尺，分脊座、滚筒、二路线、亮花筒及盖筒，与下层水戗相连，成45°"。即赶宕脊置于承椽枋之上，脊高约2尺左右，脊身构造由下而上为：脊座、滚筒、二路线、亮花筒、盖筒瓦等叠砌而成。脊的两端成45°角与水戗相连，

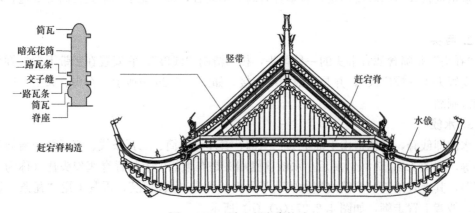

图 4.2.28　歇山赶宕脊构造

具体构造如图 4.2.28 所示。

【4.2.14】《营造法原》攒尖垂脊

《营造法原》对攒尖亭子垂脊，其脊身做法与水戗相同，先在脊底砌筑两边当沟，在当沟之上盖砌砖脊座，脊座上用筒瓦合抱成滚筒，再在滚筒上横置望砖作一层瓦条线、其上砌一层砖称为交子缝，然后砌二层瓦条线，扣盖筒瓦，并做抹灰眉子而成，如图 4.2.29 剖面所示。

脊端做法也与水戗相同，即在脊端勾头瓦上置"滚筒太监瓦"，再砌筑层层挑出瓦条砖，做成戗尖，最后用抹灰面罩平，如图 4.2.29 所示。

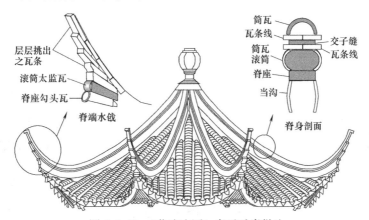

图 4.2.29 《营造法原》亭子垂脊做法

【4.2.15】 清制尖顶式布筒瓦正脊

清制布筒瓦屋面属"大式黑活"屋面，其所用构件均为窑制素烧制品。尖顶式"大式黑活"正脊也分为脊身和脊头。

1. "大式黑活"正脊脊身

"大式黑活"正脊脊身是用窑制砖瓦砌筑而成，由下而上的构件为：当沟夹胎子砖、二层瓦条、混砖、陡板砖、混砖、盖筒瓦等，如图 4.2.30 （a）（b）所示。

脊身与正吻连接处，先放一块垂直混砖，与上下两层混砖交圈，垂直混砖上端割角，下端做成箭头，如图 4.2.30 （c）所示。

2. "大式黑活"正脊头

在正脊两端，庑殿建筑是与山面垂脊连接，歇山建筑是与山花板上垂脊连接，硬悬山建筑是与山面垂脊连接。因此，正脊端头都是在连接处的山尖"坐中勾头"之上，如图 4.2.31 （b）所示，开始砌筑正脊头的构件，其构件由下而上为：圭角（用城砖砍制）、面筋条（用开条砖或停泥砖砍制）、天混、天盘（均用方砖砍制，中间凿有方洞，以使兽桩插入）、正吻等，如图 4.2.31 （a）（b）所示。正吻背后，用麻刀灰抹成 45°（即抹"八字"）。对圭角至天盘的构件总和，通称为"天地盘"，其正面图如图 4.2.31 （c）所示。

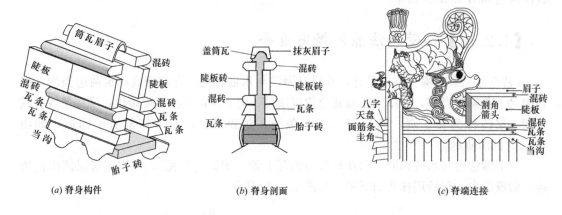

(a) 脊身构件　　　　　　　(b) 脊身剖面　　　　　　　(c) 脊端连接

图 4.2.30　大式黑活正脊脊身

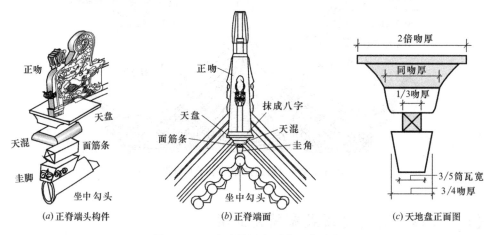

(a) 正脊端头构件　　　　　(b) 正脊端面　　　　　　(c) 天地盘正面图

图 4.2.31　大式黑活尖顶式正脊端头

【4.2.16】　清制卷棚式布筒瓦正脊

它是属清制"大式黑活"卷棚式正脊，其所用构件同琉璃卷棚式正脊一样，即为过垄脊，只是为无釉构件而已。脊身构件由若干素罗锅瓦和折腰瓦组成，脊身与面瓦之间，用续罗锅瓦和续折腰瓦连接，如图 4.2.6 所示。

【4.2.17】　清制布筒瓦垂脊

布筒瓦垂脊是清制"大式黑活"排山脊，垂脊本身也分为垂兽、兽前段、兽后段三部分。

1. 垂脊排山构造

布筒瓦硬悬山和歇山的垂脊排山部分是由素勾头瓦作分水垄，用素滴水瓦作流水槽。若是卷棚式正脊，应在"博风"顶之上，按屋脊中线找出"滴子瓦坐中"位置后，再进行赶排瓦口，要求滴子瓦总数要为单数。

若是尖顶式正脊，应按屋脊中线找出"勾头瓦坐中"位置，再进行赶排瓦口，要求勾头瓦总数要为单数。

在赶排好瓦口后，安放滴子瓦和勾头瓦，具体构造见图4.2.11所示。在"排山勾滴"端头，使用"无眼勾头瓦"（称为"猫头"），但对硬悬山垂脊使用45°"斜猫头"，各相应构件使用咧角构件，如图4.2.32（a）（b）所示。

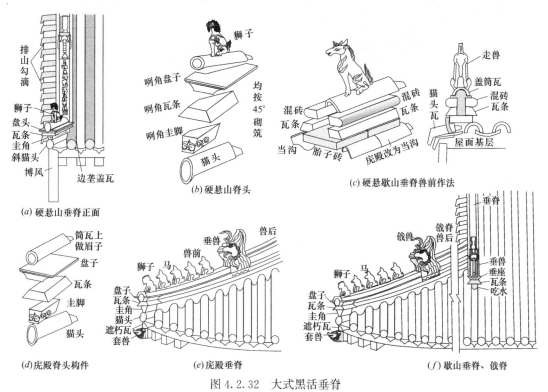

图 4.2.32　大式黑活垂脊

2. 兽前段脊身构造

兽前脊身构造，硬悬山和歇山的里侧砌"正当沟"，外侧砌瓦条。庑殿则是里外均为"斜当沟"，中间砌"胎子砖"。然后在其上铺灰砌一层瓦条、混砖、盖瓦小兽，如图4.2.32（c）所示。黑活垂脊上的小兽，在"领头狮子"之后，无论数目多少，一律用"马"。

垂脊端头构件，由下而上为猫头或斜猫头、圭角或咧角圭角、瓦条或咧角瓦条、盘子或咧角盘子、领头狮子等，如图4.2.32（a）（b）（d）（e）所示。

3. 垂兽

大式黑活"垂兽"的形式与位置，均与琉璃相同，不同的是素色，要在瓦条上铺灰安放"兽座"，再安放"垂兽"。另外，由于歇山垂脊没有兽前，因此，歇山"大式黑活"的垂兽，应在兽座瓦条下，放一块勾头瓦，此称为"吃水"，它的端头与兽座端头齐平，如图4.2.32（f）所示。

4. 兽后段脊身构造

兽后脊身构造，由下而上为正（斜）当沟、二层瓦条、混砖、陡板砖、混砖、盖筒瓦等，如图 4.2.33（b）所示。其中陡板高以垂脊顶不超过垂兽龙爪高为原则，此称为"垂不淹抓"。最后在筒瓦两边用 15mm 高的木条紧贴在混砖上，然后用麻刀灰裹抹筒瓦眉子，眉子下宽上窄，如图 4.2.33（c）剖面图所示，待干后去掉木条，形成"眉子沟"。

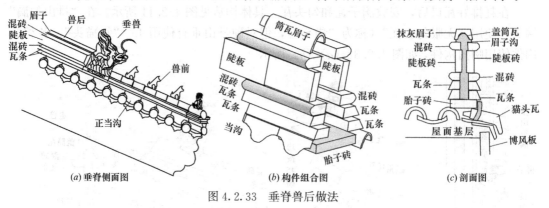

图 4.2.33　垂脊兽后做法

【4.2.18】　清制布筒瓦戗（角）脊

该脊为清制"大式黑活"歇山戗脊和重檐角脊，其做法与垂脊做法相同，即：

兽前构造由下而上为当沟、一层瓦条、圆混、盖瓦小兽等，如图 4.2.34（c）所示。但角脊后尾与合角兽或围脊相交处的构件，应需要打"割角"。

脊头的圭角、瓦条、盘子等均与脊线一致，如图 4.2.34（a）（b）所示。

兽后构造为当沟、一层瓦条、二层瓦条、混砖、陡板、混砖、盖瓦眉子等，如图 4.2.34（d）所示。

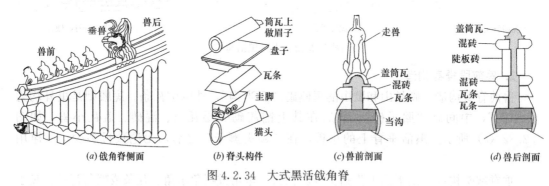

图 4.2.34　大式黑活戗角脊

【4.2.19】　清制布筒瓦博脊和围脊

该脊为清制"大式黑活"歇山博脊和重檐围脊，两者脊身构造相同，即由下而上的构件为：当沟、一层瓦条、二层瓦条、圆混、盖瓦眉子等，如图 4.2.35（a）（c）所示。但脊的两端处理不同，围脊四角由两个方向围脊直接相交，在交角处和戗脊连接，如图 4.2.35（b）所示。而博脊两端，可以仿照琉璃博脊挂尖做法，如图 4.2.13 所示，挂尖用现场砖砍制，也可以使两端的砌筑构件直接与戗脊连接，如图 4.2.45（b）（c）（d）

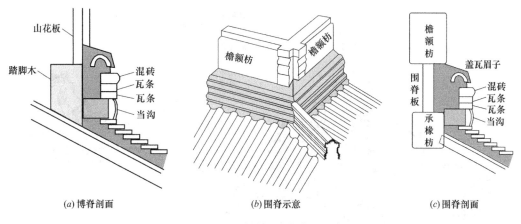

(a) 博脊剖面　　　　　　(b) 围脊示意　　　　　　(c) 围脊剖面

图 4.2.35　大式黑活角脊、围脊

所示。

【4.2.20】　清制布筒瓦攒尖屋脊

该脊为清制"大式黑活"攒尖屋脊，只有宝顶和垂脊。

1. 大式黑活攒尖宝顶

"大式黑活"攒尖宝顶，多为施工用砖做成带有线脚、底座和顶珠等的几何体形式，一般是根据屋顶规模大小，首先确定出宝顶总高（一般按 0.25 檐柱高至 0.45 檐柱高），然后按底座占总高 3/5，顶珠占总高 2/5 选择其形式，常用如图 4.2.36 所示。

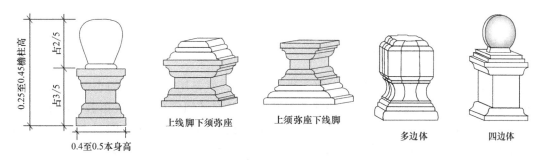

上线脚下须弥座　　　　上须弥座下线脚　　　　　多边体　　　　四边体

图 4.2.36　大式黑活攒尖宝顶

2. 大式黑活攒尖垂脊

"大式黑活"攒尖垂脊与庑殿垂脊做法基本相同，只是垂脊兽后段连接对象不同，庑殿是与正吻连接，而攒尖要与宝顶连接，如图 4.2.37 所示。

【4.2.21】　合瓦过垄脊

"合瓦过垄脊"是清制"小式黑活"的一种小青瓦过垄脊，它是卷棚式小青瓦屋顶的正脊，脊身两端没有吻兽，直接与箍头垂脊连接，合瓦过垄脊的脊身由折腰瓦和盖帽瓦相互搭接而成，折腰瓦与底瓦垄对应，脊帽子与盖瓦垄对应，如图 4.2.38 所示。

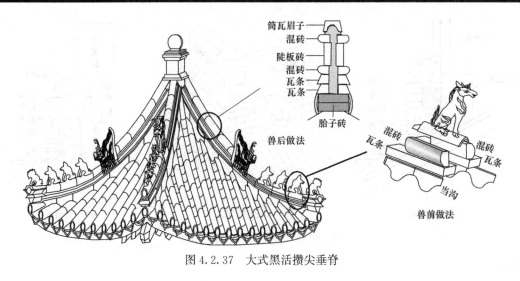

图 4.2.37　大式黑活攒尖垂脊

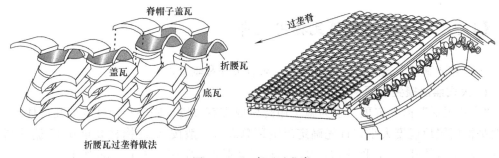

图 4.2.38　合瓦过垄脊

【4.2.22】　鞍子脊

　　"鞍子脊"是清制"小式黑活"的一种简单正脊，它是用施工现场的小青瓦和条砖砌筑而成，其构件由下而上为瓦圈、条头砖、仰瓦，并在其间空当处铺灰扣盖脊帽子瓦等，形成高低间隔的条形脊，如图 4.2.39 所示。垒叠时将瓦圈、条头砖、仰瓦等要正对着底瓦垄铺筑。而铺灰、盖脊帽子瓦等要正对着盖瓦垄铺筑。其中瓦圈用横向截断的板瓦，也可用仰瓦横放，条头砖用条砖按需用长度切断即可。

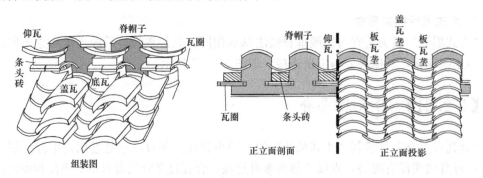

图 4.2.39　鞍子脊

【4.2.23】　清水脊

"清水脊"也是用施工现场的砖瓦，进行加工并层层垒叠砌筑而成。全脊分为"高坡垄大脊"和"低坡垄小脊"两部分，其中"低坡垄小脊"很短，只分布在屋脊两端的两盖瓦垄和两底瓦垄的范围，其他部分均为"高坡垄大脊"，如图4.2.40（a）（b）所示。它是清制"小式黑活"民间小青瓦住宅用得较多的一种正脊，也是小式建筑中等级较高的一种屋脊。

1. 低坡垄小脊

"低坡垄小脊"是在山面梢垄和两垄底瓦夹一垄盖瓦的屋脊范围进行砌筑，如图4.2.40（b）所示，其构件由下而上为瓦圈、条头砖、用二层盖瓦作蒙头瓦，最后用麻刀灰将脊身抹平，如图4.2.40（e）所示。其中瓦圈用横向截断的板瓦，或将仰瓦横放，条头砖用条砖按需用长度切断而成。

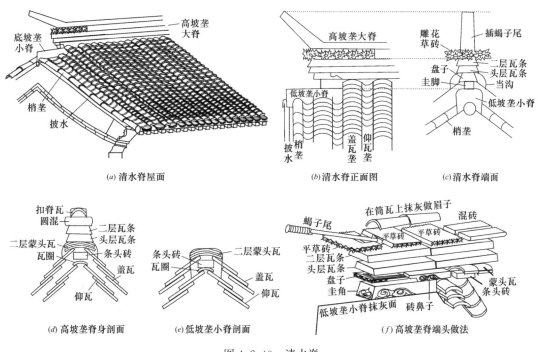

图 4.2.40　清水脊

2. 高坡垄大脊

"高坡垄大脊"分为脊身和脊端。脊身构件由下而上为瓦圈、条头砖、一层蒙头瓦、二层蒙头瓦、一层或二层瓦条、混砖、扣筒瓦抹眉子灰等，如图4.2.40（d）所示。

脊端构造由下而上，层层铺砌的构件为：圭脚、盘子、头层瓦条、二层瓦条、雕花草砖、插蝎子尾、扣筒瓦抹眉子灰等，如图4.2.40（c）（f）所示。"蝎子尾"是"高垄大脊"两端挑出的装饰件，有的称为"象鼻子"、"斜挑鼻子"。它是用木棍裹缠麻丝绑扎结实，涂抹麻刀灰后插入雕花草砖的孔内，用灰浆填实压紧而成。雕花草砖是用方砖在侧面雕刻花纹，它的摆砌方法有三种，称为：平草蝎子尾、落落草蝎子尾、跨草蝎子尾等。

平草蝎子尾是用三块草砖，顺长度方向平摆，中间一块开洞插蝎子尾。

落落草蝎子尾是用两块或三块平摆为一组，两组平草砖相叠，中间部位开洞插蝎子尾。

跨草蝎子尾是以三块砖为一组，分为两组，用钢丝将两组拴起来，成八字形跨在脊上，在八字缝间插蝎子尾。

【4.2.24】 皮条脊

"皮条脊"也是一种正脊，所用构件除当沟外，其他都可用施工现场砖料加工而成，脊身做法先在脊面铺砌一层胎子砖，再在脊身两边砌当沟，其上为头层瓦条、二层瓦条、混砖等层层垒砌，然后在其上扣盖筒瓦，最后抹灰眉子，如图4.2.41所示，脊心空隙用砖料和灰浆填塞。这种脊实际上是将"大式黑活"正脊中的陡板和一层混砖减去而成，因此它对于大式建筑和小式建筑均可适用，当脊端采用吻兽时，就是大式正脊；当脊两端直接与梢垄连接时，即为小式正脊。

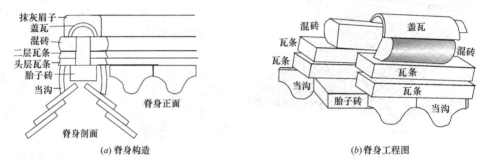

(a) 脊身构造　　　　　　　　　　　　　(b) 脊身工程图

图 4.2.41　皮条脊

【4.2.25】 扁担脊

"扁担脊"是清制小式建筑中最简单的一种正脊，它是利用施工现场的小青瓦瓦材垒砌即成。其构件由下而上为瓦圈、扣盖上下合目瓦，再在其上扣一层或二层蒙头瓦，在蒙头瓦的上面和两侧，抹大麻刀灰拘瓦脸，并刷青浆扎实扎光。扣盖合目瓦的位置应与底瓦相互交错，形成锁链形状，如图4.2.42所示。

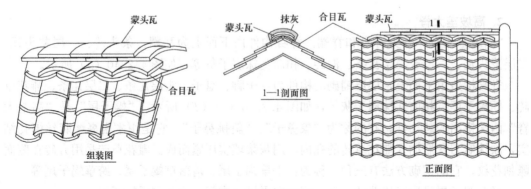

图 4.2.42　扁担脊

【4.2.26】 披水排山脊

"披水排山脊"是清制"小式黑活"的简易排山脊，多用作硬悬山建筑的垂脊。它是用披水砖作为凸出山墙面的淌水砖檐，砖檐之上砌筑脊身。脊身构件由下而上为两层瓦条、混砖、扣筒瓦抹眉子灰而成，脊端也仍为圭角、瓦条、盘子、盖瓦眉子，如图4.2.43（a）（d）所示。脊身位置是处在"筒瓦梢垄"和"边盖瓦垄"之间的底瓦垄之上，底瓦垄要用砖灰填实垫平，此瓦垄俗称"哑巴垄"，如图4.2.43（a）所示。

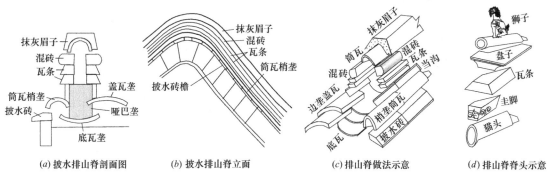

(a) 披水排山脊剖面图　　(b) 披水排山脊立面　　(c) 排山脊做法示意　　(d) 排山脊脊头示意

图 4.2.43　披水排山脊

【4.2.27】 披水梢垄

"披水梢垄"是指屋面最外边的一条筒瓦垄，称为梢垄。用它来作为最简单的小式垂脊，其做法很简单，只需在梢垄之下砌一层披水砖即可，主要作用是封闭山墙顶面，并为墙面避水，常用于较简易的硬山和悬山建筑。在硬山建筑上，披水砖檐安置在山面博风砖上，博风砖之下是拔檐。在悬山建筑上，披水砖檐安置在博风板上，其构造如图4.2.44所示。

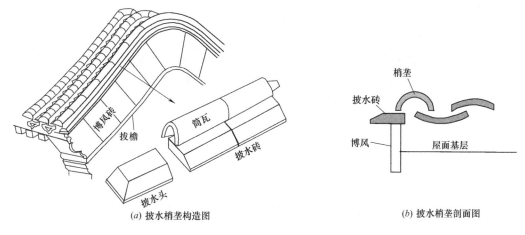

(a) 披水梢垄构造图　　　　　　　　　　(b) 披水梢垄剖面图

图 4.2.44　披水梢垄

【4.2.28】 清制小式黑活博脊

"小式黑活博脊"是专用于歇山建筑上，脊身做法与"大式黑活"歇山博脊做法相同，即由下而上的构件为当沟、一层瓦条、二层瓦条、圆混、盖瓦眉子等，如图4.2.45（a）所示。博脊端头做法可以采用"仿挂尖"插入法、平接戗脊法、弯接戗脊法等任何一种，如图4.2.45（b）（c）（d）所示。其中，"仿挂尖"插入法是用砖砍制成"挂尖"形式，插入排山沟滴内。平接法是将博脊身延长与戗脊相交，相交处做成割口连接。弯接法是博脊头向斜上方砌筑，以求与戗脊交圈连接。

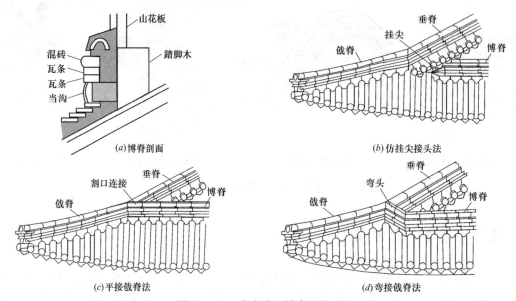

图4.2.45 小式歇山博脊连接法

【4.2.29】 清制小式黑活攒尖脊

"小式黑活攒尖脊"常用于普通亭子建筑，屋脊也分为宝顶和垂脊。

1. 小式攒尖宝顶

清制小式攒尖宝顶可以由顶座和顶珠组成，也可只设顶座或顶珠。若宝顶较矮时，只做成须弥座形式，不做顶珠。对顶座形状，应与屋顶形状相呼应，如屋顶为四边形或六边形时，顶座形状也取用四边形体或六边形体。顶珠形式可与顶座相似，也可做成圆形或其他形式，常见宝顶形式如图4.2.46所示。

图4.2.46 小式攒尖常用宝顶

2. 小式攒尖垂脊

小式攒尖垂脊一般不设垂兽和小兽，因此也不分兽前兽后，脊身构造由下而上为当沟、头层瓦条、二层瓦条、混砖、扣筒瓦抹灰眉子。脊端做法，由下而上为勾头瓦、圭脚、瓦条、盘子、扣筒瓦作抹灰眉子，如图 4.2.47 所示，均用现场的砖瓦和灰浆砌筑而成。

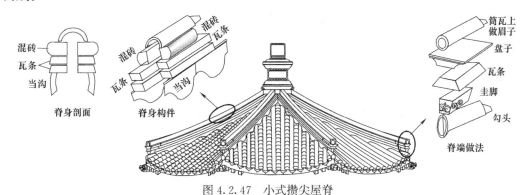

图 4.2.47　小式攒尖屋脊

第五章　中国古建筑砖墙砌体

5.1　砖　墙

【5.1.1】　砖砌墙体类型

砖墙砌体在中国古建筑中起围护阻隔作用，中国古建筑在西周早期，已开始大量流行"版筑土墙"，发展到秦汉时期开始出现砖墙雏形，直到唐宋时期才开始有了砖墙砌体形制，明清以后，对墙体的尺寸规格和类型，就逐渐完善和提高。因此，对墙体的类型，宋《营造法式》，清《工程做法则例》和《营造法原》各有不同内容。

1. 宋制墙体

宋《营造法式》卷三壕寨制度中述："筑墙之制：每墙厚三尺，则高九尺，其上斜收，比厚减半。若高增三尺，则厚加一尺，减亦如之。凡露墙：每墙高一丈，则厚减高之半，其上收面之广，比高五分之一。若高增一尺，其厚加三寸，减亦如之。凡抽纴墙：高厚同上，其上收面之广，比高四分之一。若高增一尺，其厚加二寸五分"。这就是说，唐宋时期的墙体除城墙外，从壕沟挖土情况看，分为三种类型，如图5.1.1所示。

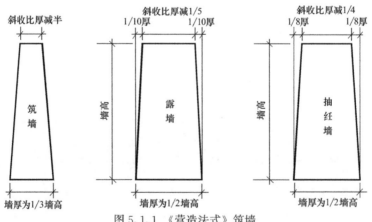

图 5.1.1 《营造法式》筑墙

第一种为屋筑筑墙，若墙厚 3 尺，则高 9 尺，其上斜收，墙厚与墙高之比为 1/3，墙体为上窄下宽，顶宽按半墙厚。若墙增高 3 尺者，墙厚加 1 尺。墙高降低也是如此。

第二种为露墙（即无遮拦的围栏墙），若墙高 1 丈，则墙厚减高之半，即墙厚与墙高之比为 1/2，墙顶宽按 1/5 墙高斜收。若墙每增高 1 尺者，墙厚加 0.3。墙高降低也是如此。

第三种为抽纴墙（即主体墙之外的附属墙体），高厚比与露墙同。墙顶宽按 1/4 墙高斜收。若墙每增高 1 尺者，墙厚加 0.25 尺。

以上所述，应该是对墙体的一些原则规定，对不同墙体材质，另有具体要求。

如《营造法式》卷十三泥作制度述，"垒墙之制：高广随间。每墙高四尺，则厚一尺，其上斜收六分。每面斜收自上各三分。每用坯鳖三重，铺攀竹一重。若增高一尺，则厚加二寸五分。减亦如之"。即垒砌泥墙，高宽按开间尺寸，墙每高 4 尺，墙厚为 1 尺。向上斜收 0.06 尺，每面斜收 0.03 尺（即墙厚与高之比为 1∶4.26）。每用土坯砌块 3 层，要铺放竹片筋 1 层。如果墙每增高 1 尺，则墙厚加 0.25 尺。降低也如此。

又如，《营造法式》卷十五砖作制度述，"垒砖墙之制：每高一尺，底广五寸，每面斜收一寸。若粗砌斜收一寸三分，以此为率"。即垒砌砖墙，按每高 1 尺，底宽 0.5 尺，每面斜收 0.1 尺进行计算。若是粗砌墙可斜收 0.13 尺，以此为标准。

2. 清制墙体

清制对墙体的类型比较细致，按墙体用途和位置分为：檐面墙、山面墙、槛墙、廊心墙、隔断墙、扇面墙、院墙、影壁墙等。

按墙体质量等级分为：干摆墙、丝缝墙、淌白墙、糙砖墙和碎砖墙、虎皮石墙、干山背石墙等。

（1）在按墙体用途和位置的分类中：

1）檐面墙：它是指在房屋建筑檐檩下，前檐围护砖墙或后檐围护砖墙，除个别独立型庙宇采用前檐围护砖墙外，一般建筑多只在后檐采用围护砖墙。

2）山面墙：它是指房屋建筑两端山面的围护砖墙，简称为"山墙"。

3）槛墙：它是指槛窗（即木窗）下的矮墙，它多用于采用木门窗围护结构的前檐或前后檐建筑。

4）廊心墙：它是指带有廊道建筑的廊道中，在廊道两端的端头墙或间隔墙。间隔墙一般开有门洞，多称为"廊门桶子"。

5）隔断墙：它是指在房屋建筑室内，沿进深方向，隔断室内空间所砌筑的砖墙。

6）扇面墙：它是指在已有檐面围护结构下，再沿金柱轴线，平行檐面砌筑的砖墙，即廊道的内侧墙。

7）院墙：它是指对为划分建筑群或宅院的区域所砌筑的围墙。

8）影壁墙：它是指位于房屋大门之外或院门之内，用于遮挡视线，增添院内神秘环境气氛的独立装饰墙体。

（2）在按墙体质量等级分类中：

1）干摆墙：它是指用经过精细加工的干摆砖（又称为五扒皮砖），通过"磨砖对缝"，不用灰浆，一层一层干摆砌筑而成墙体，是砌筑精度要求最高的一种墙体。

2）丝缝墙：它是指将砖的外露面经过加工成一定要求（即成为膀子面），用很小灰口缝所砌的砖墙，它是稍次于干摆墙的一个等级砖墙。

3）淌白墙：它是指将砖一个面进行磨平加工（即为淌白砖），用稍大的灰口缝所砌的砖墙，它是稍次于丝缝墙的一个等级砖墙。

4）糙砖墙：它是指采用不需作任何加工的砖，所砌的一种最普通、最粗糙的砖墙，灰缝口也可加大到 5mm 至 10mm，是次于淌白墙等级的低级砖墙。

5）碎砖墙：它是指采用不需加工的各种杂砖（称为"碎砖"），用掺灰泥砌筑的墙，其灰缝可大到 25mm，是等级最低的一种砖墙。

6）虎皮石墙：它是指将大片毛石，用水泥混合砂浆砌筑成墙体后，再用水泥砂浆勾缝而成"浆砌毛石墙"。

7）干山背石墙：它是指先将大片毛石摆砌，小片石垫稳筑成墙体后，再用水泥砂浆灌缝而成的"干砌毛石墙"。

3.《营造法原》墙体

《营造法原》第十章述，"砌墙之式不一，就其大要，可分三类：即实滚、花滚、斗子或称空斗。视其造价、性质、酌情而用。实滚者以砖扁砌，或以砖之丁头侧砌，都用于房屋坚固部分，如勒脚及楼房之下层。花滚者为实滚与空斗相间而砌。空斗者乃以砖纵横相置，砌成斗形中空者，一斗须用砖上下左右前后共六块，其砖省而价廉，亦可借此防声防热"。即砌墙大致按墙体结构分为3种，即实滚墙、花滚墙、斗子墙或称空斗墙。实滚墙是用砖层层扁砌，横竖搭配，相互错缝而成，即谓之实心墙，如图5.1.2（a）所示，主要用于房屋勒脚墙、楼房底层墙。花滚墙是综合实滚墙与空斗墙特点，将砖侧立与平砌相间砌筑而成，如图5.1.2（b）所示。空斗墙是用砖侧砌，纵横相置形成中空，上下错缝而成，如图5.1.2（c）所示。

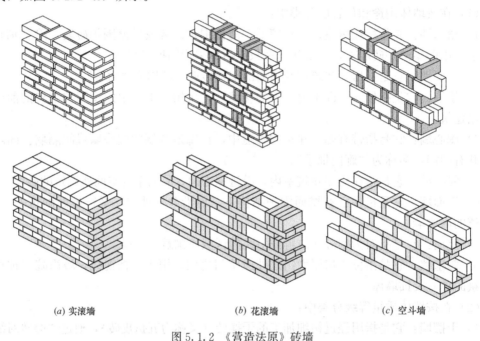

（a）实滚墙　　　　　　　（b）花滚墙　　　　　　　（c）空斗墙

图5.1.2 《营造法原》砖墙

【5.1.2】 墙体厚度

中国古建筑的墙体厚度，在唐宋以前都没有明确具体尺寸，也只在明清时期才作出有具体规定。

1. 宋制墙体厚度

宋《营造法式》卷十五砖作制度述，"垒砖墙之制：每高一尺，底广五寸，每面斜收一寸。若粗砌斜收一寸三分，以此为率"。即垒砌砖墙，按每高1尺，底厚0.5尺，每面斜收0.1尺（即墙顶0.3尺）进行计算。若是粗砌砖墙可斜收0.13尺（即墙顶0.24尺），砖砌墙厚以此作为标准。根据此标准，墙底厚为0.5墙高，墙顶厚为每边斜收0.1墙高。

2. 清制墙体厚度

清《工程做法则例》将墙体分为"群肩（又称下肩）"和"上身"两部分。墙厚以群肩（下肩）为准，按轴线分为外包金和里包金，如图 5.1.3 所示。其中：

外包金，山墙为 1.5 檐柱径，檐墙为 1.17 檐柱径，槛墙为 0.5 檐柱径加 1.5 寸。

里包金，山墙、檐墙都为 0.5 檐柱径加 2 寸（小式建筑加 1.5 寸），槛墙里外包金同。

如《工程做法则例》卷四十三山墙述，"群肩以檐柱定高，如檐柱高九尺六寸，三分之一，得高三尺二寸；以柱径定厚，如柱径八寸四分，柱皮往外即出八寸四分，里进二寸，得厚一尺八寸八分"。即群肩高＝檐柱高 9.6 尺÷3＝3.2 尺（即 1/3 檐柱高）。墙厚外包金为 1.5 檐柱径，里包金大式建筑为 0.5 檐柱径加 2 寸（小式建筑加 1.5 寸），若柱径为 0.84 尺，则墙厚＝1.5×0.84 尺＋0.5×0.84 尺＋0.2 尺＝1.88 尺。

群肩以上的上身墙体厚度，即上身墙的厚度，一般按群肩厚每面减退 0.1 砖厚至 0.17 砖厚，称为"退花碱"。

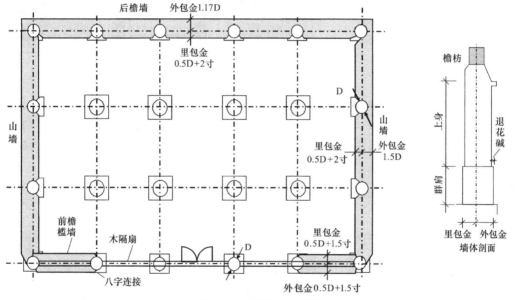

图 5.1.3　围护墙的厚度

3. 《营造法原》墙体厚度

《营造法原》第十章述，"墙垣厚约尺许（空斗约一尺，扁砌约一尺二寸）。自下到顶向内倾斜，称收水。收水以高一丈收进一寸为标准。界墙、围墙则宜两面收水。山墙、包檐墙则仅外面收水"。即墙厚约 1 尺左右（空斗墙约 1 尺，扁砌墙 1.2 尺），墙体做成上斜收水，收水尺度按墙高 1%。隔墙和围墙最好两面收水，山墙和包檐墙仅外面收水。根据《营造法原》图版三十八所绘"墙垣砌法"所示，实滚墙厚按 1.2 尺至 1.4 尺；花滚墙厚按 1 尺至 1.2 尺；空斗墙厚按 0.7 尺至 1 尺。

【5.1.3】　中国古建筑前檐围护结构

围护结构是指房屋建筑屋顶檐口以下，目视四个外立面（即前后左右）的遮挡阻隔结构，分别称为"前檐围护结构"、"后檐围护结构"、"两山围护结构"。

前檐围护结构是整个房屋的重要观赏面，它会极大地影响人们对该建筑的视觉感受。在古建前檐围护中，除带廊建筑的廊道是由透空栏杆作围栏外，房屋前檐的遮挡阻隔结构，有极少数（如庙宇）建筑采用砖砌墙体外，大多采用木门、木窗、隔扇、槛墙等组合型结构。对前檐围护的组合形式，一般可归纳为三种："木门、隔扇组合"围护，"木门、槛窗组合"围护，"木门、隔扇、槛窗组合"围护。

1. "木门、隔扇组合"围护

"木门、隔扇组合"围护，是指在整体木构架前檐的柱、枋空当之间，于当心（明）间即正中开间安装大门，其他各间安装隔扇而成的围护，如图5.1.4所示。这种组合一般显得比较气派高雅、庄严华丽，多用于大式建筑。

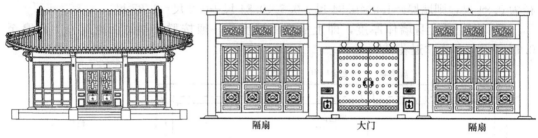

图 5.1.4 隔扇大门围护

2. "木门、槛窗组合"围护

"木门、槛窗组合"围护，是指在除正间安装大门外，其他各间均砌筑矮墙（清制称为槛墙），在槛墙上安装槛窗而成的围护，如图5.1.5所示。这种组合显得朴素清淡、殷实含蓄，多用于小式建筑。

图 5.1.5 槛窗大门围护

3. "木门、隔扇、槛窗组合"围护

"木门、隔扇、槛窗组合"围护，是指除正间安装大门外，将次间安装隔扇，而将梢间和尽间安装槛窗而成的围护，如图5.1.6所示。这种组合显得绚烂多彩、富丽花哨，多用于气氛比较活跃的建筑。

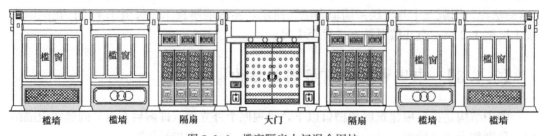

图 5.1.6 槛窗隔扇大门混合围护

【5.1.4】 中国古建筑后檐围护结构

后檐围护是指房屋建筑的终端面围护，它可以赋有与前檐对称的观赏性，也可以赋有终结避讳作用。因此，大式建筑三间以上房屋，可采用与前檐围护相同的结构。但一般小式建筑或三间以下房屋多采用砖砌墙体结构。对于后檐砖砌墙体结构的做法，宋制和《营造法原》都没有作出具体要求，清制做法有两种：一是将墙体只砌到檐枋下皮，让后檐枋、梁头等檐口木构件暴露于外，这种墙体称为"露檐出"，又叫做"老檐出"。二是将墙体一直砌到屋顶，将后檐枋、梁头等檐口木构件封护在墙内，这种墙体称为"封护檐"，又叫做"封后檐"。

1. "露檐出"后檐墙

"露檐出"是指将后檐砖墙砌到屋面檐口枋木的下皮，在檐枋下的墙顶用砖砌成避水的签尖拔檐，让檐口枋木和梁头显露于外，如图 5.1.7（a）所示。后檐砖砌墙体，分为群肩（又称下肩）和上身两部分，其分界线应与山墙取得一致。

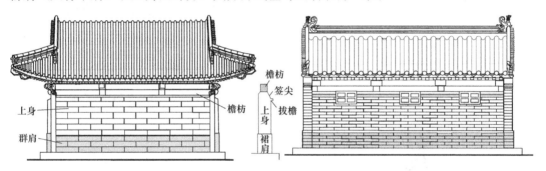

(a) 露檐出做法

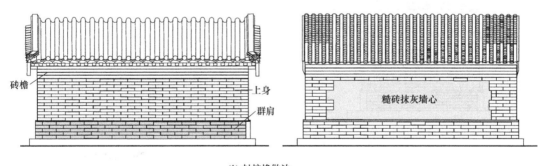

(b) 封护檐做法

图 5.1.7 后檐墙围护

2. "封护檐"后檐墙

"封护檐"是指将后檐砖墙一直砌到屋顶底面，檐口枋木被砖墙封闭在内，形成砖砌体的整体感觉，如图 5.1.7（b）所示。

"封护檐"的后檐砖墙，不仅分有群肩（下肩）和上身，而且还有檐口砖檐，即檐口部分要做成层层挑出的砖檐，砖檐形式有抽屉檐、菱角檐、鸡嗉檐、冰盘檐等，这些砖檐都是用施工现场砖料砍制成相关形式的砖块砌筑而成，具体见后面【5.1.8】所述。

【5.1.5】　中国古建筑两山围护结构

中国古建筑两端山墙围护，应根据前后檐围护形式，做成相应的围护结构，常用的山墙围护结构有山面隔扇围护、砖砌"露檐出"围护、砖砌"封山型"围护等。

1. 山面隔扇围护

山面隔扇围护多用于带有围廊结构的房屋，它是在山檐柱的外轴线上，设置通透型围栏或者不设围护；而在山金柱的内轴线上，安装隔扇或隔扇门，如图 5.1.8（a）所示。

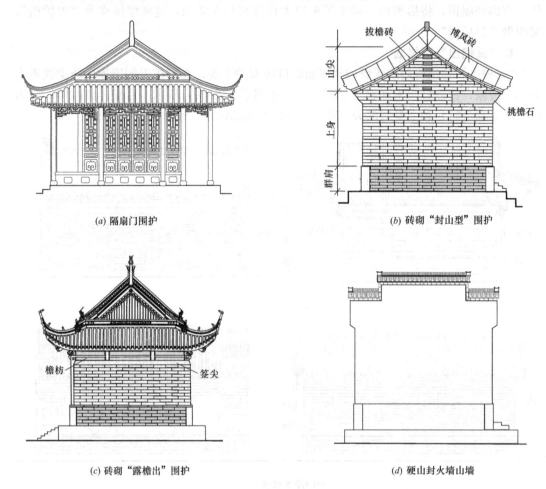

(a) 隔扇门围护　　　　　　　　　　　　(b) 砖砌"封山型"围护

(c) 砖砌"露檐出"围护　　　　　　　　　(d) 硬山封火墙山墙

图 5.1.8　两端山面围护

2. 砖砌"露檐出"围护

它是配合砖砌"露檐出"后檐墙的一种做法，是将砖墙体砌到山面檐枋下皮，让枋木显露于外的围护，如图 5.1.8（c）所示。

3. 砖砌"封山型"围护

它是指将砖墙砌体从下而上，一直砌到山尖顶，整个山面全部为封闭性砖砌墙体，如图 5.1.8（b）（d）所示，多用于硬山建筑的山墙。

【5.1.6】 前檐槛墙

前檐槛墙是在三种前檐围护结构形式中，唯一有砖砌墙体的围护结构，这种结构一般是在槛窗下做矮墙，此矮墙清制称为"槛墙"，宋制未特别明确，《营造法原》称为"半墙"，如图5.1.9（a）所示。

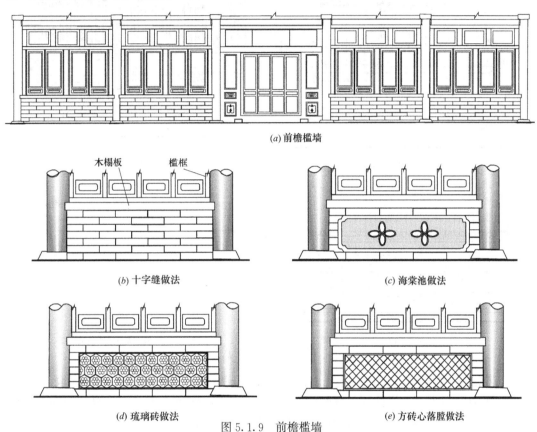

(a) 前檐槛墙

(b) 十字缝做法

(c) 海棠池做法

(d) 琉璃砖做法

(e) 方砖心落膛做法

图5.1.9 前檐槛墙

槛墙做法清制比较讲究，墙高一般为檐柱高的0.3倍或1/3，墙厚以檐柱中轴线，里外各按0.5檐柱径加1.5寸定厚；墙长按开间距离减除柱径。槛墙可以只砌单层（即不背里），讲究的也可砌双层。外观面一般要求较高，多采用干摆墙或丝缝墙，墙的两端无论里外，在木柱接触处都要砌成八字与柱连接，里外两面都是整砖露明不抹灰，外观面可做各种不同装饰。

槛墙的外观面装饰，可用十字缝砌法、落堂心做法、砖池子海棠做法，比较讲究采用镶贴琉璃砖等，如图5.1.9（b）至（e）所示。里观面无论是否背里，都只用十字缝砌法即可，如图5.1.9（b）所示。

【5.1.7】 后檐墙露檐出

后檐墙"露檐出"，是指将墙体砖砌到后檐枋木下皮以后，进行收头砌成避水的签尖拔檐，让枋木显露于外，如图 5.1.10 所示。

"露檐出"做法一般用于庑殿、歇山建筑和采用五花山、挡风板山墙的悬山建筑。墙体外皮，既可包柱而砌（可避免雨水侵蚀木柱），图 5.1.10（a）（b）所示，也可让柱暴露于外（可方便柱面涂饰油漆防止蛀虫），如图 5.1.10（c）所示。无论是露柱或包柱，在墙体上可以设亮窗，也可不设亮窗。

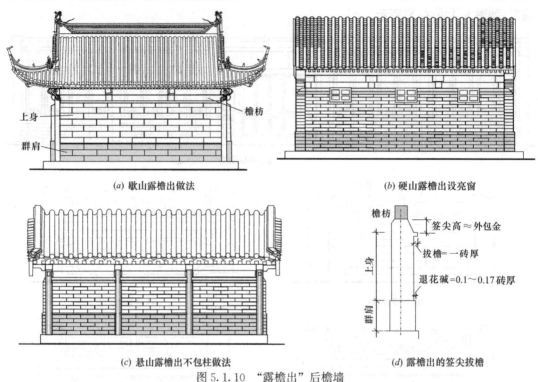

(a) 歇山露檐出做法

(b) 硬山露檐出设亮窗

(c) 悬山露檐出不包柱做法

(d) 露檐出的签尖拔檐

图 5.1.10 "露檐出"后檐墙

"露檐出"整个墙体，分为群肩（下肩）和上身两部分，其分界线应与山墙取得一致。群肩（下肩）高为 1/3 檐柱高，墙厚按外包金为 1.17 檐柱径（也可与山墙相同为 1.5 檐柱径）；里包金大式建筑为 0.5 檐柱径加 2 寸（小式建筑加 1.5 寸）。群肩（下肩）部分砌砖，重要建筑采用干摆墙，稍次的采用丝缝墙，对不太重要建筑可采用淌白墙。

上身部分的墙厚，要较群肩减去一个退花碱，即约 0.1 至 0.17 砖厚，如图 5.1.10（d）所示。砌砖品质要稍次于群肩，若群肩（下肩）为干摆墙者，上身则为丝缝墙；但若群肩（下肩）为丝缝墙者，上身则为淌白墙，也可为丝缝墙；如果群肩（下肩）采用淌白墙时，上身可为淌白墙，也可为抹灰墙。上身顶端要做签尖拔檐，用作为避免雨水的滴水檐，其高度约等于外包金尺寸，拔檐伸出约等于砖厚尺寸，如图 5.1.10（d）所示。

【5.1.8】 后檐墙封护檐

"封护檐"又称"封后檐"，它是指将后檐砖墙一直砌到屋板底面，用砖料将檐口封砌起来的墙体，如图 5.1.11（a）所示。

1. "封护檐"的结构

"封护檐"后檐墙不仅有群肩（下肩）和上身，而且还有层层挑出的砖檐。群肩（下肩）高按 1/3 檐柱高，墙厚按墙体外包金为 1.17 檐柱径（也可与山墙相同为 1.5 檐柱径）；里包金大式建筑为 0.5 檐柱径加 2 寸（小式建筑加 1.5 寸）。群肩（下肩）部分砌砖，重要建筑采用干摆墙，稍次的采用丝缝墙，对不太重要建筑，可采用淌白墙。

上身墙厚要较群肩退花碱 0.1 至 0.17 砖厚。上身部分砌砖要稍次于群肩，若群肩（下肩）为干摆墙者，上身则为丝缝墙；但若群肩（下肩）为丝缝墙者，上身则为淌白墙，也可为丝缝墙；如果群肩（下肩）采用淌白墙时，上身可为淌白墙，也可采用更经济的三进三出转角（即转角部位按每三层砖为一组相间凹凸砌筑）夹糙砖抹灰墙心做法，如图 5.1.11（b）所示。

"封护檐"的墙顶是用砖檐代替签尖拔檐，将檐口部分要做成层层挑出的砖檐形式。

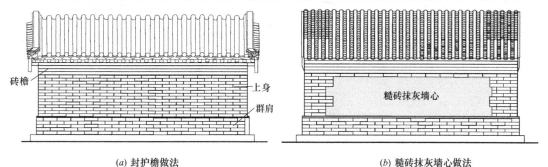

(a) 封护檐做法 (b) 糙砖抹灰墙心做法

图 5.1.11 "封护檐"后檐墙

2. "封护檐"的砖檐

"封护檐"的砖檐形式有：直线檐、抽屉檐、菱角檐、鸡嗉檐、冰盘檐等，这些砖檐都是用施工现场砖料砍制成相关形式砌筑而成。

（1）直线檐：它是指檐口挑出的砖，砌成一水平横线，即直线形式，檐口砖不做任何加工，这是最简单的一种檐口做法，一般只有二层挑出，如图 5.1.12（a）所示。

（2）抽屉檐：它为三层挑出砖，中间一层用条砖或半宽砖，隔空砌筑，如同抽屉形式，如图 5.1.12（b）所示。

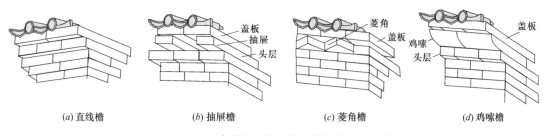

(a) 直线檐 (b) 抽屉檐 (c) 菱角檐 (d) 鸡嗉檐

图 5.1.12 直线檐、抽屉檐、菱角檐、鸡嗉檐

（3）菱角檐：也为三层挑出砖，中间一层用砖的转角向外砌筑，如同菱角形状，如图 5.1.12（c）所示。

（4）鸡嗉檐：也为三层挑出砖，将中间一层用加工成凸弧形砖（称此为半混砖）砌筑，其凸形如同鸡嗉，如图 5.1.12（d）所示。

（5）冰盘檐：它是指砖檐的砌筑带有一定花纹形式，是"封后檐"做法中最优美的一种砖檐，如图 5.1.13 所示。冰盘檐根据挑出的层数分为四层至八层。各层名称如下：

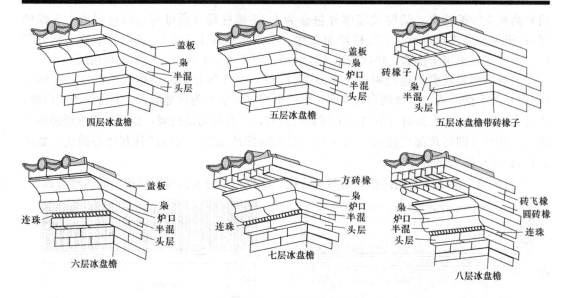

图 5.1.13　冰盘檐的构造

四层冰盘檐由下而上为：头层檐、半混砖、枭砖、盖板砖等。

五层冰盘檐由下而上为：头层檐、半混砖、炉口砖（或砖椽）、枭砖、盖板砖等。

六层冰盘檐由下而上为：头层檐、连珠混、半混砖、炉口砖、枭砖、盖板砖等。

七层冰盘檐由下而上为：头层檐、连珠混、半混砖、炉口砖、枭砖、砖椽子、盖板砖等。

八层冰盘檐由下而上为：头层檐、连珠混、半混砖、炉口砖、枭砖、圆砖椽、方砖椽、盖板砖等。

其中："头层檐"是指砖檐最下面的第一层挑出砖，也就是上身墙顶上第一块挑砖，起承上启下作用。

"盖板砖"是砖檐最上面一层的封顶砖，砌筑完成后起覆盖镇压作用。

"枭砖"是指将砖看面加工成先凸后凹的弧形形式。

"半混砖"是将砖看面加工成 1/4 圆凸弧形。

"炉口砖"是将砖看面加工成凹弧形式。

"连珠混"是指将砖的看面加工成横向排列的半圆珠形，即成为串珠形式。

"砖椽子"是指将砖剔凿成木椽子形式，分为矩形"方砖椽"和"圆砖椽"，如图 5.1.14 所示。

图 5.1.14　枭砖、半混砖、炉口砖、砖椽子

砖檐高度按砖檐形式各层之和计算，施工时以屋面望板上皮为准线，向下量出砖檐总高，即为头层檐位置。砖檐挑出距离按表 5.1.1 中参考尺寸。

砖檐各层伸出尺寸参考表　　　　　　　　　　　　表 5.1.1

砖檐类别	各层砖名	挑出距离	砖檐类别	各层砖名	挑出距离
直线檐	头层檐	墙面外出 0.5 至 0.7 砖厚	六层冰盘檐	头层檐	墙面外出 0.5 至 0.7 砖厚
	盖板	头层边外出 0.5 砖厚		连珠	头层边外露出珠面
抽屉檐	头层檐	墙面外出 0.5 至 0.7 砖厚		半混砖	珠面外伸出 1 砖厚
	抽屉檐	头层边外出 1 砖厚		炉口	半混边外出 0.3 砖厚
	盖板	抽屉边外出 0.35 至 0.55 砖厚		枭砖	炉口边外出 1.2 至 1.5 砖厚
菱角檐	头层檐	墙面外出 0.5 至 0.8 砖厚		盖板	枭边外出 0.2 至 0.25 砖厚
	菱角檐	头层边外出等边三角形	七层冰盘檐	头层檐	墙面外出 0.5 至 0.7 砖厚
	盖板	三角边外出 0.35 至 0.56 砖厚		连珠	头层边外露出珠面
鸡嗉檐	头层檐	墙面外出 0.5 至 0.7 砖厚		半混砖	珠面外伸出 1 砖厚
	半混砖	头层边外出 1 砖厚		炉口	半混边外出 0.3 砖厚
	盖板	半混边外出 0.35 至 0.57 砖厚		枭砖	炉口边外出 1.2 至 1.5 砖厚
四层冰盘檐	头层檐	墙面外出 0.5 至 0.7 砖厚		方砖椽	枭砖边外出 2 椽径
	半混砖	头层边外出 1 砖厚		盖板	椽端边外出 0.2 至 0.25 砖厚
	枭砖	半混边外出 1.2 至 1.5 砖厚	八层冰盘檐	头层檐	墙面外出 0.5 至 0.7 砖厚
	盖板	枭砖边外出 0.2 至 0.25 砖厚		连珠	头层边外露珠面
五层冰盘檐	头层檐	墙面外出 0.5 至 0.7 砖厚		半混砖	珠面外伸出 1 砖厚
	半混砖	头层边外出 1 砖厚		炉口	半混边外出 0.3 砖厚
	枭砖	半混边外出 1.2 至 1.5 砖厚		枭砖	炉口边外出 1.2 至 1.5 砖厚
	砖椽子	枭砖边外出 2 椽径		圆砖椽	枭砖边外出 2 椽径
	盖板	椽端边外出 0.2 至 0.25 砖厚		方砖椽	椽端边外出 1.5 椽径
				盖板	椽端边外出 0.2 至 0.25 砖厚

【5.1.9】 庑殿、歇山建筑山墙

庑殿和歇山建筑的山墙，由于屋顶结构的制约，一般只能采用露檐出做法，墙体结构基本与后檐墙露檐出做法相同，如图 5.1.15 所示。墙体分为群肩（下肩）和上身两部分。

群肩（下肩）高按 1/3 檐柱高，墙厚外包金按 1.5 檐柱径，里包金按 0.5 檐柱径加 2 寸。群肩墙体一般要安置腰线石和角柱石，如图 5.1.15（b）所示，多采用干摆墙或丝缝墙。

上身是在群肩（下肩）基础上要收进一个"退花碱"，花碱尺寸一般为 0.1 至 0.17 砖厚。上身砖多采用丝缝墙或淌白墙，砌至檐枋木后设置签尖拔檐，如图 5.1.15 剖面所示。在不太重要的建筑上可以采用糙砖抹灰刷红浆做法，具体要根据前后檐墙所需用规格和要求而定。

【5.1.10】 硬山建筑山墙

硬山建筑的山墙有"硬山尖"和"封火墙"两种形式。硬山建筑山墙要比其他建筑山

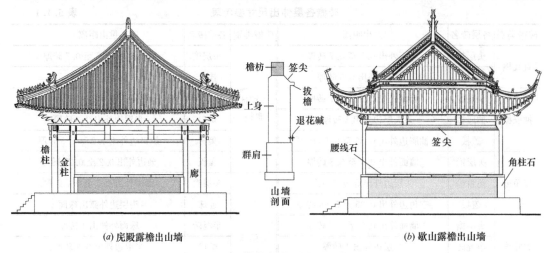

(a) 庑殿露檐出山墙　　　　　　　　　　　　(b) 歇山露檐出山墙

图 5.1.15　庑殿、歇山山墙

墙多出一个墀头结构，即山墙宽度延伸到前（后）檐柱之外的部分，这是硬山建筑的一个特点，其平面如图 5.1.16 所示。

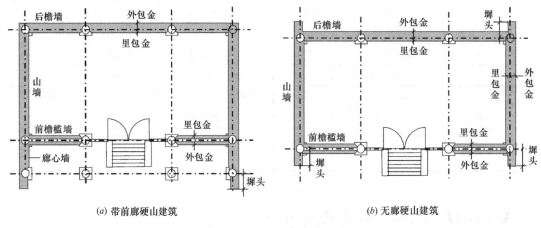

(a) 带前廊硬山建筑　　　　　　　　　　　　(b) 无廊硬山建筑

图 5.1.16　硬山建筑平面图

1. "硬山尖" 山墙

"硬山尖" 山墙是指将山墙顶端随坡屋面形式做成尖顶，整个墙体分为上身、群肩（下肩）、山尖三部分，如图 5.1.17 (a) 所示。

（1）山墙群肩：群肩墙体品质一般采用标准较高的干摆墙、丝缝墙或淌白墙，转角部分多采用角柱石加固。墙体从台明向上砌筑 1/3 檐柱高，墙厚以柱中线分为里包金和外包金，在大式建筑中，里包金按 0.5 檐柱径加 2 寸或 6cm，外包金按 1.5 檐柱径。在小式建筑中，里包金按 0.5 檐柱径加 1.5 寸或 5cm，外包金按 1.5 檐柱径。

（2）山墙上身：墙身砌砖较群肩降低一级，如群肩为干摆墙，则上身为丝缝墙、淌白墙或糙砖墙；还可采用 "五进五出"（即转角部位按每五层砖为一组相间凹凸构筑）的丝缝墙作边，中间为糙砖墙软心抹灰做法，如图 5.1.17 (b)(c) 所示。

上身墙体高为群肩（下肩）至山尖之间的距离，墙厚要较群肩墙面外皮收进一个 "退花碱"，花碱尺寸一般为 0.1 至 0.17 砖厚。

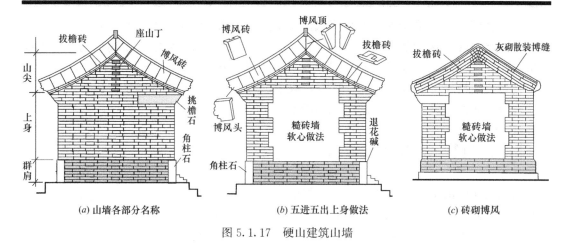

(a) 山墙各部分名称   *(b)* 五进五出上身做法   *(c)* 砖砌博风

图 5.1.17　硬山建筑山墙

（3）山墙山尖：山尖是指从前后檐的檐口砖水平位置向上，至博缝尖拔檐砖的部分。砌砖与上身砌砖相同（但不能做糙砖心），墙的山尖必须正对脊中线，每隔一层要下一块丁头砖，称为"座山丁"，以座山丁为准向两边对称摆砌。在尖顶博风砖下要做有凸出墙面的拔檐砖，称为"托山混"、"随山半混"，以拦截雨水直流墙面，一般采用二皮砖叠砌，凸出墙面的尺寸等于或略小于砖厚。

拔檐之上为博风，可为琉璃博风或砖博风。琉璃博风为窑制品，与琉璃瓦屋面配合使用。砖博风是用方砖进行加工贴砌或用条砖卧砌，如图 5.1.17（*b*）（*c*）所示。博风砖高一般为 1.5 至 2 檩径，博风头的下皮位置，应与墀头戗檐砖下皮位置相一致，其上皮与木瓦口板的椀口相平。砌博风一般按干摆或丝缝做法，最简单为灰砌散装博缝，方砖干摆博缝是用尺二砖、尺四砖、尺七砖等方砖进行加工，精心摆砌而成。而灰砌散装博缝是除博缝头用方砖加工外，其他均用普通机砖或蓝四丁砖，进行层层铺筑灰浆砌筑而成，一般为三层至七层。

2. "封火墙"山墙

"封火墙"山墙为南方民间民族形式的建筑山墙，《营造法原》称为"屏风墙"，如图 5.1.18 所示。

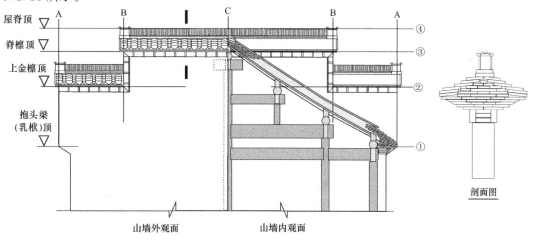

图 5.1.18　封火墙山墙

237

"封火墙"的山尖部分是以檐口线（抱头梁上皮，如图中①线所示）垂直向上至屋脊瓦顶。山墙顶端分成两阶（称为三山屏风）或三阶（称为五山屏风），阶高以桁檩上皮线（如图中②③线所示）作为阶墙砌砖顶线；第一阶的墙边线按檐口线（如图中 A 线），第二阶的墙边线按底层梁端（如图中 B 线）取定，若有第三阶，如此类推。墙顶做成屋脊瓦顶和直线砖檐形式，如图 5.1.18 剖面所示。

【5.1.11】 悬山建筑山墙

悬山建筑的山墙常采用"五花山"做法和"挡风板"做法，如图 5.1.19 所示。但也可以直接将砖墙体直砌到屋顶。墙身也分为上身、群肩（下肩）和山尖三部分。

群肩墙体可采用干摆墙、丝缝墙或淌白墙，转角部分用角柱石加固。墙体从台明向上砌筑 1/3 檐柱高，墙厚以柱中线分为里包金和外包金，其中大式建筑里包金按 0.5 檐柱径加 2 寸或 6cm，外包金按 1.5 檐柱径。里包金按 0.5 檐柱径加 1.5 寸或 5cm。

上身墙体砌筑较群肩降低一级，可为丝缝墙、淌白墙或糙砖墙。墙厚较群肩墙面的外皮要有一个"退花碱"，花碱尺寸一般为 0.1 至 0.17 砖厚。

山尖部分有悬山建筑特别做法，即采用"挡风板"做法和"五花山"做法。

1. 挡风板做法

"挡风板"做法，是将上身墙体砌至木构架最底层大梁下皮，将横梁和瓜柱暴露在外，墙顶做出签尖拔檐。对木构架梁柱之间的空隙，钉以遮挡风雨的木板，如图 5.1.19（a）所示。

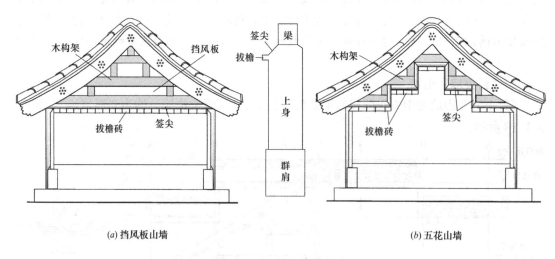

(a) 挡风板山墙　　　　　　　　　　　　　　　　　　　(b) 五花山墙

图 5.1.19　悬山建筑山墙

2. 五花山做法

"五花山"做法，是将上身墙体砌至木构架底层大梁后，继续将中间部位用砖砌墙体砌至各层横梁及瓜柱之内的范围，如图 5.1.19（b）所示，并随其做出签尖拔檐，使木梁的两端和木瓜柱暴露在外。

这两种做法的通风防潮效果较好，比较适合南方热带潮湿地区。

【5.1.12】 墀头、垛头

在硬山建筑山墙与前檐或前后檐连接处的转角，做有墙垛的凸出部分，清称为"墀头"，《营造法原》称为"垛头"，宋没有此结构。

1. 清制墀头

墀头有称"腿子"，有的只在前檐两端，如图 5.1.16（a）所示；有的在前后檐两端都有，如图 5.1.16（b）所示。墀头有三个面，即：山侧面、迎端面、里侧面。其中，山侧面是指与山墙外立面所共之面，迎端面是指前（后）檐方位的主看面，里侧面是指山墙背里方向的一个面，即面阔方向的侧面。其中山侧面伸出长＝下檐出－0.4 至 0.8 檐柱径。迎端面宽＝山墙外包金＋2 寸，或者按图 5.1.20 所示的摆砖方式：马对联、勾尺咬、三破中、小联山、大联山等组合进行采用，但要保持山墙面统一平整。里侧面与檐柱接触，如图 5.1.21（a）（c）中所示。

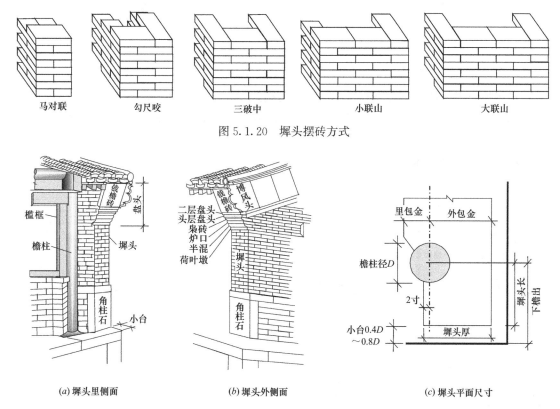

图 5.1.20 墀头摆砖方式

（a）墀头里侧面　　　　（b）墀头外侧面　　　　（c）墀头平面尺寸

图 5.1.21 清制墀头构造

墀头的结构同山墙一样分为群肩、上身、盘头三部分。其中群肩和上身做法与山墙相同，并应统一连接为一个整体，上身与群肩退花碱仍应与山墙取得一致。迎面宽根据需要，可按山墙外包金加 2 寸，或者按上述摆砖方式进行选择，选择方法是上身选择前一种，则群肩选择相邻的后一种，如上身选用马对联，则群肩应选用勾尺咬；若上身选用勾尺咬，则群肩应选用三破中。

盘头是指连接山墙博风头的迎面部分，如图 5.1.21（a）（b）所示，因它位于墀头顶端梢尖部分，故又称为"梢子"。这部分一般采用六层盘头或五层盘头做法。六层盘头的砖件名称，由下而上为荷叶墩、半混、炉口、枭、头层盘头、二层盘头，再上就是戗檐砖，如图 5.1.21（b）、图 5.1.22（a）所示，五层盘头较六层盘头少一炉口砖。戗檐砖高约等于博风砖高，戗檐砖宽＝墀头宽＋山墙拔檐伸出－博风砖厚。盘头放线位置，以戗檐砖上皮与连檐木下皮相接触处为准，再按盘头层数向下量取，即可得出荷叶墩的位置。

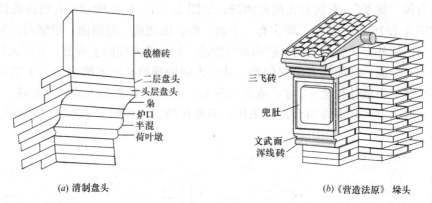

（a）清制盘头　　　　　　　　　　　（b）《营造法原》垛头

图 5.1.22　盘头

盘头挑出尺寸依砖料规格有所不同，各层挑出尺寸可按：荷叶墩挑出 1 砖厚、半混再挑出 1.2 砖厚、炉口再挑出 0.5 砖厚、枭砖再挑出 1.5 砖厚、头层和二层盘头与枭砖齐平。

2. 《营造法原》垛头

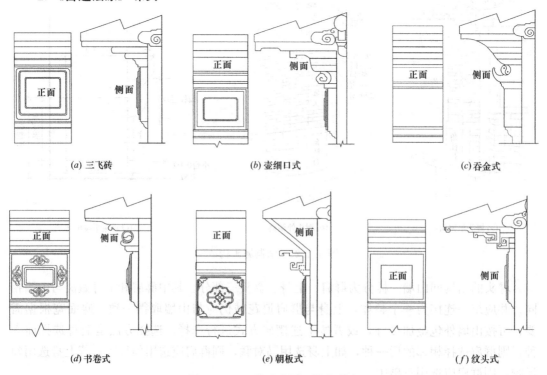

（a）三飞砖　　　　　　　　（b）壶细口式　　　　　　　　（c）吞金式

（d）书卷式　　　　　　　　（e）朝板式　　　　　　　　（f）纹头式

图 5.1.23　《营造法原》垛头形式

《营造法原》第十三章述，"垛头墙就形式可分三部，其上为挑出承檐部分，以檐口深浅之不同，其式样各异，或作曲线，或作飞砖，或施云头、绞头诸饰。中部为方形之兜肚。下部为承兜肚之起线，作浑线、束线、文武面等，高自一寸半至二寸。自墙而上，渐次挑出"。即垛头墙分为三段，上部为檐口挑出部分，其花样形式比较多（具体见图5.1.23中所示），中部为方形兜肚砖（即由一块大方砖雕刻线槽而成），下部为承托砖，称为"托砖线"，如图5.1.22（b）所示。托砖线可做成浑线砖（半圆弧凸面）、束线（方平面）和文武面（半凸半凹弧面）等，其线高1.5寸至2寸。自墙面而上，渐次挑出。接述，"其上层挑出部分，依其形式与雕刻，可分为三飞砖、壶细口、吞金、书卷、朝式、纹头诸式。侧面雕刻，以三飞砖为最简，以纹头为最富丽"。即檐口挑出部分的花样，有三飞砖、壶细口、吞金式、书卷式、朝板式和纹头式六种形式，如图5.1.23所示。从侧面雕刻花纹形式看，以三飞砖为最简单，纹头式最富丽。

【5.1.13】　廊心墙

廊心墙是指带有廊道（走廊）的建筑在其廊道两端的碰头墙，如图5.1.16（a）中所示，廊道宽一般为2.5尺至4.5尺。该墙体根据廊道使用功能不同，分为做有门洞和不做门洞两种，不做门洞的称为"廊心墙"，做有门洞的称为"廊门桶子"。

1. 廊心墙

"廊心墙"是指金柱和檐柱之间廊道端头的碰头墙，是山墙延伸至檐口的部分，墙身分为：群肩、上身和三角形部分。群肩做法与山墙做法相同，但与柱接触处要八字连接，与槛墙为直角相交。上身可以采用加工砖砌成"落堂心"做法，如图5.1.24（a）所示。也可采用糙砌抹灰做法，如图5.1.24（b）所示。三角形部分是指穿插枋以上的部分，包括抱头梁和象眼，在穿插枋与抱头梁之间称为"穿插当"，穿插当大多用雕刻花砖砌筑，也可用抹灰镂缝做法。象眼可做十字缝清水墙，也可进行抹灰做假缝。

2. 廊门桶子

"廊门桶子"是指带有门洞的廊心墙，根据门洞尺寸做成木门框，称为"吉门"。在门框顶上，用加工砖件砌成"落堂心"砖框，砖框中做图案或题字。在木构架抱头梁和穿插枋之间的空当，砌以雕刻花砖，如图5.1.24（c）所示。

【5.1.14】　影壁墙

"影壁"即隐避之意，它是让院大门之内的天井和厅堂等内部空间，不直接暴露于外，称为"隐"，让门外视线受一墙之堵，称为"避"，借此造成一种端庄严肃的环境气氛和装饰效应。影壁墙除在房屋大门之外，或院门之内设置独立的遮挡墙体外，还常在大式建筑的两侧布置成八字形墙，以此衬托出整个建筑的威严。影壁形式分为一字形影壁、八字形影壁、撇山影壁等，如图5.1.25所示。按所用材料分为普通影壁和琉璃影壁。

由于影壁主要起装饰作用，故其规格尺寸没有严格规定，影壁高度一般控制其墙身不超过房屋檐额为原则，影壁长度以不少于1.2本身墙高为基本比例，墙身厚按0.15墙高至0.22墙高取定。

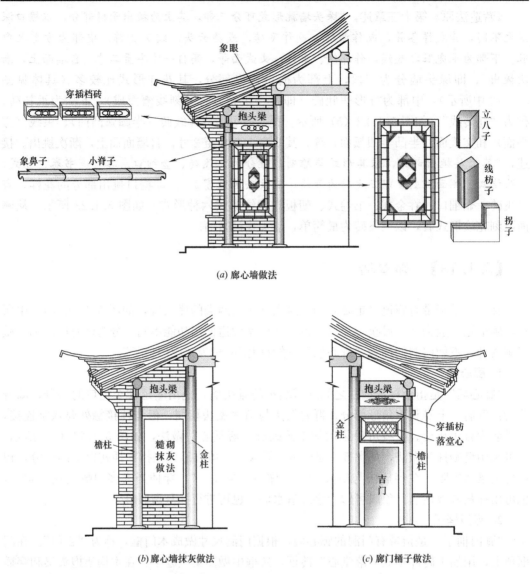

(a) 廊心墙做法

(b) 廊心墙抹灰做法　　　(c) 廊门桶子做法

图 5.1.24　廊心墙丁头面

1. 普通影壁

普通影壁是用一般青、红砖砌筑而成，其构造由下而上分为基座、墙身、砖檐、屋顶四部分。

（1）影壁基座：基座即影壁墙的群肩，多采用干摆墙做法，对要求不高的可采用丝缝墙，对比较讲究的采用砖须弥座形式。当墙体较厚时，可在墙心内加砌一层背里砖，称为"金刚墙"。

（2）影壁墙身：墙身即影壁墙的上身，其构造分为：影壁芯（含线枋子）、边柱（含瓶耳子）、箍头枋（含三叉头）、马蹄磉等。墙身形式分为带"撞头"和无"撞头"两种。无撞头是指将影壁心四周用边柱和横枋做成边框形式，如图 5.1.26（a）所示。有撞头是指在影壁心边框之外，还砌有一段砖墙体，一般为丝缝墙，这种形式好像是将影壁芯镶嵌在一面墙上一样，如图 5.1.26（b）所示。

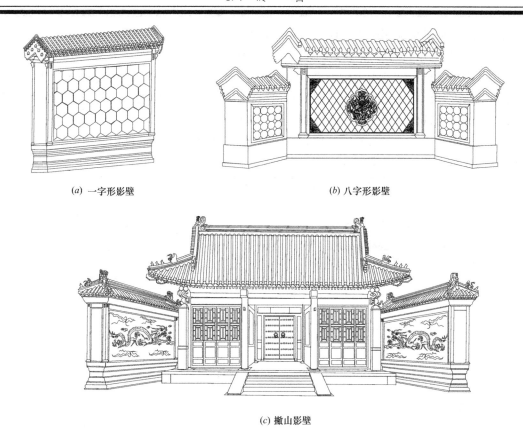

(a) 一字形影壁　　　　　　　　　　　　(b) 八字形影壁

(c) 撇山影壁

图 5.1.25　影壁

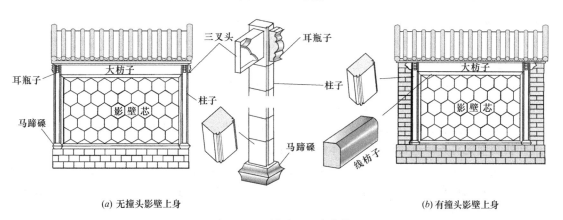

(a) 无撞头影壁上身　　　　　　　　　　(b) 有撞头影壁上身

图 5.1.26　影壁的组合构件

其中，"影壁芯"是指用方砖镶贴的大面饰面，称为"方砖心"。四周仿照木枋用条砖加工成边框线，称为"线枋子"。影壁芯饰面除朴素方砖心外，还可在中心和四角采用雕花砖，以作装饰，如图 5.1.28（b）所示。

"边柱"是影壁芯两边的装饰柱，无撞头柱子可做成方柱或圆弧柱；带撞头柱子为扁矩形柱。无论是方形还是扁矩形，都用城砖砍磨制作，其柱棱应做成"窝角棱"。在柱顶正面，安装有用砖加工成花瓶形的耳瓶子，以作柱顶的装饰构件。

"枋子"是影壁芯顶部的装饰横枋，用城砖或大停泥砖制作，称"大枋子"，仿照木箍头枋形式，在枋子两端用砖剔凿成三叉头形式的箍头。

"柱座"即柱墩，用砖加工成马蹄弧形，称为"马蹄磉"，见图 5.1.26 中所示。

（3）影壁砖檐：它是指大枋子之上，屋顶之下的砖檐，根据屋顶形式，分为硬山做法和悬山做法。硬山做法的前后檐，同房屋"封后檐"一样。悬山做法的前后檐是在大枋子之上，仿照木构件做成砖垫板、砖椽望、砖飞椽等。

（4）影壁屋顶：它分为硬山屋顶和悬山屋顶，都用砖瓦砌筑。硬山屋顶两端山面同硬山建筑的山尖做法一样，如图 5.1.27（b）所示。

悬山屋顶一般采用过垄脊，两端山面做法同悬山山尖一样，如图 5.1.27（a）所示。

(a) 悬山做法　　　　　　　　　　　　　　　　　　(b) 硬山做法

图 5.1.27　影壁砖檐与屋顶

2. 琉璃影壁

琉璃影壁是用琉璃砖和琉璃构件做成，其中影壁芯中心用琉璃花砖拼成花饰，四角为叉角花砖，称为"中心四叉做法"，如图 5.1.28（b）所示。其他构件都为窑制琉璃品，包括做边柱的琉璃方圆柱子和柱头、柱顶装饰件琉璃耳子、枋子端头装饰件琉璃霸王拳等，如图 5.1.28（c）所示。这些构件都是空心壳体形式，只有外露部分为琉璃，埋入墙内部分为素面。

琉璃影壁屋顶常采用庑殿形式或歇山形式，重要建筑的正脊采用大吻，一般可采用望兽，如图 5.1.28（a）所示。檐口采用四、五层冰盘檐。影壁底座采用须弥座形式。

对琉璃影壁芯斜纹方砖的排列，由于有四角叉角花，要做到使方砖砍破率达到最小，这样就必须先对方砖进行试摆。具体做法如下：

首先要选择标准方砖，设方砖对角斜长为 B，将叉角花边长按 1.5B 或 2B 进行加工，影壁芯的外框长和高，用以 B 的若干倍进行试摆，直到调节到所需要的尺寸。方砖排列按图 5.1.29 所示两种方法。

【5.1.15】 院墙

院墙是阻止闲人翻越和骚扰的围护墙，多用于庭院、宅院、园林等区域围护，院墙墙高没有硬性规定，可根据需要，以能阻止一般人徒手翻越和低于屋檐为原则；墙厚应不小于一砖长。墙体分为群肩、上身及墙帽三部分。

其中，群肩高约为院墙高的 1/3，砌砖层数按单数计；墙厚的里外包金相等，约 1 砖至 2 砖厚。多用丝缝墙或淌白墙。

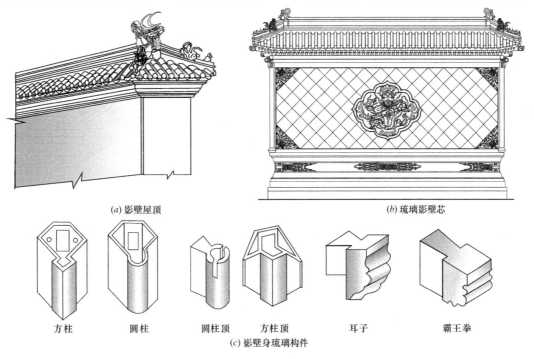

(a) 影壁屋顶　　　　　　　(b) 琉璃影壁芯

方柱　　　圆柱　　　圆柱顶　　方柱顶　　　耳子　　　霸王拳

(c) 影壁身琉璃构件

图 5.1.28　琉璃影壁

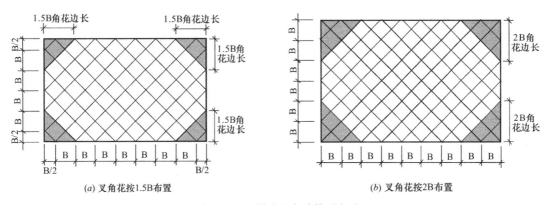

(a) 叉角花按1.5B布置　　　　　　　(b) 叉角花按2B布置

图 5.1.29　影壁芯方砖排列方法

院墙上身高＝院墙总高－群肩高－墙帽高，墙厚按群肩厚减去退花碱，退花碱尺寸可按 6cm 至 15cm 掌握。墙身多采用花墙子或云墙形式，如图 5.1.30 所示。

院墙墙帽由砖檐及帽顶组成，砖檐可采用二层直线檐、三层菱角檐、四层冰盘檐。帽顶形式有：蓑衣顶、宝盒顶、真假硬顶、兀脊顶、馒头顶、鹰不落顶、花瓦顶、砖花顶等。

（1）蓑衣顶：是指在砖檐之上，由下而上层层上收，一般为 3 层至 7 层，如图 5.1.31（a）所示，具体依砖墙厚度和盖帽高度而定。砖檐常采用直线檐或鸡嗉檐。

（2）馒头顶：它是在砖檐之上将盖顶之面做成圆弧形面，如图 5.1.31（b）所示。因其背比较圆滑，故又取名为泥鳅背。其砖檐采用直线檐。

（3）真假硬顶：真硬顶是指用砖块斜铺而成的盖帽顶，斜铺砖面图案有：一顺出、褥

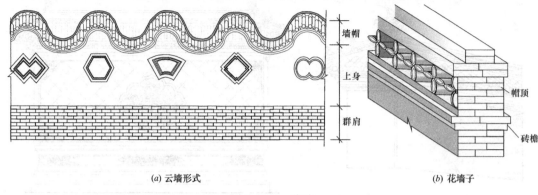

(a) 云墙形式　　　　　　　　　　　　　　　(b) 花墙子

图 5.1.30　院墙

子面、八方锦和方砖等，如图 5.1.31（c）所示。斜铺面上做有一压顶，此称为"眉子"，故又称为"眉子真硬顶"。斜铺砖面中：一顺出是指铺砖按砖的长向由上而下，一顺铺出。褥子面是指将铺砖一横两直组合为一组，进行斜面铺筑的图案。八方锦是指将砖进行横直交叉铺筑的图案。

假硬顶是将真硬顶的砖铺斜面，改为抹灰斜面，如图 5.1.31（d）所示。砖檐形式多采用冰盘檐或直线檐。

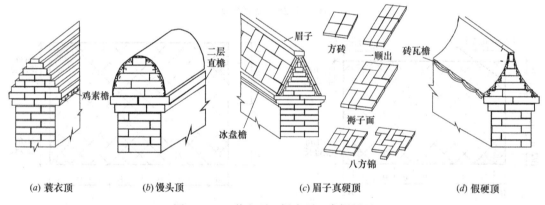

(a) 蓑衣顶　　　　　(b) 馒头顶　　　　　(c) 眉子真硬顶　　　　　(d) 假硬顶

图 5.1.31　蓑衣顶、馒头顶、真假硬顶

（4）宝盒顶：它是在砖檐之上将盖帽做成盒体形断面，有如古代器皿的宝盒形式，如图 5.1.32（a）所示。砖檐多为直线檐。

（5）鹰不落顶：它是将假硬顶斜面，改成凹弧形斜面，据说使鹰站立不稳而不会落下，如图 5.1.32（b）所示。为配合凹面造型，砖檐可在头层檐上铺叠两层蝴蝶瓦，形成砖瓦檐。

（6）屋面瓦顶：它是采用蝴蝶瓦鞍子脊屋顶，或采用筒板瓦过垄脊屋顶，如图 5.1.32（c）（d）所示。砖檐常采用四层冰盘檐。

（7）花瓦顶：它是用筒、板瓦组拼成不同的花纹图案作为花芯，上面覆以盖板而成的盖顶，如图 5.1.33 所示。砖檐只需采用直线檐即可。

（8）砖花顶：它是指在直线檐砖檐之上，用整砖摆砌成各种横直图案的透空形墙帽，图案简洁，就地取材，多为一般院墙所使用，常用的砖花图案如图 5.1.34 所示。

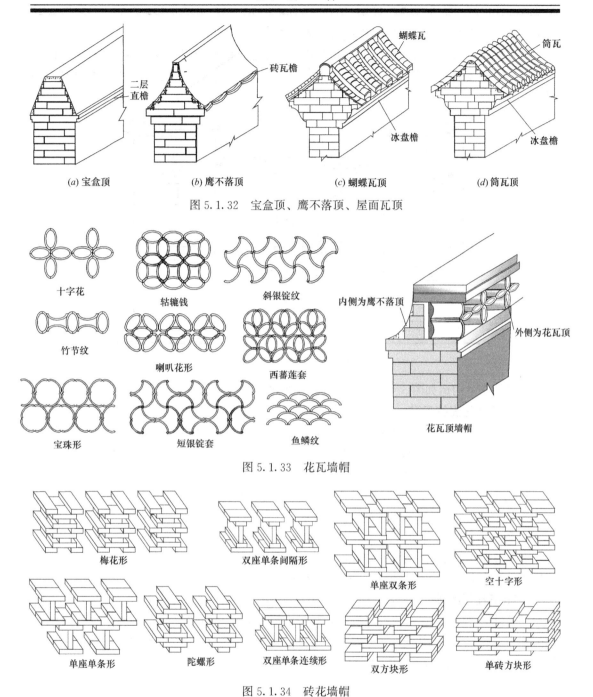

(a) 宝盒顶　　　　(b) 鹰不落顶　　　　(c) 蝴蝶瓦顶　　　　(d) 筒瓦顶

图 5.1.32　宝盒顶、鹰不落顶、屋面瓦顶

十字花　　　　轱辘钱　　　　斜银锭纹

竹节纹　　　　喇叭花形　　　　西蕃莲套

宝珠形　　　　短银锭套　　　　鱼鳞纹

花瓦顶墙帽

图 5.1.33　花瓦墙帽

梅花形　　　　双座单条间隔形　　　　单座双条形　　　　空十字形

单座单条形　　　　陀螺形　　　　双座单条连续形　　　　双方块形　　　　单砖方块形

图 5.1.34　砖花墙帽

【5.1.16】 墙门、门楼

墙门和门楼是南方一些寺观庙宇和乡镇住宅，所常用的一种砖砌结构。所谓"墙门"和"门楼"，《营造法原》第十三章述，"凡门头上施数重砖砌之枋，或加牌科等装饰，上覆屋面者，称门楼或墙门。门楼及墙门名称之分别，在两旁墙垣衔接之不同，其屋顶高出

墙垣，耸然兀立者称门楼。两旁墙垣高出屋顶者，则称墙门。其做法完全相同"。即在门洞上做有几道砖枋或加有斗栱装饰，并在其上覆盖屋顶的称为门楼或墙门。对这两者的区别是，当屋檐顶高出两边围墙者称为"门楼"，当两边围墙高于屋檐顶者称为"墙门"，如图5.1.35所示。

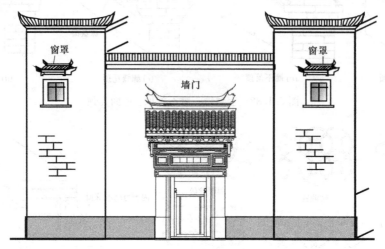

图 5.1.35　前檐墙门

墙门的基本构造如图5.1.36所示，具体列述如下。

1. 八字头托泥锁口砖

"八字头托泥锁口砖"，是指从墙门洞边的抱框到跺头勒脚转角所砌的斜八字形勒脚底垫锁口构件。其中"托泥砖"即指勒脚底垫砖，"锁口砖"指最边缘的护边砖。

2. 八字跺头勒脚墙身砖

"八字跺头勒脚墙身砖"是指跺头的下半身（勒脚）和上半身（墙身）的斜撇部分所用的斜八字构件砖，即砌筑勒脚身和跺头身所用的砖。

3. 下枋砖、上枋砖

下枋砖是指位于门洞上槛和抱框之上，仿照矩形枋木形式所加工的砖。上枋砖是与下枋砖相对称的砖，其作用与形状与下枋砖相同。

4. 上下托混线脚砖

"混"即指弧形，在中国古建筑中，对圆弧形截面称之为"混面"或"浑面"。而1/4圆弧称为"托混"，其中凸弧在上▇者称为上托混，凸弧朝下▇者称为下托混。将砖侧面加工成如此形式的砖，称为"线砖"。

5. 宿塞砖

"宿塞"即收缩，宿塞砖是在上下托混之间的一种束腰过渡砖，成矩形截面。

6. 木角小圆线台盘浑

"木角小圆线"即指圆弧转角的角线，称为"木角线"；"台盘浑"是指狭窄长条形的四角为弧形角。"木角小圆线台盘浑"是指对大镶边的边框线砖，其四角的转角砖要加工成为木角线。

7. 大镶边砖、兜肚砖

"大镶边砖"是指将兜肚、字碑等镶嵌围圈的砖。

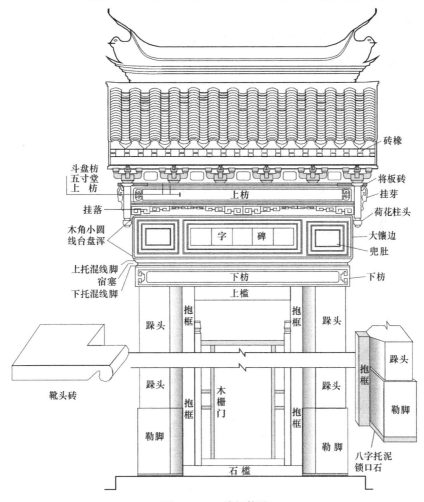

图 5.1.36　墙门构造

"兜肚"是指小孩遮挡肚皮的方巾，此处将刻有方框线条的方砖称为兜肚砖。

8. 字碑砖、斗盘枋砖

"字碑砖"是指雕刻有字迹，并供鉴赏观望的砖。

斗盘枋又称平板枋，斗盘枋砖是承托斗栱的平板砖。

9. 五寸堂砖

"五寸堂砖"又称为五寸宕，即指相当于五寸高的薄板构件，这里是指上枋与斗盘枋之间的过渡构件。

10. 一飞砖木角线、二飞砖托浑、三飞砖晓色砖

这是做成三层砖檐的线砖名称，一般将"一飞砖木角线、二飞砖托浑、三飞砖晓色砖"通称为"三飞砖"，它是由下而上，层层向外伸（即飞）出一段距离，如图 5.1.22 (b)、图 5.1.23 (a) 所示。一层为圆弧木角线、二层为 1/4 圆弧托浑、三层为上下二圆弧过渡弧晓色面。

11. 挂落砖

"挂落砖"是指仿照木挂落花形的雕刻砖，安装在上枋砖之下。

12. 荷花柱头砖

悬挂在枋木之下的柱称为"垂柱"，垂柱下端称为垂柱头或垂头，垂头雕刻莲花瓣形式的砖，称为莲瓣头或荷花头。

13. 将板砖、挂芽砖

"将板砖"是指用于悬挂荷花柱的柱座，它与斗盘枋紧密连接，由它将吊挂荷载传递到斗盘枋上。

"挂芽砖"又称为"耳子"，其形象有似耳朵轮廓，是挂在柱顶侧边的装饰构件。

14. 靴头砖

它是砌在三飞砖的两个端头侧面的装饰砖，靴头砖形式如图 5.1.36 所示。

【5.1.17】 砖挂落、砖博缝

砖挂落和砖博缝都是一种饰面砖，可以用方砖进行现场加工，也可以采用窑制品。

1. 砖挂落

"砖挂落"是方砖安装在门楼或墙门的大门顶上，用作门洞木过梁外观面的装饰面砖，如图 5.1.37 (a) 所示。砖面可雕刻花纹也可素面，挂落砖的规格可为尺二砖、尺四砖、尺七砖等，方砖现场加工，也可为窑制加工品。

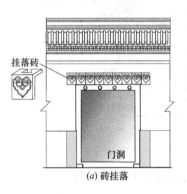
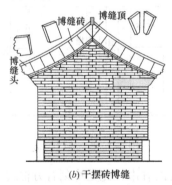

(a) 砖挂落　　　　　(b) 干摆砖博缝　　　　　(c) 灰砌散装砖博缝

图 5.1.37　砖博缝、砖挂落

2. 砖博缝

"博缝"又称"博风"，是中国古建筑房屋两端山面沿人字屋顶山墙顶端所做的装饰，用木板做的称为"博缝板"，用砖料做的称为"砖博缝"。博缝板多用于悬山建筑和歇山建筑屋顶山面。砖博缝常用于硬山建筑的山面，根据砌筑工艺分为方砖干摆博缝、灰砌散装博缝。

其中，方砖干摆博缝是用尺二砖、尺四砖、尺七砖等方砖进行加工，精心摆砌而成，如图 5.1.37 (b) 所示。而灰砌散装博缝是除博缝头用方砖加工外，其他均用普通机砖或蓝四丁砖进行层层铺筑灰浆砌筑而成，一般为三层至七层，如图 5.1.37 (c) 所示。

【5.1.18】 琉璃博缝

琉璃博缝是指用窑制琉璃博风构件在施工现场拼装而成的博风，这些构件都带有挂脚，分为尖山屋顶博缝和卷棚屋顶博缝。

尖山屋顶博缝是将琉璃博风构件，如博风尖、博风插杆、博风砖、博风头等，嵌砌在博缝墙上，如图 5.1.38（a）所示。

卷棚屋顶博缝是将琉璃博风构件，如博风顶、博风砖、博风头等，挂钉在木博缝板上，如图 5.1.38（b）所示。

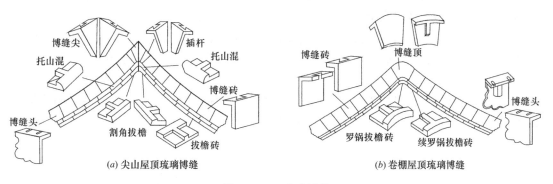

(a) 尖山屋顶琉璃博缝   (b) 卷棚屋顶琉璃博缝

图 5.1.38　琉璃博缝

【5.1.19】 琉璃挂落、琉璃滴珠板

琉璃滴珠板和琉璃挂落，是为保护平座沿边木和木过梁免被风雨侵蚀的一种饰面砖，都带有挂脚。

琉璃滴珠板是挂钉在阁楼平座沿边木的滴水板上，如图 5.1.39（a）所示。

琉璃挂落砖是挂钉在洞口顶上的木过梁上，如图 5.1.39（b）所示。

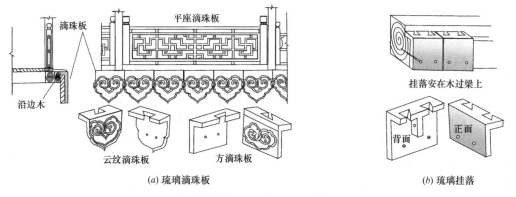

(a) 琉璃滴珠板   (b) 琉璃挂落

图 5.1.39　琉璃挂落与滴珠板

【5.1.20】 砖券

砖券又称"砖碹"，是墙体洞口、空圈或洞道上的一种拱形砖过梁，它是利用中间起拱形成一定弧度，借用拱的撑力来承担空洞上的荷载，并将其分布于墙体上。多用于不装木框的门洞和窗洞、房屋通道、下水道等。

1. 砖券类型

砖券类型，根据起拱度（即弧度）的大小分为车棚券、半圆券、平券、木梳背、圆光券等。

车棚券、半圆券都是在半圆弧的基础上再按5‰跨度起拱而形成的圆券，也可直接按5‰跨度起拱筑成券顶，称为"枕头券或穿堂券"，如图5.1.40（a）（b）所示。一般多用于弧度比较大的通道或过水道上。

平券是一种起拱度最小的砖券，即起拱度为1‰跨度，其弧度几乎接近平直，所以称其为"平券"，又称为"平口券"，如图5.1.40（c）所示。一般只能用于跨度不超过1.5m小洞口。

木梳背的起拱度较平券大，但也小于其他拱券，起拱度为4‰，其弧度线如同梳头用的木梳子背一样，故名为"木梳背"，如图5.1.40（d）所示，其使用跨度不超过2m为为宜。

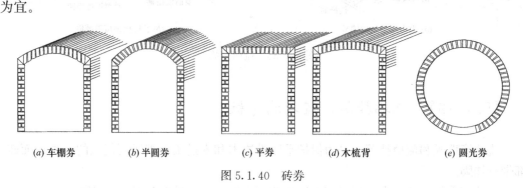

(a) 车棚券　　　(b) 半圆券　　　(c) 平券　　　(d) 木梳背　　　(e) 圆光券

图 5.1.40　砖券

圆光券是在整个圆弧圈的基础上，将上半圆再按2‰跨度起拱而形成圆圈，如图5.1.40（e）所示，多用于圆门洞。

2. 砖券砌筑

砌筑砖券的术语称为"发券"，发券工艺分为放制券胎、赶排试砖、铺砌灌浆等。

（1）放制券胎：铺砌前要先放出拱券弧线，再按此制弧线作券胎。券胎可用砖胎或木制胎。砖胎是先用砖砌成较券弧稍小（即抹灰厚）的弧形状，然后用膏灰抹成所需要的弧形，如图5.1.41（a）所示。木制胎是用木板和撑架做成所需要的弧形。

（2）赶排试砖：券胎制作好后，要试排券砖。如果合拢砖已经确定，排砖最好由中间向两边赶排，这样可以保证看面形式和砖缝的正确。如果合拢砖需临场确定，则排砖由两边向中间赶排，排到中间后量出合拢砖尺寸，再安排按尺寸加工，这种排活可以保证券缝的紧密。排活时应掌握砖块总数要为单数，如果不是单数，合拢砖就不会处在正中，就会影响砖券的安全。排砖时可以用灰缝宽窄加以调节。

（3）铺砌灌浆：铺砌必须在砖胎模上由两边向中间逐砖逐灰砌筑，如图5.1.41（b）所示。砌到券顶正中间的一块砖称为"合拢砖"或"龙口砖"，如图5.1.41（c）所示。砌砖的灰浆应使砖的接触面积达到100%，并要保证灰浆的密实。砌筑完成后，应在上口用石片插入缝内，然后进行灌浆，切不可采取先打灰条再灌浆的方法，这样会影响强度降低。

3. 砖券放样

砖券的放样可以归纳为两种，一是在水平线跨度基础上放弧线；二是在已有圆弧线基

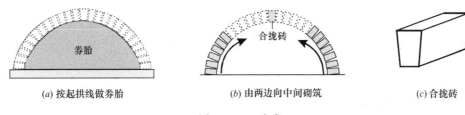

(a) 按起拱线做券胎　　(b) 由两边向中间砌筑　　(c) 合拢砖

图 5.1.41　发券

础上放起拱弧线。

（1）在水平线基础上放弧线

这种放样用于平券、木梳背、车棚碹等的放样。其做法为：

先以券底水平为准作垂直十字线，在十字水平线上取一中心点 C，并向外分别取点：$CA+CB=$跨度，向上取 $CD=$矢高（平券矢高为 0，木梳背矢高为 1/4 圆的玄高 $=0.293$ 半径），$DE=$起拱度（平券为 1％ AB，木梳背为 4％ AB）。如图 5.1.42（a）所示。

然后连接 AE、BE，并作二线的垂直平分线交于垂线 O 点。如图 5.1.42（b）所示。再以 O 点为圆心，OA（B）为半径画弧，则 AEB 弧即为券线。如图 5.1.42（c）所示。

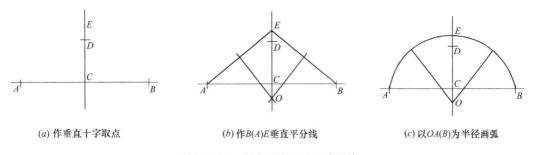

(a) 作垂直十字取点　　　　(b) 作B(A)E垂直平分线　　　　(c) 以OA(B)为半径画弧

图 5.1.42　在水平线基础上放弧线

（2）在圆弧线基础上放弧线

这种放样用于半圆券、圆光券等的放样。其做法为：

先以券底水平为准作垂直十字线，在十字水平线上取一中心点 O，再分别取点：$OA+OB=$跨度，$CO=DO=NO=$起拱度（半圆券为 5％AB，圆光券为 2％AB），如图 5.1.43（a）所示。

然后以 C（D）为圆心，CB（DA）为半径画弧，与 CN（DN）延长线相交于 F（E）。如图 5.1.43（b）所示。再以 N 点为圆心，AE（BF）为半径画弧至 F（E），则 $AEFB$ 弧即为券线，如图 5.1.43（c）所示。

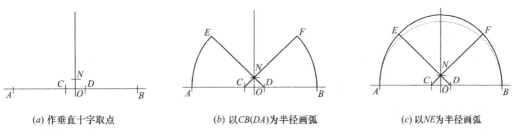

(a) 作垂直十字取点　　　　(b) 以CB(DA)为半径画弧　　　　(c) 以NE为半径画弧

图 5.1.43　在圆弧基础上放弧线

5.2 墙体材料及施工

【5.2.1】 砖料类别

砖瓦的使用虽在周代时期已有所记载，但使用实物很少，据考古学家的考察，在战国时期建筑遗址中，发掘有条砖、方砖、栏杆砖、空心砖等类型，到了秦汉时期，秦始皇统一六国后，开始大兴土木，促使了砖瓦业的发展，通过考察发现已经出现有五棱砖、曲尺形砖、楔形砖和子母砖等不同形状的砖，秦汉时期的长城已使用上"砖包砌"做法。到了汉代时期在对"条砖"的生产已趋向有统一规格的大小两种尺寸，直至唐宋，砖瓦业达到飞速发展和大量应用，这时中国古建筑的砖料在生产规格上就已基本形成定制，但使砖瓦技术有更大发展和提高的是明清时期，出现有不同类型和质别的砖料，古建工作者把这个时期的砖料归纳为城砖、停泥砖、砂滚砖、开条砖、方砖、四丁砖、金砖、斧刃砖八种。

1. 城砖

"城砖"是因为多用于城墙、台基和墙脚等体积较大部位的大规格砖，所以取名为"城砖"。城砖依产地、规格、工艺等有不同称呼，如对山东临清所生产的砖称为"临清城砖"，它因其质地细腻、品质优良而出名。对将泥料捣制成泥浆，经沉淀后取上面细泥制成的优质砖，称为"澄浆城砖"。将规格大的称为"大城样砖"，一般尺寸约为：480mm×240mm×128mm；规格小的称为"二城样砖"，一般尺寸为：440mm×220mm×110mm。

2. 停泥砖

"停泥砖"是以优质细泥（通称停泥）经制坯，窑烧而成，各地均可生产。其规格较城砖略小，也分为大、小停泥等两种，大停泥砖尺寸一般约为：410mm×210mm×80mm；小停泥砖尺寸一般为：280mm×140mm×70mm。用于墙身、地面、砖檐等部位。

3. 砂滚砖

"砂滚砖"即用砂性土壤制成的砖，质地较粗，空隙较多，是属于品质较次的一种砖，一般用于作背里砖和糙墙砖。

4. 开条砖

"开条砖"简称"条砖"，它的宽度小于半长度，厚度小于半宽度。窑制时常在砖面中部画有一道细线，以便施工切砍，多用于开条、补缺、檐口等部位。

5. 方砖

"方砖"即大面尺寸成方形的砖。依其营造尺寸分为尺二方砖、尺四方砖、尺七方砖和二尺方砖、二尺二方砖、二尺四方砖等，多用于博风、墁地等。

6. 四丁砖

"四丁砖"又称蓝手工砖，是民间小土窑烧制的普通手工砖，一般用于要求不太高的砌体和普通民房上，其规格与现代标准砖相近，即为240mm×115mm×53mm。

7. 金砖

"金砖"即指质量最好的特制砖，土质细腻，结构紧密，敲之具有清脆声音，专供京都使用。

8. 斧刃砖

"斧刃砖"是一种较薄的砖，因其薄窄而冠名，一般规格尺寸为 240mm×120mm×40mm。

【5.2.2】 砖料规格

我国古代建筑所用砖料规格，宋制、清制和《营造法原》各有所长。

1. 宋制砖料

《营造法式》卷十五砖作制度述道，"用砖之制：殿阁等十一间以上，用方砖二尺，厚三寸。殿阁等七间以上，用方砖一尺七寸，厚二寸八分。殿阁等五间以上，用方砖一尺五寸，厚二寸七分。殿阁、厅堂、亭榭等，用方砖一尺三寸，厚二寸五分。以上用条砖，并长一尺三寸，广六寸五分，厚二寸五分。如阶唇用压阑砖，长二尺一寸，广一尺一寸，厚二寸五分"。接述"行廊、小亭榭、散屋等，用方砖一尺二寸，厚二寸。用条砖长一尺二寸，广六寸，厚二寸。城壁所用走趄砖，长一尺二寸，面广五寸五分，底广六寸，厚二寸。趄条砖面长一尺一寸五分，底长一尺二寸，广六寸，厚二寸。牛头砖长一尺三寸，广六寸五分，一壁厚二寸五分，一壁厚二寸二分"。即不同房屋用砖，规定有不同规格。另在窑作制度中，除上述规格外，还有窑制规格的砖碇，方一尺一寸五分，厚四寸三分；镇子砖，方六寸五分，厚二寸。其规格一并列入表5.2.1中。

《营造法式》砖料尺寸摘录　　　　　　　　　　表 5.2.1

使用范围		长（营造尺）	广（营造尺）	厚（营造尺）
殿阁等 11 间以上	方砖	2	2	0.3
殿阁等 7 间以上	方砖	1.7	1.7	0.28
殿阁等 5 间以上	方砖	1.5	1.5	0.27
殿阁、厅堂、亭榭等	方砖	1.3	1.3	0.25
以上殿阁、厅堂、亭榭	条砖	1.3	0.65	0.25
阶唇压阑砖	条砖	2.1	1.1	0.25
行廊、小亭榭、散屋等	方砖	1.2	1.2	0.2
	条砖	1.2	0.6	0.2
城壁走趄砖	条砖	1.2	面 0.55 底 0.6	0.2
城壁趄条砖	条砖	面 1.15 底 1.2	0.6	0.2
城壁牛头砖	条砖	1.3	0.65	0.25 或 0.22
窑制砖碇	方砖	1.15	1.15	0.43
窑制镇子砖	方砖	0.65	0.65	0.2

2. 清制砖料

清制常用的砖料，根据生产品质和规格，列有若干种类，现根据《工程做法则例》卷五十三所述内容和有关窑厂所出规格，归纳列入表5.2.2。

255

清制常用砖料规格　　　　　表 5. 2. 2

砖料名称		清营造尺	mm
城砖	澄浆城砖	1. 47×0. 75×0. 4	470×240×128
	停泥城砖	1. 47×0. 75×0. 4	470×240×128
	大城砖	1. 5×0. 75×0. 4	480×240×128
	二城砖	1. 375×0. 69×0. 34	440×220×110
停泥砖	大停泥	1. 28×0. 655×0. 25	410×210×80
	小停泥	0. 875×044×0. 22	280×140×70
沙滚砖	大沙滚	1. 28×0. 655×0. 25	410×210×80
	小沙滚	0. 875×0. 44×0. 22	280×140×70
条砖	大开条	0. 90×0. 45×0. 20	288×144×64
	小开条	0. 765×0. 39×0. 125	245×125×40
四丁砖		0. 75×0. 36×0. 165	240×115×53
金砖		同尺七以上方砖	
斧刃砖		0. 75×0. 375×0. 165	240×120×40
地趴砖		1. 31×0. 655×0. 265	420×210×85
方砖	尺二砖	1. 2×1. 2×0. 18	384×384×58
	尺四砖	1. 4×1. 4×0. 20	448×448×64
	尺七砖	1. 7×1. 7×0. 125	544×544×80
	二尺砖	2. 0×2. 0×0. 30	640×640×96
	二尺二砖	2. 2×2. 2×0. 40	704×704×128
	二尺四砖	2. 4×2. 4×0. 45	768×768×144

3. 《营造法原》砖料

《营造法原》第十二章列有常用砖料表，现将主要部分摘录列于表 5. 2. 3。

《营造法原》砖料尺寸摘录　　　　　表 5. 2. 3

名称	长(鲁班尺)	阔(鲁班尺)	厚(鲁班尺)	用途
大砖	1. 8 至 1. 02	0. 8 至 0. 51	0. 18 至 0. 1	砌墙
城砖	1 至 0. 68	0. 5 至 0. 34	0. 1 至 0. 065	砌墙
单城砖	0. 76	0. 38		砌墙
行单城砖	0. 72	0. 36	0. 07	砌墙
五斤砖	1	0. 5	0. 1	砌墙
二斤砖	0. 85			砌墙
十两砖	0. 7	0. 35	0. 07	砌墙
正京砖	2	2	0. 3	铺地
	1. 8	1. 8	0. 3	铺地
	2. 42	1. 25	0. 31	铺地
二尺方砖	1. 8	1. 8	0. 22	铺地
一尺八方砖	1. 6	1. 6		铺地

【5.2.3】　砖料加工

凡对砖墙砌体的用砖，都会有部分特殊位置，需要将砖砍制成一定形状规格，以供使用。宋制和《营造法原》建筑都没有涉及砖料加工内容。对砖料的加工，清制分为：砖的"面、头、肋"、五扒皮砖、膀子面砖、淌白头砖、三缝砖、六扒皮砖、盒子面砖、八成面砖、干过肋砖等。

1. 砖的"面、头、肋"加工

"面"的加工是指将砖料的长身面（在立面墙中，砖侧面朝外的称呼）、陡板面（在立面墙中，砖大面朝外的称呼）、柳叶面（在地平面中，砖侧面朝上的称呼）等所进行的加工。对长身面的加工，要保证其四棱必须相互垂直，其他各面则应砍出便于砌筑和灌浆的灰口，称为砍"包灰"，如图5.2.1（a）所示。对陡板面和柳叶面加工，只需要求四棱相互垂直即可，如图5.2.1（b）所示。

"头"是指对砖料的丁头面所进行的加工。当丁头面置于转角部位时，称为"转头"。丁头面的加工，必须要保证丁头四棱整齐，除丁头面外的其他各面则应砍包灰，在肋面留出一段不砍包灰的部分，称为"砖头肋"，如图5.2.1（c）所示。

"肋"是指除主看面和丁头面以外，其他几个面都称为"肋"，若在方砖地面中，除朝上的主看面外，没有丁头面，则其他各面都称为肋，如图5.2.1（d）所示。在砖墙砌体中，除淌白砖外，一般正规用砖的肋，都要求经过砍磨加工，称为"过肋"或"劈肋"。

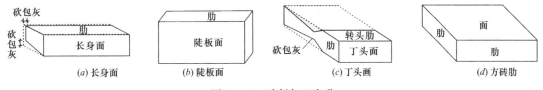

（a）长身面　　　（b）陡板面　　　（c）丁头画　　　（d）方砖肋

图5.2.1　砖料加工名称

2. "五扒皮砖"加工

将砖的上下两面、侧面两肋、一丁头五个面，按规定长、宽、厚进行加工的称为"五扒皮"，如图5.2.2（a）所示，其中对加工面要留出转头。它多用于干摆墙和细墁条砖地面中。

五扒皮加工过程为：磨面、打直、打扁、过肋、磨肋、截头等。磨面是指先将加工面磨平，打直是指将棱边画直线，打扁是指将直线以外部分凿去，过肋指砍包灰，磨肋指将过肋部分磨平，截头是指将未加工端头按要求尺寸截断磨平。

3. "膀子面砖"加工

对只磨平而不砍包灰的那一面称为"膀子面"，膀子面要与相邻各面成垂直棱边，如图5.2.2（b）所示。膀子面砖是五扒皮砖的简化品，多用于丝缝做法的砌体中。

4. "淌白头砖"加工

"淌白头砖"是指经过简易加工，进行打磨素面的砖。淌白即指蹭白，蹭即磨，白指无特殊修饰，淌白加工分为细淌白和粗淌白两种。细淌白又称为"淌白截头"，只对一个面（或头）和一个棱进行磨、截，不砍包灰，不过肋，即谓之"只落宽窄"、"不劈厚薄"。

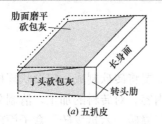
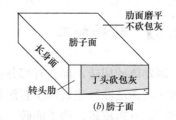

图 5.2.2 五扒皮、膀子面

粗淌白又称为"淌白拉面"，只对一个面（或头）和一个棱进行铲磨，不截头，不砍包灰，不过肋，即谓之"不落宽窄"、"不劈厚薄"。

5."三缝砖"加工

三缝是指砖的左、右、上缝三个缝，三缝砖加工是对砖的看面及其三缝进行加工的砖。它只用于不需要全部加工的部位，如干摆墙的第一层，槛墙的最后一层，地面靠墙的部位。

6."六扒皮砖"加工

六扒皮砖是指对砖的六个面都要予以加工的砖。它是用于一个长身面和两个丁头面同时露面的部位，如山墙的墀头用砖。

7."盒子面砖"加工

盒子面是指在地面方砖中朝上的那一面。盒子面砖加工内容为：铲磨看面，过四肋，四角为直角，底面砍包灰。它是专用于细墁地面的砖。

8."八成面砖"加工

八成面砖是指只要求对看面铲平，加工精度达八成即可的砖，它是盒子面砖的简化砖，加工内容同盒子面砖。它用于细墁地面砖。

9."干过肋砖"加工

干过肋砖是指只过四肋，不铲大面，不砍包灰的粗加工砖。用于淌白地面和粗墁地面铺地砖。

【5.2.4】 砖雕

砖雕在清制建筑中，积累有丰富的操作工艺，而在宋制和《营造法原》建筑中，都是按石作雕刻工艺进行相关操作，因此，其雕刻具体内容可参考第二章【2.3.20】石雕刻所述。

清制砖雕是指对砖面进行"画構、镬打、铲磨、上药、打点"等操作，雕凿出各种图案花饰的雕凿工艺。

"画構"是指在已砍磨好的砖面上，用笔画出所需雕刻的花饰或图案的轮廓线。然后用小錾子按画线凿出细浅纹道，如图 5.2.3（a）所示。画一次構一次，随画随構。

"镬打"是对画構的加工，即用小錾子将花体图案内部的立体轮廓雕琢出来，将轮廓以外的部分凿去，使图案体现出凸凹起伏效果，如图 5.2.3（b）（c）所示。

"铲磨"是对镬打的细加工，即将花饰图案内外粗糙之处，进行铲平磨细，如图 5.2.3（d）所示。

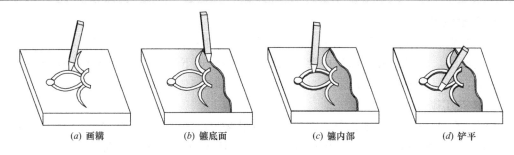

图 5.2.3 画镪铲工艺

"上药"即指用药粉将残缺和砂眼之处，进行找平补齐。药粉配比为：白灰：砖粉：青粉＝1：1：少许或 2.5：1：少许。

"打点"是指将砖粉用水调匀成稀稠浆，用软刷或柔布，将花饰图案揉擦干净。

砖雕手法与一般雕刻一样，分为平雕、浮雕、透雕三种。

"平雕"是指雕刻图案处在一个平面上，通过各种线条凸凹产生立体感的手法，如图 5.2.4（a）所示。

"浮雕"是通过剔凿底面，让花饰凸出而产生立体感的手法，如图 5.2.4（b）所示。

"透雕"是将砖的某些部分进行凿透、镂空，使图案形象更加逼真的手法，如图 5.2.4（c）所示。

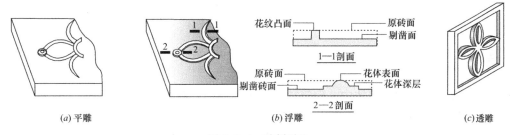

图 5.2.4 雕刻手法

【5.2.5】 墙体摆砖砌缝

墙体砌砖是将若干块砖进行横、竖、立等不同组合方式摆砌而成，为方便摆砌，一般将一块砖给予四种看面称呼，即：长身面（即砖长侧面朝外的那面）、陡板面（即砖长大面朝外的那面）、丁头面（即砖宽小面平卧朝外的那面）和柳叶面（即砖宽小面侧立朝外的那面），如图 5.2.5 所示。常见摆砌所成的砖缝有三七缝、梅花丁、十字缝、空斗砖等。

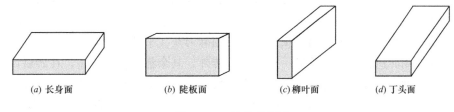

图 5.2.5 砖的观看面

1. 三七缝砌法

三七缝砌法是指按一个丁头面、三个长身面为一组进行平摆的砌筑方法，又称"三顺一丁"砌砖法，如图 5.2.6（a）中第一层所示。但砌筑下一层时，上下丁头面应该错开一个距离，下层丁头面对齐上层第二个长身面中，如图 5.2.6（a）中第二层所示。

2. 梅花丁砌法

梅花丁砌法是用一个丁头面与一个长身面相间摆砌的方法，即每层按"一丁一顺"进行摆砖，又称"丁横拐"砌法，如图 5.2.6（b）中所示。但第二层顶头面应摆在上层长身面中间。

3. 十字缝砌法

十字缝砌法是指每层都为长身面平摆的砌法，又称"单砖法"。对墙体每层除开头和结尾处需要部分错缝外，其他每层都按一顺砖进行摆砌，如图 5.2.6（c）所示。

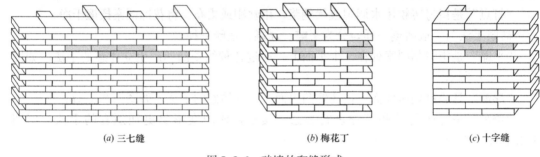

(a) 三七缝　　　　　　　　　(b) 梅花丁　　　　　　　　　(c) 十字缝

图 5.2.6　砖墙的砌缝形式

【5.2.6】 干摆墙

"干摆墙"是清制砖墙体中，砌筑精度要求最高的一种墙体，它是用五扒皮砖，通过"磨砖对缝"，不用灰浆，一层一层干摆砌筑而成。其中干摆砖即为五扒皮砖加工砖，都采用质量较好的城砖或停泥砖进行加工，故有的将用城砖砌筑的称为"大干摆"，用停泥砖砌筑的称为"小干摆"，多用于要求较高的部位。

1. 干摆墙的特点

（1）采用五扒皮砖（即将上、下、左、右、前面五个砖面，按墙体尺寸进行裁剪磨平的砖）。

（2）墙体砌缝不用灰浆，完全干摆，要求缝口紧密，横平竖直。

2. 干摆墙施工工艺

干摆墙的施工工艺为：先在砌筑位置上，按墙厚用墨线弹出墙体底脚线，按所选用的砖缝形式，随脚线用砖进行试摆，以便调节摆砖尺寸的补砍规格。试摆完成后，即可拴挂"拽线、卧线、罩线"三线，其中拽线是指墙体两端拴挂的垂立直线，卧线是指砌砖层的摆砖线，罩线是指控制墙面平直的横线。然后用麻刀灰找平基础面层。

再按拴线用砖进行干摆，除第一层用三缝砖外，其余都用五扒皮砖，在砖后口用片石垫塞卡紧。每摆完一段墙砌体后，随即用平尺板检查墙面的平直度，使其符合卧线和罩线要求。若需要背里时，再在干摆墙的背面，用未加工砖紧贴干摆墙再糙砌一层里墙，即"背里"。继而在其中间再用糙砖进行填充，称为"填馅"。无论是背里或填馅，都要与干摆留有 1cm 至 2cm 浆口，以便下一步灌浆。

"灌浆"即用桃花浆或白灰浆，比较讲究的用江米浆，分三次从浆口灌入，先稀后稠，每次灌"半口浆"（即 1/3），再灌半口浆，最后填平灌足称为"点落窝"。点完落窝后用灰刀刮去浮灰，再用麻刀灰抹平砖缝，称为"抹线"，也叫做"锁口"，以防上层灌浆下串而撑开砖缝。待稍干后，用磨头（即砂轮）将个别砖棱凸出部分磨平，称为"杀趄"。并将个别墙面高出的部分磨平，称为"墁干活"。对砖面残缺和砂眼之处，用"砖药"（将砖粉用水调和的稠浆）进行填平补齐，称为"打点"。待填平补齐干后，再用磨头蘸水磨平，称为"墁水活"。最后当整片墙体完成后，用清水和软毛刷将墙面清扫冲洗干净。

【5.2.7】 丝缝墙

"丝缝墙"是清制砖砌体的砌筑精度仅次于干摆墙的一种墙体，有的称为"撕缝墙"、"细缝墙"，即指灰口缝很小的砖砌墙体。所用砖料为停泥砖、斧刃陡板砖等。多用于要求较高的大面积部位。

1. 丝缝墙的特点

（1）采用膀子面砖（即将砖外露面磨平不砍包灰，四棱垂直，其他面磨平砍包灰）。

（2）灰浆砌缝要控制在 2mm 左右，横平竖直。

2. 丝缝墙施工工艺

丝缝墙的施工工艺为：先在待砌基础面上弹出墙体底脚线，按所采用的砖缝形式，用砖进行试摆，以便调节摆砖尺寸的补砍规格。再按砖墙位置拴挂"拽线、卧线、罩线"三线，并用麻刀灰找平基础面层。

然后按拴挂线用老灰浆挂灰砌砖，灰浆厚不超过 2mm，随砌随压随刮余灰。当砌筑完成一段墙体后，用平尺板检查墙面的平直度，使其符合卧线和罩线要求，称为"打站尺"。再根据实际需要与否，在墙的背面用一般砖糙砌背里砖。

背里砖砌筑完成后，用桃花浆或白灰浆进行灌浆，然后用灰刀刮去浮灰，再用麻刀灰抹线。对砖面残缺和砂眼之处，用"砖药"（将砖粉用水调和的稠浆）进行填平补齐。待干后，再用磨头蘸水磨平。最后当整片墙体完成后，要进行"耕缝"（即刮出整齐一致的缝槽），然后冲水净面。

【5.2.8】 淌白墙

"淌白墙"是清制砖砌体次于丝缝墙一个等级的砖墙，多采用城砖、停泥砖等进行砌筑，用于砌筑规格要求不太高的墙体。

1. 淌白墙的特点

（1）采用淌白砖（即只作素面磨平的加工砖），将砖面砌成平整的素面即可。

（2）灰浆砌缝控制在 4mm 至 6mm。

2. 淌白墙施工工艺

淌白墙分为淌白缝子墙、淌白拉面墙、淌白描缝墙三种。

（1）淌白缝子墙：采用淌白截头砖，经弹线试摆、拴线抹平基面、砌砖打站尺、按需要背里、灌浆抹线、耕缝净面即可。

（2）淌白拉面墙：它采用淌白截头砖或拉面砖。砌筑灰浆用月白灰，灌浆用桃花浆，经弹线试摆、拴线抹平基面、砌砖打站尺、按需要背里、灌浆抹线、耕缝或打点缝子（即先刮缝，后用小麻刀灰或锯末灰进行勾平缝）净面即可。

（3）淌白描缝墙：它与拉面墙大体相同，只是灰浆要用老浆灰或深月白灰，打点缝子后，要用小排刷蘸烟子浆描砖缝。

【5.2.9】 糙砖墙

"糙砖墙"是一种最普通、最粗糙的砖墙，一般用于没有任何饰面要求的砌体。

1. 糙砖墙特点

（1）采用不需作任何加工的砖。

（2）灰缝控制在 5mm 至 10mm。

2. 糙砖墙施工工艺

糙砖墙分为带刀缝墙和灰砌糙砖墙。

（1）带刀缝墙：所用砖料为开条砖或四丁砖，经弹线试摆、拴线抹平基面，砌墙时，随砌随用瓦刀将挤出灰缝的多余砂浆随即刮掉，以使露出灰缝槽。灰缝为 5mm 至 10mm。最后将墙面清扫冲洗干净即可。

（2）灰砌糙砖墙：它所用的砖料不限规格，不挂灰，而是满铺灰浆进行砌筑，多用白灰膏，灰缝 8mm 至 10mm，除用素灰砌筑外，也可用掺泥灰，甚至现代砂浆砌筑。

【5.2.10】 碎砖墙

"碎砖墙"是指用普通杂砖和掺灰泥砌筑的墙。砌砖灰缝可大到 25mm，要求墙面平整，灰缝平直，转角正规。最后打点缝子，清扫墙面。

【5.2.11】 虎皮石墙、干山背石墙

1. 虎皮石墙

"虎皮石墙"是选用大面毛石作观赏面，用混合砂浆坐底砌筑，并用小片石塞垫不稳固之处，对毛石之间的缝隙用混合砂浆填塞充实，当砌筑完成一段墙体后，再用水泥砂浆勾缝即成，俗称"浆砌毛石墙"。

2. 干山背石墙

"干山背石墙"是指不用砂浆只用毛石干摆垒砌，毛石底边用小石片垫稳，毛石之间相互贴靠紧密，每砌完 1 至 2 层后，用水泥砂浆勾缝封面，然后用较稀的水泥砂浆或灰浆灌筑内缝，以不从外缝淌浆为度，俗称"干砌毛石墙"。

【5.2.12】 月洞、地穴、门窗樘套

"月洞、地穴、门窗樘套"是《营造法原》对墙面门窗洞口的称呼。《营造法原》第十

三章述，"凡走廊园庭之墙垣辟有门宕，而不装门户者，谓之地穴。墙垣上开有空宕，而不装窗户者，谓之月洞"。就是说，凡是院墙、围墙上砌有门洞而不装门扇的，称为"地穴"；在院墙上开有空洞而不装窗户者，称为"月洞"。

对门窗洞口的内侧壁，用砖进行贴砌的，称为"樘"；对门窗洞口的外周边，用砖镶贴成框边的，称为"套"。"门窗樘套"，就是指将月洞和地穴洞口用加工的砖料进行贴砌为一定形式的装饰面。

月洞和地穴的洞口边线形式，分为直折线形和曲弧线形，如图5.2.7（a）所示。而每种线形又可做成双线双出口、双线单出口、单线双出口、单线单出口、无线单出口等。其中所谓"单线、双线"，是指在门窗洞口边框所用的砖，经加工剔地成凸出的线条，称为"起线"。当起线的线边是一个棱角的，称为单线；当起线边有两个棱角的，称为双线，如图5.2.7（b）所示。

所谓"单出口、双出口"是指边框线是处在墙洞的一面或两面。当边框线在墙洞口的一面者，称为单出口，在墙洞口的两面都做有边框线者，称为双出口。各种起线与出口，如图5.2.7（c）所示。

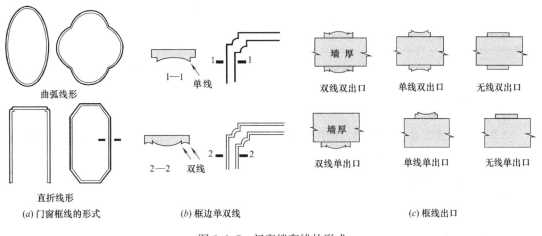

图 5.2.7　门窗樘套线的形式

【5.2.13】 砖细漏窗

"砖细漏窗"是指《营造法原》所述砖墙上的窗洞，《营造法原》第十五章述，"园林墙垣，常开空宕，以砖瓦木条构成各种图案，中空，谓之花墙洞，亦称漏墙、漏窗，以便凭眺，似有避内隐外之意"。即是说，漏窗是指带有窗框，并拼砌有砖瓦花纹芯子的窗洞。当砖加工成所需要的形式而砌筑的，称为砖细漏窗，依其结构分为：砖细矩形漏窗边框，砖细矩形漏窗芯子。

1. 砖细矩形漏窗边框

砖细矩形漏窗边框是指用加工砖砌成的窗框，如图5.2.8（a）中所示。根据加工安装要求不同分为单边双出口、单边单出口、双边双出口、双边单出口四种情况。

其中，单、双边同图5.2.7（b）所述一样。单、双出口同图5.2.7（c）所述相同。

2. 砖细矩形漏窗芯子

漏窗芯子是指窗洞洞口中用砖瓦所砌的花纹格子，依其所砌花形不同分为普通形和复杂形。

普通形是指砖瓦摆砌花纹为平直线条，拐弯简单，花形单一，如图 5.2.8（b）所示。

复杂形是指摆砌的平直线条拐弯较多或不规律，由两个以上单一花形拼接而成，如图 5.2.8（c）中冰裂纹、六角菱花、乱纹等。

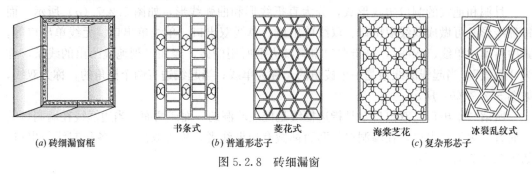

(a) 砖细漏窗框	书条式　（b）普通形芯子　菱花式		海棠芝花　（c）复杂形芯子　冰裂乱纹式	

图 5.2.8　砖细漏窗

【5.2.14】　全张瓦片式、软景式、平直式

"全张瓦片式、软景式、平直式"是指《营造法原》所述漏窗的窗芯子，用普通砖和瓦片所拼成各种花纹的结构形式。

1. 全张瓦片式

"全张瓦片式"是指在窗洞内使用未曾裁剪的整张瓦片（一般为蝴蝶瓦），进行组拼成不同的花纹图案，如图 5.2.9（a）所示。铜钱形由整张上下合瓦和左右合瓦组成，鱼鳞形由整张覆瓦上下错缝组成。

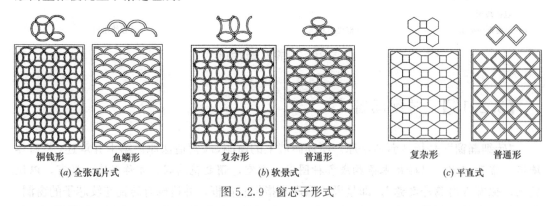

铜钱形　鱼鳞形	复杂形　普通形	复杂形　普通形	
(a) 全张瓦片式	(b) 软景式	(c) 平直式	

图 5.2.9　窗芯子形式

2. 软景式

"软景式"是指用瓦片组拼成带弧线花纹的图案，分为普通形和复杂形，如图 5.2.9（b）所示。其中，普通形由单一种花纹所组成的图案，复杂形是由两种以上花纹所组成的图案。

3. 平直式条纹漏窗

"平直式条纹漏窗"是指以望砖为主要材料所组拼成的带直线花纹图案，分为普通形和复杂形，如图 5.2.9（c）所示。其中，普通形是为单一形的花纹图案，复杂形是由两种以上或带弧线形的花纹图案。

【5.2.15】　花墙子做法、什锦窗做法

花墙子做法和什锦窗做法，是指明清以后对墙体门窗洞口做法的称呼。

1. 花墙子做法

"花墙子做法"是指在矮墙露墙上留洞，洞中用砖瓦摆砌花芯图案的一种造型做法，多用于院墙、园林隔断墙、栏杆墙等，如图 5.2.10 所示。

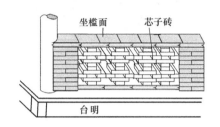  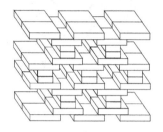

图 5.2.10　花墙子做法

2. 什锦窗做法

什锦窗做法是指将墙体上窗洞口做成不同形式的造型做法，常用的洞口形式有：五方、六方、八方、圆形、扇形、双环、海棠、宝瓶等，如图 5.2.11 所示。

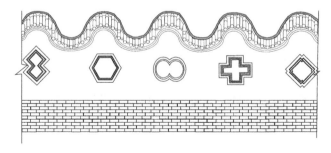 

图 5.2.11　什锦窗做法

【5.2.16】　落膛心做法、砖池子做法

落堂心做法和砖池子做法是明清墙体中，对增加墙面的装饰效果所采用的一种做法。

1. 落膛心做法

"落堂心"是指将装饰墙心做成凹塘形式，落堂心做法就是对装饰墙面（如槛墙、廊心墙等）的墙心砌砖时将此部分的砖面后退 1/4 砖厚，做成向里凹进的一个方块，使四周凸出以将墙心围成凹塘的做法。落堂心的墙心可用方砖或条砖砌成斜纹、人字纹或拐子纹等，如图 5.2.12（a）所示。落堂四周的砖要做成一圈框边形式，称为"线枋子"。落堂心做法常用于廊心墙上身、槛墙、院墙和砖匾等装饰。

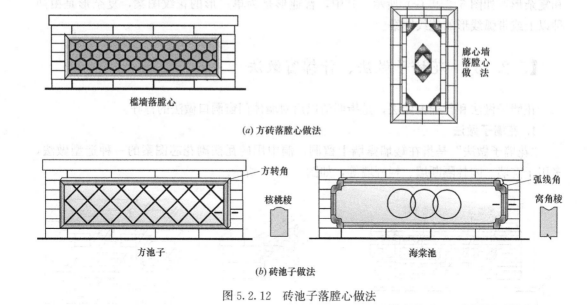

图 5.2.12　砖池子落膛心做法

2. 砖池子做法

"砖池子"是指将装饰墙心用凸砖围砌成一个方块形式，做成方角者称为"方池子"，做成弧线角者称为"海棠池"。其做法是先用条砖加工成凹角形（称窝角棱）或凸角形（称核桃棱）的线砖，将墙面中部围成一圈池子即可，如图 5.2.12（b）所示。池子内可用方砖砌成光面，也可用雕刻砖砌成所需要的花纹。砖池子做法多用于槛墙、山墙、院墙等的墙面装饰。

【5.2.17】　圈三套五做法、五进五出做法

圈三套五做法和五进五出做法是清制砖墙对一些不重要的墙面所采取节省墙体用砖的做法，它是将墙体两边转角部位用实体砖墙砌筑，中间部位用廉价糙砖填芯。

1. 圈三套五做法

"圈三套五做法"是三进三出做法的改良，即在砖墙两边转角部分，以五层砖为一组，做成凸出凹进的交错形式，并将凸凹边上砌贴一个砖边圈，五层中圈住中间三层，上下两层作为圈套边，故称为"圈三套五"，如图 5.2.13（a）所示。凸出与凹进之差为半砖长，一般谓之"七分头"，圈边砖的转角接触面要加工成斜角边。砖墙转角的厚度可为一砖、一砖半或两砖，依具体情况自行控制，如图 5.2.13（b）（c）所示。

2. 五进五出做法

"五进五出"是指在砖墙两边转角部分［图 5.2.14（a）］以五层砖为一组，做成两组上下垒叠；其中一组做成凹进组、另一组多半砖长做成凸出组，两组相互交错垒砌，如凹进组砌一砖宽，则凸出组应砌一砖半，称为"个、个半"；若凹进组砌一砖半，则凸出应砌二砖，称为"个半、两"；若凹进组砌二砖，则凸出组应砌二砖半，称为"两、两半"，如此类推，如图 5.2.14（b）（c）（d）所示。

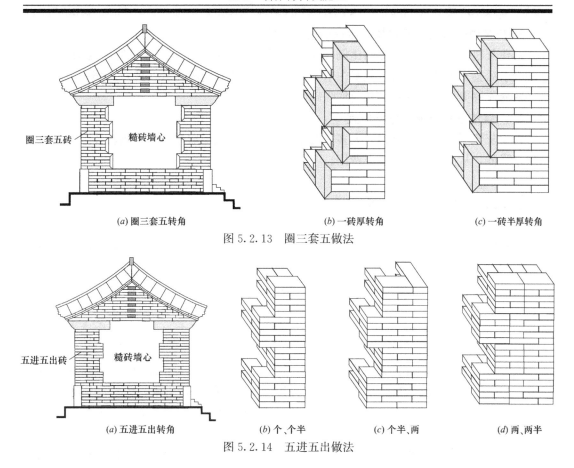

(a) 圈三套五转角　　　　　　　(b) 一砖厚转角　　　　　　　(c) 一砖半厚转角

图 5.2.13　圈三套五做法

(a) 五进五出转角　　　(b) 个、个半　　　(c) 个半、两　　　(d) 两、两半

图 5.2.14　五进五出做法

【5.2.18】 古建灰浆特点

中国古建筑中所用的原始灰浆，都是用天然材料经过简单加工，按经验比例配制而成。早在唐宋以前，中国古建筑砖砌体所使用的胶结材料都是采用黄泥，直到宋末明初以后，才逐渐开始使用人造石灰，随着时代发展，各种灰浆被得到广泛应用。它虽不及现代水泥砂浆的高强、快干特性，但它具有对墙体不产生膨胀、干裂等一些自身特点。其特点可以归纳如下。

1. 灰浆具有很好的流动性及和易性

在中国古建筑的重要墙体中，如房屋槛墙、砖须弥座等，多采用施工缝隙细小的"干摆墙"或"丝缝墙"，而在干摆墙中，砌砖不打灰浆，而是用磨砖对缝的干砖摆砌，只待完成一段墙体后，再进行灌注灰浆，使浆液挤压到砍包灰的部分缝隙中；即使在丝缝墙中，其灰缝也只有 2mm、3mm，远比现代建筑灰缝 10mm 小很多，因此，这样小的灰缝，只有古建灰浆的细腻、流动性及和易性才能适宜砌筑。

2. 灰浆的干缩性慢，失水率低

由于砌筑墙体灰浆是由几种天然材料组合而成，它们的蒸发和干缩性慢，失水率低，这就使得砖块与灰浆之间，不会留下太多的空隙；水分挥发性慢，就会减少干燥裂缝，使墙体整体强度得到保证。

3. 灰浆中的石灰，能发挥膨胀性的后劲作用

古建灰浆中，对石灰的掺和比例较大，而石灰浆汁都是经过沉淀过滤后的细小颗粒，它们吸水后会发生膨胀，由于灰浆中水分挥发性慢，使其能够充分发挥石灰膨胀后劲，使细小灰缝能够更加填充密实，从而加强砌体的坚固性。

4. 灰浆的取材方便，价格便宜

古建灰浆所使用的原材料，大多是地方性材料，可就地取材，减少周转环节，促使材料价格降低，从而减少整体投资费用。

【5.2.19】 古建灰浆种类

在我国古建工作中，由于时代和地区特点不同，宋制、清制、《营造法原》等所用灰浆各有所别。

1. 宋制灰浆

宋《营造法式》十三卷泥作制度述，"用石灰等泥涂之制：……合红灰，每石灰一十五斤，用土朱五斤，非殿阁者用石灰一十七斤，土朱三斤，赤土一十一斤八两。合青灰，用石灰及软石炭各一半，如无软石炭，每石灰一十斤，用麤墨一斤或墨煤一十一两，膠七钱。合黄灰，每石灰三斤，用黄土一斤。合破灰，每石灰一斤，用白蔑土四斤八两，每用石灰十斤，用麦䴛九斤，收压两遍令泥面光泽"。其中土朱即指赭石粉末，天然红色矿石磨细而成。赤土即带褐色的泥土。麤即粗，膠即胶。依其所述，对调制红灰、青灰、黄灰、破灰等的配合比如下：

红灰配合比为：石灰 15 斤：土朱 5 斤：赤土 11.8 斤＝3：1：2.3。非殿阁为石灰 17斤：土朱 3 斤：赤土 11.8 斤＝5.7：1：3.9。

青灰配合比为：石灰一半：软石炭一半＝1：1

　　　　　　或：石灰 10 斤：粗墨 1 斤：胶 0.07 斤＝10：1：0.07

黄灰配合比为：石灰 3 斤：黄土 1 斤＝3：1

破灰配合比为：石灰 1 斤：白蔑土 4.8 斤：捣乱的麦秆 0.9 斤＝1：4.8：0.9

接上述，"细泥一重作灰衬用，方一丈，用麦䴛一十五斤。麤泥一重，方一丈用麦䴛八斤。凡合石灰泥，每石灰三十斤，用麻捣二斤。其和红、黄、青灰等，即通计所用土朱、赤土、黄土、石炭等斤数在石灰之内。如青灰内，若用墨煤或粗墨者，不计数。若矿石灰，每八斤可以充十斤之用。每矿石灰三十斤，加马捣一斤"。即抹一层细泥作抹灰打底用，用麦茎 15 斤/平方丈；抹粗泥一层用麦茎 8 斤/平方丈；在调和石灰泥时，每担用石灰 30 斤、麻刀 2 斤。在调和红灰、黄灰、青灰等，应将所用的土朱、赤土、黄土、石炭等的斤数计算到石灰之内。在调和青灰时，对所用墨煤或粗墨的斤数，不计算在青灰内。若为矿石灰，每 8 斤可以充 10 斤之用。每 30斤矿石灰，加麻刀 1 斤。

2. 清制灰浆

清代以后，经过若干历史时期的摸索和积累，形成了品种齐全的灰浆体系，包括砌筑、瓦作、抹灰和基础等所使用的灰浆。根据我国古建筑工作者所积累的资料，选择几种主要的常用灰浆，列于表 5.2.4 中。对这些灰浆中所使用的原材料，基本上都是地方性材料，最主要的有以下几种：

（1）泼灰、泼浆灰、煮浆灰：泼灰是将生石灰进行反复均匀地泼洒三次水，攒堆搅动两次，使之成为粉末状态，然后经过筛选而成。泼浆灰是将经过筛选后的泼灰，分层用青灰浆（用白灰∶青灰＝1∶0.15加水调匀）泼洒，再闷至15天后使用。煮浆灰是用生石灰块加水泡胀，经消解膨胀后，搅拌成浆，然后过筛沉淀而成，通称为"石灰膏"。

（2）青灰：青灰是北京西郊山区出产的矿物胶结材料，呈黑色块状，浸水搅拌后形成黏腻的胶液青浆，再经过滤干燥后而成。

（3）麻刀：它是用白麻制作的纤维丝，经切断成丝段，长麻的段长30mm至50mm，短麻的段长不超过15mm。

（4）糯米汁、生桐油：糯米汁有称"浆米汁""江米汁"，即用糯米熬制而成的浆汁。生桐油即指未经熬制的桐油。

（5）其他原材料：包括盐卤、黑烟子、白矾等。

根据这些基本原材料，可以配制出很多灰浆，这些灰浆都具有价格低廉，以及不对墙体产生膨胀、干裂等副作用等特点，供读者使用时参考。

常用几种灰浆　　　　　　　　　　　　　　　　　　　　　　表5.2.4

灰浆名称		配制方法	用途说明
浆类	白灰浆	将块石灰加水浸泡成浆,搅拌均匀过滤去渣即成生灰浆;若用泼灰加水,搅拌过滤即成熟灰浆	一般砌体灌浆,掺于胶类后用于内墙刷浆
	色灰浆	将白灰浆和青灰浆混合即成月白浆,10∶1混合为浅色,10∶2.5混合为深色。将白灰浆和黄土混合即成桃花浆,常按3∶7或4∶6体积比	砌体灌浆和小式墙面刷浆
	青灰浆	用青灰块加水浸泡、搅拌均匀,过滤去渣而成	砖墙面刷浆和屋面瓦作
	色土浆	将红(黄)色土加水成浆,兑于江米汁和白矾,搅拌均匀即成。色土∶江米汁∶白矾=20∶8∶1	色灰墙面刷浆
	烟子浆	将黑烟子加胶水调和成糊状后,兑于清水搅拌而成	青瓦屋顶刷浆、墙面镂花
	江米浆	用江米汁12和白矾1可兑成纯江米浆,用江米汁1和白矾1.1加生石灰330可兑成石灰江米浆。用江米汁1和白矾0.3加青灰浆10可兑成青灰江米浆	砌体灌浆和灰背
	油浆	用青灰(月白)浆兑于1%生桐油搅拌而成	屋顶瓦作刷浆
	盐卤浆	用盐卤∶水∶铁面粉=1∶5∶2搅拌而成	固定石活铁件
	杂杂浆	将灰浆∶粘土∶生桐油=1∶3∶0.05拌和均匀后,加于50%碎砖拌和而成	基础及地面下防潮垫层
灰类	老浆灰	用青灰浆∶白灰浆=7∶3拌和均匀,经过滤沉淀而成	墙体砌筑、黑活瓦作
	纯白灰	即白灰膏,用白灰浆沉淀而成	砖墙砌筑、内墙抹灰
	月白灰	将月白浆沉淀而成	同上
	葡萄灰	用配比,白灰∶霞土∶麻刀=2∶1∶0.1加水拌和而成	墙面抹灰
	黄灰	同上,用包金土代替霞土	同上
	麻刀灰	用泼灰加水调和灰膏,加于麻刀,灰膏∶麻刀=20∶1	墙体抹灰,瓦苫背调脊

浆灰名称		配制方法	用途说明
灰类	油灰	用泼灰：面粉：桐油＝1：1：1调制而成。加青灰或烟子可调深浅颜色	砖石砌体勾缝
	麻刀油灰	将麻刀掺入油灰中捣匀，油灰：麻刀＝30：1	石活勾缝
	纸筋灰	将草纸泡烂掺入白灰内捣匀而成，白灰：草纸＝20：1.5	内墙抹灰
	护板灰	将麻刀掺入月白灰捣制而成，月白灰：麻刀＝50：1	屋顶苫背
	夹垄灰	将麻刀掺入老浆灰内捣制均匀而成，老浆灰：麻刀＝30：1	屋顶瓦作
	裹垄灰	同上	同上
	江米灰	用月白灰：麻刀：江米浆＝25：1：0.3捣制均匀而成	琉璃构件砌筑和夹垄
	砖面灰	在月白灰或老浆灰内，掺入砖粉末搅拌均匀而成，灰膏：砖面＝2.5：1	砖砌体补缺

3. 《营造法原》灰浆

《营造法原》中对墙体砌筑所用的灰浆，称为"合灰"，即用砂子和石灰搅拌均匀而成，在第十二章砂之应用中述，"筑墙用各种砂子合灰成分之比例：

菜子黑砂合灰成分数：墙垣：每一方，用大灰150斤，菜子黑砂一石，细灰三斗。

太湖砂合灰成分数：墙垣：每一方，用大灰一担，真太湖砂一石五斗，细灰三斗。

细旱太湖砂合灰成分数：墙垣：每一方，用大灰70斤，细旱太湖砂一石八斗。

金市砂合灰成分数：墙垣：每一方，用大灰30斤，金市砂二石一斗"。述中："每一方"即指每平方丈，一丈十营造尺。"大灰"即指块灰，"细灰"为风化后的粉末灰。"石"读音"担"，一石＝10斗，一石＝120斤。即：

菜子黑砂合灰配合比为：大灰150斤：菜子黑砂120斤：细灰36斤＝1.25：1：0.3。

太湖砂合灰配合比为：大灰120斤：真太湖砂180斤：细灰36斤＝0.67：1：0.2。

细旱太湖砂合灰配合比为：大灰70斤：细旱太湖砂216斤＝0.32：1。

金市砂合灰配合比为：大灰30斤：金市砂252斤＝0.12：1。

【5.2.20】　墙面抹灰

在中国古建筑墙体中，当采用干摆墙和丝缝墙做法的，其墙面一般都不抹灰，只有采用糙砖墙、背里墙、软心做法等，才需要进行墙面抹灰。唐宋以前的抹灰都比较简单，明清以后抹灰工艺才逐渐成熟起来。

1. 宋制抹灰

宋制抹灰在《营造法式》中，只谈到用泥和画壁两种抹灰。

（1）石灰泥抹灰

《营造法式》十三卷泥作制度中用泥述，"用石灰等泥涂之制：先用麤泥搭络不平处，侯稍干，次用中泥趁平，又侯稍干，次用细泥为衬，上施石灰泥毕，侯水脉定，收压五遍，令泥面光泽。干厚一分三厘，其破灰泥不用中泥。……粗细泥，施之城壁及散屋内外。先用粗泥，次用细泥，收压两遍"。即抹石灰泥的工艺是：先用粗泥填补低凹不平之处，稍干后再用中泥，将其表面抹平，待稍干后，再用细泥抹底衬，然后涂刷罩面石灰泥（涂抹工艺为：粗泥刮糙、中泥抹平、细泥衬底、石灰泥罩面），待水分基本蒸发固定后，用抹子收光压实五遍，使其表面光泽。灰干以后的厚度为 0.013 尺，对破灰泥就不抹中泥。……粗细泥可以用于城壁及一般房屋的内外抹灰。涂抹工序是先抹粗泥，次抹细泥，然后收压两遍。

（2）画壁抹灰

《营造法式》十三卷泥作制度画壁述，"造壁画之制：先以麤泥搭络毕，侯稍干，再用泥横披竹箴一重，以泥盖平，又侯稍干，钉麻华，以泥分披令匀，又用泥盖平，以上用麤泥五重，厚一分五厘，若栱眼壁，只用麤细泥各一重，上施沙泥，收压三遍。方用中泥、细衬泥，上施沙泥，侯水脉定，收压十遍，令泥面光泽。凡和沙泥，每白沙二斤，用胶土一斤，麻捣洗泽净者七两"。即画壁抹灰规定，先用粗泥抹壁画底子，干后用粗泥粘结一层竹箴作骨架，再用粗泥盖平，待干后钉麻丝用粗泥均匀铺成网状，再抹粗泥盖平，上述中的粗泥抹 5 层，每层厚 0.015 尺，如果是抹栱眼壁，只用粗细泥各抹一层，面抹砂泥，收压三遍。然后才可用中泥抹平、细泥衬底、砂泥罩面，待稍干不流淌后，收压十遍，令泥面光泽。调制砂泥的配合比为，白砂 2 斤：胶土 1 斤：麻刀洗净 0.7 斤。

2. 清制抹灰

清制抹灰种类比较多，具体归纳为：靠骨灰、泥底灰、壁画抹灰、抹灰做缝等。

（1）靠骨灰：它是直接在墙体砖面上（即靠骨）涂抹二至三层麻刀灰的一种抹灰工艺，又称为刮骨灰。其施工工艺为：在抹灰前需要做一些基层处理工作，如对抹灰基面用清水浇湿墙面，洒匀浇透，使砖表面充分湿透，以利于灰浆与墙面的粘结。对需要保留旧抹灰面时，对墙面旧灰缝脱落处，应凿掉旧灰，补上麻刀灰。将局部砖面缺损或酥碱去掉部位，用麻刀灰补平。当要作更高级抹灰时，要缠绕麻丝，用钉子打入灰缝内，钉子间距离以方便缠绕为准，错开布置，待抹灰时，将麻丝分散铺开成网状，以便均匀嵌入抹灰内层等。

当基层处理完毕后，先抹一层大麻刀灰找平，抹灰厚度为 10mm 至 16mm，要求平整严实。待底灰干至七八成后，再抹一层麻刀灰罩面，用木抹子搓平。

当罩面灰全部抹完后，用铁抹子反复磨光，即为赶扎，刷浆即涂刷色浆，一般为"三浆三扎"，即刷一次浆赶扎一次，反复三次。赶扎次数越多，灰的密实度越高。

（2）泥底灰：泥底灰是指用素泥或掺灰泥打底，麻刀灰罩面的一种抹灰。将泥土调和成胶泥状称为"素泥"，在其中掺入石灰称为"掺灰泥"。打底时可掺入部分麦余，以作骨料，罩面时要掺入麻刀，以防干裂。

（3）壁画抹灰：清式壁画抹灰也分打底灰和罩面灰。底灰做法与靠骨灰相同，罩面灰则可用蒲绒灰、棉绒灰、棉绒泥、麻刀灰等。最后赶扎出亮，不刷浆。

（4）抹灰做缝：抹灰做缝分为：

1）青灰做假砖缝：青灰做假砖缝，简称"做假缝"。先抹出青灰墙面，待七八成干时，用竹片或薄金属片按规定砖缝尺寸，沿平尺划出灰缝。

2）抹白灰刷烟子浆镂缝：抹白灰刷烟子浆镂缝，简称"镂活"。先用白麻刀灰抹出墙面，再用排刷刷一层烟子浆，待干后，用薄金属片等尖硬物镂出白色线条。

3）抹白灰描黑缝：抹白灰描黑缝，简称"抹白描黑"。先用白麻刀灰或浅月白灰抹出墙面，用毛笔蘸烟子浆，按砖缝形式，沿平尺描出假缝。

3.《营造法原》抹灰

《营造法原》中的抹灰，是在唐宋抹灰基础上加以改进，《营造法原》在述及"墙垣上光及刷色法"中述："苏地外墙，类多刷黑，其上蜡发光之法，则用青纸筋搨粉，须俟干透，先刷料水数次，料水者（即为）和轻煤之水，其色青灰。再用淡料水刷数次。所罩轻煤水干透后，用新扫帚刷三、四次，须干扫刷透，再用蜡一两，以丝棉包揩压磨，即亮，称为罩亮。凡庙堂墙面则刷红黄色，刷黄色时可先将墙垣粉平，刷白灰水三道，上罩绿矾即呈黄色，至于深浅程度，应先试刷"。即苏吴一带的房屋外墙，大多为刷成青灰色（即刷黑）后再上蜡罩光。其做法是：先抹青纸筋灰（即石灰加入少量轻煤，与纸筋加水搅拌成胶泥状），等待干透后，涂刷料水（即粉煤灰加水拌匀）数次（一般2至3遍），稍干再用淡料水涂刷数次，待干透后，用干净扫帚刷扫3至4次，须将其浮灰刷扫干净，最后用丝绵包蜡擦亮。而对庙堂墙面，先用纸筋灰抹平，待干后涂刷3道石灰水，最后用绿矾水罩面，使其为黄色。对于所要求颜色深浅程度，要预先进行试刷。

第六章　中国古建筑斗栱

6.1　斗栱及其类型

【6.1.1】　斗栱

　　"斗栱"在我国古代建筑中的殿堂、楼阁、亭廊、轩榭、牌楼等大式建筑上，是不可缺少的装饰构件，它是赋有中华民族特色的一种构件，广泛传播于日本、朝鲜、越南和东南亚各国，对亚洲地区的建筑发展有着深远影响。斗栱产生的具体确切时间，目前还没有完整考证，根据有关专家的考核和查证，至少在周朝初期就已出现有在柱上安置坐斗来承载横枋的方法，即所谓"柱上之檽"、"开谓之棷"之说，这檽即指檽栌，方形斗；棷即指栱。在洛阳出土的西周青铜器"矢令簋"上，四个脚柱顶上就置有斗的形象。而在河北平山县出土的四龙四凤方形几案，是战国时期文物，在其四个蜀柱支撑上，就带有栌斗之形。在秦汉时期的汉代赋词中就有"檽栌"的称呼，在四川雅安保存的仿木构型石厥，是建于东汉时期的高颐阙，其上就明显剔凿有斗栱形象。另从发掘的汉末墓内壁画上的叉手可以看出，这时的人字栱已得到广泛应用，直至唐代，已发展成为现今所见的完善斗栱形式。

　　"斗栱"是由若干个栱件，相互咬合，层层垒叠而成的组合构件，它是一种既具有悬挑作用，又具有装饰效果的支撑性传力构件。宋《营造法式》称为"铺作"，清《工程做法则例》称为"斗科"，《营造法原》称为"牌科"，现代仿古建筑通称为"斗栱"。组成斗栱的栱件分为基本栱件和相关附件两部分。

1. 斗栱的基本栱件

　　斗栱的基本栱件有5种，即：斗、栱、翘、昂、升，如图6.1.1所示。其中，"斗"是最底层栱件，它是斗栱的基础。"栱"是形似倒拱形的构件，依靠其两端朝上栱脚支撑上面的栱件。"翘"是相似于"栱"并与其相互十字交叉的栱件，也是依靠两端朝上栱脚支撑上面的栱件。"昂"是外端特别加长，似鸭嘴形状偏重装饰效果的栱件。"升"是安装在栱、翘、昂的端头上，用来承接上层栱件的连接件。将这些独立栱件，进行相互组合，不用任何粘胶和铁钉，就能组成既坚实又美观的受力构件，这是中国古建筑史上的一大杰作。

2. 斗栱的相关附件

　　斗栱的相关附件是指用于填补斗栱顶面空间，并与梁枋木构件相连接的有关构件，即：要头、撑头木、盖斗板、风栱板、正心枋、里外拽枋等。其中，"要头"是斗栱顶面填补栱件与枋木之间空当的栱件。"撑头木"是用于要头之上最顶端的填补构件。"盖斗板"是将斗栱的上面进行遮盖，防止雀鸟钻入做巢的木板。"垫栱板"是填补每组斗栱之间空当的遮挡板。"正心枋"是将屋檐荷重传递到中心栱件上的枋木。"里外拽枋"是指处

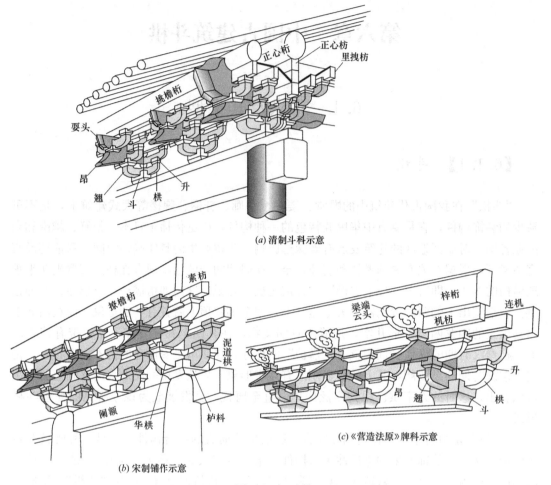

(a) 清制斗科示意

(b) 宋制铺作示意

(c) 《营造法原》牌科示意

图 6.1.1　斗栱

在斗栱中心之内外斗栱悬挑部分的传递荷载之枋木。

由若干栱件组合成一套斗栱的计量单位，宋《营造法式》称为"朵"，清《工程做法则例》称为"攒"，《营造法原》称为"座"。

3. 斗栱的作用

对于斗栱的基本作用，可以归纳为以下四点：

（1）屋檐斗栱可增加檐口宽度：在中国古建筑中，大多数斗栱是安置在屋面檐口的檐柱枋木上，由于斗栱是用层层栱件垒叠而成，这种由下而上的层层扩展，就可促使檐口向外伸出的宽度增加。一般无斗栱的上檐出＝檐椽出＋飞椽出；而有斗栱的上檐出＝檐椽出＋飞椽出＋斗栱出踩。由此可知，带斗栱建筑的"上檐出"要较大。"上檐出"大就可使屋面滴水距离加长，从而使基础墙体的遮风挡雨范围加大，因而，对保护台明免受侵蚀的作用也有所加强。

（2）斗栱能均匀传布承接荷载：安装有斗栱建筑的屋面檐口荷载，是直接由檐口斗栱承接，承接后通过层层栱件的叠合，进行均匀分布传递，而不需通过屋架梁，这样使其受力和传递更加合理。

（3）斗栱造型可增添装饰效果：由于斗栱是由几种不同形式的栱件组合而成，它具有非常优美的特殊立体造型，把它装置在檐口的枋木或室内枋木上，可使得整座建筑显得生动活泼，富丽堂皇，大大增添了建筑的美观感。

（4）斗栱结构能增强抗震力度：在房屋构架中，横梁与立柱相交的节点，是承受横向剪力的薄弱点，在这些节点中，除刚性节点外，其抗震能力都比较差。而斗栱正好解决这一弱点，因为，它的构件都是横直交叉，严密咬合在一起，可以承受来自纵横两向的剪力，并能自身分解这些作用力的破坏性，因而可大大提高整个建筑的抗震能力。最为明显的例子是，在1976年唐山大地震中，靠近唐山的蓟县是受影响较大的地区，在该县境内的独乐寺大院内，一些低矮小型的无斗栱建筑，大部分都被震坏，而具有20多米高带有斗栱的观音阁和山门却安然无恙。

【6.1.2】 斗栱类型

由于中国历史文化的发展不同，斗栱的使用位置及方式不同，使得斗栱分类方法在各个时期都很难有一个具体类别定义，也就是说，按中国古建筑的历史时期，都只能根据当时使用需要，作出一个较简要归纳。

宋制斗栱类别，《营造法式》没有具体条文明确，只是在卷十七、卷十八大木作功限中，列有几个项目，即：“殿阁外檐补间铺作、殿阁身槽内补间铺作、楼阁平坐补间铺作、殿阁外檐转角铺作、殿阁身内转角铺作、楼阁平坐转角铺作”。也就是说，斗栱依其位置分为外檐、内檐、平座三类，每类又分为补间和转角两种。

清制斗栱类别，王璞子先生在《工程做法注释》中作了说明，“大致可以归纳为五大类：1、翘昂斗科；2、一斗二升交麻叶与一斗三升斗科；3、三滴水品字科与内里棋盘上安装品字科；4、隔架科；5、挑金溜金斗科”。

《营造法原》斗栱类别，《营造法原》第四章曾述及“牌科之种类依斗开口之方向，及牌科之形状分为下列数种：（一）一斗三升，（二）一斗六升，（三）丁字科，（四）十字科，（五）琵琶科，（六）网形科”。

根据以上所述，斗栱的类别可以归纳为“按所处位置”和“按挑出与否”，作为两种分类方法。按所处位置，可以分为外檐斗栱和内檐斗栱两大类；按挑出与否，可以分为不出踩斗栱和出踩斗栱两大类。

1. 按斗栱所处位置分类

按斗栱所处位置进行分类，分为外檐斗栱和内檐斗栱两大类。其中，外檐斗栱是指处于房屋内空之外，檐廊部位檐口额枋上的斗栱；内檐斗栱是指处于房屋开间之内，处在室内梁枋上的斗栱，如图6.1.2所示。

2. 按挑出与否分类

按挑出与否进行分类，是指斗栱的构件在进深方向有否伸出构件，依此分为不出踩斗栱和出踩斗栱两大类。其中，不出踩斗栱是指在进深方向没有伸出栱件，置于梁枋上的斗栱是以一个垂直立面进行垒叠而成的斗栱，如图6.1.3（a）所示。

出踩斗栱是指在进深方向斗栱的栱件在垂直横枋方向，每垒叠一层的同时，分别向户外或进深方向两边，各悬挑出一个距离而成的斗栱，如图6.1.3（b）（c）所示。

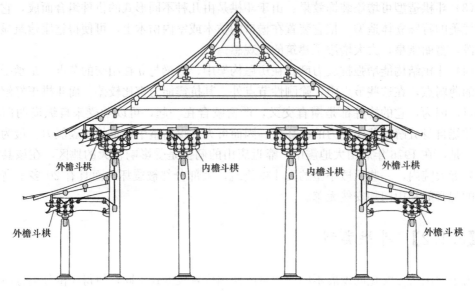

图 6.1.2　外檐斗栱和内檐斗栱

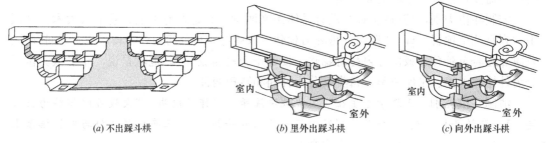

(a) 不出踩斗栱　　　　(b) 里外出踩斗栱　　　　(c) 向外出踩斗栱

图 6.1.3　出踩、不出踩斗栱

【6.1.3】　铺作、斗科、牌科

1. 铺作

"铺作"是宋《营造法式》对斗栱的称呼,"铺"是带有动词(如铺陈、铺垫)和量词双重含义,李诚在《营造法式》卷一铺作中引用"千(悬)栌骈凑"句中解释说,"今以科栱层数相叠出跳多寡次序,谓之铺作"。由此可知,"铺作"即指铺一层的做法,几铺作即为铺几层的做法。宋制最简单的斗栱为四层做法,这四层即为:栌科、华栱(或华头子上出一昂)、耍头、衬方头等,称为四铺作,如图 6.1.4(a)所示。五铺作是在四铺作基础上增加一层。六铺作是在五铺作基础上再加一层,以此类推。

2. 斗科

斗科即斗栱类别,是清《工程做法则例》对各种斗栱的总称呼,王璞子先生在《工程做法注释》述,"斗科大致可以归纳为五大类:1、翘昂斗科;2、一斗二升交麻叶与一斗三升斗科;3、三滴水品字科与内里棋盘上安装品字科;4、隔架科;5、挑金溜金斗科"。其中翘昂斗科如图 6.1.4(c)所示。

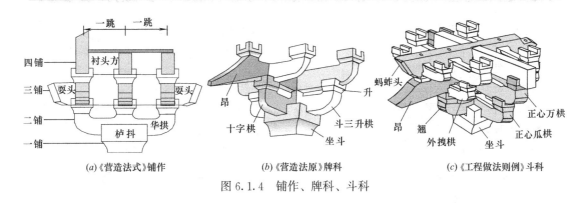

图 6.1.4 铺作、牌科、斗科

3. 牌科

"牌科"是《营造法原》对斗栱的称呼,"牌"是对门面建筑凸出部位的特指内容,如牌楼、牌匾、招牌等,"科"即类别,因为斗栱多用来作为房屋檐口的承重装饰构件,故南方民间通俗称为"牌科"。《营造法原》第四章述,"牌科之构造,简言之,为联合斗、升、栱、昂而成"。如图 6.1.4(b)所示。

【6.1.4】 出跳、出踩、出参

因为斗栱是由若干个栱件层层垒叠,相互十字搭交而成的既具有悬挑作用,又具有装饰效果的支撑性构件。它的构件由底层至上层,每层都要由中心向外挑出一个距离,使上层构件较下层构件逐渐增长及悬挑,用以扩展支撑范围,宋铺作称此为"出跳"、清斗科称为"出踩"、《营造法原》牌科称为"出参"。

1. 铺作出跳

《营造法式》卷四在总铺作次序中述,"凡铺作自柱头上栌枓口内,出一栱或一昂,皆谓之一跳,传至五跳止"。即所有铺作都是从第一层栌枓开口槽处向外,伸出一栱或一昂,称此为一跳,逐层向上最多可伸至五跳。也就是说,以栌枓心为轴,当一栱(或一昂)向进深方向或面阔方向,各挑出一个距离时,称为一跳,一般铺作每跳为 30 份(七铺作以上,除一跳外,其他可为 26 份)。

《营造法式》接述,"出一跳谓之四铺作、出两跳谓之五铺作、出三跳谓之六铺作、出四跳谓之七铺作、出五跳谓之八铺作"。这里请注意,决定有多少"出跳"的构件,是指"栱"或"昂",当从栌枓上有一栱(或一昂)向两边对称挑出时为一跳,如图 6.1.4(a),虽然该图中要头也向两边挑出,但不能计入,所以在四铺作中只出一跳。而当栌枓上有两层栱(或一层栱一层昂)时,就会挑出二个距离,称为二跳(其中要头不计),如图 6.1.5(a)所示。有一栱二昂挑出时,称为三跳,如图 6.1.5(b)所示,如此类推。从一跳四铺作开始起,每增加一铺作,就对应挑出一跳,故有两跳五铺作、三跳六铺作、四跳七铺作、五跳八铺作等。

2. 斗科出踩

"出踩"是清制斗栱对挑出的称呼,挑出的距离称为"拽架",每一拽架为 3 斗口。在进深方向,以·翘(或一昂),向里外各挑出一拽架称为"二踩",加中间一个支点,共称

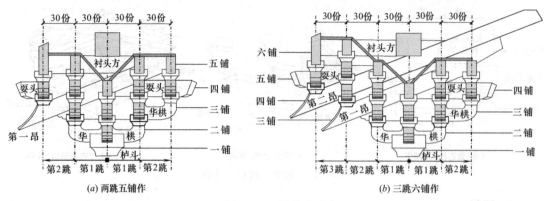

图 6.1.5　铺作出跳

为"三踩"。也就是说，清制斗栱以栱的中心点为一踩，每叠加一翘（或一昂），就增添二踩，故清制出踩斗栱分为：单翘三踩斗栱、单昂三踩斗栱、重翘五踩斗栱、重昂五踩斗栱、单翘单昂五踩斗栱、单翘重昂七踩斗栱、单翘三昂九踩斗栱、重翘重昂九踩斗栱、重翘三昂十一踩斗栱等，如图 6.1.6 所示。

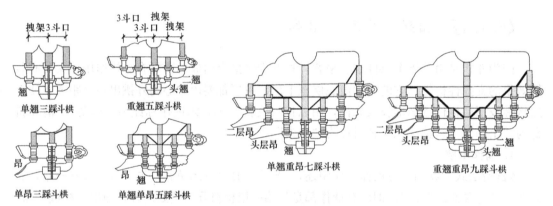

图 6.1.6　斗科出踩

3. 牌科出参

《营造法原》第四章述，"牌科逐层挑出以承檐重，称谓出参，即北方所谓出跳，以桁中心为标准，向里外各出一级，称三出参；向里外各出二级，称五出参，余依此类推。但出参以单数计算"。也就是说，将牌科构件逐层挑称为"出参"，以坐斗上面所对应的廊桁为心，向里外各伸出一个距离，称为三出参；各伸出二个距离，称为五出参，见图6.1.7所示。出参为单数，由三出参直至九出参、十一出参。又述，"丁字及十字科，出参栱长，第一级自桁中心至升中心，为六寸，第二级为四寸，第三级仍为四寸。有时视出檐深浅及用材大小，可酌予收缩"。即：丁字栱或十字栱向外或向里伸出长，由桁中心至升中心，第一级参出为 6 寸，以上每级参出均为 4 寸。

【6.1.5】　外檐斗栱

外檐斗栱是指处在建筑物屋檐下面，外围檐口部位的斗栱，根据位置和作用不同，一

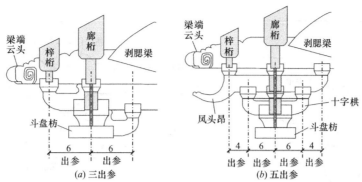

图 6.1.7　牌科出参

般有 5 种，即：柱头科斗栱、平身科斗栱、角科斗栱、平座斗栱、溜金斗栱。

1. 柱头科斗栱

柱头科斗栱是指坐立在正对檐柱之上的斗栱，宋称为"柱头铺作"，清称为"柱头科"，《营造法原》称为"柱头牌科"。

2. 平身科斗栱

平身科斗栱是指坐立在两檐柱之间的平板（或额）枋之上的斗栱，也就是柱头科之间的斗栱，宋称为"补间铺作"，清称为"平身科"，《营造法原》称为"桁间牌科"。

3. 角科斗栱

角科斗栱是指坐立在转角处角柱之上的斗栱，宋称为"转角铺作"，清称为"角科"，《营造法原》称为"角柱牌科"。

4. 平座斗栱

平座即指楼房的楼层檐口带有伸出的平台（相当现代楼房的檐廊），平座斗栱就是支承平台的斗栱，起着悬挑梁作用。宋称为"平座铺作"，清称为"平座斗栱"，江浙一带较少使用，只在部分楼房中采用十字栱或丁字栱作为装饰。

5. 溜金斗栱

它是指将斗栱中昂的尾端延长做成斜杆，从檐柱轴线部位溜到金柱轴线部位的斗栱。清制称为"溜金斗栱"，宋制有类似形状的称为"下昂出跳"，《营造法原》称为"琵琶科"。

【6.1.6】　柱头科斗栱

柱头科斗栱是指正对檐柱之上的斗栱，它的正面（即沿面阔方向）是以柱梁为轴，栱件左右对称分布的斗栱，清称为"柱头科"，宋称为"柱头铺作"，《营造法原》称为"柱头牌科"。

1. 清制柱头科斗栱

清制柱头科斗栱的正侧面图，如图 6.1.8 所示。它的特点是，昂承托在桃尖梁之下 [图 6.1.8（b）]，并且昂、翘及坐斗等构件，因要与檐步的横梁（即桃尖梁）相配合，所以柱头科的有关栱件，在面宽方向的尺寸都要较平身科大。因此，该处斗栱都显得比较突出而憨厚，如图 6.1.8（a）所示。

2. 宋制柱头铺作

宋制柱头铺作的昂是叠在乳栿之上，昂上之要头只有前端一半，如图 6.1.9（b）所

279

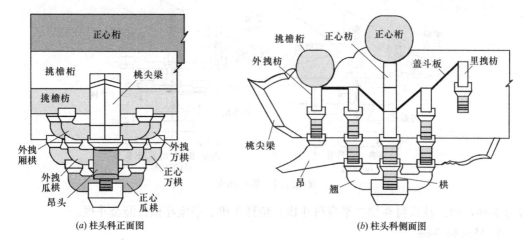

图 6.1.8 清制柱头科

示，而柱头铺作的其他各个栱件尺寸大小，与补间铺作的构件基本相同，不像清制那样有很大差异。

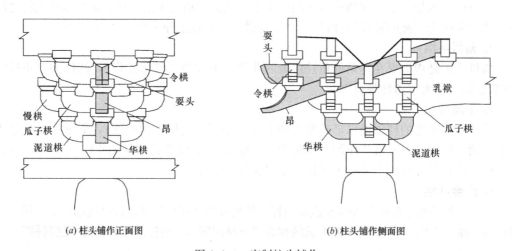

图 6.1.9 宋制柱头铺作

3. 《营造法原》柱头牌科

《营造法原》柱头牌科与清制相似，梁叠在昂上，梁端与昂头同厚，梁头作云头形状，如图 6.1.10 所示。栱件在面宽方向的尺寸要稍大于平身科。

【6.1.7】 平身科斗栱

平身科斗栱是指没有特殊构件的普通类型斗栱，它是设立在两檐柱之间的平板枋（或阑额、斗盘枋）之上，也就是在柱头科之间的斗栱，清称为"平身科"，宋称为"补间铺作"，《营造法原》称为"桁间牌科"。

1. 清制平身科斗栱

清制平身科斗栱的正侧面图，如图 6.1.11 所示。它的特点是：迎面（面阔方向）以

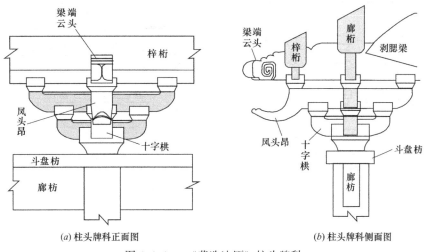

(a) 柱头牌科正面图　　　　　(b) 柱头牌科侧面图

图 6.1.10　《营造法原》柱头牌科

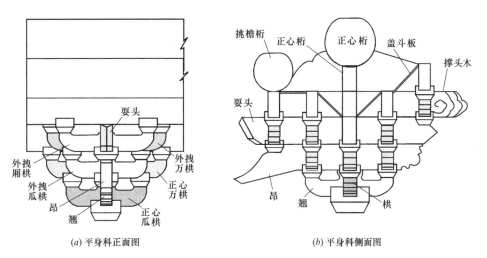

(a) 平身科正面图　　　　　(b) 平身科侧面图

图 6.1.11　清制平身科斗栱

昂为轴左右对称；侧面昂头朝外，昂尾朝里，昂在面宽方向的尺寸都要较柱头科小。

2. 宋制补间铺作

宋《营造法式》卷四总铺作次序中述，"凡阑额上坐栌科安铺作者，谓之补间铺作"。即宋制补间铺作是安置在阑额（也有安置在普柏枋）上，其结构完全与柱头铺作相同，所不同的是补间铺作之下没有柱，而最上层的要头，因里端没有乳栿，需要将刷头伸到里端，使其前后对称，如图 6.1.12（b）所示。

3. 《营造法原》桁间牌科

《营造法原》第四章中述，"一斗三升及一斗六升牌科，常用于厅堂廊柱间廊桁之下，故称为桁间牌科"。即桁间牌科是指廊柱之间廊桁之下的牌科，它可采用十字牌科，也可采用不出跳的一斗六升牌科。若采用十字牌科时，云头应是里外对称布置，如图 6.1.13（b）所示；若采用无出参的一斗六升牌科者，就没有里外方向的跳出栱件，只有面宽方向构件，如图 6.1.13（c）所示。

281

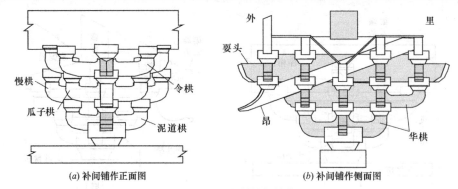

(a) 补间铺作正面图

(b) 补间铺作侧面图

图 6.1.12 宋制补间铺作

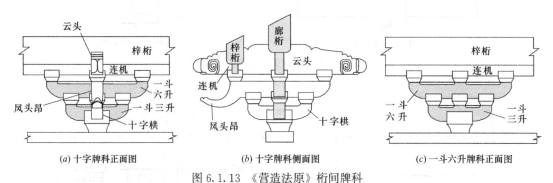

(a) 十字牌科正面图

(b) 十字牌科侧面图

(c) 一斗六升牌科正面图

图 6.1.13 《营造法原》桁间牌科

【6.1.8】 角科斗栱

角科斗栱是指在建筑物的转角处，坐立在角柱平板枋（或阑额、斗盘枋）之上的斗栱，清称为"角科"，宋称为"转角铺作"，《营造法原》称为"角柱牌科"。

1. 清制角科斗栱

角科除有在两个方向十字叠交的栱件外，还有 45°斜角方向的三个方向栱件。为了便于理解，我们将清制柱头科、平身科、角科等的底面仰视图一并列出，如图 6.1.14 所示。

角科构造与柱头科、平身科不同之处为：

（1）在第一层栱件大斗上，安装的第二层栱件十字搭交栱件不是纯正的栱翘，而是为前翘后栱的混合栱件，并在斜角方向安置斜翘，斜翘扣在十字搭交栱件等的口内，如图 6.1.15 所示。

（2）另外，需在第三层栱件正心昂的外侧，距离 3 斗口位置，增加一组十字搭交"闹昂"（是指对偏离正心昂之外的昂所取的称呼），如图 6.1.16 中带浅色构件所示，并同时在 45°方向的斜翘之上安置斜昂，如图 6.1.16 所示，这是为安置外拽枋所设置的栱件。

（3）在上述基础上，为了承托挑檐枋，还应在第四层栱件最外端距离闹昂蚂蚱头 3 斗口处，安置搭交把臂厢栱（即指增加中间臂长的厢栱），如图 6.1.17 中带深色构件所示；再在外拽部分（即在第三层十字搭交闹昂带单材瓜栱混件上）叠置搭交闹蚂蚱头带单材万栱；再在正心部分（即在第三层十字搭交昂带正心万栱混件上）安置搭交正蚂蚱头带正心枋，如图 6.1.17 中带浅色构件所示；在里拽连头合角单材瓜栱之上，安置连头合角单材万栱，各栱头上分别安装三才升。

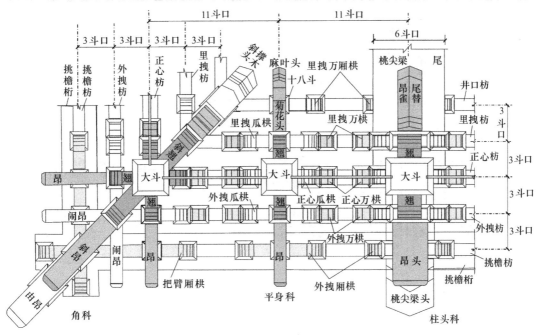

图 6.1.14 清制斗栱仰视图

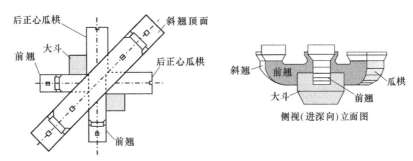

图 6.1.15 角科大斗之上的栱件

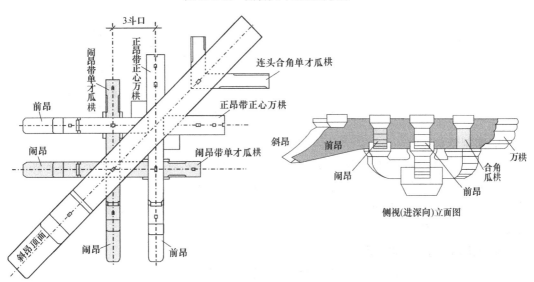

图 6.1.16 角科斗翘之上的栱件

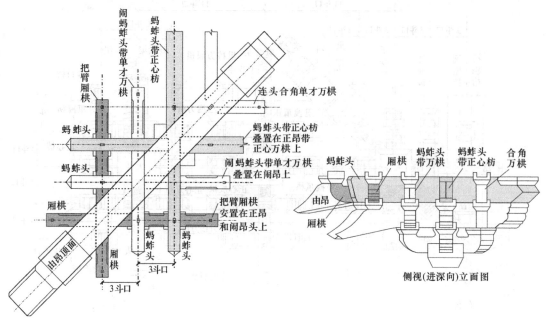

图 6.1.17　角科昂之上的栱件

在斜角方向扣置由昂（即是角科斗栱斜向构件最上面一层昂），如图 6.1.17 所示。由昂可以与第五层的斜撑头木连做一起。

最后安装挑檐枋、撑头木、正心枋等附件即可，其正、侧面图如图 6.1.18 所示。

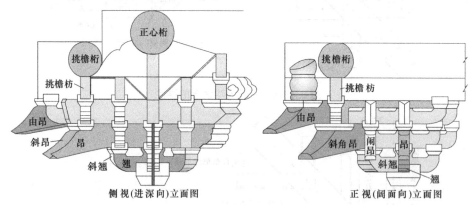

图 6.1.18　角科正、侧面图

2. 宋制转角铺作

宋制转角铺作是在栌科上先安装十字搭交泥道栱件，然后在斜角方向安置角华栱。第二层及其以上的十字搭交栱件，与柱头或补间铺作的结构相同，而斜角构件的角昂嘴、由昂嘴和其后的角华栱，各单独制作半身，用榫与十字栱件连接。转角、柱头、补间铺作的正面如图 6.1.19 所示。

3.《营造法原》角柱牌科

《营造法原》第四章牌科述，"丁字科及十字科之用于角柱时，其结构亦异于桁间及柱头上者，其出参成三面方向。……综观其结构，极似北方之角科，虽其名称繁简不一，殆

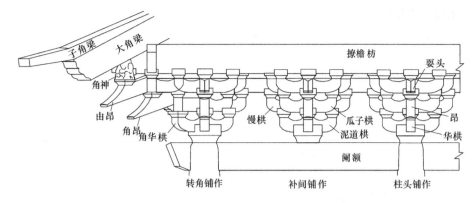

图 6.1.19 宋制铺作正面图

脱胎于北方之建筑钦"。由此可知，角柱牌科可参照清制角科执行。

【6.1.9】 溜金斗栱

溜金斗栱是用撑头木延长尾端斜杆或昂尾挑擀，按举架斜度从檐柱轴线部位溜到金柱轴线部位，与金檩（下平槫、步桁）位置构件连接的斗栱。清制称为"溜金斗栱"，宋制称为"下昂出跳"，《营造法原》称为"琵琶科"。

1. 清制溜金斗栱

清式溜金斗栱是将撑头木尾端制成向上的斜杆，按举架斜度从檐柱轴线部位溜到金柱轴线部位的斗栱，在它撑头木下的要头和昂，也作后尾顺势上斜，用销子与撑头杆连接，以此将这两个部位的斗栱连接起来，使之形成一个整体而加强整个建筑的稳定性，如图6.1.20 所示。

溜金斗栱多用于比较豪华的带有围廊的大式建筑上，如北京故宫太和殿的围廊上就用有这种斗栱。

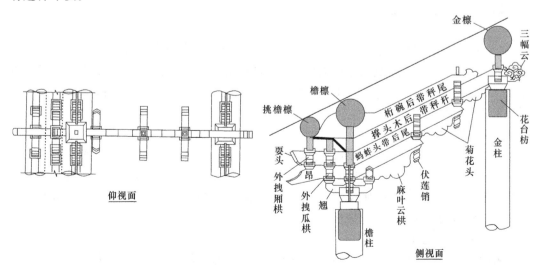

图 6.1.20 清制溜金斗栱

285

2. 宋制下昂出跳

宋制下昂出跳是将第二昂尾端做成挑斡，延伸到下平槫位置，与该处栱件连接起来，如图6.1.21 (a) 所示。

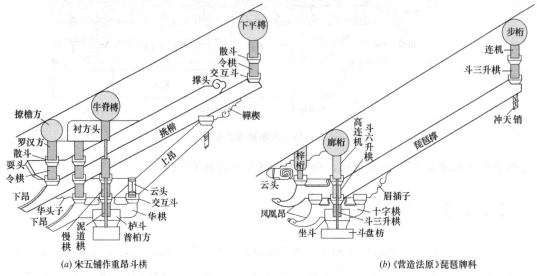

图 6.1.21　宋、《营造法原》溜金做法斗栱

3. 《营造法原》琵琶科

《营造法原》第四章牌科述，"琵琶科于中心线以外之结构，悉同丁字及十字牌科。中心线以内，于第一级里十字栱之上，以昂之后尾延长斜撑，称为琵琶撑"。即琵琶科斗栱是由丁字及十字牌科变化而成，以檐柱轴线为界，在轴线之外的部分，斗栱构件的形式与丁字及十字牌科是一样的；在轴线以内的部分，在十字栱之上承接二昂后尾，并使形成斜撑，延伸到步桁位置，该斜撑称为琵琶撑，其构造如图6.1.21 (b) 所示。

【6.1.10】 平座斗栱

"平座"是指楼层楼板檐口带有伸出的平台（相当现代楼房的檐廊），"平座斗栱"就是支承这种平台的斗栱，起着悬挑支承作用。清称为"三滴水品字科"，宋称为"平座铺作"，《营造法原》一般不使用。平座斗栱也有平身科、柱头科、角科之分，如图6.1.22、图6.1.23所示。

1. 清制三滴水品字科

三滴水品字科斗栱的特点是没有外伸的昂头，也可以说它没有昂，只有翘（单翘或重翘），其做法有里外出踩的，如图6.1.22所示；也有无外端只里端半出踩的，称为内里品字科，相似图6.1.23 (c) 所示。三滴水品字科多用于楼房或城楼平座斗栱，在枋木上布置楼板，檐口用滴珠板作为遮檐板。

2. 宋制平座铺作

宋制平座斗栱一般里端不挑出，只外端挑出，相似《营造法原》丁字科，挑出后用雁翅板（又称遮檐板）装饰，如图6.1.23 (c) 所示。它也有平身科、柱头科、角科之分。

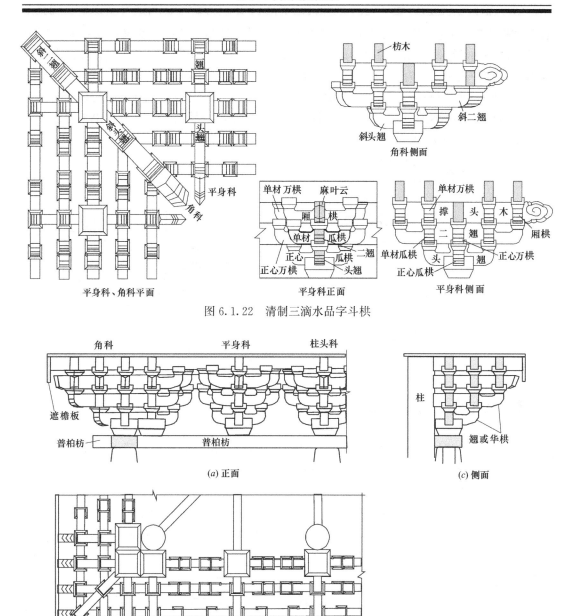

图 6.1.22　清制三滴水品字斗栱

(a) 正面

(c) 侧面

(b) 仰视面

图 6.1.23　宋制平座斗栱

【6.1.11】　计心造、偷心造

计心造与偷心造是宋《营造法式》对铺作正常做法与省略做法的称呼。《营造法式》卷四述，"凡铺作逐跳上，下昂之上亦同，按栱，谓之'计心'；若逐跳上不按栱，而再出跳或出昂者，谓之'偷心'"。即在出跳斗栱的每跳上，在下昂之上的也如此，安装横向栱件的，称为"计心"；若不是在每跳上安装横栱，而是省掉这一横栱，直接出跳或出昂的，称为"偷心"。因为正常斗栱组件，是横向栱件和纵向翘昂形成一个交叉底层；而上层为加长栱件和加长翘昂，相互组合形成加长交叉层，这加长一个距离即为出跳，如此做法层层叠合，这种做法就称为"计心造"。但有时为了节省制作安装及其工料，而在某一层（一般是在上几层中的某一层），省掉其中一个横栱，让上层翘或昂与其下层的翘或昂直接全叠，这种做法就称为"偷心造"，如图 6.1.24（a）所示。明清时期，有时也采用这种做法，如图 6.1.24（b）所示。

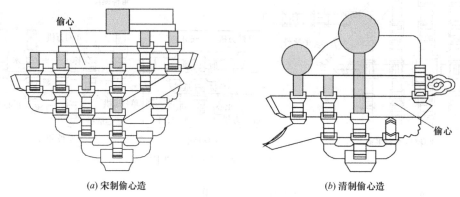

(a) 宋制偷心造　　　　　　　　　　　(b) 清制偷心造

图 6.1.24　偷心造

【6.1.12】　内檐斗栱

内檐斗栱是指檐柱轴线之里，处在内檐金柱轴线部位，或室内横梁上需要架立的斗栱。常用的有两种形式，即：品字斗栱和隔架斗栱。

1. 品字斗栱

品字斗栱是指没有昂只有翘，里外对称、左右对称的斗栱。按规模大小分单翘和重翘。清制"三滴水品字科"，宋制平座斗栱，《营造法原》丁字科、十字科等都属于这类，如图 6.1.25 所示。

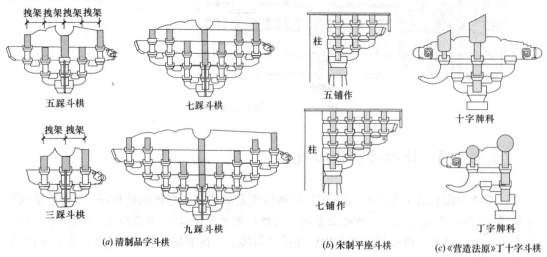

图 6.1.25　品字斗栱侧面图

2. 隔架斗栱

隔架斗栱是指处在上下两个构件之间，起横隔并又联系的斗栱，如《工程做法则例》楼房中的承重与随梁之间，就用隔架斗栱作为横隔并联系。《营造法式》隔架斗栱采用"单栱、重栱"，多用于劄牵与乳栿之间连接［参考图3.2.5（a）和图3.2.14中所示］。而《营造法原》做成一斗三升、一斗六升或十字科形式，如图6.1.26（c）所示。

《工程做法则例》的隔架斗栱是在单栱或二重栱的上面，安装一个雀替以作承托，并在大斗底下做成荷叶墩、宝瓶等形式的托墩，如图6.1.26（a）（b）所示。

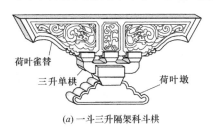
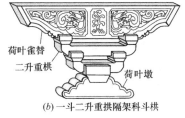
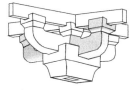

(a) 一斗三升隔架科斗栱　　　　(b) 一斗二升重栱隔架科斗栱　　　　(c) 十字隔架斗栱

图6.1.26　隔架科斗栱

【6.1.13】　出踩斗栱、不出踩斗栱

出踩斗栱是指斗栱的栱件，以正心桁为界，栱件每叠一层的同时，分别向室内外各悬挑出一个距离而成的斗栱，如图6.1.27（a）、（b）所示。它包括前面所述的柱头科斗栱、平身科斗栱、角科斗栱、平座斗栱、溜金斗栱、品字斗栱、牌楼斗栱等。

不出踩斗栱是指斗栱的栱件，置于梁枋上并顺其方向垒叠而成的斗栱，如图6.1.27（c）所示。它包括清制隔架科斗栱、宋制单栱和重栱，《营造法原》一斗三升、一斗六升斗栱等。

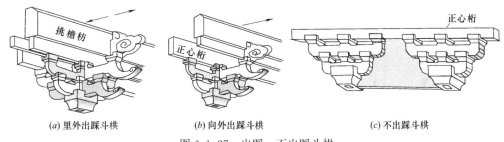

(a) 里外出踩斗栱　　　　　　(b) 向外出踩斗栱　　　　　　(c) 不出踩斗栱

图6.1.27　出踩、不出踩斗栱

【6.1.14】　一斗三升栱

"一斗三升栱"是最简单的一种斗栱，它是由一个坐斗和栱脚上三个升所组成，即在一个泥道栱（正心瓜栱）的三脚上，直接用三个升来承担檩枋而命名，如图6.1.28所示。清、《营造法原》称为"一斗三升栱"，宋称为"单栱"，多用于较次要的建筑上。

清制在一斗三升栱的基础上，还派生出有"一斗二升麻叶栱"、"单栱单翘麻叶栱"。

一斗二升麻叶栱是将一斗三升栱的中脚去掉，改为安插垂直于栱的"麻叶板"，使之

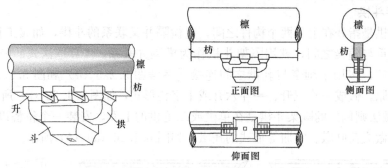

图 6.1.28　一斗三升栱

由"栱、升、麻叶"三件组成的斗栱，如图 6.1.29 所示，它增添了一斗三升的装饰性。

单栱单翘麻叶栱是在一斗二升麻叶栱上，增加一个垂直方向的翘，并在翘的两个脚上，各装一块云板，使之成为两个方向都有装饰板的斗栱，如图 6.1.30 所示。它大大提高了一斗二升麻叶栱装饰效果。

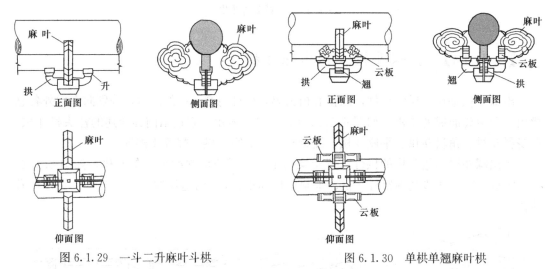

图 6.1.29　一斗二升麻叶斗栱　　　　　　　图 6.1.30　单栱单翘麻叶栱

【6.1.15】　一斗六升栱

一斗六升栱是在一斗三升栱上，再叠置一个较长的栱件（慢栱或万栱）而成，宋、清称为"重栱"，《营造法原》称为"一斗六升栱"，如图 6.1.31（a）所示。清制一斗六升栱还派生出一个"重栱单翘麻叶栱"，它是在单栱单翘麻叶栱基础上，于原单栱上再平行增加一栱而成，如图 6.1.31（b）所示。它主要用于需要增加高度的一种简易斗栱。

【6.1.16】　牌楼斗栱

牌楼斗栱是专门用于牌楼上的斗栱，《营造法原》称为"网形科"，它只有平身科和角科。在平身科斗栱中，翘昂都为前后伸出，两端完全对称一样，也就是说，它的昂是具有前后昂嘴的双头昂，如图 6.1.32 和图 6.1.33（a）所示。

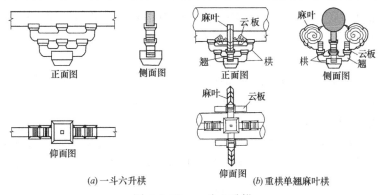

正面图　　侧面图　　正面图　　侧面图

麻叶　云板　　麻叶

翘　　栱　　栱　　云板　翘

仰面图　　麻叶　云板

仰面图

(a)一斗六升栱　　　　(b)重栱单翘麻叶栱

图 6.1.31　一斗六升栱

角科中的两个垂直面和两个角，也完全对称一样，牌楼斗栱的角科以边柱的柱顶为终端分为两个角，每个角上由斜昂及其两边相互垂直的栱件所组成，如图 6.1.33（b）、（c）端头所示。牌楼斗栱一般为七踩、九踩，北京雍和宫牌楼最高用到十一踩。

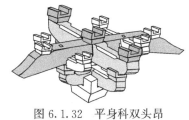

图 6.1.32　平身科双头昂

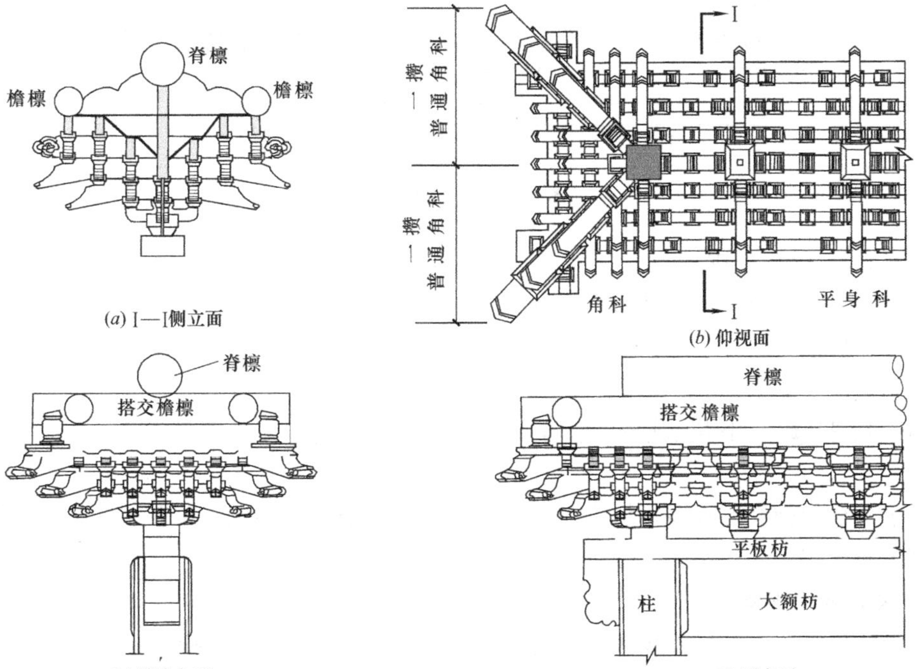

脊檩

檐檩　　檐檩

(a)Ⅰ—Ⅰ侧立面

普通角科　一攒角科　一攒角科　普通角科

角科　　平身科

(b)仰视面

脊檩

搭交檐檩

(c)端头立面

脊檩

搭交檐檩

平板枋

柱　　大额枋

(d)正立面

图 6.1.33　单翘重昂七踩牌楼斗栱

【6.1.17】　斗栱计量和间距

1. 斗栱的计量单位

一组斗栱是由各种栱件层层垒叠组合而形成的一个整体组件。这一组斗栱的单位，宋

《营造法式》称为"朵"，清《工程做法则例》称为"攒"，《营造法原》称为"座"。所以一个开间的斗栱数量，是按朵、攒、座等数进行计量。

2. 斗栱的间距

斗栱的间距是指相邻两组斗栱翘昂中心线之间的距离，它是确定斗栱数量的基本尺寸。这个间距的确定方法，宋、清、《营造法原》有所区别。

（1）宋制铺作间距

《营造法式》卷四述，"当心间须用补间铺作两朵，次间及梢间各用一朵，其铺作分布，令远近皆匀"。即是说，除柱头铺作和转角铺作必须安装外，当心间另行安装两朵补间铺作，次梢间各安装一朵补间铺作，它们之间的距离，应以开间尺寸进行均匀分配。

（2）清制斗科间距

《工程做法则例》卷二十八述，"凡斗科分档尺寸，每斗口一寸，应档宽一尺一寸"。即斗栱之间的距离为11斗口，如图6.1.34所示。有少数重檐建筑按12斗口。如果按开间尺寸不能正好为11的整数倍，可进行均匀分布调整。

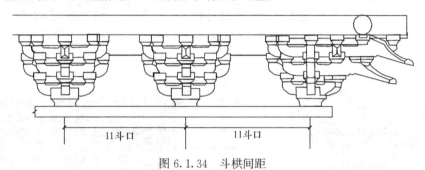

图 6.1.34 斗栱间距

（3）《营造法原》牌科间距

《营造法原》牌科规定，"两座牌科之中心距离，定为三尺，视其开间之广狭，平均排列"。也就是说，在一个开间中，按3尺定座数，余尺再均匀分摊到间距内。

【6.1.18】 斗栱规格换算

由于斗栱的种类比较多，组成斗栱的构件规格大小也有不同，宋制、清制、《营造法原》都各有定制。

1. 宋制铺作规格

宋制铺作将斗栱的栱件规格，分为单材栱和足材栱。单材栱是指"各以其材之广，分为十五份"，即单材栱规格为15份。足材栱是指"材上加栔者，谓之足材"，即足材栱为15份＋6份＝21份。

（1）单材栱：在设计和施工中，凡斗栱栱件规格没有特别指明要求者，均按单材栱计算。斗栱尺寸统一按"份数"计量，单材栱的规格为1材＝15份，计算时以宋"材份等级"制度（见图1.2.1）规定为依据，计算出每份的尺寸作为基本参数。例如，一等材的材广为九寸，厚六寸，那么材广每份为：9寸÷15＝0.6寸，材厚也是0.6寸。有了这个基本参数，就可计算出该等材栱件的具体尺寸，现举例叙述如下。

【例1】《营造法式》卷四在栱条中述，"二曰泥道栱，其长六十二分，每头以四瓣卷杀，每瓣长三分半"。试述其规格如何？

解：题中"分"应为"份"，首先依题没有特指栱件属性，可以确定按单材栱计算，然后要根据设计确定该栱使用在哪种等级的房屋上，现假设使用在殿身5间三等材房屋，那么根据宋"材份等级"（见图1.2.1）制度规定，三等材广为0.75尺，则单材每份为：0.75尺÷15＝0.05尺，则泥道栱长为：62份×0.05尺＝3.1尺，每瓣长为：3.5份×0.05尺＝0.175尺，四瓣卷杀长度为：0.175×4＝0.7尺。

【例2】《营造法式》卷四在栱条中述，"五曰慢栱，施之于泥道、瓜子栱之上，其长九十二分，每头以四瓣卷杀，每瓣长三分"。试述其规格如何？

解：依题按单材栱计算，假设选用四等材，根据宋"材份等级"（见图1.2.1）制度规定，四等材广为0.72尺，则每份为：0.72尺÷15＝0.048尺，因此，

慢栱长＝92份×0.048尺＝4.42尺，每瓣长为：3份×0.048尺＝0.144尺，四瓣卷杀长度为：0.144×4＝0.58尺。

（2）足材栱：凡斗栱规格特别指出为足材者，应按足材栱计算。足材栱规格是一材（15份）加一栔（6份），即按21份计算。

【例3】《营造法式》卷四在栱条中述，"一曰华栱，……足材栱也，……两头卷杀者，其长七十二份"。若选用三等材，其尺寸如何？

解：华栱已明确为足材栱，则每材应为21份，又已定为三等材，则依"材份等级"（见图1.2.1），三等材广为0.75尺，则每份为：0.75尺÷21＝0.0357尺，因此：华栱长＝72份×0.0357尺＝2.57尺。

【例4】《营造法式》卷四接上述，"五曰慢栱，施之于泥道、瓜子栱之上，其长九十二分，每头以四瓣卷杀，每瓣长三分。骑栿及至角，则用足材"。此述其规格如何？

解：假设该慢栱仍选用四等材，在【例2】中已讲述了单材慢栱的计算尺寸，现在慢栱要跨过梁栿至角，改用足材，则每份为：0.72尺÷21＝0.0343尺，因此，慢栱要跨过梁栿至角时，其长＝92份×0.0343尺＝3.16尺。

2. 清制斗栱规格

清制斗栱的栱件规格，只要选定用材等级后，就可直接按《工程做法则例》规定的"斗口材制等级"（见表1.2.7）的相应尺寸进行计算确定。

【例5】 清制规定正心瓜栱长为6.2斗口，宽1.24斗口，高2斗口。若选用三等材，尺寸如何？

解：按"斗口制尺寸表"（见表1.2.7），三等材的规格，每斗口为0.5尺，因此：

正心瓜栱长＝6.2斗口×0.5尺＝3.1尺，宽＝1.24斗口×0.5尺＝0.62尺。高＝2斗口×0.5尺＝1尺。

3.《营造法原》牌科规格

《营造法原》为简化牌科尺寸的复杂性，统一归纳为三种规格，即：五七式、四六式、双四六式。可根据需要直接采用，无需另行计算。但用于柱顶时，坐斗宽应与柱径相适应。

（1）五七式牌科：所谓"五七式"是指坐斗的高宽尺寸，即坐斗竖高为五寸，坐斗正面宽为七寸。按此规格的各栱件尺寸规定为：

坐斗为：宽0.7尺，高0.5尺，底宽0.5尺。

第一级栱为：长1.7尺，高0.35尺，厚0.25尺。升：宽0.35尺，高0.25尺（上腰0.1尺，下腰0.05尺，底高0.1尺），底0.25尺。

第二级栱为：长按第一级加长0.8尺，高厚不变。升的宽、高、底不变。

（2）四六式牌科：四六式是指坐斗竖高为四寸，坐斗正面宽约六寸，它是按五七式尺寸各八折而成，即坐斗：竖高$=0.5$尺$\times 0.8=0.4$尺，宽$=0.7$尺$\times 0.8=0.56$尺≈ 0.6尺。

第一级栱：长$=1.7$尺$\times 0.8=1.36$尺，高$=0.35$尺$\times 0.8=0.28$尺，厚$=0.25$尺$\times 0.8=0.2$尺。升：宽$=0.35$尺$\times 0.8=0.28$尺，高$=0.25$尺$\times 0.8=0.2$尺等。

第二级栱长另加长0.8尺，其他按一级栱不变。

（3）双四六式牌科：双四六式是按四六式尺寸加倍，即：

坐斗：宽$=0.56$尺$\times 2=1.12$尺，高$=0.4$尺$\times 2=0.8$尺。

第一级栱：长$=2.72$尺，高$=0.58$尺，厚$=0.4$尺。升：宽$=0.56$尺，高$=0.4$尺等。

第二级栱长另加长0.8尺，其他一级栱不变。

6.2　斗 栱 组 件

【6.2.1】　栱件"斗"

栱件"斗"是借用在旧时量米容器之形状而命名。旧时度量谷物的一套容器，称为"石（dan）、斗、升、合（ge）"，如图6.2.1（a）所示。合相当于"两"，升相当于"斤"，十合为一升，十升为一斗，十斗为一石。

栱件"斗"是组成斗栱的第一层栱件，在它中部刻凿有十字形槽口，以便在十字凹槽中嵌承第二层栱件（即横栱，纵翘），宋制铺作称为"栌科"；清制斗科称为"大斗"；《营造法原》牌科称为"坐斗"。现代通称为"座斗"。平身科和柱头科的座斗如图6.2.1（b）所示，角科座斗如图6.2.1（c）所示。

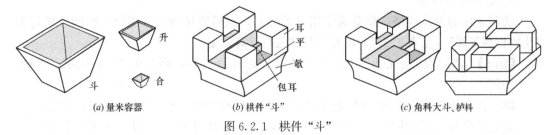

（a）量米容器　　　　　（b）栱件"斗"　　　　　（c）角科大斗、栌科

图6.2.1　栱件"斗"

1. 宋制铺作"栌科"

《营造法式》卷四造料之制述，"一曰栌科，施之于柱头，其长与广皆三十二份，若施于角柱之上者，方三十六份。如造圆料，则面径三十六分，底径二十八分。高二十份，上八份为耳，中四份为平，下八份为欹。开口广十份，深八份。出跳则十字开口，四耳。如不出跳，则顺身开口，两耳。底四面各杀四份，欹四一份"。即栌科安置于柱头时，长与宽都是32份。若安置在角柱上面者，长与宽为36份。如果为圆形，则上径36份，底径28份。其高均为20份。将高分为三份，上8份为耳（即槽帮高），中4份为平（即槽底厚度），下8份为

歆（即底座高）。槽口宽 10 份，深 8 份。用于出跳者要十字开口，有四耳。若用于不出跳者，应顺身方向开口，只两耳。底座四面各收进 4 份，向内凹弧 1 份，如图 6.2.2 所示。

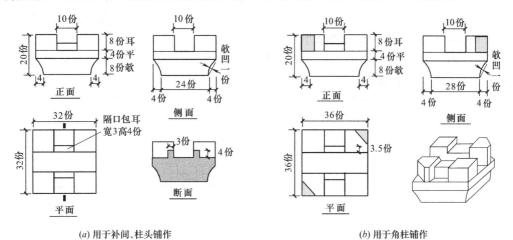

(a) 用于补间、柱头铺作　　　　　　(b) 用于角柱铺作

图 6.2.2　铺作栌枓

2. 清斗科"大斗"

清按平身科、柱头科、角科不同，其尺寸略有区别。《工程做法则例》卷二十八在平身科中述，"平身科大斗一个，每斗口宽一寸，大斗应长三寸，宽三寸，高二寸。斗口高八分，斗底宽二寸二分，长二寸二分，底高八分，腰高四分"。即平身科大斗，长宽为 3 斗口，高 2 斗口，分为耳腰底，其尺寸如图 6.2.3（a）所示。在柱头科中述，"柱头科大斗一个，每斗口宽一寸，大斗应长四寸，宽三寸，高二寸。迎面安翘、昂，斗口宽二寸，高八分。按正心瓜栱之斗口宽一寸二分五厘，高八分"。即柱头科大斗长 4 斗口，宽 3 斗口，高 2 斗口。安翘昂的开口宽 2 斗口［如图 6.2.3（a）中带括号数字所示］，高 0.8 斗口。安瓜栱的开口宽 1.25 斗口，高 0.8 斗口。在角科中述，"角科大斗一个，长、宽、高并两面斗口尺寸，俱与平身科同。其按斜翘斗口，每平身科斗口一寸，应宽一寸五分，高七分"。即角科大斗尺寸与平身科相同，只是角科还应在斜角方向刻槽口，宽 1.5 斗口，高 0.7 斗口，如图 6.2.3（b）所示。

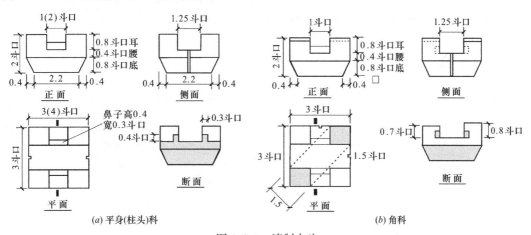

(a) 平身(柱头)科　　　　　　　　(b) 角科

图 6.2.3　清制大斗

3. 《营造法原》牌科"坐斗"

《营造法原》第四章述，"五七式，以斗之宽高而命名，为方形，其斗面宽为七寸，高五寸，斗底宽亦为五寸。斗高分作五份，斗腰占其三，斗底占其二。上斗腰占斗腰之二，下斗要仅占其一"。即坐斗顶面为方形，宽为七寸，高为五寸，称为五七式，方斗高占3/5，斗底占2/5。与宋、清不同的是，因其使用多为十字栱，坐斗内的胆（宋称隔口包耳、清称鼻子）四边都有，如图6.2.4（a）平面所示。另述，"用于柱头时，高依原式，其斗底宽同柱径，斗面较斗底两面各出一寸"。即坐斗底宽同柱径，面宽为柱径+2寸，其他与桁间牌科同。

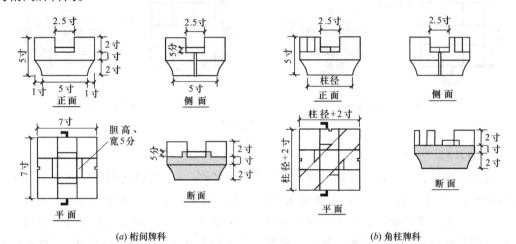

(a) 桁间牌科　　　　　　　　　　　　　　　　　(b) 角柱牌科

图 6.2.4　《营造法原》坐斗

根据以上所述，坐斗尺寸规格小结如表 6.2.1 所示。

坐斗尺寸规格　　　　　　　　　　　　　　　　　　　　　　　　表 6.2.1

名称		平身科			柱头科			角科		
		长	宽	高	长	宽	高	长	宽	高
《营造法式》	栌科	32份	32份	20份	32份	32份	20份	36份	36份	20份
《工程做法则例》	大斗	3斗口	3斗口	2斗口	3斗口	4斗口	2斗口	3斗口	3斗口	2斗口
《营造法原》	坐斗五七式	7寸	7寸	5寸	柱径+2寸	柱径+2寸	5寸	柱径+2寸	柱径+2寸	5寸

【6.2.2】 栱件"栱"

栱件"栱"是顺面阔方向的弓形曲木，因其形状相似于倒立的拱形，故而称之，如图6.2.5（a）所示。首层栱是嵌入坐斗上，中间开凿槽口安置十字交叉栱件，两端安升以

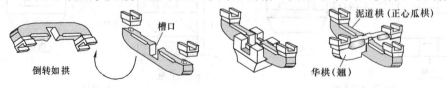

(a) 栱件形式　　　　　　　(b) 栱件安置　　　　　　　(c) 栱件的交叉件

图 6.2.5　坐斗上第一个栱件

便平行叠加上一层栱件，如图6.2.5（b）、（c）所示。"栱"依安装位置和本身长短不同，有不同称呼。

"栱"按其本身长短不同，宋制分为瓜子栱、令栱、慢栱；清制分为瓜栱、厢栱、万栱；《营造法原》简化为第一级栱、第二级栱。它们的基本形式大同小异，如图6.2.6所示。"栱"依所置位置分为坐斗正中、坐斗外侧、坐斗里侧三个不同区域。

在坐斗正中位置上的栱，宋制分为一层泥道栱、二层慢栱；清制分为一层正心瓜栱、二层正心万栱；《营造法原》则分为第一级栱、第二级栱。

在坐斗外侧位置上的栱，宋制分为瓜子栱、令栱；清制分为外拽瓜栱、外拽万栱、外拽厢栱；《营造法原》没有。

在坐斗里侧位置上的栱，宋制分为瓜子栱、令栱；清制分为里拽瓜栱、里拽万栱、里拽厢栱；《营造法原》没有。

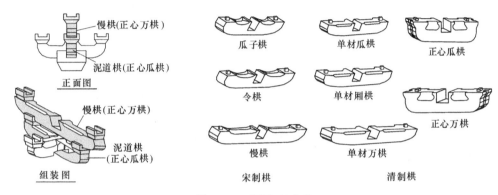

图6.2.6 "栱"的名称

1. 宋铺作"栱"

《营造法式》卷四造栱之制中述，"二曰泥道栱，其长六十二份，若枓口跳及铺作全用单栱造者，只用令栱。每头以四瓣卷杀，每瓣长三份半，与华栱相交，安于栌枓口内。

三曰瓜子栱，施之于跳头。若五铺作以上重栱造，即于令栱内、泥道栱外用之，四铺作以下不用，其长六十二份，每头以四瓣卷杀，每瓣长四份。

四曰令栱，或谓之"单栱"，施之于里外跳头之上，外在橑檐方之下，内在算桯方之下，与耍头相交，亦有不用耍头者，及屋内槫缝之下，其长七十二份，每头以五瓣卷杀，每瓣长四份。若里跳骑栿，则用足材。

五曰慢栱，或谓之"肾"，施之于泥道、瓜子栱之上。其长九十二份，每头以四瓣卷杀，每瓣长三份。骑栿及至角，则用足材"。即正心泥道栱长62份［图6.2.7（a）］，如果枓口跳出及整个铺作是采用单栱造者，只用令栱而不用泥道栱。每头以4瓣卷杀，每瓣长3.5份（即两头按3.5份长做成四折线的卷曲形），与华栱垂直相交，嵌入栌枓内。

瓜子栱［图6.2.7（b）］用于五铺作以上重栱构造的挑出端，位于令栱与泥道栱之间，四铺作以下不用瓜子栱，其长62份，每头以4瓣卷杀，每瓣长4份（即两头按4份长做成四折线的卷曲形）。

令栱［图6.2.7（c）］，也可称为"单栱"，位于里挑和外挑的端头上，其外是在橑檐方之下，其内是在算桯方之下，与附件"耍头"垂直相交，也有不用耍头的，延及到屋内槫缝之下，长72份，每头以5瓣卷杀，每瓣长4份（即两头按4份长做成五折线的卷曲形）。若令栱里跳骑在梁栿上，则用足材栱。

慢栱 [图6.2.7（d）]，也称为"肾栱"，安装在泥道栱、瓜子栱的上面。其长92份，每头以4瓣卷杀，每瓣长3份。如果骑跨过梁栿，则用足材。具体尺寸如图6.2.7中所示。

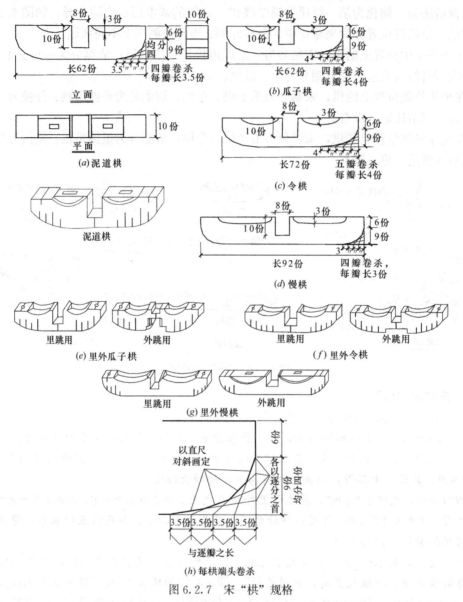

图6.2.7　宋"栱"规格

接上述，"凡栱之广厚并如材。栱头上留六分，下杀九分，其九分匀分为四大分，又从栱头顺身量为四瓣，各以逐分之首，自下而上，与逐瓣之长，自内而至外，以直尺对斜画定，然后斫造，用五瓣及分数不同者准此。栱两头及中心，各留坐枓处，余并为栱眼，深三分。如造足材栱，则更加一栔，隐出心枓及栱眼"。即所有栱的高厚均按材规定（即高为15份，厚10份）。栱头上留6份，下杀9份，将9份均分为4大份。由栱头顺栱身方向量4瓣 [图6.2.7（h）]，各以每份顶自下而上，与每瓣之长自内而外，用直尺画对角斜线，然后按每份所交之线砍斫，用五瓣及分数不同的也按此做法。在栱两头及中心部分，留出斗升位置，其余均为栱眼，深3份（如图6.2.7中立面所示）。如果是足材栱，其高要加6份，凿出中间心科及两边栱眼。

2. 清斗科"栱"

《工程做法则例》在卷二十八中直接作出规定：

正心瓜栱、正心万栱的长，分别为 6.2 斗口和 9.2 斗口，宽 1.24 斗口，高 2 斗口。

单材瓜栱、单材厢栱、单材万栱的长，分别为 6.2、7.2、9.2 斗口。各栱宽为 1 斗口，高为 1.4 斗口，其两端均分四等分卷杀，具体如图 6.2.8 所示。各栱件的位置使用参看图 6.1.8、图 6.1.11 所示。

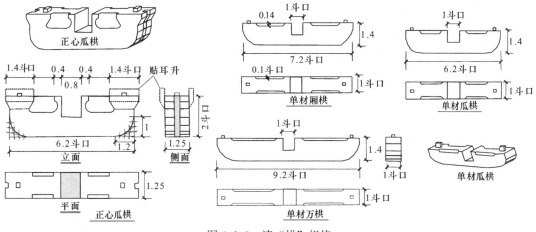

图 6.2.8　清"栱"规格

3. 《营造法原》牌科"栱"

《营造法原》第四章述，五七式的"栱高三寸半，厚二寸半，第一级栱深按斗面各出二寸半，加升底宽各出二寸半，共长一尺七寸。第二级栱照第一级栱加长八寸，共长二尺五寸。实栱用于柱上者高五寸，厚二寸半"。五七式栱的尺寸如图 6.2.9 所示，即第一级栱长按坐斗宽两边各伸出 2.5 寸，再加升底宽 2.5 寸，共长 = 7 寸 + 2×2.5 + 2×2.5 = 17寸。第二级加长 8 寸，共长 25 寸。用作柱头牌科时，栱高为 5 寸，厚不变仍为 2.5 寸。如果为四六式，则按五七式八折。若为双四六式，按四六式加倍。

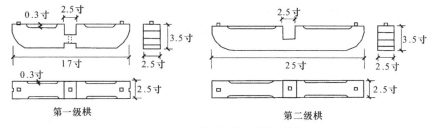

图 6.2.9　《营造法原》"栱"规格

根据以上所述，栱的尺寸规格小结如表 6.2.2 所示。

【6.2.3】 栱件"翘"

"翘"是与"栱"十字交叉的同层栱件，"栱"是顺面阔横向布置，"翘"是沿进深纵向布置。宋制称为"华栱"，清制称为"翘"，《营造法原》称为"丁字栱或十字栱"。制作时在"栱"的中间凿有朝上的仰口卡槽，而在"翘"的中间则凿有朝下的盖口卡槽，"翘"盖在"栱"上相互搭交，落于座斗槽内，如图6.2.5（c）所示，它是向檐口里外悬挑伸出，形成斗栱的第二层基础构件。

"栱"尺寸规格 表6.2.2

项目	宋《营造法式》				清《工程做法则例》				《营造法原》			
栱位置	栱名称	长	宽	高	栱名称	长	宽	高	五七式栱	长	宽	高
斗栱正中心部位	泥道栱	62份	10份	15份	正心瓜栱	6.2斗口	1.25斗口	2斗口	第一级栱	1.7尺	0.25尺	0.35尺
	慢栱	92份	10份	15份	正心万栱	9.2斗口	1.25斗口	2斗口	第二级栱	2.5尺	0.25尺	0.35尺
斗栱内外悬挑部位	瓜子栱	62份	10份	15份	瓜栱	6.2斗口	1斗口	1.4斗口	柱上栱		0.25尺	0.5尺
	令栱	72份	10份	15份	厢栱	7.2斗口	1斗口	1.4斗口	四六式	按上8折		
	慢栱	92份	10份	15份	万栱	9.2斗口	1斗口	1.4斗口	双四六式	按四六式加倍		

如果欲使伸出距离加大，可在其上的升上再平行垒叠一层较长的翘或昂，有两层翘的斗栱称为"重翘斗栱"，只一层翘的称为"单翘斗栱"。如果有一层翘一层昂的称为"单翘单昂斗栱"，如果有一翘二昂的称为"单翘重昂斗栱"。

1. 宋铺作"华栱"

《营造法式》卷四大木作制度述，"造栱之制有五，一曰华栱，或谓之'抄栱'，又谓之'卷头'，亦谓之'跳头'。足材栱也，若补间铺作则用单材，两卷头者，其长七十二份，若铺作多者，里跳减长二分。七铺作以上，即第二里外跳各减四分。六铺作以下不减。若八铺作下两跳偷心，则减第三跳，令上下跳交互枓畔相对。若平座出跳，抄栱并不减。每头以四瓣卷杀，每瓣长四份，如里跳减多，不及四瓣者，只用三瓣，每瓣长四分。与泥道栱相交，安于栌枓口内。若累铺作数多，或内外俱匀，或里跳减一铺至两铺，其骑槽担栱，皆随所出之跳加之，每跳之长，心不过三十份，传跳虽多，不过一百五十份"。即华栱又称"抄栱"、"卷头"、"跳头"。它是足材栱（即高为21份），对补间铺作则用单材栱，对两端为卷头的华栱，长72份，若铺作者，里跳减长2份。七铺作以上，即第二里外跳各减4份。六铺作以下不减。若八铺作第一、二跳偷心，则减第三跳长度，使上下跳交互枓的边沿相互对齐。若平座斗栱出跳，华栱里跳都不减。每头按4瓣，4份卷杀，如里跳减的长度较多，不够四瓣者，只用三瓣，每瓣长4份。与泥道栱十字相交于大斗内［图6.2.5（c）］。若斗栱层数多时，可以里外两端对称伸出，也可里端减掉一层至两层，这时由骑槽檐栱（指减去一端的栱，如图6.2.10中骑槽檐栱所示）来承担，其伸出按所出跳需要而定长，每跳伸出的长度，从中心向外不超过30份，但不管出

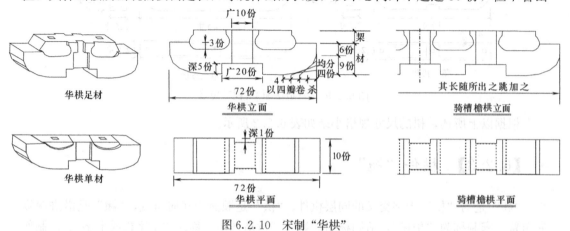

图6.2.10 宋制"华栱"

跳多少，最长不超过 150 份。

2. 清科科"翘"

《工程做法则例》在卷二十八中规定，翘最多只二层，平身科、柱头科头翘长 7.1 斗口，高 2 斗口，翘宽平身科为 1（柱头科为 2）斗口。二翘长 13.1 斗口，宽 1 斗口，高 2 斗口，如图 6.2.11 所示。

角科头翘长应加斜，即 7.1×1.4＝9.94 斗口，宽 1.5 斗口，高 2 斗口；二翘长 13.1 斗口加斜为 18.34 斗口，宽为 ［1.5 斗口＋0.2×（老角梁宽－1.5）］，高 2 斗口。

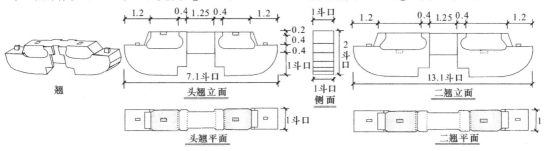

图 6.2.11 清制"翘"

3.《营造法原》牌科"丁字及十字栱"

《营造法原》第四章述，"五七式……丁字及十字科，出参栱长，第一级自桁中心至升中心，为六寸，第二级加四寸，第三级仍为四寸。有时视出檐深浅及用材大小，可酌予收缩"。即五七式丁字或十字栱，向外或向里伸出的长度，由桁中心至升中心，第一级为 6 寸，以上每级伸出均为 4 寸。但计算栱的实长时，要加半升宽（即 2.5 寸/2）。即第一级伸出长＝6 寸＋（2.5/2 寸）＝7.25 寸，则第一级出参栱全长＝2×7.25 寸＝14.5 寸。第二级栱照第一级栱加长八寸，即第二级栱长＝14.5 寸＋8＝为 22.5 寸。栱宽为 2.5 寸，栱高为 3.5 寸，如图 6.2.12 所示。如果为四六式，按五七式八折。若为双四六式，按四六式加倍。

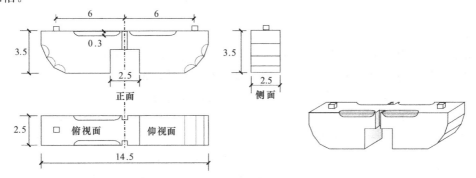

图 6.2.12 《营造法原》十字栱

根据以上所述，翘尺寸规格小结如表 6.2.3 所示。

【6.2.4】 栱件"昂"

"昂"是平行垒叠在华栱（或翘）端的升上，并与慢栱（或正心万栱）十字搭交，以

301

"翘"的尺寸规格　　　　　　　　　表 6.2.3

《营造法式》(单位:份)			《工程做法则例》(单位:斗口)				《营造法原》(单位:尺)			
名称	长	宽	高	名称	长	宽	高	五七式栱	长	宽	高
足材华栱	72	10	21	柱头平身头翘	7.1	1(柱头 2)	2	第一级出参栱	1.45	0.25	0.35
单材华栱		10	15	柱头平身重翘	13.1	1	2	第二级出参栱	2.25	0.25	0.35
累铺作华栱	150	10	15	角科斜头翘	9.94	1.5	2	四六式栱	按上 8 折		
				角科斜二翘	18.34	1.5 斗口+0.2(老角梁宽一1.5)	2	双四六式	按四六式加倍		

增加里外（纵向）悬挑距离，是形成斗栱第三层的栱件。它的外端特别加长，形似鸭嘴形状，一般称为"昂嘴或昂头"，如图 6.2.13 所示。"昂"在唐宋时期是用它作为檐口处的悬挑杠杆，采用后高前低的斜挑形式，使较小的层高获得较大的悬挑距离，以承接悬挑端的檐口荷载。后因它的安全度受到挑战，所以到了清代改掉了它的杠杆作用，将其演变为只起装饰作用以代替翘的功用。

如果要求斗栱的外伸距离加大，还可在昂上，再叠加一昂或二昂，此称为"重昂斗栱"。

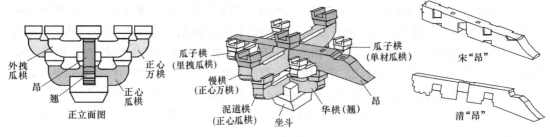

图 6.2.13　斗栱中的"昂"

1. 宋铺作"昂"

宋昂原本分为上昂和下昂两种，但上昂因安全性受到质疑，这里只介绍下昂。在宋制斗栱中，最简单的四铺作只装插昂，五铺作以上才装下昂，如图 6.2.14 所示。

《营造法式》卷四飞昂中述，"下昂，自上一材，垂尖向下，从枓底心下取直，其长二十三份，其昂身上彻屋内。自枓外斜杀向下，留厚二份，昂面中颥二份，令颥势圆和。亦有于昂面上随颥加一分，讹杀至两棱者，谓之'琴面昂'。亦有自枓外斜杀至尖者，其昂面平直，谓之'批竹昂'。"即下昂，由上面一材往下，使昂尖垂向下，从昂顶交互斗底中心点向下的垂线，量取 23 份长为昂尖，昂身向上斜伸至屋内。从交互斗的底外角作向下斜线，量取 2 份至尖为昂厚，再将昂面中间内凹 2 份，使之成圆弧（如图 6.2.15 中昂尖部分所示）。亦有从昂面上随凹弧加 1 份，斜杀至两棱者，谓之'琴面昂'。亦有自枓外斜杀至尖者（即图 6.2.15 中所示），使其昂面平直，谓之"批竹昂"。

接上述："凡昂安枓处，高下及远近皆准一跳。若从下第一昂，自上一材下出，斜垂向下，枓口内以华头子承之。华头子自枓口外长九分。将昂势尽处匀分，刻作两卷瓣，每瓣长四分。如至第二昂以上，只于枓口内出昂，其承昂枓口及昂身下，皆斜开䤸口，令上大下

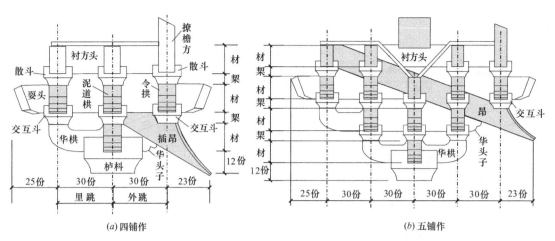

图 6.2.14　铺作中的"昂"

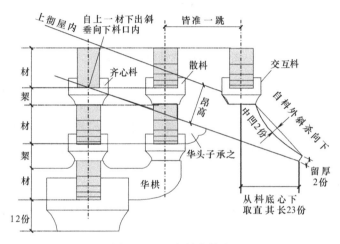

图 6.2.15　宋昂头做法

小，与昂身相衔。"即凡在昂头处所安装的交互枓、散枓，无论高低远近，其挑出的距离，均为一跳。如果是头层昂，应从昂上一材距离向下斜出，斜面与枓口间的空当距离，用华头子（即华栱端头）连接（图 6.2.15）。华头子从枓口向外长 9 份。按昂的斜势均分作两卷瓣，每瓣长 4 份。若是二层昂及其以上的昂，只需从交互枓的枓口接触处，向下画昂身（图 6.2.16）。其昂身与枓口连接处，均剔凿成斜岔口，使其上大下小，与昂身相衔接。

接上述："凡昂上坐枓，四铺作、五铺作并归平；六铺作以上，自五铺作外，昂上枓并再向下二分至五分。如逐跳计心造，即于昂身开方斜口，深二分；两面各开子荫，深一分。若昂身于屋内上出，皆至下平槫。若四铺作，用插昂，即其长斜随跳头。"即在昂顶上安置交互枓时，若是四铺作、五铺作者，该枓与其他同层枓都在一个水平线上（见图 6.2.14 中昂顶交互枓所示）；若是六铺作以上，自第五铺作开始，昂顶上的交互枓都按同层水平线向下低 2 份至 5 份，如图 6.2.16（a）第二昂顶所示。如果每跳都是计心造，应在昂身剔凿方斜口，深 2 份，两面各开深 1 份子荫，如图 6.2.16（b）所示。如果昂身向

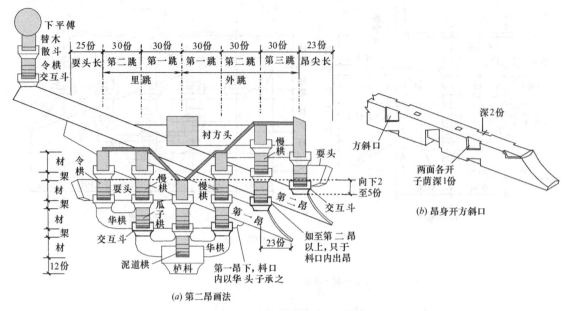

(a) 第二昂画法

(b) 昂身开方斜口

图 6.2.16　六铺作重栱双昂

屋内斜上伸出者，一律延伸到下平槫处。对四铺作，只做成插昂，如图 6.2.14（a）所示，其长的斜度按挑出尺寸 23 份确定。

根据以上所述，宋昂长度，除昂头按一跳 23 份外，昂身及昂尾应依现场情况（即或作插昂，或内斜上出与交互斗枓口相交）而定。昂的宽度为 10 份，昂的高度按一材 15 份。

2. 清斗科"昂"

清制昂分为平身科、柱头科的头昂和二昂。角科为头昂、二昂和由昂（即角科最上层斜昂）。

《工程做法则例》在卷二十八中述及平身科、柱头科的头昂尺寸为：

单昂、重昂斗栱的头昂长为 9.85 斗口；单翘单昂斗栱的头昂长为 15.3 斗口；

单翘重昂斗栱的头昂长为 15.85 斗口；重翘重昂斗栱的头昂长为 21.85 斗口。

平身科头昂的宽度均为 1 斗口。柱头科头昂的宽度：单翘单昂斗栱和重翘重昂斗栱为 3 斗口，单翘重昂斗栱为 2.67 斗口。

昂的高度：昂头高均为 3 斗口，昂尾高均为 2 斗口。如图 6.2.17（a）所示。

对角科的头昂长度，按平身科头昂长加斜，即平身科昂长乘 1.4 系数。昂高与平身科昂高相同。但头昂宽度：单昂和重昂斗栱为 1.5 斗口，单翘单昂斗栱为 [1.5＋0.33（老角梁宽－1.5）] 斗口，单翘重昂斗栱为 [1.5＋0.25（老角梁宽－1.5）] 斗口，重翘重昂斗栱为 [1.5＋0.4（老角梁宽－1.5）] 斗口。

《工程做法则例》在卷二十八中述及平身科、柱头科的二昂尺寸为：

重昂斗栱二昂长为 15.3 斗口，单翘重昂斗栱二昂长为 21.3 斗口，重翘重昂斗栱二昂长为 27.3 斗口。

二昂的宽度：平身科为 1 斗口。柱头科重昂斗栱为 3 斗口，单翘重昂斗栱为 3.33 斗口，重翘重昂斗栱为 3.5 斗口。

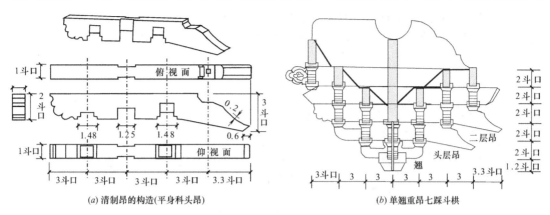

(a) 清制昂的构造(平身科头昂)　　　(b) 单翘重昂七踩斗栱

图 6.2.17　清制昂的构造

昂的高度与头昂高相同，即 3 斗口

对角科的二昂长度按平身科二昂长度的 1.4 倍计算，

二昂宽度：重昂斗栱为 [1.5+0.33（老角梁宽－1.5）] 斗口，单翘重昂斗栱为 [1.5+0.5（老角梁宽－1.5）] 斗口，重翘重昂斗栱为 [1.5+0.6（老角梁宽－1.5）] 斗口。

昂的高度也与头昂相同，即昂头高为 3 斗口，昂尾高为 2 斗口。

根据以上所述，清制昂的规格尺寸小结如表 6.2.4 所示。

清制"昂"的尺寸规格　　　　　　表 6.2.4

名称	平身科(斗口)				柱头科(斗口)				角科(斗口)			
	名称	长	宽	高	名称	长	宽	高	名称	长	宽	高
头昂	单昂	9.85	1	头3尾2	单昂	9.85			单昂	13.79	1.5	头3尾2
	重昂	9.85	1	头3尾2	重昂	9.85			重昂	13.79	1.5	头3尾2
	单翘单昂	15.3	1	头3尾2	单翘单昂	15.3	3	头3尾2	单翘单昂	21.42	1.005+0.33角梁宽	头3尾2
	单翘重昂	15.85	1	头3尾2	单翘重昂	15.85	2.67	头3尾2	单翘重昂	22.19	1.125+0.25角梁宽	头3尾2
	重翘重昂	21.85	1	头3尾2	重翘重昂	21.85	3	头3尾2	重翘重昂	30.59	0.9+0.4角梁宽	头3尾2
二昂	重昂	15.3	1	头3尾2	重昂	15.3	3	头3尾2	重昂	21.42	1.005+0.33角梁宽	头3尾2
	单翘重昂	21.3	1	头3尾2	单翘重昂	21.3	3.33	头3尾2	单翘重昂	29.82	0.75+0.5角梁宽	头3尾2
	重翘重昂	27.3	1	头3尾2	重翘重昂	27.3	3.5	头3尾2	重翘重昂	38.22	0.6+0.6角梁宽	头3尾2

3. 《营造法原》牌科"昂"

《营造法原》第四章述，"昂形有二，其内靴脚者，称靴脚昂，即北方之昂。其形微曲，下而复上，其头作凤头形者，称凤头昂。靴脚昂仅用于大殿，而凤头昂则不拘"。即昂形有靴脚及凤头两种，靴脚昂即为清制头昂。而凤头昂如图 6.2.18 所示，靴脚昂仅只用于大殿，而凤头昂都可适用。牌科接述，"昂之做法，就靴脚昂言，其制作同清式做法。凤头昂之凤尖，厚较昂根八折，昂底以不过下升腰为原则。···至于昂翘起之势，以及凤头之大小，须出具大样，审形出料，而手法各异，无固定方式也"。即靴脚昂按清平身科的头昂做法。凤头昂的凤尖厚度按昂尾厚度 8 折，昂身高度以昂底面不超过其下升腰为原则确定。至于凤头形式，没有固定方法，由专业工匠绘出大样制作。无论是哪种形式昂头，昂身柱头高按 3.5 寸，宽 2.5 寸，全长五出参按 29.25 寸，三出参按 23.25 寸，昂头部的长度要较云头长缩短 2 寸。

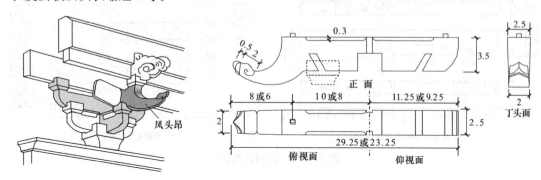

图 6.2.18 《营造法原》制昂的构造

【6.2.5】 栱件"升"

"升"是比座斗小的斗形，故宋制称为"枓"，清制和《营造法原》都称为"升"。它是承接上层栱件的基座，它只有一个方向刻有开口。升依其所置位置不同有不同的名称，即：

宋制依其位置分为：齐心斗（即处在栱的中脚之上）、交互斗（即处在华栱两个端脚之上）、散斗（除齐心斗和交互斗之外，处在其他栱件端脚之上）。

清制依其位置分为：槽升子（处在正心栱两个端脚之上）、十八斗（处在翘昂的两端脚之上）、三才升（处在里外拽栱的两端脚之上）。

《营造法原》不分位置，统称为升。

1. 宋铺作"升"

《营造法式》卷四在造枓之制中述："二曰交互枓，亦谓之'长开枓'，施之于华栱出跳之上，十字开口，四耳。如施之于替木下者，顺身开口，两耳。其长十八分，广十六分。若屋内梁栿下用者，其长二十四分，广十八分，厚十二分半，谓之'交栿枓'，于梁栿头横用之。如梁栿项归一材之厚者，只用交互枓。如柱大小不等，其枓量柱材随宜加减。三曰齐心枓，施之于栱心之上，顺身开口，两耳。若施之于平坐出头木之下，则十字开口，四耳。其长与广皆十六分。四曰散枓，施之于栱两头，横开口，两耳，以广为面。如铺作偷心，则施之于华栱出跳之上。其长十六分，广十四份。凡交互枓、齐心枓、散枓，皆高十分，上四分为耳，中二分为平，下四分为敧。开口皆广十分，深四分，底四面各杀二分，敧颤半分。"即交互斗是置于华栱两端出跳之上，十字开口，四个凸边。如果安置在替木下者，顺身开口，两个凸边。其长 18 份，宽 16份。如果用在屋内梁栿下时，其长 24 份，宽 18 份，厚 12.5 份，谓之"交栿斗"，垂直安置在梁栿头下。如梁栿端头为一材 10 分厚者，应按交互斗尺寸而不按交栿斗尺寸。如柱大小不等，交互斗尺寸按柱径加减。三曰齐心斗，置于正心栱（如泥道栱、慢栱）的中心之上，顺身开口，两个凸边。若置于平坐出头木之下，则十字开口，四个凸边。齐心斗的长宽均为 16 份。四曰散斗，置于栱件（如瓜子栱、令栱）的两端，垂直栱身开口，两凸边，宽的一面为正面。如斗栱是偷心造，则散斗置于华栱两端之上。其长 16 份，宽 14 份。以上所述交互斗、齐心斗、散斗等，都高为 10 份，上 4 份为耳，中 2 份为平，下 4 份为敧。开口的宽度都为 10 份，深 4 份，底四面各杀 2 份，敧凹 0.5 份，如图 6.2.19 所示。

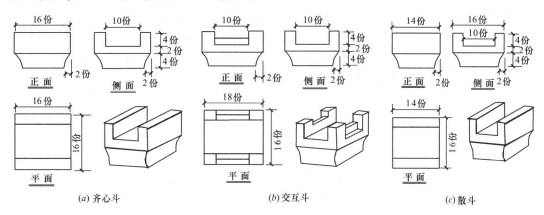

图 6.2.19 宋制"升"的构造

依其所述则为：

交互斗置于华栱的两端（和昂头）上，长 18 份，宽 16 份；

齐心斗置于轴心栱的中心位置上，长 16 份，宽 16 份；

散斗置于轴心以外栱的两端上，长 16 份，宽 14 份。

三者高均为 10 份，分为上 4 份、中 2 份、下 4 份。中间开口宽 10 份，深 4 份。下底四面各收 2 份，内凹 0.5 份。由此可知，交互斗和齐心斗是专用在一定位置上，而其他位置都用散斗。

2. 清斗科"升"

《工程做法则例》卷二十八对升的规定为：

槽升子置于正心栱两个端脚之上，长 1.3 斗口，宽 1.72 斗口，高 1 斗口。

十八斗置于翘昂的两端脚之上，长 1.8 斗口，宽 1.48 斗口，高 1 斗口。

三才升置于里外拽栱的两端脚之上，长 1.3 斗口，宽 1.48 斗口，高 1 斗口。

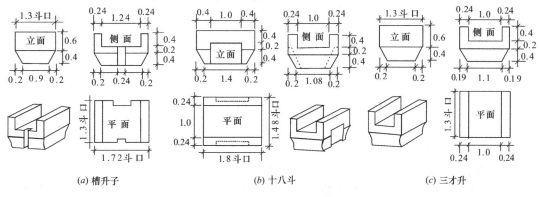

图 6.2.20 清制升的构造

各升高分为上耳 0.4 斗口，中腰 0.2 斗口，下底 0.4 斗口。中间开口宽 1 斗口，深 0.4 斗口。为便于施工掌握，将《工程做法则例》对下底四面各收进尺寸都有微少差异，

307

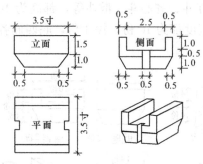

图 6.2.21 《营造法原》升的构造

3.《营造法原》牌科"升"

改为统一各收 0.2 斗口，如图 6.2.20 所示。

《营造法原》在牌科五七式中述，"升料则以栱料扁做，升高为二寸半，升宽为三寸半，升底同升高。升高分配亦作五份，计上升腰高一寸，下升腰高半寸，升底高一寸"。其中所述之尺寸是以鲁班尺为营造尺，长宽均为 3.5 寸，高 2.5 寸。中间开口宽 2.5 寸，深 1 寸。如图 6.2.21 所示。如果为四六式，按五七式八折。若为双四六式，按四六式加倍。

根据以上所述，升的规格尺寸如表 6.2.5 所示。

"升"的尺寸规格 表 6.2.5

宋《营造法式》单位：份				清《工程做法》单位：斗口				《营造法原》单位：鲁班尺			
名称	长	宽	高	名称	长	宽	高	名称	长	宽	高
齐心栱	16	16	10	槽升子	1.3	1.72	1	五七式升	0.35	0.35	0.25
交互科	18	16	10	三才升	1.3	1.48	1	四六式	按上 8 折		
散科	16	14	10	十八斗	1.8	1.48	1	双四六式	按四六式加倍		

【6.2.6】 附件"要头"

"要头"是斗栱组件的收头构件，以它为标志，斗栱只可增加高度而不再出跳。宋制铺作是置于昂头或华栱之上。清制斗科是直接垒叠在昂上，而《营造法原》牌科除仿制宋下昂出跳斗栱外，一般不采用这种构件。要头形式及其位置如图 6.2.22 所示。

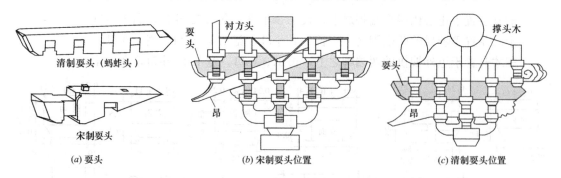

(a) 要头　　　　　　(b) 宋制要头位置　　　　　　(c) 清制要头位置

图 6.2.22 要头

1. 宋铺作"要头"

《营造法式》卷四在"爵头"中述，"造要头之制，用足材，自料心出，长二十五份，自上棱斜杀向下六份，自头上量五份，斜杀向下二份，谓之'雀台'。两面留心，各斜抹五份，下随尖各斜杀向上二份，长五份。下大棱上，两面开龙牙口，广半份，斜稍向尖，又谓之'锥眼'，开口与华栱同，与令栱相交，安于齐心料下"。即要头要按足材（21 份）计算，从令栱心（或栌料心）伸出长度为 25 份，将头做成抹尖形，即自顶上量出 5 份，向下斜抹2份为雀台，左右两面向中心各抹5份，下面向上抹2份，斜抹面的水平长为5份［图6.2.23（a）］。在下面大棱上，两面各开龙牙口，宽0.5份，斜稍向尖，称之为"锥眼"［图6.2.23（b）］。要头底面开口与华栱相同，与令栱相交，此口置于齐心斗下。接述，"若累铺作数多，皆随所出之跳加长，若角内用，则以斜长加之。于里外令栱两出安之。如上下有碍昂处，即随昂势斜杀，放过昂身。或有不出要头者，皆于里外令栱内，安到心股卯，又用单材"。即如果铺作层数多，要头长度按所出跳的长度定长，若在转角内用，按斜长计算。要头之端要超出里外令栱进行安置，如图6.2.23（a）所示。如果在要头身位受到有上下昂的阻碍，可随昂势斜杀，跳过昂身，如图6.2.22（b）所示。也有不出要头者，两端都在里外令栱之内，做成榫卯安装到出跳中心线位置，只用单材。

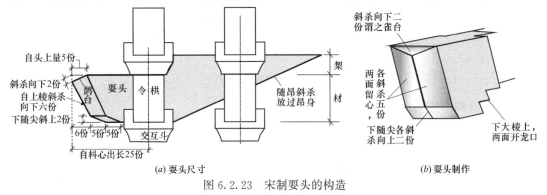

(a) 要头尺寸   (b) 要头制作

图6.2.23　宋制要头的构造

2. 清斗科"要头"

清制要头因端头做成有似蚂蚱头形式，故又称为"蚂蚱头"。它只用于平身科和角科斗栱上，柱头科则因桃尖梁占住其位置，故不需要头。

清制要头的尺寸，在《工程做法则例》卷二十八中规定，高2斗口，宽1斗口，长依不同斗栱，如表6.2.6所示，其开口尺寸按所接触构件确定。其构造如图6.2.24所示。

清制要头尺寸表　表6.2.6

名称	要头长		要头宽	要头高
	平身科	角科	平身科、角科	平身科、角科
单昂	12.54	6.00		
单翘单昂	15.60	9.00		
重昂	15.60	9.00	1.00	2.00
单翘重昂	21.60	12.00		
重翘重昂	27.60	15.00		

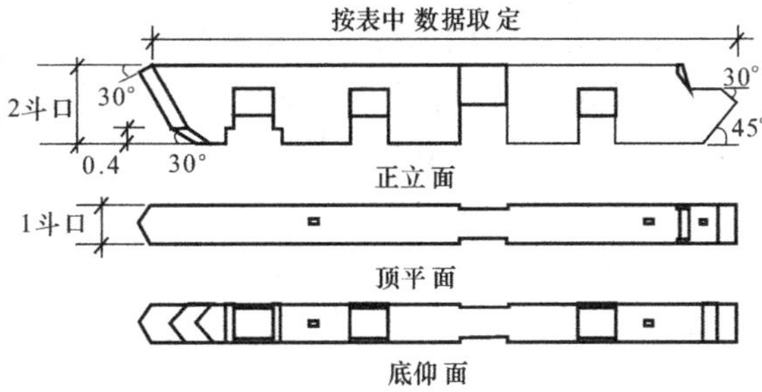

图6.2.24　清制要头的构造

【6.2.7】　附件"撑头木"

"撑头木"是斗栱组件中最顶端的一个填补空间构件，宋铺作称为"衬方头"，清斗科称为"撑头木"，《营造法原》牌科称为"云头木"。

1. 宋铺作"衬方头"

宋"衬方头"为矩形截面，如图 6.2.25 所示。宽 10 份，高 1 材，头尾与相关构件连接，其长延至与昂尾斜面接触即可，但四铺作衬方头两端，是直接与素枋、撩檐枋连接，如图 6.2.14 中所示。

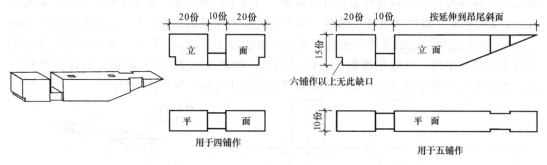

图 6.2.25　宋制衬头方

2. 清斗科"撑头木"

清制"撑头木"的头部多与枋木榫接，后尾做成麻叶头形式，如图 6.2.26 所示。撑头木高 2 斗口，宽 1 斗口，长按不同斗栱如表 6.2.7 所示。

清制撑头木尺寸表　表 6.2.7

名称	撑头长		撑头宽	撑头高
	平身科	角科	平身科、角科	平身科、角科
单昂	6.00	3.00		
单翘单昂	15.54	6.00		
重昂	15.54	6.00	1.00	2.00
单翘重昂	21.54	9.00		
重翘重昂	27.54	12.00		

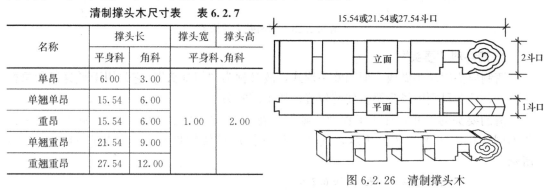

图 6.2.26　清制撑头木

3. 《营造法原》牌科"云头木"

《营造法原》牌科"云头木"，主体身高为 5 寸，宽 2.5 寸，长度在桁间牌科十字栱上为 40 寸或 33 寸，其构造如图 6.2.27 所示。在丁字栱和柱头牌科上，从廊桁向外按半长。

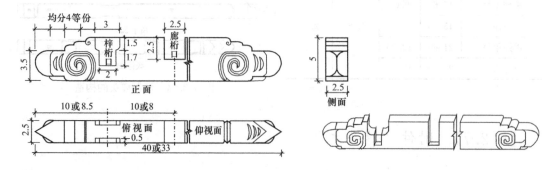

图 6.2.27　《营造法原》云头木

【6.2.8】 附件"素枋木"

"素枋木"是将同一个方向上的各个平身科、柱头科、角科等斗栱的顶端连接起来，以加强相互间的稳定作用的枋木，如图 6.2.8 所示，也就是说它是顺栱件（泥道栱、慢栱、瓜栱、万栱、厢栱等）方向并向两边延长，与相邻斗栱连接的枋木。依其位置分为正心枋和边拽枋。

正对正心栱中心线上的枋木，宋制称"柱头枋"，清制称"正心枋"，《营造法原》称"连机"。为叙述方便，统称为"正心枋"。

处在正心栱中心线两边的枋木，宋称"罗汉枋"，清称"里、外拽枋"，《营造法原》称"短机"。如图 6.2.28 所示。为叙述方便，统称为"边拽枋"。

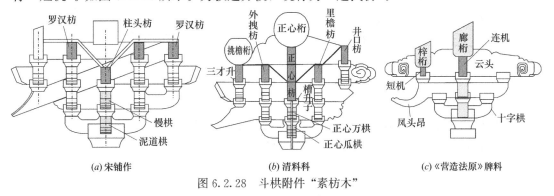

图 6.2.28 斗栱附件"素枋木"

1. 正心枋

"正心枋"是处在斗栱中心位置的檐桁（檩）下面，矩形截面，通过它，可将悬挑檐口的屋顶荷载传递到中心栱件上。正心枋长按开间尺寸、截面尺寸为：

宋柱头枋：截面高为 1 材，截面宽与齐心斗开口同，一般为 10 份。

清正心枋：截面高为 2 斗口，截面宽与槽升子开口同，一般为 1 斗口。

《营造法原》连机：截面高为 0.5 尺，截面宽与升的开口同，一般为 0.25 尺。

2. 边拽枋

"边拽枋"是处在正心枋前后并与其平行，置于斗栱内外的出跳位置上。它是与正心枋配合，承接屋面檐口荷载，将其传递到斗栱上的构件。边拽枋长按开间尺寸加边栱出跳尺寸，截面尺寸为：

宋罗汉枋：截面高为 1 材，截面宽与散斗开口同，一般为 10 份。

清里外枋：截面高为 2 斗口，截面宽与三才升开口同，一般为 1 斗口。

《营造法原》短机：截面高为 0.25 尺，截面宽为 0.125 尺。

【6.2.9】 附件"风栱板"

"风栱板"是镶嵌在每攒相邻斗栱之间的木板，其作用是填补每攒斗栱之间空当，使其可以形成整个斗栱的整体性，起着将若干斗栱连接成整体，增添美观，防风、防雀鸟进入的作用，如图 6.2.29 所示。宋铺作称"栱眼壁板"，清斗科称"垫栱板""斗槽板"，

《营造法原》牌科称"垫栱板"。

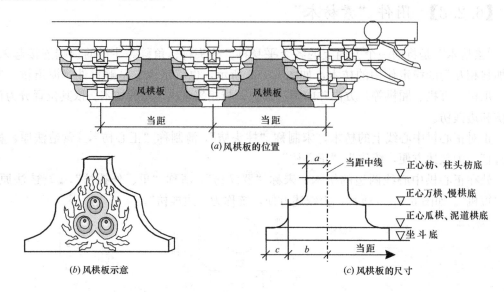

图 6.2.29 斗栱风栱板

风栱板的长高尺寸，按现场斗栱布置情况而定，也可参考下式计算：

a＝当距－（2 层栱半长＋升边厚）＋装板槽深

b＝当距－（1 层栱半长＋升边厚）＋装板槽深

c＝当距－坐斗底宽＋装板槽深

式中：1 层栱是指正心瓜栱、泥道栱、斗三升栱。2 层栱是指正心万栱、慢栱、斗六升栱；装板槽深是指在斗升侧面安装风栱板的凹槽深度，一般等于风栱板厚。

风栱板的厚度，宋铺作栱眼壁板为 3 份，清斗科垫栱板为 0.24 斗口，吴牌科垫栱板为 0.5 寸。

【6.2.10】 隔架斗栱雀替

隔架斗栱雀替是指清制斗科的"一斗三升雀替单栱、一斗二升雀替重栱"，如图 6.2.30 所示。其中，一斗三升雀替的单栱，采用瓜栱规格。一斗二升雀替的重栱，多增加一个万栱，并减少中脚升。而雀替长 20 斗口，高 4 斗口，厚 2 斗口。荷叶墩长 9 斗口，高 3 斗口，厚 2 斗口，座斗与升均按此进行开口。

【6.2.11】 一斗二升麻叶栱的麻叶

一斗二升麻叶栱是清制斗栱，由座斗、正心瓜栱和麻叶板组成，座斗和正心瓜栱的规格，按普通标准构件尺寸。麻叶板是雕刻云纹线条的木板，主体长 12 斗口，高 5.33 斗口，厚 1 斗口。中间承以桁檩和垫板，桁檩槽口按挑檐桁 3 斗口，垫板槽口按板高 2 斗口，厚 1 斗口。四边剔凿成云纹弧线，正背面雕刻云纹线条，如图 6.2.31 所示。

麻叶纹制作按"三弯九转"圈弧线进行雕饰，"三弯"是指由中心向外为三圈弧线，

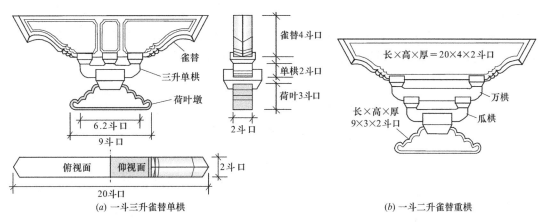

(a) 一斗三升雀替单栱　　　　　(b) 一斗二升雀替重栱

图 6.2.30　隔架斗栱规格

"九弯"是指十段弧线的九个交点，如图 6.2.31（b）所示。

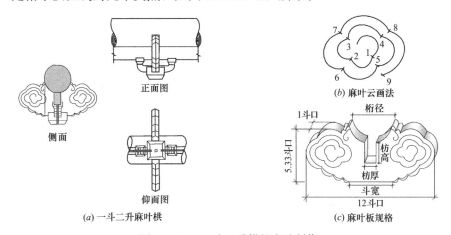

(a) 一斗二升麻叶栱　　　　　(c) 麻叶板规格

图 6.2.31　一斗二升栱的麻叶制作

【6.2.12】　溜金斗栱尺寸

溜金斗口的制作，以清制斗科如图 6.2.32 所示。说明如下，溜金斗栱的斜撑，一般以撑头木为秤杆斜伸到金步（但宋制与《营造法原》是以第二昂尾为秤杆，见图 6.1.21 所示），斜秤杆长度按檐柱至金柱的步距和举架计算，其中要增加秤杆尾六分头长约 0.08 步距，如图 6.2.32 中所示。撑头木秤杆举高＝1.08 步距×举架，确定以此斜度后，一层为基础，其他构件的斜尾即可附贴其上。

昂尾菊花头的水平长度，从麻叶云外皮向后延伸的长度，一般可按 0.318 步距初步确定，然后依施工现场不同情况需要，进行适当调整。菊花头本身凸高，按本身底边长的 0.27 倍拟定，厚同昂头，与麻叶云栱垂直相交。

蚂蚱头斜杆六分头尾的水平长度，三、五踩斗栱按 0.65 步距，七、九踩斗栱按 0.8 步距拟定。厚同蚂蚱头。六分头上安置十八斗三幅云栱，并与秤杆垂直相交。蚂蚱头后尾的六分头至金步的空当，安装菊花头作装饰，其长按空当距离，凸高按 0.23 斜长。厚同六分头厚。

桁椀夔龙尾水平长度，三、五踩斗栱按 0.777 步距，七、九踩斗栱按 0.927 步距拟定。在夔龙尾上钻眼，穿插伏莲梢，将撑头木秤杆和蚂蚱头后尾串联起来。

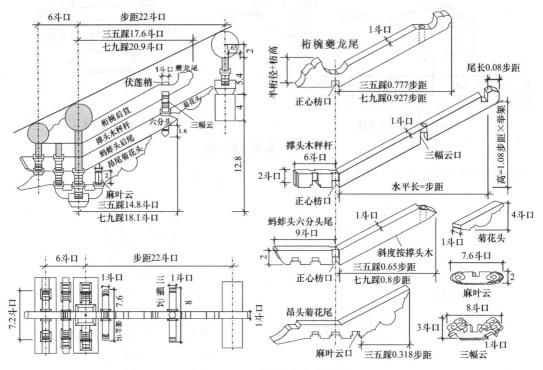

图 6.2.32 清制溜金斗栱制作

溜金斗口的其他栱件，如座斗、正心栱、翘、昂、升等的具体尺寸，均按普通标准构件尺寸。

【6.2.13】 斗栱安装

斗栱在安装之前，要专门将制作好的栱件，分别平身科、柱头科、角科，按每攒（朵、座）设计要求进行试装，对于卡口咬合不严密的立即进行修理，使之满足组装质量。然后将每攒试装完成的组件做好标记，并用绳索临时捆扎起来，待所有斗栱全部试装完成后，一起运至安装地点。

现以清制平身科单翘单昂五踩斗栱安装为例，叙述如下。单翘单昂五踩斗栱计有六层，逐层分述相应栱件的组合。

1. 第一层栱件安装

第一层栱件为大斗，它是用栽销（用硬木或毛竹削成）安装在事先计划好位置的平板枋上，如图 6.2.33（a）所示。将有隔口包耳（即鼻子）的一面，即 1 斗口刻口面，垂直面宽方向放置，这是为下一步安装翘的方位。使刻有竖槽口（0.24 斗口）的两面顺面阔方向，以便后面安装垫栱板。

2. 第二层栱件安装

先在大斗上平行面宽方向安装正心瓜栱，即将瓜栱置于 1.25 斗口刻口内，使瓜栱中间的等口槽，正对大斗中心。然后在正心瓜栱两端，用栽销安置槽升子，如图 6.2.33（b）所示。

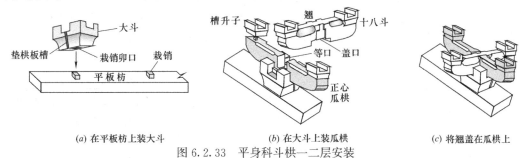

(a) 在平板枋上装大斗   (b) 在大斗上装瓜栱   (c) 将翘盖在瓜栱上

图 6.2.33 平身科斗栱一二层安装

在进深方向，垂直正心瓜栱，将翘的盖口槽置于正心瓜栱等口槽内，这样栱与翘组合成十字交叉。在翘的两端安置十八斗，如图 6.2.33（c）所示。

3. 第三层栱件安装

先在正心瓜栱上平行垒叠正心万栱，将其两端底面置于瓜栱槽升子的槽口内；接着在翘的两端十八斗槽口内，分别置于单材瓜栱；然后，在正心万栱两端安置槽升子；在两个单材瓜栱的两端安置三才升，如图 6.2.34（a）所示。

再在垂直正心万栱上扣盖昂，使其与十字相交，并压盖在单材瓜栱的等口上，昂头上安置十八斗，如图 6.2.34（b）所示。

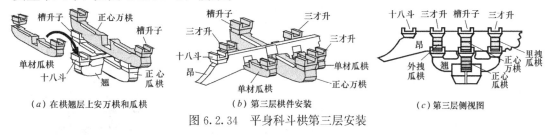

(a) 在栱翘层上安万栱和瓜栱   (b) 第三层栱件安装   (c) 第三层侧视图

图 6.2.34 平身科斗栱第三层安装

4. 第四层栱件安装

在面宽方向正心万栱的槽升子内，安置正心枋；接着在两个里外拽瓜栱的三才升内，分别安置里外拽万栱，万栱两端各置三才升；在昂头十八斗内安装外拽厢栱，随即在外拽厢栱两端安置三才升，如图 6.2.35（a）所示，至此完成面宽方向的栱件。

在进深方向，即垂直正心万栱扣置蚂蚱头，使其与之十字相交，并分别卡于外拽厢栱和里外拽万栱的等口内，最后在蚂蚱头后尾安置槽升子，如图 6.2.35（b）所示。

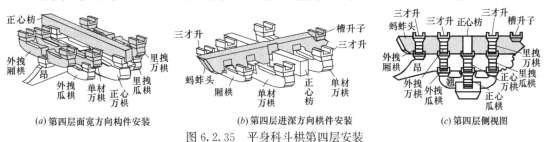

(a) 第四层面宽方向构件安装   (b) 第四层进深方向栱件安装   (c) 第四层侧视图

图 6.2.35 平身科斗栱第四层安装

315

5. 第五层栱件安装

第五层是附件层，先在面宽方向正心枋之上叠加第二层正心枋；同时在两个里外拽万栱上安置里外拽枋；在外拽厢栱之上安置挑檐枋，如图 6.2.36（a）所示。枋木安置完成后，再在蚂蚱头后尾的槽升子内安置里拽厢栱，里拽厢栱两端安置三才升。

在进深方向，即垂直枋木扣置撑头木，与正心枋十字相交，并卡于里外拽枋和里拽厢栱的等口内，撑头木与挑檐枋用大头榫连接，如图 6.2.36（b）所示。

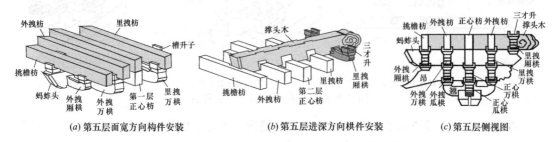

(a) 第五层面宽方向构件安装　　(b) 第五层进深方向栱件安装　　(c) 第五层侧视图

图 6.2.36　平身科斗栱第五层安装

6. 第六层栱件安装

第六层是收尾层，先在面宽方向第二层正心枋之上叠加第三层正心枋；同时在里拽厢栱的三才升内安置井口枋。在进深方向，即垂直第三层正心枋扣置桁椀，其尾与井口枋搭交，如图 6.2.37（a）所示。

最后，将正心桁置于桁椀椀口内，将挑檐桁置于挑檐枋上，如图 6.2.37（b）所示。当所有构件安装完成后，用盖斗板分别将里外拽枋顶面封盖起来即成。

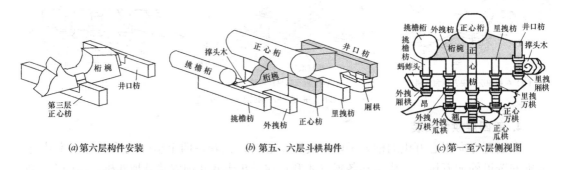

(a) 第六层构件安装　　(b) 第五、六层斗栱构件　　(c) 第一至六层侧视图

图 6.2.37　平身科斗栱第六层安装

【6.2.14】 枫栱

枫栱是《营造法原》为美化凤头昂所用的一种装饰板，《营造法原》在牌科中述："栱中有名枫栱者，为南方牌科中特殊之栱。为长方形之木板，一端稍高，向外倾斜，竖架于丁字栱或十字栱、或凤头昂上之升口内，以代替桁向栱。栱多雕流空花卉，虽欠庄严，然颇具风趣。"即是南方斗栱的一种特殊做法，翼板为长方形木板，向外倾斜在凤头昂上之升口内，它相似凤头昂的两个侧翼。单翼板长 7 寸，高 5 寸，厚 0.6 寸，具体规格与制作，如图 6.2.38 所示。

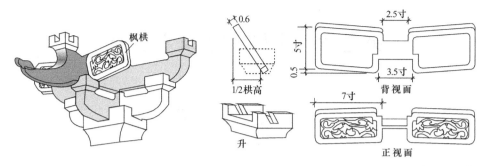

图 6.2.38　《营造法原》枫栱

第七章 中国古建筑木装修

7.1 木 门 窗

【7.1.1】 版门

"版门"即板门，是宋《营造法式》房屋建筑所常用的一种大门，它没有完整的门框构架，只有起支撑骨干作用的外框木构件。《营造法式》版门的外框木构件有：肘版、副肘版、立颊、额、鸡栖木、地栿等，如图7.1.1所示。版门的门扇构件有：身口版、楅、门簪、门砧、门栓等。

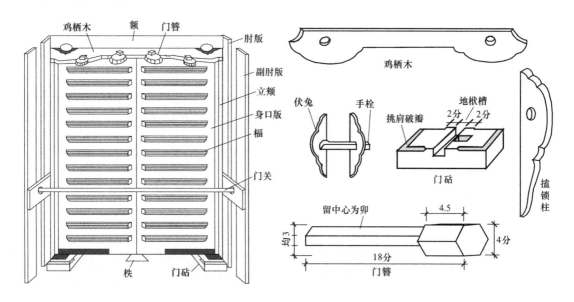

图 7.1.1 《营造法式》版门图样

1. 版门的大小

《营造法式》卷六小木作制度中述，"造版门之制：高七尺至二丈四尺，广与高方。如减广者，不得过五分之一。其各件广厚，皆取门每尺之高，积而为法"。即板门外框为方形，高宽尺寸为7尺至24尺，如果要减小门宽时，减值不得超过1/5，也就是说，最小门宽不得小于5.6尺至19.2尺。门上各个构件的宽厚，按每尺门高的百分比率进行确定。

2. 肘版、副肘版

肘版、副肘版是固定板门并与墙柱连接的直立门框构件，相当于清式抱框、《营造法原》抱柱之类构件，起稳固整个板门的作用。

《营造法式》述，"肘版长视门高，每门高一尺，则广一寸，厚三分。副肘版长广同

318

上，厚二分五厘"。即肘板长按门高而定，宽为 0.1 门高尺，厚为 0.03 门高尺。副肘板长宽同肘板，厚为 0.025 门高尺。

3. 额、鸡栖木、立颊

额、鸡栖木是板门顶上的横木构件，额即指门额，是连接房屋构架并提供安装门框的依靠横木。鸡栖木是在门额下面的大门顶上，作为固住门板活动并兼作装饰的横木。

立颊是紧贴门扇板两边的直立构件，它是配合门扇开关时密合缝隙的固定立杆，相当于清式门框、《营造法原》的"门当户对"之类构件。《营造法式》述，"额长随间之广，其广八分，厚三分。鸡栖木长厚同额，广六分。立颊长同肘版，广七分，厚同额"。即门额长按开间宽度，额宽为 0.08 门高尺，额厚为 0.03 门高尺。鸡栖木长厚同额长厚，宽为 0.06 门高尺。立颊长同肘板长，宽为 0.07 门高尺，厚为 0.03 门高尺。

4. 身口版、楅、门簪

身口版是指板门的门扇板，可用多块木板拼接而成。楅（音 bi）相似清实榻门的穿带，是加强门扇拼板整体连接的固接木。门簪是装在门板顶上的装饰构件。《营造法式》述，"身口版长同上，广随材，通楅版与副肘版合缝计数，令足一扇之广，如牙缝造者，每一版广加五分为定法，厚二分"。即门扇板的长度与肘板长度相同，门板宽根据所用材料，将肘板与副肘板缝隙计算在内，以满足一扇门的宽度加以确定。若门缝采用企口缝者，每板宽固定加五分为基本原则。门板厚度为 0.02 门高尺。

接述，"楅：每门广一尺，则长九寸二分，广八分，厚五分。衬关楅同。用楅之数，若门高七尺以下，用五楅；高八尺至一丈三尺，用七楅；高一丈四尺至一丈九尺，用九楅；高二丈至二丈二尺，用十一楅；高二丈三尺至二丈四尺，用十三楅"。楅即门背后的穿带，其长度按 0.92 门宽尺，宽为 0.08 门宽尺，厚为 0.05 门宽尺。衬关楅相同。楅的根数，按门高而定，门高 7 尺以下，用 5 根；门高 8 尺至 13 尺，用 7 根；门高 14 尺至 19 尺，用 9 根；门高 20 尺至 22 尺，用 11 根；门高 23 尺至 24 尺，用 13 根。

接述，"门簪长一寸八分，方四分，头长四分半。余分为三份，上下各去一份，留中心为卯。颊、内额上，两壁各留半份，外匀作三份，安簪四枚"。门簪长按 0.18 门高尺，方径为 0.04 门高尺，簪头长为 0.045 门高尺，在全长中除去头部外，将方径均分 3 份，留中间 1 份作榫卯（如图 7.1.1 中门簪所示）。门簪的安装是以两颊之间额下之长分为 4 份，按两端各占半份、中间匀作 3 份，安装 4 枚门簪。

5. 地栿、门砧

地栿是指贴近地面的横木，这里是指版门下面的门槛。门砧即门枕，是指门槛两端承接门扇转轴的构件。《营造法式》述，"地栿长厚同额，广同颊。若断砌门，则不用地栿，于两颊下按卧株、立株。门砧长二寸一分，广九分，厚六分。地栿内外各留二分，余并挑肩破瓣"。即地栿长厚与额相同，宽与立颊宽相同（即 0.03 门高尺）。但若是断砌门（指不用通长地栿），是不用地栿的，而是在两边立颊下设置卧株和立株。门砧长 0.21 门高尺，宽 0.09 门高尺，厚 0.06 门高尺。门砧边棱，在地栿槽口内外各留出 2 分后，其他外露棱边均做挑肩破瓣（即棱角抹成圆弧肩），如图 7.1.1 中门砧所示。

《营造法式》版门篇最后述，"凡版门如高一丈，所用门关径四寸。搕锁柱长五尺，广六寸四分，厚二寸六分。如高一丈以下者，只用伏兔、手栓。伏兔宽厚同楅，长令上下至楅。手栓长二尺至一尺五寸，广二寸五分至二寸，厚二寸至一寸五分"。即版门所用附件尺寸，均按每丈门高百分比确定，其所用门关（即指门栓杠）直径为 0.04 门高丈。搕锁柱（为门栓两端管套木，钉在两对开门扇的两边，供插门栓用）长为 0.5 门高丈，宽为 0.064 门高丈，厚为0.026 门高丈。如门高一丈以下，不需要门栓，只用伏兔和手栓即可（伏兔是指手栓的管套，手栓即轻型门栓），伏兔宽厚与福同，长按两福之间距。手栓长按 2 尺至 1.5 尺，宽按 0.25 尺至 0.2 尺，厚按0.2 尺至 0.15 尺。

【7.1.2】　槛框

"槛框"是清《工程做法则例》对门窗框的称呼，"槛框"是设在房屋木构架横额枋以下，置于两柱之间安置门窗扇的木框，横的方木称为"槛"，竖立的方木称为"框"。槛依其位置分为上槛、中槛、下槛。框按其位置分为抱框、门框、间框，如图 7.1.2 所示。除此外，还有一些槛框联系构件。

1. 上槛、中槛、下槛

"上槛"是槛框中最上面的一根横木，它紧贴额枋（如檐枋、金枋、垂花门帘笼枋等）的下皮，两端用夹榫与金（檐）柱连接。如图 7.1.2（b）所示。上槛截面高按 0.5 柱径，厚按 0.3 柱径。

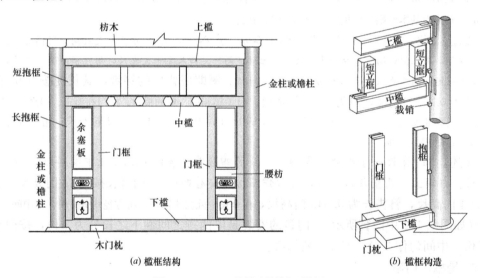

(a) 槛框结构　　　　　(b) 槛框构造

图 7.1.2　《工程做法则例》槛框

"中槛"是位于门扇或隔扇之上，处于上槛之下的槛木，在室内隔断上称为"跨空槛"，是分隔门头板与门扇的横木，用夹榫与金（檐）柱连接，如图 7.1.2（b）所示。中槛截面高按 0.66 柱径，厚按 0.3 柱径。

"下槛"又称为"门槛"，是贴枨地面的横木，两端做溜销槽与柱上的溜销连接，并在门扇轴处的下皮做卡口槽，卡在门枕上，如图 7.1.2（b）所示。下槛高按 0.5 至 0.8 柱径，厚按 0.3 柱径。

2. 抱框、门框、间框

"抱框"是指紧贴金（檐）柱而立的边框，当抱框分段设立者，位于中、下槛之间的称为"长抱框"，位于上、中槛之间的称为"短抱框"。它用套销槽与柱上栽销连接，如图7.1.2（b）所示。抱框迎面宽按0.66柱径，厚按0.3柱径。

在抱框之外，紧贴门扇而立的竖框，称为"门框"，是增添大门两侧装饰当的竖木。上下端做榫与横槛卯口连接，门框迎面宽按0.66柱径，厚按0.3柱径。抱框与门框之间的装饰当，用2至3根腰枋连接成分格，腰枋之间安装木板，称为"余塞板"，如图7.1.2（a）所示。

"间框"是用于相邻木窗之间，或相邻隔扇组之间的分隔竖木，它是对多组并联木窗或隔扇进行固定或连接的中间竖木，宽厚与门框相同。

3. 槛框联系构件

槛框上的联系木构件包括连楹木、门簪、楹木、门枕等。

"连楹木"是指固定门扇转轴顶端的扁矩形木构件，它是安装在中槛上的室内一侧，在比较高级的大门中，为了美化其具有装饰效果，常将连楹木外边缘剔凿成凸凹形的弧边，取名为"门枕"，如图7.1.3（a）所示，《营造法原》称为"门槛"，用门簪与中槛连接；在多组隔扇或槛窗中，供给多扇共同使用的通长连楹木，称为"通连楹"，《营造法原》称为"连楹"，用钉固定在中槛上，图7.1.3（c）所示。连楹木或门枕的上下高按0.2柱径，进深厚按0.4柱径，长按门扇的总宽。

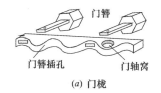
(a) 门枕

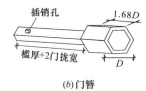
(b) 门簪

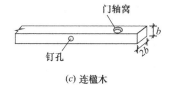
(c) 连楹木

图 7.1.3 门枕门簪制作

"门簪"是大门的中槛上装饰性插销，外端做成六角形簪头作为装饰，里端为扁形插销榫，穿过中槛与连楹木，将二者连接在一起，在尾端用销钉穿孔固定，《营造法原》称为"阀阅"或"门刺"，如图7.1.3（b）所示。簪头直径 D 按0.8中槛高，六角头长按1.68本身径，扁销长按中槛和门枕厚之和。

"楹木"是用于一般门窗中固定扇框转轴下端的海窝木构件，若只有一个海窝者，称为"单楹木"，用于承接一个门窗扇转轴；当一木挖有两个海窝者，称为"连二楹"，用于承接相邻两个门窗扇转轴，如图7.1.4（a）（b）所示。楹木高按0.56柱径，厚按0.28柱径，单楹迎面宽按0.36柱径；连二楹迎面宽按0.56柱径。

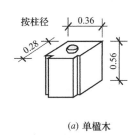
(a) 单楹木

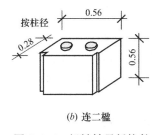
(b) 连二楹

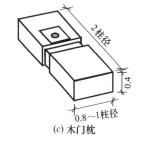
(c) 木门枕

图 7.1.4 门转轴承托构件

"门枕"是承接大门扇轴的下端轴窝构件，用石块加工而成的称为"门枕石"，用木方制作而成的称为"木门枕"，如图 7.1.4（c）所示。它卡在下槛之下，在室内的一端凿有轴窝（称为"海窝"）。门枕既起下槛的垫木作用，又被固定作为门轴窝。木门枕其截面宽按 0.8 至 1 柱径，厚按 0.4 柱径，长按 2 柱径。

4. 槛框制作安装

槛框制作安装，应在核实好各个开间尺寸基础上，正确掌握与设计尺寸的误差后，进行放样画线。

（1）上中槛制作安装：先将槛料加工到符合高厚要求，再按"柱间净长＋2 榫长（榫长按 0.25 柱径）"画截锯线和双榫线（一端为短双榫，一端为长双榫），其中，长榫长度≥2 短榫长度，然后进行锯解，如图 7.1.5（a）所示。

然后在木构架柱上画出上、中槛的卯口线位置，并剔凿出卯眼，卯眼的深度与相应的榫长一致，如图 7.1.5（b）中木柱所示。

最后进行安装，先将槛的长榫端插入相应卯口内，如图 7.1.5（c）所示；然后再插入短榫端，当横槛入位后，将长榫端空隙用木楔塞紧，如图 7.1.5（d）所示。

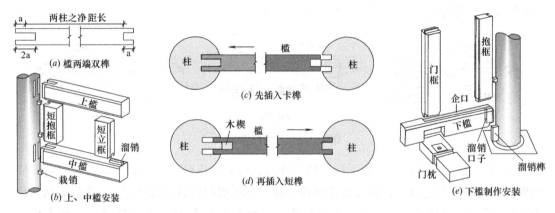

图 7.1.5　槛的制作安装

（2）下槛制作安装：先将槛料高厚加工到符合要求，按柱间净长定出下槛长度，并按柱径圆弧让出下槛抱肩，进行画线、下料、锯截。槛料完备后，在下槛两个端头居中偏下位置，剔凿溜销口子（即套溜销榫的卯口），口子大小应与溜销榫相适应，如图 7.1.5（e）下槛端头虚线所示。在下槛室内一边剔凿出门扇板的掩缝企口槽，槽口宽深依现场门板确定。再按门枕位置和尺寸剔凿出门枕口子，如图 7.1.5（e）下槛所示。然后将下槛两端与"柱顶石"鼓径相抵触的部分去掉。

随后，在柱子根部对应下槛中心线位置，裁钉溜销榫（溜销用硬木或毛竹现场制作，榫外端凸出，以套溜销卯口），如图 7.1.5（e）柱脚所示。

最后，将下槛两端溜销口子，对准柱脚溜销榫、门枕口子等，按上起下落方法进行安装。

（3）抱框、门框制作安装：在抱框与柱子的适当位置，安置木销使其连接，每根抱框用 2 至 3 个，其位置依其长短现场确定，如图 7.1.5（d）（e）中所示。

对长抱框、门框与中、下槛的连接，采用半榫卯口结合，如图 7.1.5（e）所示。短抱框、短立框与上、中槛的连接，分别用栽销和溜销，如图 7.1.5（b）所示。

【7.1.3】 宕子、框宕门

"宕子"即指槛框，是《营造法原》对门窗外框的称呼。"框宕门"是指先做门扇框，再在扇框上钉板的木门。

1. 宕子

《营造法原》第八章述，"门窗四周作木框以联络门或窗，其固定于房屋者统称宕子。窗之装于柱间通间者，两边傍柱垂直之框，称为抱柱。其上与抱柱上端相连，位于枋下者，称为上槛。其下横于地面与抱柱下端相连者，称为下槛，俗称门槛或门限。如房屋过高，于窗顶加装横风窗者，则须于横风窗之下，装中槛"。这就是说，宕子是门窗外框的统称，框宕子由枋木以下的抱框、上槛、中槛、下槛等组成，若房屋过高，其顶加装横风窗，如图 7.1.6（a）所示。

接述"凡抱柱、上槛、枕、其厚度与枋同，约三寸余，宽约四寸余。得视开间与窗之宽度酌情收放"。即抱框、上槛、中槛、木枕等截面厚为 3 寸左右，截面宽（高）为 4 寸左右。下槛截面厚为 3 寸左右，截面宽（高）按中槛至地面总高的 0.08 倍计算。

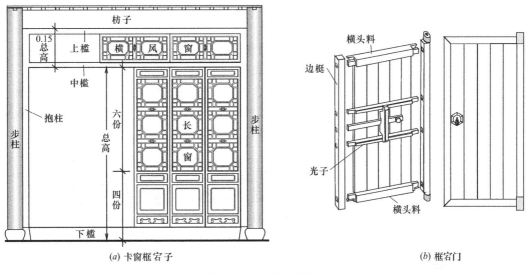

（a）卡窗框宕子　　　　　　　　　　　　　　　（b）框宕门

图 7.1.6　宕子、框宕门

2. 框宕门

《营造法原》第八章述，"大门及屏门，二者之构造为框宕门，框宕门两边直框，称边梃。上下两端之横料，称横头料。中间之横料凡二三道，称光子，外钉木板"。即大门和屏门之构造都是框宕门，即先将门扇制作成扇框，两边为边梃，上下为横头料，中间置 2 至 3 道光子，然后在框上靠外的一边钉木板，如图 7.1.6（b）所示。框宕子尺寸，以门高一丈计，边梃及横头料看面宽为 0.15 寸，厚 0.22 寸。

【7.1.4】 槛框大门

槛框大门是清《工程做法则例》所用的大门，它由两柱间的槛框、走马板、门枕等部分组成，然后安装门扇后即为槛框大门，如图 7.1.7 所示。对大门的门扇有多种做法，常用的有实榻门、棋盘门、撒带门等，后面另行分述。

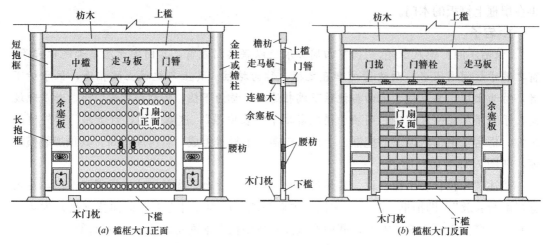

图 7.1.7　槛框大门结构

1. 槛框走马板

在上槛与中槛之间的空当，一般分成三当安装木板，此板称为"走马板"，板厚 2cm 至 3cm 左右，其作用是以显示大门的壮观和威严。但有的为了突出大门的装饰作用，多改成安装"横披"，以增添门顶的活泼与透亮作用。横披需做边框（称为"仔边"）和棂条图案（称为"心屉"），仔边截面按 0.13×0.2 檐柱径，棂条截面按 $1.8 \text{cm} \times 2.4 \text{cm}$。心屉花纹图案有豆腐块、冰裂纹、步步锦等，如图 7.1.8 所示。

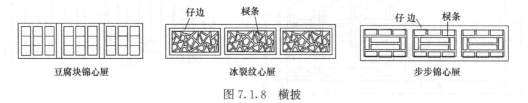

图 7.1.8　横披

2. 门顶连接件

在中槛与下槛之间是安装门扇的空间，为了安装门扇，在中槛上的室内一侧，应装钉一根套住门扇轴的木构件，称为"门枕"或"连楹木"。木枕与中槛的连接，采用一种特制的木销，称为"门簪"，其外端作成六角形簪头以作装饰，里端为扁形插销榫，穿过中槛与门枕，在尾端用销钉穿孔固定，如图 7.1.9 所示。

3. 门底连接件

在下槛两端之下，正对门扇转轴处安装门枕，门枕是承接门扇轴的下端轴窝构件，当用石块加工而成的称为"门枕石"，当用木方制作而成的称为"木门枕"，它是卡在下槛之

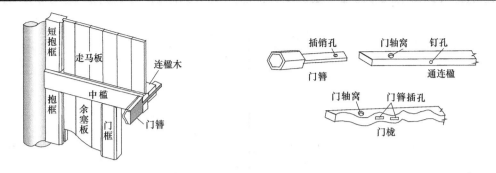

图 7.1.9 门枕、门簪与中槛连接

下，与其十字相交，如图 7.1.5（e）中所示，在室内的一端凿有轴窝（称为"海窝"）。门枕既起下槛垫木作用，又被固定作为门轴窝。木门枕其截面宽按 1 至 0.8 柱径，厚按 0.4 柱径，长按 2 柱径（随所依附金柱或檐柱而定）。

【7.1.5】 实榻门

"实榻门"由若干块厚木板拼接而成，体大质重，非常坚固，故名为"实榻"，是清制所用门扇中规格最高的一种门扇，多用于宫殿、庙宇、府邸等建筑的大门。

实榻门靠门缝一块板称为"大边"，带门转轴的一块称"攒边"。大边与攒边之间的木板称为"门心板"。其尺寸《工程做法则例》述，"凡实榻大门槛框、边抹、穿带俱与棋盘门同。其门心板之厚与大边之厚同"。即实榻大门槛框、边抹、穿带俱与棋盘门同，而依棋盘门所述：

攒边长＝吉门高＋上下掩缝和入槛（按下槛高）。大边长＝吉门高＋上下掩缝（按 2 本身宽）。料宽度＝0.5 抱框宽，料厚＝0.7 本身宽。

抹头长＝吉门宽＋攒边缝（按攒边厚）＋掩缝 0.03 尺＋大边缝（0.5 外大边厚），宽同大边宽，厚同大边厚。

门心板宽＝抹头长－2 大边宽。门心板高＝吉门高＋上下掩缝（按抹头宽）－2 抹头宽。

门心板厚＝大边厚÷3＋穿带槽（大边厚÷9）。门心板采用凸凹企口缝的木板相拼而成，背面剔槽，用"穿带"将其连接加固，穿带根数根据门扇大小分为 9、7、5 根三种。门扇正面用门钉和包叶加固，门钉纵横个数按穿带分为九路、七路、五路。转轴用寿山福海，如图 7.1.10 所示，正面还装有装饰拉环"铺首"。

【7.1.6】 棋盘门

"棋盘门"是清制用作单扇或双扇大门的常用门扇，是一种带边框的门扇，常用作府邸、民舍的大门。棋盘门边框由大边、攒边，上抹头、下抹头组成，框内嵌入拼接门心板，板背面用 3 至 4 根穿带连接成格状，故取名为"棋盘"，也有称它为"攒边门"，如图 7.1.11 所示。棋盘门没有门钉、包页，只有"寿山福海"，拉手为"门钹"。

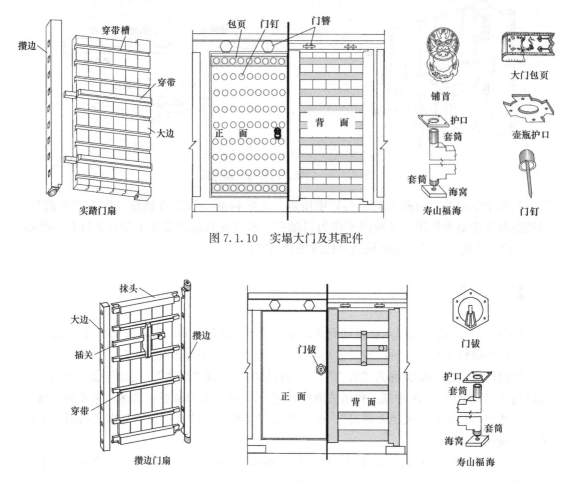

图 7.1.10　实塌大门及其配件

图 7.1.11　棋盘（攒边）大门构造

其尺寸《工程做法则例》卷四十一述，"凡单扇棋盘门大边，按门诀之吉庆尺寸定长，如吉门高六尺三寸六分，即长六尺三寸六分。内一根外加两头掩缝并入楹尺寸，照下槛之高加一份，如下槛高八寸，其长七尺一寸六分。以抱框之宽减半定宽，如抱框宽五寸六分，得宽二寸八分。外一根以净门口之高，外加上下掩缝照本身宽各一份，如本身宽二寸八分，共长六尺九寸二分。厚按本身净宽十分之七定厚，如本身净宽二寸八分，得厚一寸九分六厘"。这是说，门扇的两个边料，要按门诀尺寸的规定定长，例如吉门高 6.36 尺，则大边长为 6.36 尺。靠内的一根边料（攒边）长，要按规定门口高再加上下掩缝和插入楹木内尺寸，该尺寸按"下槛"高（8寸）加1份，即内攒边长＝6.36 尺＋0.8 尺＝7.16尺。该料宽度＝0.5 抱框宽＝0.5×0.56 尺＝0.28 尺。靠外的一根大边料长，按净门口高，外加上下掩缝尺寸（可按本身宽加 2 份），即大边长＝吉门高＋上下掩缝（按 2 本身宽）＝6.36 尺＋2×0.28 尺＝6.92 尺。料厚＝0.7 本身宽＝0.7×0.28 尺＝0.196 尺。

接上述，"凡抹头以吉门口定长，如吉门口宽二尺一寸一分，即长二尺一寸一分，外加两头掩缝，里一头按大边之厚一份得一寸九分六厘，再加掩缝三分。外一头按大边之厚减半，得九分八里，共长二尺四寸三分四厘。宽、厚与大边同"。即一扇抹头长＝吉门宽＋攒边缝（按攒边厚）＋掩缝 0.03 尺＋大边缝（0.5 外大边厚）＝ 2.11 尺＋0.196

尺＋0.03 尺＋0.5×0.196 尺＝2.434 尺；宽同大边宽，厚同大边厚。

接上述，"凡门心板以抹头之长除大边定宽，如抹头长二尺四寸三分四厘，内除大边二份共五寸六分，得门心板净宽一尺八寸七分四厘。以门之高定长，如门连上下掩缝高六尺六寸四分，内除抹头二份共五寸六分，得门心板净长六尺八寸。如入槽作法，照本身之厚、长、宽各加一分。以大边之厚三分之一定厚，如大边厚一寸九分六厘，得厚六分五厘。外加入穿带槽按本身厚三分之一，得厚八分六厘"。即门心板宽＝抹头长－2 大板宽＝2.434 尺－2×0.28 尺＝1.874 尺。门心板高＝吉门高＋上下掩缝－2 抹头宽＝6.36尺＋0.28 尺－2×0.28 尺＝6.08 尺。门心板厚＝大边厚÷3＋穿带槽（大边厚÷9）＝0.196 尺÷3＋0.196 尺÷9＝0.086 尺。

则依上所述：

棋盘门大边长 6.92 尺、攒边长 7.16 尺、上下抹头长 2.43 尺；宽 0.28 尺、厚 0.2尺。门心板高 6.08 尺，宽 1.874 尺，板厚 0.086 尺，入穿带槽板厚 0.021 尺。

【7.1.7】 撒带门

"撒带门"是用约 3cm 至 5cm 厚木板镶拼但不做边框的板门，背面用 5 至 7 根穿带加固，穿带一边插入门轴攒边内，另一边用压带压住木板，让端头撒着，故取名为"撒带"。

门的攒边和门板尺寸，参考棋盘门相应尺寸。门的正面上下转角处，用包页加固，安装"门钹"，攒边转轴用"寿山福海"。这种门多用于街铺、作坊、居室等木门，如图7.1.12 所示。

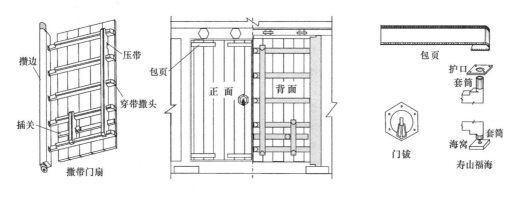

图 7.1.12 撒带大门构造

【7.1.8】 屏门

"屏门"是我国南北民间院落所常用的一种较轻薄的木板门，安装在门的洞口内，上下左右无掩缝槽，门板厚一般为 2cm 至 3cm，采用企口缝拼接，背面穿带与板面平，门板上下两端做榫，用抹头加固。在门板转轴和掩缝处，上轴安装"鹅颈"、下轴安装"屈戎海窝"、掩缝上下安装"碰铁"，如图 7.1.13（a）所示。一般用作园林中的院墙、月洞等门。

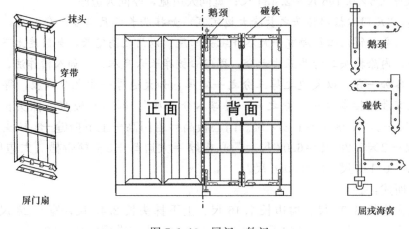

图 7.1.13 屏门、软门

【7.1.9】 软门

"软门"是宋《营造法式》中次于"版门"的一种屏板门，有两种形式，一种带有腰串棂框的"牙头护缝软门"；另一种是用通长拼合板的"合版软门"（合版即上下为通长直拼板），如图 7.1.14 所示。

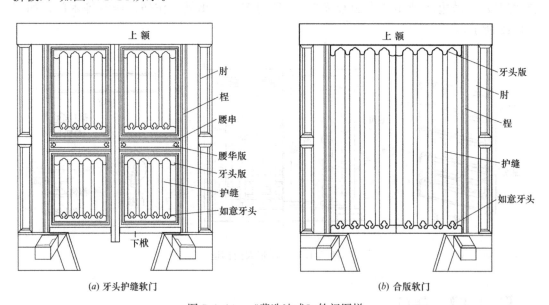

(a) 牙头护缝软门   (b) 合版软门

图 7.1.14 《营造法式》软门图样

《营造法式》卷六述，"造软门之制，广与高方，若高一丈五尺以上，如减广者不过五分之一。用双腰串造，或用单腰串。每扇各随其长，除桯及腰串外，分作三份，腰上留二份，腰下留一份，上下并安版，内外皆施牙头护缝。其身内版及牙头护缝所用版，如门高七尺至一丈二尺，并厚六分。高一丈三尺至一丈六尺，并厚八分。高七尺以下，并厚五分，皆为定法。腰华版厚同。下牙头或用如意头。其各件广厚，皆取门每尺之高，积而为法"。即软门的高宽相同，如果门高超过 15 尺以上，需要减小门宽者，减小宽度不得超过 1/5。门扇用双腰串，也可用单腰串。每扇门高除程和腰串外，分为 3 份，按"上 2 下 1"之比安装身内板，板的内外两面都做牙头护缝。身内板及牙头护缝所用板的厚度，如门高 7 尺至 12 尺，板厚均按 0.06 尺；门高 13 尺至 16 尺，板厚均按 0.08 尺；门高 7 尺以下，板厚均按 0.05 尺，这是固定法则。腰华版厚同。下牙头板可用如意头。其他各个构件的宽厚尺寸，皆按每尺门高百分比率确定。

1. 牙头护缝软门

接上述，"拢程内外用牙头护缝软门：门高六尺至一丈六尺。额、柣内上下施伏兔用立撴。肘长视门高，每门高一尺，则广五分，厚二分八厘。程长同上，上下各出二分，方二分八厘。腰串长随每扇之广，其广四分，厚二分八厘。随其厚三份，以一份为卯。腰华版长同上，广五分"。即程框内外两面都用牙头护缝的软门：门高为 6 尺至 16 尺，上额和下柣的背面要安装伏兔和立撴（即插销）。肘长按门高，宽为 0.05 门高尺，厚为 0.028 门高尺。程长同肘，只是上下要伸出 0.02 门高尺以作转轴，宽厚均为 0.028 门高尺。腰串长按每扇门宽，宽为 0.04 门高尺，厚为 0.028 门高尺，将腰串厚分为 3 份，以中间 1 份作榫卯。腰华板长同腰串，宽为 0.05 门高尺。

2. 合板软门

接上述，"合版护缝软门：高八尺至一丈三尺，并用七幅，八尺以下用五幅。上下牙头，通身护缝，皆厚六分。如门高一丈，即牙头广五寸，护缝广二寸，每增高一尺，则牙头加五分，护缝加一分，减亦如之。肘版长视高，广一寸，厚二分五厘。身口版长同上，广随材，通肘版合缝计数，令足一扇之广。厚一分五厘。幅每门广一尺，则长九寸二分。广七分，厚四分"。即合板护缝软门，门高 8 尺至 13 尺，均在门板背面用 7 根穿带，若高 8 尺以下只用 5 根。但上下仍用牙头板和通长护缝条，皆厚 0.06 尺。如门高一丈，牙头板宽为 0.5 尺，护缝条宽为 0.2 尺，若门高每增减 1 尺，则牙头板加宽 0.05 尺，护缝条加宽 0.01 尺，减者也如此计算。

肘板长按门高而定，宽为 0.1 门高尺，厚 0.025 门高尺。

身口板长同肘，板宽按材料情况，以使合缝数均匀布置时，满足一扇门宽即可。板厚为 0.015 门高尺。穿带长按 0.92 门扇宽，宽为 0.07 门扇宽，厚为 0.04 门扇宽。

最后述道，"凡软门内或用手栓、伏兔，或用承拐幅，其额、立颊、地栿、鸡栖木、门簪、门砧、石砧、铁桶子、鹅台之类，均按版门之制"。即凡门上所需附件，均按"版门"所述的规定执行。

【7.1.10】 将军门、矮挞

"将军门"和"矮挞"是《营造法原》中，显示不同气势的大小木门。

1. 将军门

"将军门"是指南方地区殿庭、祠堂、庙观等显贵门户所做的门第大门，《营造法原》第八章述，"将军门有特殊之布置，其构造亦为框宕门，唯门较大，用材较多，以往所谓显贵之第，以及庙观之门第多用之。门第进深一般为四界，前后作双步，宽一间或三间，将军门装于正间脊桁之下"。即它是一种体积较大、门板较厚，气势显赫的框宕大门。多用于显贵人家及庙观门第，门第进深一般为四界加前后双步，将其安置在正间屋脊之下。

将军门位置是在四界屋顶脊桁的脊机之下，门顶上为横额枋，额枋两端与脊柱连接。在额枋与脊机之间为高垫板，相当清制走马板。在额枋设置六个"门刺"，又称"阀阅"，它既是显示威武气势，又是固定连楹木的门簪，如图 7.1.15 所示。

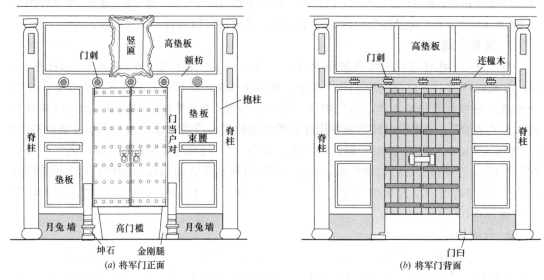

图 7.1.15　《营造法原》将军门

抱柱与门当户对之间，填以木板，用横料分为三份，上下两份称为"垫板"，中间一份称为"束腰"。门当户对的下端前面安装坤石，坤石之间设置高门槛（占 1/4 门高），坤石两边砖砌拦墙称为"月兔墙"，坤石后座伸长作门臼。门扇可用实榍门板，也可用棋盘门板，前面装门环，后背装门闩，门轴上端穿入连楹木内，下端旋转于门臼内。

2. 矮挞

《营造法原》第八章述，"矮挞为窗形门，单扇居多，装于大门及侧门处，其内再装门。矮挞为框档门之一种，其上部流空，以木条镶配花纹，下部为夹堂及裙板，横以横头料。上下比例以四六分配"。"矮挞"又称"贡式橕子对子门"，据说是元朝遗习规定"禁人掩户"，为便于随时检查而做的方便门。贡式即拱式，贡式橕子对子门是一种窗形门，框高六、七尺，框宽三、四尺，上下比例按四六分配，上四流空安装木条花纹，可内外相视。下六间隔横料，横料以下安装夹堂板和裙板，置于大门两侧成对安装，故取名为对子门，平时一般不予加锁。

【7.1.11】　隔扇

"隔扇"是安装在内金柱或廊内檐柱之间的屏障，由槛框和隔扇门组成，用于分隔室内外空间的装饰屏障，清制称为"隔扇"，宋制称为"格子门"，《营造法原》称为"长窗"。它既可作为围护结构的屏障，也可兼作廊内厅堂大门。作为围护结构者称为"外隔扇"，作为厅堂大门者称为"内隔扇"。

1. 隔扇槛框

隔扇槛框是固定隔扇的框架，它与大门槛框一样，做有上、中、下槛；长、短抱框、间框和横披等，但不做腰枋、余塞板和门枕。隔扇与槛框的连接，在背面上由"通连槛"，下由"木槛"承担，隔扇转轴上部插入通连槛海窝内，隔扇下转轴插入木槛海窝内。木槛只有一个海窝者称为"单槛"，有两个海窝者称为"连二槛"，如图7.1.16所示。

木隔扇每一开间按双数设置，分为四扇、六扇、八扇、十扇等。有的隔扇还装有帘架，如图7.1.16（a）所示（它是悬挂帘子的木架，用于防避蚊蝇，安装在经常开启的隔扇当）。帘架由上、中抹头、边框和横披等组成。边框用掐子（铁管脚箍）固定在中下槛上，帘架各构件的截面尺寸与隔扇相同或稍小。

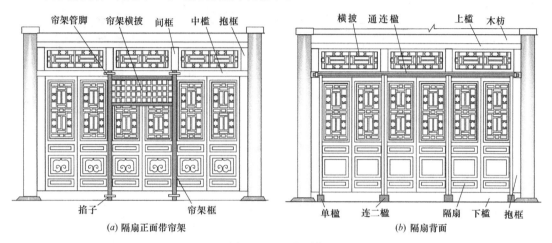

(a) 隔扇正面带帘架 (b) 隔扇背面

图 7.1.16 木隔扇

槛框截面尺寸：下槛高按0.8柱径，厚按0.5本身高；中槛截面高按2/3下槛高，厚与下槛同；上槛截面高按0.8下槛高，厚与下槛同。

抱框迎面宽按0.7下槛高，厚同下槛。间框迎面宽按0.5抱框宽，厚按1.2本身宽。

2. 隔扇门

"隔扇门"是安装在槛框内的一种活动性屏障门，每一隔扇大致可以分为上下两段，上段为心屉，下段为绦环板和裙板，下段与上段之长按四六开，即所谓为"四六分隔扇"，如图7.1.17（b）所示。它的组成构件为：上、中、下抹头，左、右边框，心屉，绦环板，裙板等。

隔扇宽高之比，外檐一般为1：3至1：4，而内檐可达1：5至1：6。隔扇的形式常以抹头多少而划分，有二、三、四、五、六抹头等形式，如图7.1.17（a）所示。

（1）抹头与边框：隔扇外框横的称"抹头"，竖的称"边框"。抹头与边框的连接：上下抹头与边框为大割角相交，中抹头与边框为合角肩相交。在隔扇下半安装裙板和绦环板部分，抹头与边框的内边中间剔凿槽口，以便安装裙板和绦环板，如图7.1.18（a）所示。抹头与边框的截面尺寸，看面宽按0.5抱框宽，厚为1.2本身宽。

（2）心屉：它是指隔扇上段部分，由仔边和棂条组成，仔边截面尺寸，按抹头宽厚尺寸的0.6取定。而棂条截面仍为"六八分宽厚"，即6分（约2cm）宽、8分（约3cm）厚。心屉用销子与抹头边框连接。棂条采用上下扣槽相互套接，如图7.1.18（b）所示。

（3）绦环板和裙板："绦环板"是指装有环形花条的扁矩形木板，四周作凸榫插入抹头边框的扣槽内。板宽＝隔扇心宽＋2凸榫，板高＝2抹头看面宽＋2凸榫，板厚＝1/3边

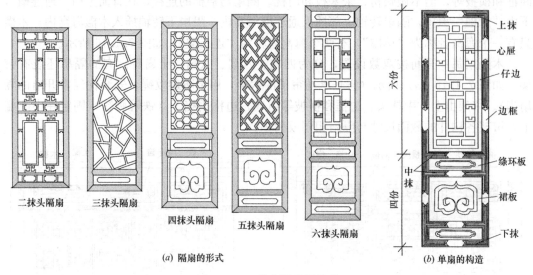

(a) 隔扇的形式

(b) 单扇的构造

图 7.1.17　单扇隔扇的构造

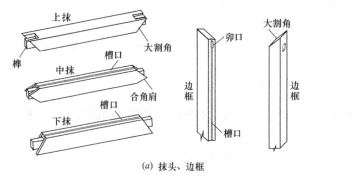

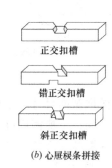

(a) 抹头、边框

(b) 心屉棂条拼接

图 7.1.18　隔扇抹头、边框、棂条

框宽。

"裙板"即指隔扇下边的木板，宽厚与绦环板同，板高按隔扇高四六分后，扣减下抹头和绦环板所余尺寸。裙板图案是用细棂条拼钉在裙板上而成，所以对棂条的大小没有强度上的要求，只要便于拼成花纹即可，较常用的图案如图 7.1.19 所示。

图 7.1.19　裙板常用图案

3. 隔扇心屉图案

隔扇心屉图案式样比较多，《工程做法则例》常用心屉图案有：万字纹、灯笼锦、龟背纹、步步锦、拐子锦、冰裂纹、盘肠纹、菱花锦等。

"万字纹"是做成以若干万字"卐"形为主，进行连接而成的花纹，如图 7.1.20（a）所示。

"灯笼锦"是用棂条做成近似长圆灯笼形状的图案，灯框可圆可方，如图 7.1.20（b）所示。

"龟背纹"是用六角花纹图案拼接成，有似乌龟背壳的花纹，如图 7.1.20（c）所示。

"步步锦"是指用横直棂条接成回纹圈套所形成的空格，空格当数由外至内逐渐减少，步步缩紧之意，如图 7.1.20（d）所示。其中空格大小按"一棂三空"，即按一根棂条看面宽的 3 倍确定空格宽度，长度以能使空格成单数即可。

"拐子锦"是将棂条做成直角拐弯的花形图案，如图 7.1.20（e）所示。

"冰裂纹"是将棂条以不同角度拼接而成，有似冰冻裂纹，如图 7.1.20（f）所示。

"盘肠纹"是用棂条做成斜线交叉，形成斜井字形的图案，如图 7.1.20（g）所示。

"菱花锦"是指由四个花瓣或六个花瓣所组成的花纹，称为双交四椀菱花或三交六椀菱花，即如图 7.1.20（h）、（i）所示。

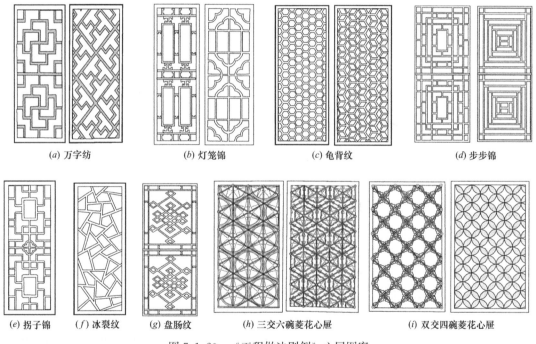

(a) 万字纹　　(b) 灯笼锦　　(c) 龟背纹　　(d) 步步锦

(e) 拐子锦　(f) 冰裂纹　(g) 盘肠纹　(h) 三交六碗菱花心屉　(i) 双交四碗菱花心屉

图 7.1.20　《工程做法则例》心屉图案

（1）盘肠纹画法：盘肠纹用若干正反对称的斜线，相互交叉而成。先在一个方向以同样距离画若干斜 60°的平行斜线，再反方向以同样距离画若干斜 60°的平行斜线，形成左右斜向交线，每向各选 8 根斜交线，然后将 8 根斜交线的中间两两相交，画成井字线（每根线长 3 格），再在井字外第六（反向为三）号线画 3 格实线，在第八（反向为一）号线画 1 格实线，实线格一端与井字线 5（4）连接，实线格另一端连接为一长线即可，称为"中间井字外六八"的连线，如图 7.1.21（a）所示。

（2）龟背锦画法：龟背纹可用若干垂线和斜线相互交叉而成，即先画若干等距离垂直平行线，再以同样距离画若干斜 60°的平行斜线，使其形成互交线，然后在每三根垂斜互交线上，用粗线连通一格，空断二格，如此在邻近交线上进行，如图 7.1.21（b）所示。

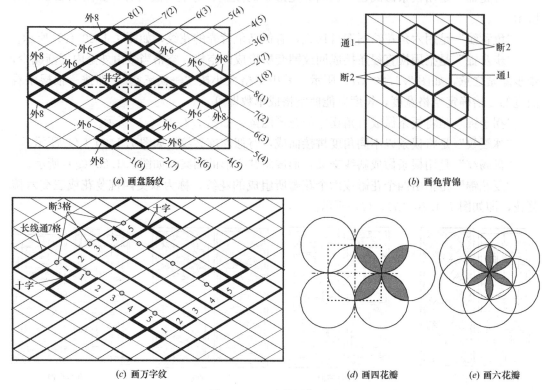

图 7.1.21　几种图案画法

（3）万字纹画法：万字可为正万卍形，也可为斜万卐形。它以某点为中心点向外画线即可。画斜万字同盘肠纹一样，先画好双向斜线，在两个斜方向各选择 5 格范围，于 7 格两端互交线画出十字，在两十字中心之间的 5 格，按"十字五断三，长线通七格"进行连线，即在两十字之间，距离 5 格中，有 3 格是空格，其他各格画线都与十字连接；另在十字顶上空 1 格，画长线连通 7 格，最后将所画线与十字线连接起来即可，如图 7.1.21（c）所示。

（4）菱花锦画法：用两圆交叉可得一个花瓣，四圆共点交叉可得四瓣菱花，而菱花锦通常分为双交四椀菱花和三交六椀菱花，即指由四花瓣和六花瓣所组成的图案。画四个花瓣时，先以十字心画圆，再以该圆直径画出外接四边形，以四边形四角为圆心，按原半径画 4 个圆可得 4 个圆切。再延长十字线，在其上从切点按原半径量得圆心画圆，即可得出四花瓣，如图 7.1.21（d）所示。

画六个花瓣时，先画一圆，将圆周 6 等份（或作内接六边形），得出 6 切点，以各切点为圆心，同半径画圆，即可得出六花瓣，如图 7.1.21（e）所示。

【7.1.12】　长窗

"长窗"是《营造法原》所述的一种通长落地窗，相当于清制"隔扇"或宋制"格子门"，是殿庭厅堂房屋中廊道步柱轴线上的围护屏障。《营造法原》第八章述道，"长窗为通长落地，装于上槛与下槛之间。若有横风窗时，则装于中槛之下"。

1. 长窗尺寸

《营造法原》述，"长窗比例，宽以开间之宽，除去抱柱，按分六扇。高自枋底至地面，以四六分派。自中夹堂顶横头料中心，至地面连下槛，占十分之四。以上窗心仔连上夹堂至窗顶占六份"。即长窗扇宽按开间宽减抱柱（即2×抱柱宽4寸）之后，按6扇均分。扇高按"上六下四"分之，如图7.1.22所示。

接上述，"以窗高一丈计，边挺及横头料之看面宽为一寸五分，进深为二寸二分。边条及心仔看面宽为五分，深一寸。上夹堂高四寸，中夹堂高四寸半，裙板高一尺七寸，下夹堂高四寸。下槛高八寸，下槛与窗底，须留风缝五分"。即边挺及横头料宽为0.015窗高，厚0.022窗高。边条及心仔条宽为0.005窗高，厚0.01窗高。上下夹堂高为0.04窗高，中夹堂高0.045窗高，裙板高0.17窗高，下槛高为0.08窗高，厚约3寸左右。

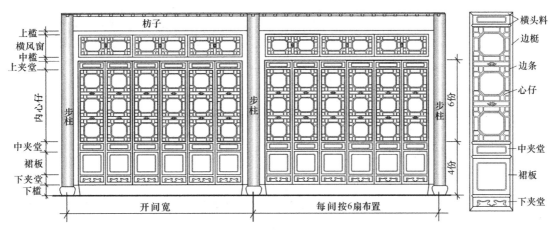

图 7.1.22　《营造法原》长窗

2. 长窗心仔花纹

《营造法原》述，"长窗因内心仔花纹之不同，有万川、回纹、书条、冰纹、八角、六角、灯景、井字嵌凌等式。匠心各俱，式样不一，其习见者，不下十余种，类多雅致可观。就万川而言，复有宫式、葵式之分，整纹、乱纹之别。所谓宫式者其内心仔均以简单之直条相连，葵式者其心仔木条之端，多作钩形之装饰。整纹者其心仔构成之花纹，相连似葵式而多扭曲，空间常饰结子，雕各种花卉。乱纹则似整纹，唯花纹间断，粗细不一"。即长窗内心仔花纹很多，如万川、回纹、书条、冰纹、八角、六角、灯景、井字等。因为各个工匠师傅都各有自己的一套绝活，心仔图案虽然花样很多，但总的可以归纳为宫式、葵式、整纹、乱纹四种类型，如图7.1.23所示。

对于宫式、葵式、整纹、乱纹具体区分如下：

"宫式"是指花纹图案为直线条，并采用直角形拐弯的花式。

"葵式"是在宫式花纹线条端头，做有带钩形装饰头的花式。

"整纹"是指将零碎花纹，用环线和圆结子连接成整体花纹。

"乱纹"是指花纹线条有间断，粗细不一的花纹。

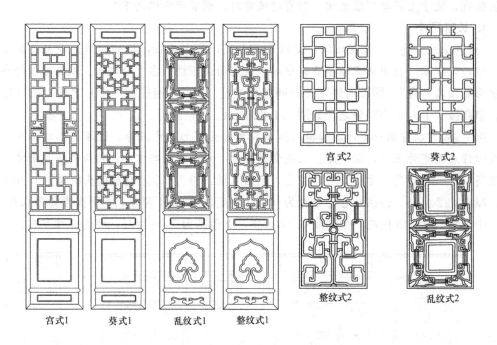

宫式1　　　葵式1　　　乱纹式1　　　整纹式1

宫式2　　　　　　葵式2

整纹式2　　　　　乱纹式2

图 7.1.23　《营造法原》心仔图案

【7.1.13】 格子门

"格子门"是宋《营造法式》殿身檐柱轴线上的屏障门，相似清制"隔扇"或《营造法原》"长窗"。"格子门"由桯（上下横框、左右立框）、腰串（中间横木）、子桯（心屉边框）、格眼（心屉）、腰华版（绦环板）、障水版（裙板）等构件组成。它安装在额、颊、柱、地栿等的框架之内。《营造法式》卷七述："造格子门之制有六等，一曰四混，中心出双线，入混内出单线。或混内不出线。二曰破瓣双混，平地出双线。或单混出单线。三曰通混出双线。或单线。四曰通混压边线。五曰素通混。以上并撺尖入卯。六曰方直破瓣。或撺尖或叉瓣造。"即格子门有 6 个等级，它是指格子门的桯木加工有 6 种做法，其中所说的"混"是指带弧形的桯面。

述中"一曰四混，中心出双线，入混内出单线。或混内不出线"。即指第一种做法，将上下左右 4 根桯木的看面加工成带有 4 个凸弧形的面，称为"四混"，每个凸弧面两边剔凿出边线，称为"出双线"，子桯看面为单混出 1 根单线，称为"入混内出单线"。或混内不做线，如图 7.1.24（a）所示。

述中"二曰破瓣双混，平地出双线。或单混出单线"。即指第二种做法，在第一种桯面基础上，将子桯看面先做两个凸弧形面，对靠里面的压边，刻雕成一段一段花纹，称为"破瓣双混"。再在四桯混面的两边，用刨子刨出凹线条，称为"平地出双线"，或做成一个弧面一个边线，如图 7.1.24（b）所示。

述中"三曰通混出双线。或单线"。即指第三种做法，将桯木的看面做成通长双弧面，两边剔凿出边线，或只做外边线，不做里边线，称为"单线"，如图 7.1.24（c）所示。

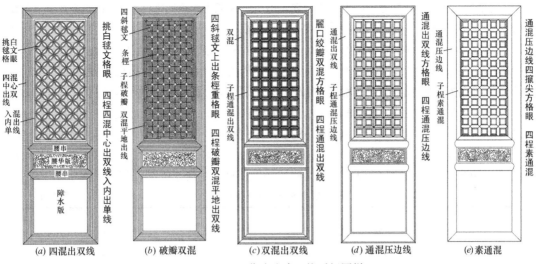

图 7.1.24 《营造法式》格子门图样

述中"四曰通混压边线。五曰素通混。以上并撺尖入卯"。即指第四、五种做法，第四种做法是将桯木的看面做成通长单弧面，靠内的为压边，如图 7.1.24（d）所示。第五种做法是只做通混面，不做任何出线，称为"素通混"，如图 7.1.24（e）所示。以上几种，桯木之间的连接，都做成割角相交的榫卯。

述中"六曰方直破瓣。或撺尖或叉瓣造"。即指第六种做法，是将桯木做成方直平整的两个高低面，其连接可割角相交，也可直角相交。

格子门规格，《营造法式》卷七接述，"高六尺至一丈二尺，每间分作四扇。如梢间狭促者，只分作二扇。如担额及梁栿下用者，或分作六扇造，用双腰串，或单腰串造。每扇各随其长，除桯及腰串外，分作三份：腰上留二份安格眼，或用四斜毬文格眼，或用四直方格眼，如就毬文者，长短随意加减。腰下留一份安障水版。腰华版及障水版皆厚六分。桯四角外，上下各出卯，长一寸五分，并为定法。其各件广厚，皆取门桯每尺之高，积而为法"。即格子门高为 6 尺至 12 尺，一般每间按 4 扇布置，若梢间狭窄者只按 2 扇。如果在横额及梁栿下用者，可按 6 扇布置，桯之间用双腰串，也可用单腰串。每扇根据其长度分为 3 份，腰串以上为 2 份作格眼，可用四斜毬文，或直方格眼，如果为了迁就毬文的位置，其长短可以根据情况加减。腰串以下为 1 份安障水板，腰华板和障水板板厚为 0.06 尺。桯的四角外端，上下都做出榫，长 0.15 尺，为固定规定。其他各构件宽厚，皆按每尺门桯高百分比率确定。

对四斜毬文格眼中构件规格为"其条桱厚一分二厘。毬纹径三寸至六寸，每毬纹圆径一寸，则每瓣长七分，广三分，绞口广一分。四周压边线。其条桱瓣数须双用，四角各令一瓣入角。桯长视高，广三分五厘，厚二分七厘。腰串广厚同桯。横卯随桯三分中存向里二分为广。腰串卯随其广。如门高一丈，桯卯及腰串皆六分。每增高一尺，即加二厘。减亦如之。子桯广一分五厘，厚一分四厘。斜合四角，破瓣单混造。腰华版长随扇内之广，厚四分。施之于双腰串之内。版外别安雕华。障水版长广各随桯。令四面各入池槽。额长随间之广，广八分，厚三分。用双卯。槫柱、颊，长同桯，广五分，量摊擘扇数，随宜加减。厚同额。二分中取一分为心卯。地栿长厚同额，广七分"。即格眼条桱厚为 0.012 门桯高尺。毬纹直径 0.3 尺至 0.6 尺，毬纹花每直径

1寸，则花瓣长为0.07尺，宽0.03尺，绞口宽0.01尺。格眼框四周压边线。条棂的花瓣数应为双数，四角必须有一瓣入角。门桯长按格子门高而定，宽为0.035门桯高尺，厚为0.027门桯高尺。腰串宽厚同桯。横榫卯宽为桯宽的2/3。腰串榫卯依本身宽而定。如门高1丈，桯及腰串榫卯宽都为0.06尺，每增减高1尺，即加2厘。减亦如之。子桯宽为0.015门桯高尺，厚为0.014门桯高尺。其四角为斜合角连接，子桯面要剔凿成弧形。腰华板长随扇内宽而定，厚为0.04门桯高尺。该板安装在双腰串之内，板面雕刻花纹。障水板长宽各依桯间距离而定。板四边各嵌入所作的槽口内。而格扇之外的额长随间宽，额宽0.08门桯高，厚0.03门桯高。两端作双榫。榑柱及立颊长同桯，宽0.05门桯高，具体宽应根据扇数安排进行加减。厚度同额。以其半厚作榫卯。地栿长厚同额，宽为0.07门桯高。以上所述构件规格，为便于视阅，特列入表7.1.1中。

四斜毬文格眼格子门构件尺寸　　　　　　　　　　　　　表7.1.1

构件名称	长	广	厚	注
格子门	门高6尺至12尺，腰串以上占2/3，腰串以下占1/3			
桯	视门高	0.035门桯高尺	0.027门桯高尺	榫宽按2/3本身宽
子桯		0.015门桯高尺	0.014门桯高尺	四角为合角，单混面
腰串		0.035门桯高尺	0.027门桯高尺	
腰华版	随扇广		0.04门桯高尺	表面雕刻花纹
障水版	依门桯而定	依门桯而定	固定0.06尺	四边作嵌槽
额	随间宽	0.08门桯高尺	0.03门桯高尺	两端作双榫
榑柱、立颊	同桯	0.05门桯高尺	0.03门桯高尺	宽依扇数安排加减
地栿	同额	0.07门桯高尺	0.03门桯高尺	

【7.1.14】　门光尺

"门光尺"是一种刻有"财、病、离、义、官、劫、害、福"等字的丈量尺具，它是元、明、清时期用于确定"门口"尺寸的量测工具。"门口"是指上下槛和门框之间安装门扇的洞口、门口尺寸的大小，是决定门扇大小的依据。在我国古代建筑中，由于长期受封建社会文化的影响，对门口尺寸的选择，规定要按门光尺选取"吉庆门口"尺寸。梁思成先生在《营造算例》中讲道："门口高宽按门光尺定高宽，财病离义、官劫害福，每个字一寸八分。"这就是说，门光尺没有十进位刻度标志，而是刻有"财、病、离、义、官、劫、害、福"等字代替刻度标志，其中"财、义、官、福"为吉，"病、离、劫、害"为凶，每个字的刻度按一寸八分计算，一门光尺＝0.18尺×8字＝1.44营造尺。虽然这种规定带有一定封建意识，但与现代建筑中所规定的门窗模数制一样，起着丈量尺寸的规定标准。为让读者了解其内涵，供作考查，在这里作一简介。

1. 门光尺

在我国封建社会文化中，由于历史朝代变迁和地域的复杂性，对门光尺的叫法（名称）很多，如，门公尺、门字尺、鲁班尺、鲁般尺等。门光尺的形式如图7.1.25所示，尺的四面刻有不同的词语，如北京故宫博物院内珍藏的一把门光尺有46cm长，约合清制营造尺一尺四寸四分，宽5.5cm，厚1.35cm，尺的两大面各分8格，一面写有"财木星、病土星、离土星、义水星、官金星、劫火星、害火星、吉金星"，另一面写有"贵人星、天灾星、天祸星、天财星、官禄星、孤独星、天贼星、宰相星"。尺的一侧写有"春不作东门，夏不作南门，秋不作西门，冬不作北门"，另一侧写为"大月从下数上，小月从上数下，白圈者吉，人字损人，刀字损畜"。

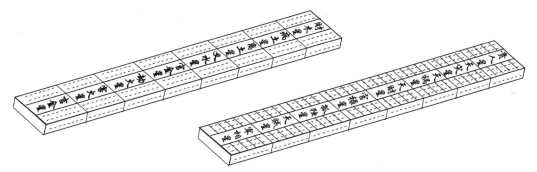

图 7.1.25　北京故宫博物院的门光尺

在元明时期的《鲁般营造正式》和《鲁班经》书籍中，对鲁般尺作了如下介绍："鲁般尺乃有曲尺一尺四寸四分，其尺间有八寸，一寸准曲尺一寸八分，内有财、病、离、义、官、劫、害、吉也，凡人造门用依尺法也。假如单扇门，小者开二尺一寸，压一白，般尺在义字上；单扇门开二尺八寸，在八白，般尺合吉；双扇门者用四尺三寸一分，合三绿一白，则为本门在吉字上；如财门者，用四尺三寸八分，合财门吉；大双扇门，用广五尺六寸六分，合两白，又在吉字上。今时匠人则开门四尺二寸，乃为二黑，般尺又在吉字上；五尺六寸者，则吉上二分加六分，正在吉中为佳也。皆用依法，百无一失，则为良匠也。"即"鲁般尺"一尺为1.44营造尺，每尺按8寸计，一寸"鲁般尺"为1.8营造寸，每寸分别用"财、病、离、义、官、劫、害、吉"八个字命名，是供人们修造木门所依据的尺法。

其中"假如单扇门，小者开二尺一寸，压一白，般尺在义字上"，是说假设单扇门开口尺寸为2.1尺，因为一个字为0.18营造尺，2.1营造尺÷0.18＝11.7个字，依照八字法，由"财"至"吉"为8个字一循环（见图7.1.26），而2.1尺从"财"字向后数，数完8个继续由前向后，其11个字为"离"，故11.7落在"义"上，即"般尺在义字上"。至于"压一白"，因我国古代有一派堪舆家，将《河图洛书》中的九宫（即指乾宫、坎宫、艮宫、震宫、中宫、巽宫、离宫、坤宫、兑宫），选配九种颜色进行编序，即一白、二黑、三碧、四绿、五黄、六白、七赤、八白、九紫。门光尺用此来断定开口尺寸尾数的吉凶，其中一白、六白、八白、九紫为吉数，其余为凶数。上述"二尺一寸"（即2.1尺），因尾数是1，即2.1尺的0.1是压在"一白"上。

而"单扇门开二尺八寸，在八白，般尺合吉"，是因为2.8尺÷0.18＝15.6字，正好为"财→吉"两个循环，15.6落在"吉"上；又因2.8最后一位是8，故为"八白"。

对"双扇门者用四尺三寸一分，合三绿一白，则为本门在吉字上"，因为4.31尺÷0.18＝23.9字，即24个字，正好是八字的三个循环，第24个落在"吉"上，又因4.31的尾数为3和1，故符合"三碧一白"。其他如此类推。

2. 门光尺的应用

关于门光尺的应用，最早在南宋《事林广记》别集卷六中就述及到"鲁般尺法"，即"用尺之法，从财字量起，虽一丈十丈皆不论，但于丈尺之内量取吉寸用之，遇吉星则吉，遇凶星则凶。亘古及今，公私造作，大小方直，皆本乎是。作门尤宜仔细"。其意是说，使用门光尺的方法，从"财"字量起，无论是量得尺寸是一丈还是十丈，均不作为取定依据，而应以丈尺之内的"寸"数来确定吉凶，取吉寸数用之，若寸落在吉星上则该数为吉，若寸数落在凶星上则该数为凶。从古至今，无论工程公私造作，大小方直都可使用，尤其适宜对门的丈量。

由上述可知，门光尺是按丈量出"尺"数以后的尾数"寸"来确定吉凶。但在以往古建筑工程中，丈量工程的尺寸都为"营造尺"，营造尺是 10 进位，即一营造尺＝10 营造寸；而门光尺是 8 进位，一门光尺＝8 门光寸。两者关系为一营造尺＝1.44 门光尺，则 1 营造寸＝1.44÷0.8＝1.8 门光寸，由于门光尺只用尺后的尾数"寸"，因此，对丈量出尺寸数后，应将营造寸换算成门光寸，然后再定吉凶。换算公式为：

门光尺尾数"寸"＝营造尺的总寸数÷1.8－其中符合整门光尺的寸数

将换算后的寸数，从"财"字起对照图 7.1.26，即可定出吉凶。但清《工程做法则例》中所载门诀的吉数，均是从吉字起。从图 7.1.26 可以看出，以"4"为中心，八个字的吉凶均是对称的，因此，无论从财或从吉开头，都可以取得一致的结果。现举例叙述如下。

图 7.1.26　门光寸吉凶对照图

【**例 1**】　设有一门口尺寸的高为 7.8 营造尺，宽为 5.8 营造尺。请确定可否使用。

解：依题，高为 78 营造寸，宽为 58 营造寸。换算门光寸为：

高：门光寸＝（营造尺的总寸数÷1.8）＝78÷1.8＝43.3 门光寸，在 43.3 门光寸中，含有整数门光尺 5 个，即 5×8＝40，将整尺数去掉，则剩下的尾数为：

门光寸尾数＝43.3－40＝3.3 门光寸。对照图 7.1.26，从"财"起向右数，3 寸→4 寸为"义"；或从"吉"起向左数，3→4 为"官"。

宽：门光寸＝58÷1.8＝32.2 门光寸，在 32.2 门光寸中，含有整数门光尺 4 个，即 4×8＝32，因此，去掉整尺数的尾数为：

门光寸尾数＝32.2－32＝0.2 门光寸。对照图 7.1.26，0→1 为"财"或"吉"。所以高宽尺寸都为吉数，可用。

【**例 2**】　设有一门口尺寸的高为 5.5 营造尺，宽为 2.44 营造尺。请确定可否使用。

解：依题，高为 55 营造寸，宽为 24.4 营造寸。换算门光寸为：

高：门光寸＝55÷1.8＝30.6 门光寸，在 30.6 门光寸中，含有整数门光尺 3 个，即 3×8＝24，因此，去掉整尺数的尾数为：

门光寸尾数＝30.6－24＝6.6 门光寸。对照图 7.1.26，6→7 为"害"或"病"。

宽：门光寸＝24.4÷1.8＝13.6 门光寸，在 13.6 门光寸中，含有整数门光尺 1 个，即 1×8＝8，因此，去掉整尺数的尾数为：

门光寸尾数＝13.6－8＝5.6 门光寸。对照图 7.1.26，5→6 为"劫"或"离"。

所以高宽尺寸都为凶数，不可用，需另行选用门口数。

3. 门口尺寸

"门口"是指安装门扇的洞口，它是确定门扇大小的依据，门口尺寸的取定，古往今来都没有硬性标准规定，一般都是根据建筑物的用途、进出交通需要等进行初步拟定，但一般情况下，口宽与口高之比为 1∶1.2 至 1∶2。

在确定门口尺寸时，要首先拟定口宽尺寸，它必须根据进出人流、搬运物件等需要进行拟定，然后根据房屋规模的大小，选取比例拟定口高，当宽高尺寸拟定后，再按门光尺的要求，确定吉凶尺寸。

为了便于取定门口尺寸，清《工程做法则例》卷四十一载有一些符合吉数的门口尺寸，称为"门诀"，分别选编为：财门 31 个，义顺门 31 个，官禄门 33 个，福德门 29 个，共计 124 个吉数，供确定门口吉凶使用，它们都是从"吉"字起量到"财"字。现将此"门诀"摘录于表 7.1.2，供有兴趣者研究参考。

为了印证表 7.1.2 门诀是否为吉数，我们按上法，从"吉"量到"财"，在四个吉门中各选择一个数，进行一下验算（验算数在门诀表中用黑体字表示）。

（1）财门中"二尺七寸二分"验算

27.2 寸 ÷1.8＝15.1 门光寸，而 15.1 门光寸－1×8＝7.1 门光寸，对照图7.1.26 为"财"。

（2）义顺门中"六尺五寸一分"验算

65.1 寸 ÷1.8＝36.2 门光寸，而 36.2 门光寸－4×8＝4.2 门光寸，对照图7.1.26 为"义"。

（3）官禄门中"一丈七寸六分"验算

107.6 寸÷1.8＝59.8 门光寸，而 59.8 门光寸－7×8＝3.8 门光寸，对照图7.1.26为"官"。

（4）福德门中"八尺七寸五分"验算

87.5 寸÷1.8＝48.6 门光寸，而 48.6 门光寸 －6×8＝0.6 门光寸，对照图7.1.26 为"吉"。

在表 7.1.2 中 124 个数据，因制定使用历时较长，可能因排印转抄之误，出现有少数错误数据，经验算发现嫌疑错误的，用符号"＊"标注，读者使用时请自行按上述方法进行校核。

清《工程做法则例》卷四十一"门诀开口"　　　　　　　　　　　　　　　　　表 7.1.2

财门			义顺门		
二尺七寸二分	二尺七寸五分	二尺七寸九分	二尺一寸八分	二尺二寸二分	二尺二寸五分
二尺八寸二分	二尺八寸五分	四尺一寸六分	二尺三寸	二尺三寸三分	三尺六寸二分
四尺一寸九分	四尺二寸二分	四尺二寸六分	三尺七寸三分	三尺七寸六分	＊五尺五寸
四尺二寸九分	五尺一寸六分	五尺一寸九分	五尺九寸	五尺一寸二分	六尺五寸

续表

财门			义顺门		
＊五尺五寸	五尺六寸一分	五尺六寸三分	六尺五寸一分	六尺五寸三分	六尺五寸七分
五尺六寸七分	五尺七寸	五尺七寸一分	六尺六寸一分	六尺六寸四分	七尺九寸三分
＊七尺四分	＊七尺七分	七尺一寸一分	七尺九寸六分	八尺一寸	八尺四寸
七尺一寸六分	八尺四寸七分	八尺五寸一分	八尺七寸	九尺三寸七分	九尺四寸
八尺五寸三分	八尺六寸	九尺九寸一分	九尺四寸四分	九尺四七寸分	九尺五寸
九尺九寸五分	九尺九寸八分	一丈二分	一丈八寸二分	一丈八寸四分	一丈八寸七分
一丈五分			一丈九寸五分		

官禄门			福德门		
二尺一分	二尺四分	二尺八分	二尺一分	二尺九寸	二尺九寸四分
二尺一寸一分	二尺一寸四分	＊二尺四寸四分	二尺九寸七分	三尺四分	三尺四寸四分
三尺四寸五分	三尺四八六分	三尺五寸二分	四尺三寸一分	四尺四寸一分	四尺四寸五分
三尺五寸六分	三尺五寸九分	四尺八寸九分	五尺七寸七分	五尺八寸四分	五尺八寸八分
四尺九寸二分	四尺九寸五分	四尺九寸八分	五尺九寸一分	七尺二寸一分	七尺二寸四分
五尺一分	六尺三寸三分	六尺三寸六分	七尺二寸八分	七尺三寸一分	七尺三寸四分
＊六尺四分	七尺七寸六分	七尺七寸九分	八尺六寸五分	八尺六寸八分	八尺七寸一分
七尺八寸三分	九尺一寸九分	九尺二寸二分	八尺七寸五分	八尺七寸八分	一丈七分
九尺二寸六分	九尺二寸九分	九尺三寸三分	一丈八分	一丈一寸二分	一丈一寸九分
＊九尺八寸六分	一丈六寸四分	一丈六寸七分	＊一丈一尺一寸	一丈二寸三分	
一丈七寸	一丈七寸三分	一丈七寸六分	凡带符号＊者,是嫌疑有错的数据。		

【7.1.15】 槛窗

"槛窗"是清《工程做法则例》外围槛墙之上的木窗,《营造法原》称为"半窗"。槛框由上槛、中槛、枫槛、榻板、抱框、心屉、通连楹等组成,如图 7.1.27 所示。槛窗扇实际上是将隔扇中的裙板以下去掉而成,所以其结构构造与隔扇相同。

对槛框的结构及尺寸,已在【7.1.2】叙述,除此述外的其他构件尺寸为:

"枫槛"就是木窗的下槛,但因不贴地面,坐落在木榻板上,故更名为枫槛,枫槛看面高按 0.5 柱径,厚按 0.3 柱径。

"榻板"是窗底下皮封盖砖墙顶的木板,即现代建筑中的木窗台板,榻板看面高按 0.35 柱径,厚按 1 至 1.5 柱径。

"通连楹"即简易的门笼,两端挖有轴窝,是固定窗扇和上转轴的横木。

"楹木"是固定窗扇下转轴的海窝木,分为"单楹"和"连二楹(它是承接相邻两个窗扇的转轴)"。

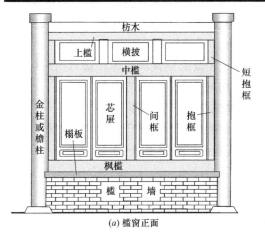
(a) 槛窗正面

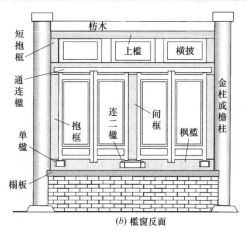
(b) 槛窗反面

图 7.1.27 槛窗槛框

【7.1.16】 夹门支摘窗

"夹门支摘窗"是清《工程做法则例》用于小式建筑房屋的门窗。

1. 夹门

"夹门"是指夹在两支摘窗之间的木门,因为这种门多与支摘窗连做,所以又称为"随支摘窗夹门",如图 7.1.28（a）所示。它是一般普通房屋所用的大门或偏房所用的房门。

随支摘窗夹门的槛框,由上槛、中槛、下槛、门框、夹门扇、横披、支摘窗、榻板、抱框等组成,其中夹门扇没有配备槛木,而是采用合页铁件与门框连接。

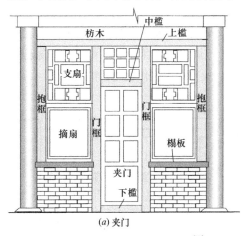
(a) 夹门

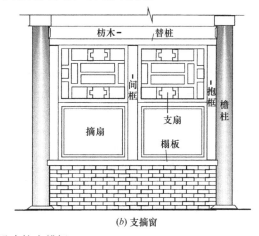
(b) 支摘窗

图 7.1.28 夹门及支摘窗槛框

2. 支摘窗

"支摘窗"是安置在槛框内的小型木窗,它是以窗扇可以支起和摘下的开启方式而命名的木窗,它的窗扇分为上下两扇,上扇向外支起,下扇可以摘下。对多扇联排支摘窗有专用的槛框,槛框结构由替桩、榻板、抱框、间框等组成,如图 7.1.28（b）所示。因这种木窗没有通连槛,故将上槛更名为"替桩",替桩高按 0.3 檐枋高,厚按 0.3 柱径。

343

支摘窗扇本身有一外框，它由上、中、下抹头和边框等组成，中抹头以上安装支扇，其下为摘扇。抹头和边框的看面宽按 48mm 至 64mm、厚按 0.8 看面宽取定。

支扇分里外两层，外层做成有仔边的棂条心屉（常做成豆腐块或步步锦），在其上糊纸或装玻璃；内层做成装纱心屉，需用时装上，不用时摘下，如图 7.1.29（b）、（c）所示。仔边宽厚按外框截面尺寸 2/3 取定，棂条截面仍为"六八分宽厚"。

摘扇也有里外两层，内层做成仔边玻璃扇，外层为薄板拼成的护窗板，白天摘下，晚上装上，如图 7.1.29（a）（b）所示。摘扇仔边同支扇，护窗板可自行定义。

支摘窗连接铁件为合页、挺钩、铁插销等。

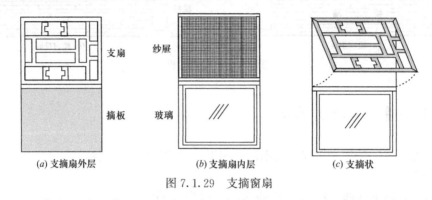

(a) 支摘扇外层　　　　　(b) 支摘扇内层　　　　　(c) 支摘状

图 7.1.29　支摘窗扇

【7.1.17】　半窗、和合窗

"半窗、和合窗"都是《营造法原》所常用的木窗。

1. 半窗

"半窗"是《营造法原》中用于次间、厢房、过道及亭阁等围护结构的木窗。窗扇结构分为上夹堂、内心仔、裙板三部分，如图 7.1.30 所示。窗下砌半墙，墙高约一尺半，上设坐槛，以装半窗。因它结构与长窗相同，只是较长窗为短而已，故其构件制作也与长窗相同。

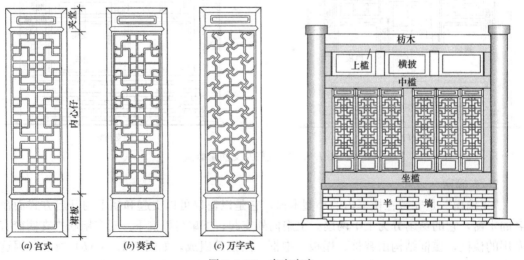

(a) 宫式　　　　　(b) 葵式　　　　　(c) 万字式

图 7.1.30　半窗窗扇

2. 和合窗

"和合窗"是《营造法原》中用于有廊道的步柱轴线上次间的特殊形式木窗,《营造法原》第八章述,"和合窗式样特殊,开关方法系向上旋开,异于上述各窗,常装于次间步柱之间,或用于亭阁、旱船间"。这种窗装有外栏杆,栏杆之上为捺槛,捺槛与中槛之间装和合窗扇。栏杆之里为裙板,裙板以上分为三扇,上下两扇为固定扇,中间一扇可向上支撑开启。一间三排,以中枨分隔,裙板与栏杆同高。窗扇成扁方形,两边为边梃,上下用横头料,内为内心仔,如图 7.1.31 所示。边梃及横头料的看面宽按窗高 0.15%,深厚按窗高 0.22%。心仔看面宽按窗高 0.05%,深厚按窗高 0.1%。

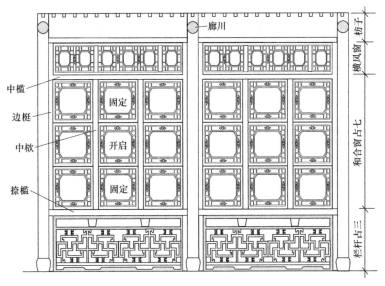

图 7.1.31 《营造法原》和合窗

【7.1.18】 阑槛钩窗

"阑槛钩窗"是宋《营造法式》中用于楼台亭阁的廊道上,带有靠背栏杆的窗子,《营造法原》称为"地坪窗",是廊子外围上的一种围护结构。"阑槛"即栏杆,也称"附窗钩阑",是指窗外栏杆,可临窗而依,因此,有此种栏杆的窗子称为"钩窗",如图 7.1.32 所示。

《营造法式》卷七述,"造钩窗阑槛之制:共高七尺至一丈,每间分作三扇,用四直方格眼。槛面外施云栱鹅项钩阑,内用托柱。各四枚。其各件广厚,各取窗槛每尺之高,积而为法。其格眼出线,并准格子门四直方格眼制度"。即阑槛钩窗的总高为 7 尺至 10 尺,按每间 3 扇布置。格眼部分只采用四直方格眼。窗槛之外装有云栱鹅颈形钩阑,内用托柱作支撑,每个窗 4 根。各个构件尺寸,按窗槛每尺高的百分比率确定。

对"阑槛钩窗"各个构件尺寸,《营造法式》述,"钩窗高五尺至八尺。子程长视窗高,广随逐扇之广,每窗高一尺,则广三分,厚一分四厘。条楻广一分四厘,厚一分二厘。心柱、槫柱长视子程,广四分五厘,厚三分。额长随间广,其广一寸一分,厚三分五厘。槛面高一尺八寸至二尺。每槛面高一尺,鹅项至寻杖共加九寸。槛面版长随间心。每槛面

345

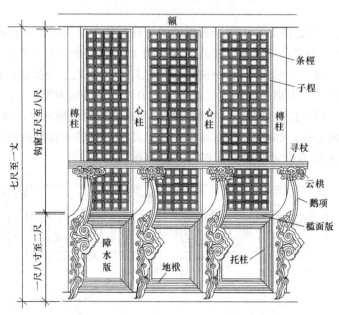

图 7.1.32 《营造法式》阑槛钩窗图样

高一尺，则广七寸，厚一寸五分。如柱径或有大小，则量宜加减。鹅项长视高，其广四寸二分，厚一寸五分。或加减同上。云栱长六寸，广三寸，厚一寸七分。寻杖长随槛面，其方一寸七分。心柱及槫柱长自槛面版下至栿上，其广二寸，厚一寸三分。托柱长自槛面下至地，其广五寸，厚一寸五分。地栿长同窗额，广二寸五分，厚一寸三分。障水版广六寸。以厚六分为定法"。根据所述，各构件尺寸如表7.1.3所示。

阑槛钩窗构件尺寸 表 7.1.3

构件名称	长	广	厚	注
钩窗	高5尺至8尺			
子桯	视窗高	扇宽＋0.03 窗高尺	0.014 窗高尺	
条桯		0.014 窗高尺	0.012 窗高尺	
上心柱、槫柱	依子桯长而定	0.045 窗高尺	0.03 窗高尺	
额	随间广	0.11 窗高尺	0.035 窗高尺	
槛面版	随间广	0.7 槛面高尺	0.15 槛面高尺	槛面高1.8尺至2尺
鹅项	0.9 槛面高－云栱寻杖高	0.42 窗高尺	0.15 窗高尺	鹅项、云栱、寻杖共高 0.9 槛面高
云栱	0.6 窗高尺	0.3 窗高尺	0.17 窗高尺	
寻杖	随槛面长	0.17 窗高尺	0.17 窗高尺	
下心柱、槫柱	槛面版下至栿上	0.2 窗高尺	0.13 窗高尺	
托柱	槛面下至地	0.5 窗高尺	0.15 窗高尺	
地栿	同窗额	0.25 窗高尺	0.13 窗高尺	
障水版		0.6 窗高尺	固定 0.06 尺	

【7.1.19】 牖窗

宋《营造法式》在卷二总释中引用《说文解字》述，"窗穿壁，以木为交窗。在墙曰牖，在屋曰窗"。即是说，窗是装嵌在墙壁上，用木条横竖交接而成。装在墙上称为牖，装在房屋上称为窗。由此可知，牖即指院墙上的窗洞，在中国古建筑中有各种形式的窗洞，如月洞、扇面、六角、十字、方胜、花瓶、仙桃等，如图7.1.33所示，一般统称为"牖窗"，也有称它为"什锦窗"。

图 7.1.33 牖窗常用样式

1. 牖窗构造

牖窗的构造分为镶嵌牖窗、单层牖窗和夹樘牖窗三种。"镶嵌牖窗"是一种半墙厚窗洞槽，即镶嵌在墙壁一面不透空的牖窗，只起装饰作用。"单层牖窗"又称为"漏窗"，是在墙壁上做成透空的窗洞，既通风透景，又起装饰作用，是园林建筑中用得最多的一种牖窗。"夹樘牖窗"又称"夹樘灯窗"，它是在窗洞墙的两面，各安装一窗框，镶嵌玻璃或糊贴花纸，内空心装灯照明。

2. 牖窗制作

牖窗的主要作用是点缀景点，故一般不做窗扇，洞口径尺寸多在70cm至120cm。其构造由桶座、边框、仔屉、贴脸等组成，如图7.1.34所示。其中各部尺寸如下：

桶座，它是紧贴窗洞壁的桶状垫板，其长与墙厚同，可用厚1cm至1.5cm木板拼制。

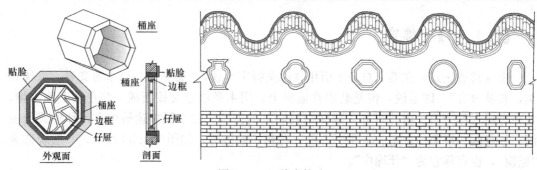

图 7.1.34　牖窗构造

边框，即窗框，牖窗骨架，其截面为 3cm×4cm 至 4cm×5cm。

仔屉，用作装饰心屉，其截面为 2cm×3cm，它根据需要可用可不用。

贴脸，是墙的外观面，遮盖桶座与砖墙衔接缝口的木板，板厚一般为 1cm 至 1.5cm，板宽 8cm 至 12cm。

【7.1.20】　门钉、铺首、门钹

门钉、铺首、门钹等是清制门扇上常用的装饰金属件。

1. 门钉

门钉是钉于实榻大门或将军门正面的装饰钉，按房屋建筑等级的穿带根数，确定钉的排列数，采用九路、七路、五路等进行装钉，如图 7.1.35 所示。它除装饰外还可加强门板与穿带的紧固，门钉直径按门扇里攒边（或大边）的宽度，门钉高同径。钉的间距，九路为 2 钉径，七路为 2.2 钉径，五路为 4 钉径。

2. 铺首、门钹

铺首又称"铪钑兽面"，铪（音 si）、钑（音 sa）是装饰性拉手。为铜质贴金，形如雄狮兽面，用于宫廷大门，起象征威严和尊严作用。兽面直径按门钉直径 2 倍。

门钹，用于次要大门上的装饰拉手，六角形铜质铁件，其直径按门扇大边宽度。

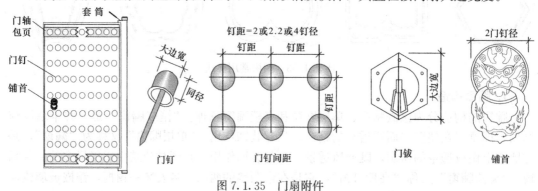

图 7.1.35　门扇附件

【7.1.21】　大门包页、寿山福海

大门包页、寿山福海是清制门扇上的加固铁件。

1. 大门包页

大门包页是用于包裹大门门扇上下横边转轴处的铁件，一般采用铜制或铁制溜金，表面鉆钑莽龙流云，又称"龙页"，用小泡头钉钉固，如图7.1.36所示。包页长按门扇大边宽的4倍，页宽0.9大边宽，厚1分。

2. 寿山福海

门扇的上转轴部分称为"寿山"，下转轴部分称为"福海"，它们由套筒、护口、踩钉、海窝等铁件装配而成，统称为"寿山福海"。其中，套筒是保护门扇木转轴的铁件，套住木轴后，用踩钉固定。护口是保护门轴防止磨损的铁件，可做成方形或壶瓶护口。海窝是门轴槽窝铁件，管住门轴产生位移，如图7.1.36所示。

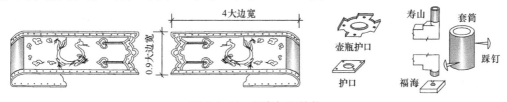

图 7.1.36　门扇加固铁件

【7.1.22】 面页、鹅项、屈戌海窝、碰铁

面页、鹅项、屈戌海窝等，都是清制隔扇和屏门上常用铁件。

1. 面页

面页是扇框上的装饰件，采用铜制或铁制溜金，多用于隔扇和槛窗扇的扇框上，钉在边框的正面。根据镶贴位置不同分为单拐页、双拐页、看页、人字页等，如图7.1.37所示。这些加固件的长宽厚薄尺寸，均根据扇框大小和边抹宽厚具体而定。

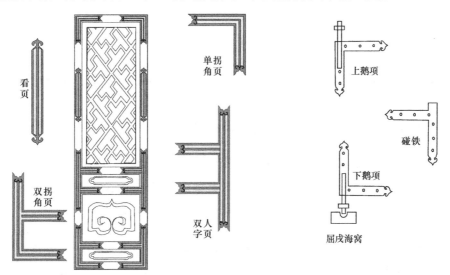

图 7.1.37　隔扇、屏门铁件

2. 鹅项、屈戌海窝、碰铁

鹅项是安装在轻型门扇转轴一侧的门轴铁件，上下各一个，作为门扇的转轴。

屈戌海窝是承接下鹅项的固定铁件。

碰铁是安装在轻型门扇的上端或下端，作为关门时与上下槛框碰头的铁件，其作用是阻挡门扇不过槛框，如图 7.1.37 所示。

7.2 室外装饰木构件

【7.2.1】 清制木栏杆

木栏杆是带廊建筑、亭台楼阁、游廊水榭等所常用的装饰围栏，明清以后的木栏杆形式有寻杖栏杆、花栏杆、靠背栏杆等。

1. 寻杖栏杆

"寻杖"即巡杖，圆形扶手，"寻杖栏杆"是指在扶手以下只有简单装饰的栏杆，它是最早出现的一种栏杆形式，随着时代发展，以后逐渐改进，使得装饰件变得较为复杂和多样化，但其基本特点不变，即以圆形扶手和绦环板为主，除此之外，其他构件与一般栏杆相似，它们的基本结构为望柱、扶手、直撑、中枋、折柱、下枋、绦环板等，如图 7.2.1 所示。

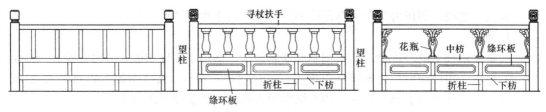

图 7.2.1 寻杖栏杆

其中："望柱"，为截面 12cm 至 15cm 见方的立柱，也可按 0.3 檐柱径定径；柱高为 120cm 左右。柱头常为幞方头形。

"扶手"，为直径 8cm 至 12cm 的圆形截面，横穿在望柱之间，安置高度为 80cm 至 100cm。

"直撑"，是扶手下的加固撑，可为圆柱形或花瓶形，其截面直径按扶手直径 0.8 设定。

"中、下枋"，是横穿在望柱之间的腰部和底部横木，其截面一般为 8cm×10cm。

"折柱"，是中枋以下分隔绦环板的小柱，其截面按望柱截面的 0.6 设定。

"绦环板"，是处在中、下枋之间的装饰栏板，厚为 2cm 至 3cm。

2. 花栏杆

"花栏杆"是寻杖栏杆的改良型，花栏杆的花主要花在将绦环板扩大成花屉栏板，它的扶手截面为馒头形方木，其下相隔很短距离设中枋，中、下枋之间是大型花屉，如图 7.2.2 所示。其中扶手截面按 60cm×75cm 至 80cm×100cm 设定，花屉棂条截面按2cm×2.5cm 设定，其他与寻杖栏杆相同，常用花屉图案有步步锦、万字纹、拐子锦、盘肠纹等。

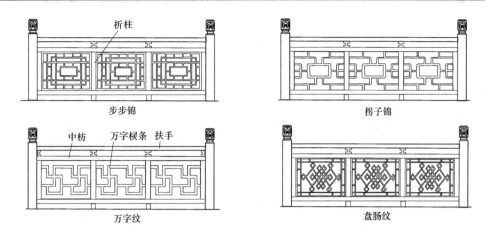

图 7.2.2 花栏杆

3. 靠背栏杆

"靠背栏杆"由靠背和坐凳所组成，以长靠背椅的形式代替栏杆，一般称为"吴王靠""鹅颈靠""美人靠"，如图 7.2.3 所示。常用于作为房屋廊道和亭廊走道上的长靠背椅。

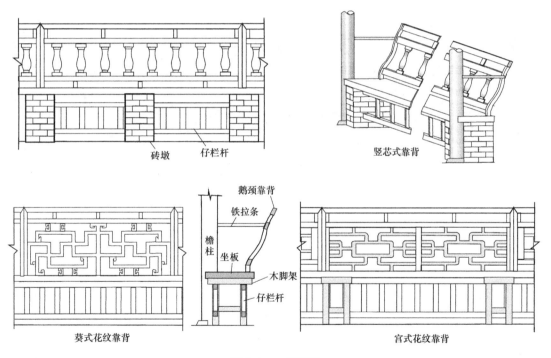

图 7.2.3 吴王靠

靠背栏杆的靠背由上、中、下枋、楑条花屉和拉结条等组成。枋木截面尺寸按 5cm×4cm 设置，花屉与花栏杆相同，拉结条是将靠背与檐柱拉结起来的铁条，一般采用 φ10 至 φ12 圆钢制作成撑钩形式。坐凳由凳板、凳脚和仔栏杆组成。其中凳板厚按 3cm 至 5cm，宽按 30cm 至 40cm 或按檐柱径设置，凳板设置高度多在 45cm 至 50cm。凳脚可用木制脚架或砖墩，每隔 1m 至 1.8m 安置一道。仔栏杆是用来连接脚架或砖墩的构件，用横直楑

351

条拼接即可。

靠背花纹图案分为竖芯式、宫式、葵式和普通式等。

【7.2.2】　宋制钩阑

"钩阑"是宋《营造法式》中用于楼阁亭榭周边围护或室内胡梯（即楼梯）的木栏杆，《营造法式》卷八中述，"造楼阁殿亭钩阑之制有二：一曰重台钩阑，高四尺至四尺五寸。二曰单钩阑，高三尺至三尺六寸。若转角则用望柱。或不用望柱，即以寻杖绞角。如单钩阑枓子蜀柱者，寻杖或合角。其望柱头破瓣仰覆莲。当中用单胡桃子，或作海石榴头。如有慢道，即计阶之高下，随其峻势，令斜高与钩阑齐身。不得令高，其地栿之类，广厚准此"。这就是说"钩阑"有"重台钩阑"和"单钩阑"之分，"重台钩阑"高4尺至4.5尺，有上下两道华版夹一束腰。而"单钩阑"高3尺至3.6尺，只有一道华版，如图7.2.4所示。在钩阑转角处使用望柱，也可不用望柱，即以寻杖绞成转角。如为单钩阑枓子蜀柱者，寻杖可直接作成合角。望柱头要剔凿成仰覆莲花形，望柱之间的蜀柱头可用胡桃（即核桃）形或海石榴花形。如衔接有慢道，要按阶高大小、坡度陡势，使斜高与钩阑身齐平。但不得高于钩阑身，其他地栿之类构件的宽厚尺寸，也照此而定。

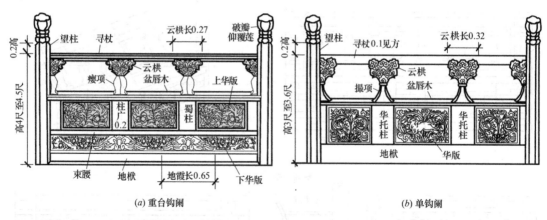

图 7.2.4　《营造法式》钩阑图样

1. 重台钩阑各构件尺寸

《营造法式》述，"其各件广厚，皆取钩阑每尺之高，谓自寻杖上至地栿下。积而为法。望柱长视高，每高一尺，则加二寸，方一寸八分。蜀柱长同上，上下出卯在内。广二寸，厚一寸，其上方一寸六分，刻为瘿项。其项下细处比上减半，其桃心尖，留十分之二。两肩各留十分中四分。其上出卯以穿云栱，寻杖。其下卯穿地栿。云栱长二寸七分，广减长之半，荫一分二厘，在寻杖下，厚八分。地霞，或用花盆亦同。长六寸五分，广一寸五分，荫一分二厘，在束腰下，厚一寸三分。寻杖长随间，方八分。或用圆混或四混、六混、八混造。下同。盆唇木长同上，广一寸八分，厚六分。束腰长同上，方一寸。上华版长随蜀柱内，其广一寸九分，厚三分。四面各别出卯入池槽，各一寸。下同。下华版长厚同上，卯入至蜀柱卯。广一寸三分五厘。地栿长同寻杖，广一寸八分，厚一寸六分"。即钩阑各个构件的宽厚尺寸，皆按钩阑每尺高，即寻杖上皮至地栿下皮之距离。为百分比率来确定（即下面各构件"尺"的单

位应为"钩阑高尺"见表 7.2.1 中所示）。望柱长按
1.2 钩阑高，宽厚为 0.18 尺方形截面。蜀柱长同上，包
括上下榫卯，宽 0.2 尺，厚 0.1 尺，柱顶 0.16 尺为雕刻
瓶颈状，瓶颈细处为粗处一半，上端留出 2/10 做成桃形尖。桃
形两肩各宽出 4/10。蜀柱上端出榫穿入云栱和寻杖内，下端榫
穿入地栿内。云栱长 0.27 尺，宽减长之半，承托寻杖的
凹槽为 0.012 尺，即在寻杖下，厚 0.08 尺。地霞，也可
为花盆，亦同，长 0.65 尺，宽 0.15 尺，其托槽为 0.012
尺，即在束腰下，厚 0.13 尺。寻杖长依间数确定，宽厚
为 0.08 尺，截面可做成四六八混形，如图 7.2.5 所示。

图 7.2.5　钩阑的寻杖截面

重台钩阑各构件尺寸　　　　　　　　　　　表 7.2.1

构件名称	长	广	厚	注
钩阑	高 4 尺至 4.5 尺			
望柱	阑高＋0.2 钩阑高	0.18 钩阑高	0.18 钩阑高	
蜀柱	同上	0.20 钩阑高	0.10 钩阑高	瘦项高 0.16 钩阑高
云栱	0.27 钩阑高	0.135 钩阑高	0.08 钩阑高	荫槽 0.012 钩阑高
地霞	0.65 钩阑高	0.15 钩阑高	0.13 钩阑高	荫槽 0.013 钩阑高
寻杖	随间广	0.08 钩阑高	0.08 钩阑高	
盆唇木	同上	0.18 钩阑高	0.06 钩阑高	
束腰	同上	0.10 钩阑高	0.10 钩阑高	
上华版	随蜀柱的间距	0.19 钩阑高	0.03 钩阑高	四面作 0.1 尺榫
下华版	同上	0.135 钩阑高	0.03 钩阑高	
地栿	同寻杖	0.18 钩阑高	0.16 钩阑高	

盆唇木长同寻杖，宽 0.18 尺，厚 0.06 尺。束腰长同寻杖，宽厚 0.1 尺。上华板长按
蜀柱之间距，宽 0.19 尺，厚 0.03 尺，上华版四面作榫卯 1 寸嵌入槽口内。下华
版长厚同上华版，下华版两边用榫卯嵌入蜀柱出榫卯口内。宽 0.135 尺。地栿长同寻杖，宽 0.18 尺，厚
0.16 尺。依上所述，列入表 7.2.1 所示。其中地霞为雕刻花块，它是束腰与地栿之间的
支撑，板厚较下华版厚，上托束腰。

2. 单钩阑各构件尺寸

《营造法式》述，"望柱方二寸。长及加同上法。蜀柱制度同重台钩阑蜀柱法，自盆唇
木之上，云栱之下，或造胡桃子撮项，或作蜻蜓头，或用科子蜀柱。云栱长三寸二分，广
一寸六分，厚一寸。寻杖长随间之广，其方一寸。盆唇木长同上，广二寸，厚六分。华版
长随蜀柱内，其广三寸四分，厚三分。若万字或钩片造者，每华版广一尺，万字条桱，广一寸五
分，厚一寸。子桱，广一寸二分五厘。钩片条桱广二寸，厚一寸一分。子桱广一寸五分。其间空相去，
皆比条桱减半。子桱厚皆同条桱。地栿长同寻杖，其广一寸七分，厚一寸。华托柱长随盆唇
木，下至地栿，其广一寸四分，厚七分"。即单钩阑望柱为 0.2 尺方形截面。其长及所加之
值同重台钩阑望柱。蜀柱制度同重台钩阑蜀柱法，蜀柱在云栱与盆唇木之间，可雕刻成胡桃
子弧颈形，或蜻蜓头形，或斗子蜀柱。云棋长 0.32 尺，宽 0.16 尺，厚 0.1 尺。寻杖长随

间之广，宽厚为 0.1 尺。盆唇木长同上，宽 0.2 尺，厚 0.06 尺。华版长按蜀柱之间距，宽 0.34 尺，厚 0.03 尺。华板内的图案若为万字或钩片造型者，华板宽每增加 1 尺，万字条楗宽度增加 0.15 尺，厚度增加 0.10 尺，子楗宽度增加 0.125 尺。钩片条楗宽度增加 0.20 尺，厚度增加 0.11 尺，子楗宽度增加 0.15 尺。条楗或钩片间的空当距离，皆按其减半。子楗厚度均同条楗。地栿长同寻杖，宽 0.17 尺，厚 0.1 尺。华托柱长按盆唇木至地栿之间距离，宽 0.14 尺，厚 0.07 尺。依上所述，单钩阑各个构件尺寸如表 7.2.2 所示。

单钩阑构件尺寸 表 7.2.2

名称	长	广	厚	注
钩阑	单钩阑高 3 尺至 3.6 尺			
望柱	钩阑高+0.2 钩阑高	0.2 钩阑高	0.2 钩阑高	蜀柱瘿项可为胡桃、蜻蜓、枓子
蜀柱	盆唇木至云栱	0.20 钩阑高	0.10 钩阑高	
云栱	0.32 钩阑高	0.16 钩阑高	0.10 钩阑高	
寻杖	随间广	0.10 钩阑高	0.10 钩阑高	
盆唇木	同上	0.20 钩阑高	0.06 钩阑高	
华版	随蜀柱的间距	0.34 钩阑高	0.03 钩阑高	
华柱托	盆唇木至地栿	0.14 钩阑高	0.07 钩阑高	
地栿	同寻杖	0.17 钩阑高	0.10 钩阑高	

【7.2.3】 《营造法原》古式栏杆

《营造法原》对带有宫葵万式花纹图案的木栏杆称为"古式栏杆"，栏杆常用的花纹图案有葵式万川、葵式乱纹、灯景式等，如图 7.2.6 所示。

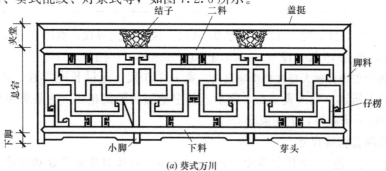

(a) 葵式万川

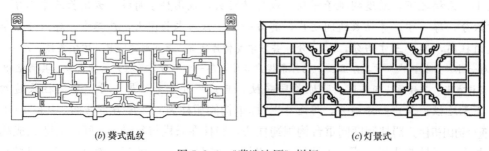

(b) 葵式乱纹　　　　　　　　　　　(c) 灯景式

图 7.2.6 《营造法原》栏杆

葵式万川是指用横直线纹连接成万字，并带结点头的图案。

葵式乱纹是指在葵式线纹基础上，带有弯折线条的图案。

灯景式是指花纹为宫灯造型的图案。

《营造法原》第八章述道，"栏杆以木条配合成框，两边垂直者，称为脚料，上下横档凡三道，曰盖挺、二料、下料。盖挺与二料之间称夹堂，二料与下料之间称总宕，下料以下称为下脚。夹堂就长度配装花结，总宕则以木条配成花纹。下脚则常分三段，立小脚，其间镶嵌木板称芽头，或略施雕花"。文中所述如图 7.2.6（a）所示。

"脚料及盖挺、二料、下料之看面为一寸八分，深二寸。总宕内之仔楞看面一寸半，深一寸八分"。

【7.2.4】 挂落、楣子

"挂落、楣子"是明清以后建筑构件外部所常用的一种装饰构配件，多用于清制和《营造法原》建筑中。它是用木榉条拼接成各种花纹图案的格网形方框。挂在木构架檐枋之下的两柱之间，一般称为"木挂落"，又称为"木楣子"，也有将用于坐凳之下，凳脚间的称为"坐凳楣子"，如图 7.2.7 所示。

图 7.2.7　亭廊上的木挂落

1. 挂落

"挂落"又称为"倒挂楣子"，有木挂落和砖挂落只之分。木挂落是用于木构架枋木之下的装饰构件，砖挂落是砖雕或成品釉面砖，常用于门窗洞口上方，作为门窗过梁的外观装饰。

"木挂落"由两个边框、上下大边和中间花屉所组成。上下大边的距离为 30cm 至 60cm，外框长按柱间距离。边框截面：看面宽一般为 4cm 至 4.5cm，厚为 5cm 至 6cm。

"砖挂落"是用在一些小式建筑的门洞和墙洞上面，作为保护木过梁的护面装饰砖。当洞口采用木过梁作为承载构件时，由于木过梁长期暴露于外，易于风雨浸蚀损坏，也与砖墙面不够协调，这时可以在木过梁外表，钉挂"面砖"于以保护，此称为"挂落砖"。挂落砖可用方砖现场加工，有素面和雕花两种，砖雕是民间常用的一种艺术，在徽州和山西的民间被得到广泛应用。

除砖雕外，也可采用窑制成品釉面砖，该种砖有挂脚，直接挂在木过梁上，用钉固牢，如图 7.2.8 所示。

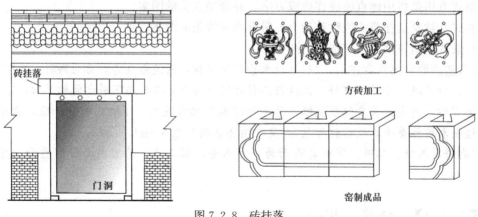

图 7.2.8　砖挂落

2. 挂落花罩

"挂落花罩"是指木挂落框内的心罩，用棂条拼做成各种图案，花罩带有仔边框的称为"硬樘花罩"，不带仔边只以边框为心罩边的称为"软樘花罩"。花罩棂条看面宽一般为 2cm，厚 2.5cm 至 3cm。花罩图案，清制、《营造法原》各有特色。

（1）清制花罩图案：《工程做法则例》中花罩的图案很多，都是以花纹的形式而命名，一般有步步锦、万字纹、寿字纹、拐子纹、灯笼锦、卧蚕结子锦等，如图 7.2.9 所示。

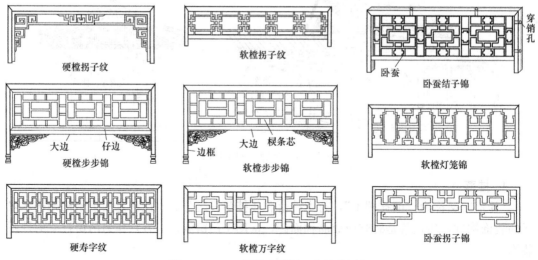

图 7.2.9　《工程做法则例》木挂落图案

（2）《营造法原》花纹图案：《营造法原》对木挂落所用的花纹图案，称为五纹头宫万式、五纹头宫万式弯脚头、七纹头等。

五纹头宫万式，是指用横直五种线型以内的花纹所组成的宫式、万字等的花纹图案，如图 7.2.10（a）所示。

五纹头宫万式弯脚头是指在五纹头宫万式的线头上，加有弯脚花纹的图案，如图 7.2.10（b）所示。

七纹头是指用七种以内花纹线头的花纹图案，常用图案为句子头和嵌结子。句子头是指以一个完整花形为单位所构成的图案，嵌结子即指在花形内安装点缀性的花结子，如图

7.2.10（*c*）所示。

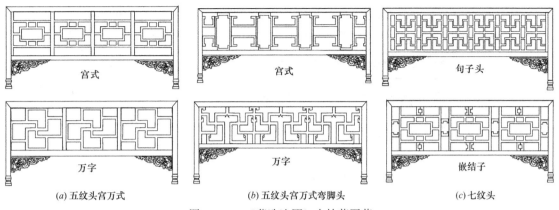

(*a*) 五纹头宫万式　　　　　　　　(*b*) 五纹头宫万式弯脚头　　　　　　(*c*) 七纹头

图 7.2.10 《营造法原》木挂落图落

3. 坐凳楣子

"坐凳楣子"是指没有靠背的简易坐凳围栏，由坐凳板、凳脚和凳下挂落等组成，如图 7.2.11 所示，一般置于走廊檐柱之间。其中凳板厚 4cm 左右，宽 30cm 至 50cm，安置高度为 50cm。楣子心屉可按花栏杆或木挂落心屉进行选用。

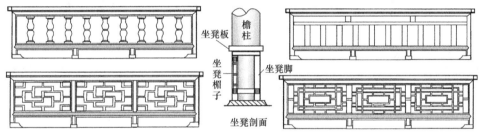

图 7.2.11 坐凳楣子

【7.2.5】 雀替、花牙子

雀替和花牙子是清制《工程做法则例》中常使用的一种木装饰配件，广泛用于各种木构架的结构上。《营造法原》采用梁垫、蜂头和蒲鞋头等组合构件作为类似构件。

1. 雀替

雀替是为加强转角部位连接强度的装饰构件，又称"角替"。用于立柱与梁枋连接的交角处，因其外形轮廓如鸟翼而得名。常用于房屋、亭廊、垂花门、牌楼等建筑的檐口部位，如图 7.2.12 所示。雀替根据连接制作方式不同分为四种类型，即：单翅雀替、二连雀替、通雀替、云栱雀替等。

（1）单翅雀替：它是一种单翅形的三角形雕刻件，如图 7.2.12（*a*）和图 7.2.13（*c*）所示，雀替长为 0.25 净面阔，高按本身长折半，厚按 0.3 柱径。它具有制作方便，使用灵活的特点。安装时顶面用栽销与横构件连接，侧边作双脚榫与柱连接。雀替下的栱子，长按瓜栱半长，高按 2 斗口，厚与雀替同。

（2）二连雀替：它是由对称两个单翅雀替组成的双翼形雀替，多用于大型房屋建筑的

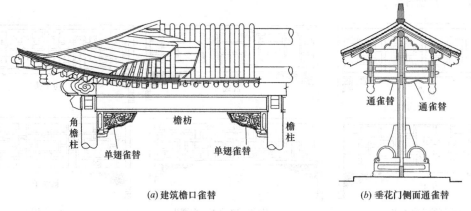

(a) 建筑檐口雀替　　　　　　　　(b) 垂花门侧面通雀替

图 7.2.12　雀替、花牙子位置

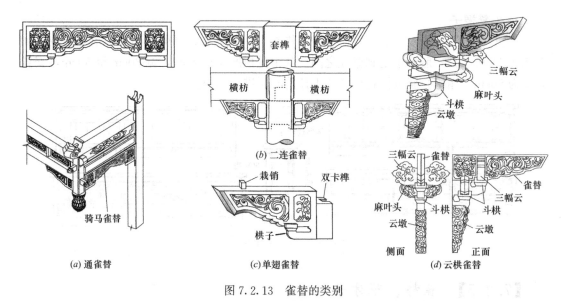

(a) 通雀替　　　　(b) 二连雀替　　　(c) 单翅雀替　　　(d) 云栱雀替

图 7.2.13　雀替的类别

中间横梁与立柱的交接处，这种雀替的加固作用比较好。雀替长按 3 柱径，高厚同上，用套榫插入柱顶开口槽内，如图 7.2.13（b）所示。

（3）通雀替：它是由两个一般雀替对接联合而成，形成有中间凹腰，故又称为"骑马雀替"。它的两端做半榫，插入两边的柱上，一般用于两柱之间的距离比较短的情况，如垂花门垂莲柱与落地柱之间的雀替，如图 7.2.12（b）和图 7.2.13（a）所示。雀替长按柱之间距，高厚同上。

（4）云栱雀替：它是一种组合形构件，在一般雀替下面，加装一个麻叶单栱或重栱，在单栱下做有一个脚墩，云纹雕刻，称为"云墩"，如图 7.2.13（d）所示，具有豪华装饰效果，多用在牌楼建筑上。雀替及栱子规格同上，云墩高约等于雀替加麻叶单栱高。

2. 花牙子

"花牙子"是木挂落的装饰配件，用半榫与挂落外框连接，有木板雕刻型和楞条拼接型两种。一般用料厚度多在 4cm 以内，长按 0.2 至 0.25 净面阔，高按本身长折半。木板雕刻型图案有卷草、葫芦、梅竹、葵花、夔龙等，如图 7.2.14（a）所示；棂条拼接型图案常为拐子锦之类，如图 7.2.14（b）所示。

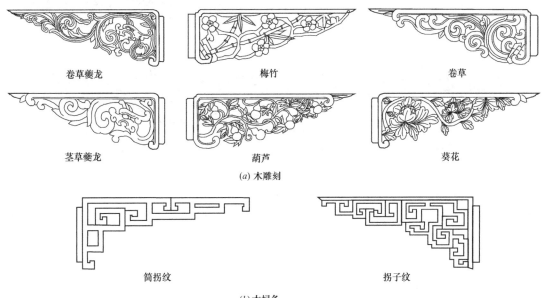

卷草夔龙　　　　　　　梅竹　　　　　　　卷草

茎草夔龙　　　　　　　葫芦　　　　　　　葵花

(a) 木雕刻

简拐纹　　　　　　　　　　　　　拐子纹

(b) 木棂条

图 7.2.14　花牙子的类别

根据以上所述，将雀替和花牙子具体尺寸列入表 7.2.3 所示。

雀替、花牙子尺寸　　　　　　　　　　　　　　表 7.2.3

名称	构件长	构件高	构件厚	栱子
一般雀替	0.25 净面宽	0.5 本身长	0.3 柱径	半瓜栱
二连雀替	3 柱径	同上	同上	两端半瓜栱
骑马雀替	两柱间距	同上	同上	两端半瓜栱
云栱雀替	0.3 净面宽	组合高	0.3 柱径	上下半瓜栱
花牙子	0.2 净面宽	0.5 本身长	小于 4cm	

【7.2.6】 挂檐板、滴珠板

1. 挂檐板

挂檐板是指用于楼房平座檐口，或者无飞椽装饰的檐口等的遮挡板，故又称为封檐板，起装饰作用，板厚 2cm 至 3cm，板高 40cm 至 60cm。封檐板分为无雕饰和带雕饰。其中带雕饰板依其花纹形式，分为云盘纹线、万字不到头、贴做博古花卉等，如图 7.2.15 所示。

云盘纹线是指雕刻花纹为云纹套接线形。万字不到头是指万字连接到边线上。贴做博古花卉是指以纸质花卉或木质线条用胶粘贴而不是雕刻。

2. 滴珠板

滴珠板是比较豪华的挂檐板，由小长块板垂直拼接而成，滴水端雕刻云纹花形，有的

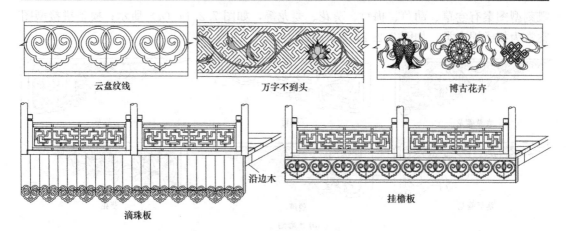

云盘纹线　　　　　　　　万字不到头　　　　　　　　博古花卉

沿边木

挂檐板

滴珠板

图 7.2.15　挂檐板、滴珠板

称"雁羽板"，多用于楼房和楼廊檐口，起遮挡雨水作用，其规格可参考挂檐板，如图 7.2.15 所示。

【7.2.7】　梁垫、蜂头、蒲鞋头

"梁垫、蜂头、蒲鞋头"是《营造法原》在立柱与梁枋连接的交角处，为加强转角部位连接强度和装饰作用，所采用的组合构件，如图 7.2.16 所示。

梁垫是指界梁或轩梁两端梁头下的垫木，作榫插入柱内，梁垫长按梁端剥腮长度，厚为梁厚 1/5。在梁垫外端雕刻成植物花卉，如牡丹、金兰、佛手等，有的做成云头，将其前端形成合角尖形，取名为蜂头，蜂头伸出长度按梁垫之高，厚同梁垫。

蒲鞋头即为半个栱件，是指在柱梁接头处，由柱端伸出的丁字栱，在升上承托梁垫，多用于轩梁结构中。蒲鞋头规格按五七栱料。

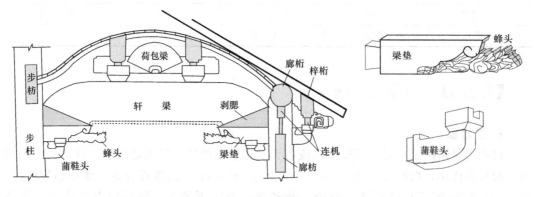

图 7.2.16　梁垫、蜂头、蒲鞋头

【7.2.8】　担梁式垂花门

在我国北方地区园中园的入口门、游廊通道的起点门、垣墙之间分割的隔断门、四合

院住宅大门等，通常采用一种具有室外景点装饰"垂花门"，它是带有屋顶形式装饰的大门，因在屋檐两端，吊有装饰性垂莲柱而得名，如图 7.2.17 所示。

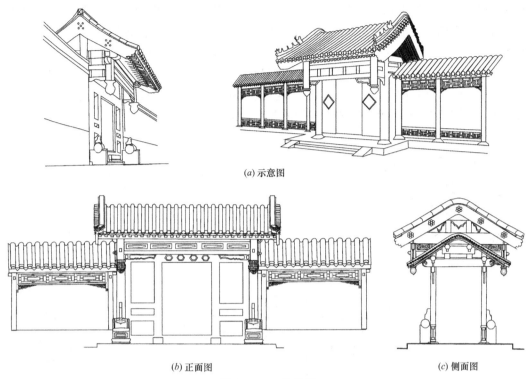

(a)示意图

(b) 正面图　　　　　　　　　　　　　　(c) 侧面图

图 7.2.17　垂花门

垂花门的形式依木构架不同，可以分为若干种，担梁式垂花门是其中最简单的一种，所谓"担梁式"即指将梁的中心横置在一根柱上的形式。

"担梁式垂花门"如图 7.2.18 所示，是在面阔方向正对屋脊线的位置上，设立有两根单排柱，屋架梁以它为中柱，对称的横担在该柱顶上，柱脚插入"滚墩石"基础内，如图 7.2.18（a）所示。由于它的稳定是依靠两根门柱下的"滚墩石"基础，故一般只能用于轻小型屋顶的垂花门。

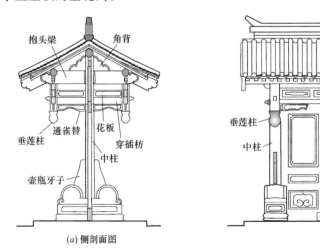

(a) 侧剖面图　　　　　　　　　　　　　(b) 正立面图

图 7.2.18　担梁式垂花门

361

1. 担梁式垂花门的木构架

"担梁式垂花门"木构架如图 7.2.19 所示，在垂花门面宽方向的两根中柱顶端，共同支撑一根脊檩；在柱上部的进深方向，脊檩下一举架距离，各横担一根"抱头梁"，在抱头梁两端，上面承接前后"檐檩"，下面悬挑前后"垂莲柱"，前后垂莲柱用穿插枋连接在中柱上，如图 7.2.19（a）所示。再在脊檩下，用脊枋将两根中柱连接起来。然后将面阔方向的垂莲柱用"檐枋"和"帘笼枋"连接起来，这就是"担梁式垂花门"的基本骨架。

在基本骨架上，配备装饰性的摺柱、花板、雀替等构件，即成为单排柱担梁式垂花门木构架，如图 7.2.19 所示。组成木构架的各个木构件尺寸如下：

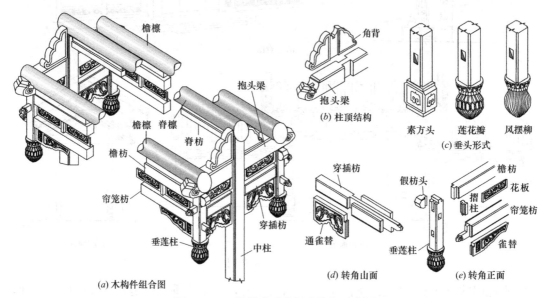

图 7.2.19　担梁式垂花门木构架示意图

中柱截面为 22cm×22cm 至 25cm×25cm；柱高按 13 至 14 倍柱径，另加脊步举高。

抱头梁两端做檩椀，之间做腰子榫，截面高按 1.4 柱径，厚按 1.1 柱径取定，长为 7 至 8 柱径，另加 2 本身高厚。

穿插枋做穿透榫穿过中柱和垂莲柱，如图 7.2.19（d）所示，截面高按 1 柱径，厚按 0.8 柱径取定，长同抱头梁，榫厚按 0.5 柱径。

檐枋做大头榫与垂莲柱连接，如图 7.2.19（e）所示，截面高按 0.75 柱径，厚按 0.6 柱径，长按面阔或按 3m 至 3.3m。

连笼枋做穿透榫穿过垂莲柱，截面高按 0.75 柱径，厚按 0.6 柱径，穿透榫厚按 0.4 柱径，长按面阔加 2 垂柱径。

垂莲柱截面按 0.75 中柱径见方，垂头直径按 1.1 中柱径，垂莲柱高按 4.5 中柱径（其中垂头高为 1.5 中柱径）。垂头形式有：素方头、莲花瓣、风摆柳等三种做法，如图 7.2.19（c）所示。

摺柱截面按 0.3 柱径见方，花板厚按 0.1 柱径，高按 0.75 柱径。

檩木为圆形截面，檩径按 0.9 檐柱径。两端悬挑长度一般按 4 椽 4 当。

椽子截面可方可圆，方径尺寸按 0.27 至 0.32 檩径。飞椽为方形截面，其尺寸与檐椽同，尾部作成楔形。椽子长按步距和上檐出之和加斜，飞椽长为 3.5 上檐出。

望板厚按 0.06 檩径。山面博风板，板宽按 6 至 7 椽径，板厚按 0.8 至 1 椽径。

依上所述，其构件尺寸小结如表 7.2.4 所示。

担梁式垂花门木构件尺寸 　　　　　　表 7.2.4

名称	构件长	截面宽(厚)	截面高
中柱	13 至 14 倍柱径	22cm	22cm
抱头梁	13 至 15 倍柱径＋2 梁高	1.1 柱径	1.4 柱径
穿插枋	同抱头梁	0.8 柱径	1 柱径
檐枋	按面阔或 3 至 3.3m	0.6 柱径	0.75 柱径
连笼枋	按面阔＋2 垂柱径	0.6 柱径	0.75 柱径
垂莲柱	4.5 中柱径	0.75 中柱径	0.75 中柱径
摺柱	0.75 中柱径	0.3 中柱径	0.3 中柱径
檩木		φ0.9 柱径	
椽子		0.27 至 0.32 檩径	
望板		0.06 檩径	
博风板		0.8 至 1 椽径	6 至 7 椽径

2. 担梁式垂花门的柱脚

担梁式垂花门的柱脚，是插入在滚墩石和壶瓶牙子内，如图 7.2.20 所示。其中滚墩石用青石雕凿成圆鼓形，外观面可雕凿各种花草图案，中间透凿落槽口，承插中柱套顶榫，使柱榫直达基础柱顶石。滚墩石全长按 6 倍柱径，高按 0.3 倍门洞高，厚按 1.6 柱径。

壶瓶牙子是加强柱子与滚墩石之间紧密性的木质构件，高同滚墩石高，厚按 1/3 柱径，做成壶嘴形或剔凿成花边。

砖包墩维护稳定柱脚的基础，高约与滚墩石高相等，截面尺寸以包住柱脚即可，底部平放柱顶石承接柱脚。

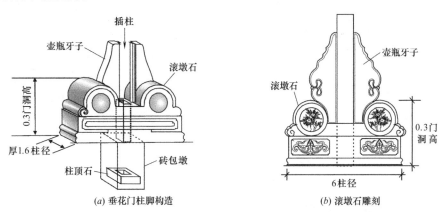

(a) 垂花门柱脚构造　　　　(b) 滚墩石雕刻

图 7.2.20　垂花门柱脚

3. 担梁式垂花门的屋顶

担梁式垂花门的屋顶一般为尖顶小式做法。常为布瓦或合瓦屋面、清水脊，如图 7.2.21 所示，具体做法请参看第四章屋顶结构所述。

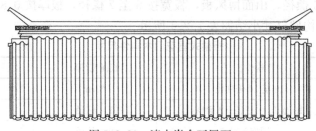

图 7.2.21 清水脊合瓦屋面

【7.2.9】 一殿一卷式垂花门

"一殿一卷式"是指屋顶为殿脊式和卷棚式的组合形式屋顶，即前屋顶形式为殿脊式，后屋顶为卷棚式所组合的有两个屋顶形式的垂花门，如图 7.2.22（a）所示。这种垂花门由于有前后四根檐柱作支撑，具有很高的稳定性，所以得到很广泛的运用。

1. 一殿一卷式垂花门的木构架

"一殿一卷式垂花门"的木构架，是以担梁式木构架为基础，将原中柱变为前檐柱，将抱头梁向后延长 3 个步距，在抱头梁下设置后檐柱，然后用穿插枋将前后檐柱连接；再在抱头梁 3 步距中安置双瓜柱承托月梁，然后在其上安置双脊檩和后檐檩即成，如图 7.2.22 所示。因此，其木构架中各构件截面尺寸与前面担梁式垂花门所述基本相同，其中前檐柱按中柱尺寸，后檐柱按中柱不加举高。麻叶抱头梁和穿插枋的长度，按前后进深加廊步，再加出头。其他构件具体请参看表 7.2.4 所述。

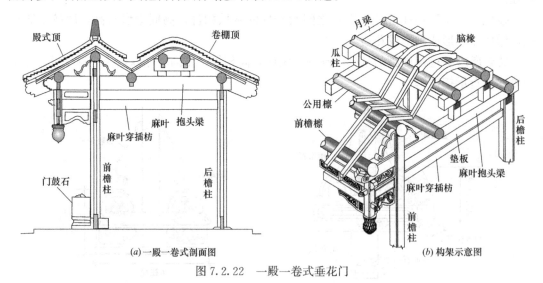

(a) 一殿一卷式剖面图

(b) 构架示意图

图 7.2.22 一殿一卷式垂花门

2. 一殿一卷式垂花门的屋顶

一殿一卷式垂花门的屋顶可分为大式或小式。大式前屋顶为筒板瓦屋面、尖顶式正脊，用八、九样脊身构件，即正当沟、压当条、正通脊、扣脊瓦等叠砌而成。脊两端为望兽。后屋顶为卷棚式过垄脊，用罗锅瓦、折腰瓦。两侧垂脊施垂兽和小跑，铃铛排山和博风板，如图 7.2.23（a）所示。

小式屋顶为布瓦或合瓦屋面、尖顶式正脊常做成清水脊，卷棚式常做成扁担脊，两侧垂脊做成披水排山或披水梢垄，如图7.2.23（b）所示，具体屋顶构造参看第四章屋顶结构所述，只是在前后屋顶共用檩木处的屋面应做排水天沟，将此处防水层应多做几道，或将泥背改为锡背，安铺"沟筒瓦"排水。

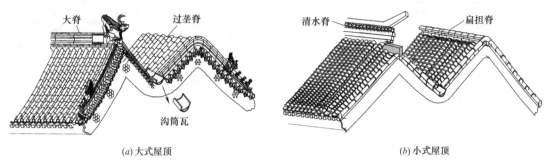

(a) 大式屋顶　　　　　　　　　　　(b) 小式屋顶

图7.2.23　一殿一卷屋顶形式

3. 一殿一卷式垂花门的柱脚

一殿一卷式垂花门有四根立柱，柱脚可以直接立于柱顶石上。但在前殿，因要安装大门，故在前殿大门门框柱脚处要安装门鼓石，如图7.2.22（a）所示。门鼓石也用青石雕凿而成，可雕凿成圆鼓形，称为"圆鼓子"，也可雕凿成矩形，称为"方鼓子"。在鼓子顶面雕凿狮子、麒麟或方头（称为蠓头）等，如图7.2.24所示。

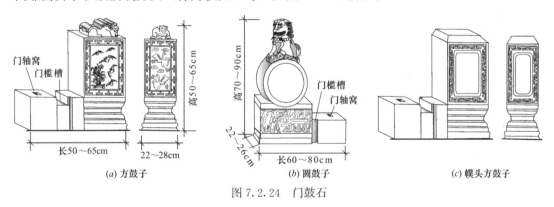

(a) 方鼓子　　　　　　　　(b) 圆鼓子　　　　　　　(c) 蠓头方鼓子

图7.2.24　门鼓石

【7.2.10】　四檩廊罩式垂花门

"四檩廊罩式"结构，与卷棚顶游廊结构基本相同，它以前后檐柱作支撑，支撑月梁和四架梁所组成的木构架，如图7.2.25所示。它可用在长廊结构的任何一个开间上，做成为进出口形式的大门，而使长廊结构的整体性保持一致。

1. 四檩廊罩式垂花门的木构架

"四檩廊罩式垂花门"的木构架，可在卷棚游廊式木构架的基础上，只需将卷棚游廊的四架梁，改做成麻叶抱头梁，并在其下吊装垂莲柱即可，垂莲柱与檐柱的距离，一般为2至3.2檐柱径。为使垂莲柱有所支撑，在进深方向的麻叶抱头梁下，加装麻叶穿插枋，穿过前后檐柱与垂莲柱连接，如图7.2.25（a）（b）所示。

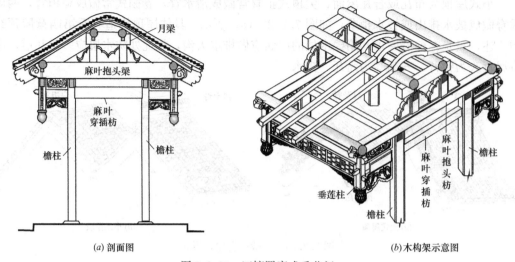

(a) 剖面图 (b) 木构架示意图

图 7.2.25 四檩罩廊式垂花门

四檩廊罩式垂花门的木构件截面尺寸,与前面所述相同(参看表 7.2.4 所述),只是檐柱高度要注意高出游廊一个距离,该距离以保证游廊屋面伸入垂花门博风板下为准,如前面图 7.2.17 所示。

2. 四檩廊罩式垂花门的屋面

四檩廊罩式垂花门的屋面与游廊屋面相同,只是因为垂花门屋面高于游廊屋面,因此两端是悬挑结构,应做成披水排山脊形式,如 7.2.26(a)所示,或做成铃铛排山脊形式,如图 7.2.26(b)所示,具体请参看第四章所述。

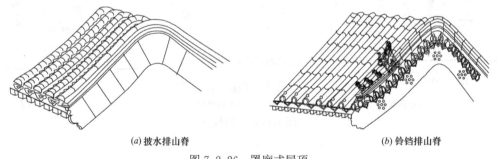

(a) 披水排山脊 (b) 铃铛排山脊

图 7.2.26 罩廊式屋顶

【7.2.11】 五檩单卷棚式垂花门

所谓"单卷棚"是相对"一殿一卷"而言,单卷是指将一个屋脊做成圆弧顶形式,因为一殿一卷式垂花门为两个脊檩双屋顶,而五檩单卷棚垂花门为一个脊檩屋顶,屋脊做成圆弧顶式,如图 7.2.27(a)所示。

"五檩单卷棚式垂花门"可以说是一殿一卷式垂花门的改进形式,它的前后檐柱的结构保持不动,只是将前檐柱顶和抱头梁上改为支承三架梁,再在三架梁之上支立脊瓜柱和角背,承接脊檩,如图 7.2.27 所示。其他各个构件与一殿一卷式相同。

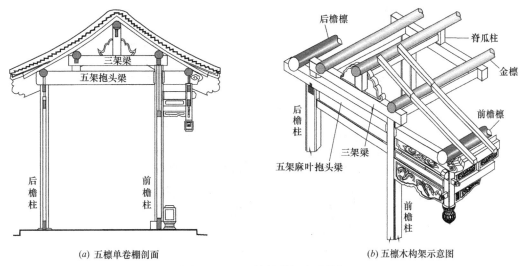

(a) 五檩单卷棚剖面　　　　　　　(b) 五檩木构架示意图

图 7.2.27　五檩单卷棚式垂花门

屋顶构造可以采用披水排山脊形式，或做成铃铛排山脊形式，如图 7.2.26 所示，具体请参看第四章所述。

【7.2.12】 乌头门

"乌头门"又称"棂星门"。据说是由远古母系社会群居的"衡门"演变而来，那时属自家族的都群居在一个土寨子内，在土寨子门口竖起两根木柱，上端加固一根横梁，形成一个寨子大门，将门柱超出横梁的柱头部分涂成黑色，称为"乌头"，故以后就将此门称为"乌头门"。随着历史的变迁，到了唐代时期，将乌头门的门柱演变成豪华的华表柱，形成达官贵族的奢用品。《唐六典》述，"六品以上，仍通用乌头大门"；《宋史舆服志》述，"六品以上许作乌头门"。至宋代将此门称为"棂星门"，以后发展至明清时期，演变成现今的牌楼形式。依此可说"乌头门"是现今木牌楼的最初原始形式，如图 7.2.28 所示。

宋《营造法式》卷六述，"造乌头门之制，俗谓之棂星门。高八尺至二丈二尺，广与高方。若高一丈五尺以上，如减广者不过五分之一。用双腰串。七尺以下或用单腰串。如高一丈五尺以上，用夹腰华版，版心内用桩子。每扇各随其长，于上腰串中心分作两份，腰上按子桯、棂子。棂子之数，须只用。腰华以下，并安障水版。或下安鋜脚，则于下桯上施串一条。其版内外并施牙头护缝。下压或用如意头造。门后用罗文楅。左右结角斜安，当心绞口。其各件广厚，皆取门每尺之高，积而为法"。即乌头门俗称棂星门，乌头门高为 8 尺至 22 尺，宽与高相同。如若高度在 15 尺以上，要减少宽度者，减值不超过 1/5（即最少宽为 6.4 尺至 17.6 尺）。门扇用双腰串，7 尺以下可用单腰串。如 15 尺以上，应在双腰串之间夹用腰华板，板心内用桩钉连接。每个门扇按其长度，于上腰串为界，分为上下两部分，上部分安装子桯和棂条，棂条之数，按所需根数计用。下部分安装障水板。也可安装鋜脚板，这时应在下桯之上施一横串。在腰华板内外都安装牙头护缝，下牙头可做成如意头形。门扇背面用罗文楅作支撑。做成左右斜角安装在两门扇上，楅背剔凿梯形截面。其他各个构件的尺寸，均按每

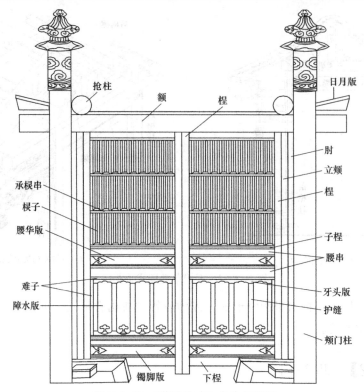

图 7.2.28　《营造法式》乌头门图样

尺门高百分比率确定。

《营造法式》卷六接述，"肘长视高。每门高一尺，广五分，厚三分三厘。桯长同上，方三分三厘。腰串长随扇之广，其广四分，厚同肘。腰华版长随两桯之内，广六分，厚六厘。镶脚版长厚同上，其广四分。子桯广二分二厘，厚三分。承棂串穿棂当中，广厚同子桯，于子桯之内横用一条或二条。棂子厚一分，长入子桯之内三分之一，若门高一丈，则广一寸八分，如高增一尺，则加一分。减亦如之。障水版广随两桯之内，厚七厘。障水版及镶脚、腰华内难子，长随桯内四周，方七厘。牙头版长同腰华版，广六分，厚同障水版。腰华版及镶脚内牙头版，长视广，其广亦如之，厚同上。护缝厚同上，广同棂子。罗文福长对角，广二分五厘，厚二分。额广八分，厚三分，其长每门高一尺，则加六寸。立颊长视门高，上下各别出卯。广七分，厚同额。颊下安卧株、立株。挟门柱，方八分，其长每门高一尺，则加八寸。柱下栽入地内，上施乌头。日月版长四寸，广一寸二分，厚一分五厘。抢柱，方四分，其长每门高一尺，则加二寸"。其中所述构件尺寸，列入表 7.2.5 中。

乌头门构件尺寸　　　　　　　　　　　　　　　表 7.2.5

构件名称	长	广	厚	注
乌头门	高 8 尺至 22 尺，宽与高同			
肘	视门高	0.05 门高尺	0.033 门高尺	
桯	同上	0.033 门高尺	0.033 门高尺	
腰串	随扇之广	0.04 门高尺	0.033 门高尺	
腰华版	随两桯之内	0.06 门高尺	0.006 门高尺	

续表

构件名称	长	广	厚	注
镯脚版	同上	0.04 门高尺	同上	
子桯		0.022 门高尺	0.03 门高尺	
承桯串	穿入桯子中	同上	同上	于子桯之内横 1 或 2 条
棍子	端头插入子桯 1/3	0.018 门高尺	0.01 门高尺	门高每增减 1 尺，广加 1 分
障水版	随桯内四周	随两桯之内	0.007 门高尺	
难子	随桯内四周	0.007 门高尺	0.007 门高尺	
牙头版	同腰华版	0.06 门高尺	0.007 门高尺	
罗文楅	门扇对角	0.025 门高尺	0.02 门高尺	
额	每门高 1 尺加 6 分	0.08 门高尺	0.03 门高尺	
立颊	视门高	0.07 门高尺	0.03 门高尺	上下出卯
挟门柱	每门高 1 尺加 8 寸	0.08 门高尺	0.08 门高尺	下入地，上施乌头
日月版	0.4 门高长	0.12 门高尺	0.015 门高尺	
抢柱	每门高 1 尺加 2 寸	0.04 门高尺	0.04 门高尺	

注：对鸡栖木、门簪、门砧、门关、搕锁柱、石砧、铁鞲臼、鹅台等均按版门之制。

《营造法式》最后述，"凡乌头门所用鸡栖木、门簪、门砧、门关、搕锁柱、石砧、铁鞲臼、鹅台之类，并准版门之制"。即除文中所述构件尺寸外，其他有关公用性的构件，都可遵照版门之制所述尺寸进行处理。

【7.2.13】 冲天柱式木牌楼

"牌楼"是景区、街衢等标牌的装饰门架。被广泛用作街道起讫点，园林、寺庙、陵墓和桥梁等出入口的标志性装饰建筑，如北京雍和宫昭泰门牌楼、北京颐和园排云门牌楼等都是很有欣赏价值的建筑。

"冲天柱式木牌楼"是指牌楼立柱冲出屋顶的一种牌楼种形式，如图 7.2.29 所示。牌楼依其开间数，分为二柱一间、四柱三间、六柱五间等。它们的基本构件，由下而上为落地柱、夹杆石、雀替、小额枋、摺柱花板、大额枋、平板枋、斗栱、檐楼、挺钩等。

1. 落地柱

木牌楼的落地柱在最外侧的称为"边柱"，其他称为"中柱"，它是牌楼的承重柱，柱径一般按 10 斗口取定，其截面可方可圆。柱高，依所处地点需要的过往净高（一般都在 4m 至 5m ），再加柱顶上各构件高厚尺寸计算确定。柱子顶端常雕凿成道冠状（也可用冲压花纹的铁箍套），冠上置坐龙，并在其下雕刻云纹，称这段长度为"冠云"，如图 7.2.30 （a）所示，冠云的长度按 2 至 3 柱径。柱的冠云下皮与檐楼正脊吻兽齐平，以此为准即可画出冲天柱高。

柱脚做套顶榫落实到柱顶石上，如图 7.2.30 （b）所示。

2. 夹杆石

"夹杆石"是包裹落地柱的稳定石，采用不易风化的坚硬石材加工而成，其截面可做

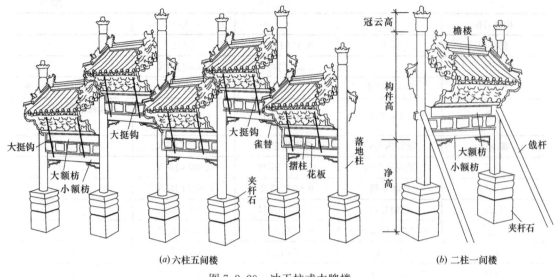

(a) 六柱五间楼　　　　　　　　　　　　　　　(b) 二柱一间楼

图 7.2.29　冲天柱式木牌楼

成方形或圆形，其方径为 2 柱径，露出地面的高为 3.6 柱径，埋入地下深度可等于露明高，其底端落脚在柱顶石上，柱顶石下为砖石或混凝土基础垫层，夹杆石顶端可做成花纹雕刻，如图 7.2.30（d）所示。

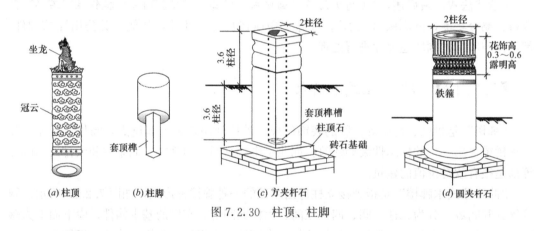

(a) 柱顶　　　　(b) 柱脚　　　　(c) 方夹杆石　　　　(d) 圆夹杆石

图 7.2.30　柱顶、柱脚

3. 牌楼雀替

牌楼雀替一般采用单翅形雀替，是牌楼额枋与落地柱交接处的加固装饰构件。其长按 0.25 柱间面阔取定，高按 0.75 柱径，厚为 0.25 至 0.3 柱径。侧面做夹榫与柱卯连接，上面用暗销与额枋连接，如图 7.2.31 所示。

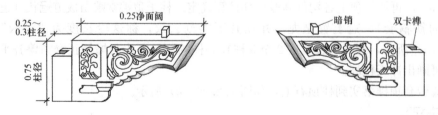

图 7.2.31　牌楼雀替

4. 牌楼额枋

牌楼额枋有大小两种额枋，大额枋在上，小额枋在下（如图 7.2.32 所示），是牌楼两柱之间起联系作用的加固木，小额枋截面高按 9 斗口，厚按 7 斗口；大额枋截面高按 11 斗口，厚按 9 斗口。额枋长度按柱间面阔而定，而牌楼面阔尺寸＝攒当数＋博风板厚×2＋1 柱径。其中斗栱攒数按偶数设置，如四攒、六攒、八攒等自行拟定，在古代皇帝陵墓中，最多有用到十攒。各攒斗栱之间的空当称为"攒当"，因此，攒当数为 3、5、7、9 等单数，以攒当居中对称布置。清制规定攒当按 11 斗口确定。

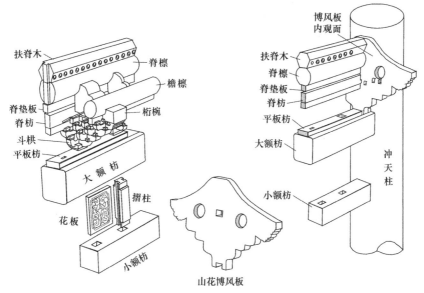

图 7.2.32　木牌楼细部构件

5. 摺柱与花板

摺柱是大小额枋之间起支撑作用，并安插装饰花板的分隔柱，摺柱截面宽按 2.5 斗口，厚按 3 至 4 斗口，净高按 11 至 12 斗口。花板板厚为 1 至 1.2 斗口，一般雕刻有龙、凤、番草等图案，如图 7.2.32 中所示。

6. 平板枋及斗栱

平板枋是位于大额枋上承托斗栱的厚板，板宽为 5 斗口，板高为 2 斗口，上面凿有卯口，与坐斗用暗销连接。

牌楼斗栱一般为七踩斗栱，也有为九踩，最多不超过十一踩。冲天柱式牌楼中的斗栱均为牌楼平身科单翘重昂斗栱，斗栱各组件及其尺寸，具体详见第六章所述，七踩斗栱如图 7.2.33 所示。

7. 檐楼

檐楼是指牌楼斗栱支承的屋顶部分，由屋顶木结构和屋面瓦作等组成，如图 7.2.34 所示。

屋顶木结构的构件为檐檩、脊檩、扶脊木，及其脊垫板、脊枋等，然后在檩木上铺置椽子而成。屋顶木构架檐口进深尺寸为：2×（脊步距＋上檐出）；举高可按 0.5 至 0.6 举计算。檐檩直径按 3 斗口，脊檩直径按 4.5 斗口，扶脊木按 4 斗口，脊垫板厚按 1 斗口，

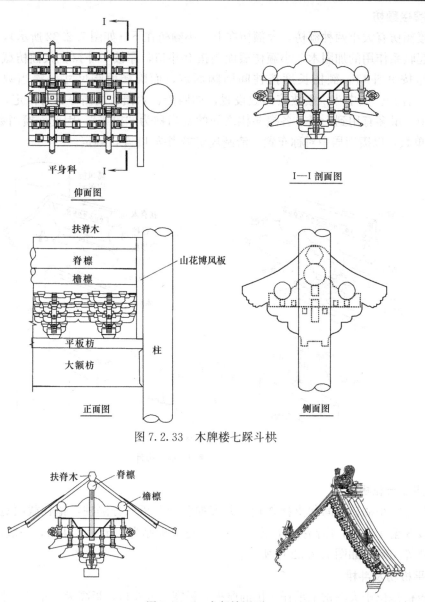

图7.2.33 木牌楼七踩斗栱

图7.2.34 木版楼屋顶

脊枋截面按3.6×3斗口。这些构件的长度直达两端山花博风板，并在山花板上刻通口或半口与其连接。山花博风板厚按2斗口，高按大额枋以上至扶脊木的上皮，宽按上檐出加斗栱出踩尺寸。

屋面瓦作一般采用人字两坡屋面大式做法，即：屋面木基层、苫背、铺瓦、正脊吻兽、垂脊等，其做法与歇山正屋面或硬山建筑屋面结构相同，具体参看第四章屋面结构所述。

8. 大挺钩

大挺钩是支撑檐楼稳定的撑钩，又称"霸王杠"，用圆钢做成。它的上端用钩眼固定在檐檩上，下端分别勾在大额枋和小额枋的钩眼中，沿额枋两端左右前后对称布置。挺钩直径按0.5至0.8斗口取定，长度依施工现场位置而定。

【7.2.14】 屋脊顶式木牌楼

"屋脊顶式木牌楼"是明清时期更为豪华的木牌楼，它的顶端是按庑殿脊顶形式所做成的檐楼，靠最外边的称为"边楼"，对有完整庑殿顶形式的称为"正楼"和"次楼"，正次楼之间的称为"夹楼"，如图7.2.35所示。它的柱顶只做到檐楼斗栱下的平板枋为止，屋脊顶式木牌楼分为：二柱一间一楼、二柱一间三楼、四柱三间三楼、四柱三间七楼等，最高等级的是北京雍和宫北面的"寰海尊亲"牌楼。

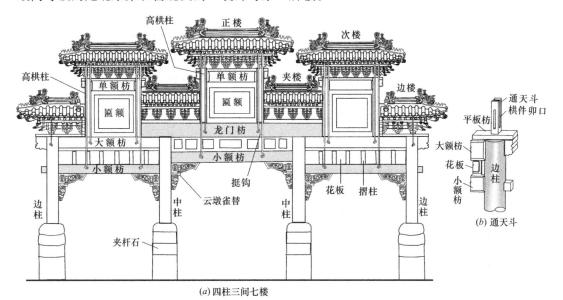

图7.2.35 屋脊顶式木牌楼

屋脊顶式木牌楼的结构，除檐楼部分外，其他与冲天柱式基本相同，由下而上为夹杆石、落地柱、雀替、小额枋、摺柱、花板、大额枋、平板枋、斗栱、庑殿顶、挺钩等。各个构件尺寸也与冲天柱牌楼大体相同，只是其中有以下三点区别。

（1）落地柱顶端到达平板枋下皮以后，要做成"通天斗"穿过平板枋，直达脊檩，通天斗的顶端作桁椀承接脊檩，底端代替坐斗落脚于平板枋上，中部刻开槽口与栱件连接，如图7.2.35（b）所示。通天斗的截面按坐斗尺寸。

（2）斗栱也是单翘重昂斗栱，但除平身科外，还有正对落地柱顶上的角科斗栱，其平面、立面、侧面图如图7.2.36所示。斗栱内容详见第六章牌楼斗栱所述。

（3）屋顶两端没有山花博风板，屋顶瓦作完全与大式庑殿建筑相同，具体详见第四章屋面结构所述。

1. 二柱一间一楼、四柱三间三楼

二柱一间一楼和四柱三间三楼，都是一个开间为一个檐楼的结构，如图7.2.37所示。"二柱一间一楼"是由两根边柱形成一个开间和一个檐楼屋顶的牌楼，它是屋脊顶牌楼中最简单的一种形式。

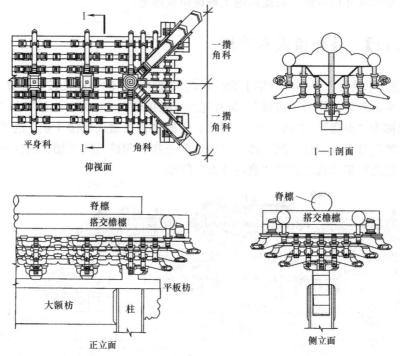

图 7.2.36　七踩牌楼斗栱

"四柱三间三楼"是指具有两根边柱和两根中柱所形成三开间、三个檐楼屋顶的牌楼，它的正间檐楼（即正楼）要高出边楼一个屋顶。

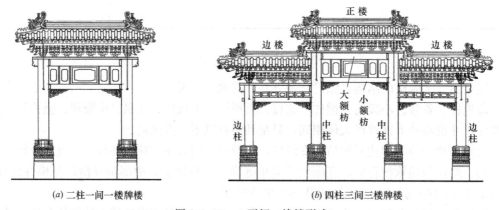

(a) 二柱一间一楼牌楼　　　　　(b) 四柱三间三楼牌楼

图 7.2.37　一开间一檐楼形式

2. 二柱一间三楼、四柱三间七楼

二柱一间三楼和四柱三间七楼，都是要加装"高栱柱"，使一个开间形成有高低檐楼的复杂形式，如图 7.2.38 所示。

"二柱一间三楼"是指由两根边柱形成一个开间，在开间中部增加两根"高栱柱"支撑一个高出的屋顶，使之在一个开间形成三个檐楼屋顶的牌楼。

"四柱三间三楼"是指具有两根边柱和两根中柱所形成三开间，在每个开间的中间，都是由增加两根"高栱柱"支撑一个高出的屋顶，使之形成七个檐楼屋顶的牌楼。

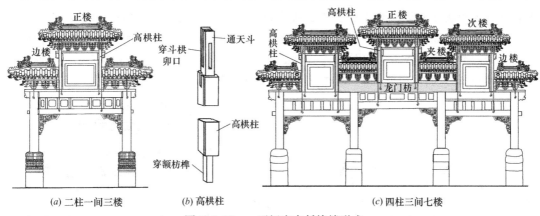

(a) 二柱一间三楼　　　　(b) 高栱柱　　　　　　(c) 四柱三间七楼

图 7.2.38　一开间有高低檐楼形式

一个开间有高低檐楼形式，与一个开间一楼形式的不同点为：

（1）所有落地柱的柱顶标高水平一致，其高度可以按次间所需净高和横向构件总高之和进行计算。

（2）对四柱三间的正间大额枋，它的两端要延长伸至次间约 1/4，改称为"龙门枋"，如图 7.2.38（c）所示，截面高按 11 斗口，厚按 9 斗口。

（3）正楼和次楼屋顶，由增加的"高栱柱"支承。高栱柱截面按 6 斗口见方，其高以控制单额枋下皮与边次楼正脊上皮相等为原则。高栱柱如图 7.2.38（b）所示，上端作通天斗与角科斗栱连接，直达脊檩；下端作套顶榫穿透大额枋或龙门枋。

（4）边楼和次楼靠高栱柱这一端，应同冲天柱式一样安装山花博风板，具体见冲天式柱牌楼中所述。

3. 屋脊顶

"屋脊顶式木牌楼"的屋顶是庑殿顶，有正脊和垂脊，如图 7.2.39 所示。屋顶瓦作大式建筑用料规格，按檐口高确定，檐口高在 4.2m 以下者采用八样瓦材，檐口高在 4.2m 以上者采用七样瓦材。小式建筑使用布瓦，檐口高在 4m 以下者采用 3 号瓦，檐口高在 4m 以上者采用 2 号瓦。具体瓦作参看第四章有关庑殿建筑屋顶所述。

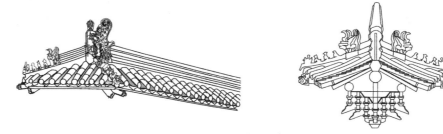

图 7.2.39　牌楼屋顶构造

【7.2.15】　石牌楼

"石牌楼"又称为"石牌坊"，南方地区多作为昔时旌表忠贞之纪念物件，它是模仿木牌楼的结构形式仿制而成。《营造法原》第九章述，"石牌坊依外观形式之不同，可分为两

375

类：其一为出头柱无楼，其二为柱不出头有楼。牌坊之规模有异，间数不同，有三间四柱、一间两柱之分，而楼数亦有多寡，有二柱三楼、四柱三楼等数种"。石牌楼同木牌楼一样分为：冲天柱无楼式，如图 7.2.40（a）所示；有楼屋脊顶式，如图 7.2.40（b）所示。依其宽窄分为：二柱一间、四柱三间等。石牌楼尺寸，根据《营造法原》所述：

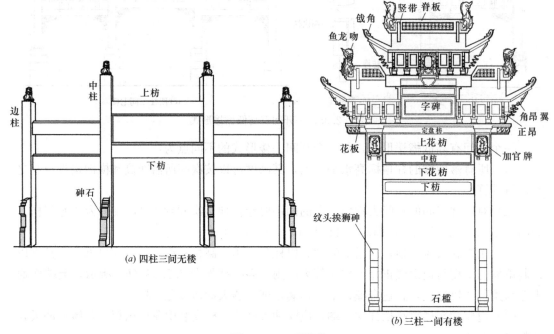

图 7.2.40　石牌楼

四柱三间无楼：中间宽 12.6 尺，两次间各宽 8.6 尺。中柱高 16 尺，两边柱高 14 尺，柱头高另加（如为冠云柱，高 5.6 尺）。中柱截面为方 1.6 尺，边柱截面为方 1.4 尺。枋截面高 1.6 尺，厚按柱减 2 寸。砷石高 5 尺，厚 0.9 尺，宽 1.8 尺。

二柱一间有楼：柱高为 1.2 间宽，下枋底至上花枋占柱高 1/3，花板柱高按下柱高 1/4＋座斗高。柱面宽按 0.1 柱高，柱顶面每边上收 2/10。下枋截面高按柱面宽八折，厚按高七折。下花枋截面高按柱面宽八五折，厚同下枋。中枋和上花枋截面高按柱面宽七五折，厚同下枋。

7.3　室内装饰木构件

【7.3.1】　天花、平棊、棋盘顶

"天花"是指室内装修的顶棚或吊顶，它用方木做成搁栅，形成方格框，在框内安置木板或糊贴纸张、锦绫等，并在其表面做油漆彩画。根据方格的大小有不同的称呼，大方格者，清《工程做法则例》称为"井口天花"，宋《营造法式》称为"平棊"；小方格者，清称为"海墁天花"，宋称为"平闇"。《营造法原》只设置普通"棋盘顶"。

1. 宋制平棊

宋制"平棊"是长方形或大方格形的顶棚,若为小方格形者称为"平闇",《营造法式》卷二平棊条内,在《山海经图》解述中的注释内述"于明栿背上,架算程方,以方椽施版,谓之"平闇";以平版贴华,谓之"平棊"。"即是说在梁背上,安置算程枋作边框,在框内做方椽网格,方格上铺板,称为"平闇"。若以平板贴花纹图案,称为"平棊"。又在卷八的平棊条释名中述"其以方椽施素版者,谓之"平闇"。"如图 7.3.1 所示。

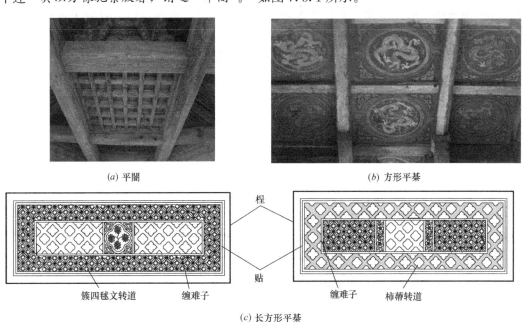

(a) 平闇   (b) 方形平棊

簇四毯文转道   缠难子   缠难子   柿蒂转道

(c) 长方形平棊

图 7.3.1 宋制平棊和平闇

由于平棊和平闇两者的基本结构大致相同,而平闇多用于不显露梁架的室顶,使用范围不太广泛,所以《营造法式》只对平棊作了详细交代。

《营造法式》卷八小木作制度中述,"造殿内平棊之制:于背版之上,四边用程。程内用贴,贴内留转道,缠难子。分布隔截,或长或方。"即平棊一般用于殿阁,具体制作是在平板背上的四周,安装程木作为边框,在程木边框之内用贴木分隔,在分隔的贴木内,留有布置图案的"转道",如图 7.3.1 (c) 所示,用小木条难子缠绕围圈。平棊图案可以分隔成长方形或正方形。

构件尺寸卷八接述,"其各件广厚,若间架虽长广,更不加减。唯盝顶敨斜处,其程量所宜减之。背版:长随间广,其广随材合缝计数,令足一架之广,厚六分。程:长随背版四周之广,其广四寸,厚二寸。贴:长随程四周之内,其广二寸,厚同背版。难子并贴华:厚同贴。每方一尺用华子十六枚,华子先用胶贴,侯干,划削令平,乃用钉。凡平棊,施之于殿内铺作算程方之上。其背版后皆施护缝及福。护缝广二寸,厚六分。福广三寸五分,厚二寸五分,长皆随其所用"。即各个构件的宽厚尺寸,不得按间宽进深不同而有所加减。只有在不规则斜面处,程木可以按所实量尺寸减小。其中,背板:长按间宽确定,宽按现场材料布置的接缝数,使其能达到一架的宽度而定;厚为 0.06 尺。程木:长按背板四周相应尺寸而定,宽为 0.4 尺,厚 0.2 尺。贴木:长按程木之间距离,宽 0.2 尺,厚同背板。难子木条及贴花条：厚同贴木，每增加1平方尺，用花条16枚，花条先用胶粘贴，等干燥后，修凿平整，再用钉钉牢。一般平基是安装在殿内斗栱的算桯枋之上，在背板之后要安装护缝板及穿带木。护缝板宽为0.2尺，厚0.06尺。穿带木宽0.35尺，厚0.25尺，长按所连接的板块数而定。

2. 清制井口天花

井口天花是一种大方格形的顶棚，由进深方向的天花梁和面阔方向的天花枋、帽儿梁等构件组成骨架，然后在其上安置支条和贴梁形成井口，再在井口上安置天花板，如图7.3.2所示。

天花梁枋的截面高按6斗口，厚按4.8斗口设定。

帽儿梁是搁置在天花梁上的龙骨，可用圆木剖半，截面高2至2.5斗口，宽4斗口。

贴梁是边格栅，紧贴在天花梁和天花枋的侧边，截面高2斗口，宽1.5斗口。

支条是钉在帽儿梁下面的小龙骨，纵横交错形成井字方格，其截面为1.2至1.5斗口见方，支条上裁有置放天花板的裁口。

天花板搁置在支条方格上，每格一块，板厚2cm至3cm即可。

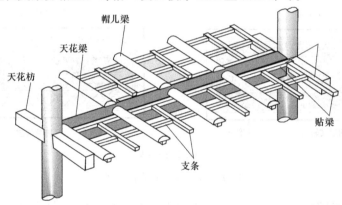

图7.3.2　井口天花骨架示意图

3. 清制海墁天花

海墁天花是一种小方格形的顶棚，没有帽儿梁，它除天花梁、天花枋外，主要由贴梁形成边框，在框内用小支条组成小方格，称为"木顶格"。在木顶格的上方，连接木吊筋，吊挂在檩木上，吊筋截面尺寸与边棍截面尺寸相同。木顶格的下面，裱糊白纸或麻布，并在其上做油漆彩画，如图7.3.3所示。

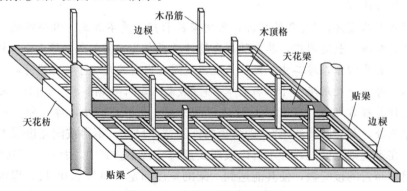

图7.3.3　海墁天花骨架示意图

其中木顶格的边栈截面尺寸,按贴梁截面尺寸的0.8取定,其他栈条厚与边栈相同,但宽度较小,可按边栈宽7折。每个方格的空当尺寸,一般按"一栈三空至一栈六空"设定,即一个空当尺寸为栈条宽的3至6倍。

4.《营造法原》棋盘顶

《营造法原》棋盘顶是普通型天花,用料规格未作详细论述,《营造法原》只在第七章殿庭总论中述到"棋盘顶以纵横木料作井字形,架于大梁之底,上铺木板,涂以彩画,其形如棋盘,即北方之藻井"。

【7.3.2】 藻井

"藻井"是殿阁、厅堂上方的一种穹隆式天棚,在宋辽时期是意取灭火消灾,清净避邪之物,多用作佛堂圣像顶上的天棚,如蓟县独乐寺观音阁、宁波保国寺大殿等。"藻井"由下、中、上三层井式结构组成,下层为长短趴梁组成方井,是藻井的底座。中层由抹角梁组成八角井,趴置在方井上,在八角井抹角梁上安装特制丁字斗栱(一般为五踩栱),层层向中心悬挑,用以承托"随瓣枋"组成的圆井。顶层为八瓣弧形木板拼接成穹隆圆顶,落脚在"随瓣枋"上。整个藻井外围用木板遮围,如图7.3.4所示。

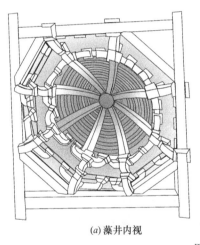
(a) 藻井内视

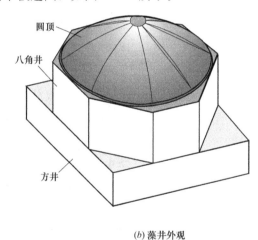

圆顶

八角井

方井

(b) 藻井外观

图 7.3.4 藻井示意图

1. 宋制藻井

宋制藻井分为大小两种,称为斗八藻井和小斗八藻井。

对斗八藻井,《营造法式》卷八小木作制度中述,"造斗八藻井之制,共高五尺三寸。其下曰'方井',方八尺,高一尺六寸;其中曰'八角井',径六尺四寸,高二尺二寸;其上曰'斗八',径四尺二寸,高一尺五寸。于顶心之下施垂莲,或雕华云卷,皆内安明镜"。即斗八藻井全高为5尺3寸(分上、中、下三层,其方径尺寸逐层缩小),如图7.3.5 (a) 所示。最下层称为"方井",方8尺,高1.6尺;中层称为"八角井",直径6.4尺,高2.2尺(中层高约比上下层高1.5倍);上层称为"斗八",直径4.2尺,高1.5尺(三层高度)如图7.3.5 (b) 所示。在上斗八的顶心之下,做垂帘或雕刻云卷花纹,均按圆形框安设。

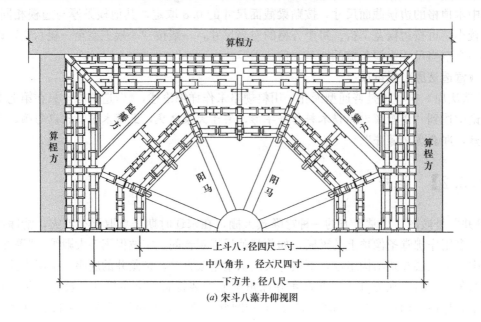

(a) 宋斗八藻井仰视图

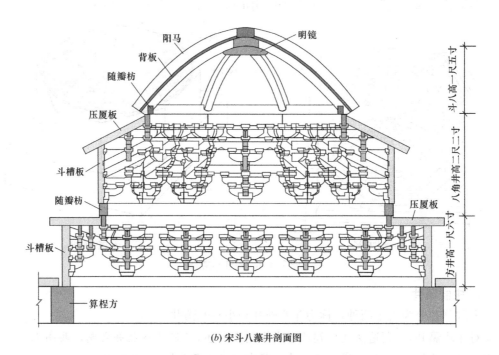

(b) 宋斗八藻井剖面图

图 7.3.5　宋式斗八藻井

对藻井各个构件尺寸，《营造法式》接述，"其各件广厚，皆以每尺之径，积而为法。
方井：于算桯方之上，施六铺作下昂重栱。材广一寸八分，厚一寸二分。其枓栱等份数之
多，并准大木作法。四入角。每面用补间铺作五朵。凡所用枓栱并立旌，枓槽版随瓣方枓栱之上，
用压厦版。八角并同此。枓槽版：长随方面之广，每面广一尺，则广一寸七分，厚二分五
厘。压厦版：长厚同上，其广一寸五分"。即藻井各个构件宽厚，均以每 1 尺直径长为比

率进行确定。对下层方井：首先用算程方（即素枋木）做成井字架，在枋木之上安置"六铺作下昂重栱"。枋木宽为 0.18 直径尺，厚 0.12 直径尺。而斗栱等级，按大木作法制度执行。有四个内角。方井每边安置 5 朵"补间铺作"。对所用斗栱都应设置立旌，以作依靠，斗槽板安置在随瓣枋和斗栱上，用压厦板作环盖。八角井做法与此相同。

斗槽板：长按方井的面宽尺寸，斗槽板宽为 0.17 井面宽尺，厚为 0.025 井面宽尺。压厦板长厚同斗槽板，宽 0.15 井面宽尺。

接上述，"八角井：于方井铺作之上，施随瓣方，抹角勒作八角。八角之外四角，谓之"角蝉"。于随瓣方之上，施七铺作上昂重栱。材份等，并同方井法。八入角，每瓣用补间铺作一朵。随瓣方：每直径一尺，则长四寸，广四分，厚三分。科槽版：长随瓣，广二寸，厚二分五厘。压厦版：长随瓣，斜广二寸五分，厚二分七厘"。即对中层八角井：先在方井斗栱之上，设置随瓣枋，以抹角勒做成八角形。八角之外的四角（即方井的四角）称为"角蝉"。再在随瓣枋之上，安装"七铺作上昂重栱"，用材规格，都与方井相同。有八个内角。每根随瓣枋设置"补间铺作"1 朵。随瓣枋长按 0.4 直径尺，宽 0.04 直径尺，厚 0.03 直径尺。然后安置斗槽板，板长按随瓣枋长确定，宽 0.2 直径尺，厚 0.025 直径尺。再置压厦板，板长按随瓣枋，斜宽为 0.25 直径尺，厚 0.027 直径尺。

接上述，"斗八：于八角井铺作之上，用随瓣方，方上施斗八阳马。阳马，今谓之"梁抹"。阳马之内施背版，贴络华文。阳马：每斗八径一尺，则长七寸，曲广一寸五分，厚五分。随瓣方：长随每瓣之广，其广五分，厚二分五厘。背版：长随瓣高，广随阳马之内。其用贴并难子，并准平棊之法。华子每方一尺用十六枚或二十五枚。凡藻井，施之于殿内照壁屏风之前，或殿身内、前门之南、平棊之内"。即对上层斗八：先在八角井斗栱之上，设置随瓣枋，枋上安置斗八斜抹梁，阳马，这里称为"梁抹"（即斜抹梁）。在斜抹梁朝里一面安装背板，背板上镶贴花纹图案。其中：斜抹梁尺寸，按斗八直径每 1 尺，则长 7 寸（即梁长为 0.7 直径尺），弧宽 0.15 直径尺，厚 0.05 直径尺。随瓣枋长按每边之宽，枋宽 0.05 直径尺，厚 0.025 直径尺。背板长按每边之高确定，板宽以斜抹梁的内圈为依据来确定。板上的贴木和难子条，都按平棊之规定。花纹条每 1 平方尺，用 16 枚或 25 枚。该藻井，设置于殿内屏风板之前，或者殿堂之内、前门的前面、平棊之内。

对小斗八藻井，《营造法式》卷八述，"造小藻井之制：共高二尺二寸。其下曰八角井，径四尺八寸；其上曰斗八，高八寸。于顶心之下，施垂莲或雕华云卷，皆内安明镜。其各件广厚，各以每尺之径及高，积而为法。"即小藻井全高 2.2 尺。下层称为八角井，其直径为 4.8 尺（井高为 2.2 尺－0.8 尺＝1.4 尺）。上层称为斗八，高 0.8 尺。在顶心之下，做垂莲或雕刻云卷花纹，在其之内皆安设圆环。对各个构件尺寸，各以每尺直径及高为比率。

接上述，"八角井：抹角勒算程方作八瓣。于算程方之上，用普拍方。方上施五铺作卷头重栱。材广六分，厚四分；其科栱等分数制度，皆准大木作法。科栱之内，用科槽版，上用压厦版，上施版壁贴络门窗，钩阑，其上又用普拍方。方上施五铺作一抄一昂重栱，上下并八入角，每瓣用补间铺作两朵"。即下层八角井：先将算程枋抹去其角作成八瓣。在算程枋之上安置普拍枋。普拍枋上安装"五铺作卷头重栱"。普拍枋材宽6分，厚4分；其斗栱等级制度，皆按大木作的规定执行。斗栱之内，安设斗槽版，上面环盖压厦板，在压厦板上安置板壁并粘贴门窗，钩阑等装饰花纹条，再在其上安置普拍枋。枋上设置"五铺作一抄一昂重栱"，井的上下都有八个内角，每边用"补间铺作"两朵。

接上述，"枓槽版：每径一尺，则长九寸；每高一尺，则广六寸，以厚八分为定法。普拍方：长同上，每高一尺，则方三分。随瓣方：每直径一尺，则长四寸五分；每高一尺，则广八分，厚五分。阳马：每直径一尺，则长五寸；每高一尺，则曲广一寸五分，厚七分。背版：长视瓣高，广随阳马之内，以厚五分为定法。其用贴并难子，并准殿内斗八藻井之法。贴络华数亦如之。凡小藻井，施之于殿宇副阶之内，其内腰所用贴络门窗，钩阑，钩阑上施雁翅版。其大小广厚，并随高下量宜用之"。即斗槽版尺寸：板长按 0.9 直径尺；宽度按 0.6 井高尺，厚度以 8 分为统一规定。普拍枋尺寸：长同斗槽板，宽厚按 0.03 井高尺。随瓣枋尺寸：长按 0.45 直径尺；宽度按 0.08 井高尺，厚度按 0.05 井高尺。阳马尺寸：长按 0.5 直径尺；弧形宽按 0.15 井高尺，厚度按 0.07 井高尺。背版尺寸：板长按每边高度，板宽以阳马内圈为依据来确定，板厚统一按 5 分而定。板上所用贴木和难子条，都按殿内斗八藻井规定执行。贴木花的枚数也如此。小藻井一般是设置在殿宇副阶之内，其内腰部分所用贴络门窗，钩阑，以及钩阑上的雁翅板等，其大小广厚尺寸，都根据其高低位置酌情选用。

2. 清制藻井

清制藻井与宋大致相同，也分为上、中、下三层，最下层为方井，中层为八角井，上部为圆井。方井用抹角枋组成，方井四周安装斗栱；然后用正、斜套方，使方形变成八角形；正、斜枋子在八角井外围，形成许多三角形或菱形，称为"角蝉"，角蝉周围施以装饰斗栱。在八角井内侧的角枋上贴有随瓣枋，将八角井形成圆井，在圆井之上再置周圈斗栱，圆井的最上顶为圆盖板，称为"明镜"。

其中方井做法，是先在天花梁上设置长趴梁，再在长趴梁上置短趴梁，以此形成方形井口，在此层的斗栱都是做成半栱，用银锭榫挂在里口的枋木上。然后在此基础上，叠置井口趴梁和抹角梁，构成八角井骨架，此层斗栱是贴附在构架之上。最上层圆井多用木板挖凿拼接形成圆穹，与顶盖连接。所用枋木与斗栱规格，均按第三章和第六章木制构件执行。

【7.3.3】 壁纱橱、殿内截间格子

"壁纱橱"和"殿内截间格子"，都是用于殿庭大堂内，按整体间宽所做的一种装饰隔断，清称为"壁纱橱"，宋称为"殿内截间格子"。

1. 壁纱橱

"壁纱橱"是一种对室内分隔处理的装饰性隔断，相当于内檐隔扇，但在隔扇上常常蒙有一层纱幔，因其外观面相似壁橱而得名，其形式如图 7.3.6 所示。

壁纱橱的构造与外檐隔扇基本相同，也是由槛框和隔扇所组成。其中槛框的截面尺寸为：下槛高按 0.4 至 0.7 柱径，厚按 0.3 柱径；中槛截面高按 2/3 下槛高，厚与下槛同；上槛截面高按 0.5 下槛高，厚与下槛同。抱框迎面宽按 0.45 柱径，厚按 0.5 本身高。间框迎面宽按 0.5 抱框宽，厚按 1.2 本身宽。

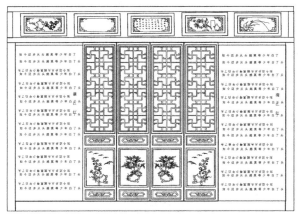
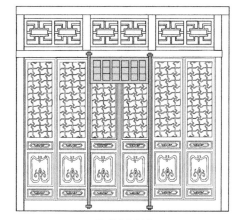

(a) 带诗画隔扇　　　　　　　　　　　　　(b) 带帘架隔扇

图 7.3.6　壁纱橱

　　而隔扇的构造与外檐隔扇基本相同，隔扇宽高之比为 1：5 至 1：6。隔扇的抹头与边框的截面尺寸，看面宽按 0.22 柱径，厚为 1.2 本身宽。"心屉"仔边截面尺寸，按抹头宽厚尺寸的 0.6 取定。而棂条截面仍为"六八分宽厚"，即 6 分（约 2cm）宽，8 分（约 3cm）厚；而菱花棂条按"四六分宽厚"。

　　每扇隔扇本身，除中间做成可以开关的扇门外，其余均为固定扇，不做转轴、没有通连楹和楹木等。这些隔扇是在它的上抹头顶、下抹头底剔凿凹口滑槽，并在中槛和下槛上，钉溜销凸榫，让凹槽卡住凸榫进行推拉，如同现代推拉窗的形式。

　　另外，可将最边上的两扇合并改成固定板扇，用来贴画或诗词。横披可采用棂条心屉，也可以采用字画横匾；裙板和绦环板，多采用花卉雕刻，如图 7.3.6（b）所示。

2. 殿内截间格子

　　"殿内截间格子"是指殿庭内格子门式的隔断，它与格子门的区别是作用和位置不同，格子门是安装在殿身檐柱轴线上的屏障门，而殿内截间格子是横隔在殿庭内的一种装饰屏障，如图 7.3.7 所示。《营造法式》卷七小木作制度中述，"造殿内截间格子之制：高一丈四尺至一丈七尺，用单腰串，每间各视其长，除桯及腰串外，分作三份。腰上二份安格子眼，用心柱、槫柱分作二间。腰下一份为障水版，其版亦用心柱、槫柱分作三间。内一间或作开闭门子。用牙脚、牙头填心，内或合版拢桯。上下四周并缠难子"。即殿内截间格子，全高为 14 尺至 17 尺，中间用单腰串，每间根据需要，除桯木和腰串外，将其高分作三份。腰串以上为二份，安装格子眼，并用心柱、槫柱分作二间。腰串以下为一份，安装障水板，该板也可用心柱、槫柱分作三间。中间一间可以作为开闭门子。板上可用牙脚、牙头填心，或者用桯框镶贴拼合板。上下四周都用难子条围饰。

　　对截间格子构件，《营造法式》接述，"其各件广厚，皆取格子上下每尺之通高，积而为法。上子桯：长视格眼之高，广三分五厘，厚一分六厘。条桯：广厚并准格子门法。障水子桯：长随心柱、槫柱内，其广一分八厘，厚二分。上下难子：长随子桯，其广一分二厘，厚一分。搏肘：长视子桯及障水版，方八厘，出镶在外。额及腰串：长随间广，其广九分，厚三分二厘。地栿：长厚同额，其广七分。上槫柱及心柱：长视搏肘，广六分，厚

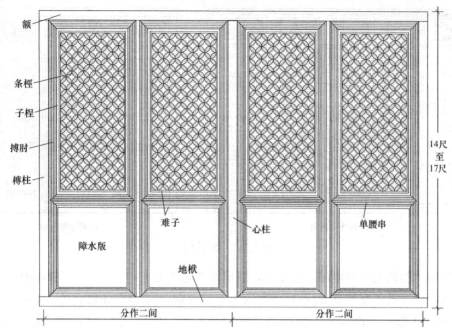

图 7.3.7　殿内截间格子

同额。下槫柱及心柱：长视障水版，广五分，厚同上。凡截间格子，上二份子桯内所用四斜毬文格眼，圜径七寸及九寸，其广厚皆准格子门之制"。即对截间格子各个构件宽厚尺寸，均按截间格子每尺之高（简称"格高尺"）为比率，进行确定。上子桯木：长度按格眼框的高度而定，宽为 0.035 格高尺，厚 0.016 格高尺。格子条桯：宽厚尺寸都按格子门规定执行。障水板子桯木：长度按心柱、槫柱之间距离而定，宽度为 0.018 格高尺，厚 0.02 格高尺。上下难子条：长度根据子桯木长度而定，宽度为 0.012 格高尺，厚 0.01 格高尺。搏肘：长同子桯及障水版，宽厚为 0.008 格高尺，出榫在外。横额及腰串：长随间宽，宽为 0.08 格高尺，厚 0.032 格高尺。地栿：长厚同额，宽 0.07 格高尺。腰串以上的槫柱及心柱：长同搏肘，宽 0.06 格高尺，厚同额。腰串以下的槫柱及心柱：长同障水版，宽 0.05 格高尺，厚同额。对殿内截间格子的上面二份中，子桯内格眼所用四斜毬文格眼，毬圆的直径为 0.7 尺及 0.9 尺，宽厚皆按格子门的规定执行。

【7.3.4】　飞罩、栏杆罩、落地罩

飞罩、栏杆罩、落地罩常用于清制建筑和南方建筑的室内装饰，它们是同一形式的透空隔断，只是有大小不同之区别。

1. 飞罩

"飞罩"又称"几腿罩"，它是比较简单的透空花罩隔断，主要用于起装饰作用，是分割室内空间的装饰构件。它的结构由上槛、跨空槛（即中槛）、抱框、横披和花罩等组成，各构件尺寸按壁纱橱相应构件执行，如图 7.3.8（b）所示。多用于对分隔要求不太明显的室内空间。

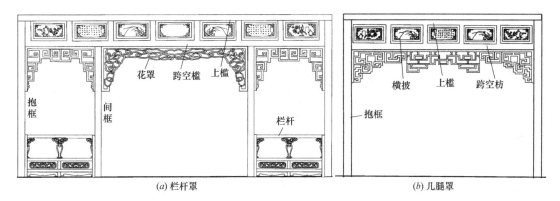

图 7.3.8 飞罩、栏杆罩

2. 栏杆罩

"栏杆罩"是用于大开间或大进深房间的一种飞罩，整个罩框分为三个开间，中间为行人通间，两边为栏杆装饰隔断，三开间的各构件尺寸按壁纱橱相应构件执行，如图7.3.8（a）所示。

在南方地区，飞罩和栏杆罩中的花罩图案分为宫万式、葵式、藤茎、乱纹嵌结子等，如图 7.3.9 所示。虽然花罩形式很多，但总的可分为木板雕刻和木棂条两类，一般用优质木板（如红木、花梨、楠木、楸木等）雕琢而成，周边留出仔边，仔边上做榫或栽销与边框连接。

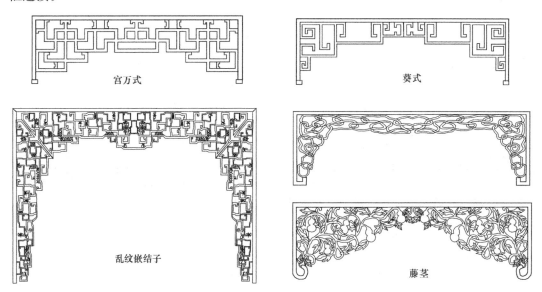

图 7.3.9 花罩图案

3. 落地罩

"落地罩"是指花罩两边的腿脚直做到地面的一种花罩，它的特点是具有须弥座式木脚墩，显示出更大的装饰效应。具体形式有两种，一种是将飞罩两边罩脚延长，做成落地式，落脚在须弥座式的木墩上，如图 7.3.10（a）所示。另一种是两边花罩脚安装为隔扇，隔扇下做成须弥座木脚墩，如图 7.3.10（b）所示。

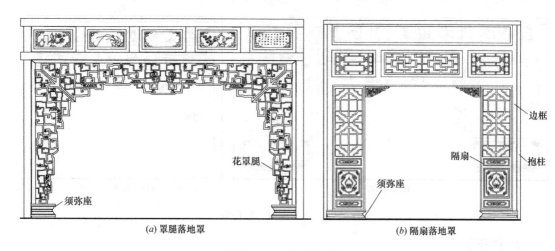

(a) 罩腿落地罩　　　　　　*(b)* 隔扇落地罩

图 7.3.10　落地花罩

【7.3.5】　门洞罩、床罩

"门洞罩"和"床罩"也是清制建筑和南方建筑所常用的室内装饰构件，它兼有隔断与透空的双重装饰效果。

1. 门洞罩

"门洞罩"即将隔断做成门洞形式，多用于要求分隔性更强的空间，其门洞形式有八角洞、圆形洞、方罩形等，如图 7.3.11 所示。这种隔断由隔断槛框和隔断芯屉所组成。槛框为外框，在槛框内用棂条拼成各种图案芯屉。芯屉花纹图案分为两大类：一类为宫葵式、菱角、海棠、冰片、梅花等，这类花纹都是有规律性和一致性的单一图案；另一类为乱纹嵌结子、藤茎等，这是指没有规律性的花纹，并嵌有点缀花结的图案。

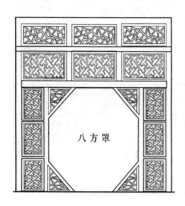

八方罩

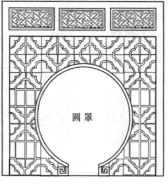

圆罩

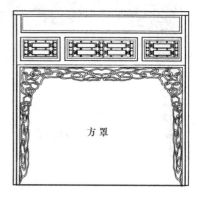

方罩

图 7.3.11　门洞罩

2. 床罩

"床罩"又称为"炕罩"，是一种床榻前私密空间的装饰构件，其构造与落地花罩完全一样，只是具体尺寸需要按照床榻（床柜）的规格进行设置，如图 7.3.12 所示。在床榻两边安置落地花罩或隔扇，顶部安置横披，其花屉尽量选用比较正规清静文雅的图案。

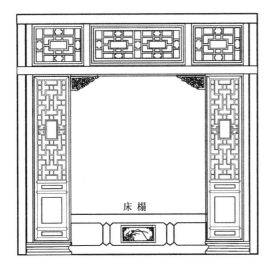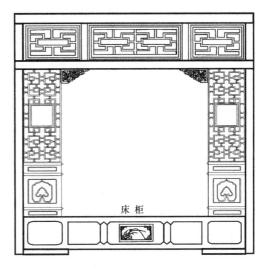

图 7.3.12 床罩

【7.3.6】 博古架、板壁

"博古架"和"板壁"是一种立面型的隔断，多用于室内次要空间的装饰。

1. 博古架

"博古架"是搁置古董花瓶等饰物且具有立体感的一种隔断，它是由多个大小不同的花格子组成，所以又称"多宝格"。整个框架分上下两段，上段为搁置古董的格子架，约占架高的 3/4；下段为存放物件的板柜，约占架高的 1/4。隔断的门洞可放在中间，如图 7.3.13（b）所示，也可置于边端，如图 7.3.13（a）所示。

博古架的架框厚度一般按墙厚或 30cm 至 50cm，架框高一般不超过 3m，格板厚度常按 1.5cm 至 2.5cm。框架顶部的横披可为诗词画图，也可以不设横披，如图 7.3.13（c）所示。还可安置豪华型的装饰栏杆，如图 7.3.13（a）所示。

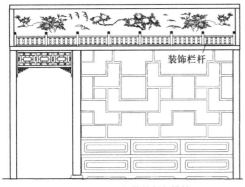

(a) 有装饰性栏杆横披　　　　　　　(b) 普通横披

图 7.3.13 博古架、板壁（一）

387

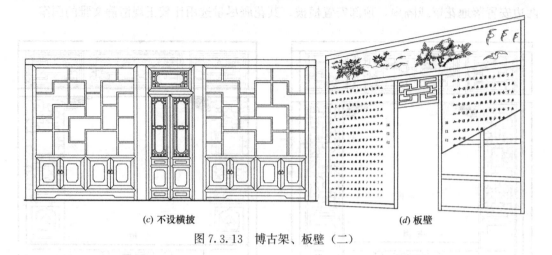

(c) 不设横披　　　　　　　　　　　　　　　(d) 板壁

图 7.3.13　博古架、板壁（二）

2. 板壁

"板壁"就是用木板做成隔断的木墙，它是在跨空槛下用立柱和横框做成框架或框架格子，然后满钉木板，两面刨光，再施以油漆彩画。也可以在板面烫蜡，刻扫绿秦阳字，如图 7.3.13（d）所示。框架格子木的截面按 3cm 至 5cm，木板厚按 1.5cm 至 2.5cm。

第八章 中国古建筑油漆彩画

8.1 古建油漆彩画

【8.1.1】 油漆彩画类型

中国古建筑的油漆彩画，早在隋唐时代就已经达到辉煌壮丽的阶段，到宋代已经开始形成一定的规制，如宋《营造法式》卷十四中对彩画制度规定了衬地、调色、衬色、取石色、作画等步骤；还规定了常用的彩画制度，即：五彩遍装、碾玉装、青绿叠晕棱间装、解绿装、丹粉刷饰、杂间装等。延至明代时期就基本形成了"金龙彩画"和"旋子彩画"两大图案形制。直到清代彩画制度日趋完善，形成了彩画的三大类别，即：和玺彩画、旋子彩画、苏式彩画。

1. 宋制彩画种类

宋《营造法式》将彩画分为六种，即：五彩遍装、碾玉装、青绿叠晕棱间装、解绿装饰屋舍、丹粉刷饰屋舍、杂间装等，根据工艺难易程度分为上、中、下三个等级。如在卷二十八诸作等第中述"彩画作：五彩装饰：间用金同，青绿碾玉，右（以上）为上等。青绿棱间；解绿赤、白及结华，画松文同。柱头，脚及槫画束锦，右（以上）为中等。丹粉赤白；刷土黄丹（同）。刷门窗，版壁、叉子、钩阑之类，同，右（以上）为下等"。即在彩画作中：五彩装饰，间杂用金涂饰同，青绿碾玉等，以上为上等彩画。青绿叠晕棱间装，解绿赤白及结花装，画松文同。柱子的头脚及槫画束锦等，以上为中等彩画，丹粉赤白，刷土黄丹同。刷门窗，板壁、叉子、钩阑之类，同。以上为下等彩画。

对其所述的上、中等彩画，多是采用"叠晕"手法，以提高彩画的精彩度，这里的"晕"是指晕色，即相似如水面上的油膜所反光的彩色，能够使物象产生浑圆之感。"叠晕"就是利用同一颜色调出二至四种色阶（如浅色、青色、三青、二青、大青等），再依次排列进行绘制的手法。明清称此为"退晕"。

（1）五彩遍装

"五彩"本指青、黄、赤、白、黑五种颜色，但这里是泛指绚丽多彩的艳丽彩色，即所谓"五彩遍装"是指具有丰富色彩的一种彩画，它是宋制等级最高的一种彩画，作画对象分为梁、栱类和柱、额、椽类两大部分。

在梁、栱之类构件中，它的四周外棱都留有缘道（即留以作叠晕的空间），缘道内用青（或绿、或红）叠晕、空缘道（即内缘道）和缘道对晕。图案花纹种类比较多，如华文、琐文、飞仙、飞禽、走兽、云文等。对青色地上的花纹为赤黄、红、绿等相间描绘，外棱用红色叠晕；对红地上的花纹为青色、绿色，心内以红色相间描绘，外棱用青色或绿色叠晕；对绿地上的花纹为赤黄、红、青等相间描绘，外棱用青、红、赤黄叠晕。

在柱、额、椽之类构件中，柱头绘制细锦或琐文，柱身绘制海石榴等花纹图案，或者用碾玉装内插入五彩花纹图案，柱脚绘制青瓣或红瓣叠晕莲花。额端绘制如意头角叶，额心为红地。椽头用青色或红色绘制叠晕莲花，或火焰明珠，或叠晕宝珠等图案。椽身在青、绿、红地上绘制团窠、方胜、两尖、四入瓣等图案。飞子头绘制青、绿连珠及棱线叠晕，或者方胜、两尖、团窠等图案，飞子侧壁为青、绿或素绿棱线相间。对于白板可用红、青、绿等色地内绘制两尖窠素地锦。

（2）碾玉装

"碾玉"本是指打磨雕琢玉器的操作，这里是指对作画的精细程度，即"碾玉装"是指画作功夫除五彩装外，较其他各种画作要精细的一种彩画，它与五彩遍装的区别，在于叠晕色彩为二色，花纹图案少一些。作画构件也分为梁栱和柱、额、椽类两大部分。

在梁、栱之类构件中，它在边棱线的四周也要留出缘道，缘道内用青色或绿色进行叠晕。空缘道与外缘道对称叠晕。所用花纹图案，较五彩装减少五六种，新添一种龙牙葱草。但对于绘制花叶及琐文，都应紧贴其边作出由浅至深的晕色，色地以大青、大绿剔之。

在柱、额、椽之类构件中，柱头用五彩锦，柱身碾玉花纹内可加入小型图案或素绿色，柱脚绘制红晕或青晕莲花。椽子端头绘制火焰明珠或者莲花，椽身绘制碾玉花纹或素绿。飞子头绘制合晕图案，两侧面都作退晕，或素绿。望板做成素红色。

（3）青绿叠晕棱间装

"青绿叠晕棱间装"是指对构件外棱线以青、绿二色叠晕，身内以青、绿二色相间使用的一种彩画，按构件分为科栱和柱椽等两大类。

对科、栱类构件，其用色分为：两晕棱间装（即青绿二晕）、三晕棱间装（即绿青绿三晕）、三晕带红棱间装（即青红绿三晕）。

对柱、椽类构件，其柱身绘制笋文或绿色，柱头为青绿退晕如意头，柱脚绘制青晕莲花。而椽身用素绿色，椽头做明珠莲花。对飞子、大小连檐等用青绿色退晕，两侧为绿色。

（4）解绿装饰屋舍

"解绿装饰屋舍"的特点是在构件全身通刷土朱，对缘道及燕尾、八白等部位，都用青、绿两色叠晕相间，有解绿装和解绿结华装之分。按构件分为科栱和柱椽两大类。

对材昂、科栱构件上的缘道，都用青、绿两色叠晕相间，使深色在外，粉线在内。而檐额或梁栿等构件的两端，仍绘制如意头。

对于柱头及柱脚的色地都为朱色，它只用雌黄绘制方胜及团花图案等，柱身在合绿色地上绘制笋文。对于椽子，用素绿色地，椽头绘制青绿晕明珠。

（5）丹粉刷饰屋舍

"丹粉刷饰屋舍"是以红丹或黄丹为主要色彩，不作叠晕，在材面上通刷土朱色，下棱用白粉线画出缘道，下面用黄丹通刷。按构件分为科栱和柱额两大类。

对斗栱，在栱头下面刷丹粉，上部刷横白。

对于柱子，柱头刷丹粉，柱身通刷土朱。檐额做成"七朱八白"，在额上板壁内刷朱或丹，绘制斗与莲花图案。

（6）杂间装

"杂间装"是各种彩画进行相互穿插而加以组合的一种彩画，各种彩画的组合比为：

五彩间碾玉装为：五彩遍装 6 份，碾玉装 4 份。

碾玉间画松文装为：碾玉装 3 份，画松装 7 份。

青绿三晕棱间及碾玉间画松文装为：青绿三晕棱间装 3 份，碾玉装 3 份，画松装 4 份。

画松文间解绿赤白装为：画松文装 5 份，解绿赤白装 5 份。

画松文卓柏间三晕棱间装为：画松文装 6 份，三晕棱间装 2 份，卓柏装 2 份。

2. 清制彩画种类

清制彩画分为三大类，即：和玺彩画、旋子彩画、苏式彩画。

（1）和玺彩画

"和玺彩画"是指符合帝王大殿气质的一种彩画，它以突出龙凤图案为主，采用沥粉贴金手法而作。"和玺彩画"是古建彩画中等级最高的彩画，因此，一般只用于宫殿、坛庙的主殿和堂门建筑上。作画位置是以木构架中檐（金）柱之间的额枋表面，作为绘制彩画的重点部位。绘制图案时，将额枋部位的露明面划分为枋心、藻头、箍头、盒子四部分，分别按规定的形式进行构图，如图 8.1.1 所示。

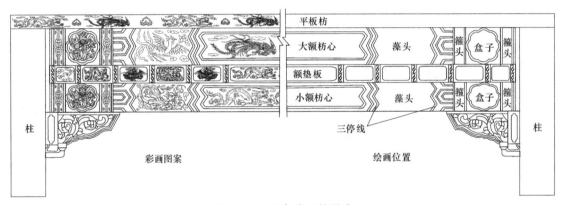

图 8.1.1 和玺彩画的形式

（2）旋子彩画

"旋子彩画"是次于"和玺彩画"一个等级，它是以带有卷涡旋转纹的花瓣称为"旋子"为突出点的一种彩画。它的构图既可以做得很华丽，也可做得很素雅，作画的种类较多，因此，它可用于除宫殿之外的所有建筑，如宫殿以下的官府建筑、坛庙的配殿和牌楼建筑等，其构图形式如图 8.1.2 所示。

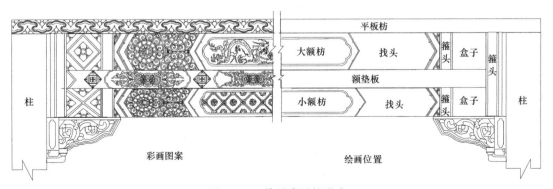

图 8.1.2 旋子彩画的形式

（3）苏式彩画

"苏式彩画"是以江南苏浙一带所喜爱的风景人物为题材的民间彩画，它以轻松活泼、取材自由、色调清雅、体贴生活而独具一格，因此，多为民间建筑和园林建筑所垂青。"苏式彩画"除宫殿、坛庙和官衙主殿以外，对其他所有建筑上，都可被广泛采用，其图式如图8.1.3所示。

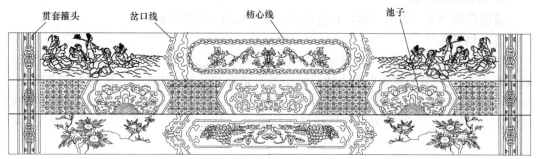

（a）枋心式苏画

（b）包袱式苏画

（c）海墁式苏画

图8.1.3　苏式彩画的形式

【8.1.2】　五彩遍装之梁栱彩画

"五彩遍装"是宋制等级最高的具有丰富色彩一种彩画，作画对象分为梁、栱和柱、额、椽类两大部分。梁、栱类彩画，《营造法式》卷十四彩画作制度述，"五彩遍装之制：梁、栱之类，外棱四周皆留缘道，用青、绿或朱叠晕。梁栱之类缘道，其广二分。斗栱之类，其广一分。内施五彩诸华间杂，用朱或青、绿剔地，外留空缘，与外缘道对晕。其空缘之广，减外缘道三分之一"。即五彩遍装对梁栿、斗栱之类构件，在外棱四周都要留出描绘彩色线的空间道（称为缘道，如图8.1.4中所示），在缘道上用青色、绿色或朱色做叠晕。梁栿之类缘道宽度为2分。斗栱之类缘道宽度为1分。在缘道框之内绘制五彩类的各种花纹图案，用朱色或青色、绿色做剔地，花纹图案之外留出空边，以便与外缘道对称叠晕。留空的宽度，较外缘道减少1/3。

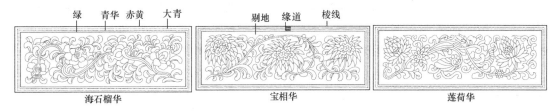

图 8.1.4 五彩棱线、缘道、剔地

《营造法式》接述，"华文有九品：一曰海石榴华，宝牙华、太平华之类同。二曰宝相华，牡丹华之类同。三曰莲荷华，以上宜于梁、额、撩檐方、椽、柱、枓、栱、材、昂、栱眼壁及白版内，凡各件之上，皆可通用。其海石榴，若华叶肥大，不见枝条者，谓之'铺地卷成'；如华叶肥大而肥（微）露枝条者，谓之'枝条卷成'，并亦通用。其牡丹华及莲荷华，或作写生画者，施之于梁、额或栱眼壁内。四曰团窠宝照，团窠柿蒂、方胜合罗之类同。以上宜于方、桁、枓、栱内、飞子面，相间用之。五曰圈头合子。六曰豹脚合晕，棱身合晕、连珠合晕、偏晕之类同。以上宜于方、桁、枓、栱内、飞子及大小连檐面相间用。七曰玛瑙地，玻璃地之类同。以上宜于方、桁、枓内相间用之。八曰鱼鳞旗脚，以上宜于梁、栱下相间用之。九曰圈头柿蒂，胡玛瑙之类同。以上宜于枓内相间用之"。即五彩遍装中的花纹图案有9种（如图8.1.4和图8.1.5所示）：1为石榴花，宝牙花、太平花属同类。2为宝相花，牡丹花属同类。3为莲荷花，以上3种图案适用于梁、额、撩檐方、椽、柱、斗、栱、材、昂、栱眼壁及白板内，这些构件之上，都是可以通用的。其中对海石榴，若花叶肥大，不见枝条者，谓之"铺地卷成"；花叶肥大而显（微）露枝条者，谓之"枝条卷成"，都可以通用。而牡丹花及莲荷花，用作写生画时，应画于梁、额或栱眼壁内。4为团窠宝照，团窠柿蒂、方胜合罗属同类。这些图案用于枋、桁、斗、栱内、飞子面，相间使用。5为圈头合子。6为豹脚合晕，棱身合晕、连珠合晕、偏晕等属同类。这些图案适用于枋、桁、斗、栱内、飞子及大小连檐面，相间使用。7为玛瑙地，玻璃地属同类。它适用于枋、桁、枓内，相间使用。8为鱼鳞旗脚，它适用于梁、栱下，相间使用。9为圈头柿蒂，胡玛瑙属同类，适用于斗内，相间使用。

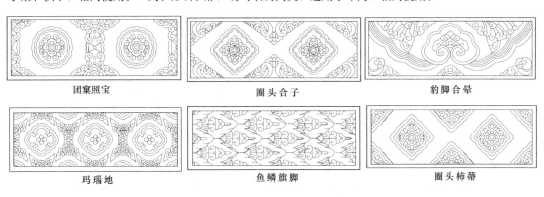

图 8.1.5 五彩遍装华文图案

《营造法式》接上述，"琐文有六品：一曰琐子，联环琐、玛瑙琐、叠环之类同。二曰簟文，金铤、文银铤、方环之类同。三曰罗地龟文，六出龟文、交脚龟文之类同。四曰四出，六出之类同。以上宜于撩檐方、槫柱头及枓内；其四出、六出，亦宜于栱头、椽头、方、桁相间用之。五曰方环，宜于枓内相间用之。六曰曲水，或作王字及万字，或作枓底及钥匙头，宜于普拍方内外用之"。即五彩遍装中的琐文图案有6种（如图8.1.6所示）：1为琐子，联环琐、玛瑙琐、叠环等属同类。2为簟文，金铤、文银铤、方环等属同类。3为罗地龟文，六出龟文、交脚龟文属同类。4为四出，六出属同类。以上适用于撩檐枋、槫柱头及斗内；而四出、六出，则适用于栱头、椽头、枋、桁等相间用之。5为方环，适用于斗内相间使用。6为曲水，或作王字及万字，或作斗底及钥匙头，适于在普拍枋内外使用。

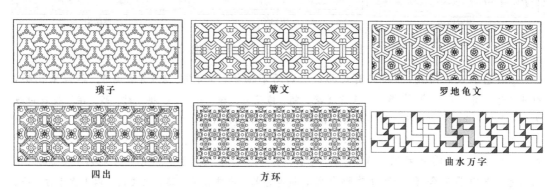

琐子　　　　　　　　　　簟文　　　　　　　　　　罗地龟文

四出　　　　　　　　　　方环　　　　　　　　　　曲水万字

图8.1.6　五彩遍装琐文图案

接述，"凡华文施之于梁、额、柱者，或间以行龙、飞禽、走兽之类于华内。其飞走之物，用赭笔描之于白粉地上，或更以浅色拂淡。若五彩及碾玉装华内，宜用白画；其碾玉华内者，亦宜用浅色拂淡，或以五彩装饰。如方、桁之类，全用龙、凤、走、飞者，则遍地以云文补空"。这是说，对上面所述的花纹图案，若施作于梁、额、柱者，可以在其间插以行龙、飞禽、走兽之类图案。但这些飞禽走兽的图案，要用赭色笔描画在白粉地上，再用浅色笔轻轻拂淡。如果是在五彩及碾玉装花内，宜用白画（即单用墨线的画）；但在碾玉花内者，亦宜用浅色拂淡，或者以五彩加以装饰。如果施作于枋、桁之类上，全部采用龙、凤、走兽、飞禽者，则图案之外的空地，应画以云文来补充。

接述，"飞仙之类有二品：一曰飞仙，二曰嫔伽。共命鸟之类同。飞禽之类有三品：一曰凤凰，鸾、孔雀、鹤之类同。二曰鹦鹉，山鹧、练鹊、锦鸡之类同。三曰鸳鸯，溪鶒、鹅、鸭之类同。其骑跨飞禽人物有五品：一曰真人，二曰女真，三曰仙童，四曰玉女，五曰化生。走兽之类有四品：一曰师子，麒麟、狻猊、獬豸之类同。二曰天马，海马、仙鹿之类同。三曰羚羊，山羊、华羊之类同。四曰白象，驯犀、黑熊之类同。其骑跨、牵拽走兽人物有三品：一曰拂菻，二曰獠蛮，三曰化生。若天马、仙鹿、羚羊，亦可用真人等骑跨。云文有二品：一曰吴云，二曰曹云。蕙草云、蛮云之类同"。即飞仙图案有2种：1为飞仙，2为嫔伽。共命鸟属同类。飞禽图案有3种：1为凤凰，鸾、孔雀、鹤属同类。2为鹦鹉，山鹧、练鹊、锦鸡属同类。3为鸳鸯，溪鶒、鹅、鸭属同类。对骑跨飞禽的人物有5种：1为真人，2为女真，3为仙童，4为玉女，5为化生。走兽图案有4种：1为狮子，麒麟、狻猊、獬豸属同类。2为天马，海马、仙鹿属同类。3为羚羊，山羊、花羊属同类。4为白象，驯犀、黑熊属同类。其骑跨、牵拽走兽的人物有3种：1是拂菻，2是獠蛮，3是化生。对天马、仙鹿、羚羊等，亦可用真人等来骑跨。云文有2种：1为吴云，2为曹云。蕙草云、蛮云属同类。

《营造法式》接上述，"间装之法：青地上华文，以赤黄、红、绿相间，外棱用红叠晕。红地上华文青、绿，心内以红相间，外棱用青或绿叠晕。绿地上华文，以赤黄、红、青相间，外棱用青、红、赤黄叠晕。其牙头青绿地，用赤黄；牙朱地以二绿。若枝条绿地，用藤黄汁罩，以丹华或薄矿水节淡；青红地，如白地上单枝条，用二绿，随墨以绿华合粉罩，以三绿、二绿节淡"。即在缘道框内着色装饰的做法，分为三种：①对青色地上的花纹，分别用赤黄、红、绿等颜色相间描绘，外棱用红色叠晕。②对红地上的花纹，用青色、绿色，心内以红色相间，对枝条用青色或绿色叠晕。③对绿地上的花纹，用赤黄、红、青等颜色相间描绘，另外对牙头，在青绿地上，用赤黄色描绘；在朱地上，用二绿色描绘；汁罩面，以丹花或薄矿水节淡；在青红地上，及白地上单枝条，用二绿，三绿、二绿节淡。

叠晕之法：自浅色起，先以青华，绿以绿华，红以朱华粉。次以二青，绿以二绿，红以二朱。次以大青，绿以大绿，红以深深色草汁罩心，朱以深色紫矿罩心。青华之外，留粉地一晕。汁罩；如华文缘道等狭小，或在高远处，即不用三青等及深色压朱华合粉压晕，次用藤黄通罩，次以深朱压心。若合草绿好，墨数点及胶少许用之。

及梁、额之类，应外棱缘道并令深色在外，其华内别地令浅色相对。其华叶等晕，并浅色在外，以深色压心。凡金缘之广与叠晕同。金缘内用青或绿压之。其青绿广比外缘五绘制方法和相关规定，即绘制叠晕是从浅色开始，先以青朱粉色描绘。接着以三青色描绘，绿地以三绿色描绘，红地以三地以二绿色描绘，红地以二朱色描绘。然后以大青描绘，绿地以最后在大青色之内，用深墨色压心，绿地以深色草汁罩心，朱边，留出铅粉地做一晕。绿色、红色也如此。在晕内用二绿描绘，狭小，或者在高远之处，则不用三青等及深色压罩。凡需要涂染赤再以朱色铅调和粉压晕，然后用藤黄汁全通罩面，最后以深以螺青花汁与藤黄汁相调和，适量加入数点好墨及少许胶水用之。

栱、昂及梁、额之类的构件，应在外棱缘道中，都将深色绘，都将浅色绘在外方，与外棱对晕，令浅色相对。对花叶以深色压心。凡是对外缘道使用明金者，梁栿、枓栱之类，金色缘用青色或绿色压之。其青绿宽度为外缘道的五分之一。

装之柱额椽彩画

椽类彩画，《营造法式》卷十四述，"凡五彩遍装，柱头，谓额入处。作细锦或琐文；柱身自柱栿上亦作细锦。与柱头相应，锦之上下，作青、红或绿叠晕一道；其身内作海石榴等华，或于华内间以飞凤之类。或作碾玉华内间以五彩飞凤之类，或间四入瓣窠，或四出尖窠，窠内间以化生或龙凤之类。栿作青瓣或红瓣叠晕莲华。檐额或大额及由额两头近柱处，作三瓣或两瓣如意头角叶，长加广之半。如身内红地，即以青地作碾玉，或亦用五彩装。或随两边缘道作分脚如意头"。即对柱子的五彩遍装分为柱头、柱身、柱脚三部分：①柱头，即指与额连接处。绘制细锦或琐文；②柱身，于柱脚上边，也绘制细锦，与柱头相互对应。在细锦的上下，作青色、红色或绿色的叠晕一道；柱头与柱脚之间的身内，作海石榴等花纹图案，也可在花间内插入飞凤类的图案。也可在碾玉装花内插入五彩飞凤之类，或者四入瓣窠，或四出尖窠，在窠内插入化生或龙凤之类。③柱脚，绘制青瓣或红瓣叠晕莲花。对檐额、大额、由额的额枋两头近柱处（即清制藻头箍头部分），做三瓣或两瓣如意头角叶（如图 8.1.7 所示）。如意头长度为 1.5 倍宽度。对额身内若为红地，应以青地做碾玉装，也可采用五彩装。也可以随两边缘道做分脚如意头。

三卷如意头　　　　　　　　　　单卷如意头

图 8.1.7　五彩遍装额枋图案

对椽子类彩画分为椽子端头和椽身，飞子端面和飞子身，其具体图案与设色，详见【8.1.26】所述。

【8.1.4】　碾玉装彩画

"碾玉装"彩画是较五彩遍装彩画的花纹图案稍减，而叠晕色彩以青、绿二色为主，多层叠晕，外留白晕，宛如磨光的碧玉，故名"碾玉装"。是稍次于五彩遍装高级彩画，作画构件也分为梁栱和柱椽类两大部分。

《营造法式》卷十四彩画作制度述"碾玉装之制：梁、栱之类，外棱四周皆留缘道，缘道之广并同五彩之制。用青或绿叠晕。如绿缘内，于淡绿地上描华，用深青剔地，外留空缘，与外缘道对晕。绿缘内者，用绿处以青，用青处以绿"。即梁、栱之类的碾玉装，在边棱线的四周都要留出缘道，缘道宽度要求都与五彩遍装相同。在缘道内用青色或绿色进行叠晕。如绿色缘道内，应于淡绿色的色地上描花，花间使用深青色剔地，花外留出空缘道，以便与外缘道对称叠晕。叠晕时，对绿缘道，用绿色过渡成为青色，对青缘道，用青色过渡成为绿色。

碾玉装的花纹图案，《营造法式》接述，"华文及琐文等，并同五彩所用。华文内唯无写生及豹脚合晕、偏晕、玻璃地、鱼鳞旗脚，外增龙牙葱草一品，琐文内无琐子。用青、绿二色叠晕亦如之。内有青绿不可隔间处，于绿浅晕中用黄藤汁罩，谓之'菉豆褐'。其卷成华叶及琐文，并旁赭笔量粉道，从浅色起，晕至深色。其地以大青、大绿剔之。亦有华文稍肥者，绿地以二青；其青地以二绿，随华幹淡后，以粉笔旁墨道描者，谓之'映粉碾玉'，宜小处用"。即碾玉装所用的花文及琐文等图案，都与五彩遍装所用相同。只是花文内没有写生及豹脚合晕、偏晕、玻璃地、鱼鳞旗脚，但另外增加龙牙葱草一种（如图 8.1.8 所示），琐文内没有琐子。用青、绿二色叠晕的内容也与五彩做法相同。叠晕内有青、绿色不可隔间之处，可于绿浅晕中用黄藤汁罩色，谓之"菉豆褐"。对于绘制曲卷而成的花叶及琐文，都应在其旁边用赭笔量出粉道，从浅色起，晕至深色。而对其色地，应以大青、大绿剔之。也有花文较肥的，将绿地用二青；将青地用二绿，当在花纹主线条描淡后，用粉笔紧挨着墨线描画者，称之为"映粉碾玉"，这种画法只适宜在小地方使用。

龙牙葱草　　　　　　　　　　偏晕　　　　　　　　　　玻璃地

图 8.1.8　碾玉装增减的图案

《营造法式》接上述，"凡碾玉装，柱碾玉或间白画，或素绿。柱头用五彩锦，或只碾玉。槏作红晕，或青晕莲花。椽头作出焰明珠，或簇七明珠，或莲花。身内碾玉或素绿。飞子正面作合晕，两旁并退晕，或素绿。仰版素红。或亦碾玉装"。即在碾玉装中，柱的碾玉花纹内可以用白画（注：依清代方薰《山静居画论》卷上述："世以水墨画为白描，古谓之白画"。白描是指单用墨色线条勾描形象而不施色彩的画法），也可用素绿色。柱头用五彩锦，也可只做碾玉装。柱脚绘制红晕，也可绘制青晕莲花。椽子端头绘制火焰明珠，也可绘制簇七明珠，或者莲花。椽身绘制碾玉花纹或素绿。飞椽正面作合晕图案，两侧面都作退晕，或素绿。望板做成素红色，仍可作碾玉装。

【8.1.5】 青绿叠晕棱间装彩画

"青绿叠晕棱间装"彩画是不用花文及琐文，而以青、绿二色为主进行叠晕和作画的一种彩画，按构件分为科栱和柱椽两大类。对科栱类彩画，《营造法式》卷十四彩画作制度述，"青绿叠晕棱间装之制：凡科、栱之类，外棱缘广二分。外棱用青叠晕者，身内用绿叠晕，外棱用绿者，身内用青，下同。其外棱缘道浅色在内，身内浅色，在外道压粉线。谓之'两晕棱间装'。外棱用青华、二青、大青，以墨压深；身内用绿华、三绿、二绿、大绿，以草汁压深。若绿在外缘，不用三绿；如青在身内，更加三青。其外棱缘道用绿叠晕。浅色在内。次以青叠晕，浅色在外。当心又用绿叠晕者，深色在内。谓之'三晕棱间装'。皆不用二绿、三青，其外缘广与五彩同。其内均作两晕。若外棱缘道用青叠晕，次以红叠晕，浅色在外，先用朱华粉，次用二朱，次用深朱，以紫矿压深。当心用绿叠晕者，若外缘用绿者，当心以青。谓之'三晕带红棱间装'。"即青绿叠晕棱间装的科栱之类栱件，它的外棱缘道宽为2分。外棱用青色叠晕者，身内用绿色叠晕，若外棱用绿色者，身内用青色，后面都如此。其中外棱缘道的浅色在内，身内为浅色，外缘道压着粉线。这种青绿叠晕相间的做法称之为"两晕棱间装"。若外棱用青华、二青、大青，以墨压深；则身内用绿华、三绿、二绿、大绿，以草汁压深。如果绿色在外缘的，则不用三绿；如果青色在身内的，要多加一色三青。当外棱缘道用绿色叠晕，浅色在内。次后以青色叠晕，浅色在外。而中心部分又用绿色叠晕者，深色在内。这种绿青绿叠晕的称之为"三晕棱间装"。外缘道都不用二绿、三青，外缘道宽度与五彩相同。外缘道以内均作两晕。若外棱缘道用青色叠晕，次后以红色叠晕，浅色在外，先用朱花粉，次用二朱，次用深朱，以紫矿压深。中心部分用绿色叠晕者，若外缘用绿者，当心以青。这种青红绿叠晕的称之为"三晕带红棱间装"，如图8.1.9（b）所示。

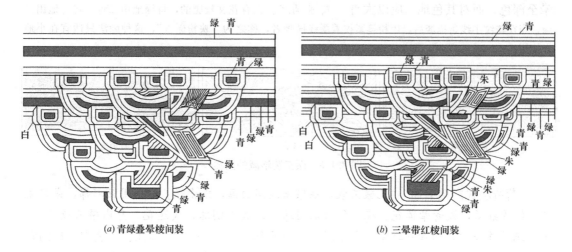

(a) 青绿叠晕棱间装　　　　　　　　　　　(b) 三晕带红棱间装

图 8.1.9　青绿叠晕棱间装

对柱橡类彩画，《营造法式》接上述，"凡青绿叠晕棱间装，柱身内笋文，或素绿，或碾玉装；柱头作四合青绿退晕如意头；榫作青晕莲花，或作五彩锦，或团窠方胜素地锦。橡素绿身，其头作明珠莲花。飞子正面，大小连檐，并青绿退晕，两旁素绿"。即青绿叠晕棱间装的柱，其柱身内绘制笋文，或素绿色，或碾玉装花纹；柱头绘制四合青绿退晕如意头；柱脚绘制青晕莲花，或五彩锦，或团窠方胜素地锦。对于橡子，其橡身用素绿色，其橡头作明珠莲花。而对飞子正面，大小连檐等构件，都用青绿色退晕，两侧边为素绿色。

【8.1.6】 解绿装饰屋舍彩画

"解绿装饰屋舍"是以土朱色为主体，边缘线道用青、绿两色叠晕相间的彩画，分为：科栱和柱类两大类。对科栱类彩画，《营造法式》卷十四彩画作制度述，"解绿装饰屋舍之制：应材、昂、科、栱之类，身内通刷土朱，其缘道及燕尾、八白等，并用青、绿叠晕相间，若科用绿，即栱用青之类。缘道叠晕，并深色在外，粉线在内，先用青华或绿华在中，次用大青或大绿在外，后用粉线在内。其广狭长短，并同丹粉刷饰之制；唯檐额或梁栿之类，并四周各用缘道，两头相对作如意头。由额及小额并同。若画松文，即身内通刷土黄，先以墨笔界画，次以紫檀间刷，其紫檀用深墨合土朱，令紫色。心内用墨点节。栱、梁等下面用合朱通刷。又有于丹地内用墨或紫檀点簇秋文与松文各件相杂者，谓之"桌柏装"。科、栱、方、桁、橡内朱地上间诸华者，谓之"解绿结华装"。"即解绿装 ［图 8.1.10（a）］用于木材昂、科、栱等构件上时，先在构件全身通刷土朱，对缘道及燕尾（即翘昂端头收分部分）、八白（即中间刷白部分）等部位，都用青、绿两色叠晕相间，即若科用绿色，则栱用青色。缘道的叠晕，都使深色在外，粉线在内，即先在中心部位绘制青华或绿华，紧在其外用大青或大绿，然后在其内用粉线。叠晕的宽窄和长短，都按丹粉刷饰的规定；唯檐额或梁栿等构件，都在四周各自使用缘道，两头相互对称绘制如意头。由额及小额都相同。如需画松文，应先在身内通刷土黄色，然后用墨笔勾画出轮廓，再用紫檀色填刷其间，紫檀用深墨和土朱进行调配，使其为紫色。中间部分用墨点画出松节。栱、梁等下面用合朱通刷。对有在红丹地内，用墨或紫檀点画簇毯文与松文等相互间杂者，称之为"桌柏装"。对在枓、栱、枋、桁等构件橡道内的朱地上，穿插有各种花纹者，称为"解绿结华装"，如图 8.1.10（b）所示。

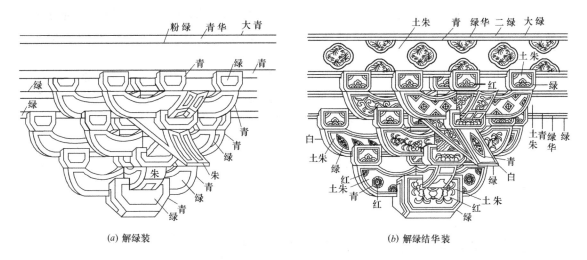

(a) 解绿装　　　　　　　　　　　　　　(b) 解绿结华装

图 8.1.10　解绿装饰屋舍

对柱类彩画，《营造法式》接上述"柱头及脚并刷朱，用雌黄画方胜及团华，或以五彩画四斜，或簇六毯文锦。其柱身内通刷合绿，画作笋文。或只用素绿，橡头或作青绿晕明珠。若橡身通刷合绿者，其榑亦作绿地笋文或素绿。凡额上壁内影作，长广制度与丹粉刷饰同。身内上棱及两头，亦以青绿叠晕为缘，或作翻转华叶。身内通刷土朱，其翻卷华叶并以青绿叠晕。枓下莲华并以青晕"。即对于柱头及柱脚的色地都刷朱色，再用雌黄绘制方胜及团花图案，或者用五彩画四斜、簇六毯文锦等。而柱身通刷合绿色地，再在其上绘制笋文，或只用素绿。对于橡头也可绘制青绿晕明珠。若橡身通刷合绿者，其榑亦做绿地笋文或素绿。对于檐额上的栱眼壁内画作，其长宽尺寸与丹粉刷饰中所述相同。额身内的上棱及两头，仍要画出青绿叠晕的缘道，或者绘制翻转花叶。额身色地通刷土朱，而翻卷花叶都做青绿叠晕。枓下莲花都做青晕。

【8.1.7】 丹粉刷饰屋舍彩画

"丹粉刷饰屋舍"是以红丹或黄丹为主要色彩，不作叠晕的一种彩画。分为枓栱和柱额两大类。《营造法式》卷十四述，"丹粉刷饰屋舍之制：应材木之类，面上用土朱通刷，下棱用白粉阑界缘道，两尽头斜讹向下。下面用黄丹通刷。昂、栱下面及耍头正面同。其白缘道长广等依下项：

枓、栱之类，栿、额、替木、叉手、托脚、驼峰、大连檐、搏风板等同。随材之广，分为八分。以一分为白缘道。其广虽多，不得过一寸；虽狭，不得过五分。

栱头及替木之类，绰幕、仰楷、角梁等同。头下面刷丹，于近上棱处刷白。燕尾长五寸至七寸，其广随材之厚，分为四分，两边各以一分为尾。中心空二分。上刷横白，广一分半。其要头及梁头正面用丹处，刷望山子。上其长随高三分之二；其下广随厚四分之二；斜收向上，当中和尖"。即丹粉刷饰应用木材结构上时，在材面上通刷土朱色，下棱用白粉线画出缘道，两尽头斜讹向下。下面用黄丹通刷，昂、栱下面及要头正面等相同。如图8.1.11（a）所示。对于空白缘道的长宽按以下所述：

斗、栱等构件，柎、额、替木、叉手、托脚、驼峰、大连檐、搏风板等相同，按构件本身宽度，分为8份，以1份为空白缘道。而缘道宽最多不超过1寸，最狭不小于5分。

对栱头及替木等构件，绰幕、仰楷、角梁等相同。头部下面刷丹粉，靠近上棱处刷白色。燕尾（即翘昂端头收分部分）长度5寸至7寸，宽度与构件厚度一样，分为4份，两边各以1份为尾。中间间隔2分。构件端头上部刷横白，宽1.5分。对要头及梁头正面刷丹处，刷望山子。上面长度按高的2/3；下面宽度按厚的2/4；斜收向上，中间拼和成尖形。

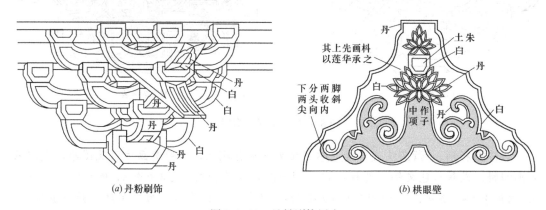

（a）丹粉刷饰　　　　　　　　　　　　　　（b）栱眼壁

图8.1.11　丹粉刷饰屋舍

《营造法式》接上述，"檐额或大额刷八白者，如里面。随额之广，若广一尺以下者，分为五分；一尺五以下，分为六分；二尺以上者，分为七分。各当中以一分为八白。其八白两头近柱，更不用朱阑断，谓之"柱白"。于额身内均之作七隔；其隔之长随白之广。俗谓之"七朱八白"。柱头刷丹，柱脚同。长随额之广，上下并解粉线。柱身、椽、檩及门、窗之类，皆通刷土朱。其破子窗子桯及屏风难子正侧并楪头，并刷丹。平闇或版壁，并用土朱刷版并桯，丹刷子桯及头护缝。额上壁内，或有补间铺作远者，亦于栱壁内。画影作于当心。其上先画科，以莲华承之。身内刷朱或丹，隔间用之。若身内刷朱，则莲华用丹刷；若身内刷丹，则莲华朱刷；皆以粉笔解出花瓣。中作项子，其广随宜。至五寸止。下分两脚，长取壁内五分之三，两头各空一分。广身内随项，两头收斜尖向内五寸。若影作华脚者，身内刷丹，则翻卷叶用土朱；或身内刷土朱，则翻卷叶刷丹。皆以粉笔压棱"。即对于檐额或大额的刷八白，如里面（意思是说对额枋的刷八白，是指在中间部位的这一范围），按照额宽而定，若为1尺以下者，分为5份；1.5尺以下，分为6份；2尺以上，分为7份。都以中间1份为八白。若八白的两头靠近柱子，其间不用朱色拦隔，称之为"柱白"。现于额身内都分作7隔；每隔之长与八白之宽一致。俗称之为"七朱八白"（这里仅是一个借用词，有人将《河图洛书》中的九宫选配九种颜色以定吉凶，即一白、二黑、三碧、四绿、五黄、六白、七赤、八白、九紫。就是借用其中"七赤八白"之词，但不是指原词的一吉一凶之含义，而只是说分作 7 隔后，除中间刷白外，其他都是土朱色）。对于柱子，将柱头刷丹粉色，柱脚同。涂刷长随额之宽度，上下都画出粉线。对柱身、椽、檩及门、窗之类，通通都刷土朱。对破子棂窗的子桯及屏风的难子等正侧面以及椽头都刷丹。对于平闇或板壁上的板和桯，都刷土朱色，而子桯及护缝头刷丹粉。在额上的板壁内，包括补间铺作间的栱眼壁内。于中心部位绘制画作。先在其上画斗，再画以莲花承之。斗身内刷朱或丹，隔间用之。例如若身内刷朱者，则莲花刷丹；若身内刷丹者，则莲花刷朱；但都要用粉笔画出花瓣。中间画作项子，其宽依具体情况而定。以不超过 5 寸为原则。下面画成两脚（如图 8.1.11（b）所示），脚长取壁内 3/5，两头各空 1 分。脚身宽度与项子同，两头收斜尖向内 5 寸。如果绘制花脚者，身内刷丹，则翻卷叶用土朱；也可身内刷土朱，而翻卷叶刷丹粉。但都需用粉笔压棱。

《营造法式》接上述，"若刷土黄者，制度并同。唯以土黄代土朱用之。其影作内莲华用朱或丹，并以粉笔解出华瓣。若刷土黄解墨缘道者，唯以墨代粉刷缘道。其墨缘道之上，用粉线压棱。亦有枓、栱等下面合用丹处皆用土黄者，亦有只用墨缘，更不用粉线压棱者，制度并同。其影作内莲华，并用墨刷，以粉笔解出华瓣；或更不用莲华。凡丹粉刷饰，其土朱用两遍，用毕并用胶水梳罩，若刷土黄则不用。若刷门、窗，其破子窗子桯及影缝之类用丹刷，余并用土朱"。即如果采用刷土黄者，做法与上述相同。只是以土黄代替土朱而已。对画作区内莲花可用朱或丹，但都用粉笔画出花瓣。若刷土黄勾画墨缘道者，只是以墨线替代粉线刷缘道。但在墨线缘道之上，要用粉线压棱。也有在枓、栱等下面合用丹处都采用土黄者，也有只用墨线缘道，不用粉线压棱者，其制度都同。在画作区内的莲花，都用墨线画出，但应以粉笔勾画出花瓣；或干脆不用莲花。凡丹粉刷饰，其土朱要刷两遍，刷完后要用胶水笼罩，若是刷土黄者则不用。如果刷门、窗，其破子棂窗的子桯以及影缝之类构件都刷红丹，其他都刷土朱。

【8.1.8】　杂间装彩画

"杂间装"是各种彩画进行相互穿插而加以组合的一种彩画。《营造法式》卷十四述，"杂间装之制：皆随每色制度，相间品配，令华色鲜丽，各以逐等分数为法。五彩间碾玉装，五彩遍装六分，碾玉装四分。碾玉间画松文装，碾玉装三分，画松装七分。青绿三晕棱间及碾玉间画松文装，青绿三晕棱间装三分，碾玉装三分，画松装四分。画松文间解绿赤白装，画松文装五分，解绿赤白装五分。画松文卓柏间三晕棱间装，画松文装六分，三晕棱间装二分，卓柏装二分。凡杂间装以此分数为率，或用间红青绿三晕棱间装与五彩遍装及画一松文等相间装者，各约此分数，随宜加减之"。即杂间装是以按每种彩画的做法进行相互穿插而加以组合，使花纹色彩达到鲜艳华丽的效果，各种彩画的组合比例如下：五彩间碾玉装的组合比为，五彩遍装 6 份，碾玉装 4 份。碾玉间画松文装的组合比为，碾玉装 3 份，画松装 7 份。青绿三晕棱间及碾玉间画松文装的组合比为，青绿三晕棱间装 3 份，碾玉装 3 份，画松装 4 份。画松文间解绿赤白装的组合比为，画松文装 5 份，解绿赤白装 5 份。画松文卓柏间三晕棱间装的组合比为，画松文装 6 份，三晕棱间装 2 份，卓柏装 2 份。凡是杂间装都以此组合比为准则，若采用红、青、绿三晕棱间装，与五彩遍装及画一松文等相间使用者，各参照此组合比，依具体情况进行加减。

【8.1.9】 清制彩画的构图

清制和玺、旋子、苏式三类彩画的构图，是以大木构件中的横额、垫板、枋木等作为构图的主要画面部位，以其横向长度为条幅，将其分为三段，称为"分三停"，各段占1/3长，其分界线称为"三停线"，如图8.1.12中所示。

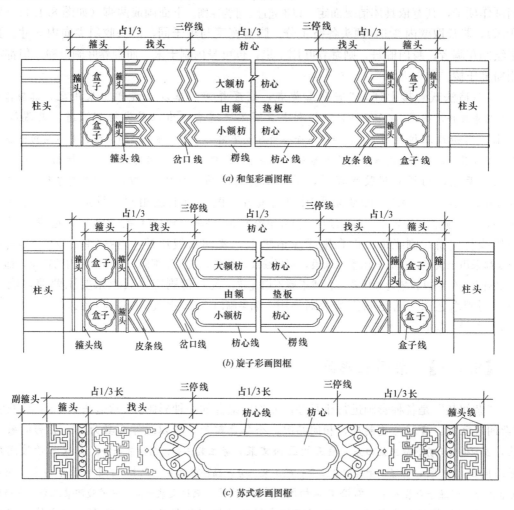

图 8.1.12　梁枋大木的构图

依图 8.1.12 所示，"枋心"处于中三停之内，左右两边三停为"找（或藻）头"。在找头之外所余的范围称为"箍头"，箍头内安插的图案称为"盒子"，箍头之间的距离，可依横向长度多少适当调整。也就是说整个梁枋大木的构图，就在枋心、找头、盒子和箍头四大部分内进行。对这些部位上构图的分隔线条，分别称为枋心线、箍头线、盒子线、岔口线、皮条线（或卡子线）等，简称为"五大线"。

在需要作画的基面上都要先涂刷一层底色，称为"地色"或"色地"，若底面做绿颜色者称为"绿地"，做青颜色者称为"青地"。梁枋大木的设色以青、绿、红及少量土黄和紫色为主，不同构件的不同位置，其"地色"都是相互之间调换使用，对同一构件的相邻部分，要以青、绿两色相间使用。如箍头为青色者，则其外的皮条线、岔口线为绿色。如枋心为绿色者，则楞线为青色。相互之间可调换使用，如前者使用青色者，则后者应使用绿色；反之若前者使用绿色者，则后者应使用青色。

对同一开间的上下相邻构件，应青、绿两色相间使用。如大额枋是绿箍头、青枋心者，则其相邻的小额枋和檐檩应是青箍头、绿枋心。

对同一建筑物中相邻的两个开间，应青、绿两色相间使用。如明间大额枋为绿箍头、青枋心者，则次间的大额枋应为青箍头、绿枋心。也就是说，不同开间的相同构件，地色应相间使用。

但对额垫板与平板枋是按通长设色者，一般额垫板固定为红地，平板枋固定为青地。

【8.1.10】　和玺彩画及其特点

清制"和玺彩画"是用于宫殿、坛庙的主殿和堂门建筑上的最高等级彩画。

1. 和玺彩画的特点

"和玺彩画"主要有三大特点，即：突出龙凤图案、沥粉贴金面大、Σ 形的岔口线。

（1）突出龙凤图案：对梁枋大木的四大部分构图，均以各种姿态的龙或龙凤相间，或龙草相间等为主要图案。

（2）沥粉贴金面大：对龙凤构图及其五大线，均采用沥粉贴金（见【8.2.2】彩画沥粉贴金所述），凸显其立体感，并且金光闪闪。

（3）Σ 形的岔口线：在和玺彩画的三停线中，枋心与找头之间，找头与盒子之间的岔口线，画有明显的"Σ"形分界线，如图 8.1.12（a）所示。

2. 和玺彩画的种类

"和玺彩画"虽是一种等级最高的彩画，但根据使用建筑规模大小不同，构图内容也有区别，按和玺彩画的图案内容分为金龙和玺、龙凤和玺、龙草和玺三种类型。

（1）金龙和玺彩画：它是和玺彩画中的最高等级，所有线条均为沥粉贴金，构图内容以突出龙为主要特征，如双龙戏珠、升龙、降龙等。

（2）龙凤和玺彩画：它仅次于金龙和玺彩画一个等级，它的构图是以金龙、金凤相间，或金龙、金凤结合为主要图案的彩画，如龙凤呈祥、双凤昭富等，所有线条均为沥粉贴金。

（3）龙草和玺彩画：它是又次于龙凤彩画一个等级，它是以金龙、金草图案相间的彩画，金草图案如法轮吉祥草、轱辘草等，所有线条均为沥粉贴金。

【8.1.11】　金龙和玺彩画图案

"金龙和玺"彩画是"和玺彩画"中的最高等级，彩画图案以金龙为主要特征，所有线条均为沥粉贴金，如图 8.1.13 所示。图案绘制位置分为枋心、找（藻）头、盒子、箍头、额垫板、平板枋等。

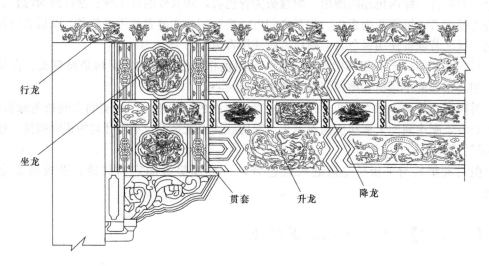

行龙

坐龙

贯套　升龙　降龙

图 8.1.13　金龙和玺彩画

1. 额枋心内图案

凡是额枋的枋心图案，均是绘制二龙戏珠，沥粉贴金，如图 8.1.14（*a*）所示。其图案地色青绿相间，当大额枋为青地者，则小额枋为绿地，可相互调换，两者应相间使用。

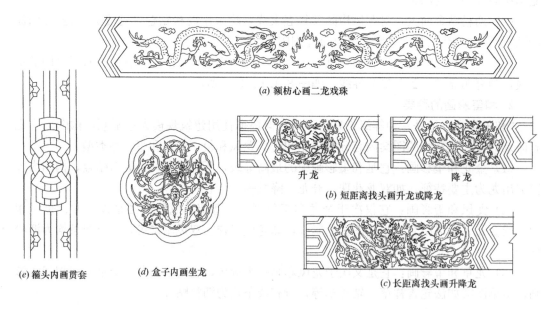

（*a*）额枋心画二龙戏珠

升龙　　　降龙

（*b*）短距离找头画升龙或降龙

（*e*）箍头内画贯套　　　（*d*）盒子内画坐龙

（*c*）长距离找头画升降龙

图 8.1.14　金龙和玺彩画的图案

2. 找头内图案

找头内图案也应画龙，岔口线间的找（藻）头距离可以长短调节，当找头距离较长时应画升降二龙，如图 8.1.14（*c*）所示。当找头距离较短时，应青地画升龙，绿地画降龙，上下相间调换使用，如图 8.1.14（b）所示。

3. 盒子箍头内图案

盒子内图案应画坐龙，盒子两边的箍头内画贯套（一般称它为活箍头），如图 8.1.14（d）（e）所示。上下盒子色地为青、绿两色相间。

4. 额垫板、平板枋图案

额垫板图案绘制各种姿态游龙，也可绘制龙凤相间，如图 8.1.15（a）所示，其色地为朱红。平板枋由两端向中间画行龙，色地为青地，如图 8.1.15（b）所示。

(a) 额垫板画各种游龙或龙凤相间

(b) 平板枋画行龙

(c) 额垫板画龙的形态

图 8.1.15　额垫板、平板枋图案

依上所述，金龙和玺彩画的图案为：大小额枋内均是二龙戏珠，中间额垫板内为龙凤相间，上下找头为升龙或降龙，盒子内为坐龙，平板枋由两端向中间为行龙。所有线条均为沥粉贴金。

【8.1.12】　龙凤和玺彩画图案

"龙凤和玺"彩画是次于"金龙和玺"彩画的一个等级，彩画图案以龙凤为主要特征，所有线条均为沥粉贴金，如图 8.1.16 所示。

在枋心内，绘制"龙凤呈祥"或"双凤昭富"等带飞凤图案，如图 8.1.17（a）、（b）所示，与双龙戏珠图案相间使用。

找头内画升龙或降龙与飞凤相间使用。在盒子内画坐龙与舞凤相间使用，如图 8.1.17（d）（e）（f）所示。箍头内不画贯套图案，箍头线间空白（一般称为死箍头）。

平板枋和额垫板绘制一龙一凤，如图 8.1.17（c）所示。所有线条均为沥粉贴金。

依上所述，龙凤和玺彩画图案是以金龙、金凤相间，或金龙、金凤结合为主的彩画，如枋心为龙凤呈祥，或双凤昭富，找头、盒子内为龙或凤等。平板枋内为行龙、飞凤。所有线条均为沥粉贴金。

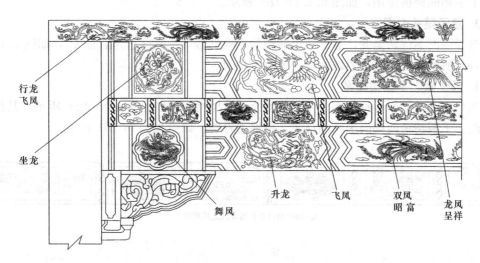

行龙

飞凤

坐龙

舞凤　　升龙　　飞凤　　双凤昭富　　龙凤呈祥

图 8.1.16　龙凤和玺彩画

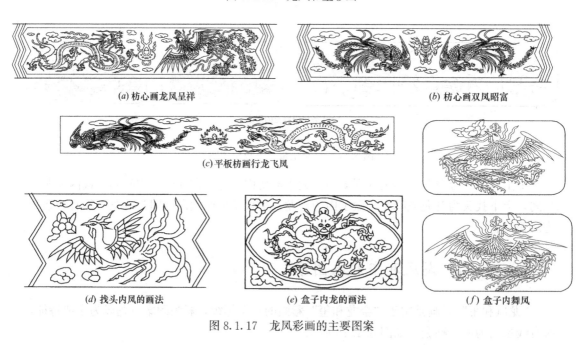

(a) 枋心画龙凤呈祥　　　　　　　　　　　(b) 枋心画双凤昭富

(c) 平板枋画行龙飞凤

(d) 找头内凤的画法　　　　(e) 盒子内龙的画法　　　　(f) 盒子内舞凤

图 8.1.17　龙凤彩画的主要图案

【8.1.13】　龙草和玺彩画图案

　　"龙草和玺"彩画又次于"龙凤和玺"彩画一个等级，彩画图案以龙草为主要特征，所有线条均为沥粉贴金。

　　它与龙凤和玺不同之处是，在枋心、找头、盒子内由金龙和大草相间构图，例如当大额枋画二龙戏珠时，则小额枋画"法轮吉祥草"。若找头内画升龙或降龙时，则盒子内画西番莲。箍头为死箍头。而平板枋和额垫板内只画"钻辘草"，如图 8.1.18 所示。所有线条均为沥粉贴金。

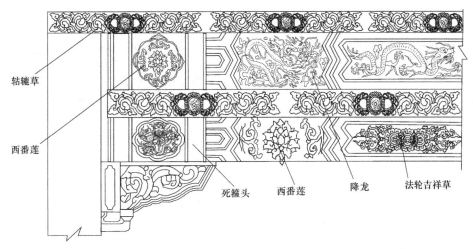

图 8.1.18 龙草和玺彩画

枋心画法轮吉祥草、盒子画西番莲、额垫板画轱辘草等图案，如图 8.1.19 所示。

(*a*) 枋心画法轮吉祥草

(*b*) 额垫板画轱辘草 　　　　　　　　　　　　　　(*c*)盒子内画西番莲

图 8.1.19 龙草彩画的主要图案

在龙草和玺彩画中派生有一种"金琢墨和玺"彩画，它是以墨线为主的"龙草和玺"彩画，故有的称为"金琢墨龙草和玺彩画"。在"金琢墨和玺"彩画中的图案，只在龙鳞、龙身和龙头的轮廓线，以及盒子轮廓线、花芯线等为沥粉贴金外，其他均为墨线或色线，而图案内容和形式，都与龙草和玺相同。

【8.1.14】 旋子彩画及其特点

清制旋子彩画是用于宫殿以下的官府建筑、坛庙的配殿和牌楼等建筑上，它是次于和玺彩画的一种彩画。

1. 旋子彩画的特点

旋子彩画的特点为：找头为固定旋花、"《"形岔口线和死箍头线。

(1) 找头为固定旋花：在找头内一律画带卷涡旋转纹的花瓣，称为"旋子"或"旋花"。旋子中有几个特定部位的名称，如旋眼、栀花、菱角地、宝剑头，如图 8.1.20 (*b*) 所示。其中，"菱角地"是指花瓣之间的三角地。"宝剑头"是指一朵旋花最外边所形成交角的三角地。"旋眼"是指旋花的中心花纹。"栀花"是常绿灌木所开的一种四瓣花，这里的栀花是指在找头与箍头连接的上下交角内，常画成两个 1/4 花瓣形，一般称此为"栀花"。

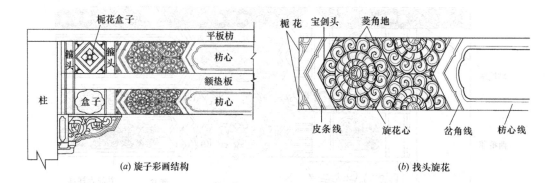

图 8.1.20　旋子彩画的结构

（2）"《"形岔口线：在枋心与找头之间、找头与箍头之间有明显的"《"形分界线。

（3）死箍头线：旋子彩画的箍头，均不画图案，称为"死箍头"，设色为青地和绿地相间。

2. 旋子彩画的种类

旋子彩画按用金量多少与否，分为金琢墨石碾玉、烟琢墨石碾玉、金线大点金、墨线大点金、金线小点金、墨线小点金、雅伍墨、雄黄玉八种。

【8.1.15】　金琢（烟琢）墨石碾玉彩画图案

所谓"石碾玉"是指将有关花纹线条在原色和白色之间加以晕色（即相似如水面上的油膜所反光的彩色），称此手法为"攒退晕"，退晕层次如同石碾轮纹样，故将此种手法通称为"石碾玉"。

金琢墨石碾玉彩画是旋子彩画中等级最高的一种彩画，所谓"金琢墨"是指在旋子彩画中绘制旋子花纹中的各种线条，均为很精细的金色，它的五大线（枋心线、岔角线、皮条线、箍头线、盒子线）及旋花线等为沥粉贴金，其他为色线色漆。

烟琢墨石碾玉彩画是仅次于金琢墨石碾玉的一种彩画，所谓"烟琢墨"是指旋子彩画的五大线和旋花心、栀花、宝剑头、菱角地等仍为沥粉贴金外，而其他图纹线条（包括旋花花瓣线）均为墨线。

金琢（烟琢）墨石碾玉彩画，如图 8.1.21 所示。

1. 额枋心内图案

额枋心内图案一般为夔龙戏珠或宋锦，当有大小额枋时，应分别画二龙（夔龙）戏珠和宋锦，夔龙为青地，宋锦为绿地，可相互调换。当只有一个额枋时，应优先画龙，均沥粉贴金。

"夔龙"有人称它为"草龙"，为神话传说中的单足神怪动物，如图 8.1.22（*a*）所示。在《山海经·大荒东经》中，描写夔是"状如牛，苍身而无角，一足，出入水则必有风雨，其光如日月，其声如雷，其名曰夔"。但更多的古籍中则说夔是蛇状怪物。"夔，神魅也，如龙一足"。也有传说夔龙为舜帝的二臣名，夔为乐官，龙为谏官。

"宋锦"本为宋代所织的锦缎，它纹样繁复，配色淳朴，如图 8.1.22（*b*）所示。后

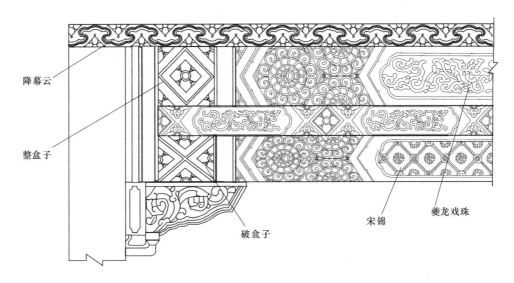

图 8.1.21 金（烟）琢墨石碾玉彩画

人因其织造精美，就把它装潢到书画碑帖上，以后就将这种具有宋代织锦风格的锦画，简称为"宋锦"。

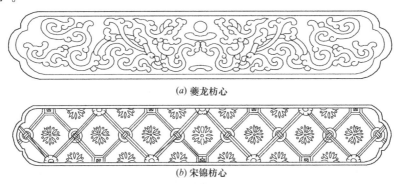

(a) 夔龙枋心

(b) 宋锦枋心

图 8.1.22 金（烟）琢墨枋心图案

2. 找头内图案

找头内固定绘制旋花，找头的长短，可用增减旋花多少进行调节，设计的花瓣由 3 份至 10 份，按不同情况进行选择，如图 8.1.23 所示。找头内的色地与枋心色地，要青绿二色对应相间。

3. 盒子内图案

盒子内图案按方框线配制花纹，以方框线居中者称为"整盒子"，将方框线割开以对角线交叉者称为"破盒子"，如图 8.1.24 所示。当有大小额枋时，一般是大额枋用"整盒子"，小额枋用"破盒子"，但也可互换使用。当只有一个额枋时，一般使用整盒子。其图案均为沥粉贴金。

4. 额垫板、平板枋图案

额垫板可以绘制栀花与夔龙相间布置，也可绘制法轮吉祥草。平板枋固定画降幕云，如图 8.1.25 所示。所有线条均为沥粉贴金。

3份 勾丝咬

7.5份　一整两破加金道冠

4份　喜相逢

8份　一整两破加二路

6份　一整两破

9份　一整两破加勾丝咬

7份　一整两破加一路

10份　一整两破加喜相逢

图8.1.23　不同找头长度的图案

栀花整盒子　　如意整盒子　　栀花破盒子　　如意破盒子

(a) 整盒子　　　　　　　　　　　(b) 破盒子

图8.1.24　盒子图案

(a) 夔龙栀花额垫板

(b) 降幕云平板枋

图8.1.25　额垫板、平板枋图案

【8.1.16】　金线（墨线）大点金彩画图案

　　"金线大点金"和"墨线大点金"有一个共同点，就是对旋眼、花心、尖角等突出部位要点成金色，线条不作退晕处理。然后在此基础上，将画中五大线做成金色者，称为"金线大点金"。将五大线做成墨色者，称为"墨线大点金"。除此以外的其他各种线条一律为墨色。

1. 金线大点金

金线大点金是指旋眼、花心、尖角等突出部位和五大线为沥粉贴金，其他各线一律为墨色。金线大点金彩画的构图，在枋内绘制夔龙戏珠和宋锦，夔龙为青地，宋锦为绿地，可相互调换。盒子内画坐龙和西番莲相间使用。额垫板固定画法轮吉祥草，朱红地。平板枋固定画降幕云，如图 8.1.26 所示。

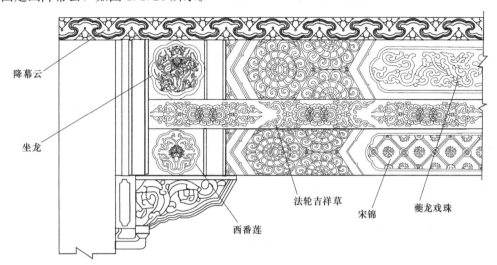

图 8.1.26　金线大点金彩画

2. 墨线大点金

墨线大点金彩画除旋眼、花心、尖角等突出部位的线条为沥粉贴金外，其他线条一律为墨线。墨线大点金彩画的构图，大部分与金线大点金彩画相同，但枋心除可画夔龙、宋锦点金外，还可画黑墨"一字枋心"、黑叶子花或其他花草等，如图 8.1.27（a）、（b）、（c）、（d）、（e）所示。

盒子内除画西番莲外，还可画其他花草，如图 8.1.27（f）所示。

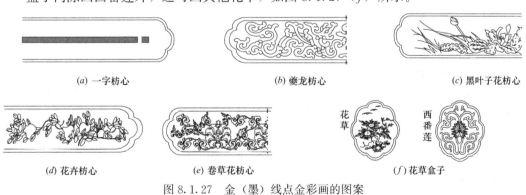

图 8.1.27　金（墨）线点金彩画的图案

【8.1.17】 金线（墨线）小点金彩画图案

"小点金"只是对旋眼和花心点金，而五大线可为沥粉贴金，也可为墨色。除此外其他各线一律为墨色。

金线小点金彩画只对旋眼和栀花进行沥粉贴金加工，其他一律为墨线。

墨线小点金彩画只对花心点金，其他一律为墨线。

金线小点金与墨线小点金的构图，仍采用图 8.1.27 所示图案。

【8.1.18】 雅伍墨（雄黄玉）彩画图案

雅伍墨和雄黄玉彩画是完全不用金的彩画，若以墨色和白色相配合而作的画称为"雅伍墨"，它以青地、墨线为主；若以色线和白色相配合所作的画称为"雄黄玉"，它以丹黄色地、色线为主。

这两种彩画的图案全不用金，更不得用金龙和宋锦，但枋心内图案可用夔龙和花草相间，而最朴素的为"一字枋心"和"黑叶子花"，如图 8.1.27 (*a*)、(*b*)、(*c*)、(*d*)、(*e*) 所示。盒子图案多为花草之类，如图 8.1.27 (*f*) 所示。

【8.1.19】 苏式彩画及其特点

清制"苏式彩画"是除宫殿、坛庙和官衙主殿以外，在其他所有建筑上都是可以被广泛采用的民间彩画，在等级上是次于旋子彩画的一种彩画。

1. 苏式彩画的特点

苏式彩画的特点是：没有统一的三停线、箍头盒子比较灵活、图案形式丰富多彩。

（1）没有统一的三停线：在枋心与藻头之间的岔口线，有卷草式、烟云式、角线式多种画法，没有统一规定。而在藻头与箍头之间可设卡子，也可不设卡子，没有明显皮条线，如图 8.1.28 (*a*)(*b*) 所示。

（2）箍头盒子比较灵活：苏式彩画的箍头，可为单箍头或双箍头，可灵活使用，如图 8.1.28 (*a*) 所示为没有盒子的贯套单箍头，如图 8.1.28 (*b*) 所示为有卡子的双箍头。

（3）图案形式丰富多彩：苏式彩画的最大特点是，图案内容可灵活多变，形式丰富，生动活泼，人物山水、花卉草木、鸟兽虫鱼、楼台殿阁等，均可列为作画内容。如图 8.1.28 所示。

2. 苏式彩画的种类

苏式彩画种类有两种，一种是按构图形式和特点，分为枋心式彩画、包袱式彩画、海墁式彩画，如图 8.1.28 所示。另一种是按贴金量多少，分为金琢墨苏式彩画、金线苏式彩画、黄线苏式彩画等。

【8.1.20】 枋心式彩画图案

所谓"枋心式"是指彩画的构图，以额、垫、枋三者分别构图，它同和玺彩画、旋子彩画一样，也分为大、小额枋和额垫板等分别作画。"枋心式"彩画由枋心图案（包括枋心线、岔口线）、藻头图案（包括卡子）、箍头等组成，如图 8.1.29 所示。

1. 枋心图案

苏式彩画的枋心图案具有丰富多彩的特点，它由枋心图案、枋心线和岔口线等组成。

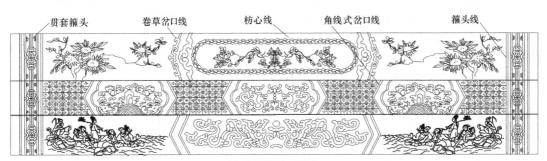

(a) 无卡子枋心式苏画

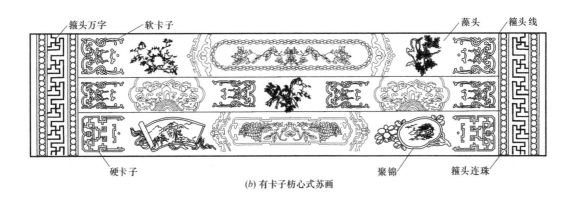

(b) 有卡子枋心式苏画

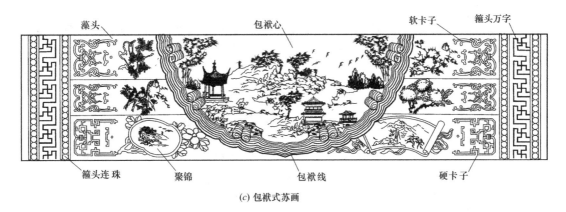

(c) 包袱式苏画

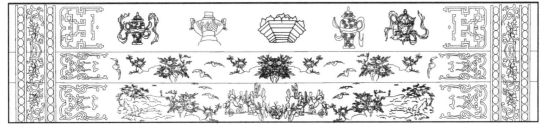

(d) 海墁式苏画

图 8.1.28 苏式彩画

413

（1）枋心图案：苏式彩画枋心图案题材比较广泛，构图内容也比较自由，如：龙凤、夔龙、草木、花卉、人物、风景、博古、写生画等，都可作为枋心图案的题材，如图8.1.30所示。

（2）枋心线和岔口线：枋心线的形式有卷草框边式、卷草花边式、弧线框边式三种，具体画法如图8.1.31（a）所示。

岔口线的形式有卷草式、烟云式、角线式三种，具体画法如图8.1.31（b）所示。

2. 找头、箍头、卡子图案

枋心式找头范围比较长，靠箍头一端的做法也比较自由，可设皮条线，也可不设皮条线，但一般应画箍头线；可带卡子，也可不带卡子。找头图案也比较多，可自由灵活想象和构思，如图8.1.32（a）所示。

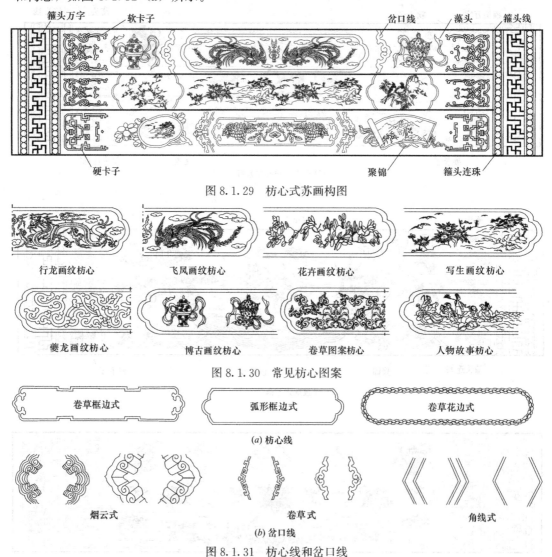

图 8.1.29 枋心式苏画构图

图 8.1.30 常见枋心图案

图 8.1.31 枋心线和岔口线

箍头有单箍头或双箍头之分，卡子有硬软之别。单箍头一般为贯套，双箍头一般用万字或回纹，如图8.1.32（b）所示。硬卡子的线条为直线形，软卡子的线条为弧线形，具体画法，如图 8.1.32（c）所示。

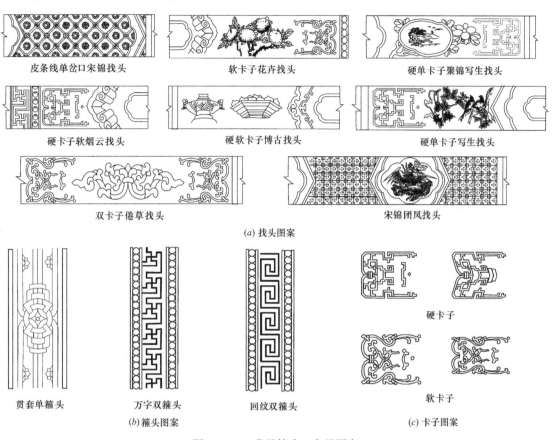

皮条线单盆口宋锦找头　　软卡子花卉找头　　硬单卡子聚锦写生找头

硬卡子软烟云找头　　硬软卡子博古找头　　硬单卡子写生找头

双卡子倦草找头　　宋锦团凤找头

(a) 找头图案

贯套单箍头　　万字双箍头　　回纹双箍头

硬卡子

软卡子

(b) 箍头图案　　(c) 卡子图案

图 8.1.32　常见箍头、卡子图案

【8.1.21】 包袱式彩画图案

所谓"包袱式"是指在构图中心有一个大的包袱框线，作画时是将大木作的额、垫、枋三者作为一个大面积的画面来进行构图，以圆弧形的包袱线作为枋心与藻头的分界线，然后分别在包袱和找头内各自绘制相应图案，如图 8.1.33 所示。

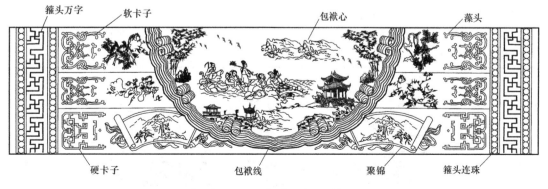

箍头万字　　软卡子　　包袱心　　藻头

硬卡子　　包袱线　　聚锦　　箍头连珠

图 8.1.33　包袱式彩画图案

　　包袱线是包袱式彩画构图核心的边界线，常用的形式有：烟云退晕框、花纹边框、文卷边框、卷草边框等，如图 8.1.34 所示。其中，烟云退晕框是由外框边线，向内作多层退晕处理，称为"退烟云"。烟云框线由烟云托子和烟云筒两部分组成，"烟云托子"是由连续折叠曲线进行层层退晕，退晕层次 5 至 7 道，由外疏而内密。"烟云筒"是用筒状弧线进行层层退晕，退晕层次 7 至 13 道，由疏而密，如图 8.1.34（a）所示。

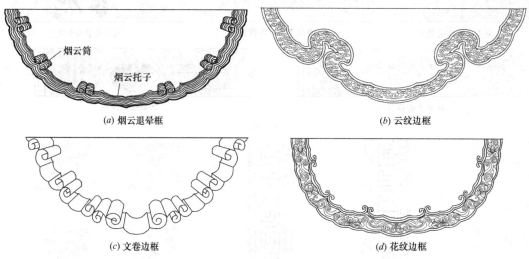

(a) 烟云退晕框　　　　　　　　　　　　(b) 云纹边框

(c) 文卷边框　　　　　　　　　　　　　(d) 花纹边框

图 8.1.34　包袱线形式

　　包袱内的图案，因面积较大，可以采取大手笔、大题材为思路进行构图，如林园写生、历史故事、楼台殿阁等。藻头内可按枋心式藻头那样，分开大、小额枋和额垫板三件构图，也可将三件连在一起构图。构图题材仍同枋心式一样，可集思广益，精心创作。包袱式彩画除箍头和卡子需要对称外，其他图案均可自由发挥。

【8.1.22】　海墁式彩画图案

　　所谓"海墁式"彩画即指作画面积更为宽阔的一种形式，也就是说海墁式彩画是较包袱式绘画构图更为自由的彩画，它除箍头、卡子按规定位置绘制外，在枋心和找头之间，不设任何分界线和框边线，构图更加自由灵活。

　　在绘画构图时，可以按额、垫、枋三者分别作画，但不设框边。在箍头内侧设卡子，两端箍头和卡子要对称绘制，其他构图图案既可对称，也可不对称，如图 8.1.35 所示。

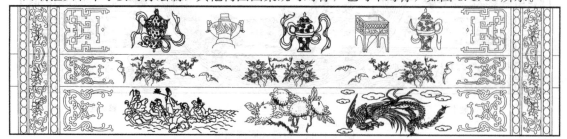

图 8.1.35　海墁式彩画图案

在海墁式彩画中，还有一种特殊构图，即对各大木构件专画竹纹，称为"斑竹海墁"，粗视之画，好似各构件是用竹子编织而成，多用于竹林、森林中的建筑。

【8.1.23】 金琢墨苏式彩画图案

金琢墨苏式彩画是指在枋心式、包袱式、海墁式三类彩画中，对箍头线、枋心线、聚锦线等主要线条和卡子图案等作沥粉贴金，其他花纹线条均为色线或墨线。

对包袱式彩画中的包袱线，若采用烟云边框时，外层做金边线，向内作多层"退烟云"处理，如图 8.1.36 所示。退晕层次分为 5、7、9、11 道，采用多道色阶，每种颜色由浅至深。烟云的色彩，在外边线之内，最外道必须先垫刷白色，留出一定宽度后再退到第二道色阶，按颜色由浅至深的顺序，层层攒退。烟云筒与烟云托子的配色，一般为黑烟云筒配深浅红托子；蓝烟云筒配浅杏黄托子；绿烟云筒配深浅粉紫托子；紫烟云筒配深浅绿托子；红烟云筒配深浅绿（或蓝）托子。

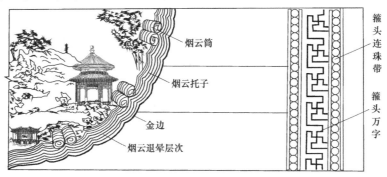

图 8.1.36　包袱线退晕

【8.1.24】 金（黄）线苏式彩画图案

金线苏式彩画是指在枋心式、包袱式、海墁式三类彩画中，只对枋心线、聚锦线、包袱边线等规矩部分作沥粉贴金；而箍头、卡子可灵活处置作片金。其他各线均为墨线，包袱线的烟云退晕层次 5 至 7 道。

黄线苏式彩画是指在枋心式、包袱式、海墁式三类彩画中，只对枋心线、聚锦线、包袱边线等规矩部分用黄色线条，箍头内用单色回纹或万字，卡子为紫色线或红色线。其他均用墨线。包袱线的烟云退晕层次 5 道以下。

【8.1.25】 清制斗栱彩画图案

清制斗栱彩画按斗栱身图案、斗栱板图案两部分绘制。

1. 斗栱身图案

斗栱身的彩画主要是设色和画线。斗栱的设色是指栱件本身的底色，以柱头科为准，按青、绿两色相间使用，当升、斗构件为绿地者，栱、翘、昂构件为青地；反之调换使用，栱眼为红色，如图 8.1.37 中所示。各个构件的周边线条，分为绘制金线和色线（墨线或黄线）两种。绘制金线边的斗栱是与金线大点金以上彩画配合使用，绘制色线边的斗栱是与墨线大点金以下彩画配合使用。

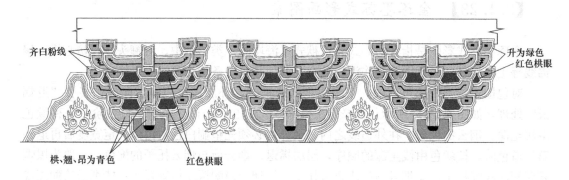

图 8.1.37　斗栱的设色

2. 斗栱板图案

斗栱板的图案有：坐龙、凤舞、火焰宝珠、法轮草等，如图 8.1.38 所示。选用图案时应与大木彩画相适应，如大木为和玺彩画者，斗栱板应为坐龙、凤舞、法轮草或火焰三宝珠等图案；如大木为旋子墨线大点金以下的彩画者，斗栱板一般不作画，只刷红油漆。边框之内的龙、凤、火焰为沥粉贴金，宝珠为颜料彩画，也可加色线。

坐龙　　　　　　　　凤舞　　　　　　　　火焰宝珠　　　　　　　法轮草

图 8.1.38　斗栱板的图案

斗栱板的底色一般固定为红地，板的边框线为绿色，内框线为金色，其他框线为墨白或其他色线，如图 8.1.39 所示。

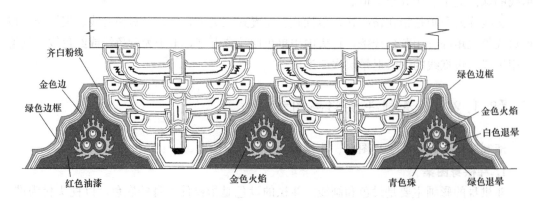

图 8.1.39　斗栱板的设色

【8.1.26】 椽子彩画图案

椽子彩画宋制和清制各有不同。

1. 宋制椽子彩画图案

宋椽子彩画分为椽身和椽头。《营造法式》在"五彩遍装"中述"椽头面子,随径之圈,作叠晕莲华,青、红相间用之;或作出焰明珠,或作簇七车钏明珠,皆浅色在外。或作叠晕宝珠,深色在外,令近上叠晕,向下棱,当中点粉为宝珠心;或作叠晕合螺玛瑙,近头处,作青、绿、红晕子三道,每道广不过一寸。身内作通用六等华,外或用青、绿、红地作团窠,或方胜,或两尖,或四入瓣。白地外用浅色,青以青华,绿以绿华,朱以朱粉圈之。白地内随瓣之方圆,或两尖或四入瓣同。描华,用五彩浅色间装之。其青、绿、红地作团窠、方胜等,亦施之枓、栱、梁栿之类者,谓之"海锦",亦曰"净地锦"。飞子作青、绿连珠及棱身晕,或作方胜,或两尖,或团窠,两侧壁,如下面用遍地华,即作两晕青、绿棱间;若下面素地锦,作三晕或两晕素绿棱间,飞子头作四角柿蒂。或作玛瑙。如飞子遍地华,即椽用素地锦。若椽作遍华,即飞子作素地锦。白版或作红、青、绿地内两尖窠素地锦。大连檐立面作三角叠晕柿蒂华。或作霞光"。对椽子端头面,它是根据椽子直径而呈圆形,用青色或红色绘制叠晕莲花,青、红相间使用;或者绘制火焰明珠,或者绘制簇七车钏明珠,这些图案叠晕都使浅色在外。也可绘制叠晕宝珠,这种图案深色在外,在靠近上端部位,朝下棱方向作叠晕,椽子中心用铅粉点成宝珠心;还可在靠近柱头处作叠晕合螺玛瑙,绘制成青、绿、红晕子三道,每道宽度不超过 1 寸(如图 8.1.40(a)合螺玛瑙所示)。对椽身,身内通长用六等花,也可在青、绿、红色地上绘制团窠、方胜、两尖、四入瓣等图案。在白地外用浅色,如果是青地用青花,绿地用绿花,朱地用朱粉圈之。在白地内应根据瓣的方圆,或两尖或四入瓣同。进行描绘花纹,用五彩浅色填充其间。对在青、绿、红等色地上绘制团窠、方胜等,用于枓、栱、梁栿等构件者,称为"海锦",又称"净地锦"。

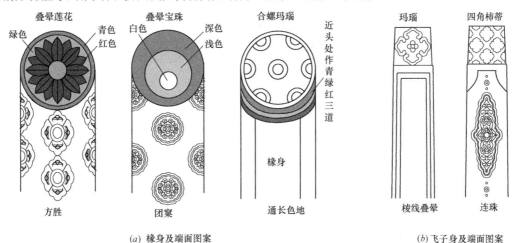

(a) 椽身及端面图案   *(b)* 飞子身及端面图案

图 8.1.40 宋制椽子图案

对于飞椽,应绘制青、绿连珠及棱线叠晕,如图 8.1.40(b)所示,也可绘制方胜、两尖、团窠等图案。在飞椽两侧壁,如椽腹用遍地花,则应绘制两晕,青、绿棱线相间;

若橡腹为素地锦，则应绘制三晕或两晕，素绿棱线相间。对橡飞端头绘制四角柿蒂。或绘制玛瑙。另外，飞橡与橡子相互搭配，如飞橡用遍地花，则橡子应用素地锦。若橡子作遍地花，则飞橡作素地锦。对于白板，也可用红、青、绿色地，在其内绘制两尖素地锦。对于大连檐立面，绘制三角叠晕柿蒂花，或绘制霞光图案。

2. 清制橡子彩画图案

清制橡子的橡身部分主要是设色，一般采用青色或绿色，不另作画。橡头的设色在檐橡和飞橡之间要青、绿相间。

檐橡头图案多为龙眼、百花、寿字等，边框线为沥粉贴金，底色为青地，如图8.1.41（a）所示。飞橡头图案多为万字、栀花、色花等，边框线为沥粉贴金，底色一般为绿地，如图8.1.41（b）所示。

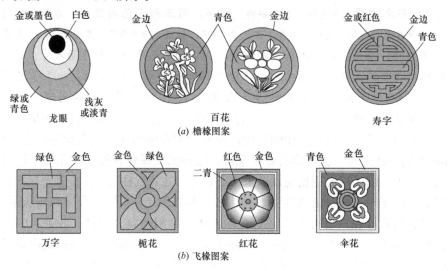

图 8.1.41　清制橡子端头常用图案

【8.1.27】　平棊、天花彩画

一、宋平棊彩画

《营造法式》卷八平棊条中述"其中贴络华纹，有十三品：一曰盘毬，二曰斗八，三曰叠胜，四曰锁子，五曰簇六毬文，六曰罗文，七曰柿蓝蒂，八曰龟背，九曰斗二十四，十曰簇三簇四毬文，十一曰六入圜华，十二曰簇六雪华，十三曰车钏毬文。其华文皆间杂互用。华品或更随宜用之。或于云盘内施明镜，或施隐起龙凤及雕华。每段以长一丈四尺，广五尺五寸为率"。即在贴木分格内的花纹图案有13种，即：盘毬、斗八、叠胜、锁子、簇六毬文、罗文、柿蓝蒂、龟背、斗二十四、簇三簇四毬文、六入圜华、簇六雪华、车钏毬文等，如图8.1.42（a）（b）（c）所示。这些花纹图案都可以相互间杂使用，图案品种也可以随意挑选。或者在四周云绕框（称为云盘）内布置圆框（称为明镜），如图8.1.42（a）所示，或者用浅雕手法剔凿出龙凤及雕刻花纹。每段长以不超过14尺，宽5.5尺为原则。

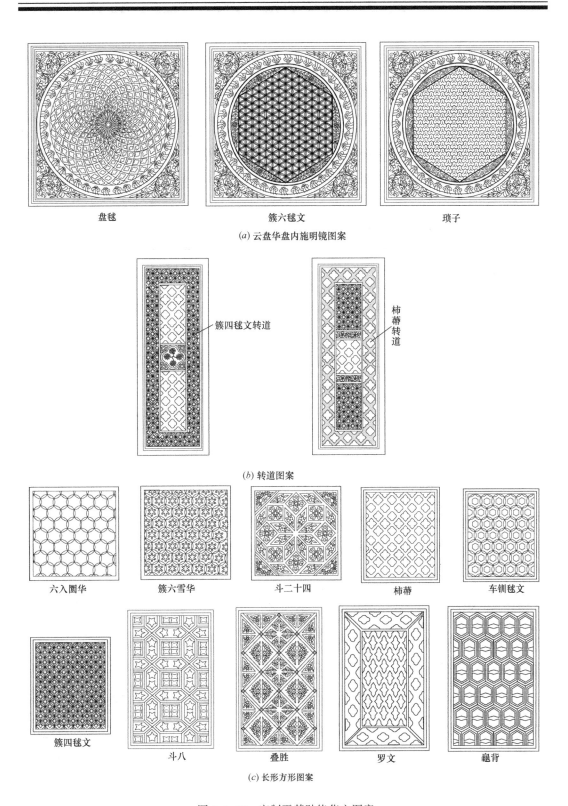

盘毯　　　　　　　　　簇六毯文　　　　　　　　琐子

(a) 云盘华盘内施明镜图案

簇四毯文转道

柿蒂转道

(b) 转道图案

六入圈华　　　　　簇六雪华　　　　　斗二十四　　　　　柿蒂　　　　　车钏毯文

簇四毯文　　　斗八　　　　叠胜　　　　罗文　　　　龟背

(c) 长形方形图案

图 8.1.42　宋制平棊贴络华文图案

二、清天花彩画

清制分为天花板的设色、井口板图案、支条图案等。

1. 天花板的设色

天花板的设色，由内向外分为圆光、方光、大边、支条、边线等几部分，如图8.1.43（*a*）所示。传统设色为：圆光用绿色（或青色）、金（或红）色边，方光为浅绿（或浅青）、金（或红）色边，大边为深绿，支条用绿色，井口线和支条边线为金色。

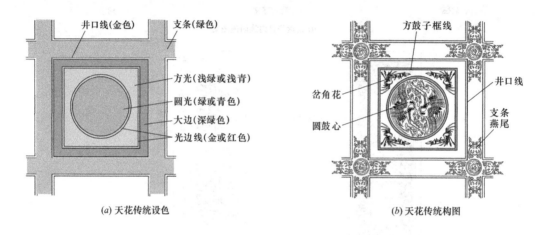

（*a*）天花传统设色　　　　　　　（*b*）天花传统构图

图8.1.43　清制天花板的设色与构图

2. 井口板图案

井口板的图案由鼓子心和岔角花两部分组成，如图8.1.43（*b*）所示。

井口板图案的鼓子心分为方鼓子框线、圆鼓心。方鼓子框线一般采用金线或红色，圆鼓心图案有二龙戏珠、双凤朝阳、双鹤翩舞、五蝠捧寿、西番莲、金水莲草等，如图8.1.44所示。

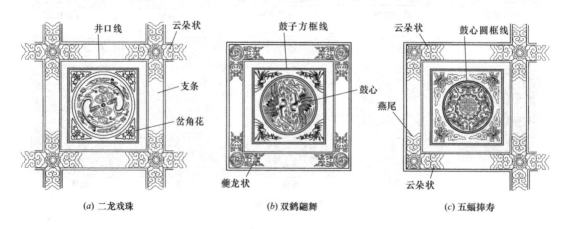

（*a*）二龙戏珠　　　　　（*b*）双鹤翩舞　　　　　（*c*）五蝠捧寿

图8.1.44　清制常用天花板的图案

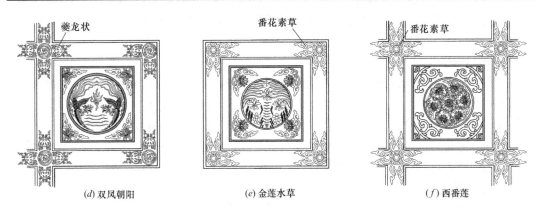

(d) 双凤朝阳　　　　　(e) 金莲水草　　　　　(f) 西番莲

图 8.1.44　清制常用天花板的图案（续）

3. 支条图案

支条图案分为支条井口线和支条燕尾图案，其中支条井口线一般为贴金或色线。支条燕尾图案有云朵状、夔龙状、番花素草等，如图 8.1.45 所示，依井口板图案进行选用。当井口板图案为龙、凤、鹤、蝠者，支条采用云朵状或夔龙状燕尾；当井口板图案为番莲、水草者，支条采用番花素草燕尾。

(a) 云朵状　　　　　(b) 夔龙状　　　　　(c) 番花素草

图 8.1.45　常用井口支条图案

8.2　油漆彩画基本要素

【8.2.1】　彩画起打谱子

彩画的"起打谱子"是指在画稿纸上，按选定的图案做好画稿，然后将其图案复制到构件上的一种操作。操作步骤分为：丈量配纸、画起谱子、针扎谱子、粉打谱子等。

1. 丈量配纸

丈量配纸是指按准备作画的彩画位置，用尺子将量出彩画部位的长度、宽度和中线等数据，逐一做好记录，以便设计画稿时，进行框线布置。然后按量出的尺寸，选配画稿用的牛皮纸。对小范围彩画，只需按其尺寸配纸即可；对长条构件的彩画，多以中线为准对称布置，可以按 1/2 长的绘画范围进行配纸。

2. 画起谱子

在牛皮纸上粗画纹样草稿称为"画谱"，再仔细描出图案，称为"起谱子"。操作时，先按不同的构图要求，用炭条初步绘制出彩画纹样，若是额枋大木，应先在牛皮纸上分出三停线，然后再粗画纹样，即完成彩画稿子的"画谱"，待各个粗线条画稿完成后，再用墨笔描画一遍，依次画出箍头线、岔口线、皮条线、枋心线、盒子线等，最后按构思设计画出其他图案，此操作称为"起谱子"。

3. 针扎谱子

在即将作画的基面上，以谱子中线对准构件上的中线，将画谱平摊其上并固定好位置，再用大针按墨线顺序进行扎孔，这时会在构件基面上留出许多针迹，称此为"扎谱子"，以此在构件上复制出画稿线迹。

4. 粉打谱子

扎完好谱子后，根据基面颜色需要，采用装有白粉或色粉的布袋，循着扎谱子的孔迹拍打，使构件上透印出花纹粉迹，称为"打谱子"。拍打完成后用墨线按粉迹描绘出图案；对需要贴金的地方，还要用小刷子蘸红土子，将花纹写出来，称为"写红墨"，然后再依红墨线进行沥粉。

【8.2.2】 彩画沥粉贴金

所谓"沥粉"，是指用一种专用"胶粉"按花纹线条进行粘涂，使粉迹凸显出花纹立体感的一种工艺；"贴金"是指将金箔按花纹线条粘贴的宽窄，剪成条状后用胶液粘贴到其上，以修饰增加色彩的一种工艺。大多数沥粉者都需要贴金，故一般统称为"沥粉贴金"。沥粉贴金的操作分为沥粉、包黄胶、打金胶、贴金、扫金等。

1. 沥粉

沥粉所用材料为胶粉，沥粉工具为挤粉袋。沥粉操作是将胶粉装入带有尖管嘴的挤粉袋内包扎起来，然后像挤牙膏似的，将胶粉挤到花纹线条图案上，依花纹图案的高低，控制其粉条的宽窄厚薄，使花纹线条形成仿真效果的立体感，如图 8.2.1 所示。

图 8.2.1　沥粉

胶粉是用土粉子：大白粉＝3：7 的混合物，加入适当骨胶或乳胶液，搅拌均匀，使之调和成一种稠稀适宜的糊浆状。

沥粉工具由粉尖、老筒、粉袋三部分组成。其中，粉尖分为单、双尖，单尖筒用于沥单线大粉和各路小粉，双尖筒用于沥双线的大小粉，如图 8.2.2 所示。当粉尖的尖嘴口径为 4mm、5mm 时，称为沥大粉；口径为 2.5mm、3mm 时称为沥小粉。粉尖和老筒用较薄白铁皮加工焊接而成，粉袋用塑料袋或猪膀胱制作，然后按图 8.2.3 进行组装即可。

图 8.2.2　粉尖、老筒

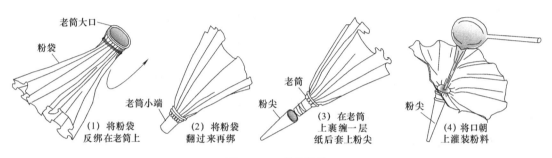

图 8.2.3　粉袋操作

2. 包黄胶

黄胶是指用石黄、胶水和清水调制成的液体。当按花纹线条图案要求将沥粉完毕后，待稍干，然后在沥粉线上涂刷一层石黄液，将整个沥粉包裹在内不使其外露。

3. 打金胶

金胶油是粘贴金（铜）箔的粘结剂，它是用：光油：豆油＝23：1 的混合物，经加温熬制而成。当沥粉线上涂刷的石黄液干硬后，用毛刷（用头发毛自制）醮金胶油涂刷其上，要求涂描准确，不污不脏，厚薄均匀适度。

4. 贴金

贴金即指粘贴金箔。将金箔按粘贴宽窄需要剪成条状，当金胶油七八成干时，用竹夹子或金属镊子夹着箔片，轻手轻脚，不急不躁，沿着沥粉线条粘贴。

5. 扫金

完成一段贴金后，用金扫帚（即羊毛刷子），沿着已贴金面，以适当力度按压一遍，以使达到贴实粘紧。

【8.2.3】 彩画的颜料

在彩画中常用的颜料有洋绿、石绿、沙绿、佛青、石青、普鲁士蓝、银朱、石黄、铬黄、雄黄、铅粉、立德粉、钛白粉、广红、赭石、朱砂、朱䄃、黑烟子、金属颜料、植物质颜料等。

1. 洋绿、石绿、沙绿

"洋绿、石绿、沙绿"均为绿色颜料，其中，"洋绿"即指进口绿，以德国的鸡牌绿为上等，其次澳大利亚等。洋绿色彩非常美丽，具有较强覆盖力和耐光力，但遇湿易变色，有大毒，因此，要求存放在干燥僻静之处，涂刷时应避开阴雨天气。

"石绿"是孔雀石制成的颜料，故又叫做"孔雀石绿"，因其颜色酷似孔雀羽毛上斑点的绿色而得名，也有称为"岩绿青"，有大毒，是在没有洋绿时用得较普遍的绿颜料。

"沙绿"为国产颜料，有大毒，较洋绿深暗，可在洋绿内加佛青以代之。

2. 佛青、石青、普鲁士蓝

"佛青、石青、普鲁士蓝"均为青蓝颜料，其中，"佛青"又称群青、沙青、回青、洋蓝等，呈砂粒状，具有耐日光、耐高温、遮盖力强、不易与其他颜色起化学反应等特点。

"石青"为国产名贵颜料，它覆盖力强、色彩稳定，不易与其他颜色起化学反应。

"普鲁士蓝"由德国涂料工人研制出的一种颜料，与德国前身普鲁士军队的制服颜色相同故而取名，又称"毛蓝"、"铁蓝"，它颜色稳定持久。

3. 银朱

"银朱"是用汞与石亭脂（即经加过工的硫磺）精炼而成，鲜红色的粉末。上海牌银朱用得较广，它色泽纯正，鲜艳耐久，有一定的覆盖力。正尚斋银朱是一种非常名贵的银朱，佛山银朱仅次于上海牌银朱。

4. 石黄、雄黄、铬黄

"石黄、铬黄、雄黄"均为黄色颜料，其中，"石黄"是一种天然硫化砷，是我国特产的一种黄色颜料，橘黄色，有毒，色泽较浅，不易褪色，覆盖力强。

"雄黄"是由石黄内提炼出来的深色颜料，色泽鲜艳，覆盖力强，但在阳光下不耐久，一般只在作雄黄玉彩画时才使用。

"铬黄"是指含铬酸铅的黄色颜料，色泽鲜艳，着色力高，遮盖力强，是彩画中使用较多的一种颜料，色较深，黄中偏红。其耐光性较差，有毒。

5. 铅粉、立德粉、钛白粉

"铅粉、立德粉、钛白粉"均为白粉颜料，其中，"铅粉"为无机化合物，易溶于酸类，不溶于水，俗称"中国铅粉"，呈块状，有毒，具有不易与其他颜料起化学作用、相对密度（即比重）大、覆盖力强等特点，有容易刷厚，遇湿气易变黑、变黄等缺陷。

"立德粉"又称为"洋铅粉"、"锌钡粉"，它是由硫酸锌和硫化钡溶液起化学反应的沉淀物，经过滤、干燥及粉碎后，再煅烧至红热，倾入水中急冷而得的白色颜料。无毒，覆盖力强，不易刷厚。但在阳光照射下易变暗，不能与洋绿配兑使用。

"钛白粉"即二氧化钛，色洁白，无毒，遮盖力和着色力都很强，耐光耐热，在阳光下不易变色。

6. 广红、赭石、朱砂、朱膘

"广红、赭石、朱砂、朱膘"均为红色颜料，其中，"广红"又称"红土子"、"广红土"，暗红色或淡红色，用赤铁矿研细而成，色很稳定，不易与其他颜色起化学作用，价廉，是经常使用的颜料。

"赭石"又称"土朱"，暗棕色矿物，是赤铁矿中的产品，色性稳定经久不褪色，并很透明。

"朱砂"一种红色硫化汞矿物，呈细粒的块状体，是提炼汞的唯一重要矿石。色彩稳定、沉重，多用于苏画白活中。

"朱膘"是朱砂研细入胶后，浮于上部的膘，颜色鲜艳透明、持久，是绘制白活时必不可少的颜料。

7. 黑烟子

"黑烟子"是一种比较经济的烟灰颜料，相对密度（比重）轻，不与任何颜料起化学反应。

8. 金属颜料

金属颜料是指金箔、泥金、银箔、铜箔、金粉、银粉等，其中：

"金箔"分为库金和赤金，库金是最好的金箔，颜色偏深、偏红、偏暖，光泽亮丽。不易氧化，永不褪色。赤金颜色偏浅、偏冷、偏黄白。亮度和光泽次于库金。

"泥金"是用金箔和白芨（含有胶质的植物根茎）手工泥制而成，其亮度和光泽不如贴金，它是在彩画中用笔以水稀释勾添用。

"银箔"比金箔稍厚，呈现白银效果，但贴后需罩油，否则会很快氧化。

"铜箔"色彩近视金箔，很容易氧化，贴后罩上保护涂料可减缓氧化速度。

"金粉、银粉"是用来调制金漆、银漆的材料，也容易氧化变色。

9. 植物质颜料

植物质颜料，又称有机颜料，多用于绘制人物、山水、花卉等（称为白活）部分，常用的有：藤黄（即海藤树内流出的胶质，有剧毒）、胭脂、洋红、曙红、桃红朱、柠檬黄、紫罗兰、玫瑰、花青等。它们的特点是着色力和透明性都很强，但耐光性、耐久性均非常差，不很稳定。

【8.2.4】 彩画颜料入胶调制

彩画所用的无机矿物颜料只有加入水胶进行调制后，使用起来才便于操作和掌握。水胶是用广胶或骨胶，以冷水浸泡使其发胀变软，再经砂锅或铝锅微火熬制而成。根据施工实际需要量，需用多少则熬制多少，放置时间过长容易变质。这里介绍几种常用颜料的入胶调制。

1. 胶洋绿、胶广红

"胶洋绿"是先将洋绿干粉放入容器内，用开水边沏边搅拌，等水凉后将水澄出，然后再沏再澄，如此反复2至3次，此操作称为"除硝"。除硝后取出磨细，加入少量胶液用木杵搅拌，直至与颜料粘合成团，然后再加足胶液进行搅拌，太稠可加水稀释，搅拌成糊状后，加入3%的清油或光油，调和均匀即可。

"胶广红"与胶洋绿操作相同。

2. 胶佛青、胶石黄

"胶佛青"同胶洋绿一样先要除硝，除硝后将其放入容器内，慢慢加入胶液搅拌，使之粘合成团，然后再加足胶液进行搅拌，太稠可加水稀释搅拌均匀，然后以试着涂刷，干后遮底不掉色为度。入胶调制时的用量，要小于洋绿，因用量太大会使色泽偏黑而不鲜艳。

"胶石黄"与胶佛青操作相同。

3. 胶铅粉

"胶铅粉"是先将铅粉捣碎过筛（用 80 目以上的箩筛）后，放入容器内，慢慢加入胶液，随加随搅，当铅粉完全湿润后，加足胶液揉成粉团，再将粉团分成小块，搓成条状，而后再反复揉团搓条，使胶与粉彻底结合为一体。揉好后码放在容器中，用冷水浸泡一段时间，使白粉进一步湿润，然后捞出加温，稍加些胶液，用水稀释到可用程度即可。

4. 胶黑烟子、胶银朱

"胶黑烟子"，因烟子很轻，需慢舀慢放，置于容器内慢慢加入胶液，并轻轻搅动，待烟子成团后，再加大力量搅拌，使烟子疙瘩全部散开后，再加入胶液调制成糊状，加水稀释后即可使用。

"胶银朱"与胶黑烟子操作相同。

5. 胶樟丹

"胶樟丹"同胶洋绿一样先要除硝，除硝后根据樟丹含水情况，合适加入胶液，搅拌均匀即可，搅拌时可用水稀释。

6. 调紫色、调香色

调紫色有三种，一是葡萄紫，它是用胶银朱和胶佛青配兑而成；二是经济型，它是用胶广红、胶佛青和少量胶银朱配兑而成；三是直接用广红作紫色。

调香色是用适量胶石黄、胶银朱、胶佛青、胶烟子等，根据深浅颜色需要，配兑而成。

7. 调二（三）青、调二（三）绿

二青是指较佛青浅一个色阶的颜料，三青较二青浅一个色阶。"调二青"是将调制好的佛青，再兑入调好的胶铅粉，经搅拌均匀后即成。"调三青"再加入胶铅粉。

调二（三）绿是用洋绿，加兑胶铅粉调制而成，与调二（三）青相同。

【8.2.5】 胶矾水

在绘画中有直接在画纸上作画的，也有是先刷一层白色涂料后再作画的，这二者都称为作画"底子"。"胶矾水"就是处理作画底子用的一种液体。在苏画中，多用动物胶来作结合剂的白色涂料作底子，或用白纸作底子（用于天花板上），在这些底子上，先要涂刷一层胶矾水，才能使涂色均匀顺畅，因此，胶矾水是苏画中必不可少的处理剂。

胶矾水是将矾块砸碎，用开水化开后，加入胶液搅拌成糊状，再适量加入开水，搅拌均匀后即成。但是对胶、矾、水三者要求有比较合适的比例，若胶矾过大，水量较少时，会产生在处理大木绘画底子中，只要稍有涂刷不均，就易使矾水集中处干后容易起爆裂。而用在处理绘画纸时，干后就会脆硬易折，不易裱糊，施色后也易掉片脱落。但若水量过大，胶矾较少时，对底色起不到封固作用。特别是矾纸，矾而不透，施色时容易漏色。配兑胶矾水的简单经验是：当胶矾水初步搅匀后，先用舌尖舔尝一下矾水色味，若味涩者，说明矾水过大，可适当增加胶液；若味苦而颜色偏深浑浊者，说明胶液过多，可斟酌加点矾水。最适宜的色味是带有微甜。

【8.2.6】 熟桐油

熟桐油是用于对木质构件防腐防潮的涂刷油料，也是调制油漆色油的基本原料。它以生桐油为主要材料，掺入其他辅助材料后，经高温熬制而成，《营造法式》称为"炼桐油"，清称为"熬光油"。

1. 宋制炼桐油

《营造法式》卷十四彩画作制度中述，"炼桐油之制：用文武火煎桐油令清，先煠胶令焦，取出不用，次下松脂搅侯化；又次下研细定粉。粉黄色，滴油于水内成珠；以手试之，黏指处有丝缕，然后下黄丹。渐次去火，搅令冷，合金漆用。如施之于彩画之上者，一乱丝揩揾用之"。即炼桐油方法，是将生桐油置于锅内用文武火煎熬，使之变清，先将胶放入桐油内煠焦，然后取出不用，再放入松脂进行搅拌使其融化，再放入磨细定粉，当粉变成黄色，且油滴入水中成珠状时，可以用手蘸油试一试，如果黏指处有丝缕者，即可放入黄丹。然后逐渐把火降小直至熄灭，并不断搅拌使其冷却，将其与金漆调和后即可使用。如果要用于彩画上，应使乱麻丝揩揾于其上后再用。

述中"先煠胶令焦"的"胶"是指什么，依卷二十七诸作料例中述，"应煎合桐油，每一斤：松脂、定粉、黄丹，各四钱。木劄：二斤。应使桐油，每一斤，用乱丝四钱"。即煎合炼制桐油的物质为：松脂、定粉、黄丹、木劄。另在卷二十八诸作用胶料例述道，"每一斤胶，用木劄二斤煎"。即每一斤胶由二斤木劄煎制。由此可知，"先煠胶令焦"是指将木劄放入生桐油内煎炸，至焦后取出。

2. 清制熬光油

"光油"是由："生桐油：白苏籽油：干净土籽粒：密陀僧粉：中国铅粉＝40：10：2.5：1.0：0.75"的配合物，经加高温熬制而成。根据季节变化有不同要求，在冬季熬油时，要按定量土籽粒增加20％至40％用量，在夏季和初秋多雨季节熬油时，应按定量密陀僧粉增加30％至50％用量。对其中所用铅粉，要经粉碎后过细箩筛的粉料。

光油熬制前先对土籽、密陀僧粉和铅粉进行处理。即将土籽用清水漂洗，清除其尘土、草屑等，并烘干。再将过筛后密陀僧粉和铅粉，进行焙炒脱水处理。然后分别存放待用。

开始熬制时，先将定量的白苏籽油倒入锅内加热，使其油温达到160℃以上。另将土籽粒放在大炒勺内，浇入少许热油进行翻炒，使土籽粒加热，待土籽粒温度与苏籽油温接近时，再将土籽粒放入锅内煎炸，继续添火加热，并不断搅动。直至油温升到260℃左右时，即可将土籽粒全部捞出，并撤火、扬油放烟，使油温下降，直到降至160℃左右，保持余火不灭，让油温稳定在160℃左右。

另用一只大锅熬制生桐油，待油温升到260℃时，撤火扬油放烟，使桐油温降到160℃左右，再将白苏籽油与桐油兑在一起熬制，用慢火加热并不停搅动，让油温缓慢上升至260℃以上，但不得超过260℃。继续搅动扬油放烟，直到看见扬油洒下的油溜颜色变成为橙黄色时，就可按下述进行油的稠度试验。

油的稠度试验方法是：用一根约1尺长的扁钢或铝条，一端搅上热油，另一端浸入凉水桶内，使扁钢上的油温降至常温以下，用手指将油抹下，在拇指与食指之间揉搓，分开二指时，看油丝拉的长度。若拉不出油丝者说明油过于稀，还需再熬一些时间；若油丝拉至 2 寸以上仍不断者说明太稠，要从时间上控制不要熬得太稠。所以，试油的过程要早些开始，并多次进行，从拉不出油丝到油丝拉至 1 寸半左右即断，并断头线回缩，即为合适稠度。

当稠度合适后，立即撤火扬油放烟，使油温降至 160℃ 左右时，用笊篱将密陀僧粉和铅粉，向热油浮面筛撒，并随即搅动，当全部粉料在油内呈悬浮状态时，停止搅动，保留余火不灭，控制温度在 160℃ 的情况下，延续不少于 4 小时，让粉料全部沉淀于锅底。

待粉料全部沉淀于锅底后即可停火，趁油温不低于 120℃ 的情况下，将浮在上面的清油撇出来，待冷却后即可。但一定要注意，不得将沉淀的粉料混入清油内。对剩下带沉淀粉料的油底子，可留作细灰时使用，或掺到灰油中使用。

熬制过程中应注意的事项：

（1）掌握好扬油放烟的环节：当油温升高时会冒烟，这是因为，生油内所存植物质，遇高温而碳化的结果，所以扬油放烟，可以使一部分碳化微粒成烟飞出油外。而碳化后的残质微粒，如果留在油内，就会使油色变成褐色、浑浊，扬油就是使温度降低，让尚未碳化的物质暂缓碳化，使之慢慢沉淀下去而不影响油色。因此，熬油的温度如果达不到预定的高度，油就无法成熟。但油温过高，又会产生碳化残质，使油色浑浊，这是一对矛盾，因此一定要按上述操作掌握好。

（2）把握住粉料沉淀的关键：加入密陀僧粉和铅粉的目的，是为了调整桐油的聚合性，增加固化结膜性能，但粉状材料混在油内，又会使油变得浑浊不清，密陀僧含有芒硝，硝的燃点很低，如油温稍高就要随之碳化，这样，更会增加油的浑浊，所以，既要使其在熬油时发挥作用，又要在油成熟后将其排除油外，主要方法就是让其在热油内存在较长时间后而沉淀。一般光油在热的时候就溏成液态，凉的时候就聚合成流动状态，如果要使粉状材料很好沉淀，就必须保持一定的油温，故要求从撒入粉料开始，在经搅动、悬浮，直至完全沉淀的整个过程，油温必须保持在 160℃ 至 120℃ 之间，高了会促使物质继续碳化，低了又会使油聚合变稠，故一定要把握住沉淀时的油温。

（3）做好熬油的安全工作：在熬油过程中，同熬灰油一样，也要防止溢锅、聚暴和炸油烫伤。

【8.2.7】　金胶油

"金胶油"是在做贴金、扫金、扫青、扫绿等工艺中，起粘结作用的黏性涂料。在一般油漆工程中，用光油涂刷后 12 小时左右，光油就会达到固化，这样就会失去了光油粘贴的吸附作用，这对贴金、扫色是很不利的。金胶油就是要改变光油的这种性质，使其从结膜到固化的时间延长，便于光油涂刷后，有充足时间进行彩画中的粘贴工作。

"金胶油"是用光油加入食用豆油炼制而成，因食用豆油不结膜固化，以此作为光油的改性剂，它们的重量比为：光油∶豆油＝23∶1。但因气候温度的变化，加入豆油的数量，要随之有所增减。夏季高温时应按定量减少 28％ 至 43％，冬季低温时应按定量增加

14％至43％。

金胶油配制方法：先将定量豆油用容器加热至120℃左右，再倒入锅内，与定量光油一起加热搅动，待温度升至160℃时撤出明火，继续搅动以便扬油降温，待油温降至120℃以下方可停止搅动，使其自行冷却，油温降至与常温接近时，进行打样试验，考察其涂刷后的结膜与固化的延续时间长短，如时间较短，用小勺子温一些热豆油兑入后，再重新加热至120℃以上，使其均匀混合，然后再行打样试验，直至兑出的金胶油能达到预想的效果为止。

金胶油配制时的注意事项：

（1）注意加兑温度：两种油质配兑加热时，其加热的油温不宜过高，最高不能超过160℃，因为加兑的目的是为了使光油的聚合性降低，如油温过高，不但不能降低其聚合性，反而会使其提高，达不到加兑的目的。

（2）对稀释剂的要求：熬制的光油稠度是不一致的，加入豆油的目的是起稀释作用，但豆油的比例不能过多。在稀释稠度时，绝对禁止加汽油或松香水等挥发性的稀释剂，否则会使金胶油的吸附性大大减弱，而且涂刷后的表面光泽也不好。如果需要稀释时，在气温较高而且干燥的情况下，可以加入适量的鱼油（成品清油）进行混合。如果当时没有鱼油，加入适量的脂胶调和漆也可以。

（3）加兑后的存放时间不能过长：金胶油加兑好后，在正常情况下，最好在十天之内使用完，如果存放的时间过长，或虽然时间不长，但气温有较大的聚变，使用前都要重新加热后进行打样试验，考察其结膜与固化过程和使用时的气温是否适合。如不适合，可用调整光油与豆油的比例来解决。但凡调整比例、进行稀释等，都要经过加热、冷却、打样试验等过程。

【8.2.8】 油漆色油

"色油"是油饰工艺中作为油漆垫底的底漆，它是增强油漆色彩，减少色差的加固层，色油调制又称为"串油"。它是指在颜料中加入适量光油，经过调和使其变成为一种色油涂料的操作过程。串油分为湿串油、干串油和其他串油三种。

1. 湿串油

湿串油是指针对那些经过漂洗、脱硝、水磨的颜料而调油的方法。水磨后经沉淀、过滤后放在容器内，先加入湿颜料重量一半的光油，用力搅拌，使得色粉与油充分粘合，而与水分离。搅到颜料坨不粘容器为止，再拿出来进行揉搓，一边揉搓，一边用脱脂棉布沾去水分，直到残留在坨内的水分除去干净。然后加入适量的光油，进行搅拌，使其瀐稀成适合涂刷的程度。

2. 干串油

干串油是指针对有些无需过水加工的粉状颜料而调油的方法。这种颜料比较纯净，颗粒也比较细腻，如佛青、成品漂广红等。对于它们，可在颜料中直接加入少量光油，进行搅拌，使其成坨，再经过反复揉搓，然后再加入适量光油，调成适合涂刷的程度即可。

3. 其他串油

其他串油是指针对有些纯净细腻，但必须水磨或洇湿处理的颜料而调油的方法。如中国铅粉必须进行水磨，而上海银朱、黑烟子等需要洇湿后串油。

对中国铅粉颗粒虽细，因其本身具有一定的黏度，而成品铅粉又是压聚成锭的，不易散开，所以使用前必须重新研磨、过筛。若用于干磨可以干串，用于水磨可以湿串。

对银朱或黑烟子，因质轻浮力大，与水不易混合，较稠的光油就更难浸透它。串油时，应轻轻舀取，慢慢放入容器中，用毛边纸苫盖压实。另用酒精加水各半，加热至50℃至60℃，然后洒在苫盖纸上，使其透过苫纸渗到色粉中去，待完全浸湿后再进行串油。

所有颜料串油后，无论是干串还是湿串，都必须放在烈日下暴晒2至3天方可使用。因为干串油的颜料会有一些小的干色粉团，在较稠的光油中不易化开，而通过暴晒的光油会吸收热辐射，油可以稀释而增加浸透力，因此颜料团子可以膨胀松散开，再经搅动就可混合均匀了。而湿串油的颜料，虽然经过水处理，但总会有少量的水分残留在颜料中，通过暴晒，油温会有所提高，可以使残留的水分得到蒸发。

【8.2.9】　油漆色彩配兑

我国古代建筑油漆的设色，自唐以后，经历宋朝到明清时代，形成有严格的设色制度，如皇帝理政、朝贺、庆典的主要殿宇，应饰以朱红；寝宫、配殿、御用坛庙，应饰以较深的二朱色；宫内的其他附属建筑及宫外敕建的佛寺、道观、神社、祀祠等，皆饰以铁红；王公勋爵的府邸，饰以银朱紫；一般衙门及官员的私第，应饰以羊肝色；街市上的铺面及商贾富户的住宅，只许饰以铁黑或墨绿；园林建筑除皇帝游园外，禁用朱红；至于一般民舍，大多不做油饰或只涂刷桐油，以作防腐。

油漆色彩的配兑，不是颜色与颜色的简单掺合，而是用单一品种的颜料，事先调制成各种颜色的色油，然后用一种色油与另一种色油进行配兑而成。

1. 朱红

"朱红"是银朱串油后的本色，但银朱又有产地不同，品种与色泽也不一样。广东佛山的银朱和山东的银朱，其颗粒较粗，颜色较深，只适用画活，而不适宜做饰面。上海的银朱，色泽较浅，颗粒细腻，因光油具有一定的色度，进行串油后，其红色比较纯正鲜艳。

2. 深色二朱、浅二朱

"深色二朱"是以广红油为主，配以二成银朱而成，其色为紫色明亮。

"浅二朱"是以樟丹油为主，配以二成银朱而成，其色比较明亮，多用于室内。

3. 铁红、黑色、白色

"铁红"是广红油的本色，又称为红调子油。

"黑色"是烟子油的本色。

"白色"是铅粉油的本色。

4. 银朱紫

"银朱紫"即紫红色，是以银朱油为主，配以约四成的纯青油，再加入少量的石黄油而成。

5. 羊肝色、荔色

"羊肝色"是以广红油为主，配以少量的银朱油和烟子油而成。

"荔色"是以广红油为主，配以一定量的石黄油和烟子油而成。

6. 瓦灰色

"瓦灰色"是以铅粉油为主，配以一定量的烟子油而成。

7. 铁黑色

"铁黑色"即像铁一样黑的颜色，是以烟子油为主，配以一定量的广红油而成。

8. 绿色

"绿色"若用进口澳绿，即可串出原色。若用巴黎绿或国产铜绿，需配以少量铅粉油，方能得到绿的正色。

9. 墨绿色

"墨绿色"即深绿色，是以绿油为主，配以少量的烟子油而成。

10. 蓝色

"蓝色"是以纯青油为主，配以少量的铅粉油而成。

11. 香色

"香色"即茶褐色，是以黄油为主，配以白色及少量的蓝色油而成。

【8.2.10】 灰油

"灰油"是将土籽灰和樟丹粉加入到生桐油内，经搅拌熬制而成的一种半成品原料，它是调制地仗灰和做油满所需的主要原料。其中，土籽灰的作用是增加热量，以延缓油温的冷却速度。樟丹粉是减缓桐油的聚合性，三者按一定重量进行配合，其配合比根据天气季节不同而有所调整，具体如表 8.2.1 所示。施工时，应随时注意温度和湿度的变化，进行适当调节。

熬制灰油的材料比例（重量比）   表 8.2.1

季节	生桐油	土籽灰	樟丹粉
春、秋	25	1.80	1
夏、初秋多雨	20	1.4(或平均1.6)	1
冬	25	2 至 2.5(或平均2)	1

熬制灰油的方法，先将一定量的土籽灰和樟丹粉，放入锅内升火焙炒，以便脱出水分，当这两种粉料呈现沸腾状时，应及时撤火，待沸腾停止。

沸腾停止后，再向锅内加入生桐油，边倒边搅动，免使粘糊锅底。一直搅拌到粉料全部悬浮在油内时，再添火加热，边热边搅，当油温升至 250℃ 以上时，土籽灰开始碳化。直至油的浮面上出现爆炸状的明灭亮点时，立即改用微火，并继续不停搅动，随后，油内所含的芽胚等物质会碳化而冒烟，油的颜色也会逐渐由浅黄色变为褐色。待油温升至300℃ 左右时，立即撤出明火，继续不停搅动，使其扬油降温，温度会开始下降。当油温降至 200℃ 以下时，即可出锅，放入容器内，用牛皮纸苫盖好，等完全冷却后即可使用。

灰油在熬制过程中，一定要防止出现"溢锅"和"暴聚"现象。所谓"溢锅"是指灰油在熬制过程中，由于突然升温膨胀，而使灰油漫出油锅，进而发生火灾。所谓"暴聚"

是指由于变质或含有杂质的生桐油，当温度升高时，会使灰油发生粘连结块现象，从而使整个灰油报废。具体防范措施有以下3点。

（1）分批加油：熬油时应将生桐油倒至小容器内，逐渐分次向锅内加油，随加随观察，开始先倒入定量的20%，加温至250℃以上，若无异常反应时，再加入30%，再逐渐加温至250℃以上，若仍无异常反应者，方可把所余的油全部加入锅内进行熬制。绝对不能以原油桶直接向油锅内倒油。

如果第一次入锅的油，经加热就起泡沫、膨胀或溢锅者，这说明该生桐油有问题，应马上用铁锅盖将锅盖住，并用湿麻袋片将锅盖住，立即停火，并将余火用砂土埋死。此不能再用于熬油，应做上记号留作铝生使用。锅内未熬成的油，倒至容器内另行存放，留作将来兑上汽油与催干剂作操油使用。沉淀的土籽灰和樟丹粉等，调灰时可兑在灰里使用。

（2）防止暴聚发生：当油温升至200℃以上时，就有可能发生暴聚反应。暴聚发生时的表现，是先在热油内产生黏稠的油丝，当搅动时，油丝就会粘黏成团，此时如果油温继续上升，就会在几十秒钟之内，全锅的油即可凝结成油坨子。这种黏油坨，在凉热油中都不能溶解开，只有报废。所以，熬油时，一旦发现锅内有黏油丝出现，必须马上注入成熟了的凉油，使其快速降温，并立即撤火，余火用砂土埋死。同时用木棒在锅内搅动，使黏油丝全部粘裹在木棒上，直到油内不再有黏油丝为止。锅内未成熟的油，另行倒至容器内，做上记号留作椽望、斗栱等较薄的单披灰使用，绝对不能在大木或装修的麻活地仗灰中使用。

（3）备足防火器具：要准备必要的灭火器具，如铁锅盖、湿麻袋片、干砂土、干粉灭火器等。升火、撤火用具，如火钩子、灰耙子、铁锹等，要放在便于取用的地方。熬油的地点要放在远离建筑物及可燃物体空旷之地，锅台上的防雨棚不能使用可燃材料搭盖。

【8.2.11】　油满

"油满"是古代对调制"地仗灰"中所用的一种胶结材料的称呼，它由灰油、石灰水、面粉等混合而成。在古代，对调制材料配备齐全的操作称为"满"，配制材料的全过程称为"打满"。古代传统打满的方法，有早期打满和晚期打满的区别。

1. 早期打满方法

早期打满的材料，用重量配合比，即：灰油∶水∶生石灰块∶面粉＝100斤∶100斤∶50斤∶50斤＝1∶1∶0.5∶0.5。此称为"一个油一个水"的配合比。

打满时，先将定量的生石灰块放在大桶内，洒上一部分水，使其发热后充分粉化，然后加足定量的水，进行搅动，让澥成灰浆。趁着灰粉在水中悬浮，灰渣沉于水底时，将灰浆澄出，去掉灰渣，加入定量面粉，调制成糊状，称此为"膏子灰"、"面胶子"，再加入定量灰油，即成为"满"。

2. 晚期打满方法

晚期打满的材料，用体积配合比，即：灰油∶水∶生石灰块∶面粉＝22.5∶20∶1∶10。

打满时，先将定量的生石灰块浸入定量水中进行化解，经搅动沉淀后，将清水撇出来调和面粉，再加入定量的灰油即成。但这样打出来的满，其质量较早期满差，它只等于灰油加水、混以少量面粉而已。因为，首先生石灰块短暂浸入冷水中，发挥不了足够的水化热，也得不到根本的粉化；再加上用撇出的清水来调和面粉，而把灰粉完全排除在外了，用这样的石灰水调和面粉，不可能使其熟化成淀粉胶，调出的面胶子实际上是生面浆，称不上为膏子灰。

【8.2.12】 地仗灰

"地仗灰"是指在木材面油漆工程中，能够形成油饰最底层硬壳的塑性垫层，它是保证油漆具有一定硬塑强度的基础。在抹地仗灰的工艺中，要根据需要进行不同层次的抹灰，各层次所用抹灰的名称分为：汁浆、捉灰缝、通灰、黏麻灰、压麻灰、中灰、细灰等。

传统地仗灰的调制方法，是将油满、灰油、血料三种材料按一定体积比调和成膏灰，其比例参数如表 8.2.2 所示，然后加入适量砖灰即可。这其中砖灰和血料都有一定要求。

传统地仗灰比例参考表（体积比）　　　　　　表 8.2.2

项目	油满	灰油	血料	备注
汁浆	0.3	0.7	1.0	另加 8 清水
捉缝灰	0.3	0.7	1.0	称为 1 满,1 料
通灰	0.3	0.7	1.0	称为 1 满,1 料
黏麻灰	0.3	0.7	1.2	称为 1 满,1.2 料
压麻灰	0.3	0.7	1.5	称为 1 满,1.5 料
中灰	0.3	0.7	2.5	称为 1 满,2.5 料
细灰	0.3	光油 1	7	撇满加光油

1. 砖灰级配

砖灰主要用作填充材料（南方地区多用瓦灰、碗灰等），砖灰依粗细程度分为籽、中、细三种，其中，籽灰为 18 孔/平方英寸，中灰 24 孔/平方英寸，细灰 80 孔/平方英寸。在调灰前，先要对砖灰进行级配，一般级配是：

调捉缝灰的砖灰级配为 70％籽灰、15％中灰、15％细灰。

调通灰的砖灰级配为 60％籽灰、20％中灰、20％细灰。

调压麻灰的砖灰级配为 50％籽灰、30％中灰、20％细灰。

调中灰的砖灰级配为 70％中灰、30％细灰。

2. 血料制作

"血料"是用猪血通过加工而成的棕色胶状体。在制作之前，要先检查一下猪血的成分，血内含水量不能过多，不能含有食盐。因为，含水量过多，制作时难成胶体，可用手指头插入血内，拿出来看，若呈深红色，则表示质量好（俗称干料）；若是淡红色，则表示含水量过大（俗称水料）。另外，需用舌尖舔一下指头，看是否在血内掺有食盐，如含有食盐，则不能用来制作血料。

制作时，将新鲜猪血倒入干净的缸里或木桶里，用稻草束或藤瓢放在猪血内，用力不断挤搓，使血块搓成稀血浆，若有泡沫，可滴入少许鱼油进行消化，直搓到无血块丝为止。然后用180目铜筛进行过滤，除去渣滓与残血块，放入缸内用木棍向一个方向慢慢搅动。同时，随搅动随加入5%左右的石灰水和20%左右的清水（夏天加冷水，冬天加30℃左右温水），在不停地搅动下，颜色将由红色逐渐变为黑褐色，随着由液体变为稠性的胶体，这时再将血料沾点于大拇指壳上，看其颜色若是红中带绿，说明猪血开始凝结；若长时间没有变化，说明石灰水加量不够，应再加点石灰水继续搅动。若血料颜色绿中带红，说明猪血料过大，可再加些清水继续搅动。制好后，一般2至3小时后方可使用，夏天气温高，可提前，冬天气温低，需推迟。

3. 地仗材料改革

由于传统地仗灰是用油满、灰油、血料三种材料调制而成，其中油满含有一定量的面粉，而面粉和血料都是现今社会所不主张推荐的，因为面粉是人们饮食中的主要粮食，而血料是由猪血加工而成，易腐发酵，繁殖病菌，危害环境卫生，故应设法不用血料。另行研究出一种膏子灰代替油满，使其用膏子灰、灰油、水等调制成地仗灰。

通过我国古建工作者的多次探求和实践，终于用生石灰粉、缩甲基纤维素、食用盐、聚醋酸乙烯乳液等制成膏子灰，这样就可加入一定量灰油和水即可获得地仗灰。

具体做法为：先将15kg水加热至40℃左右，再加入0.75kg缩甲基纤维素，浸泡12小时，过筛去掉杂质后待用。另将25kg生石灰粉放在容器内，加入15kg水使其产生水化热，使灰中颗粒得到充分粉化。然后将其余的20kg水，逐渐加入搅成灰浆，再加入0.25kg食盐，搅拌均匀待其冷化。灰浆冷却后即变成可塑状的灰膏。另在缩甲基纤维素溶液内加入0.37kg聚醋酸乙烯乳液，搅拌均匀，再将可塑状的灰膏与其混合，并搅拌均匀后即可得到"膏子灰"。再在膏子灰中加入灰油即成为"油满"。利用上述材料仿照传统调灰的油水比，即可制定出各层地仗灰的参考比例，如表8.2.3所示。

改良地仗灰比例参考表（重量比）　　　　表8.2.3

项目	膏子灰	灰油	水	备注
汁浆	2	1.0	1.0	另加10份清水
捉缝灰	2	1.5	1.0	按灰的稠度要求加入适量籽灰
通灰	2	1.2	1.0	按灰的稠度要求加入适量籽灰
黏麻灰	2	1.0	1.0	按用传统灰油，改变传统用水
压麻灰	2	0.6	1.0	按灰的稠度要求加入适量籽灰
中灰	2	0.3	1.0	按灰的稠度要求加入适量籽灰
细灰	纤维素加乳液1	光油0.25	1.0	膏子灰改纤维素加乳液

【8.2.13】　麻（布）灰地仗

麻（布）灰地仗是油饰工艺中较常用的现代地仗灰，多用于比较讲究的建筑物上，种类很多，如：一麻（布）五灰、一麻（布）四灰、一麻一布六灰、两麻六灰、两麻一布七灰、三麻二布七灰等。所谓"一麻"是指在油饰施工过程中，要粘贴一层梳麻（即经梳理后的软麻丝），"一布"是指在油饰施工过程中，要粘贴一层麻布（即夏布），"五灰"是指：捉缝灰、通灰、黏麻灰、中灰、细灰等；其他四灰、六灰、七灰等，都在此基础上进行增减。如《工程做法则例》卷五十六举例述，"使三麻二布七灰，糙油、垫光油、朱红油饰做法：第一遍，捉灰一道。第二遍，捉麻一道。第三遍，通灰一道。第四遍，通麻一道。第五遍，苧布一道。第六遍，通灰一道。第七遍，通麻一道。第八遍，苧布一道。第九遍，通灰一道。第十遍，中灰一道。第十一遍，细灰一道。第十二遍，拔浆灰一道。第十三遍糙油。第十四遍垫光油。第十五遍，光油"。即所用"三麻二布七灰"中，三麻二布为：一道捉麻，二道通麻，二道苧布。七灰为：一道捉灰，三道通灰，一道中灰、一道细灰、一道拔浆灰。最后为三道油饰（糙油、垫光油、朱红油）。无论麻布灰多少，它们的工艺操作基本相同，现以一麻五灰为例说明如下。

一麻五灰的具体操作工艺分为：刷汁浆、捉缝灰、做通灰、压麻、黏麻灰、做中灰、做细灰、磨细钻生等操作。

（1）刷汁浆：是指以汁浆用刷子将构件表面全部涂刷一遍。因木材表面经砍挠打扫后，很难将缝内灰尘打扫干净，因此，每个地方（包括缝内）都要刷到，以便增加油灰与构件的衔接作用。

（2）捉缝灰：捉缝灰是指用传统体积比为油满：灰油：血料＝0.3：0.7：1加适量砖灰调和而成的油灰，也可按表8.2.3中配比。它是在汁浆干后，用铁板将"捉缝灰"向缝内捉之，填满所有缝隙，故又称为"填缝灰"，如遇有铁箍，必须除净铁锈，再分层填灰。对有凹缺之处，应予补平，再刮一道靠骨灰。待干硬后用磨石磨平，然后扫除浮尘擦拭干净。

（3）做通灰：通灰是指用传统体积比为油满：灰油：血料＝0.3：0.7：1加适量砖灰调和而成的油灰，也可按表8.2.3中配比。在捉缝灰之后，通身满刮的一层油灰，故又叫做"扫荡灰"。具体操作时，先用手皮子刮灰（叫做插灰），后面接着用板子刮平（叫做过板子），紧跟着用铁板大补找灰（叫做检灰），待干后用磨石磨平，除尘，擦净。

（4）压麻：它是在通灰基础上先涂刷一道"汁浆"（用灰油、石灰浆、面粉加水调和而成），再将梳理好的麻丝横着木纹方向疏密均匀地粘于其上，边粘边用铁麻轧子（小铁抹子）压实，然后用1：1的油满和水混合液涂刷一道，不要过厚，以不露干麻为限。随后用麻轧子尖，将麻翻虚（不要全翻），以防内有干麻，翻起后再行轧实，以轧出余浆为度，防止干后空隙起凸现象。最后进行整理，对有缺陷处修补好，再通轧一遍。

（5）黏麻灰：黏麻灰是指用传统体积比为油满：灰油：血料＝0.3：0.7：1.2加适量砖灰调和而成的油灰，也可按表8.2.3中配比。在压麻干硬后，用磨石磨其表面，使麻茸全部浮起（称为断斑），但不能磨断麻丝，然后去尘洁净，用手皮子盖抹一道"黏麻灰"，再用铁麻轧子压实轧平，然后再复灰一遍。如遇边框应用线轧子轧出线脚，要求平直，粗细均匀，让其干燥。

（6）做中灰：中灰是指用传统体积比为油满：灰油：血料＝0.3：0.7：2.5加适量砖灰调和而成的油灰，也可按表8.2.3中配比。在黏麻灰干硬后，用磨石磨平，掸去灰尘，满刮"中灰"一道，约2mm至3mm厚，轧实轧平，做到平、直、圆。

（7）做细灰：细灰是指用传统体积比为油满：灰油：血料＝0.3：1：7加适量砖灰调和而成的油灰，也可按表8.2.3中配比。在中灰干硬后，用磨石磨平磨光，掸去灰尘，打扫干净后，先将手皮子刮不到的地方，如边框线、鞅角、围勃等处，用灰修好找齐，然后用"细灰"满刮一遍，其厚度控制在 2mm 以内，让其干燥。

（8）磨细沾生：即用细磨石将干硬后的细灰磨平磨光，去尘洁净后用漆刷醮生桐油涂刷一道，要求跟着磨细灰的后面，随磨随沾，油必须沾透，浮油用麻丝头擦净，以免干后留有油迹。待油全部干后，用砂纸打磨平滑，清理干净即成。

【8.2.14】　单皮灰地仗

"单皮灰地仗"是一种最简单的现代地仗灰，它是只抹灰而不粘麻（布）的一种工艺，所以又称为"单披灰"，依披灰的层数不同分为：二道灰、三道灰、四道灰。

1. 二道灰

"二道灰"是指抹刮中灰、细灰后，再磨细沾生的操作工艺，多用于修缮补旧的木构件上，在现代仿古建筑中，钢筋混凝土构件上的油饰，多采用二道灰做法。它是在油饰面损坏的部分，经砍挠清理后所做的地仗，中、细二灰具体操作见上面所述。

2. 三道灰

"三道灰"是指抹刮捉缝灰、中灰、细灰后，再磨细沾生的操作工艺，多用于不受风吹雨淋的部位，如室内梁枋、室外挑檐枋、橡望、斗栱等。具体操作见上面所述。

3. 四道灰

"四道灰"是指抹刮捉缝灰、通灰、中灰、细灰后，再磨细沾生的操作工艺，多用于建筑物中的柱子、连檐、瓦口、博风、挂檐等处。具体操作见"麻（布）灰地仗"中所述。

【8.2.15】　腻子灰

"腻子灰"是指用来填补待漆基面高低不平、表面不光滑等缺陷的刮灰材料。一般油漆工程在涂刷之前都要刮腻子，在有地仗的基面中，多用浆灰腻子与土粉子腻子来弥补表面光滑度之不足，在无地仗的基面中，常用色粉、漆片腻子和石膏腻子等弥补木材表面的缺陷。所以用途不同，有不同的腻子。

1. 浆灰腻子

"浆灰腻子"是由澄浆灰、适量血料和少许生桐油调和而成。调制时先将砖灰放在容器内，加入灰重 5 倍以上的清水，并进行搅动，漂洗，趁砖灰粉在水中悬浮，较粗的颗粒已经沉淀之际，澄出灰水进行二次沉淀，至砖灰粉完全沉入水底，将浮面清水澄出，这种沉淀出的细砖灰称为"澄浆灰"，然后加入适量的血料和少许生桐油，即可调制成塑状的浆灰腻子。

2. 土粉子腻子

"土粉子腻子"是用土粉子（或用大白粉加 20％滑石粉），加入适量血料调和而成，故又称为"血料腻子"，其用料重量配合比为：血：水：土粉子＝3：1：6。

3. 色粉、漆片腻子

色粉是以大白粉为主要材料，再根据调色要求，加入适量粉状颜料，调配而成粉浆腻子。分为水色粉和油色粉。水色粉用温水调制成流动性粉浆，油色粉用光油加稀释剂调制成流动性粉浆。

漆片腻子是用酒精将漆片化开成液体，然后加入到大白粉中调和成塑状而成。

4. 石膏腻子

石膏腻子是由石膏粉、光油加水调和而成。调制时先将生石膏粉放入容器内，先加入适量光油调和成塑状，然后加入少量清水，急速搅拌均匀成糊状，静止两三分钟凝聚成坨后，再进行搅拌，使其恢复成可塑状态，用湿布苫盖待用。若用于色油饰面时，可加入少量饰面油漆调和即可。

【8.2.16】　油饰基本操作

古建工程的油饰工作，就是指油漆涂刷工艺，它的操作内容分为：刮腻子、垫色油、罩面油等工序。

1. 刮腻子

"刮腻子"是在涂刷油漆之前，用来填补基面高低不平，或表面不光滑等缺陷的所需进行的刮灰工序。刮腻子分为满刮腻子和嵌批腻子。

（1）满刮腻子：是指在漆物表面的地仗上，将选定的腻子或浆灰腻子，用铁板通刮一遍，要求一处不漏地批刮均匀。待干后用砂纸打磨，然后用布掸子掸去浮灰。

（2）嵌批腻子：是在满刮腻子基础之上，对仍存有缺陷或高度不平之处，用较细腻的腻子，再批刮一遍，要来回刮实。待干后用砂纸磨平，掸净。

2. 垫光色油

"垫光色油"是用作为对油漆饰面垫底的一种底漆（简称色油），它是增强油漆色彩，减少色差的一个加固层。涂刷这种色油的操作称为"垫光"。垫光油分为：垫光头道油、垫光二道油、垫光三道油。

垫光头道油：在头道油中所用的油色，除银朱油要先垫光樟丹油外，其他色油均采用本色油垫光。垫光时是用棉纱或丝头，蘸已配好的色油，搓在细腻子表面上，再用油漆刷横蹭竖顺的涂刷均匀。干后用青粉炝之，再以砂纸细磨。

垫光二道油：二道油均用本色油，在头道油基础上，按同样方法进行操作。

垫光三道油：三道油是最后一道油，实际上是饰面色油，也用本色油，在二道油基础上，按同样方法进行操作。

3. 罩面油

"罩面油"是在三道油干后基础上，用棉纱或丝头蘸清油（即光油）搓于其上并用油漆刷横蹭竖顺，涂刷均匀，不流不坠，刷路要直，鞅角要搓到，待干后即可。

4. 油饰操作注意事项

（1）刷油前的注意点：做油漆前，应将油饰构件及地面打扫干净，洒以净水，防止灰尘扬起污染油活。如遇有贴金者，应在三道油干后进行，但应注意金箔上不可刷油。罩清油时要防止抄亮现象（即防止寒抄、雾抄、热抄），在下午三时后不可罩清油，以防夜不干而寒抄。雾天不可罩清油，即防雾抄。炎热不均天气不可罩清油，即防止热面抄亮。

（2）防止油面"发笑"：有时，当刷完第一道油后，再刷第二道油时，会碰到第二道油在第一道油皮上凝聚起来，好像把水抹在蜡纸上一样，这种现象称为"发笑"。为防止发笑，每刷完一道油后，可用肥皂水或酒精水，或大蒜汁水，满擦一遍即可避免。如果出现发笑质量事故者，可用汽油洗掉后，再重新做油。

（3）防止中毒：搓绿油时，如手有破损者，不得继续操作，以防中毒。特别是洋绿、有剧毒，应慎之。

参 考 文 献

［1］ 李诫. 营造法式. 北京：中国书店版.

［2］ 姚承祖. 张志刚增编，刘敦桢校阅. 营造法原. 北京：中国建筑工业出版社，1980.

［3］ 姜振鹏主编. 中国传统建筑木装修技术. 北京城建技协，1986.

［4］ 马炳坚. 中国古建筑木作营造技术. 北京：科学出版社，1991.

［5］ 刘大可. 中国古建筑瓦石营法. 北京：中国建筑工业出版社，1993.

［6］ 文化部文物保护科研所主编. 中国古建筑修缮技术. 北京：中国建筑工业出版社，1993.

［7］ 王璞子. 工程做法注释. 北京：中国建筑工业出版社，1995.

［8］ 梁思成. 清式营造则例. 北京：中国建筑工业出版社，1995.

［9］ 唐春来主编. 园林工程与施工. 北京：中国建筑工业出版社，1999.

［10］ 田永复. 中国园林建筑构造设计. 北京：中国建筑工业出版社，2004.

［11］ 田永复. 中国仿古建筑构造精解. 北京：化学工业出版社，2010.

作者著作简介

1. 编制建筑工程预算问答（27.1 万字）　　　　1989.3 中国建筑工业出版社出版

本书是在全国预算界第一本以问答形式，阐述工程预算中实际应用问题的书籍。

2. 预算员手册（42.9 万字）　　　　　　　　1991.1 中国建筑工业出版社出版

本书是第一个打破老预算手册的纯数据资料格式的版本，将预算原理、计算方法、技术资料等有机结合在一起的综合实用性手册。

3. 编制建筑与装饰工程预算问答（43.8 万字）　　1995.1 中国建筑工业出版社出版

该书以问答形式介绍：一般土建工程；现代建筑装饰工程；中国古园林建筑工程；房屋水电工程；工程招投标与其他有关问题。

4. 施工组织管理 200 问（31.2 万字）　　　　1995.2 广东科技出版社出版

该书内容以问答形式阐述：施工组织设计要领、施工方案的选择、施工进度计划的编制、设计施工平面布置图、计划管理、工程质量管理、技术管理、成本管理、安全生产管理等问答。

5. 建筑装饰工程预算（54.5 万字）　　　　　1996.5 中国建筑工业出版社出版

该书是《1992 年全国统一建筑装饰工程预算定额》颁布后，紧密配合阐述建筑装饰工程预算的书籍。内容为：（1）建筑装饰工程预算与报价；（2）楼地面工程；（3）墙柱面工程；（4）天棚工程；（5）门窗工程；（6）油漆涂料工程；（7）其他工程；（8）装饰灯具。

6. 简明建筑施工员手册（55.1 万字）　　　　1997.5 广东科技出版社出版

该书是供现场施工员学习参考的综合性读物。内容包括：（1）施工准备；（2）单位工程施工组织设计；（3）施工技术；（4）施工测量；（5）栋号工程承包核算；（6）施工材料及其检验；（7）施工常用结构计算。

7. 中国古建筑构造答疑（18.8 万字）　　　　1997.9 广东科技出版社出版

本书以较简单的问答形式，介绍了中国古建筑构造上的一些基本名词和知识。

8. 基础定额与预算简明手册（52.5 万字）　　1998.5 中国建筑工业出版社出版

本书是全国第一个详细介绍《全国统一建筑工程基础定额》具体制定方法，以及施工图预算编制方法和相应一些技术资料。

9. 怎样编制施工组织设计（30.5 万字）　　　1999.11 中国建筑工业出版社出版

该书是以问答形式介绍：怎样编制施工组织设计；施工组织设计的技术知识和施工组织中的一些设计资料。

10. 建筑装饰工程概预算（教材）（25.8 万字）　　2000.6 中国建筑工业出版社出版

该书是全国高职高专建筑装饰技术教育的系列教材之一。

11. 预算员手册（第二版）（100.9 万字）　　2001.5 中国建筑工业出版社出版

该书详细介绍了《建筑工程概算定额》、《建筑工程基础定额》、《建筑工程施工定额》、《房屋水电工程安装定额》、《涉外工程的人工、材料和机械台班》等的制定方法。及相应的设计概算、施工图预算、施工预算，以及房屋水电和涉外工程预算的编制方法。

12. 室内外建筑配景装饰工艺（14.6 万字）　　2002.1 广东科技出版社出版

该书介绍了室内门、墙、柱的几种装饰造型和室外亭廊假山石景的施工工艺。

13. 中国园林建筑施工技术（60 万字）　　　　2002.3 中国建筑工业出版社出版

该书较完整介绍仿古建筑园林工程的一些基本施工工艺，是继承和发扬我国古建筑文化基本知识的读物。内容有：（1）中国园林建筑总论；（2）基础与台基工程；（3）木构架工程；（4）墙体砌筑工程；（5）屋顶瓦作工程；（6）木装修工程；（7）地面及甬路工程；（8）油漆彩画工程；（9）石券桥及其他石活；（10）假山掇石工艺。

14. 中国园林建筑工程预算（102 万字）　　　　2003.3 中国建筑工业出版社出版

该书是全国第一本详细、全面介绍，仿古建筑及园林工程预算编制的实用性书籍，共分五篇，第一篇为"通用项目"，第二篇为"营造法原做法项目"，第三篇为"营造则例做法项目"，第四篇为"园林绿化工程"，第五篇为"园林工程预算造价的计算"。

15. 中国园林建筑构造设计（48.2 万字）　　　　2004.3 中国建筑工业出版社出版

该书以较通俗的形式，介绍一般仿古建筑结构中，各种构件的构造及其设计尺寸。共分九章：第一章　仿古建筑构造设计通则；第二章　庑殿建筑的构造设计；第三章　歇山建筑的构造设计；第四章　硬山与悬山建筑的构造设计；第五章　亭廊榭舫建筑的构造设计；第六章　垂花门与木牌楼的构造设计；第七章　室内外装修构件的构造设计；第八章　台基与地面的构造；第九章　彩画知识的鉴别。

16. 编制装饰装修工程量清单与定额（66.8 万字）　　2004.9 中国建筑工业出版社出版

本书是为帮助从事建筑装饰工程专业预算工作者，学习理解执行《建设工程工程量清单计价规范》，和编制企业定额基本知识的实用书籍，全书共分五章：第一章　装饰装修工程量清单绪论；第二章　工程量清单编制实践；第三章　工程量清单计价格式编制实践；第四章　消耗量定额及基价表的编制；第五章　建筑装饰工程参考定额基价表。

17. 编制建筑工程工程量清单与定额（139.5 万字）

2006.4 中国建筑工业出版社出版

本书是帮助建筑工程专业预算工作者，学习理解执行《建设工程工程量清单计价规范》，和编制企业定额基本知识的实用书籍，全书共分六章：第一章　建筑工程工程量清单绪论；第二章　工程量清单编制实践；第三章　工程量清单计价格式编制实践；第四章　消耗量定额及基价表的编制；第五章　建筑工程参考定额基价表；第六章　利用定额光盘修改定额基价表。

18. 园林建筑与绿化工程清单计价手册（145.00 万字）

2007.7 中国建筑工业出版社出版

本书是为帮助从事园林建筑工程专业预算工作者，学习理解执行《建设工程工程量清单计价规范》的实用书籍，全书共分九章：第一章　园林建筑绿化工程"工程量清单"绪论；第二章　《通用项目》工程量清单编制实践；第三章　《营造法原作法项目》工程量清单编制实践；第四章　《营造则例作法项目》工程量清单编制实践；第五章　《园林绿化工程》工程量清单编制实践；第六章　工程量清单计价格式编制实践；第七章　仿古建筑及园林工程定额基价表；第八章　《计价规范》附录摘要；第九章　利用定额光盘修改基价表。

19. 建筑工程计价简易计算（18 万字）　　　　2008.1 化学工业出版社出版

《建筑工程计价简易计算》，是为解决工程预算中工作量大，耗费时间，操作重复，计算烦琐这一情况而设计的一套智能计算表，它彻底改变了大量手工计算的劳累操作，只要用电脑做最简单的尺寸数据输入，即可完成烦琐的加减乘除运算工作。

本著作包括计价简易计算指导说明和光盘。在指导说明中叙述了光盘使用及其计算表格的操作方法，并用工程项目实践算例，全程指导如何按图纸取定尺寸和手工计算等内容，光盘中包含建筑工程的土方、桩基、砌筑、混凝土、门窗、楼地面、屋面、装饰、金属等智能工程量计算表；智能清单计价计算表；智能定额基价计算表等。

20. 装饰工程清单计价手册（60万字）　　　　　　2008.3 化学工业出版社出版

本书特点：理论透彻、原理简明、实践感强、计算简单、操作快速。它是目前同类书籍中，真正达到理论与实践相结合，务实与操作为一体的革命化版本。全书分七章：第一章　装饰装修工程量清单绪论；第二章　编制工程量清单实践；第三章　工程量清单计价实践；第四章　制定消耗量定额基价表；第五章　应用智能计算光盘；第六章　装饰装修工程参考定额基价表；第七章　《计价规范》附录摘要。附：光盘一张，其中供有各种智能性的工程量计算表、清单单价计算表、定额基价表、各种多边形、弧形墙地面积及栏杆等简易计算，只要将所需计算基数（如长宽尺寸或单价等）输入到相应表内，就可立刻得到你所需要的计算结果，从而摒弃讨厌的手工计算器和烦琐的计算操作，使过去需要若干小时甚至若干天的工作劳累，即可在瞬间简单完成。

21. 中国仿古建筑设计（41.9万字）　　　　　　2008.8 化学工业出版社出版

本书是介绍中国明清时期仿古建筑知识的普及版本，它以通俗性语言、形象化图例、条理性叙述等方式，详细讲解仿古建筑各个构体的设计内容。全书分为七章：第一章　仿古建筑的形与体；第二章　仿古建筑的木构架；第三章　仿古建筑的屋面；第四章　仿古建筑的围护与立面；第五章　仿古建筑的装饰构件；第六章　仿古建筑的台基与地面；第七章　仿古石桥与石景。

22. 仿古建筑快捷计价手册（41.9万字）　　　　　2009.11 化学工业出版社出版

《仿古建筑快捷计价手册》，是介绍唐宋元明清时期仿古建筑工程，进行工程计价和工作实践的专业书籍。它以《计价规范》和《仿古定额基价表》为基本依据，选用水榭房屋建筑和亭子建筑工程为实例，详细叙述其工程量计算及其计价方法，并提供了一张快捷计算光盘，只需将所需要计算的基数（如长、宽、高尺寸或单价或百分率等）输入到相应表内，即可立刻得到你所需要的计算结果，本书内容共分为六章：

第一章　仿古建筑工程计价依据文件。第二章《营造法原作法项目》释疑。第三章《营造法原作法项目》工程量清单及计价。第四章《营造则例作法项目》释疑。第五章《营造则例作法项目》工程量清单及计价。第六章　仿古建筑快捷计算光盘应用说明。附：《仿古建筑快捷计算光盘》一张。

23. 中国仿古建筑构造精解（50.2万字）　　　　　2010.3 化学工业出版社出版

本书综合了《营造法式》、《工程做法则例》、《营造法原》等专著的基本内容，对仿古建筑的基本构造、名词术语、设计原理、施工要点等，进行专题专述、以文配图、释疑解难，以求达到：使初学者明理是非，给教学者解决疑难，让设计者有所参考，供施工者有所借鉴。全书按仿古建筑特点分割成七章，计350个问答题，将各种常规性仿古建筑的构造图样、规格尺寸、名词释疑等，进行既有综合性，又有独立性的答疑条款，以方便读者查阅和使用。具体内容为：第一章　中国仿古建筑特色论述。第二章　中国仿古建筑木构架。第三章　中国仿古建筑屋面瓦作。第四章　中国仿古建筑围护结构。第五章　中国仿古建筑台基与地面。第六章　中国仿古建筑装饰装修。第七章　仿古建筑设计施工点拨。

24. 预算员手册（第三版）（78.8万字）　　　　　2010.8中国建筑工业出版社出版

本书按新的改革要求，将原版预算内容改为工程量清单内容，并提供一张智能计算光盘，以解除繁琐的手工计算操作。该书是将理论与实践、务实与操作融为一体的版本，全书共分五章：第一章　工程量清单基本内容简述。第二章　建筑工程项目名称释疑。第三章　建筑工程量清单编制示范。第四章　建筑工程量清单计价示范。第五章　建筑工程计算光盘使用说明。

25. 城市别墅建筑设计（32.9万字）　　　　　　2011.6化学工业出版社出版

本书以普及版本的入门形式，帮助初学者和自学者达到既能掌握基本理论知识，也能进行实际操作，为提高建筑设计能力打下牢固基础。全书共分五章：第一章　城市别墅概论。第二章　功能分析与平面设计。第三章　外观造型与立面设计。第四章　内空高度与剖面设计。第五章　城市别墅建筑设计图集。

26. 中国园林建筑施工技术（第三版）（66.8万字）

2012.5中国建筑工业出版社出版

本书对原版章节结构作了一定更新和调整，增补了《营造法式》、《营造法原》的一些相关内容及解说，增添了更多的图例，全书分为八章：第一章　园林建筑鉴别及基础施工。第二章　园林建筑木构架施工。第三章　园林建筑墙体施工。第四章　园林建筑屋顶工程。第五章　园林建筑木装修工程。第六章　地面及石作工程。第七章　油漆彩画工程。第八章　石券桥及石景。

27. 《仿古建筑工程工程量计算规范》GB 50855—2013 解读与应用示例（58.4万字）

2013.10中国建筑工业出版社出版

本书是对2013《仿古建筑工程工程量计算规范》的实施，进行解读和示例的辅导书籍，全书分为五章：第一章　新旧工程计量规范概论。第二章　编制仿古建筑"工程量清单"。第三章　编制仿古建筑工程"清单计价"。第四章　《营造法原作法项目》名词通解。第五章《营造则例作法项目》名词通解。

28. 中国仿古建筑知识（71.0万字）　　　　　2013.10中国建筑工业出版社出版

本书以宋《营造法式》、清《工程做法则例》、吴《营造法原》等三本历史著作的原始内容，对中国古建筑各部分技术知识，以专题专词专释形式，进行较全面的详细诠译，并将宋制、清制及《营造法原》所述及相同问题，收集整理在一起，以供读者相互对照阅览。全书共分八章：第一章　中国古建筑文化特征。第二章　中国古建筑台基与地面。第三章　中国古建筑木构架。第四章　中国古建筑屋面结构。第五章　中国古建筑砖墙砌体。第六章　中国古建筑斗栱。第七章　中国古建筑木装修。第八章　中国古建筑油漆彩画。

29. 仿古建筑工程预算快速入门与技巧（44.0万字）

2014.4中国建筑工业出版社出版

本书介绍对仿古建筑工程的工程量清单，利用电脑光盘中表格，进行快速编写和简易计算的一种操作方法。并同时列出手工计算与快速计算表的对照内容，以帮助读者能够进行对照比较。书中内容共分为四章：第一章　仿古建筑计价光盘操作。第二章　仿古亭子建筑"项目清单"编制。第三章　仿古亭子建筑"项目清单"计价。第四章　仿古房屋建筑的清单编制与计价。第五章　仿古建筑基本知识。

30. 房屋建筑与装饰工程工程量计算规范 GB 50854—2013 解读与应用示例（90.6万字）

2015.3 中国建筑工业出版社出版

本书是对 2013《房屋建筑与装饰工程工程量计算规范》的实施，进行解读和示例的辅导书籍，全书分为五章：

第一章　工程量清单计价规范概论。介绍新旧规范的主要区别，掌握编制工程量清单及清单计价的要点。第二章　房屋建筑工程"项目清单编制"。用一个完整的实践图例，具体讲述在编制房屋建筑工程工程量清单中，对各工程项目工程量计算、清单表格填写等的具体操作实践。第三章　房屋建筑工程"清单计价"。以第二章所编制的工程量清单为基础，详细介绍对清单中各个项目的计价依据、计算方法和计价表格填写等具体操作。第四章　建筑工程基础定额基价表。它是以《全国统一建筑工程基础定额》为基础，按近年市场平均价格编制而成的"基价表"，供学习实践时使用。第五章　装饰装修工程消耗量定额基价表。它是以《全国统一建筑装饰装修工程消耗量定额》为基础，按近年市场平均价格编制而成的"基价表"，供学习实践时使用。

31. 房屋建筑工程工程量清单快速编制实例（36万字）

2015.7 中国建筑工业出版社出版

本书介绍利用电脑光盘中表格，对房屋建筑工程的工程量清单，进行快速编写和简易计算的一种操作方法。全书共分为五章：第一章　住宅建筑工程"项目清单编制"。介绍采用表格方法，编制住宅房屋"工程量清单"的全过程。第二章　住宅建筑工程"清单计价"。介绍采用表格方法，快速完成住宅房屋工程的"清单计价"工作。第三章　幼儿园建筑工程"项目清单编制"。以幼儿园工程复习和扩展，用表格法编制工程量清单。第四章　幼儿园建筑工程"清单计价"。衔接上章，复习和扩展表格法的清单计价。第五章　光盘操作知识。以通俗易懂形式，介绍使用光盘表格的一些基本操作知识。